国家电网公司

生产技能人员职业能力培训专用教材

电能（用电）信息采集与监控

国家电网公司人力资源部　组编

余广厂　主编

中国电力出版社
CHINA ELECTRIC POWER PRESS

内容提要

《国家电网公司生产技能人员职业能力培训教材》是按照国家电网公司生产技能人员模块化培训课程体系的要求，依据《国家电网公司生产技能人员职业能力培训规范》(简称《培训规范》)，结合生产实际编写而成。

本套教材作为《培训规范》的配套教材，共72册。本册为专用教材部分的《电能（用电）信息采集与监控》，全书共7个部分19章105个模块，主要内容包括用电信息采集与监控系统通信知识、数据库基础知识、用电信息采集、主站设备安装维护及操作、终端设备安装调试及维护、集中抄表终端安装调试及维护、营销计量业务。

本书可作为供电企业电能（用电）信息采集与监控工作人员的培训教学用书，也可作为电力职业院校教学参考书。

图书在版编目（CIP）数据

电能（用电）信息采集与监控/国家电网公司人力资源部组编. —北京：中国电力出版社，2010.12（2022.9重印）
国家电网公司生产技能人员职业能力培训专用教材
ISBN 978-7-5123-1334-7

Ⅰ. ①电… Ⅱ. ①国… Ⅲ. ①用电管理–管理信息系统–技术培训–教材 Ⅳ. ①TM92

中国版本图书馆CIP数据核字（2011）第010973号

中国电力出版社出版、发行
（北京市东城区北京站西街19号 100005 http://www.cepp.sgcc.com.cn）
北京雁林吉兆印刷有限公司印刷
各地新华书店经售
*
2010年12月第一版 2022年9月北京第六次印刷
880毫米×1230毫米 16开本 27印张 856千字
印数18001—18500册 定价**135.00**元

《国家电网公司生产技能人员职业能力培训专用教材》

编　委　会

前 言

为大力实施“人才强企”战略，加快培养高素质技能人才队伍，国家电网公司按照“集团化运作、集约化发展、精益化管理、标准化建设”的工作要求，充分发挥集团化优势，组织公司系统一大批优秀管理、技术、技能和培训教学专家，历时两年多，按照统一标准，开发了覆盖电网企业输电、变电、配电、营销、调度等34个职业种类的生产技能人员系列培训教材，形成了国内首套面向供电企业一线生产人员的模块化培训教材体系。

本套培训教材以《国家电网公司生产技能人员职业能力培训规范》（Q/GDW 232—2008）为依据，在编写原则上，突出以岗位能力为核心；在内容定位上，遵循“知识够用、为技能服务”的原则，突出针对性和实用性，并涵盖了电力行业最新的政策、标准、规程、规定及新设备、新技术、新知识、新工艺；在写作方式上，做到深入浅出，避免烦琐的理论推导和验证；在编写模式上，采用模块化结构，便于灵活施教。

本套培训教材涵盖34个职业的通用教材和专用教材，共72个分册、5018个模块，每个培训模块均配有详细的模块描述，对该模块的培训目标、内容、方式及考核要求进行了说明。其中：通用教材涵盖了供电企业多个职业种类共同使用的基础、专业基础、基本技能及职业素养等知识，包括《电工基础》《电力安全生产及防护》等38个分册、1705个模块，主要作为供电企业员工全面系统学习基础理论和基本技能的自学教材；专用教材涵盖了单一职业种类专用的所有专业知识和专业技能，按照供电企业生产模式分职业单独成册，每个职业分为Ⅰ、Ⅱ、Ⅲ等3个级别，包括《变电检修》《继电保护》等34个分册、3313个模块，可以分别作为供电企业生产一线辅助作业人员、熟练作业人员和高级作业人员的岗位技能培训教材，也可作为电力职业院校的教学参考书。

本套培训教材的出版是贯彻落实国家人才队伍建设总体战略，充分发挥企业培养高技能人才主体作用的重要举措，是加快推进国家电网公司发展方式和电网发展方式转变的迫切要求，也是有效开展电网企业教育培训和人才培养工作的重要基础，必将对改进生产技能人员培训模式，推进培训工作由理论灌输向能力培养转型，提高培训的针对性和有效性，全面提升员工队伍素质，保证电网安全稳定运行、支撑和促进国家电网公司可持续发展起到积极的推动作用。

本套教材共72个分册，本册为专用教材部分的《电能（用电）信息采集与监控》。

本书中第一部分用电信息采集与监控系统通信知识，由黑龙江省电力有限公司于溪洋、中国电力科学研究院孟静编写；第二部分数据库基础知识，由甘肃省电力公司关铁英编写；第三部分用电信息采集，由福建省电力有限公司余广厂、甘肃省电力公司关铁英、福建省电力有限公司郑颖、福建省电力有限公司李建新、重庆市电力公司黄建军编写；第四部分主站设备安装维护及操作，由福建省电力有限公司李建新、重庆市电力公司黄建军、黑龙江省电力有限公司于溪洋、福建省电力有限公司余广厂编写；第五部分终端设备安装调试及维护，由江苏省电力公司孙宜富、福建省电力有限公司郑颖、福建省电力有限公司郭慧伟编写；第六部分集中抄表终端安装调试及维护，由福建省电力有限公司陈定勇、湖南省电力有限公司朱佳柯编写；第七部分营销计量业务由东北电网有限公司王丽妍、安徽省电力公司吴琦编写。全书由福建省电力有限公司余广厂担任主编，河北省电力公司谢志远担任主审，国家电网公司营销部葛得辉和河北省电力公司杨文生、赵喜云参审。

由于编写时间仓促，本套教材难免存在疏漏之处，恳请各位专家和读者提出宝贵意见，使之不断完善。

国家电网公司
生产技能人员职业能力培训专用教材

目　录

第三部分　用电信息采集

第四部分　主站设备安装维护及操作

第五部分　终端设备安装调试及维护

第六部分　集中抄表终端安装调试及维护

第七部分　营 销 计 量 业 务

第一部分

用电信息采集与监控系统通信知识

第一章 230MHz无线通信技术

模块1 无线电知识简述（ZY2000101001）

【模块描述】本模块包含无线电的基本概念及其在用电信息采集与监控系统中的作用。通过概念解释、原理讲解和应用介绍，掌握影响电磁波传输速度的因素、无线电波频段的划分、天线的电磁转换等无线电基本知识的概念及其在用电信息采集与监控系统中的应用。

【正文】

无线电的相关基本概念如下：

1. 电磁波传播的速度

在真空（空气）中，电磁波的传播速度为3×10^8m/s，等于光的速度。光速通常用英文字母c来表示，而电磁波的速度常用v来表示，它们之间的关系如下

$$v=c/\sqrt{\varepsilon_r\mu_r}$$
$$c=3\times10^8\,\text{m/s}$$
（ZY2000101001-1）

式中 ε_r——相对介电常数，F/m；

μ_r——相对磁导率，H/m。

2. 介质、介电常数和磁导率

所谓介质也叫媒质，例如空气、水、油、金属等各种物质通称为介质。当电磁波在这些物质中传播时，不同的介质对电磁波的影响是不一样的，这种介质对电场的影响就用它的介电常数ε来表示，而对磁场的影响就用它的磁导率μ来表示。不同的介质有不同的ε和μ，也就体现了不同介质对电磁波的影响是不同的。如果介质中ε和μ到处都是一样的（即不随位置不同而变化），则称这种介质为均匀介质，否则叫非均匀介质。为了使用上的方便，规定了相对介电常数ε_r，它是介电常数ε与真空中的介电常数ε_0的比值，即$\varepsilon_r=\varepsilon/\varepsilon_0$，$\varepsilon_0=1/36\pi\times10^{-9}$ F/m。同样也规定了相对磁导率μ_r，它是磁导率μ与真空中的磁导率μ_0的比值，即$\mu_r=\mu/\mu_0$，$\mu_0=4\pi\times10^{-7}(\text{H/m})$。不同介质的$\varepsilon_r$相差很大，而$\mu_r$除去铁磁性介质外，几乎等于1。在实际的工程设计中，常常用到相对介电常数ε_r，表ZY2000101001-1给出了几种常见介质的相对介电常数。

表ZY2000101001-1　几种常见介质的相对介电常数

介质名称	ε_r	介质名称	ε_r	介质名称	ε_r	介质名称	ε_r
空气	1	聚乙烯	2.2～2.4	聚四氟乙烯	2	高频陶瓷	7.0～8.0
变压器油	2.1～2.4	聚苯乙烯	2.4～2.6	碱玻璃	6.5	高频滑石瓷	6.0～6.5
乙醇	2～5.7	聚氯乙烯	3.3	石英玻璃	4.5		
石蜡	1.9～2.2	云母	7	有机玻璃	2.5～2.7		

3. 频率

所谓频率就是每秒钟变化（或振动）的次数，无线电波的频率即它每秒钟变化的次数。无线电波的频率是由产生电磁波的高频电流的频率决定的，此高频电流又是由发射机产生的。频率用f表示，有时也采用角频率ω，$\omega=2\pi f$。

4. 波长、频率、周期、波速间的关系

频率高不等于跑得快，也不等于速度大。在相同介质中，波的速度是一样的，这就像两个高矮不

同的运动员用同样时间跑完了相同距离一样，只是高个子运动员用的步数少，而矮个子运动员用的步数多。高个子运动员迈一步用的时间长，但距离大；矮个子运动员迈出一步用的时间短，但迈出去的距离也短。跨一步用的时间，就相当于电磁波的周期，即完成一次振动所需要的时间，用 T 表示；而一步迈出的距离，就相当于电磁波的波长，也就是电磁波在一个周期的时间内所传播的距离，用 λ 表示。

5. 无线电波的频段及其划分

所谓频段，简单讲是指一定的频率范围，也就是人为地把无线电波的频率（或波长）划分成一个一个区段，并且在每一个区段给它们起个名字，这个名字用英文单词的首字母缩写来表示，例如 VHF 就是由 very high frequency 而来的。在表 ZY2000101001-2 中列出了无线电波的频段划分，并列出它的名称、主要用途、传播方式及电磁波传播时的用途。

表 ZY2000101001-2　　无线电波频段划分

按波长划分的名称	频率、波长范围	按频率划分的名称	主要传播方式	主要用途
超长波（万米波）	3～30kHz 100 000～10 000m	甚低频（VLF）	天波、地波，以地波为主	长距离通信
长波（千米波）	30～300kHz 10 000～1000m	低频（LF）	天波、地波，以地波为主	长距离通信、导航
中波（百米波）	300～3000kHz 1000～100m	中频（MF）	天波、地波	广播、导航、海上移动通信、地对空通信
短波（十米波）	3～30MHz 100～10m	高频（HF）	以天波为主	中、长距离通信，广播
超短波（米波）	30～300MHz 10～1m	甚高频（VHF）	天波、直射波、地面反射波	短距离通信、电视、雷达、宇宙研究
微波　分米波	300～3000MHz 1～10cm	特高频（UHF）	天波 直射波	通信、雷达电视、气象、卫星等
微波　厘米波	3～30GHz 10～1cm	超高频（SHF）	天波 直射波	雷达、导航、中继通信、卫星、电视
微波　毫米波	30～300GHz 1cm～1mm	极高频（EHF）	直射波	雷达、通信、宇宙研究
亚毫米波	300～3000GHz 1～0.1mm		直射波	

6. 频道和频段的关系

频段通常包括许多个频道，例如 VHF 频段就包含有 12 个频道。所谓频道，就好比马路分成几股道，有快车道、慢车道、自行车道等。对于每条道都有一定的宽度要求，太宽了虽然车辆行驶方便，但造价高，占地多；太窄了车辆行驶不便，容易出事故，所以每条道必须有一个合适的宽度。对频道来说，需要一个合适的频率范围，这个范围叫频道的带宽。

7. 天线及其作用

天线就是能够辐射或接收电磁波的装置，也可以说是一种能量转换装置，即将电磁波（或高频电流）转换成高频电流（或电磁波）的装置。把高频电流转换成电磁波向空中辐射的天线叫发射天线，而将空中接收的电磁波转换成高频电流送往接收机（比如收音机、终端机）的天线叫接收天线。实践和理论都证明，对同一副天线来说，它作发射用时与作接收用时的性能是一样的。

以终端机为例，电台就是把数据信号变成高频电流，通过馈线把它送到天线上，天线把这种高频电流变成电磁波辐射到空间去；接收天线又把空中的电磁波接收下来还原成电台发射机送出来的高频电流，将它沿着馈线送入终端机。

除此之外，天线还有两个重要作用：① 它可以帮助提高终端机的灵敏度，如在边远地区信号很弱，但是若配上一副高增益的天线，照样可以满意地接收信号；② 它有识别电磁波的作用和提高抗干扰的能力。空间有各种各样的无线电电磁波，它们都会在天线上或强或弱地感应出电压。如果把天线设计在所要求的频率上，则该频率电磁波感应的电压最大，这就相当于把需要的电磁波从许许多多频率的电磁波中挑出来了。另外，人们可以把天线的增益做得很高而且方向性很强，其他方向来的干扰波被天线抑制，进不了终端机，达到了抗干扰的目的。

8. 天线的主要参数

天线的主要参数有辐射方向图、增益、半功率波瓣宽度、输入阻抗、频带宽度和前后辐射比等。

9. 辐射方向图

天线方向图也叫天线辐射方向图，就是天线能够接收空间各方向上来波的情况。在天线作为发射天线使用时，就是向空间各方向发射电磁波的情况。对同一副天线而言，作为接收和发射时，其参数都是相同的（不包括有源天线和铁氧体天线）。为了进一步说明方向图的含义，以发射天线为例来说明。假设放在空间的一副天线，它向空中四面八方辐射能量，测量出它向 6 个方向发射的能量（见表 ZY2000101001-3）。

表 ZY2000101001-3　　某天线向 6 个方向发射的能量

方向	东	西	南	北	上	下
数值（mV）	10	0.5	1	3	0	0

在不同方向上发射的能量大小不同，将其画出来所得到的图，叫作方向图。由这个图可清楚地看出，天线向东发射的能量最多。天线用作通信时，就要将此方向对准接收的地点。接收天线必须对准来波方向，否则就收不到信号，因为发射天线严格按照天线方向图发射能量。若测出天线向周围各个方向发射能量的情况，这样画出来的图形就是个立体图，如图 ZY2000101001-1 所示是半波振子的方向图。天线的立体方向图是很复杂的，不易表示，所以一般都采用两个主振子面内的方向图来表示。比如，放在自由空间的基本振子天线的方向图，往往采用一个通过振子轴的平面（也叫铅垂面或 E 平面）和一个通过振子中心并与振子轴线垂直且与地面平行的平面（也叫作水平面或 H 平面）来描述方向图，如图 ZY2000101001-2 所示。

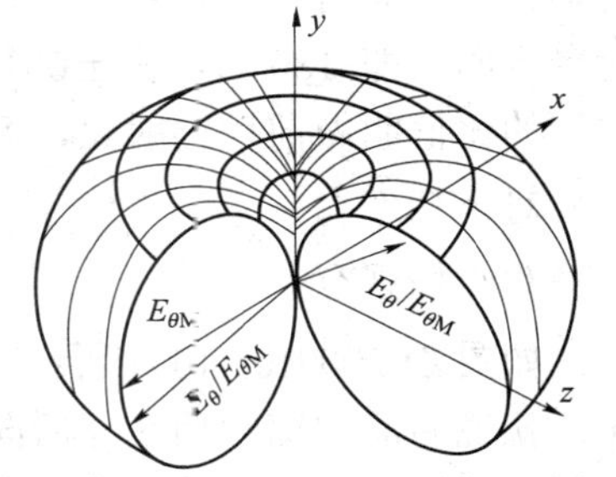

图 ZY2000101001-1　半波振子方向图

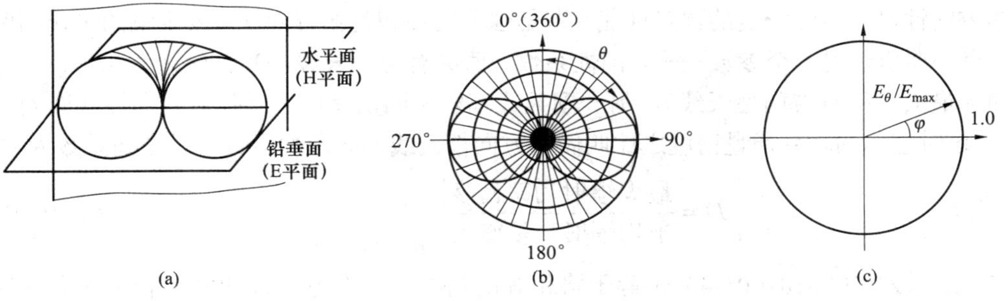

图 ZY2000101001-2　天线的方向图

（a）两个特殊平面；（b）基本振子在铅垂面（E 平面）内的方向图；（c）基本振子在水平面（H 平面）内的方向图

由图 ZY2000101001-2（b）可以看出，基本振子在铅垂面内的方向图是一个∞字形，而在水平面内的方向图是一个圆。如图 ZY2000101001-2（c）所示，这说明基本振子在水平面内向四周辐射的能量处处相等，这种情况叫作没有方向性。假设以一定功率发射的天线，在距离相等而方向角不同的地方测得大小不同的场强，这样画出的方向图称之为此天线的场强方向图；若测得的值是随方向而变化的功率，则所画出的方向图称为功率方向图。如果没有特殊说明，通常所说的方向图都是指功率方向图。方向图就是天线辐射的功率（或场强）在空间随角度的分布曲线。不同的天线，曲线是不同的，画出来的曲线像花朵一样，有大小不同的瓣，这些瓣叫作波瓣。特别大的瓣称为主瓣，其余的小瓣称为副瓣，主瓣后面的副瓣又称为后瓣。方向图主瓣窄而长的天线必然是方向性很好的天线，显然用它来进行定向发射（或接收）是很好的，如图 ZY2000101001-3 所示。

10. 半功率波瓣宽度

半功率波瓣宽度也叫作半功率波束宽度，它是指功率方向图中，相对于最大波瓣（也叫主瓣，它是天线的最大辐射方向）的最大值下降一半时波瓣宽度。对于场强方向图而言，是相对于最大波瓣（即主瓣）的 0.707 时的波瓣宽度（见图 ZY2000101001-3）。图 ZY2000101001-3 中 E_{max} 表示最大波瓣的最大值，即天线的最大辐射方向；$2\theta_{0.5}$ 表示半功率波瓣宽度，$2\theta_0$ 表示功率的主方向图辐射波瓣宽度。水平面内的半功率波瓣宽度用 $2\theta_{0.5E}$（或 $2\theta_{0.707}$）表示；铅垂平面内的半功率波瓣宽度，用 $2\theta_{0.5H}$（或 $2\theta_{0.707}$）表示。从图 ZY2000101001-3 中可以看出，$2\theta_{0.5}$ 的大小，就能反映出方向图尖锐的程度，也就表示出了该副天线的方向性。$2\theta_{0.5}$ 越小，说明该天线定向接收（或辐射）的能力越强，因此，其他方向接受的能力差。

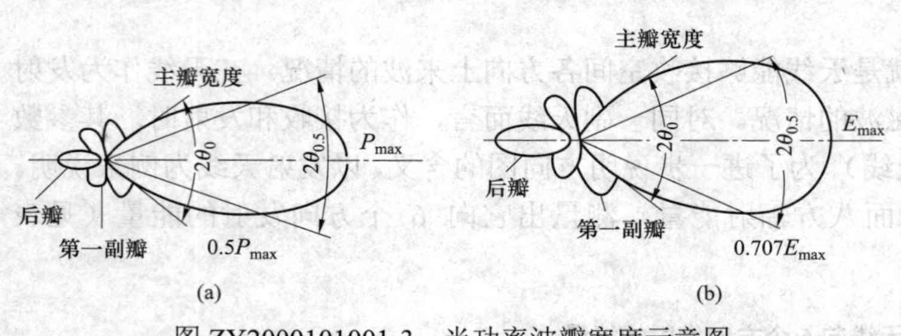

图 ZY2000101001-3　半功率波瓣宽度示意图
（a）功率图；（b）场强图

11. 前后辐射比

前后辐射比是说明一副天线排除后向干扰的能力，以终端接收天线为例，将它能接收最大功率（或场强）的方向对准发射台（假设 0° 方向），此时收到的功率（或场强）值为 P_1（或 E_1），然后背向发射台方向（即 180°），在 ±60° 范围内，找到一个相应的最大功率（或场强）的值为 P_2（或 E_2），将它们的比值叫做前后辐射比，习惯上用分贝（dB）表示。

对于功率有
$$F/B(\text{dB}) = 10\lg P_1/P_2 \qquad \text{(ZY2000101001-2)}$$

对于场强有
$$F/B(\text{dB}) = 20\lg E_1/E_2 \qquad \text{(ZY2000101001-3)}$$

如图 ZY2000101001-4 所示，当前后接收能量一样大时，则 $P_1/P_2=1$ 或 F/B（dB）=0；如果 F/B（dB）= 20，就说明前向辐射功率与后向辐射功率之比为 100。由此看来，前后辐射比越大越好，越大就说明一副天线后向辐射越差，排除向后干扰的能力越强。

12. 天线的增益

天线的方向性可以定性天线的辐射性能，即是强方向性还是弱方向性，要定量的来说明两副天线的方向性，则有必要引进另一个参数——方向性系数。假如有两副天线，其辐射功率相等，一副天线在某方向辐射功率最大（称有方向性天线），另一副天线辐射相同功率但没有任何方向性（即向周围各方向均匀辐射），这时它们的功率通量密度之比叫做有方向性天线的方向性系数。设方向系数为 D，则有

$$D = \left.\frac{\text{最大辐射功率密度}}{\text{平均辐射功率密度}}\right|_{\text{两副天线辐射功率相同}} \qquad \text{(ZY2000101001-4)}$$

实际上，式（ZY2000101001-4）也等于将相等的功率进行有方向性的发射和无方向性的发射，在最大辐射方向上进行测量，看有方向性天线比无方向性天线的优势。显然，方向图很窄的天线，在最大方向上所测得的功率（功率密度）大，说明能量更集中，D 值必然大。天线输入的功率并不能无损耗地发射出去，它自身也有一定的消耗（比如热损耗），所以就有个天线效率的问题，方向性系数 D 和天线效率的乘积，叫做天线增益，用英文字母 G 表示，它能更全面地反映天线的特性

$$G = \eta D \qquad \text{(ZY2000101001-5)}$$

增益不仅考虑了天线方向性的强弱，而且也考虑了天线的功率损失。两副天线，本身的方向系数相同，由于效率不同，增益也不相同。

半功率波瓣宽度越窄，后瓣电子和旁瓣电子越小，天线的增益就越高。对于终端接收天线来说，希望它的增益越高越好。因此，制造出高增益的接收天线是非常重要的。方向性系数常以分贝为单位来表示

$$D(\text{dB}) = 10\lg D$$

13. 分贝

分贝就像百分比一样，它是用以衡量、比较如功率、电压、电流等物理量大小的一个量。比如有两副天线，一副的接收功率为 10W，另一副做同样的接收则只收到 5W，哪副天线的接收能力强?强的数量概念是怎样的?可用下式说明

$$\text{分贝数 (dB)} = 10\lg\frac{P_{10}}{P_5} = 10\lg\frac{10\text{W}}{5\text{W}} = 3\text{dB} \qquad \text{(ZY2000101001-6)}$$

式中 P_{10}、P_5——两天线相应的功率。

14. 天线的效率

天线效率表示输送到发射天线上的能量是不是全都作为辐射能量向空中发射了，天线效率可用下式表示

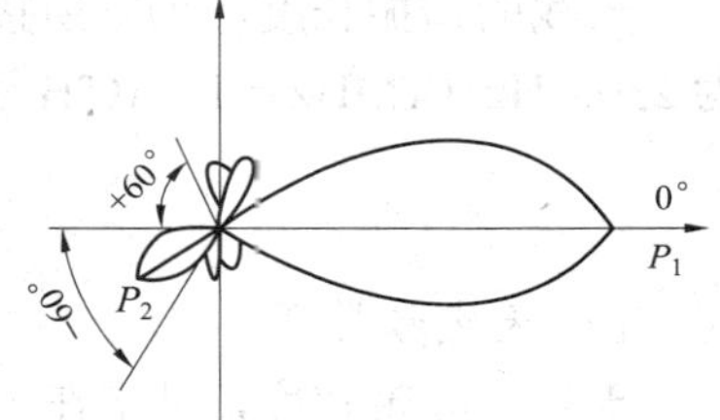

图 ZY2000101001-4 功率方向示意图

$$\eta_A = \frac{P_\varepsilon}{P_A} \qquad \text{(ZY2000101001-7)}$$

式中 P_A ——输送到天线 A 上的总功率；

P_ε ——天线辐射出去的功率。

$$P_\varepsilon = 100 - 1 = 99(\text{W}),\ \eta_A = 99/100 = 99\%$$

显然，$P_A - P_\varepsilon$ 就代表了天线 A 损耗的功率，它损耗的功率越多，P_A 和 P_ε 的差额越多，天线的效率就越低，天线转换能量的本领就越差。比如，发射机送给发射天线的功率是 100W，这 100W 功率不可能通过天线全部辐射到空间去，还有其他损耗，比如天线发热就要损耗一些能量等。假如损耗了 1W，那么，可以说这副天线的效率是 99%。如果损耗很小，可以忽略不计，那么 $\eta_A \approx 1$，因此这时所说的天线增益就等于天线的方向系数。

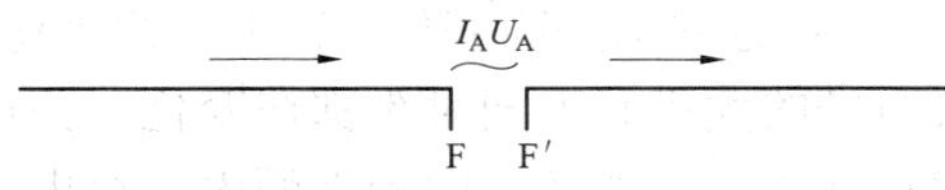

图 ZY2000101001-5 对称振子示意图

15. 天线的输入阻抗

大多数天线都有两个端点（单极天线有一点为地），这两个端点叫天线的输入端。如图 ZY2000101001-5 所示是对称振子的示意图。FF′就是对称振子天线的输入端，天线的输入阻抗就是天线的输入端（又叫馈电点）FF′两点间的高频电压 U_A 和该点的高频电流 I_A 的比值

$$Z_A = \frac{U_A}{I_A} R_A + \text{j}X_A \qquad \text{(ZY2000101001-8)}$$

可见，天线的输入阻抗包括两部分，实数部分叫做天线的输入电阻，虚数部分叫做天线的输入电抗。天线的输入阻抗是一纯电阻，此时天线处于谐振状态，不同长度天线的输入阻抗是不一样的，如图 ZY2000101001-6 所示。

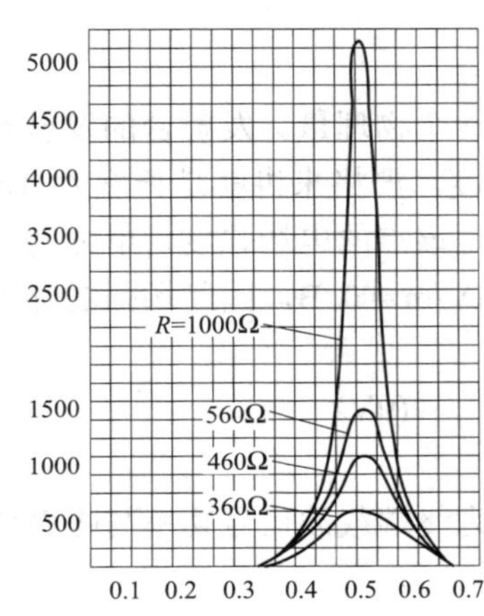

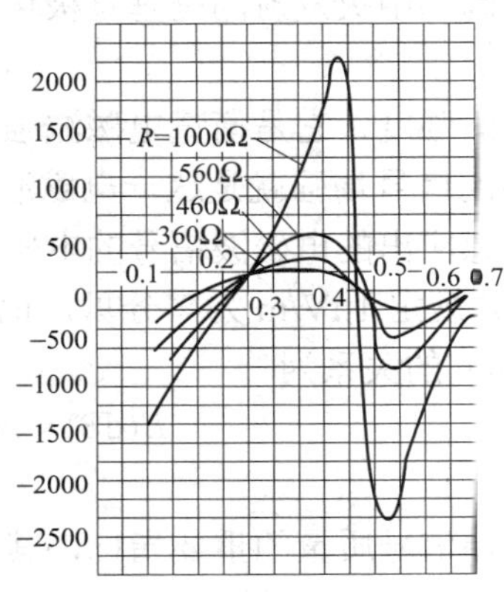

图 ZY2000101001-6 对称振子输入阻抗曲线

16. 谐振

谐振又叫共振，通俗地讲叫“合拍”。日常生活中有许多共振现象可以帮助我们理解天线的谐振。玩秋千时，假如人体用力的节奏与秋千来回摆动的节拍一致时，秋千就会越荡越高；再如挑水，当人体的步伐与扁担的颤动次数一致时，人就会感到扁担很轻，这些都是共振现象。

天线理论和实践告诉我们，天线的长度约等于所接收频率的半个波长（对称天线）或1/4波长（不对称天线），或者是波长的整数倍时，天线就发生谐振，它的输入阻抗 $Z_A = R_A, X_A = 0$ 。这时效果最好，此时的天线长度 L 称为谐振长度。

天线的谐振长度，为它所接收的那个频道的中心频率的波长就行了。比如说在八频道，中心频道为230MHz（$1\text{MHz} = 1\times10^6\text{Hz}$），那么该频道的天线长度为

$$L = \frac{\lambda}{2} = \frac{C}{2f} = \frac{3\times10^8}{2\times187\times10^6} \approx 0.8(\text{m}) \qquad (\text{ZY2000101001-9})$$

17. 天线频带宽度

天线的频带宽度，是指在一定的频率范围内，必须满足一定的技术要求。例如，频率为230MHz，规定每个终端频道的宽度为8MHz，在此范围内天线的各项电性能仍然要满足要求，如驻波系数不能大于1.5，接收的最小场强值不能小于最大值的0.707倍，天线的最大辐射方向不能偏出某个角度等。一副频带特性好的天线，从单频道的要求来看，它在中心频率谐振状态工作时，所获得的各项性能指标最好，在离开中心频率后，特别是在上边频率和下边频率上，虽然由于失配其性能指标会有所下降，但不能下降到所规定的值以下。

18. 极化

所谓极化，是指天线发射的电磁波随着时间变化在空间的变化情况，无线电波的电场方向称为极化方向。通常有线极化、圆极化、椭圆极化三种。

（1）线极化、椭圆极化、圆极化。如果电场在一个周期内在一个方向上来回变化，称之为线极化。如果电场的大小和方向时刻都在变化，并在观察点处垂直于传播方向的平面内描绘出一个椭圆形状，这种电磁波称为椭圆极化波。如果电场大小不随时间变化，但其振动方向时刻在变化，则称为圆极化，这种电磁波称为圆极化波，如图ZY2000101001-7所示。

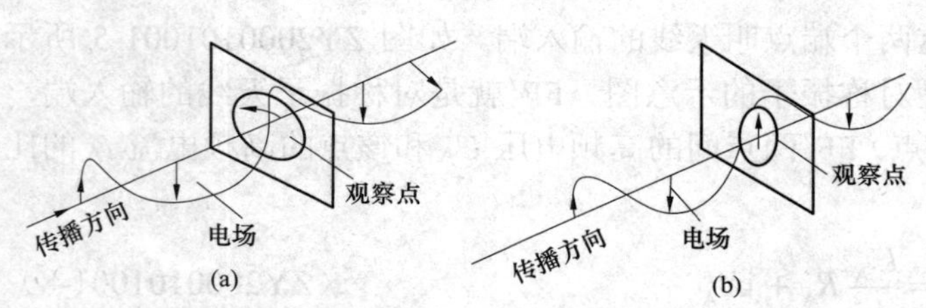

图ZY2000101001-7 圆（及椭圆）极化波示意图

（a）圆极化波；（b）椭圆极化波

（2）极化匹配。所谓极化匹配就是说如果用水平极化天线作为发射天线，那么必须用水平极化天线作为接收天线；如果用右旋天线发射，那么必须用右旋天线接收，否则就产生极化隔离，即收不到信号。我们使用的终端机接收天线都要水平安装，因为中央发射的是垂直极化波。

19. 终端机的场强

场强就是电磁场的强度，它是衡量电磁波强度的一个物理量。发射台的发射天线向空间发射电磁波，空中某点的终端的信号场强就是这一电磁波的强度。严格来讲就是长度为1m，并处于谐振状态下的半波振子天线所感应出的电磁波信号的电压值就是该点的电场强度，单位为1μV/m，用分贝数表示单位为dBμV/m，并规定1μV/m为零分贝，记作1μV/m＝0dB，因此场强的分贝值 E（dB）与所测的信号电压值（μV/m）的关系为

$$E(\text{dB}) = 20\lg E \quad (\mu\text{V}) \qquad (\text{ZY2000101001-10})$$

20. 信噪比

信噪比是衡量终端信号质量的重要指标，其定义为终端载波信号功率与噪声信号功率之比，以分贝表示为

$$\text{信噪比} = 10\lg\frac{\text{载波信号功率}}{\text{噪声信号功率}} \quad (\text{dB}) \qquad (\text{ZY2000101001-11})$$

由于终端的连接阻抗均为50Ω，所以信噪比又可以表示为

$$信噪比=20\lg\frac{载波信号电压}{噪声信号电压}\quad(\mathrm{dB})\qquad(ZY2000101001\text{-}12)$$

电磁波强度是指载波信号的电压，而对于终端机所接收到的终端信号所显示的信号质量，除与终端信号的强度有关以外，还与信噪比密切相关。信噪比越高，信号质量越好；信噪比越低，信号质量越差。

21. 隔离度

用户之间、各种无源器件和部分有源器件输入、输出端子之间必须有良好的隔离，做到互不影响、互不干扰。隔离度就是衡量这些端子之间和用户之间相互隔离的程度，所以隔离度越大，表示相互影响的程度越小；隔离度越小，说明相互影响越大。我国规定隔离度应大于或等于22dB。

隔离度又分为多种，例如，分支器的隔离度分为相互隔离和反向隔离。相互隔离是指分支器的分支输出端之间的隔离程度，即在一个分支输出端输入一个信号，而在另一分支输出端测得该信号的电平值应比输入信号的电平值低22dB。反向隔离是指分支器输出端和输入端之间的隔离程度，即从分支器输出端输入一个信号，而从输出端测得该信号电平值应比输入信号的电平值低22dB。一般系统的隔离度是由各种无源器件的隔离度来保证。

【思考与练习】

1. 场强的概念？
2. 什么是驻波比？
3. 什么是天线的增益？
4. 什么是天线的效率？

模块2 无线电波传输（ZY2000101002）

【模块描述】本模块介绍无线电波的产生、特性及其传播特点。通过理论讲解和特点的介绍，了解无线电波传输的基础知识和一般规律，掌握其在用电信息采集与监控系统中的应用。

【正文】

一、电磁波及其产生

电磁波是在空间传播的交变电磁场，或者说，电磁波就是电和磁交变的振动和能量的传播形式。它占据空间，具有能量、动量、质量。要产生电磁波，必须有一个波源，由波源提供能量，在媒质中进行传播。实际上，只要有频率很高的电流流过导线，导线周围就产生变化的电场，同时在其附近还要产生一个变化的磁场；这个变化的磁场，又同时在其附近产生一个变化的电场；新产生的这个变化的电场，同时在附近产生变化的磁场……这样就形成一个辐射的电磁场向外传播开去。这种情况很像水的波纹一样，但是这种波是由电场和磁场构成的；交变电场产生交变磁场，交变磁场产生交变电场，二者同时存在，不可分割，所以这种波叫电磁波。

二、电磁波的特性

1. 电磁波的特性

（1）电磁波是高速运动着的物质，它在真空中的传播速度为3×10^5km/s。

（2）电磁波没有静止的质点，它看不见、摸不着、嗅不到。

（3）同一空间可以有无限多的电磁波同时存在。

正弦波是一种规则的、起伏的、平滑的、形状不断重复的波。这种波随时间按正弦规律变化，如图ZY2000101002-1所示。正弦波是最简单的波形，也是最重要的波形，它是研究各种无线电波的基础形式。但无论什么样的无线电波，都有频率和波长两个基本参数，频率用 f 表示，单位为赫兹（简称赫），用Hz表示。实际应用中，常常需要使用更大的单位：千赫兹、兆

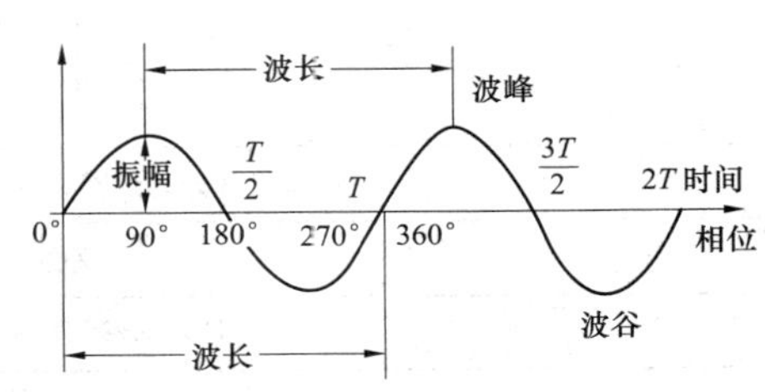

图 ZY2000101002-1 正弦波波形

赫兹，它们之间的关系是：1kHz = 1000Hz；1MHz = 1000kHz = 10^6Hz。

正弦波具有振幅、频率、相位三个要素。振幅是波峰（或波谷）到横坐标的距离；频率是单位时间内完成振动的次数；相位用以表征波形上各点的相对位置，它是用角度的大小来表示的，从一个波峰（或波谷）到下一个波峰（或波谷）的相位差为360°（2π 弧度）。频率的倒数称为周期。显然，周期是波振动一次需要的时间，也就是从一个波峰（或波谷）到下一个波峰（或波谷）经过的时间，用 T 表示，单位为 s。实际应用中，无线电波周期的数值往往比较小，需要使用更小的单位，它们之间的关系是

$$1\text{ms} = \frac{1}{1000}\text{s}$$

$$1\mu\text{s} = \frac{1}{1000}\text{ms} = \frac{1}{1\,000\,000}\text{s}$$

另一个基本参数是波长。波长指波在一个振荡周期内传播的距离，用希腊字母 λ 表示，单位为 m。波长取决于振荡的频率和波的传播速度，即

$$\text{波长}（\lambda）= \frac{\text{波速}（c）}{\text{频率}（f）} \quad （ZY2000101002\text{-}1）$$

任何频率的无线电波，在真空中传播的速度均相同，波速可视为一个常数。因此，波长和频率是成反比例的；波长越短的无线电波，其频率越高；波长越长的无线电波，其频率越低。

在电磁波种类中，有无线电波和光波两个“支系”。它们有着共同的特点，都是在空间传播的交变电磁场，都有极高的传播速度，只是波长、频率不同。无线电波首先被人们认识，它的波长为100km～0.75mm。无线电波按波长可划分为超长波、长波、中波、短波、超短波（米波）和微波（包括分米波、厘米波、毫米波）几个波段。如果按频率划分，则分为甚低频、低频、中频、高频、甚高频、特高频、超高频和极高频几个频段。无线电波的波段划分和应用见表 ZY2000101002-1。

表 ZY2000101002-1　　无线电波的波段划分和应用

波段（频段）	波　长	频　率	应用范围	波段（频段）	波　长	频　率	应用范围
超长波（甚低频）	10～10 000m	3～30kHz	（1）海岸–潜艇通信。 （2）海上导航	中波（中频）	1000～100m	300kHz～3MHz	（1）广播。 （2）海上导航
长波（低频）	10 000～1000m	30～300kHz	（1）大气层内中等距离通信。 （2）地下岩层通信。 （3）海上导航	短波（高频）	100～10m	3～30MHz	（1）远距离短波通信。 （2）短波广播

波长在0.75mm以下的电磁波，统称做光波。在可见光之外，人们又先后发现了红外线、紫外线、伦琴射线（X 射线）、丙种射线（γ射线）等看不见的“光”。光波的波长由于比无线电波更短，通常用微米和更小的光波单位埃（Å），1Å 等于 10^{-8}cm。光波的波段划分见表 ZY2000101002-2。

表 ZY2000101002-2　　光波的波段划分

名　称		波　长
红外线	远红外线	15～750μm
	中红外线	1.5～15μm
	近红外线	0.76～1.5μm
可见光（分为红橙黄绿青蓝紫7种）		0.76～0.4μm
紫外线		0.4～5000Å
伦琴射线（X射线）		5000～4Å
丙种射线（γ射线）		4Å 以下

2. 电磁波的特点

电磁波可以上天入地，穿墙越壁，这是因为它既可以在真空中传播，也能在媒质中传播。电磁波从一种媒质进入另一种媒质时，会产生反射、折射、绕射和散射现象，速度同时要发生变化，不同媒质对一定频率的电磁波还具有吸收作用。电磁波的传播情况和电流不同，电流一般在导体中“流动”，而电磁波在理想导体中是不能传播的，金属壳体能够吸收电磁波，起“屏蔽作用”；相反，电磁波在绝缘的介质中容易传播。电磁波在传播过程中，由于能量的扩散和媒质的吸收而逐渐减弱，离开波源越远电磁波的强度越小。

3. 无线电波的传播方式和特点

无线电波的 4 种主要传播方式如下：

（1）地波。沿地面传播的无线电波叫地波，又叫表面波，如图 ZY2000101002-2 所示。波的波长越短，越容易被地面吸收。因此，只有长波和中波能在地面传播。地波不受气候影响，传播上比较稳定可靠。但在传播过程中，能量被大地不断吸收，因而传播距离不远，地波适宜在较小范围里的广播和通信业务使用。

（2）天波。经过天空中电离层的反射或折射后返回地面的无线电波叫天波，如图 ZY2000101002-3 所示。电离层是地球上空 40～800km 高度电离的气体层，包含有大量的自由电子和离子，这主要是由于大气中的中性气体分子和原子受到太阳辐射出的紫外线和带电微粒的作用所造成的。电离层能反射电磁波，对电磁波也有吸收作用，但对频率很高的电磁波吸收的很少。地球上空短波无线电波是利用电离层反射传播的最佳波段，可以借助电离层像镜子一样地反射传播；被电离层反射返回地面以后，地面又把它反射到电离层，然后再被电离层反射到地面，经过几次反射，可以传播很远。

在一年的各个季节和一昼夜的不同时间，电离层都有变化，影响电磁波的反射，因此天波传播具有不稳定的特点。白天，电离作用强，中波无线电波几乎全部被吸收掉，在收音机里难以收到远地中波电台播音；相反，夜晚收听到的中波广播台数就比较多，声音也比较清晰。电离层对短波无线电波吸收得比较少，白天和晚上都能收到短波广播。但是，由于电离层总处在变化之中，反射到地面的电磁波有强有弱，短波播音便出现了忽大忽小的衰落现象。太阳黑子爆发会引起电离层的骚动，增加对电磁波的吸收，甚至会造成短波通信的暂时中断。

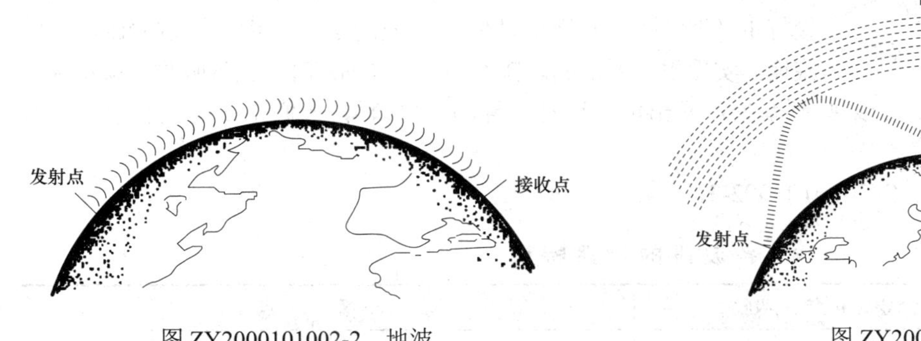

图 ZY2000101002-2 地波

图 ZY2000101002-3 天波

（3）空间波。从发射点经空间直线传播到接收点的无线电波叫空间波，又叫直线波，如图 ZY2000101002-4 所示。空间波传播距离一般限于视距范围，因此又叫视距传播。超短波和微波不能被电离层反射，主要是在空间直接传播的。

空间波的传播距离很近，又容易受到高山和大的建筑物阻隔，为了加大传输距离，就要把发射天线架高，做成大铁塔。尽管这样，一般的传输距离为 50km 左右。

微波接力通信是利用空间波传输的一种通信形式。由于微波的频率极高，频带极宽，能够传送大容量的信息，微波通信被广泛应用。为了加大传输距离，在传送途中，每隔一定距离都要设立一个接力站，像接力赛跑一样，把信息传到远处，如图 ZY2000101002-5 所示。

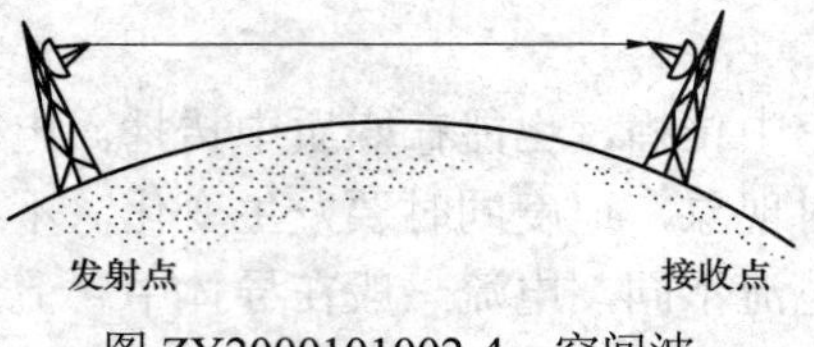

图 ZY2000101002-4　空间波

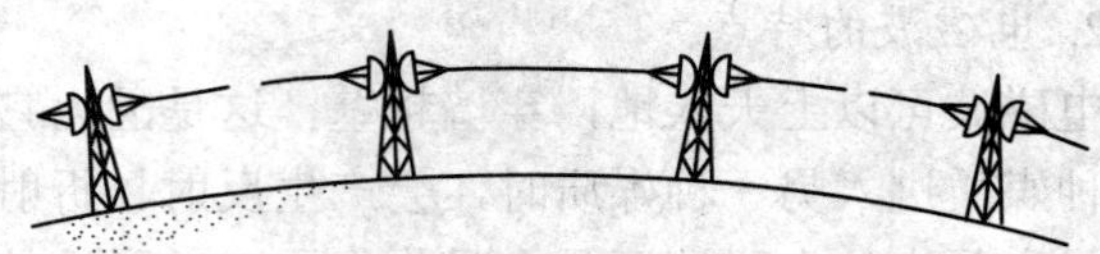
图 ZY2000101002-5　微波接力通信

（4）散射波。对于那些无法建立微波接力站的地区，像沙漠、海疆、岛屿之间的通信，可以利用散射波传递信息。电离层和比电离层低的对流层等，都能散射微波和超短波无线电波，并且可以把它们辐射到很远的地方去，从而实现超视距通信。图 ZY2000101002-6（a）所示是对流层散射通信的示意图，图 ZY2000101002-6（b）所示是电离层散射通信的示意图。散射信号一般很弱，进行散射通信要求使用大功率发射机、高灵敏度接受机和方向性很强的天线。

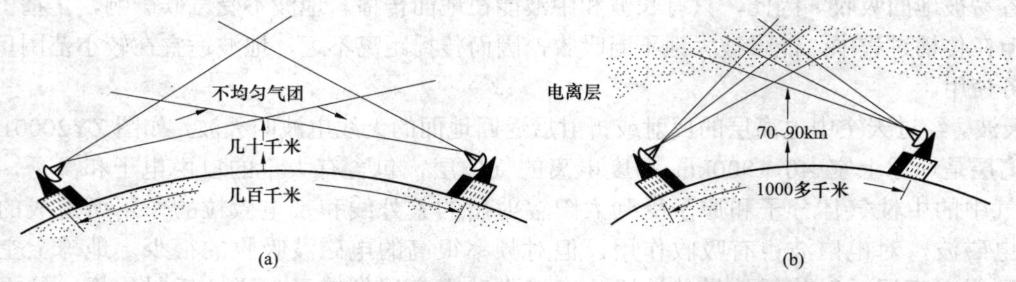

图 ZY2000101002-6　对流层散射通信和电离层散射通信
（a）对流层散射通信；（b）电离层散射通信

除了上面介绍的 4 种方式外，超短波无线电波还可利用流星余迹传播。在大气层中，每天约有 30 亿个流星坠入。流星进入大气时，在 80～120km 的高空中产生的电离空气柱，称为流星余迹。利用流星的这个“尾巴”反射无线电波而进行的远距离通信，叫流星余迹通信，如图 ZY2000101002-7 所示。这是一种快速通信方式，具有稳定性好、保密性强的优点。微波里一定频率范围的电磁波具有“钻空子”的本领，它能顺利地穿透电离层，而很少受到大气层中氧分子和水分子的吸收作用。现在认为，4～6GHz 是大气层最好的电磁波“窗口”，是探索太空的最好的“通道”。人们正是借助微波的这一特性，迈进漫游星空的旅途，实现卫星通信的。频率高于 10GHz 时，大气吸收衰减增大。但在更高的频段——毫米波段的某些频率处，又出现了这种奇异的“窗口”，人们正在研究利用它们实现远距离通信。

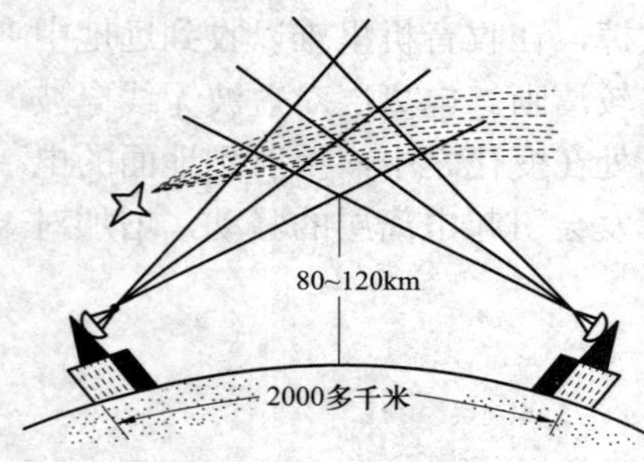

图 ZY2000101002-7　流星余迹通信

各波段的传播特点见表 ZY2000101002-3。

表 ZY2000101002-3　　　　各波段的传播特点

波　段	电离层对电磁波的吸收	传播特点
超长波、长波	弱	主要靠表面波传播，有绕射能力，可以沿地面传播很远。也可以利用电离层的下缘传播
中波	白天很强，几乎被呼吸（吸收）完；夜间很弱	沿地面传播，可达数百千米。夜间还可靠天波传播很远。所以传播距离白天比较近，夜间比较远
短波	白天对较长波长强，对较短波长弱；夜间很弱	主要靠天波传播，经电离层多次反射，能传播很远距离，但接收信号有衰落现象。沿地面传播损耗很大，只能在近距离传播
超短波	电离层不起反射作用，电磁波能穿透电离层	主要靠空间波传播（视距传播），传播距离不远。电离层散射和流星余迹传播，能传几千千米
微波		直线传播距离很近，有频带宽、信息容量大的特点，用接力方式传播能传很远距离。对流层散射传播能达几百千米，卫星传播能传到全球各地

无线电广播、无线电通信、无线遥控、遥测等都是利用无线电波的方式来传送信号的。由于被传送的信号频率都较低，直接将这些低频信号通过天线辐射到空间去，天线的长度需要很长，否则辐射效率很低，而且即使信号被辐射出去，因各种信号频率相差无几，在空间混杂在一起，接收者也无法选择所需的信号。因此，目前的无线电系统中，通常是先将这些低频信号“加载”到高频振荡上，然后通过天线向空间辐射，这样天线的尺寸可以缩小。同时，由于可将各种低频信号加载于不同频率的高频振荡上，所以各种信号之间就不会互相干扰。

所有信息的低频信号，一般常称为控制信号。载运控制信号的高频振荡称为载波，产生高频振荡的设备叫做高频振荡器。将控制信号加载到高频振荡器上，使高频振荡器的电参数（如振幅、频率、相位）按控制信号的强弱而变化的过程称为调制。经过调制后的高频振荡称为“已调信号”（或称“已调波”），将已调信号送至天线，就可向空间辐射。调制一般可分为三种，一种叫调幅波，另两种称为调频波和调相波。

高频振荡（载波）的振幅随控制信号电压变化的调制方式叫“调幅”，经调幅后的已调信号称为调幅波。与此相应，若高频振荡的频率、相位随控制信号电压变化，则分别称为“调频”和“调相”，相应的已调信号称为调频波和调相波。

与调幅波相比，调频由于高频振荡幅度不变，而且具有较高的载波功率利用系数、较高的抗干扰能力等一系列优点，对提高广播、通信质量都是十分有利的。因此调频方法广泛地应用在通信、广播、遥控、遥测等各个方面，但调频波所占的频带较宽，在同一频段中能容纳调频电台较调幅电台为少，故调频方法通常只应用在甚高频以上的频段（一般在 27MHz 以上才采用调频方法。常用频段：27～45，136～174，223～235，400～470，800，900MHz 等频段）。

我国无线电管理委员会明确规定 223～235MHz 为数据传输频段，而且将其中的某些频点划分为电力系统的用电信息采集与监控专用频率，其中双工频点 15 组，单工频点 10 组。

【思考与练习】

1. 电磁波的特性有哪些？
2. 电磁波的种类有哪些？
3. 无线波的传播方式有哪些？

模块 3　发射机原理（ZY2000101003）

【模块描述】本模块包含发射机的主要技术指标、组成及其工作原理。通过指标介绍和原理分析，掌握发射机性能、原理和主要技术指标。

【正文】

1. 发射机的主要技术指标（见表 ZY2000101003-1）

表 ZY2000101003-1　　发射机的主要技术指标

型　号	KG110	M338
调制类型	16F3	16F3
频率稳定度（$\times 10^{-6}$）	2	±5
调制灵敏度	话筒−8dBmV/600Ω	310mV±3dB
调制限制（kHz）	≤±5	≤±5
音频谐波失真	＞3%	＞3%
输出功率（W）	25～50	8～30
杂波辐射	−70dB	≤25μW

2. 发射机的组成

发射机由主振（晶振）、调制、功放等部分组成，典型的调频发射机方框原理图如图 ZY2000101003-1

所示。

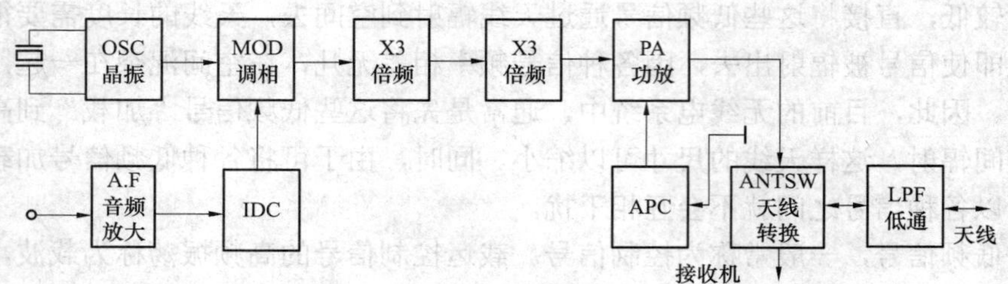

图 ZY2000101003-1 发射机方框原理图

3. 发射机电路原理分析

主振荡器的作用是产生载频，采用石英晶体振荡器作为主振源，目的是为了获得高稳定度的振荡频率，如果输出的载频信号频率发生偏移，将造成通信质量下降，甚至造成无法通信，还会引起对邻道电台的干扰。同时接收机通频带宽度也取决于发射机的频率稳定度。

（1）频率准确度。表明晶体振荡器工作频率偏离标称频率的程度。

（2）频率稳定度。表明在一定的温度变化范围，一定的时间间隔内，晶体振荡器频率与标称值的相对变化量。

（3）输出电压幅度。指一定负载上的输出电压。

（4）外界因素对晶体振荡器频率稳定度的影响。例如，负载变化，电源电压变化，环境温度变化等。

4. 石英谐振器的特点

（1）石英谐振器的等效电感 L_k 非常大，而等效电容 C_k 和 R_k 都非常小（一般 10MHz 基频晶体 $L_k \approx 10\text{mH}$，$C_k \approx 0.005\sim0.1\text{pF}$，$R_k=10\sim30\Omega$，$C_0=2\sim5\text{pF}$），等效电路如图 ZY2000101003-2 所示。

因此，石英谐振器的 Q 值非常高$\left[Q=(C_0L_k)^2/R_k\right]$，且外电路参数的变化对晶体振荡器的频率影响比一般的 LC 振荡器要小得多，可以达到 $10^{-6}\sim10^{-4}$。

（2）石英晶体具有两个谐波频率，其中一个是晶体的串联谐振频率 f_s；另一个是并联谐振频率 f_p，如图 ZY2000101003-3 所示电抗频率特性可以看出，当 $f_s < f < f_p$ 时，晶体呈电感性，其余呈容性

$$f_s=\frac{1}{2\pi\,(L_k+C_k)^{1/2}} \qquad \text{(ZY2000101003-1)}$$

$$f_p=\frac{1}{2\pi\left\{L_k\left[C_kC_0/(C_k+C_0)\right]\right\}^{1/2}} \qquad \text{(ZY2000101003-2)}$$

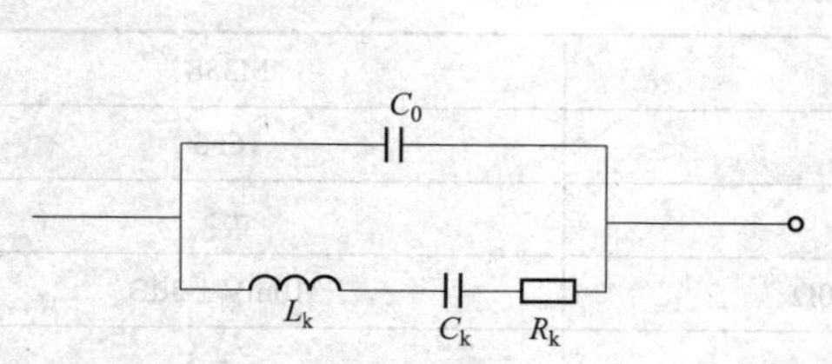

图 ZY2000101003-2 石英谐振器等效电路

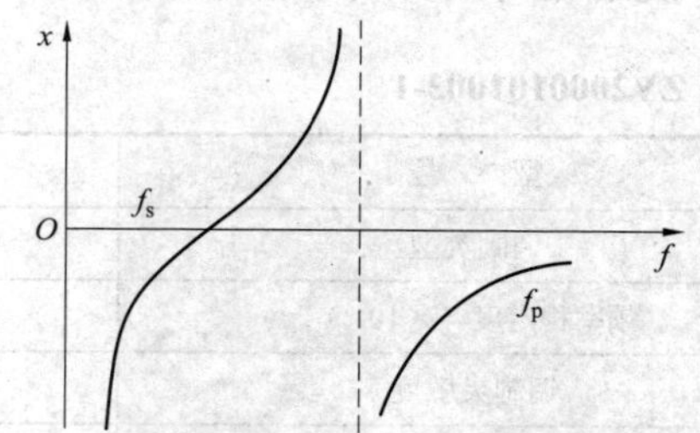

图 ZY2000101003-3 电抗频率特性

（3）在谐振频率 f_p 或 f_s 附近，相位特性变化率很高，若振荡器的工作频率落在 f_s 与 f_p 之间，就可以得到很好的频率稳定度。

由于晶体具有上述优点，所以晶体振荡器一般采用集电极接地的并联型电路把晶体作为电感接入电路。其等效电路如图 ZY2000101003-4 所示，为电容三点式振荡电路，这是典型的电容三点式振荡电路（科尔毕兹电路）。

模块3 ZY2000101003

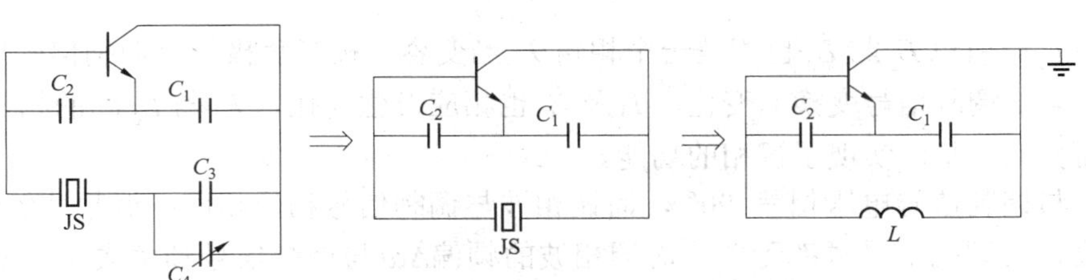

图 ZY2000101003-4 电容三点式振荡器电路

图 ZY2000101003-4 所示电路中，三点式振荡器电路是将集电极与发射极之间的电压分压到电容 C_1、C_2 上后反馈到基极发射极之间，振荡器的反馈电容 C_1 数值选得比较大，一般为 10^4～10^5pF。C_1、C_2 是产生自激振荡的反馈电容，C_1/C_2 的值较大时，电路易起振（一般 $C_1 \approx 10^5$pF，$C_2 \approx 200$～1000pF）。

另外，主振级采用共集电路，具有较强的负反馈，可使半导体管的参数对振荡频率稳定度的影响减小。

图 ZY2000101003-4 所示电路中，C_3、C_4 调整本振频率用，一般最大调节范围在 3～5kHz。

5. 调制器

调频是利用音频信号来控制高频振荡器的频率，使得振荡频率的高、低随音频信号做相应变化的调制方法。

（1）实现调频的方法归纳起来主要有两种，即直接调频和间接调频。

1）直接调频法就是用音频信号直接改变高频振荡器振荡频率的方法。振荡器的振荡频率主要取决于振荡回路的参数，如果使回路中的电感或电容随着音频信号变化而变化，那么振荡频率也就同时变化，这就达到了调频的目的。

直接调频法的优点是频偏范围较大，可获得较深的调制，而且线路也比较简单，但频率稳定度不及间接调频法。

2）间接调频是利用音频信号改变载波的相位来实现的，调制不是在振荡器内直接进行，而是在其后级实现，因此可以采用高稳定度的不加任何调制的石英晶体振荡器作为主振级。这样的间接调频法具有中心频率稳定度高的优点，但其频偏较小，不能获得较深的调制，而且线路较为复杂。为了达到所需的频偏，间接调频法一般都采用倍频方法来获得所需的频偏，因此，间接谓频法所需的倍频次数往往高于直接调频法。

（2）间接调频的典型电路——桥式调相电路。如图 ZY2000101003-5 所示，应用变容二极管的反相电压—电容特性，C_D 为 PN 结电容，U_D 为反向电压，可实现调频或间接调频，电路简单，性能良好。而采用变容二极管桥式调相电路是使用较普遍的间接调频法的一个典型例子。

桥式调相器原理如图 ZY2000101003-6 所示。

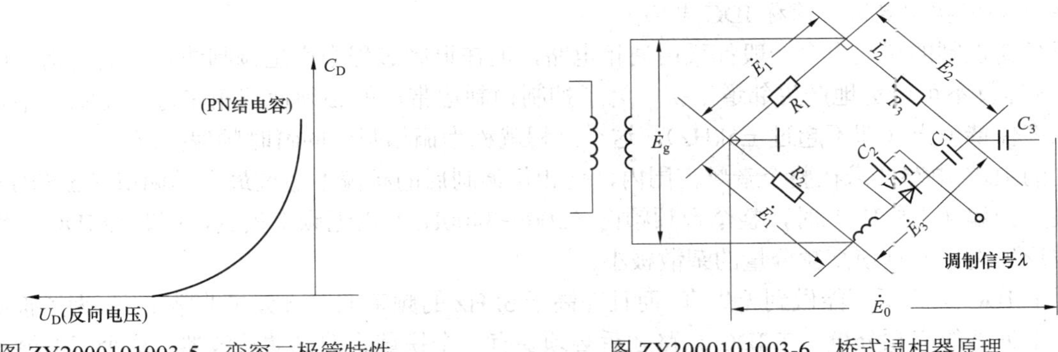

图 ZY2000101003-5 变容二极管特性　　图 ZY2000101003-6 桥式调相器原理

由 R_1、R_2、R_3 及 C_1、VD1、C_2、L_1 组成电桥 4 个桥臂，$\dot{E}_g$ 为主振耦合来的高频信号电压。其中 $R_1 = R_2 = R_3 = 47\Omega$，$\dot{E}_1 = \dot{E}_g R_2 /(R_1 + R_2) = \dot{E}_g / 2$，$\dot{E}_1$ 与 $\dot{E}_g$ 同相。

当电感、电容支路呈容性时，$\dot{I}_2$ 超前 $\dot{E}_g$ 一个相角，$\dot{E}_2 = \dot{I}_2 R_3$，则 $\dot{E}_2$ 超前 E_g 一个相角。

而 $\dot{E}_0=\dot{E}_1+\dot{E}_2$，所以 $\dot{E}_g$ 与 $\dot{E}_0$ 也相差一个相角θ。当变容二极管负极加上调制信号后，那么变容二极管所呈现的电容随调制信号变换而变化。$\dot{I}_2$ 及 $\dot{E}_2$ 也相应发生变化，$\dot{E}_g$ 与 $\dot{E}_0$ 间的相位差将随调制信号幅度的变化而变化，从而实现了调相的功能。

调频波相位与调制信号电压相差 90°，而调相波与调制信号相位相同；调频波的频偏$\Delta\omega$与调制信号幅度成正比，与调制信号频率无关，而调相波的频偏$\Delta\omega$与调制信号频率成正比增加。但是它们占有频带都为 2（$\Delta\omega+\Omega$）（式中Ω为调制信号频率）。由于上述差异的存在，利用调相技术实现调频，在无线调频技术中采用最简单的转换网络——积分电路即可实现。这个网络的特点是使调制信号相移 90°。另一种是使调制信号的幅度与调制信号的频率成反比，这样运用积分电路+调相电路就获得了调频波，用这种方法就是人们常说的间接调频法。同理，在调频电路前插入一微分电路，那么调频波就很容易地变成了调相波。

6. 倍频器

倍频器一般采用电容耦合或电感耦合的双调谐放大器。倍频器的输出双调谐回路不是调谐在输入信号的基频上，而是调频在基频信号的 n 次谐波上，因而回路上得到的不是基波而是谐波。倍频放大器不是工作在甲类工作状态，而是工作在丙类放大状态，但考虑到第一级倍频器输出信号（由调相器来）较小，故第一级倍频器一般采用甲、乙类工作状态，第二级采用丙类工作状态。

图 ZY2000101003-7 所示为第一、第二级倍频器的电原理图。

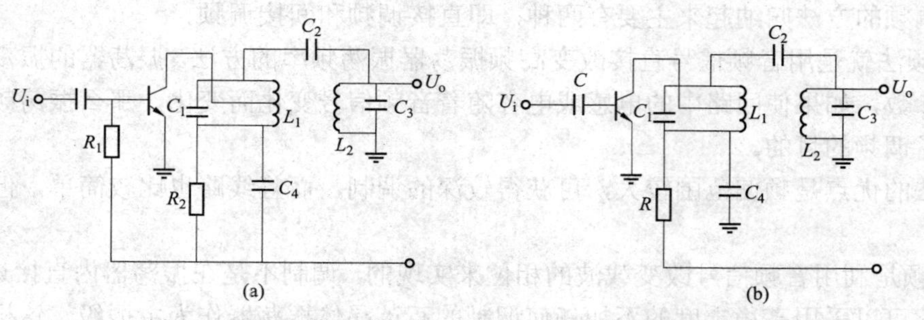

图 ZY2000101003-7 第一、第二级倍频器的电原理图

（a）甲、乙类放大；（b）丙类放大

倍频器的倍频次数与导通角有如下关系：最佳导通角 $\theta=120°/n$（n 为倍频次数）。

导通角取决于半导体管的直流工作点和输入激励电平值。倍频器必须有足够的激励电平，由于倍频器的集电极回路调谐在 n 次谐波上，当倍频次数为 n 时，倍频器在最佳工作条件下。倍频器的输出功率只有放大器功率的几分之一，因此 $n>3$ 的倍频器很少采用。同时倍频次数越高，发射机的残波发射越多，也很容易产生调制。若寄生调制信号落在接收机通带内，会造成对接收机的干扰，因此一般频率都有良好的选择性，能抑制信频中产生的其他次谐波和基波分量。

7. 瞬时频偏控制电路（简称 IDC 电路）

用于负荷控制的无线电台一般都采用调相电路，但在调制过程中产生调制边带，而频道间隔只有 25kHz，这样就不可避免地产生邻道干扰。为了抑制调制边带，就必须使调相在每个调制频率范围内的最大频率保持恒定（即不超过±5kHz），这个过程就称为调相制中的瞬时频偏控制。

理性的 IDC 电路要求在整个音频范围内，使相位调制后的频偏不超过最大频偏值（±5kHz），在未达到最大频偏（±5kHz）时，整个音频频谱（300～3400Hz）内无频率失真，同时经 IDC 电路后应不产生波形失真，而且使高频分量的杂散极小。

实际上 IDC 电路不可能做到无失真，而且在高于 3kHz 的频率上谐波分量非常丰富。为了抑制 IDC 过程后产生失真的高频分量，在 IDC 电路之后必须要有一个锐截止的低通滤波器，这个滤波器称为邻道抑制低通滤波器。

IDC 电路不仅使发射机具有预加重特性，有足够的调相所需的控制信号电子，同时保证了发射机的高调制特性（即对 3kHz 以上的信号，其最大频偏有锐减）。

IDC 电路由微分、限幅、积分、放大电路组成，IDC 电路方框图如图 ZY2000101003-8 所示。

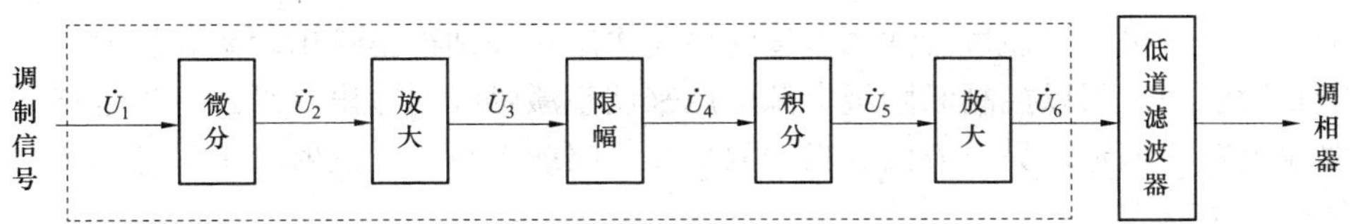

图 ZY2000101003-8　IDC 电路方框图

（1）微分电路。由图 ZY2000101003-9（a）可知

$$\dot{U}_2=\frac{\dot{U}_1R_2}{R_1\frac{\frac{1}{\mathrm{j}\omega C}}{R_1\frac{1}{\mathrm{j}\omega C}}}=\frac{\dot{U}_1R_1}{\frac{R_1}{\mathrm{j}\omega C+1}+R_2}\approx \mathrm{j}\omega CR_2\dot{U}_1 \qquad \text{(ZY2000101003-3)}$$

$$\frac{1}{\omega C}\gg R_2,\quad R_1C\gg 1,\quad R_1>R_2$$

可见音频信号经微分电路后，输出信号 U_2 随信号频率成正比增高，并按每倍频程 6dB 提升，1kHz 信号的电平为 1V，2kHz 信号的电平为 2V。

（2）积分电路。由图 ZY2000101003-9（b）可知

$$\dot{U}_5=\frac{\dot{U}_4\frac{1}{\mathrm{j}\omega C}}{R+\frac{1}{\mathrm{j}\omega C}}=\frac{\dot{U}_4}{1+\mathrm{j}\omega CR}\approx\frac{\dot{U}_4}{\mathrm{j}\omega CR}\left(\text{因为}\,R\gg\frac{1}{\omega C}\right) \qquad \text{(ZY2000101003-4)}$$

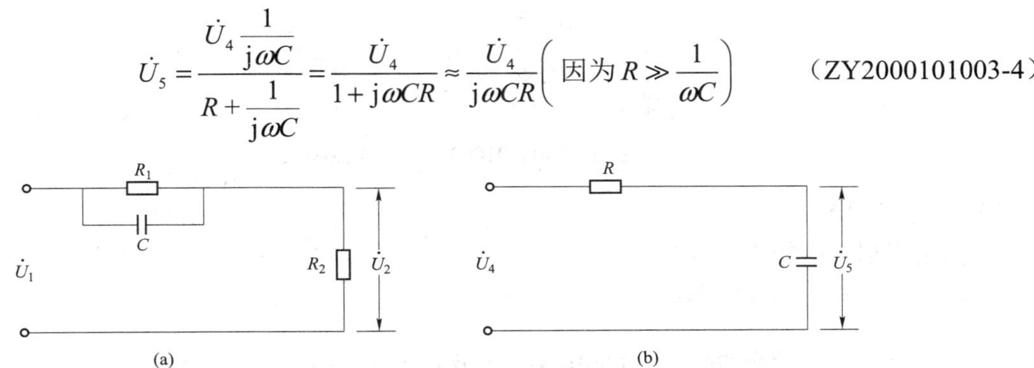

图 ZY2000101003-9　微分和积分电路图

（a）微分电路；（b）积分电路

从式（ZY2000101003-4）可知，积分电路输出电压 U_5 按每倍频程衰减。

输入电压 $U_4 = 1\text{V}$，那么输出电压 $U_5 = 0.5\text{V}$。

8. 功率放大及其控制电路

功率放大的作用是将倍频器产生的射频信号放大到额定功率。对于调频无线电通信中，其标准阻抗为 50Ω，额定功率是指 50Ω 阻抗所获得的功率。对于音频来说，其标准阻抗为 600Ω，而视频为 75Ω。要求功率放大器在工作频段内输出功率稳定可靠，无自激现象，且效率要高（功率放大器效率 η 一般在 30%左右）。无线电发射机功率放大电路是采用厚膜集成模块，其主要特点是有源和无源器件组合成一体，体积小，可靠性高，工作频带宽，外接元件少，可以不需要调节元件，这给整机的生产、调试带来很大的方便。

功率放大电路输出功率的能力在很大程度上取决于散热条件，因此良好的散热设计对功率放大器是十分重要的，一般采用适当面积的散热板，用自然冷却的方式，以简化设备，因此无线电台应放置在通风良好的地方。

功率放大器需要与负载匹配，匹配不良会降低输出功率，当负载开路或短路时会造成功率放大器的损坏。任何无线电台都具有功率放大器，对负载短路或开路 3min 有不损坏功放的要求，在无线电台与天线连接时应避免开、短路现象，天线的开、短路不仅会损坏功放，同时将大大降低通信效果。因此，要选择阻抗特性好的天线、馈线，接装时保证接触良好，并采取防雨、防潮措施。

控制电路是一种闭环的自动功率控制电路（简称 APC 电路），它既能保持输出功率的恒定，又能保护输出功率管，是采用微带传输线的 APC 功率放大电路，它是将功率放大器输出的功率经微带线耦

合一部分能量到检波二极管，通过检波二极管的检波作用，分别检出输出功率和反射功率，然后通过直流放大反馈到激励级，用以控制激励级电源电压来调整激励级的输出电平。这种电路一方面可以保持功率放大器输出功率恒定，另一方面，当功放负载开路或短路时，反射功率激增，可切断或降低激励电平，以保护功率放大管。

9. 天线转换

为了解决收、发信机共用一根天线，一般的单工无线电台都采用了开关式收发转换电路（双工无线电台是应用双工器作天线共用器的），收发转换电路如图 ZY2000101003-10 所示。它采用两个高频开关二极管作收发转换，电路接在功放输出与低通滤波器之间。当发射机工作时，VD1、VD2 导通，功放输出经 VD1 去低通滤波器后，通过天线将高频已调信号发射至空间，此时 VD2 导通，相当于接收电路输入端短路，这样功放输出就不会串到接收机去。当电台处于接收状态时，发电源断开，此时 VD1、VD2 截止，天线端接收到的高频信号经低通滤波器及 C_3 连接到接收机输入端，这样就实现了收发信号共用一个天线的目的。

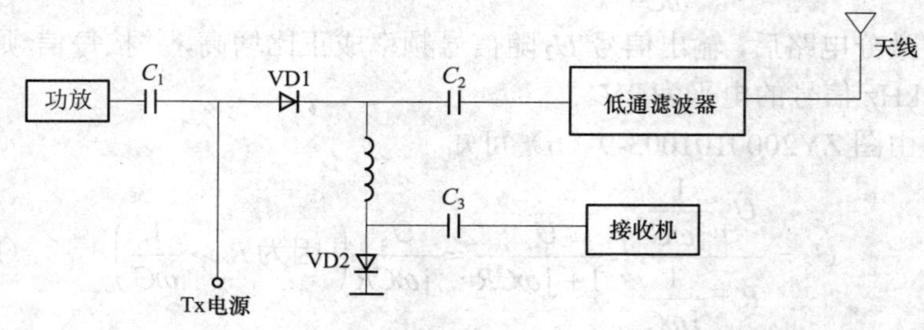

图 ZY2000101003-10 收发转换电路

【思考与练习】

1. 简述发射机的技术参数。
2. 画出发射机的原理框图。

模块 4 接收机原理（ZY2000101004）

【模块描述】本模块介绍接收机的主要技术指标、电路组成及原理。通过原理的讲解、指标解释及组件功能的介绍，掌握接收机的工作原理及其技术指标，熟悉高频放大器、混频器、混频电路、静噪电路和集成电路各引脚的功能。

【正文】

超高频、甚高频无线电台的接收机通常采用二次变频的方案，一般情况下，一中频选用 10.7MHz，频率合成型如 M338 无线电台选用 45MHz，KG110 则选用 21.6MHz，而二中频选用 455kHz。

接收机主要由高频放大器—本振，混频器，中频放大器，限幅、鉴频、静噪电路，低频放大器及功放等电路组成，如图 ZY2000101004-1 所示。

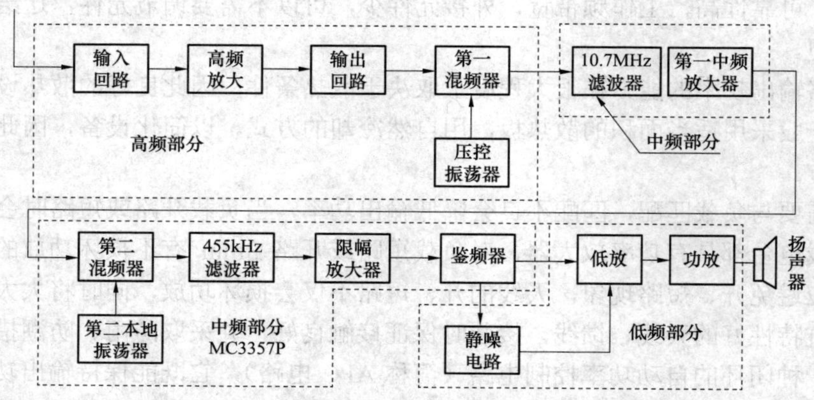

图 ZY2000101004-1 接收机原理框图

一、接收机主要技术指标

接收机主要技术指标见表 ZY2000101004-1。

表 ZY2000101004-1　　接收机主要技术指标

型　　号	KG110	M338
可用灵敏度（12dB *S/N*）	单工优于−5dB/μV	双工优于−8dB/μV
音频输出功率（失真≤10%时）	2W/4Ω	2W/8Ω
音频失真（额定输出时）	优于 5%	3%
门限开启灵敏度	优于−6dB/μV	−3±3dB/μV
邻道选择性	优于 70dB	＞80dB
寄生响应抗干扰性	优于 80dB	＞80dB
主调抗扰性	优于 70dB	＞70dB

二、指标的定义及其物理意义

1. 可用灵敏度

灵敏度是衡量接收机接收微弱信号能力的主要指标。灵敏度可以有不同的定义，相应的测量方法和指标也不相同。按照四机部 80 系列标准，灵敏度的定义为：在标准试验条件下接收机输出端得到信纳比为 12dB，输出功率不小于额定音频输出功率的 50%，接收机所需的最小标准试验调制来自标准输入信号源的射频输入信号电压数值，以 μV(CC) 或 dB / μV(CD) 为单位。

上述定义中涉及的一些术语解释如下：

标准试验条件：接收机标准输入信号是指被标准试验调制的标准输入信号频率的标准输入信号电子的射频信号（前者指标称工作频率，后者标准规定为 60 dB / μV 或 1mV），标准试验调制：有 1000Hz 正弦信号，其电子是产生最大允许频偏 60%的一种调制（即 5000Hz×0.6=3kHz）。12dB 信纳比：$(S+N+D)/(N+D)=4$ 倍（即 12dB），式中 *S*、*N*、*D* 分别是 Signal（信号）、Noise（噪声）、Distortion（失真）英文缩写。

2. 音频输出功率

接收机音频输出功率是指当接收机输入端加入标准测试音频调制信号时，在其输出端能提供的最大不失真音频功率（即失真符合指标规定的）。

3. 谐波失真

谐波失真是指输出音频功率为额定值时，各次音频谐波分量总和的有效值与总输出信号有效值之比，通常用百分比表示（失真度是衡量接收机所恢复的信号波形与原来传送的信号波形相比是否失真的指标，失真度越小越好）。

4. 门限静噪开启灵敏度

门限静噪开启灵敏度是指静噪控制置于门限位置时（临界状态）使接收机静噪电路不工作的输入已调信号的最小电平。

5. 邻道选择性

邻道干扰是指高于或低于工作频率的相邻频道的电台信号对接收机造成的干扰。

邻道选择性是指相邻频道上存在已调无用信号时，接收机接收已调有用信号的能力。它用无用信号与可用灵敏度的相对电平（dB 数）来表示。由于邻道干扰频率离工作频率很近，而接收机的输入回路及高频放大回路的通频带很宽，所以对抑制邻道干扰无能为力，这一指标主要依靠提高中频放大器的选择性，以及中频晶体滤波器性能。80 系列规定频率间隔为 25kHz，邻道干扰频率为 $f=\pm 25\text{kHz}$ 。

6. 互调抗扰性

互调抗扰性是指接收机抗拒对与有用信号的频率有特定关系的两个无用输入信号的能力，用于互调在接收机的输出端造成寄生响应的能力。这里所指的两个无用信号是满足三阶主调的特定干扰频率的信号，它满足 $f_r = 2f_1 - f_2$ 或 $2f_2 - f_1$，因为三阶主调是最危险的一种干扰。

7. 寄生响应抗干扰

寄生响应抗干扰是接收机对无用信号（指干扰信号，二中频 455kHz～1GHz 频率范围，谐波点除外）的抗拒能力，它是保证接收机在众多的干扰环境中能正常工作的必要能力。

寄生响应抗扰性包括镜频干扰，镜频干扰只能用高放部分的带通滤波器来解决，因为它是混频级的必然产物

$$f_{1m} = f_w - f_1 = f_2 \quad \text{(ZY2000101004-1)}$$

另外一个寄生响应点则是

$$f_3 = f_w - 1/2 f_m \quad \text{(ZY2000101004-2)}$$

式中 f_{1m}——一中频频率；

f_w——工频频率；

f_1——本振频率；

f_2——镜照频率；

f_3——干扰频率。

因为此时的混频产物是 $1/2f_m$，中放选频网络的抵御能力决定了接收机的抗干扰能力。而高放级是无能为力了，因为它在通带范围之内。

在邻道选择性、互调抗扰性、寄生响应抗扰性等指标中所表示的 dB 值，都是相对于接收机的可用灵敏度电平值而言的。

例如，接收机的灵敏度是–6dB/μV，0.25μV 长邻道选择性为 60dB，则邻道干扰的信号电平低于 54dB/μV，接收机能正常工作。

三、接收机的工作原理

由接收天线输入的调频信号通过低通滤波器、双调谐输入回路进行初步选择后，送入高频放大器，放大后与一本振兼 3 倍输出的信号经内差式第一混频器变频，得到第一中频 45MHz，然后经二节晶体滤波器后，进入第一中频放大器放大。一中放的输出信号进入具有二混频、二中放、限幅、鉴频及静噪功能的集成电路 MC3357 或 MC3361。最后得到的音频信号由音频功率放大集成电路放大后送至扬声器。

本接收机的第二本地振荡器也采用晶体振荡器，其振荡频率为 44.545MHz，它与 45MHz 信号频率混频得到第二中频 455kHz，再经陶瓷滤波器限幅放大后送至鉴频电路解调。

为了在无信号输入时，使低频放大器不工作，以避免喇叭输出的噪声对电台使用者造成干扰，故本机加有静噪电路，使接收机在守候状态下将噪声“静掉”。

四、高频放大器

M338 型电台接收机的高频放大器电路如图 ZY2000101004-2 所示。

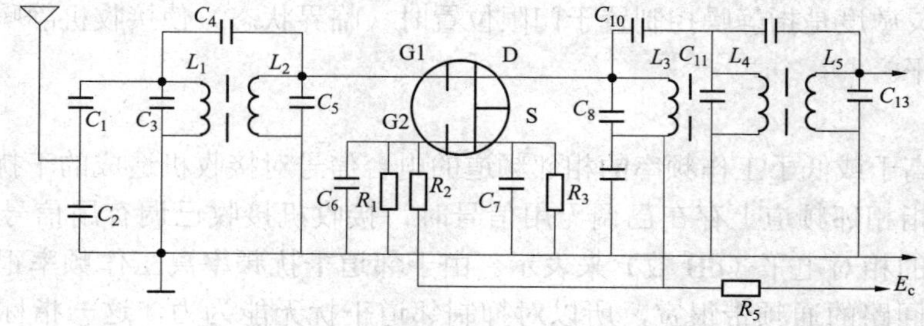

图 ZY2000101004-2 高频放大器

由双调谐输入回路、高频放大电路、三级参差调谐的输出电路三部分组成。

对接收机输入回路要求：

（1）要有好的选择性，能抑制各种外来干扰。

（2）要能与天线及高频放大器阻抗匹配，最大限度地把天线接收到的信号送入高放，即要有高的传输系统。输入回路可以由单调谐回路构成，也可以由电感或电容耦合的双调谐回路构成。为了使输入回路有好的选择性及高的传输系数，输入端采用电容分压耦合以减小 50Ω 阻抗对输入回路的影响，提高回路 Q 值，改善选择性。

五、混频器

由于接收机所收到的信号频率较高，不宜在同一频率上做多级放大，故整机增益由频率较低的中频放大器承担较合适，因此就需要把频率较高信号变频成较低频率，这就需要用混频器。

1. 混频器的工作原理

混频器的工作原理就是频率变换的原理。当输入信号进入放大器非线性范围内，会产生非线性失真，在这种失真的波形内包含着许多高次谐波。如果两个信号同时输入放大器，并工作在放大器的非线性部分，则产生的谐波中除了有两个信号各自高次谐波外，还有两者的和频与差频。混频器正是利用了晶体管的非线性达到频率变换的目的，经过频率变换后，信号调制参数和频谱结构应保持不变，仅使载波频率变换成中频频率。若输入是调频信号，则经过变换后调制参数（调制频率和偏频）也应保持不变，仅仅是载波频率变换成中频频率而已。

2. 混频电路的指标和要求

衡量混频器电路性能的主要指标如下：

（1）混频增益。混频器的输出中频功率 P_1 和输入信号功率 P_s 之比，即 $K_c = P_1 / P_s$。混频增益 K_c 是衡量混频器性能的主要指标之一，混频增益越高，混频效果越好，越有利于减小整机噪声，提高接收机的灵敏度。

（2）混频噪声。混频器噪声系数 F（或 NF）越小，则电路性能越好，因为接收机整机的噪声系数主要取决于前一、二级电路的噪声性能。

（3）选择性。混频器的输出电路若具有良好的选择性，就可以减少组合波的数目或电平，因而可提高邻道选择性。为了改善这一指标，可在混频器的输出电路中采用调谐回路或具有集中参数的滤波器。

3. 混频电路

M338 型电台接收机的第一混频电路是由栅场效应管组成的内差式混频器，其电路如图 ZY2000101004-3 所示。

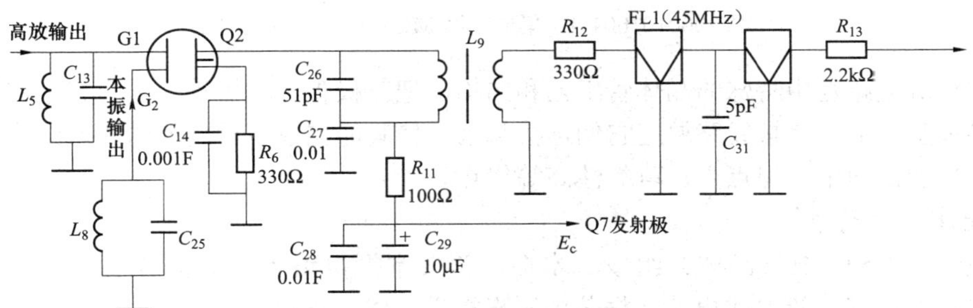

图 ZY2000101004-3　混频电路

从混频电路性能的主要指标来看，我们要求混频器的增益要高，噪声系数小，选择性好，而第一混频器采用了双栅效应管，就是为了满足这些要求。因为双栅 MOS 场效应管混频器具有较高的变频增益，噪声系数小，输入和输出阻抗都比较高，这样对混频器输入端和输出端所接的调谐回路 Q 值影响较小，故回路选择性高。CMOS 场效应管的输入特性具有较大的动态范围，因此它不易因输入信号或干扰过大而产生阻塞现象。除此之外 CMOS 场强效应管具有十分接近平方律的传输特性，三阶以上的效应几乎可以忽略，因此能减少交叉调制和各种组合频率的干扰。

从图 ZY2000101004-3 中可以看到，第一混频器的输入电路是高频放大器的输出电路，高频信号加到混频管 Q2 的第一栅极 G1，第一本振信号加到第二栅极 G2，这样利用互不相连的 G1 和 G2 使信号源和本振源彼此隔离，从而大大减弱了二者间分路作用。当信号电压和本振电压分别加到 Q2 的 G1、

G2 后，经双栅场效应管非线性作用，产生和频、差频等电流分量。由于混频器的输出回路 I_c、C_{26} 调谐于差频 45MHz 上，因而在回路两端得到了 45MHz 差频分量的电压，完成了频率变换。图 ZY2000101004-3 中 R_6 为混频管 Q2 的偏置电阻，C_{14} 为源极旁路电容，R_{11}、C_{27} 为高频去耦电路，又是降压电阻。C_{28}（0.01μF）、C_{29}（10μF）均为退耦电容，因为在高频电路中，单用电解电容作为退耦电容往往是不够的，这是因为大容量的电容器的分布电感比较大，对低频信号影响虽然不大，但对于高频信号来说，这很小的分布电感对高频呈现较大的感抗，使高频传电流反而不能畅通。因此，在高频电路中，退耦电容一大一小并联，使高频和低频各自都有通路，所以说 C_{28}（0.01μF）为退耦高频专用的退耦电容，它可以用来弥补 C_{29}（10μF）高频不畅通而使高频部分产生寄生耦合而自激的缺陷。

图 ZY2000101004-3 中 FL1 由两个晶体滤波器组成，它们的中心频率为 10.7MHz，在 FL1 中获得需要的相频抑制值，并大大衰减混频器产生的噪声信号。FL1 还能减少各极的互调失真，并能提高邻近频道选择性。R_{12} 和 R_{13} 用来匹配晶体滤波器 FL1。

六、集成电路的功能介绍

接收机在第二混频及其以后一直到鉴频、静噪电路都是由一块集成电路 IC1（MC3357P）来完成，这样可大大提高接收机的稳定性与可靠性。下面着重来分析一下集成电路 MC3357 的功能，图 ZY2000101004-4 所示为集成电路 MC3357 的功能原理图。

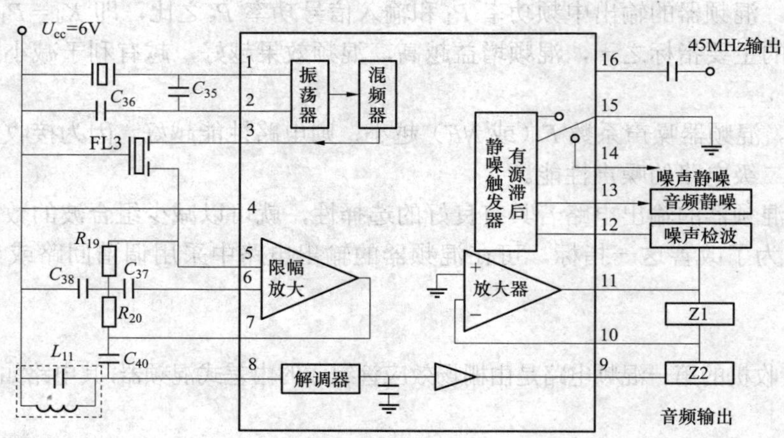

图 ZY2000101004-4 集成电路 MC3357 的功能原理图

MC3357 集成电路是用特殊的晶体管工艺和结构，把三极管、二极管、电阻和电容等元器件，做在同一块半导体基片上，并按线路要把它们连接起来，使其能完成多种功能的微型结构。它具有性能稳定、整机装配调试简单、焊点少、可靠性高等优点。

1. 各引出脚的功能介绍

1 脚、2 脚（44.545MHz 晶体）组成二本振，第二本振电路实际上也是电容三点式振荡电路，44.425MHz 晶体在电路中等效成电感。振荡电压直接送集成电路中第二混频电路。16 脚为 45MHz 信号输入端。

第二混频器是一种半导体三极管双平衡混频电路，其混频增益约为 20dB。混频后的 455kHz 第二中频信号由集成电路的 3 脚输出，经过 455kHz 陶瓷滤波器再由 5 脚、6 脚送入限幅放大器，MC3357 的限幅放大器由 5 级差分电路组成。限幅放大由 7 脚输出。

MC3357 的鉴频电路采用全波平衡式正交鉴频电路，集成电路的 7 脚、8 脚与 L_{11}（鉴频用正交线圈）组成解调器。调节 L_{11} 可以使鉴频输出的幅值最大且失真最小。鉴频后的音频电压由集成电路的 9 脚输出。

10 脚为运算放大器输入，11 脚是运算放大器的输出，它分出噪声，而不分出中频和音频信号。12 脚为噪声检波输出，其输出直流信号通过直流放大器在 13 脚出现直流信号控制 Q6，所以 13 脚称为静噪触发。其输出直流信号在 14 脚放大后控制 Q5 抑制噪声。15 脚接地，4 脚接电源 U_{cc}= +6V。

2. 限幅鉴频电路

（1）限幅器。由于发射机调制器的不完善或接收机谐振曲线不理想，以及外界干扰或内部噪声的影响，使得加到鉴频器输入端的调频信号振幅可能发生变化，从而使鉴频器的输出附加干扰，不能正确解调，因此在鉴频器之前常常接入限幅器。

限幅器的任务就是消除或大大削弱调频信号振幅可能发生的变化，保证送至鉴频器的信号振幅不变，因而接收机的音频输出的大小与场强变化无关（即与输入信号大小无关，不至于因通话距离远而出现音频输出低的现象）。

（2）鉴频器。鉴频器的功能：在发送端为了有效地发射信号，必须先将低频信号变换为高频信号，这个过程称为“调制”，相应在接收端必须将收到的高频信号恢复成低频信号，这称为“解调”。在调频波中检出低频信号的任务是由鉴频器来完成，故鉴频器也叫做频率检波器。任何鉴频器都由两部分组成，即首先将调频信号变换成调频—调幅信号，然后再用一般的幅度检波电路将此信号的幅度变化恢复为低频调制信号。鉴频器方框图和波形变换过程如图 ZY2000101004-5 所示。

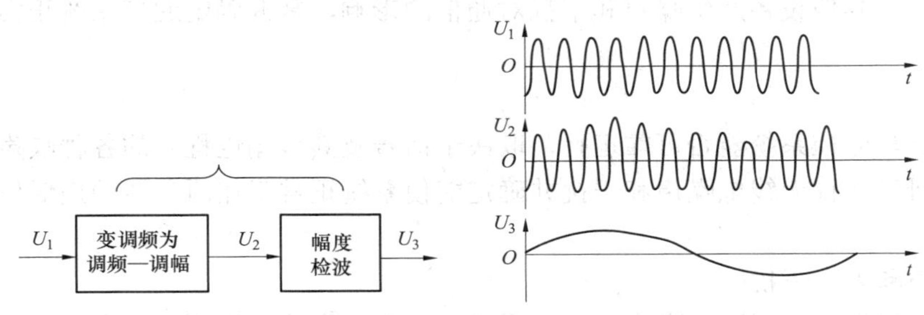

图 ZY2000101004-5　鉴频器方框图和波形变换过程

3. 静噪电路

（1）静噪电路功能。调频机灵敏度高，机内噪声很大，在无信号时，它要消耗电流，为了消除噪声，采用了静噪电路，在不通话或通话等待间歇时，自动闭锁接收机的低频放大器（使其不工作），因而噪声不至从喇叭中输出。而在接收呼叫或通话时，能自动解除闭锁，而使整个接收机正常工作。

（2）静噪电路原理。

1）当无载频信号输入时或输入信号较小或低于门限时，调节静噪电位器，可将音频输出切断，起到了静噪作用。

2）当有载频信号输入时能自动解除锁闭，使音频放大器工作，信号从低频放大器输出，静噪开启电路处于正常通话。

（3）静噪控制方式。一般有 3 种方式：① 噪声控制；② 载波控制；③ 带外音频控制。

以上 3 种静噪控制电路中，以第一种噪声控制使用最为普遍，尤其在单工无线电台中。第二种效果差，很少单独使用，往往和第一种方式配合一起使用。第三种需要附加电路，增加设备费用并容易产生音频干扰。常用的是亚音频控制电路（即 CTCSS），控制频率为 100～300Hz。

接收机中静噪电路是采用噪声控制方式，它是从鉴频器的输出端选取 10～20kHz 的噪声经过整流后作为静噪控制信号。静噪电路由有源滤波器、噪声检波器及触发控制器 3 部分电路组成。

当接收机没有收到载频信号时，接收机的固有噪声通过 MC3357 内的运算放大器与其外电路构成的有源滤波器，分离出频率约为 10kHz 的信号电压，由外接检波二极管检出直流信号，再由 MC3357 的 12 脚送入。经 MC3357 内的直流放大器放大后，由 14 脚输出一个直流电平去控制低频放大电路。

无线电波在空间传播时，空间同时也存在着许多无用的无线电波，把这些不需要的无线电波称为干扰信号，同时还包括各种电火花干扰（汽车点火、发电机电刷摩擦等），工业高频炉产生的强大高频电磁场，高压输电线产生的静电场效应等干扰信号。这些干扰是客观存在的，严重时将造成数据传送的误码，甚至产生信道无法正常工作、背景噪声增大等现象，其结果使数据传送失败。

为了克服和减小无用信号对接收机所产生的干扰，对接收机提出了更高的要求，对于一个较先进的无线电台的接收部分，其邻道选择性、寄生响应抗扰性、互调抗扰性指标都比较优越。对于任何工业装备性产品，它的无故障工作时间是至关重要的，是系统可靠运行的保证。

常用的表示灵敏度的单位为μV、dB/μV、dB/mW，其关系为 0dB/μV=1μV=−107dB/mV，0dB/mV=107dB/μV。

【思考与练习】

1. 接收机的主要技术有哪些指标？
2. 简述指标的定义及其物理意义。
3. 简述接收机的工作原理。

模块 5 无线噪声和干扰（ZY2000101005）

【模块描述】本模块介绍无线噪声和人为干扰对通信的影响及其解决方法。通过图表分析和要点讲解，熟悉天体环境、其他设备产生噪声和干扰对通信的影响，掌握确定通信系统正常工作所需要的最低信号电平。

【正文】

用电信息采集与监控系统能否可靠运行，取决于信号及其传输过程中的各种噪声和干扰的比值，即信噪比。所以研究各种无线电噪声和干扰并确定能使系统正常工作所需要的最低信号电平，就是一个重要的任务。

一、环境噪声和人为干扰

环境噪声有大气噪声、银河系噪声、太阳系噪声。而人为的干扰则有：汽车及其他发动机点火系统火花干扰，电力线干扰，工业、科研、医疗及家用电器干扰，通信系统相互干扰。以噪声温度 T 或等效噪声系数 F 表示环境噪声和人为干扰值，如图 ZY2000101005-1 所示。等效噪声系数与噪声温度关系为

$$F_a = 10\lg\frac{T_a}{T_0}\ \text{(dB)} \qquad \text{(ZY2000101005-1)}$$

式中：T_0 是正常环境温度 17℃（290K），因此在 $T_a = T_0$ 时，$F_a = 0$（dB）。

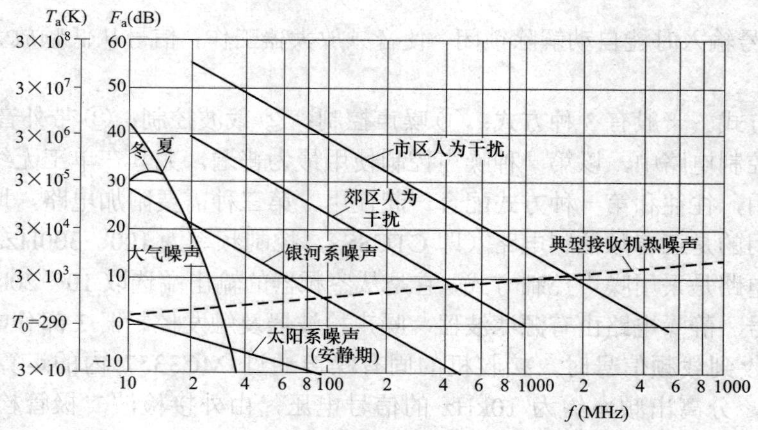

图 ZY2000101005-1 各种噪声值

从图 ZY2000101005-1 可以看到，在 100MHz 以下频段，各种自然噪声幅值较高，而在 100MHz 以上，自然噪声低于典型接收机的热噪声，起作用的是人为干扰噪声。在我国用电信息采集与监控控制频段 230MHz 时，人为干扰噪声和接收机热噪声是主要的。

图 ZY2000101005-2 所示为美国商务部远程通信处一份报告中提出的各类地区人为噪声的曲线。各类人为噪声中，汽车点火系统的火花噪声是主要的。所以交通繁忙的商业区比其他地区噪声高。如

图 ZY2000101005-2 所示，曲线的数据是在 30kHz 宽带滤波器后测得的，接收到的噪声功率 P_z，可用下式来计算

$$P_z = KTB \qquad (ZY2000101005\text{-}2)$$

式中　K——波尔兹曼常数，取 1.38×10^{-23}J/K；

T——绝对温度，K；

B——接收带宽，Hz。

事实上，任何温度大于绝对零度的物体，都有电子的热运动，因而都可以看作一个噪声源。所以天线、电阻、电容等元器件，以及整个接收机都有其 KTB 噪声值。

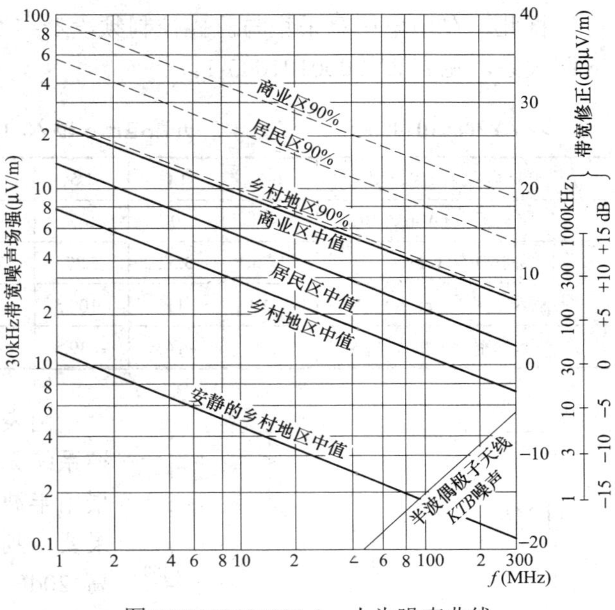

图 ZY2000101005-2　人为噪声曲线

二、最低保护功率电平

为使系统能可靠工作，应当考虑外部噪声对接收机的影响，也就是应使接收机的最低保护功率电平大于接收机内部噪声、环境外来噪声并保证需要的最低信噪比等。以 p_{min} 代表最低功率保护电平，则

$$p_{min} = 10\lg KT_0B + 10\lg\left(NF + \frac{T_a}{T_0} - 1\right) + \frac{C}{N} \quad (dBW) \qquad (ZY2000101005\text{-}3)$$

式中　NF——接收机噪声系数，工作于 230MHz 频段接收机的热噪声约为 2.9×10^3K 或 9dB；

B——接收机带宽，在用电信息采集与监控系统中 $B = 16$kHz；

$\frac{C}{N}$——载噪比，即相当于四级语音质量的接收机输出信噪比达到 25～30dB 时所需的输入信号噪声的比值，由于调频接收机鉴频器可以改善信噪比，载噪比达到 14dB 即可；

T_0、T_a——意义同前，在 $f = 230$MHz 频段市区和郊区认为干扰分别为 3×10^5K 和 3.0×10^3K。

将有关数据代入式（ZY2000101005-3）可得 p_{min}= –118dBW（市区）或–135dBW（郊区）。由于接收机通常以其输入的电动势来标称，所以应将最低保护功率电平折算为其输入电压电平的场强或开路电动势值，其变换关系如图 ZY2000101005-3 所示。

由于天线的增益常以半波偶极子天线作为对照，并定为 0dB，所以用半波偶极子天线来研究接收机的输入电压关系。当电场强度为 E（μV/m）时，就是指长度为 1m 的天线感应的电压为 E（μV），半波偶极子天线的有效长度为 λ/π，所以它的感应电压 e 为

$$e = E\lambda/\pi \quad (\mu V) \qquad (ZY2000101005\text{-}4)$$

式中　λ——波长，m。

半波偶极子天线的阻抗是 73.13Ω，而接收机的输入阻抗通常设计制造为 50Ω，需在天线与接收机之间设匹配网络，所以接收机输入电压（开路电动势）A 为

$$A = e\frac{50}{73.13} = \frac{E\lambda}{\pi}\times\frac{50}{73.13} = 0.263E\lambda$$

在 230MHz 频段，λ=1.304m，所以 $A = 0.343E$。

如果 E 以 dBμV/m 计，A 以 dBμV 计，则

$$A = E + 20\lg\lambda + 20\lg\frac{50}{73.13} - 20\lg\pi = E + 20\lg\lambda - 13.24 \quad (dB\mu V) \qquad (ZY2000101005\text{-}5)$$

由于接收机输入阻抗与无线输出阻抗相等，实际加在接收机输入端的电压只有天线开路电动势的一半，但在无线电通信行业一般以开路电动势作为接收机的标称灵敏度值，这是需要注意的。

如输入接收机的功率 P 以 dBm、A 以 dBμV 计，则 $P = -113+20\lg A$。

据此，在用电信息采集与监控控制频段$\lambda=1.304$m，可计算出开路电压、场强、输入功率之间的对照关系，见表ZY2000101005-1。

表 ZY2000101005-1 开路电压、输入功率、场强之间的关系

开路电压 A（μV）	0.5	1.0	1.5	2.0	4.0	6.0	8.0	10.0	14.0	18.0
开路电压 A（dBμV）	−6	0	3.5	6.0	12.0	15.6	18.1	20.0	22.9	25.1
场强 E（μV/m）	1.76	3.52	5.27	7.02	14.0	21.2	28.3	35.2	49.1	63.3
输入功率 P（dBm）	−119	−113	−109.5	−107	−101	−97	−95	−93	−90	−87.9
输入功率 P（dBW）	−149	−143	−139.5	−137	−131	−127	−125	−123	−120	−117.9

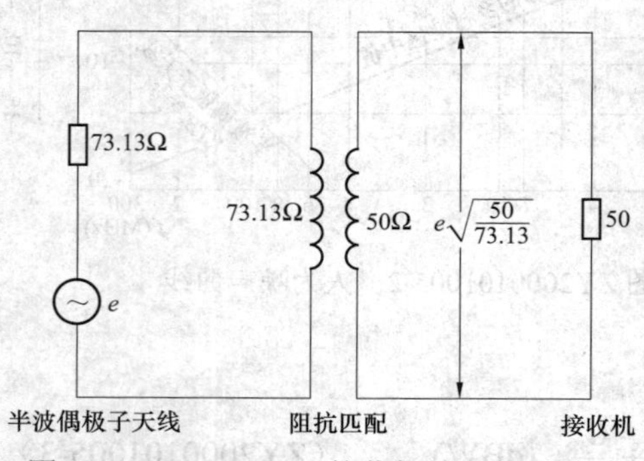

图 ZY2000101005-3 接收机输入电压关系

由表ZY2000101005-1对照可以看出，用电信息采集与监控系统无线电接收机一般规定灵敏度为开路电压1～4μV，在采用半波偶极子天线时相当于输入功率−143～−131dBW，如果要得到相当于4级语音质量的通信效果，则要求输入要再高20dB左右，亦即输入电平要达到−120～−110dBW，此值即相当于最低保护功率电平。

接收机输入电压关系如图ZY2000101005-3所示。

【思考与练习】

1. 什么是环境噪声？
2. 人为干扰是怎样产生的？

模块6 天馈线的基本参数及性能（ZY2000101006）

【模块描述】本模块介绍天馈线分类、基本参数和性能。通过要点讲解、性能介绍、特性分析，熟悉选择天馈线的要求，掌握阻抗匹配、驻波系数、行波系数、反射系数、馈线的特性阻抗、馈线的变换性、天线与馈线相匹配等天馈线的基本参数及性能。

【正文】

一、对馈线的要求

因为馈线是传送高频信号的，也就是用来传送电磁能的，因此要求馈线的传输损耗要小（最好是无损耗）。比如天线从空中接收到电磁波，并且在天线上感应出信号电压，该信号电压假定为0.1mV，经过馈线的传送，到终端机的输入端的电压最好也是0.1mV，或者比0.1mV小得不多。越是接近于0.1mV，馈线的传输损耗就越小。要达到上述要求，所选择的馈线要做到以下几点。

（1）馈线的屏蔽性能要好，使所传送的能量几乎全部送到终端机，不至于因为向外辐射而消耗电磁能量。这好比送热水的管子，当外面包上一层厚厚的绝热材料时，所传送的热水就不会因为水管向空气中散热而降低热水的温度。另外，水管末端水的温度与水管的长度有关，水管越长，热量损耗越大。馈线传送电磁能量也和水管送热水的道理相似。实际上馈线越短，屏蔽性能越好，能量的损失就越小。

（2）馈线的特性阻抗（说明馈线特性的量）与天线的输入阻抗（说明天线特性的量）以及终端机的输入阻抗要相等，这种情况就达到了阻抗匹配。失配会使天线的增益（说明天线性能的量）下降，失配越严重，增益下降越厉害。失配后的天线增益为

$$G_a=\frac{G}{L_M},\quad L_M=\frac{(S+1)^2}{4S} \tag{ZY2000101006-1}$$

式中 G——不计失配时的天线增益；

S——天线与馈线不匹配时产生的驻波系数。

知道了驻波系数，就能求出L_M，而由此可计算出天线的增益G_a，图ZY2000101006-1所示为S与

L_M 的关系曲线。

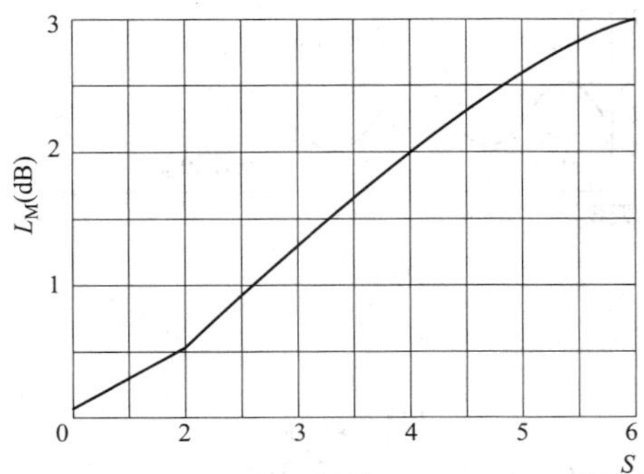

图 ZY2000101006-1 S 与 L_M 的关系曲线

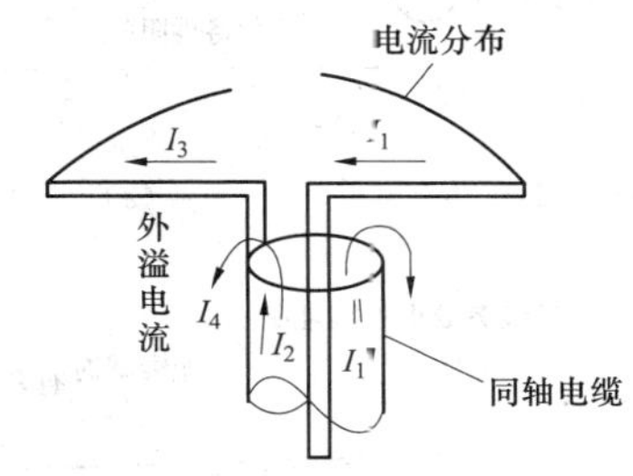

图 ZY2000101006-2 同轴电缆向对称振子馈电

（3）所选择的馈线与天线连接以后，不能改变天线上的电流分布。仔细分析图 ZY2000101006-2 所示的同轴线与对称振子的连接，这种连接情况已经改变了天线上的电流分布，即 $I_1 \neq I_3$，这是不允许的。由于同轴线外导体内壁上的电流与同轴线芯线上的电流大小相等，方向相反，即 $I_1 = I_2$，同轴线外导体内壁上的电流 I_2 除了大部分流向振子的左臂以外，还有一部分流向同轴线的外臂（即 I_4，称之为溢出电流），结果 $I_2 = I_3 + I_4$。由于 I_4 的出现，天线两臂的电流 $I_3 \neq I_1$，这就改变了天线上的电流分布。这将使天线的方向图（说明天线能量在空间分布的一个量）不对称，天线的抗干扰能力变差。这是应该设法避免的。

（4）馈线要有好的机械强度，能防雨、防潮和防晒，要有较长的寿命，也就是使用的时间要长。因此在选择终端机与天线相接的馈线时，要努力满足上述 4 点要求。

二、阻抗匹配

关于阻抗匹配的问题，打个比喻来帮助理解。当两个不同粗细的水管相接时，即便是接头封得很严实，若水从粗的水管那头流入，由细水管那头流出，虽然粗水管里装满了水，但由于后面接的水管太细，水也不能有效地畅流；相反，假如水是由细水管流入，从粗水管流出，粗水管也因细水管送水不足而不能充分发挥作用。只有当相接两水管粗细相等时，水才能畅流无阻；这种情况类似于阻抗的匹配。当然馈线的阻抗匹配问题与此性质不同。当天线的输入阻抗分别等于馈线的特性阻抗和终端机的输入阻抗时，天线和终端机则分别工作在匹配状况，也就是说，天线接收的电磁能几乎全由传输线送给了终端机。

三、驻波系数

当馈线的特性阻抗和天线（或终端机）的输入阻抗不匹配时会产生驻波，驻波系数大了会使天线的增益降低。将图 ZY2000101006-3（a）、（b）对照起来可以看出，终端机接收天线接收电磁波并在其上产生高频电压，它相当于一个高频信号源，通过双导线连接到终端机的输入端，终端机相当于一个负载电阻，若到达负载（也就是终端机）的高频信号全部被负载吸收了，就没有能量反射回信号源；假如负载只吸收了其中的一部分能量，另有一部分被反射回来了，结果在双导线上就有两个高频电压（或高频电流）存在。其中一个是从信号源向负载方向传播，叫入射波电压（或电流）；另一个是从负载上反射回来向信号源方向传播的，叫反射波电压（或电流）。入射波和反射波叠加的结果在双导线上形成了如图 ZY2000101006-3（b）所示的波形，这种波形称为驻波。波形的突起部分叫波腹，下凹部分叫波谷。它们的大小分别用 U_{max} 和 U_{min} 表示，U_{max} 与 U_{min} 的比值叫驻波系数，用 S 表示，即

$$S = \frac{U_{max}}{U_{min}} \qquad \text{(ZY2000101006-2)}$$

驻波系数反映了馈线上驻波的分布情况，也反映了电磁能量反射回来的大小。入射波能量是有用信号，而反射回来的能量则是无用信号。实际上，总希望反射波越小越好，即驻波系数越小越好，驻波系数最小等于 1。

模块 6 ZY2000101006

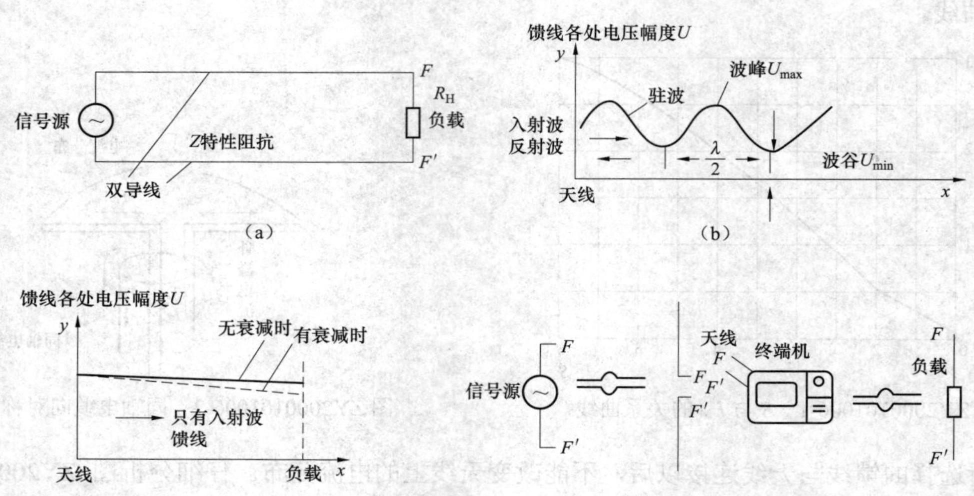

图 ZY2000101006-3　驻波和行波的形成示意图

（a）双导线连接的电路；（b）驻波；（c）行波；（d）终端天线在（a）中的等效

四、行波系数

行波系数不同于驻波系数，但它们都是能说明馈线上电压波形的情况的量。行波，就是沿馈线的电压（或电流）值处处相等，如图 ZY2000101006-3（c）所示，这时沿线只有入射波，没有反射波。若以 K 表示行波系数，它和驻波系数的关系为

$$K=\frac{1}{S} \qquad \text{(ZY2000101006-3)}$$

通常希望 K 值越大越好，K 值最大为 1。

五、反射系数

反射系数是反射电压（或电流）与入射电压（或电流）的比值，以 ρ 表示，即

$$\rho=\frac{U'}{U} \qquad \text{(ZY2000101006-4)}$$

式中　U——入射电压；

　　U'——反射电压。

反射回来的能量越大，则反射系数越大。若负载上没有吸收一点能量，则称为全反射，这时反射系数 $\rho=1$，馈线上是纯驻波状态。若负载吸收了全部入射的电磁波能量，则无反射，$\rho=0$，这时馈线上出现行波状态；当有反射但不是全反射时，馈线上就形成行驻波状态，即

$$\begin{aligned}U_{max}&=U+U'\\U_{min}&=U-U'\end{aligned} \qquad \text{(ZY2000101006-5)}$$

两种波相位相同点就是两个波相加的波腹点，两种波相位相反点就是两个波相减的波谷点，根据这两个关系式就不难得出反射系数和驻波系数（或行波系数）的关系，即

$$S=\frac{U_{max}}{U_{min}}=\frac{U+U'}{U-U'}=\frac{U\left(1+\frac{U'}{U}\right)}{U\left(1-\frac{U'}{U}\right)}=\frac{1+\rho}{1-\rho} \qquad \text{(ZY2000101006-6)}$$

六、馈线的特性阻抗

馈线的特性阻抗是表示馈线特性的一个量，也就是馈线上各点的电压与对应点上电流的比值。它有两个特点：① 尽管在同一时刻，馈线上的电压（或电流）值不相等，但是馈线上各点的电压和电流之比却是一个定值，这个值就叫馈线的特性阻抗；② 馈线特性阻抗的大小，只取决于馈线的结构（形状、尺寸和介质），而与它的长度无关。比如，双导线的特性阻抗为

$$Z_0=\frac{276}{\sqrt{\varepsilon_r}}\lg\left[\left(\frac{D}{d}\right)^2-1\right] \quad \text{(ZY2000101006-7)}$$

式中　D——两根导线之间的距离；

d——导线的直径；

ε_r——双导线周围介质的介电常数。

例如，将 SBVD 型扁馈线的各参数代入，即可得出 $Z_0=300\Omega$。对于同轴线而言，其特性阻抗为

$$Z_0=\frac{138}{\sqrt{\varepsilon_r}}\lg\frac{D}{d} \quad \text{(ZY2000101006-8)}$$

式中　ε_r——内外导体之间介质的介电常数；

d、D——内导体的外直径和外导体的内直径。

七、$\lambda/4$（1/4 波长）传输线和$\lambda/2$（1/2 波长）传输线

长度为 1/4 波长和 1/2 波长的传输线分别叫$\lambda/4$ 传输线和$\lambda/2$ 传输线。当馈线的特性阻抗不等于负载阻抗时，馈线上会出现驻波分布，这时传输线上各点的输入阻抗是不同的。传输线的长度为$\lambda/4$ 的奇数倍和$\lambda/2$ 的整数倍时的那些馈线，其输入阻抗有着特殊的性质，即$\lambda/4$ 馈线的变换性和$\lambda/2$ 馈线的重复性。

八、馈线的变换性

$\lambda/4$ 馈线的变换性是将长度为$\lambda/4$ 或$\lambda/4$ 奇数倍的传输线接到负载 Z_H 上，从传输线输入端看进去的输入阻抗 Z 为

$$Z=\frac{Z_0^2}{Z_H} \quad \text{(ZY2000101006-9)}$$

式中　Z_0——传输线的特性阻抗；

Z_H——负载阻抗。

$\lambda/4$ 的阻抗变换作用（$n=0$，1，2，3…），设 $Z_H=75\Omega$，$Z_0=150\Omega$，则 $Z=\frac{150^2}{75}=300$（Ω）。

这说明，在输入端两点接一段末端带 75Ω负载的$\lambda/4$（或 $3\lambda/4$）传输线，相当于接一个 300Ω的阻抗，如果用特性阻抗为 300Ω的扁馈线接在输入端两点，就可以使 300Ω的扁馈线和 75Ω的负载相匹配，使馈线上为行波状态。

九、天线与馈线相匹配

馈线与负载匹配的条件是：馈线的特性阻抗等于它的负载阻抗，即馈线与天线匹配的条件是馈线的特性阻抗等于天线的输入阻抗。怎样才能使得它们相匹配呢？要做到这一点，首先要研究馈线的特性阻抗和天线的输入阻抗的变化情况。馈线的特性阻抗与馈线自身的结构及其内部填充介质的介电常数有关。当它的结构与介电常数确定以后，就是一个不变的实数值了。天线的输入阻抗由两部分组成，即电阻部分和电抗部分。只有当天线处于谐振状态，也就是工作在某个频率时，电抗才为零。这时，才有可能使馈线的特性阻抗和天线的输入阻抗相等，从而达到完全匹配。这也就是为什么设计天线时，一定要使天线处在谐振状态。当频率稍加变化时，天线就失谐，天线的输入阻抗就会发生变化，两者就失配了，馈线上就会出现驻波。满足要求的驻波系数所对应的频率范围，就是频带。

【思考与练习】

1. 用功率计测天馈线能反映天馈线几个参数？
2. 驻波比是多大的天馈线能传输数据？

模块 7　230MHz 通信设备介绍（ZY2000101007）

【模块描述】本模块包含 230MHz 专网通信设备的原理和作用。通过设备和工作原理介绍，掌握 230MHz 专网通信设备的种类、指标和原理。

【正文】

用电信息采集与监控系统可支持多种信道接入使用，如无线、有线、微波、光缆、电话拨号等，随着公用数字通信网的普及，公用网也越来越多地得到运用。其中无线专网通信至今仍然是该系统的主要通信手段。

一、无线专用数传网

无线专用数传网（简称无线专网）是自主架设无线通信网络平台；公网模式是基于国内各移动通信营运商的已有通信网络为平台（例如 GSM、GPRS、CDMA、PHS 等）。无线专用数传网的基本工作参数如下：

1. 接口标准

无线通信中常用的接口是 3V 或 5V-TTL 正逻辑（RTU 内部）、232 负逻辑（计算机输出）以及比较少用的 485 差分模式（远距离）。

2. 工作频点

专用频段 230MHz 进行数据传输，目前常用的一共有 15 对双工频点（异频收发）和 10 个半双工频点（同频收发），可参见表 ZY2000101007-1。

表 ZY2000101007-1 无线专网工作频点

编号	主控站发射（终端站接收）频点（MHz）	主控站接收（终端站发射）频点（MHz）	编号	主控站发射（终端站接收）频点（MHz）	主控站接收（终端站发射）频点（MHz）
1	230.525	223.525	14	231.575	224.575
2	230.675	223.675	15	231.650	224.650
3	230.725	223.725	16	228.075	228.075
4	230.850	223.850	17	228.125	228.125
5	230.950	223.950	18	228.175	228.175
6	231.025	224.025	19	228.250	228.250
7	231.125	224.125	20	228.325	228.325
8	231.175	224.175	21	228.400	228.400
9	231.225	224.225	22	228.475	228.475
10	231.325	224.325	23	228.550	228.550
11	231.425	224.425	24	228.675	228.675
12	231.475	224.475	25	228.750	228.750
13	231.525	224.525			

3. 传输速率

目前用量最大的是 1200bit/s，而该速率也因传送数据量的增加和系统容量的日益扩大已有逐渐被 2400bit/s 所取代的趋势。

4. 误码率

考验无线数据传输的首要指标就是误码率，不论多快的传输速率，如果误码很多，其实际效率都是非常低的。当速率进一步提高后误码也会相应增多，可以通过加入纠错冗余编码改善误码率。

5. 无线数传设备的主要指标

无线数传设备主要是指无线电台，不同厂商生产的电台其各项指标也不尽相同，一般更关注表 ZY2000101007-2 中的指标。

表 ZY2000101007-2 无线数传设备的主要指标

项　目	参考值及范围
工作频率	230MHz 频段
工作方式	异频双工、半双工，同频单工

续表

项　目	参考值及范围
接收灵敏度	≤2μV（20dB信噪比）
调制方式	2FSK/FFSK/GMSK/4FSK-FM（取决于不同的速率）
频率稳定度	$\leqslant 5\times10^{-6}$
发射功率（W）	2、5、10、15、25
接口方式	3V/5V-TTL、EIA-232C

6. 系统覆盖范围

为了要达到1×10^{-5}的误码率指标，系统应有15～20dB余量才能保证99.5%以上的通信概率

$$S_M = S_G - S_L \quad (ZY2000101007\text{-}1)$$

$$S_G = P_t + G_t + G_r - P_{rmin} \quad (ZY2000101007\text{-}2)$$

$$S_L = L_b + K + L_r + L_t \quad (ZY2000101007\text{-}3)$$

$$P_{rmin} = P_r + D \quad (ZY2000101007\text{-}4)$$

式中　S_M——系统余量；

S_G——系统增益；

S_L——系统损耗；

P_t——发射机输出功率（单位dB，例如，25W = 14dB）；

G_t——发射天线增益（高增益全向天线为8dB）；

G_r——接收天线增益（五单元定向天线为10dB）；

L_t——发射馈线损耗（100m，每米损耗0.055dB）；

L_r——接收馈线损耗（20m，每米损耗0.15dB）；

L_b——自由空间路径损耗；

P_{rmin}——接收机输入端的最低保护率电平；

K——地形校正因子（与地形起伏有关），dB。

P_r是信噪比为20dB时的接收机输入信号功率，以dBW计。当接收机灵敏度为1μV（$S/N = 20$dB）时，$P_r = -137$dBW。D为环境恶化量，以dB为单位。

因为

$$S_L = L_b + K + L_r + L_t$$

$$L_b = 88 + 20\lg f - 20\lg h_t - 20\lg h_r + 40\lg D$$

$$S_L = S_G - S_M = P_t + G_t + G_r - P_{rmin} - S_M = L_b + K + L_r + L_t$$

$$= 88 + 20\lg f - 20\lg h_t - 20\lg h_r + 40\lg D + K + L_r + L_t$$

$$P_t + G_t + G_r - P_{rmin} - S_M = 88 + 20\lg f - 20\lg h_t - 20\lg h_r + 40\lg D + K + L_r + L_t$$

式中　L_b——自由空间路径损耗。

可以由下式计算覆盖范围半径

$$40\lg D = P_t + G_t + G_r - P_{rmin} - S_M - 88 - 20\lg f + 20\lg h_t + 20\lg h_r - K - L_r - L_t$$

二、无线数传电台工作原理简介

数传电台根据其调制方式的不同其工作原理也都不相同，使用的多为2FSK/FFSK/GMSK/4FSK-FM调制。

数传电台一般由电源模块、音频处理模块、射频模块、频率合成及管理模块、数据调制解调模块、数据接口模块6大部分构成。

（1）电源模块。其好坏是所有模块的工作正常与否及能否达到各项指标的保障，各模块对电源纹波要求很高，因此需要抑制和滤除因外接电源和内部器件工作时产生的纹波干扰。

（2）音频处理模块。当发送时是一系列滤波器对发送的音频信号进行滤波，滤除音频带外的无用信号，保证一个纯净的信号送到VCO调制；当接收时是一系列多阶放大滤波器（末级是3kHz的低通滤波器）。

（3）射频模块。该模块的对外接口是天线接头。

1）接收。信号通过耦合电路、高频放大器、中频滤波器和中频放大器、频谱滤波器、频率合成器获得，通过反镜像鉴频混频器合成，在多次变频混频后加载于射频信号中的信息最后恢复成音频信号交给音频处理模块。

2）发射。音频模块将话音或数据附载频信号送到低通滤波器，信号被作为调制源传送到频率合成器，信号被压控振荡器 VCO 和频率参考振荡合成调制响应，调制响应推动射频功率放大器，经过收发转换开关由天线送到天馈系统发射。

（4）频率合成及管理模块。频率合成器包含 RF 锁相环和频率控制环，如图 ZY2000101007-1 所示。

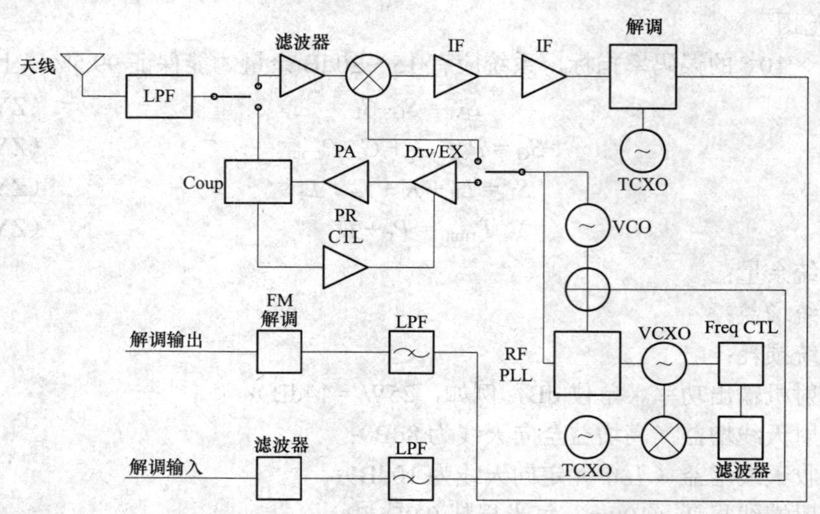

图 ZY2000101007-1 电台射频模块、频率合成模块框图

（5）数据调制解调模块，调制时将二进制数据信号变换为特殊的音频信号，解调时则识别这些特殊的音频信号，并将其还原成二进制数据信号，根据原理的不同常用的有 2FSK/FFSK/GMSK/4FSK 等调制解调方式。

（6）数据接口，由数据调制解调模块还原的二进制数据信号必须变换成适用的接口信号才能和其他设备进行数据交换，常用的有 3V/5V-TTL（终端内部接口）、EIA-232C（计算机接口）等。电台音频处理模块、数据调制解调模块、数据接口模块框图如图 ZY2000101007–2 所示。

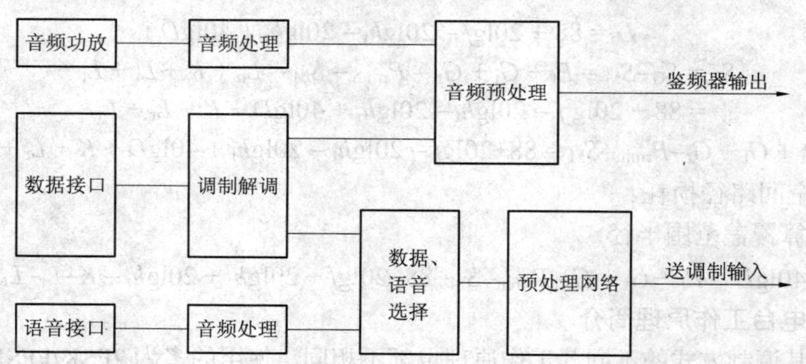

图 ZY2000101007-2 电台音频处理模块、数据调制解调模块、数据接口模块框图

三、调制解调器

1. 概述

调制解调器是数传电台的重要部件，根据不同的电台特性和使用系统决定调制解调的制式。

2. 调制解调器工作原理

调制解调器通常由数据接口、语音接口、音频耦合、功能数据处理模块、调制器、解调器、数据语音控制、音频预处理、辅助信号接口、音频接口等功能模块构成，其内部模块框图如图 ZY2000101007-3 所示。

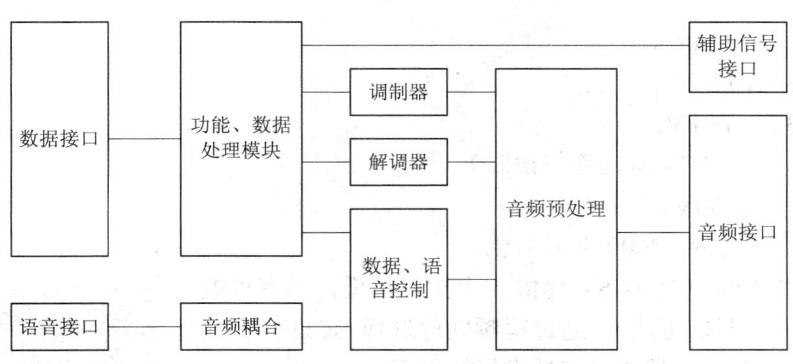

图 ZY2000101007-3 调制解调器内部模块框图

3. 电路工作流程

数据通过接口电路传送到功能数据处理模块，该模块对数据进行预处理的同时给出关闭语音通路的指令，并通知电台的管理模块启动发射程序，处理完的数据由调制器将基带信号转换成载波音频信号，通过音频预处理的滤波放大后由音频接口耦合到电台的音频处理网络；解调时电台鉴频输出的信号被音频预处理网络滤波提升信噪比后送到解调器，音频信号由解调器还原出基带信号，通过功能数据处理模块进行纠错等上层协议转换，最终按照规定的格式形成终端或计算机能识别的数据，其间当然牵涉到其他辅助信号，例如电台通知 MODEM 有数据接收的 CD 信号、关闭语音通路的控制信号。控制信号和数据信号关系如图 ZY2000101007-4 所示。

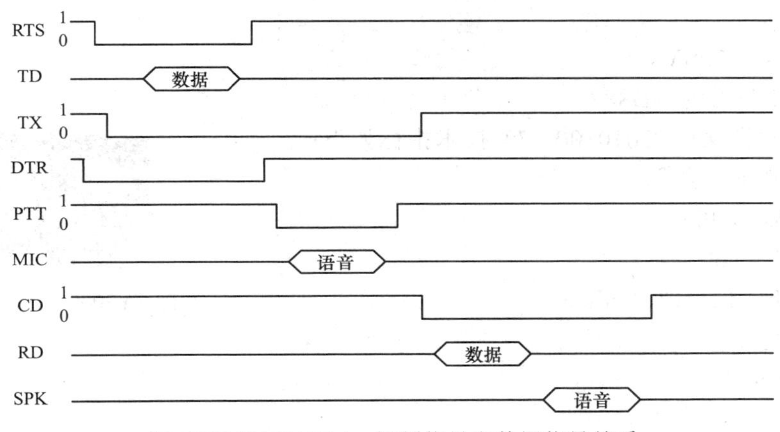

图 ZY2000101007-4 控制信号和数据信号关系

四、常用无线数传电台介绍

1. 日本 NISSEI 公司的 ND886/9A 系列电台

日本 NISSEI 公司是生产对讲机和车载电台的，第一代是 ND882，第二代是 ND886 和 ND889，第三代是 ND886A 和 ND889A，第四代是现在重新设计过的 ND886A 和 ND889A 改进型（见图 ZY2000101007-5）。

图 ZY2000101007-5 ND886A、ND889A 电台外形

ND886A、ND889A 电台的技术指标如下：

频率范围：230MHz 频段。

频道间隔：12.5、25kHz 可选。

温度范围：–40～+70℃。

电压范围：13.8（1±15%）V。

音频失真：≤3%。

静态功耗：≤65mA。

质量：0.7kg。

输出功率：2，5，10，15，25W 可选。

发射机启动时间：≤20ms。

频率稳定度：3×10^{-6}。

调制灵敏度：3.5～14mV。

最大功耗：≤5.5A（25W 满功率发射时）。

12dB 灵敏度：≤0.25μV。

2. 新西兰 TAIT 公司的 T2000 系列电台

T2000（见图 ZY2000101007-6）提供 4 个预设信道，具有可编程的功率输出（高、低两挡可选），通过写频软件选择 BCD 码方式频道显示时可以有 16 个预设频道，其技术指标如下：

图 ZY2000101007-6 T2000 电台外形

频道间隔：25kHz。

频率范围：230MHz 频段。

温度范围：–30～+60℃。

频率稳定度：3×10^{-6}。

电压范围：13.8（1±10%）V。

质量：1.2kg。

输出功率：5～25W 通过内部电位器连续可调，25W 固定输出。

最大功耗：≤7A（25W 满功率发射时）。

发射机启动时间：≤40ms。

音频失真：≤7%。

12dB 灵敏度：≤0.25μV。

3. 日本 NISSEI 公司的 ND882

ND882 电台（见图 ZY2000101007-7）技术指标如下：

图 ZY2000101007-7 ND882 电台外形

频率范围：230MHz 频段。

频道间隔：125kHz 可选。

温度范围：–25～+60℃。

电压范围：13.8（1±10%）V。

音频失真：≤7%。

静态功耗：≤80mA。

质量：0.5kg。

输出功率：5W。

发射机启动时间：≤100ms。

频率稳定度：5×10^{-6}。

调制灵敏度：3.5～14mV。

最大功耗：≤1.6A（5W 满功率发射时）。

12dB 灵敏度：≤0.25μV。

4. 日本 NISSEI 公司的 ND886 和 ND889

ND886 和 ND889 电台（见图 ZY2000101007-8）技术指标如下：

图 ZY2000101007-8 ND886 和 ND889 外形

频率范围：230MHz 频段。

频道间隔：25kHz。

温度范围：–30～+60℃。

电压范围：13.8（1±10%）V。

音频失真：≤5%。

静态功耗：≤70mA。

质量：1kg。

发射机启动时间：≤100ms。

频率稳定度：3×10^{-6}。

调制灵敏度：3.5～14mV。

输出功率：5～25W 通过内部电位器连续可调，25W 固定输出。

最大功耗：≤6.5A（25W 满功率发射时）。

12dB 灵敏度：≤0.25μV。

5. 新西兰 TAIT 公司的 TM8000 系列电台

TM8000（见图 ZY2000101007-9）提供 24 个预设信道，具有可编程的功率输出（1，5，10，25W），驻波比保护，过热保护以及防雨淋保护等，技术指标如下：

频道间隔：12.5、20、25kHz 可选。

频率范围：136～800MHz，涵盖了 230MHz 频段。

温度范围：–30～+60℃。

频率稳定度：1.5×10^{-6}。

电压范围：10.8～16.8V。

质量：1.43kg。

输出功率：1，5，10，25W 可选。

最大功耗：≤6.5A（25W 满功率发射时）。

发射机启动时间：≤10ms。

音频失真：≤3%。

12dB 灵敏度：≤0.25μV。

图 ZY2000101007-9　TM8000 电台外形

6. 新创 NT228

NT228 的制作比较粗糙，内部工艺只与 ND882 相当，技术指标和 ND886 相仿，基本不需要面板操作，所有调节都在电台内部，这里不再罗列其技术指标。

7. KONPRO LM22××系列

KONPRO LM22××系列电台外形如图 ZY2000101007-10 所示，其技术指标如下：

频率范围：230MHz 频段。

频道间隔：25kHz。

温度范围：–20～+60℃。

电压范围：13.8（1±10%）V。

音频失真：≤7%。

静态功耗：≤400mA。

质量：约 2kg。

发射机启动时间：≤200ms。

输出功率：10W 或 25W。

频率稳定度：5×10^{-6}。

调制灵敏度：10～14mV。

最大功耗：≤6.5A（25W 满功率发射时）。

12dB 灵敏度：≤0.3μV。

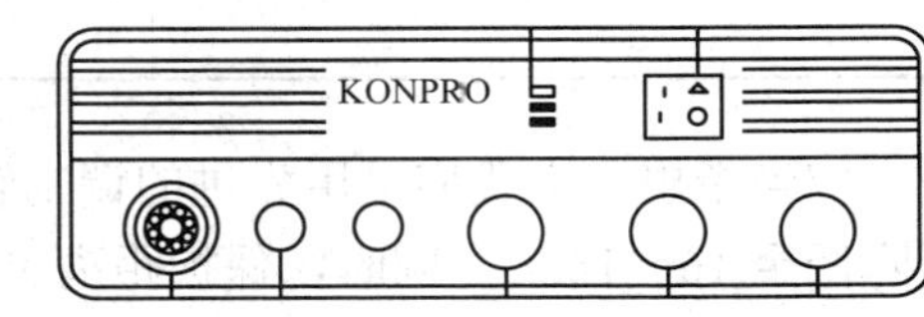

图 ZY2000101007-10　KONPRO LM22××系列电台外形

可以看到电台最左边有一个送话器插座，旁边是一个电源开关按钮，再过去是一个音量调节旋钮、静噪调节旋钮，最右边是频道选择旋钮；在静噪调节旋钮上方是频道显示，频道显示旁边有 3 个指示灯，最上边的 TX 是电台发射指示，下边的 BUSY 是电台接收指示。

【思考与练习】

1. 电台的频道间隔是多少？
2. 主站电台的发射功率是多少？
3. 终端电台的发射功率是多少？

模块8　230MHz组网（ZY2000101008）

【模块描述】本模块包含230MHz专网常用的组网技术和方法。通过组网方式的介绍和要点讲解，熟悉组网的依据和原则、组网工作步骤，熟悉无线电组网中单信道、双信道或多信道组网技术的特点，掌握中继组网方式、原理及特点。

【正文】

组网技术实际上就是合理使用无线电频率资源，因为无线电频率是一种自然资源，它无法再生，为了使有限的频率资源得到充分而又合理地使用，电网企业的用电信息采集与监控系统的无线电频点使用已有明确规定，15组双工频率和10组单工频率。并规定：主控站的工作频率为发高收低，而终端用户为发低收高。

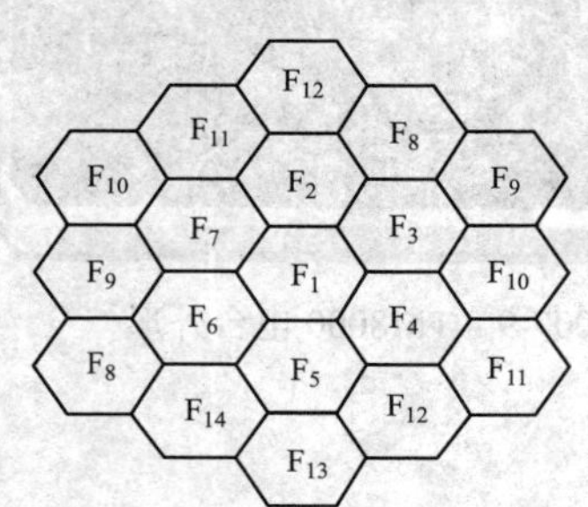

图 ZY2000101008-1　频率复用蜂窝网

用15组频点进行合理分配使用确实难度很大，频率复用一般都采用蜂窝网形式进行，如图ZY2000101008-1所示，其目的：一是使两个同频工作区域的距离最远，从而避免出现同频干扰；二是频率的分配尽可能避免三阶互调干扰。因此在频率复用、频率合理分配使用的前提下，严格控制主站的天线高度和主站的发射功率，严格控制主站天线高度是解决好频率复用的必要手段。

误码率为10^{-5}，接收机的音频输出信纳比大于25dB时的服务半径和保护距离参数见表ZY2000101008-1。

表 ZY2000101008-1　　服务半径和保护距离参数

考虑衰落储备与否	系统服务半径（km）	保护距离（km）
考虑通信概率90%时有衰落储备	50	300
	30	180
不考虑	50	150
	30	110

应当指出，当我们采用先进的调制解调器及纠错技术后，误码率减为10^{-5}，接收机端的信纳比也可降低至16～18dB，同时，保护距离也可以进一步下降。

用电信息采集与监控系统的信道网络是多种多样的，但是选择哪一种形式，必须有两个标准：

（1）保证系统的可靠稳定。

（2）合理利用原有的设施，使系统的价格功能比（价格/功能）更趋合理，价格功能比是每个工程项目必须考虑的问题。

在频率使用上有困难时，如无线电管理委员会无多余频率分配时，中继系统可不采用230MHz频段的中继传输方式，而采用扩频技术、微波中继，也可采用有线传送等多种方式。究竟哪一种方案好，必须具体问题具体分析解决。下面的几种通信组网方式仅供参考。

一、无线电组网技术

1. 单信道无线电组网技术

有一组双工频点的单信道无线电组网技术，采用一对多点的查询通信方式，是用电信息采集与监控系统最常见的组网方式。一般主控台采用双机备用，并能自动及手动切换主控台直接与各终端用户实现通信联络，如图ZY2000101008-2所示。

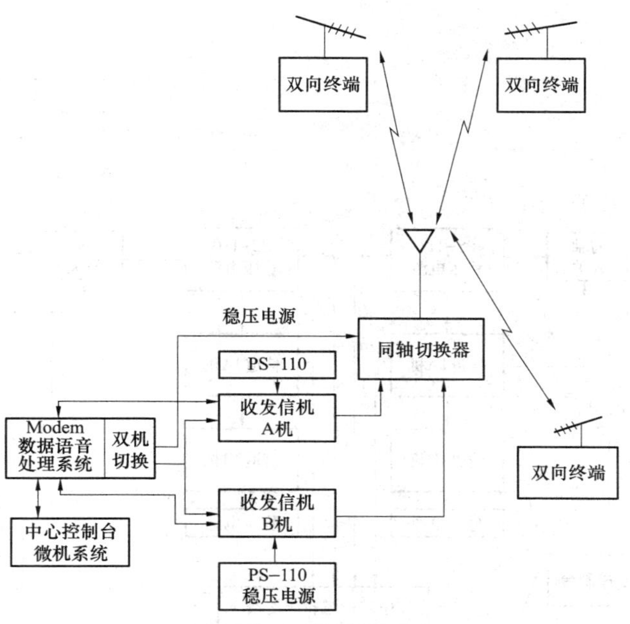

图 ZY2000101008-2　单信道双机系统

2. 双信道或多信道无线电组网技术

系统规模达到一定数量时需要采用双信道或多信道同时工作，从而缩短巡测时间，满足实际使用要求。

二、中继组网技术

对于一些具有特殊地形和环境，而又要求系统控制的范围较大的情况，往往采用一般的无线电组网技术不能满足通信要求，则在通信组网时必须采用中继组网技术来扩展控制范围。

1. 无线中继

无线中继一般采用典型的异频差转，中继站一般设在较远的山上或其他建筑物上，因此中继站的设立一定要满足无人值守的要求。中继站应要采用双机系统，并要求主控台对中继站信道的收信机、发信机、电源、天线等工作状态进行监测。一旦发现中继站的主用机发生故障时，主控台发出切换指令，将备用机投入使用，从而保证系统的正常运行。多信道用电信息采集与监控中央系统如图 ZY2000101008-3 所示。

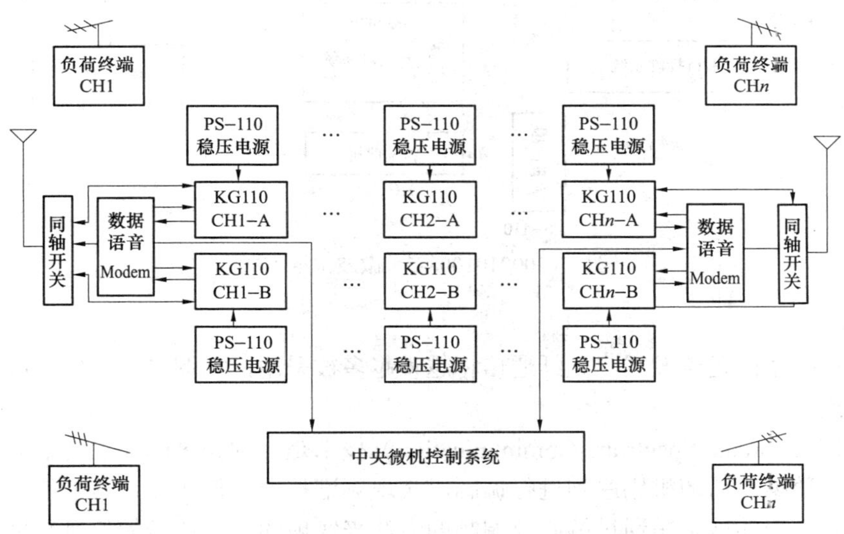

图 ZY2000101008-3　多信道用电信息采集与监控中央系统

大多数城市采用一级中继能满足要求，如图 ZY2000101008-4 所示。但对于某些城市则采用二级或多级中继。

模块 8　ZY2000101008

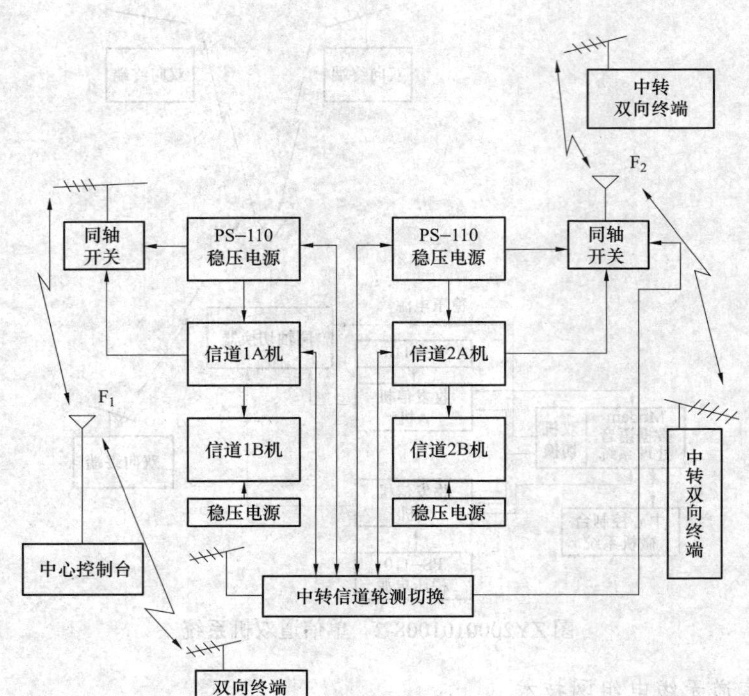

图 ZY2000101008-4 无线中继组网方式

2. 微波中继

在地形较复杂的地区，利用电力系统已有的微波系统作为中继信道，不仅节约投资而且也将取得理想效果，如图 ZY2000101008-5 所示。

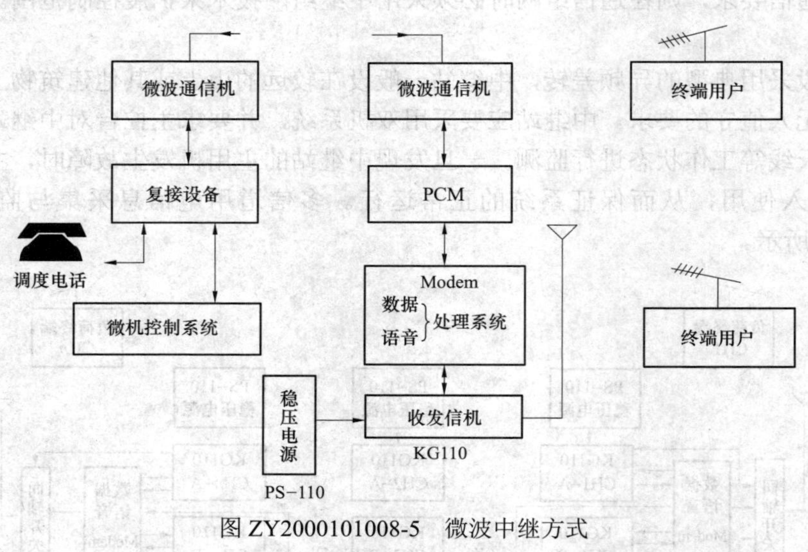

图 ZY2000101008-5 微波中继方式

3. 光纤中继

由于光纤通信技术的迅速发展，光纤通信将越来越多被采用，如图 ZY2000101008-6 所示。

三、扩频中继

扩展频谱通信（Spread Spectrum Communication）技术是一种先进的信息传输方式，简称扩频通信。它将有用信息数据用伪随机码序列进行调制，实现频谱扩展后再传输，其信号占用的带宽远大于所需的最小带宽。频带的展宽是通过编码及调制的方法来实现的，与传送的信息数据无关。接收端则用相同的扩频码进行相关解调来解扩及恢复信息数据。这种技术最初是为军用保密通信用途而发明的。经过扩频的数字编码，可以有效地抑制阻塞和干扰，降低选择性衰落，有效地防止窃听，并最大限度减少对其他通信系统的干扰。

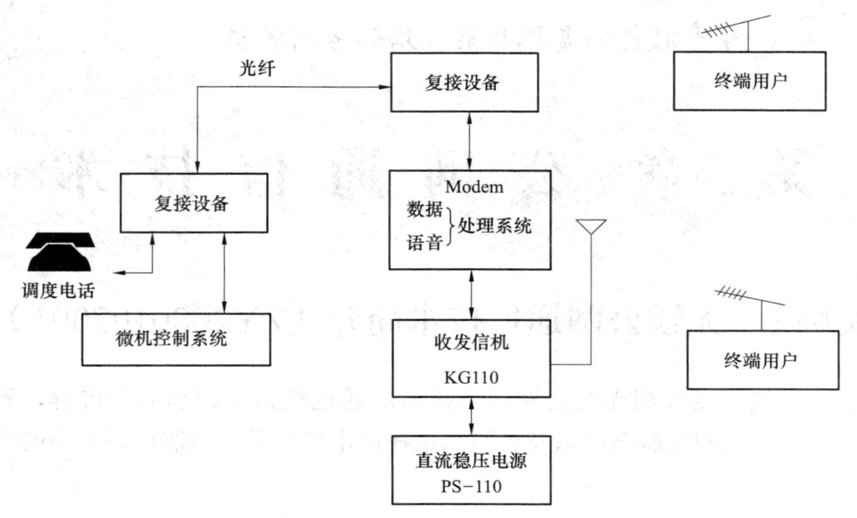

图 ZY2000101008-6　光纤中继方式

由于扩频通信采用了特殊调制技术，这种通信方式具有以下突出的优点：

（1）抗干扰能力强。

（2）保密性高。

（3）抗多径衰落。

（4）误码率极低。

（5）可实现码分多址复用。

（6）功谱密度低，发射功率小。

（7）性能价格比极佳。

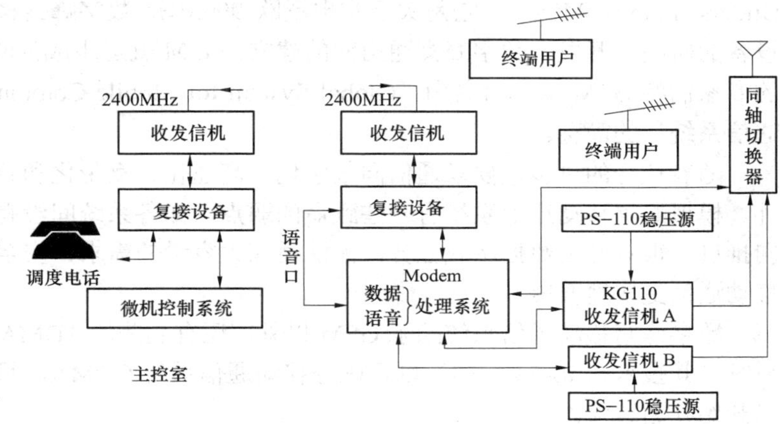

图 ZY2000101008-7　典型的扩频中继系统

对于没有微波及光纤通信的电力局，在设置中继站时推荐采用扩频中继技术，这是由于扩频技术采用 2.4GHz 频段，不仅具有抗干扰能力强、架设方便等特点，而且解决了无线中继站所用频率申请困难的问题。目前扩频通信设备频率为 2.4GHz，共有 15 组频点可供选择，所以灵活性较大。传输速率为 1.2～64kbit/s，发信机功率为 1～650mW 可调，通信距离可达 30～50km。设备同时具有无线调度电话系统，可实现主控台与终端用户的通话，还能实现中继站无线电信道机主备用机的远方切换等功能，如图 ZY2000101008-7 所示。

主控站
前置机
双向终端
公共电话网
双向终端

图 ZY2000101008-8　有线组网系统

四、有线（电话网）组网技术

利用电话公共网组网，通过自动拨号等技术连接主站和各个终端，如图 ZY2000101008-8 所示。

【思考与练习】

1. 简述单信道无线电组网方式。
2. 简述双信道或多信道无线电组网方式。

国家电网公司

生产技能人员职业能力培训专用教材

第二章 公网通信技术

模块 1 无线公网通信技术简介（ZY2000102001）

【模块描述】本模块简要介绍无线公网通信技术。通过概括介绍和应用讲解，熟悉公网通信中GPRS、CDMA 等通信技术的发展概况以及公网通信在用电信息采集与监控系统中的应用情况。

【正文】

一、GSM

GSM 系统原是泛欧数字移动通信系统的简称，GSM 原意为“移动通信特别小组”（Group Special Mobile），是欧洲邮电主管部门会议（CEPT）为开发数字蜂窝移动系统而在 1982 年成立的机构。1987 年，欧洲 15 个国家的电信业务经营者在哥本哈根签署了一个谅解备忘录（Memorandum of Understanding，MOU）。它是关于实现泛欧 900MHz 数字蜂窝移动通信标准的备忘录。随着移动通信设备的研制与开发及数字蜂窝通信网的建立，GSM 就逐步成为欧洲数字移动通信系统的代名词。欧洲的专家们将 GSM 重新命名为“Global System for Mobile Communications”，从而使其变成“全球移动通信系统”的简称。

随着社会的进步，要求通信向数字化、高速化、宽带化和智能化方向发展，蜂窝移动通信也不例外。模拟蜂窝移动通信系统有一些致命的弱点，如各系统间没有公共接口，无法与固定网向数字化方向推进，很难开展数据承载业务，无法适应大容量的需求，安全保密性差等，所以无法促进数字蜂窝移动通信更快地发展。

数字蜂窝移动通信系统除了 GSM 以外，还有北美的 TDMA 数字蜂窝系统（IS-54）、日本的 PDC 系统（其技术与 IS-54 相同）以及码分移动通信系统 CDMA。目前，数字蜂窝移动通信系统在我国也已开始开通运营。

二、GPRS

GPRS（General Packet Radio Service）即通用分组无线业务，是 GSMP hase 2 引入的非常重要的内容之一，是 GSM 网络向 WCDMA 和 TD-SCDMA 演进的重要一步。英国 BTCellnet 公司早在 1993 年就已经提出 GPRS，经过 GSMRelease96 至 Release99 技术规范版本的不断完善，得到世界各国的广泛认同，其核心网络部分也已经作为第三代移动通信 WCDMA 规范中分组域的重要基础。与 GSM 电路交换数据相比，GPRS 非常重要的优点是引入了分组交换能力、数据速率高、“永远在线”、费用低，因此，就有了应用基础和广泛的市场前景。实际上 GPRS 的基础还是 GSM，它是在 GSM 之上增加 GGSN 和 SGSN 两个关键节点，并部分修改软硬件而成的，因此 GPRS 投资少，受到世界各国 GSM 运营商，特别是没有得到第三代移动通信运营许可证的 GSM 运营商的高度重视。

现代移动通信正以令人炫目的革新速度推动着移动信息时代的来临，随着社会的发展和技术的进步，人们盼望语音通信的便捷性同样能够适应于数据通信条件下的需要。

全球数据业务的爆炸式增长和人们对高速移动数据通信的要求，促使现有的 GSM 网络将不可避免地向第三代移动通信（IMT2000）演进。而如何实现从现有 GSM 网络到第三代移动通信的平滑过渡，将是摆在移动通信运营商面前的一个问题。通用分组无线业务（GPRS）叠加在现有 GSM 网络上从而支持分组数据通信的业务，通过在 GSM 网络上增加适当的节点，而不需要对原 GSM 网络做太大的变更，使之成为 GSM 向第三代演进的理想平台。目前，中国移动通信公司已经在全国 200 多个城市开通了商用 GPRS 业务。

GPRS 在原 GSM 系统上增加了 SGSN（Serving GPRS Support Node）和 GGSN（Gateway GPRS Support Node）两个节点用于支持分组数据通信功能。其中 SGSN 负责移动用户的分组接入，其主要功能包括移动台分组的路由和传输、GPRS 的会话管理、移动性管理及逻辑链路管理等；GGSN 为 GPRS 网与其他外部分组数据网的接口，包括 Internet、X25 网及局域网等，GGSN 主要完成 GPRS 网与外部分组数据网的转换功能，使分组得以正确的路由和传输。SGSN 与 GGSN 之间连接的网络称为 GPRS 骨干网。

这是一个基于 IP 协议的网络。采用 IP 网的结构，是为了利用已经广泛使用的 TCP/IP 协议良好的地址处理及分组路由等能力，从而避免重新设计新协议的复杂工作。需要注意的是这里的 IP 骨干网只是 GPRS 的内部网，如果从整个 Internet 的角度来看，它仅相当于连接 Internet 的一个专有网络，其内部 IP 地址对外是不可见的。另外，SGSN 还可通过 Gp 接口与其他 PLMN（公共陆地移动网）相连。

目前 GPRS 系统的主要用途是提供 Internet 接入和 WAP 接入，GGSN 对外的 Gi 接口提供了这种接入所需的与外部网络的连接。业务的接入通过一种逻辑上的接入点“APN”达成，中国移动通信公司提供 Internet 业务接入的 APN 名称为“cmnet”。

三、CDMA

CDMA 即扩频通信，这种通信方式在 20 世纪 40 年代就提出来了。所谓扩频通信，是指发送端将待传送数据用扩频码调制实现频谱扩展，再进行传输的通信方式。接收端采用同样的扩频码进行相关处理及解调，恢复原始数据信号。显然，这种通信方式与常见的窄带通信方式相反。它是扩展频谱后进行宽带通信，再经相关处理恢复成窄带信号解调出数据。扩频通信具有扩频编码调制和信号相关处理两大特点。正是这两大特点，使扩频通信方式具有许多突出优点，如低散射功率谱密度、可在低信噪比环境下工作、抗杂波干扰和信号衰落、可多址复用、有保密性等。扩频通信正越来越被人们重视。

这三种通信方式在用电信息采集与监控系统中都得到了应用。

【思考与练习】

1. 简述 GSM 内容。
2. GPRS 是在 GSM 基础上增加了哪两个节点？

模块 2 GPRS 公网通信技术（ZY2000102002）

【模块描述】本模块介绍 GPRS 公网通信的基本概念、工作原理以及 GPRS 公网通信在电能信息采集与监控系统中的应用。通过概念介绍和原理讲解，熟悉 GPRS 公网通信的基本概念和工作原理，掌握 Internet 接入、专线接入、VPN（虚拟专网）接入等接入原理和实现的方法。

【正文】

由于 GPRS 网络可以为 GSM 手机提供移动分组数据业务，比较适合于部分电力数据采集、监控系统的需要，但由于 GPRS 网络本身的建设目的是为 GSM 手机用户提供快速、廉价的 WAP 接入手段，同时为部分需要移动上网的用户提供 Internet 接入，这就造成目前的 GPRS 网络的服务、配置等不完全适应数据采集与监控系统的需要。

GPRS 网络在各基站（BBS）理论带宽可达 171.2kbit/s，实际应用带宽为 40～100kbit/s，4 信道实测结果数据传输速率为 40.2kbit/s。

业务数据以数据包为单位，每个数据包的大小不超过 1024B。实时数据采集延时和操作响应时间一般为 1500ms。单一数据分组时，单向数据传输延时在 500～750ms 之间。同 GSM 网络一样，GPRS 网络同样是按照电信级要求进行管理的，网络本身的安全是可以信赖的。

一、GPRS 组网方案

一个数据采集和监控系统采用 GPRS 的服务进行通信组网，从技术层面考虑，有两种可能的组网方式。一种是不需要移动公司参与的方式，另一种是需要移动公司参与的方式。

如图 ZY2000102002-1 所示，利用 GPRS 接入有以下两种方案：

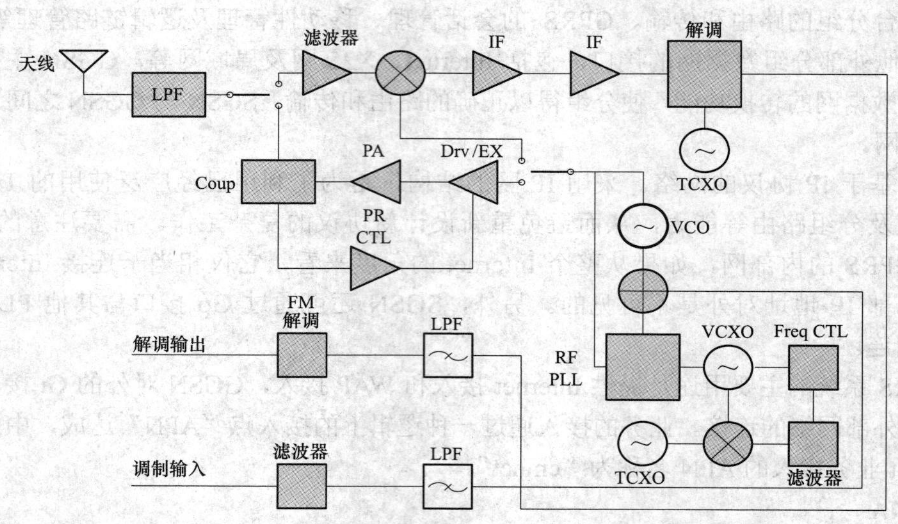

图 ZY2000102002-1 GPRS 组网方案

（1）方案一。数据采集设备直接配置 GPRS 终端，同时在采集主站设置网络服务器，GPRS 终端接入中国移动的 APN（cmnet），通过 GPRS 网络与 Internet 建立联系，进而与主站建立联系。这种方式简单，不需移动公司干预，适用于小型或者试验性的系统，但是弱点也很明显，由于数据流需要经过 Internet，安全性能方面需要额外的措施保证，同时数据连接只能是单向的（由终端向主站），不利于业务的灵活开展。

（2）方案二。在组网时向移动公司申请专用 VPN，主站与移动公司建立专线连接，由移动公司在 GGSN 上进行相关配置、组建专网，可能需要提供 RADIUS 认证服务器。GPRS 终端接入这个专用 APN，与主站服务器建立专用网络。这种方式需要与移动公司进行合作，网络运行的可靠性更有保障，同时终端与主站间相当于直接组网，更灵活，安全也有保证。

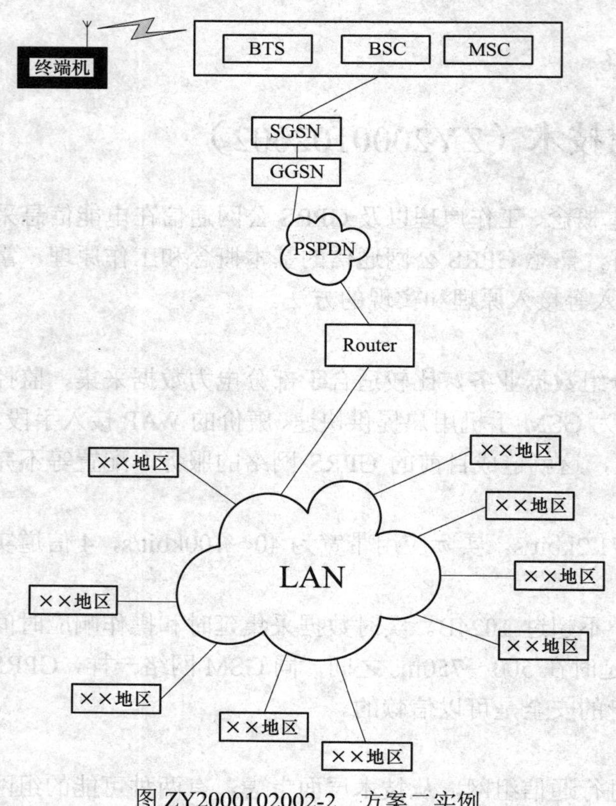

图 ZY2000102002-2 方案二实例

对于申请专用 VPN，有可能移动公司会要求系统规模达到一定程度才能接受，在这种情况下，可以考虑一个省统一与移动签订协议，申请一个统一的 VPN，这样各个市、县如果需要建立单独的系统，可以使用这个 VPN，加入全省的这个专网，然后通过终端、主站的不同配置使各个地方的系统区分开来，如图 ZY2000102002-2 所示。

无论是哪种方式，如果可能，有一点技术问题应明确提出，即提供对长时间无流量连接的支持。对于第一种方式，要求：

1）不对长时间无流量 GPRS 连接强制断连。

2）PAT/NAT 设备不对长时间无流量 TCP 强制断连。

对连接 TCP/UDP 端口映射进行强制断连，

至少应将超时设置成很长（数小时以上）。对于第二种方式，要求不对长时间无流量 GPRS 连接强制断连。

二、保障系统安全性

（1）采用各地系统数据通信统一从省公司通信服务器进出口，该通信服务器与移动 APN 专网实行专线连接的技术方案。

（2）要求移动公司为电力组建移动 APN 专网，提供一个特定的服务代码“95598”给电力使用；为电力 APN 专网配置独立的网关、独立的服务器；为电力 APN 专网接入终端（设备）提供分层 IP 地址、SIM 卡认证等安全技术措施。

（3）采用安全性较高的网络架构如图 ZY2000102002-3 所示。

（4）进一步提高系统通信实时性、可靠性方面。要求移动网络运营商为每一张终端使用的 SIM 卡同时开通 GPRS（CDMAIX）和短信功能，以 GPRS（CDMAIX）为主信道、短信为备用信道；为每张 SIM 卡配置固定 IP 地址。

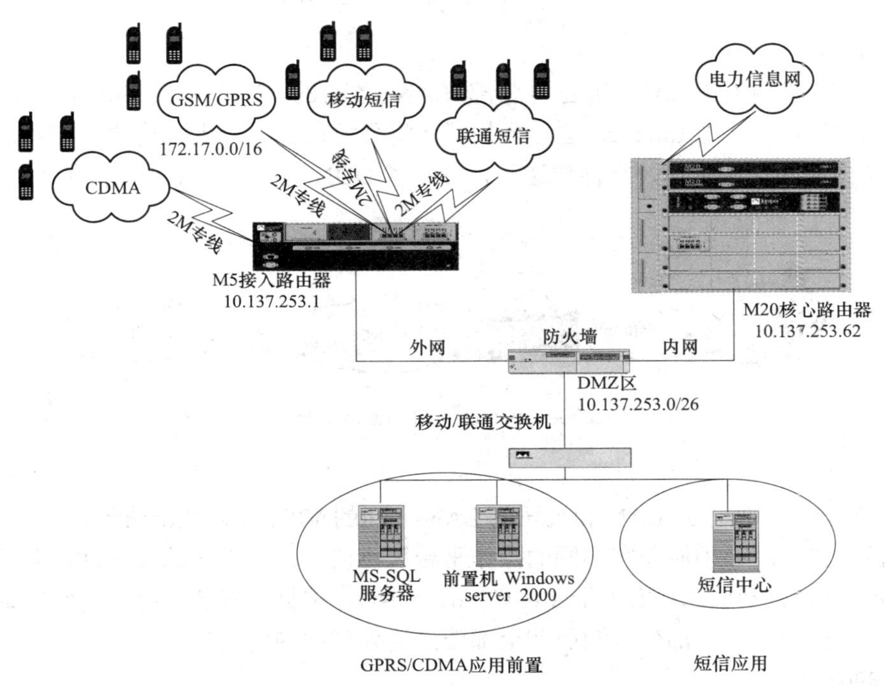

图 ZY2000102002-3 网络架构

三、VPN 简介

虚拟专用网（VPN）是部署于公共网络（通常是 Internet 网）基础设施中的一种网络。它是一条穿过公用网络建立的一个临时、安全、稳定的隧道，使用和专用网络相同的安全性、管理以及服务质量策略。虚拟专用网可以帮助远程用户、公司分支机构、商业伙伴及供应商同公司的内部网建立可信的安全连接，并保证数据的安全传输。虚拟专用网常用于移动用户的全球 Internet 网接入，以实现安全连接；可用于实现企业网站之间安全通信的虚拟专用线路，用于经济有效地连接到商业伙伴和用户的安全外联网虚拟专用网。

虚拟专用网通常提供如下功能：

（1）加密数据，以保证通过公网传输的信息即使被他人截获也不会泄露。

（2）信息认证和身份认证，保证信息的完整性、合法性，并能鉴别用户的身份。

（3）提供访问控制，不同的用户有不同的访问权限。

四、VPN 的分类

根据 VPN 所起的作用，可以将 VPN 分为三类：VPDN、Intranet VPN 和 Extranet VPN。

1. VPDN（Virtual Private Dial Network）

在远程用户或移动雇员和公司内部网之间的 VPN，称为 VPDN，结构如图 ZY2000102002-4 所示。实现过程如下：用户拨号 NSP（网络服务提供商）的网络访问服务器 NAS（Network Access Server），发出 PPP 连接请求，NAS 收到呼叫后，在用户和 NAS 之间建立 PPP 链路，然后，NAS 对用户进行身份验证，确定是合法用户，就启动 VPDN 功能，与公司总部内部连接，访问其内部资源。

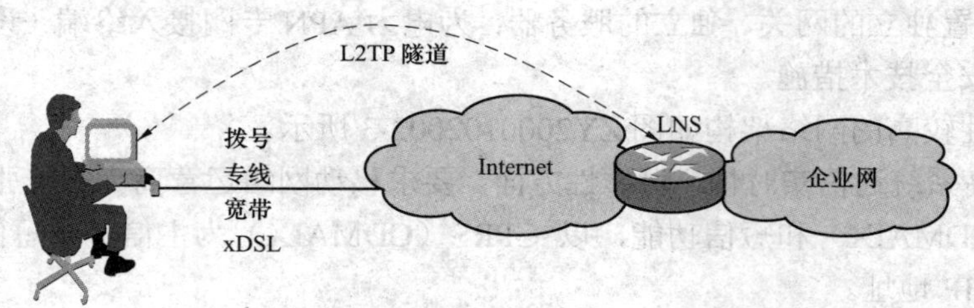

图 ZY2000102002-4 VPDN 结构

2. Intranet VPN

在公司远程分支机构的 LAN 和公司总部 LAN 之间的 VPN 称为 Intranet VPN，结构如图 ZY2000102002-5 所示。通过 Internet 这一公共网络将公司在各地分支机构的 LAN 连到公司总部的 LAN，以便公司内部的资源共享、文件传递等，可节省 DDN 等专线所带来的高额费用。

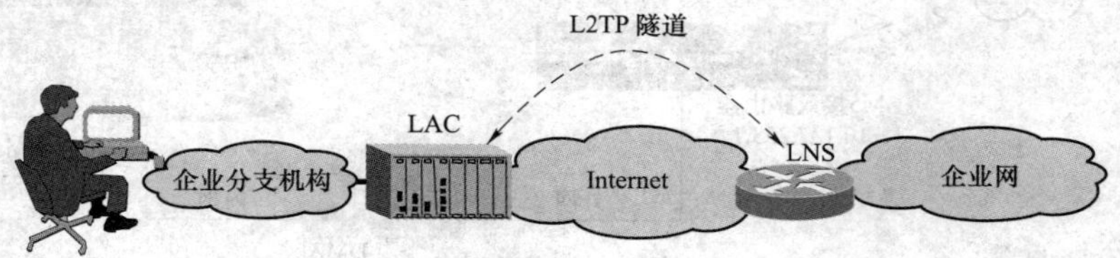

图 ZY2000102002-5 Intranet VPN 结构

3. Extranet VPN

在供应商、商业合作伙伴的 LAN 和公司的 LAN 之间的 VPN 称为 Extranet VPN。由于不同公司网络环境的差异性，该产品必须能兼容不同的操作平台和协议。由于用户的多样性，公司的网络管理员还应该设置特定的访问控制表 ACL（Access Control List），根据访问者的身份、网络地址等参数来确定他所相应的访问权限，开放部分资源而非全部资源给外部联网的用户。

五、VPN 的隧道协议

VPN 区别于一般网络互联的关键在于隧道的建立，然后数据包经过加密后，按隧道协议进行封装、传送以保证安全性。一般地，在数据链路层实现数据封装的协议叫第二层隧道协议，常用的有 L2TP、PPTP 等；在网络层实现数据封装的协议叫第三层隧道协议，如 IPSec；另外，SOCKS V5 协议则在 TCP 层实现数据安全。

L2TP（Layer 2 Tunneling Protocol）/ PPTP（Point-to-Point Tunneling Protocol）协议的优缺点如下：

（1）优点。L2TP/PPTP 对用微软操作系统的用户来说很方便，因为微软已把它作为路由软件的一部分。L2TP/PPTP 支持其他网络协议，如 Novell 的 IPX、NetBEUI 和 Apple Talk 协议，还支持流量控制。它通过减少丢弃包来改善网络性能，这样可减少重传。

（2）缺点。L2TP/PPTP 将不安全的 IP 包封装在安全的 IP 包内，它们用 IP 帧在两台计算机之间创建和打开数据通道，一旦通道打开，源和目的用户身份就不再需要，这样可能带来问题。它不对两个节点间的信息传输进行监视或控制。L2TP/PPTP 同时最多只能连接 255 个用户。端点用户需要在连接前手工建立加密信道。认证和加密受到限制，没有强加密和认证支持。

【思考与练习】

1. GPRS 是怎样接入 Internet 网络的？

2. 简述 GPRS 与专网的关系。
3. 简述 GPRS 网络安全性和可靠性的实现方法。

模块 3 CDMA 公网通信技术（ZY2000102003）

【模块描述】本模块介绍 CDMA 蜂窝通信系统的基本原理及其系统的特点。通过原理讲解和要点介绍，掌握 CDMA 通信的无线传输方式、系统通信控制功能，熟悉其不需要均衡器、语音激活、良好的保密能力、软切换、多种形式的分集、发射功率低等特点。

【正文】

CDMA 蜂窝通信系统按其所占用频带宽度，可分为窄带 DMA（N-CDMA）和宽带 CDMA（W-CDMA）系统。

一、CDMA 蜂窝通信系统的基本原理

CDMA 的基本原理基于扩展频谱（简称扩频）通信技术，其原理示意如图 ZY2000102003-1 所示。扩频通信技术是一种把信息的频谱展宽进行传输的技术，它是通过在发送端把要传输的用户信息数据与一个速率很高的伪随机码相乘（或模 2 加），由于伪随机码的速率比用户信息数据信号的速率大得多（通常达 2～3 个数量级或以上），且伪随机码序列与用户信息数据信号不相关，所以认为对用户信息数据信号（有用信号）进行了扩频处理，频谱被展宽。在接收端使用一种与发送端相同的伪随机码与接收的扩频信号相乘，进行相关运算对扩频信号解扩，有用信号频谱被恢复成窄带谱；宽带无用信号与伪随机码不相关而不能解扩，仍为宽带谱；窄带无用信号则也被伪随机码扩展成为宽带谱。这样，接收到的无用的干扰信号为宽带谱而有用信号为窄带谱，就可以用一个窄带滤波器滤除窄带外的干扰电平，得到所需要的数据。扩频通信具有隐蔽性、保密性、抗干扰等优点。

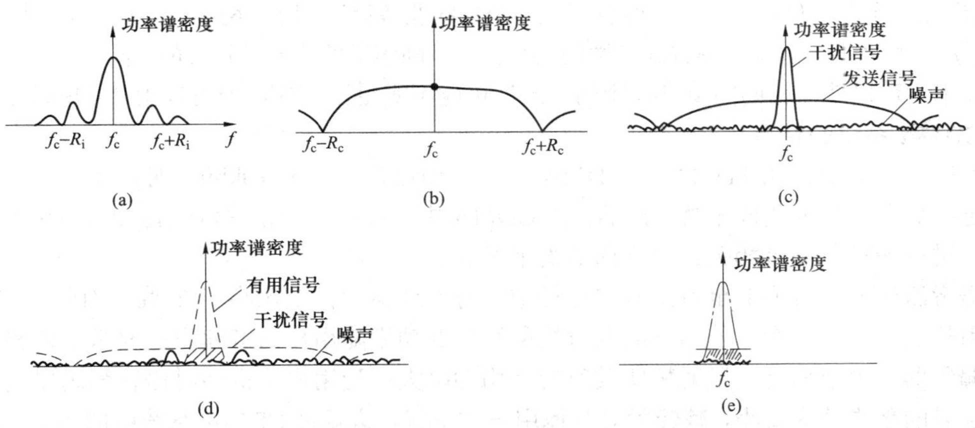

图 ZY2000102003-1 CDMA 扩频通信系统的原理示意

（a）信号调制器输出信号功率谱；（b）发射的扩频信号功率谱；（c）接受信号功率谱；（d）解扩后的信号功率谱；（e）窄带中频滤波器输出信号功率谱

另外，CDMA 系统基于码型分割信道，每个移动用户分配一个地址码，且这些码型信号相互正交（即码型互不重叠）。也就是说，在 CDMA 系统中还利用伪随机码作为码分序列（地址码）完成对基站信号的选择（即对基站的码分选址），完成基站和移动用户间各种信道的选择（即码分信道），完成对移动用户的识别（即对用户的码分选址）。因此，在 CDMA 扩频通信系统中的伪随机码不是一个，而是采用一组正交（或准正交）的伪随机码组，其两两之间的互相关值接近于 0，该伪随机码既用做地址码，又用于加扩和解扩（扩频码），增强系统的抗干扰能力。

扩频通信中用的伪随机码常常采用 m 序列。m 序列是最简单、最易实现的一种周期性 PN 序列，具有与随机噪声类似的尖锐自相关特性。它是由线性移位寄存器网络产生的，其周期长度是 $P=2^n-1$，n 为移位寄存器的级数。其归一化自相关函数 $R(\tau)$ 只有 1、$-1/P$ 两个值，m 序列的自相关函数图如图 ZY2000102003-2 所示。从图中可以看出，在 $\tau=0$ 时，自相关函数 $R(\tau)$ 出现峰值 1；当 τ 偏离 0 时，

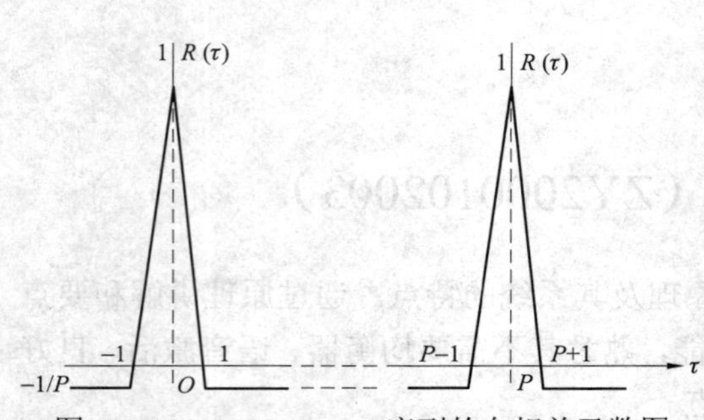

图 ZY2000102003-2 m 序列的自相关函数图

自相关函数曲线很快下降：在 $1\leqslant\tau\leqslant P-1$ 时 $R(\tau)$ 为 $-1/P$；当 $\tau=P$ 时，$R(\tau)$ 又出现峰值 1；如此周而复始。当周期很大时，m 序列的自相关函数与白噪声的类似。这一特性很重要，相关检测就是利用这一特性，在“有”或“无”信号相关函数值的基础上来识别信号，检测自相关函数值为 1 的码序列。这也正是 m 序列在扩频通信和 CDMA 系统中获得广泛应用的关键原因。

长度为 12^{15}=32 768 切普（chips）的 PN 序列（又称 PN 短码），通过在长度为 $12^{15}-1$ 的 m 序列 14 个连“0”输出后再加入一个“0”获得。它被用于对前向（基站到移动台）信道进行正交调制，不同的基站使用不同相位的 m 序列进行调制来区分基站地址，即每个基站分配一个 PN 序列的初始相位。每 64chips 一初始相位，共有 512 个值可被不同基站使用。使用相同序列不同相位作为地址码，便于搜索、同步。这种码也被用于对反向（移动台到基站）业务信道进行正交调制。

另一种 PN 序列（又称 PN 长码），也即长度为 $2^{42}-1$ 的 m 序列，在前向（基站到移动台）信道它被用作对业务信道的扰码即用于信号的保密，在反向（移动台到基站）信道它被用作直接进行扩频，用来区分不同的移动台，即用于移动用户的识别。采用这种周期长度的 PN 序列可以满足对用户地址码数量的需求，还有利于信号的保密，同时基站知道特定移动台的长码及其相位，因而不需要对它进行搜索、捕获。

还有一种是正交 Walsh 函数。Walsh 函数是 1923 年由数学家 Walsh 证明其为正交函数而得名。所谓正交即码组内只有本身相乘叠加后归一化值是 1，任意两个不同的码相乘叠加后的互相关值都是 0。利用它来实现 CDMA 系统中各种信道的选择。CDMA 通信系统将前向物理信道划分为多个逻辑信道，即一个导频信道、一个同步信道、7 个寻呼信道和 55 个前向业务信道（最多 63 个），划分的方法是采用 Walsh 序列对信号进行扩频调制。由于 Walsh 函数的正交性，不同信道的信号是正交的，同时区分了不同移动台用户。相邻基站可以使用相同的 Walsh 序列，虽然可能不满足正交性，但可以由 PN 短码提供区分。

二、CDMA 系统的特点

（1）不需要均衡器。在 FDMA 与 TDMA 中，传输速率远大于 10kbit/s 时，需要一个均衡器以减少由于时延扩展所产生的码间干扰。然而，在 CDMA 中，只需一个相关器代替接收机中的均衡器，以对扩频信号进行解扩，而且相关器比均衡器简单可靠。

（2）语音激活。在典型的全双工双向通话中，每次通话的占空比小于 35%。因此，在 CDMA 系统中，采用相应的编码技术，使用户的发射机所发射的功率随用户语音编码的要求来调整。当用户讲话时语音编码器输出速率高，发射机所发射的平均功率大；当用户不讲话时语音编码器输出速率低，发射机所发射的平均功率就小，减轻了对其他用户的干扰，这就是 CDMA 系统中的语音激活技术。而 CDMA 系统容量又直接与所受总干扰功率有关，这样就可以使系统容量增加。

（3）频率复用和扇区划分。在 CDMA 系统中，每个小区可以重复使用同一频带，并且位于蜂窝小区中心的基站使用扇形覆盖的定向天线把一个蜂窝小区划分成 3 个扇区后，不同的扇区也可以使用相同频率，所以小区容量将随着扇区数的增大而增大。对于采用三扇区小区的 CDMA 系统来说，系统容量将增加约 3 倍。但对其他系统来说，由于不同扇区不能使用同一频率，因而不能增加系统容量。

（4）大容量和软容量。CDMA 系统采用上述几种方法使其系统容量大。另外在 CDMA 系统中，信道划分是靠不同的码型来划分的，其标准的信道数是以一定的输入、输出信噪比为条件的，当系统中增加一个通话的用户时，所有用户的输入、输出信噪比都有所下降，即稍微降低用户通话质量，但不会出现没有信道而不能通话的现象，并且在越区切换时也不容易出现通话中断现象。这就是 CDMA 系统具有的软容量特点。而在模拟系统和数字时分（GSM）系统中，当没有空闲信道时，系统会出现忙音，切换时也容易出现通话中断现象。

（5）可变速率声码器。目前 CDMA 系统普遍采用可变速率声码器，声码器使用的是码激励线性预测（CELP）和 CDMA 特有的算法，称为 QCELP。其基本速率是 8kbit/s，但是可随输入语音信息的特征而动态地分为4种，即48，28，18，8kbit/s，可以以9.6，4.8，2.4，1.2kbit/s的信道速率分别传输。

（6）良好的保密能力。由于CDMA系统采用扩频技术，使它所发射的信号频谱被扩展得很宽，从而使发射的信号完全隐蔽在噪声、干扰之中，不易被发现和接收，因此也就实现了保密通信。另外在通信过程中，各移动用户所使用的地址码各不相同，在接收端只有码型和相位完全相同的用户才能接收到相应的发送数据。对非相关的用户来说是一种背景噪声，所以CDMA系统在防止串话、盗用等方面具有其他系统不可比拟的优点，具有很好的保密性能。

（7）软切换。在CDMA系统中，由于所有的小区（或扇区）都可以使用相同的频率，小区（或扇区）之间是以码型的不同来区分的。当移动用户从一个小区（或扇区）移动到另一个小区（或扇区）时，不需要移动台的收、发频率切换，只需在码序列上做相应的调整，称为软切换。软切换的优点在于首先与新的基站接通新的通话，然后切断原通话链路，这种先通后断的切换方式不会出现“乒乓”效应，切换时间很短。而模拟系统和数字TDMA系统所进行的都是硬切换，即先中断与原基站的联系，再在一指定时间内与新基站取得联系，势必会引起通信的短暂间断，用户会听到“咔嗒”声，且切换时间也较长。所以CDMA系统采用软切换，保证了通信的可靠性。

（8）多种形式的分集。由于移动通信环境的复杂和移动台的不断运动，接收到的信号往往是多个反射波的叠加，形成多径衰落。分集是对付多径衰落很好的办法，有3种主要的分集方式：时间分集、频率分集和空间分集。时间分集是通过交织编码和纠错编码实现的；频率分集是通过将信号能量在宽频带里扩展实现的，频率的选择性衰落通常只影响200～300kHz的信号；空间分集是通过在基站使用多副接收天线，且移动台和基站都是采用RAKE（多径）接收技术以及软切换来实现的。CDMA系统综合采用了上述各种分集方式，使系统性能大为改善。

（9）发射功率低、移动台的电池使用寿命长。在CDMA系统中，可以采用许多特有的技术（如功率控制、各种分集技术等）来提高系统的性能，所要求的发射功率大大降低，这对电池的体积减小和使用寿命增长都是非常有益的。

【思考与练习】

1. 为什么说CDMA保密性强？

2. 简述CDMA的基本原理。

3. 简述CDMA的特点。

模块4　230MHz通信与公网通信技术的应用特点（ZY2000102004）

【模块描述】本模块涉及移动网络数据通信技术与230MHz无线通信技术在应用方面的技术对比。通过要点比对，掌握230MHz无线通信技术在网络覆盖面、容量、设备体积、建设、运行维护成本、安装、异常上报、运营商配合等方面的优劣。

【正文】

一、移动网络数据通信技术与230MHz无线通信技术相比的优点

1. 网络覆盖面广，支持大容量系统的建立

目前已实现短信、GPRS（CDMA）覆盖，可以实现大容量系统的建设。而230MHz无线通信会受到山的阻挡，系统规模受到地形的限制。即使在平原地区，由于230MHz无线通信点对点应答耗时长，几千台终端的系统规模已达极限。另外230MHz无线频点资源稀缺，也不允许系统规模建大。

2. 终端设备体积小可避免外界的破坏，提高了运行可靠性

利用移动网络通信技术制造的用电信息采集与监控系统终端，由于通信模块体积小、电源功耗小等原因，体积可以做得较小，能安装于计量柜内，这样避免了外界的破坏。而原来使用230MHz无线通信技术的终端设备，由于体积大（因有无线电台、电源功耗大等原因无法做小），只能装于配电室内墙上，又需架设天线和馈线的引入，极易受到外界人为的和自然的（风、雨、雪）破坏。

3. 系统建设、运行维护成本低

用电信息采集与监控系统投资建设，最大的投资是终端的购买成本。原使用 230MHz 无线通信技术的终端必须用进口无线电台来承担无线通信的任务。而使用移动网络通信技术的终端无需该电台，因而大大降低了终端的制造成本。

使用 230MHz 无线通信技术，必须自己建立和维护通信网络，网络的维护成本很大，一般几千套左右的终端需要 10 位大专学历以上人员，配备 2 辆车才能维持日常的维护。而使用移动网络通信技术，通信网络维护由移动运营商承担，供电企业无需人员和设备。

虽然使用移动网络通信技术每月应向移动网络运营商支付通信资费，但优惠的集团客户通信资费与上述两项费用的支出相比还是很便宜的。

4. 终端设备安装方便、迅速

使用 230MHz 无线通信技术的终端安装时，需要测试场强、架设天线、放引馈线等工作。而使用移动网络通信技术的终端安装时，无需这方面的工作，并且由于体积小、接线端子统一，安装非常方便快捷。

5. 支持主动上报

遇到用电异常状况，使用移动网络通信技术的终端会主动上报主站，而使用 230MHz 无线通信技术的终端不能主动上报，只能被动等待主站的召测。

二、移动网络数据通信技术与 230MHz 无线通信技术相比的不足之处

（1）供电企业与移动运营商之间存在大量的协调、配合、管理工作。

（2）通信网络依赖于移动运营商，若过度依附于某个移动运营商，存在被垄断的风险。

【思考与练习】

1. 移动网络数据通信技术与 230MHz 无线通信技术相比有哪些优点？

2. 移动网络数据通信技术与 230MHz 无线通信技术相比有哪些不足之处？

模块 5 ZY2000102005

模块 5　其他通信方式（ZY2000102005）

【模块描述】本模块包含 PSTN、光纤通信的基本原理。通过原理讲解、应用介绍和特点分析，掌握光纤通信的原理和特点，熟悉 ISDN 的基本概念、发展过程、业务种类、网络结构。

【正文】

一、光纤通信

1. 光纤通信系统的结构与分类

现代的光纤通信系统主要分为准同步光纤通信系统（Plesiochronous Digital Hierarchy ，PDH）、同步光纤通信系统（Synchronous Digital Hierarchy ，SDH）和密集波分复用系（Dense Wavelength Division Multiplexing ，DWDM）。

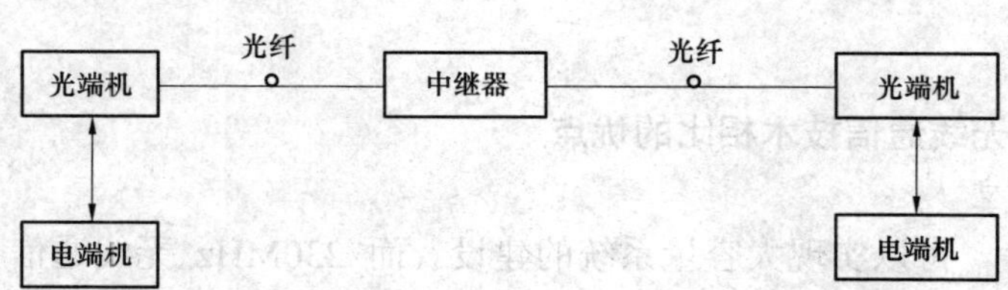

图 ZY2000102005-1　最基本的光纤通信系统模型

最基本的光纤通信系统模型如图 ZY2000102005-1 所示。它由电端机、光端机、光纤、中继器等组成。通信是双方向的，现在仅以一个方向为例，说明其工作的主要过程。一个方向包括 6 个部分，即电发送侧、光发送侧、光纤、中继器、光接收侧、电接收侧。电发送侧和电接收侧属于电端机（多路调制解调设备），同理，光发送侧和光接收侧属于光端机。

（1）电发送侧。其主要任务是将电信号进行放大、复用、成帧等处理，然后输送到光发送侧。

（2）光发送侧。其主要任务是将电信号转换为光信号，并进行处理，然后耦合到光纤。

（3）光纤。其主要任务是传送光信号。

（4）中继器。其主要任务是放大和整形。它将接收的光信号转换为电信号，然后进行处理。处理结束后，又将电信号转换为光信号，继续向前传送。

（5）光接收侧。其主要任务是接收光信号，并将光信号转换为电信号。

（6）电接收侧。其主要任务是对电信号进行解复用、放大等处理。经过上述处理后，就可以进行双向通信了。

2. 光纤通信的特点

光纤通信之所以成为通信工具中的王牌，是因为它具有以往的任何通信方式不可比拟的优越性。与电缆或微波通信相比，光纤通信具有许多的优点，表现如下：

（1）通信容量大。理论上，如头发丝粗细的光纤可传输 1000 亿路语音，实际应用中可同时传输 24 万路。这比传统的电缆或微波通信高出了几百倍，甚至上千倍。而且一根光缆中可包含多根、甚至几十根光纤，如果再使用复用技术，其通信容量之大十分惊人。

（2）传输损耗小，中继距离长。目前，光纤的衰减被控制在 0.19dB/km 以下，其衰减系数很低，可使中继距离延长到数百千米。有关资料显示，已经进行了的光弧子通信试验，可达到 600km 无中继。而电缆或微波通信，其中继距离则分别是 1.5km 和 50km，可见光纤通信用于通信干线、长途网络是十分合适的。

（3）抗干扰性强。

1）光波信号在光纤中传输的时候，只在光纤的"纤芯"中进行，不同光纤芯线之间几乎不存在相互间的串扰，无光泄漏，因此保密性好。

2）光纤通信不受外界的电磁干扰，而且耐腐蚀、可挠性强（弯曲半径大于 25cm 时性能不受影响）。

3）由于光纤信道带宽很大，特别适合于采用数字通信方式，而抗干扰性强又正是数字通信的一大优点，可节省大量的金属材料。制造电缆使用铜材料，但地球上的铜资源非常有限，而制造光纤用的二氧化硅材料则非常丰富。据测算，使用 1000km 的光缆，可节省 150t 铜、500t 铅。

4）体积小、质量轻、便于施工和维护。光纤的质量轻，如军用的特制轻质光缆只有 5kg/km。光缆的施工方式也很灵活，维护也比较方便。

光纤通信也存在一些不足，主要表现为：光直接放大难，弯曲半径不宜太小，分路耦合不方便，需要高级的切断接续技术等。

二、ISDN 的简介

1. ISDN 的基本概念

ISDN 是将语音、数据和图像等业务综合在一个网内，并用统一的数字形式处理各种不同通信业务的网络。只要设置了能够与各种通信网接续的 ISDN 终端交换机，并提供标准的用户—网络接口，用户就可通过一条用户线，利用各种通信媒质进行通信。

2. ISDN 的发展过程

ISDN 的基本概念是 20 世纪 70 年代初作为世界通信网发展总目标由原国际电报电话咨询委员会（CCI）（现为 ITU.T）提出来的。其定义如下：一般来说，ISDN 是从综合数字网（Integrated Digital Network, IDN）发展起来的网络。电话网在实现了数字传输和数字交换后，就形成了电话 IDN，然后，在用户线上实现二级双向数字传输，以及将各种语音和非语音业务综合起来处理和传输，实现不同业务终端之间的互通。也就是说，把数字技术的综合和电信业务的综合结合起来，这就是综合业务数字网（ISDN）。ISDN 提供端到端的数字连接，以支持包括语音业务和非语音业务在内的广泛业务，用户通过有限的一组标准多功能用户—网络接口来接入这些业务。由此定义可见，ISDN 能用单一灵活的网络结构去满足各种各样的业务要求。现有网络并不是不能提供多种通信业务，问题是现有网络是由多种类型的业务网构成的，如果一个用户需要使用多种通信业务，必然导致接口多、终端多和规程多，使用很不方便，同时通信经营也越来越复杂。因此，发展 ISDN 就是为了从根本上扭转这种多网并存的局面。

ISDN 的概念提出来以后，发达国家纷纷开展研究和实验，并于 1988 年由现场实验转为商用。

3. ISDN 的业务

ISDN 的业务种类很多，ISDN 的业务在进行分类时遵循了以下原则：

（1）由于窄带 ISDN 无法综合传输高清晰度电视、高速数据、广播电视等宽带业务，因此，一些通信技术发达的国家在窄带 ISDN 现场实验未完成时，便已开展了对宽带 ISDN 的研究工作。但是，各国家在宽带 ISDN 方面的研究策略和技术实现途径不完全相同。美国将宽带 ISDN 的研究分为两个阶段：第一阶段以数据通信为主要内容，首先实现宽带局域网、城域网以及连接这两种网络的高速数据网；第二阶段实现以 A:r:M 为基础的宽带 ISDN。但是欧洲各国以及日本对宽带 ISDN 的研究是以图像、语音、数据的综合为主要内容的。随着发达国家对宽带 ISDN 的技术不断开发，宽带 ISDN 关键技术如 A:r:M（异步转移模式）、SDH（同步数字序列）和光纤用户环路等的研究、开发和应用已经取得了成功。

（2）ISDN 应该能够提供包括公用交换电话网、分组数据网、用户电报网等原有网络所能够提供的用户需求的所有业务。

（3）ISDN 的业务应该考虑到 ISDN 与原有网络的互通与兼容。

（4）ISDN 的业务需要充分估计到用户的新业务需求，包括可能会出现的新通信需求。

（5）ISDN 电信业务可以分为提供基本传输功能的承载业务和包含终端功能的用户终端业务。除了这两种基本业务外，还规定了变更或补充基本业务的补充业务。利用这些补充业务，可以为用户的通信带来很大的方便。

三、ISDN 的基本网络结构

ISDN 设备指 ISDN 为用户提供 ISDN 业务所需要的各类设备，包括 ISDN 交换机、ISDN 用户交换机、网络终端、接入单元和各类 ISDN 终端及终端适配器。

通常，ISDN 由 3 个部分构成，即用户网、本地网和长途网。

用户网指用户所在地的用户设备和配线，指由用户终端至参考点所包含的机线设备。在 ISDN 环境下，用户的进网方式比电话网用户要复杂得多，一般用户网可以采用下列 3 种结构。

1. 总线结构

当同一用户拥有多种终端时，可以采用总线结构，这时多个终端被连接在一条无源总线上，享有相同的用户号码。该方式在一条 2B+D 基本速率用户线上可以同时开通电话、数据、传真等多种业务，可以并接多达 8 个终端。因为无源总线方式的用户终端可以根据需要来配置，无需网络控制，所以这种方式具有连接电缆短、能够实现多种功能等特点。

2. 星形结构

星形结构是通过用户交换机（即 NT2）将多个 ISDN 终端直接通过 S 参考点接入网络的一种方式。这种方式适合于语音与数据业务的综合，具有各种用户终端独立运用，集中控制、维护与管理，实时透明和网络扩展容易等特点，适用于机关、公司等有 ISDN 要求的集团用户的进网。

3. 网状环形结构

网状环形结构由一组环路数字节点和环路链路组成，具有网络接口简单，分散控制和容量均等分配，即使过负荷其系统功能也较稳定等特点。但是，在某节点故障时，将影响到整个系统的正常运行，而且即使系统负荷较轻，其平均时延也较长，所以目前这种方式仅限于局域网和城域网的运用。

【思考与练习】

1. 光通信有哪些特点？
2. 简述 ISDN 的基本概念。
3. ISDN 有哪几种结构？

第三章 集中抄表系统通信

模块1 低压窄带电力线载波（ZY2000103001）

【模块描述】本模块包含低压窄带电力线载波技术的通信原理、调制技术、信道特点、信道指标要求、组网及路由特点等内容。通过对其几种典型应用组网方案、适用范围和对象特性的介绍，掌握低压窄带电力线载波通信方式在用电信息采集与监控系统中的应用。

【正文】

一、低压窄带电力线载波技术通信原理

电力线载波通信，是将信息调制为高频信号并耦合至电力线路，利用电力线路作为介质进行通信的技术。

低压窄带载波通信是指载波信号频率范围不大于500kHz的低压电力线载波通信。DL/T 698《电能信息采集与管理系统》规定载波信号频率范围为3～500kHz，优先选择IEC 61000-3-8规定的电力部门专用频带9～95kHz。

载波通信调制方式（ASK、FSK、PSK），是将信息调制到载波信号的幅度、频率、相位三个参数上，采用窄带滤波技术滤除有效信号频带之外的各种噪声。但对于电力线信道这样具有时变的衰减性的恶劣信道，性能不能满足应用要求。因此普遍采用了多种基于高速数字信号处理技术的方法（如直序扩频、线性调频、跳频扩频、过零检测）来提高通信性能。

低压载波通信不能做到各种环境下的全台区内点对点可靠通信，为此在低压载波通信的网络层建立路由机制来提高载波通信的可用性是低压集中抄表普遍采用的方法。但载波通信本身带宽有限（10～300kbit/s），只能采用各自定义的简单路由协议。

低压电力线载波因信号调制方式、中心频点、路由协议信号耦合方式的不同，导致载波通信技术各异，无法满足各厂商载波通信互通的要求。目前只能通过规定载波模块的外围接口，实现模块级更换。

二、载波调制技术

FSK（Frequency-Shift Keying），频移键控。就是用数字信号去调制载波的频率，是信息传输中使用得较早的一种调制方式，现在电力线载波通信中应用比较广泛，利用基带数字信号离散取值特点去键控载波频率以传递信息的一种数字调制技术。它的主要优点是：实现起来较容易，用途广泛，在中低速数据传输中得到了广泛的应用。

PSK（Phase-Shift Keying），相移键控。在PSK调制中，载波的相位随调制信号状态不同而改变。相移键控在一般的通信传输中有很好的抗干扰性，在有衰落的信道中也能获得很好的效果。PSK有多种实现方式，有二相和四相调相（BPSK&QPSK），在实际应用中还有八相及十六相调相（8PSK&16PSK）。PSK相移键控调制技术在数据传输中，尤其是在老式中速和中高速的数传机（2400～4800bit/s）中得到了广泛的应用。

DSSS及FHSS（Direct Sequence Spread Spectrum & Frequency-Hopping Spread Spectrum），即扩频通信，是扩展频谱通信的简称。它是指用来传输信息的射频带宽远大于信息本身带宽的一种通信方式。直接序列扩频，简称直扩，所传送的信息符号经伪随机序列（或称伪噪声码）编码后对载波进行调制。伪随机序列的速率远大于要传送信息的速率，因而调制后的信号频谱宽度将远大于所传送信息的频谱宽度。载波频率跳变扩频，简称跳频（FH）。载荷信息的载波信号频率受伪随机序列的控制，快速地在给定的频段中跳变，此跳变的频带宽度远大于所传送信息的频谱宽度。扩频通信系统的出

现，被誉为是通信技术的一次重大突破。扩频系统能带来很大程度上的信噪比改善，使干扰的影响减少很多倍。

OFDM（Orthogonal Frequency Division Multiplexing），即正交频分复用技术。实际上 OFDM 是 MCM Multi-Carrier Modulation 多载波调制的一种。其主要思想是：将信道分成若干正交子信道，将高速数据信号转换成并行的低速子数据流，调制到每个子信道上进行传输。正交信号可以通过在接收端采用相关技术来分开，这样可以减少子信道之间的相互干扰。每个子信道上的信号带宽小于信道的相关带宽，因此每个子信道上的衰落可以看成平坦性衰落，从而可以消除符号间干扰。OFDM 集极强抗干扰能力与极快数据传输率于一身，充分利用带宽内所有频点进行有效通信，结合不同的组网方式以达到适应电力线载波通信的最佳方式。

工频通信技术，核心思想是在电压过零点附近利用电网电压和电流波形的微小畸变来携带信息进行双向传输，其通信双方是子站变压器和远程电网终端用户。常规的电力线载波通信，是利用叠加在电力线上的高频载波信号作为信息传输的载体，而工频通信是在 50Hz 工频电压过零点附近，通过人为产生工频波形的畸变，利用工频波形本身作为信息传输的载体，具有独特的通信机理和易实现性。从信号传输上分析，工频波畸变信号的传输频率在 180～600Hz 之内，频率很低，属于超低频信号在电力线路上的传输。双向工频通信技术应用到自动抄表系统中有很多优点，其中关键的一点是它可以实现跨变压器台区进行通信，减少了变压器对通信的不利影响。由于工频调制信号可以穿透配电变压器传输，这样整个变电站范围只需一台子站装置安装在变电站，接收该变电站范围内低压配电线路上所有用户终端发送的上行信号；同样所有的用户终端可以接收该子站装置发出的下行信号。子站装置和多个用户终端组成了一点对多点的主从式通信系统，以半双工的方式进行通信。双向工频通信抄表技术采用特有的过零调制、差分检测及纠错编码技术，适用于中国配电网的跨变压器台区的自动抄表技术，在电网通信中有广阔的应用前景。

尽管每种技术都有其独特的优越性和适应性，但依然受到电力线网络的制约。由于电力线网络在低压侧的干扰、噪声、衰减都很严重，拓扑结构复杂及多样，种种因素对低压侧窄带电力线载波通信造成了很大影响。FSK 和 PSK 实现相对容易，但是频点确定后不能更改，所以面对大面积实施和高要求情况很难满足不同情况的要求。DSSS、OFDM 和工频通信相对适用于电力线载波通信，DSSS 等扩频通信技术抗干扰能力与 FSK 等相比有很大提升，但是并不能覆盖和很好利用整个频段的频点资源，双向工频通信利用过零点特性及抗干扰手段达到相对较好通信能力及穿透变压器能力，但由于受其工频限制，所以数据传输率很低。OFDM 正交频分复用技术由于其抗干扰能力强、通信数据传输率高等优点在各种通信系统得到了广泛利用，但是由于其实现复杂，所以在低压载波窄带电力线载波通信领域还没得到广泛应用，但 OFDM 已经作为下一代抄表技术在欧美业界得到确定。OFDM 可以覆盖规定带宽内所有频点，通过其调制特性达到对所有频点很好的利用。由于其可以设置很多子载波，对不同频点分别利用，受到干扰后自动调整子载波的内容和频率以达到最好的通信效果和可靠性。

FSK 和 PSK 经过优化之后适用干扰程度较小或者干扰稳定的情况；DSSS 和工频通信技术适用于一定程度上的干扰和通信速率不要求太高的情况；OFDM 适用于不同场合和干扰下通信，以及在保证可靠通信条件下高速通信的情况。

三、通信信道的特点特征

由于低压电力线（配电线）主要用于传输 50Hz 大功率电力，因此，电力线介质上连接了大量的各种电力和电气设备，这些设备对在电力线介质中传输的通信信号带来非常不利的影响，而城市居民的变频家电、晶闸管电子产品的大量使用又进一步加剧了信道的不稳定性。

低压电力线传输信道特性主要表现为信号衰减严重、噪声显著、阻抗不稳定的三个特征，而且这三者随着频率、时间和所处位置的不同而变化。

四、信道指标

窄带载波技术指标见表 ZY2000103001-1。

表 ZY2000103001-1　　窄带载波技术指标

序号	指 标 名 称	性 能 参 数	序号	指 标 名 称	性 能 参 数
1	传输速率	50～137kbit/s（差异较大，与载波技术相关）	5	周期采集成功率	≥95%（周期为 1 天，采集日冻结数据）
2	传输误码率	≤10^{-5}	6	集中器单点抄表时间	<5s
3	传输距离	200～1000m（差异较大，与载波技术相关）	7	集中器轮询抄表时间	<30min（300 个电能表）
4	一次采集成功率	≥70%	8	其他特殊指标要求	频率范围：9～500kHz

五、组网技术方案

载波抄表系统组网，首先根据电力线网络拓扑结构进行设备安装，根据拓扑结构确定星型、总线型、点对点型、混合型等方式。

（1）组网要点。由于低压电力线网络复杂、配网方式各式各样，动态组网技术才可以兼顾不同拓扑结构、不同地区的电能表等。

组网特点：电力线载波通信信道的时变性、频率选择性和强干扰性等特点，使得用电力载波通信方式组网必须具有自己的特点：

1）网络物理拓扑和逻辑拓扑会经常发生变化。这些变化使得电力线通信组网具有很多自组网络特征。因此，传统的电力线载波通信方法既无法保证通信距离，也无法保证电力线通信系统长期运行的可靠性。

2）没有专用的交换机或中继器。作为控制网用的窄带电力线通信，一般不采用因特网中的专用交换机和中继器等设备，无法实现信号的转发和放大。因此，通信距离会随着电网信道质量的变化而动态变化。

3）通信媒质共享信道。在一个供电变压器下，电力线载波信道完全共享，信息以广播的方式发布，所有电力线载波节点（简称节点）共享同一个信道。在此环境下，低压配电网信道特性的固有特点不能保证每一个载波节点能够正确地收到相关信息。因此，电力线通信组网需要通过路由/中继器将同一个物理子网划分成多个逻辑子网。

4）弱数据处理能力。控制网一般由一个中心（核心）节点、多个主节点和若干个终端设备节点组成。中心节点和主节点一般为控制器，所包含的 CPU 数据处理能力相对比较强；而终端设备多为执行器或数据采集器，或不包含 CPU，或所包含的 CPU 数据处理能力较弱。电力线通信模块一般采用弱数据处理能力的 CPU。因此，电力线组网应当尽量基于现实国情，采用尽可能优化的算法和路由，实现具有电力线载波通信网特点的网络路由算法。

5）一对多通信。在控制网中，通信方式经常是“一对多”，即一个控制器（中心节点）与它所负责控制的若干个终端设备（终端节点）之间通信，各终端设备之间不需要直接的命令发布（通信）。因此，只需要维护一个全局路由表，即只需要保证中心节点与所有终端节点可靠通信，这大大简化了电力线通信路由表的维护工作。

比较理想的组网方式是一台集中器安装在台变侧，与每个载波通信模块保持通信，每个电能表上均配有一个载波通信模块，每个载波模块自动响应或自动中继，根据电力线网络通信的不同情况实时进行自动调整。集中器发出抄收命令，根据网络情况第一批载波通信模块收到命令，做出响应，并同时下传集中器发出的命令；由第一批模块发出的命令被第二批模块收到，第二批模块做出响应并继续下传命令……在此期间所有电能表保持时间同步。经过一定时间（系统各个模块响应时间的总和不超过系统要求，15，30min…），所有模块与集中器建立了连接，每层中继意味着群呼中继过程；此时集中器根据中继级别和响应时间分配地址并建立连接。除电能表和电力线网络节点处之外不应该再布置中继，更多的中继意味着更多的电网干扰、更多的调试和成本的增加。

在需要中压低压电力线载波网络通信的情况下，将低压侧集中器通过耦合器连接到中压电力线网络，与变电站侧中压电力线载波设备保持通信。

有所不同的是工频通信技术可以穿透变压器，则其组网方式为：以地区变电站为中心，安装一台变电站侧子站中压通信装置，覆盖全部或部分同一变电站范围内的中、低压供电线路。子站装置安装在地区变电站，子站发送装置通过专用调制变压器将下行调制信号注入 10kV 配电网，下行调制电压畸变信号以广播的方式在同一变电站所辖供电线路上传播，在发送功率及接收信号满足要求下，信号可以覆盖的所有中、低压配电线路；位于低压线路的用户端装置接收到命令后，返回的上行调制电流信号以负载电流的形式，沿低压电力线路穿过所接的配电变压器直到变电站所辖的馈线首端，为子站接收装置识别。由于信号频率很低，上行调制电流信号跨相串扰及跨不同支线路串扰极小。该模式覆盖同一个变电站范围，作用范围广，子站及用户端装置发送功率大；在城区配电网结构时常改变，信号覆盖的区域同样随之发生改变；另外，总用户电能表数量多，子站抄收一次的时间长，可能难以满足系统抄收时间要求。因此，适合于变电站容量较小、配网结构变化小、用户数量不多、用户分散、距离较长的郊区、农网变电站。

（2）路由方案和协议要点。路由方案有静态路由和动态路由两种。

1）静态路由。由人工根据现场情况，采用固定中继的方式，通过在集中器中预先指定某些采集模块作为固定的中继器来进行信号传递。在这种方式下，中继路固化在集中器中，一次定型即不能更改，不具有动态适应电力线环境的变化能力，很难从根本上解决抄表中继路由问题，更不能满足规模日益扩大的抄表系统的需要。

2）动态路由。根据具体组网方案，按照电能表端电力线载波通信模块的中继级别和响应时间分配地址，建立连接后进行自动监测，根据网络的情况自动进行调整，保证实时通信。

由于电力线网络的特性，也需要不同于一般网络组网方式的动态路由技术，如：

1）蚂蚁路径算法。类似于蚂蚁路径移动，每只蚂蚁出门都会不断搜索可能的路径找到食物，并在爬过的地方留下信息素以保证自己按照原路返回。于是算法设计集中器和中继器不断搜索不同路径来找到最可靠的通信路由并记录路径。由于拓扑中线路数量是固定的，只是随着负载的变化通信情况有可能变化，在原有路径路由基础上进行新的搜索和路由将变得相对容易和可靠。

2）动态群呼算法。也称洪水传播算法，如果将每个节点和终端看成一个孤岛，当命令由集中器下发时，命令犹如在水中投入一块石块，引发的能量以波浪式前进到达最近的孤岛，孤岛收到命令后以相同频率在相同时刻重复命令以使得能量增强并保持波浪的形式不变传播下去。由于孤岛是按照拓扑结构布局的，所以命令以不断强化的形式到达各个终端，越远的终端（拓扑/中继上远，并不是说距离远），信号达到该处的理论上限强度越大，整个系统的通信质量也就越好。

（3）数据通信流程。

1）下行命令。集中器→集中器内载波模块通信→载波采集模块→电能表。

2）信息采集。电能表→载波采集并通信→集中器内载波通信模块→集中器。

按信息处理过程来说，首先电能表测量并记录电量值，通过串口或者光耦传给载波通信模块，由载波通信模块进行数据处理分类打包，通过电力线载波通信方式传给集中器内载波通信模块，集中器内载波通信模块获取信号经过解析获得数据并传给数据处理 MCU（微控制器），通过 MCU 进行数据处理分类并保存在集中器内以备调用，根据需要通过各种方式将信息上传到远程主站。

（4）载波模块形式、功能、接口。电力线载波通信模块种类繁多，从结构上来看都是通过 PCB 板级模块实现功能，板上有以载波通信芯片和控制芯片及外部元器件所组成的完整电路结构。

从连接结构来看可以分为电能表内置板级模块和电能表外置模块。内置模块通过电路连接、串口或者光耦与电能表板级电路传递数据。外置模块通过串口或光耦与电能表交换数据。

载波模块的功能主要有自动远程抄表、记录电能表数据、远程校时、负荷控制等。

电力线载波模块的接口可以为电力线载波通信接口、RS232/RS485 串行接口、光学耦合接口及网络接口。

（5）典型的应用组网方案。载波抄表系统组网，首先根据电力线网络拓扑结构进行设备安装，根据拓扑结构确定星型、总线型、点对点型、混合型等方式。组网示意如图 ZY2000103001-1。

根据现场低压用户电能表安装方式和用电信息采集与监控需求，窄带电力线载波通信的典型组网方式主要有 3 种：集中器+载波电能表，集中器+载波采集器+RS485 电能表，集中器+载波采集器+RS485 电能表+载波电能表。3 种组网方式的网络拓扑结构如下描述：

1）集中器+载波电能表通信方案如图 ZY2000103001-2 所示。

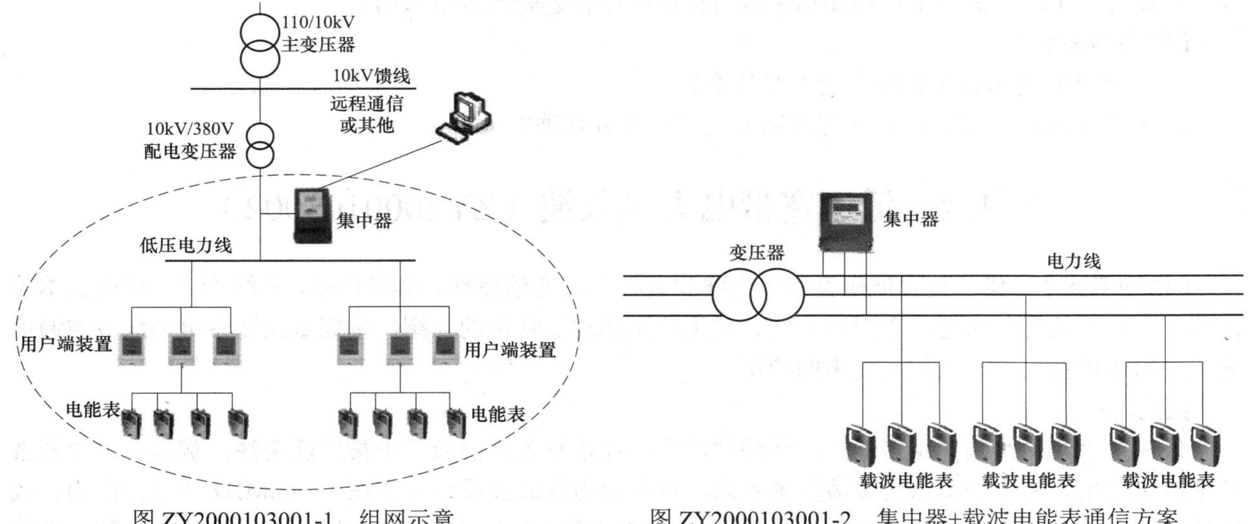

图 ZY2000103001-1　组网示意　　图 ZY2000103001-2　集中器+载波电能表通信方案

2）集中器+载波采集器+RS485 电能表通信方案如图 ZY2000103001-3 所示。

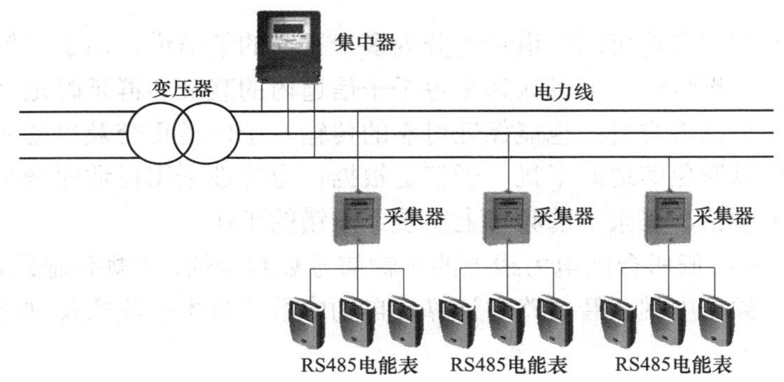

图 ZY2000103001-3　集中器+载波采集器+RS485 电能表通信方案

3）集中器+载波采集器+RS485 电能表+载波电能表通信方案如图 ZY2000103001-4 所示。

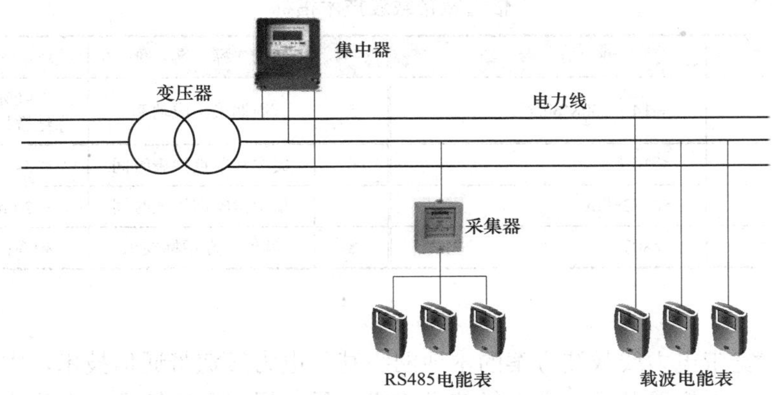

图 ZY2000103001-4　集中器+载波采集器+RS485 电能表+载波电能表通信方案

六、适用范围和对象

窄带载波通信技术的数据传输速率较低，双向传输，无需另外铺设通信线路，安装方便，可以方便地将电力通信网络延伸到低压用户侧，实现对用户电能表的数据采集和控制，适应性强。但电力线存在信号衰减大、噪声源多且干扰强、受负载特性影响大等问题，对通信的可靠性形成一定的技术障碍，具体应用时需要软、硬件技术结合完成组网优化。

窄带载波通信技术适用于电能表位置较分散、布线较困难、用电负载特性变化较小的台区，例如城乡公用变压器台区供电区域、别墅区、城市公寓小区。窄带电力线载波通信作为本地通信信道的一种，主要应用于集中器与采集器和集中器与载波电能表之间的数据通信。

【思考与练习】

1. 窄带载波通信适用范围和对象是什么？

2. 窄带电力线载波通信的典型组网方式主要有哪几种？

模块2　低压宽带电力线载波（ZY2000103002）

【模块描述】本模块包含低压宽带电力线载波技术的通信原理、信道指标、系统构成、组网技术等内容。通过对其几种典型应用组网方案、适用范围和对象特性的介绍，掌握低压宽带电力线载波通信方式在用电信息采集与监控系统中的应用。

【正文】

低压电力线网络因其覆盖面广、线路零成本，在信息入户的应用中被广泛关注，宽带电力线载波技术应运而生。和窄带电力线载波技术不同，宽带电力线载波系统工作在1～40MHz频率范围内，较好地避开了千赫频段的常规低频干扰，采用正交或扩频调制方式实现兆级以上的数据传输，数据物理层传输速率最高可达200Mbit/s。

1. 通信原理

电力线宽带通信调制技术将可用信道带宽分为多个正交的子信道，由于子信道的窄带特性，各个子信道呈现相对线性和平坦特性，可以认为在每个子信道内的衰减和群延时是常数，可以看作是一个理想信道，因此实现起来就很容易，也能保证可靠的传输。子信道正交及自适应调制可以获得高的调制效率。子信道正交可以避免信道间干扰，子信道根据信道特性采用自适应调制。可以忽略衰减或干扰严重的一个或一些子频带，在余下的频带上实现无差错的工作。

然而，由于高频信号在低压台区电力线上的传输信号衰减较快，常规传输距离一般在200～300m，但可以通过时分中继、频分中继、智能路由计算、自动中继等技术手段实现网络重构，实现整个低压电力线通信网络的通信。

2. 信道指标

信道宽带载波技术指标见表ZY2000103002-1。

表ZY2000103002-1　　信道宽带载波技术指标

序号	指标名称	性能参数	序号	指标名称	性能参数
1	传输速率	≤14～200Mbit/s	5	周期采集成功率	≥98%（周期为1天，采集日冻结数据）
2	传输误码率	$\leq 10^{-5}$	6	集中器单点抄表时间	<3s
3	传输距离	50～200m	7	集中器轮询抄表时间	<20min（300个电能表）
4	一次采集成功率	≥80%	8	其他特殊指标要求	频率范围：1～40MHz

3. 网络方案

（1）系统构成。宽带电力线载波方案的本地网络基于电力线宽带通信技术，主要由包含电力线宽带通信模块的集中器、采集器及低压电力线信道构成。另外根据现场情况，在集中器与采集器间可能需要加装专用电力线宽带信号中继设备。

集中器通常以台区变压器为单位设置，通过光纤通信、无线等远程信道连接后台主站服务器，本地通过低压电力线与采集器通信，是用电信息采集与监控系统的枢纽装置，是主站和采集终端设备之间的桥梁，负责主站和采集器之间的数据交互。集中器通过RS485总线与台区总表连接，可完成台区变压器处的台区总表等电能表数据的抄读。

采集器完成具有RS485接口的电子电能表数据采集。在设置成自动路由的情况下，采集器还可作为信号中继的转发器，实现数据信号中继转发的功能。

专用中继设备的作用是实现电力线宽带通信信号的转发，延长通信距离，中继设备转发信号过程中不对所转发的数据做任何解析。中继可以采用自动方式，也可采用人工配置方式完成，可实现采集器的自动路由功能。

（2）组网技术。通常集中器能够和采集器直接通信，个别情况下，如分支过多、线路过长等因素使得集中器与少数采集器实现直接通信有困难，必须考虑中继路由技术。在基于电力线宽带载波的用电信息采集与监控系统组网设备设计时，应考虑多种中继路由实现方法，具体包括以下几个方面：

1）自动中继路由。每个采集器既可作为采集器使用，也可作为中继器使用 中继、网络重构在PLC通信中完成，与应用无关。中继可以采用自动方式，也可采用人工配置方式完成。

2）长距离电缆线路解决办法。如果采用采集器自动中继不能解决，可以在适当位置加装专用中继器。

3）地埋、架空混合线路解决办法。由于阻抗的不匹配，往往地埋、架空混合线路信号衰减较大，如果采用采集器自动中继不能解决，可以在地埋、架空转接点加装中继器。

（3）典型的应用组网方案。

1）电能表集中分布的典型应用组网方案如图ZY2000103002-1所示。

2）电能表集中与分散复合分布的典型应用组网方案如图ZY2000103002-2所示。

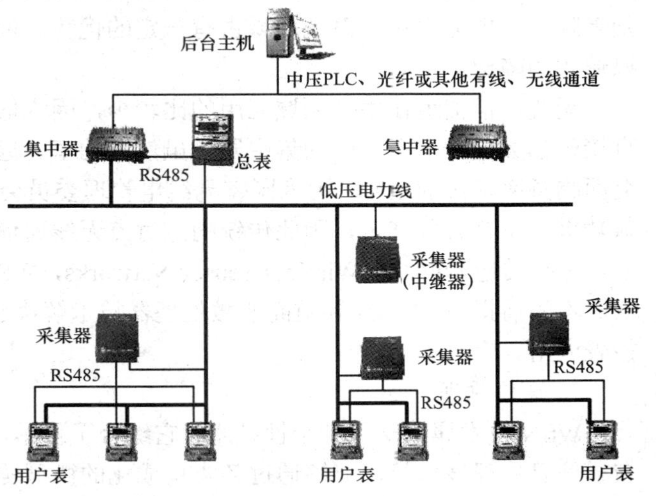

图ZY2000103002-1　电能表集中分布的典型应用组网方案

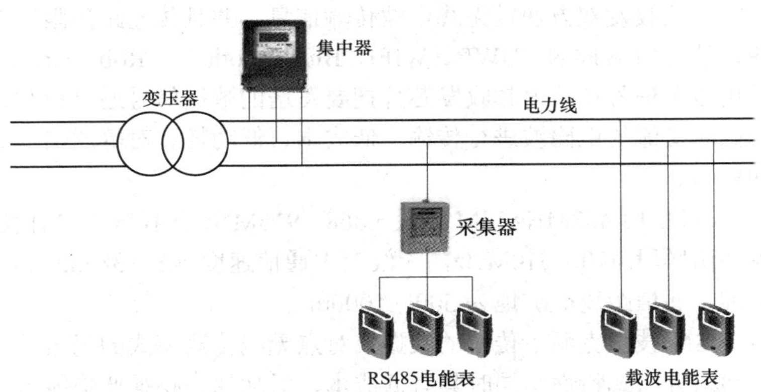

图ZY2000103002-2　电能表集中与分散复合分布的典型应用组网方案

4. 适用范围和对象

宽带载波数据传输速率高，具有较强的抗干扰能力，可承载业务多，适应性强，但存在信号衰减大、单跳通信距离受限等问题，具体应用时需要在采集器、宽带载波电能表间进行中继、路由等优化措施。基于宽带载波的短距离和少分支的特性，宽带载波信道在用电信息采集与监控系统中的适用对象为城区集中表箱布置的高层或者多层楼宇居民区。

宽带载波通信技术多适用于电能表集中布置的台区，如城乡公用变压器台区供电区域、城市公寓小区等，对采集和管理要求较高的一般工商业户有更好的适应性。

【思考与练习】

1. 宽带载波适用范围和对象是什么？

2. 电力线宽带载波的用电信息采集与监控系统组网设备设计时应考虑的中继路由方法，具体包括几个方面？

模块 3　微功率无线通信技术（ZY2000103003）

【模块描述】本模块包含微功率无线通信技术的通信原理、信道特点、信道指标、组网方案、无线模块形式等内容。通过对其几种典型应用组网方案、适用范围和对象特性的介绍，掌握微功率无线通信技术在用电信息采集与监控系统中的应用。

【正文】

低压载波信道利用电力系统自身的资源电力线传输数据，不用敷设通信线路，得到供电部门的特别青睐，在电能表集抄系统领域占有一定的优势。但低压载波信道的通信可靠性在技术上一直存在难以逾越的障碍。

无线通信信道在集抄领域应用的比较少，因为低功耗的无线通信受障碍物阻挡影响比较大，无法直接传输数据至配电台区的集中器，虽然大功率、远距离传输的无线通信技术可以解决上述问题，但会面临频率资源的限制，因为国家无线电管理委员会规定免费的无线电计量仪表或 ISM 频段应用，发射功率应符合有关规定，因此传统的点对点无线通信方式基本无法实现远程自动抄表。

无线传感器网络（Wireless Sensor Networks，WSN）是一系列微功率通信技术的通称，在低功耗、低成本的前提下，WSN 利用高速微处理器技术解决通信难题，适合于测量点多、范围分散场合的低压抄表应用。

1. 通信原理

WSN 技术属于一门综合性技术，它综合了传感器技术、嵌入式系统技术、网络无线通信技术、分布式信息处理技术等，能够通过各类集成化的微型传感器节点实时监测、感知和采集各种环境或监测对象的信息，而每个传感器节点都具有无线通信功能，并组成一个无线网络，将测量数据通过自组多跳的无线网络方式传送到监控中心。

一般意义上，只要通信收发双方通过无线电波传输信息，并且传输距离限制在较短的范围内，就可以称为微功率无线通信，如 WPAN、UWB、WIFI、BlueThooth 等。RobuNet、ZigBee 在低压抄表中已有应用。通常是采用数字信号单片射频收发芯片把要发送的数据信号通过调制、解调、放大、滤波等数字处理后转换为高频交流的电磁波进行传输。低成本、低功耗和对等通信，是微功率无线通信技术的三个重要特征和优势。

WSN 无线传输频段可使用 433MHz ISM 频段（868、915MHz 在我国不允许使用），也可采用国家民用无线电计量仪表使用频段 470～510MHz，无线空中通信速度 4.8～38.4kbit/s。无线设备的发射功率应符合国家相关标准，通信距离空旷地为 500～1000m。

无线传感器网络 WSN 技术克服了传统的数据点对点无线传输模式的局限性，具有拓扑结构动态性强、自组织性以及网络分布式特性，同时具有低成本、低功耗、超强通信能力、通信距离远和抗干扰能力强等诸多优点。

短距离无线通信可以采用 FSK、ASK、DSSS、CSS 或是其他方式进行调制，优先选用抗干扰性强、保密性好、速率高的调制方式。

2. 通信信道的特点特征

（1）优点。

1）无需布线，安装成本低。

2）自组织网络，在一定条件下，节点越多，可选择的路由路径越多，网络可靠性越高。

3）信道质量不受电网质量的影响，容易保证信道长期可靠性，相应地较能适应现场不同电网环境的新旧城市农村社区情况。

4）自组织网络可以寻找射频范围内所有的无线节点，不受电力线拓扑网络的影响。

5）无线网络的实时性好，速率较高，便于实现实时性要求高的增值服务如远程预付费等。单个数据包的有效数据载荷容易达到1600bit/s以上，支持中小动力用户三相多功能表的大数据量，将其囊括在低成本的本地无线网络。

6）在集中器上的无线模块，在远程通道失效的情况下，可以应急与无线手持抄表终端实现现场抄表的功能，比红外速度更快，使用更方便。

（2）缺点。

1）传输距离受到障碍物的影响很大，障碍物会严重缩短传输距离。

2）无线数据收发是敞开式的，在射频范围内其他设备都可以收到，需要通过多种方式如端到端高阶加密以及动态跳频实现安全数据传输。

3. 信道指标

微功率无线信道指标见表ZY2000103003-1。

表 ZY2000103003-1　　微功率无线信道指标

序号	指标名称	性能参数	序号	指标名称	性能参数
1	传输速率	4.8～38.4kbit/s	5	周期采集成功率	≥99.5%（周期为1天，采集日冻结数据）
2	传输误码率	$\leqslant 10^{-5}$	6	集中器单点抄表时间	＜5s
3	传输距离	200～600m，空旷地可达1000m	7	集中器轮询抄表时间	＜30min（300个电能表）
4	一次采集成功率	≥97%	8	其他特殊指标要求	（1）频率范围：433MHz ISM 或 470～510MHz。 （2）发射功率：≤50mW

4. 网络方案

在低功耗、短距离条件的限制下，考虑障碍物、台区供电半径等因素，传统的点对点无线通信方式基本无法满足电力用户用电信息采集与监控系统的要求，须采取无线自组网、自动中继的方式来实现低功耗、远距离、多障碍的数据传输。

针对低压用户用电信息采集与监控系统，由具有微功率无线模块的集中器、无线采集器和电能表等组成无线通信网络，现场使用无线电能表，或对集中装表场合的每个计量表箱内安装一个无线采集器，通过RS485接口采集电能表的电量，然后通过自组织微功率无线网络传输数据至配电台区的无线集中器，集中器通过远程通信网络传输数据至主站后台系统。

无线自组网的节点之间通过多跳数据转发机制进行数据交换的，需要路由协议进行数据包转发决策。路由协议主要监控网络拓扑结构变化、交换路由信息、维护和选择路由，并根据选择的路由转发数据，保障网络的连通性。路由算法可以依据无线信号强度RSSI或者质量LQI，在路由协议的帮助下确定路由表。路由选择应综合考虑网络的时延和传输可靠性因素。

为进一步利用无线网络的网状结构特点，因此无线传感网络应该具有自愈合功能，即无线节点在原有的路由节点失效的情况下，能够瞬间自动采用多个备用路径作为新的路由，而不影响网络任何其他部分和其他节点。

5. 数据通信流程

无线数据通信应该支持双向通信，采集器既可以上传电能表数据，也可以接收集中器下发的命令，同时在需要的情况下，也可以中继来自其他无线节点的数据。数据通信流程如图ZY2000103003-1所示。

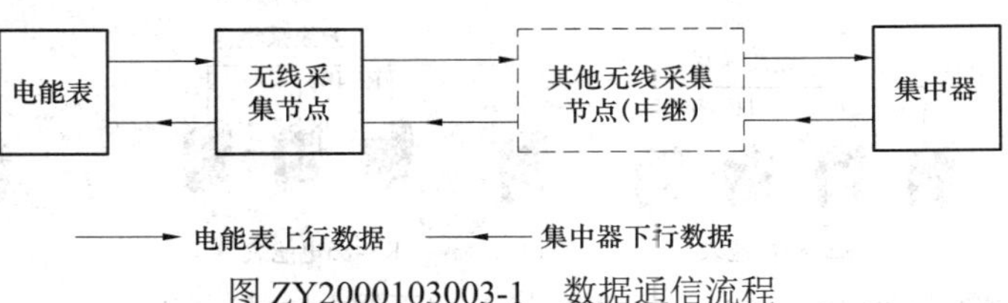

图 ZY2000103003-1　数据通信流程

集中器下发的命令数据，直接或是通过多个中继节点，到达目标无线采集节点，目标无线采集节点收到命令后，把相应的命令转发给电能表。也可利用无线网络实时强的特点，由无线节点将突发事件主动上传至后台，用于实时监控、防窃电、故障告警等。

电能表向集中器汇报的数据，由无线采集节点接收后，直接或是通过多个中继节点，传输到达集中器，由集中器进行处理。

在节点分布距离较远，无线采集节点间不能组成网络的情况下，可以另外安装无线中继器进行组网，无线中继器可以用没有采集功能的无线采集器实现，也可以另外设计。

6. 无线模块形式

由于无线频点、调制方式、路由协议的不同，各种 WSN 技术目前还不能兼容，只能通过更换通信模块方式实现互换。

无线模块的下行设备可能是采集终端连接或电能表。当无线模块只有一台下行设备时，可以采用 RS232 连接；当有多台下行设备时，应采用 RS485 总线方式连接。

无线模块可以是独立式的（有独立的电源及外壳）或是嵌入式的（由电能表供电具有小尺寸）。独立式无线模块应提供符合 RS485 标准的接口，嵌入式的无线模块可以提供标准 RS232 或 TTL 电平 RS232 接口。

7. 典型的应用组网方案

根据应用场景的不同，使用短距离无线网络构建的本地网络可能具有以下几种组网方式（在本节的描述中，嵌入无线模块的电能表称为无线电能表）。

（1）无线集中器（+无线中继器）+无线采集器+RS485 电能表方案如图 ZY2000103003-2 所示。多个电能表连接在一条 RS485 总线上，无线采集器的下行口为 RS485 口，通过 RS485 总线与一个或多个电能表通信；上行口为无线通信口，可以利用其他无线中继器实现与无线集中器的数据通信，无线中继器可能由某个无线采集器实现或通过安装另外的无线中继设备实现。这种方式适合电能表集中安装的场合。

（2）其他本地通信网络+协议转换器（+无线中继器）+无线采集器+RS485 电能表方案如图 ZY2000103003-3 所示。与方案（1）类似，无线采集器的下行口为 RS485 口，通过 RS485 总线与一个或多个电能表通信；上行口为无线通信口，可以利用其他的无线中继器实现与协议转换器的数据通信。每个无线采集器都应具有无线中继功能，在需要的场合下，可以另外安装无线中继器以实现距离扩展。系统中的协议转换器实现无线信号与其他类型的本地通信网络的数据交换。在这种方式下，无线微功率网络与其他类型的本地通信网络互为补充，覆盖彼此网络的盲区。这种方式同样适合电能表集中安装的场合。

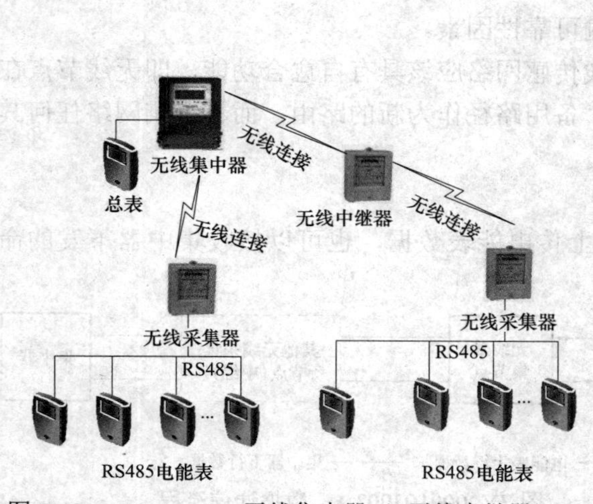

图 ZY2000103003-2　无线集中器（+无线中继器）+无线采集器+RS485 电能表方案

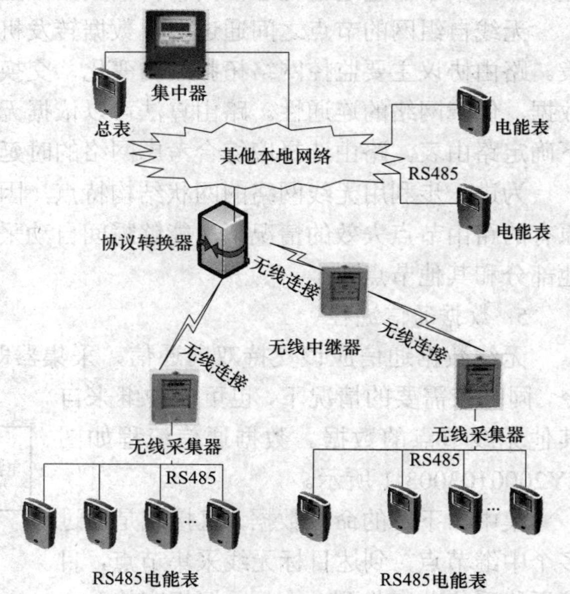

图 ZY2000103003-3　其他本地通信网络+协议转换器（+无线中继器）+无线采集器+RS485 电能表方案

（3）无线集中器（+无线中继器）+无线电能表方案如图 ZY2000103003-4 所示。在此方案里，电能表内置无线模块，无线模块的下行口可以为 RS485 或是 RS232 接口（包括标准 RS232 或是 TTL 电平 RS232），通过 RS485 或 RS232 与电能表通信。无线模块的上行口为无线通信口，可以利用其他无线中继器实现与无线集中器的数据通信。无线中继器可能是其他具有中继功能的无线模块或是另外安装的无线中继设备。这种方式适合电能表分散安装的场合。

（4）其他本地通信网络+协议转换器（+无线中继器）+无线电能表方案如图 ZY2000103003-5 所示。与方案（3）类似，电能表内置无线模块，无线模块的下行口为 RS485 或是 RS232（包括标准 RS232 和 TTL 电平的 RS232），无线模块通过 RS485 或是 RS232 与电能表通信。无线模块的上行口为无线通信口，可以利用其他无线中继器实现与协议转换器的数据通信。无线中继器可能是其他具有中继功能的无线电能表或是另外安装的无线中继设备。此方案中的协议转换器实现无线数据与其他类型本地通信网络数据交换。在这种方式下无线微功率网络与其他类型的本地通信网络互为补充，覆盖彼此网络的盲区。这种方案适合于电能表分散安装的场合。

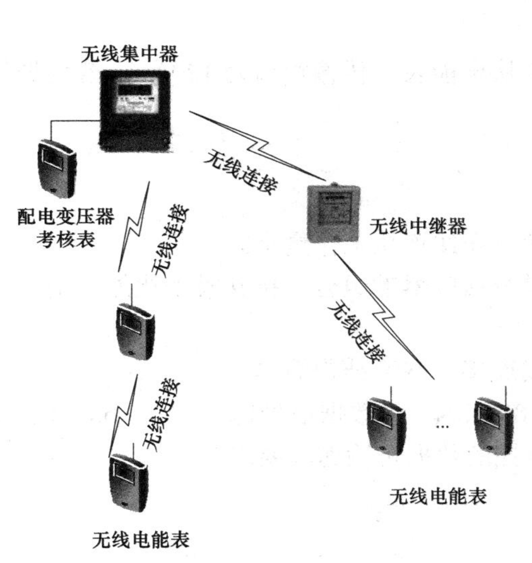

图 ZY2000103003-4　无线集中器（+无线中继器）+无线电能表方案

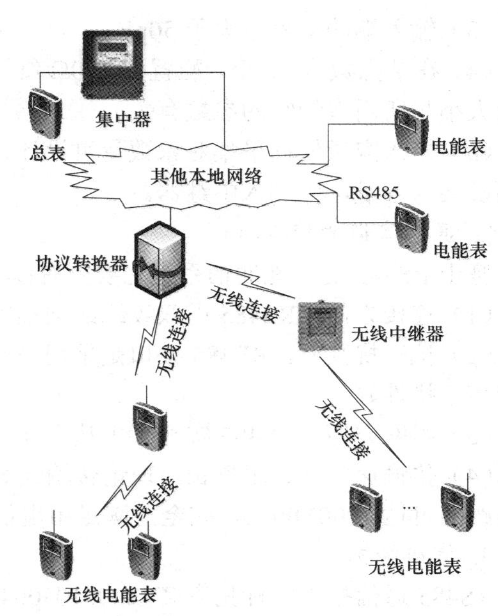

图 ZY2000103003-5　其他本地通信网络+协议转换器（+无线中继器）+无线电能表方案

8. 适用范围和对象

适用区域特征、范围环境、场合和对象如下：

（1）适用于测量点相对比较分散的场合，如城市或农村一户一表的情况。

（2）对集中装表的场合，每个计量表箱内可安装一个无线采集器。

（3）在电网质量恶劣，无法为载波提供良好信道的情况下。

（4）在用户负载变化大，载波信道不稳定的场合。

（5）作为电力线载波通信的补充。

【思考与练习】

1. 微功率通信信道的优点是什么？

2. 微功率通信信道的缺点是什么？

模块 4　RS485 通信（ZY2000103004）

【模块描述】本模块包含 RS485 技术的通信原理、信道特点、信道指标、网络方案等内容。通过对其适用范围和对象特性的介绍，掌握 RS485 通信技术在用电信息采集与监控系统中的应用。

【正文】

在本地通信信道中，简单有效的通信方式还是基于 RS485 总线的有线通信方式。

1. 通信原理

RS485 是用于串口通信的接口标准，由 RS232、RS422 发展而来，属于物理层的协议标准。

RS485 采用平衡发送和差分接收方式来实现通信：发送端将串行口的 TTL 电平信号转换成差分信号两路输出，经传输后在接收端将差分信号还原为 TTL 电平信号。两条信号线为双绞线或同轴电缆，实现了基于单对平衡线的多点、双向半双工通信链路。

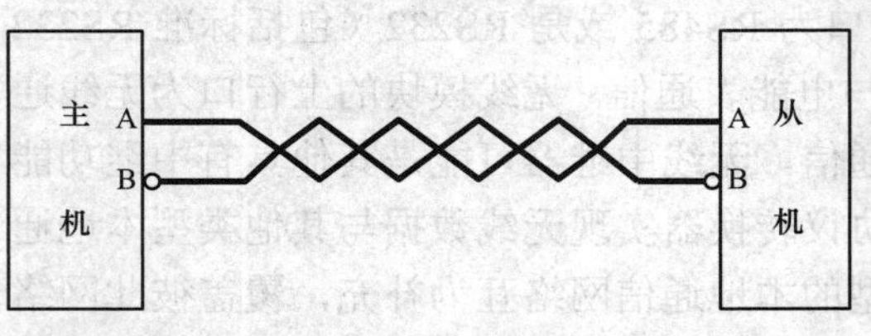

图 ZY2000103004-1 RS485 主从站之间连接方式

RS485 主机与从机之间的连接如图 ZY2000103004-1 所示。

技术要求如下：

（1）接收器的输入电阻 R_{IN}≥12kΩ。

（2）驱动器能输出±7V 的共模电压。

（3）输入端的电容不大于 50pF。

（4）在节点数为 32 个、配置了 120Ω 终端电阻的情况下，驱动器至少还能输出电压 1.5V（终端电阻的大小与所用双绞线的参数有关）。

（5）接入容量依据采集对象数量可设计为 8、16、32 块电能表；传输距离为 1200m，若增加传输距离及接入容量，应加入中继器。

2. 通信信道的特点特征

基于 RS485 的本地通信系统主要具有以下特点：

（1）连接方便。RS485 用双绞线或同轴电缆进行通信，布线连接工作量小。

（2）抗干扰性好。RS485 接口是采用平衡驱动器和差分接收器的组合，抗共模干扰能力增强，即抗噪声干扰性好。

（3）组网方便。RS485 实现了主从之间一对多的总线连接，网络结构简单。

（4）传输速率高、距离长。理论传输最大速率可达 10Mbit/s。当数据信号速率在 90kbit/s 以下时，通信距离可达 1200Mbit/s，完全能满足用电信息采集与监控的数据传输速率要求。

3. 信道指标

RS485 通信技术指标见表 ZY2000103004-1。

表 ZY2000103004-1 RS485 通信技术指标

序号	指标名称	性能参数	序号	指标名称	性能参数
1	传输速率	1200～9600bit/s，理论上可达 10Mbit/s	5	周期采集成功率	100%（周期为 1 天，采集日冻结数据）
2	传输误码率	≤10^{-9}	6	集中器单点抄表时间	<1s
3	传输距离	≤1200m	7	集中器轮询抄表时间	<5min（300 个电能表）
4	一次采集成功率	≥99%	8	其他特殊指标要求	最大挂接节点数：32

4. 网络方案

基于 RS485 的本地数据传输系统主要由数据采集器、数据集中器、专用变压器终端、表计等组成。

采用双绞线传输差分信号，用总线型的网络拓扑结构实现主从机之间一点多址的应答式通信方式。

通过主机与从机之间一对多的总线型拓扑网络，完成主机对从机的轮询通信。

主机首先将包含地址的数据通过 RS485 接口转换为差分信号以在总线上传输。总线上的所有从机监听该差分信号，将其转换为数据，并将数据中包含的地址与自身的通信地址进行比较，如果地址信息相符，则主机和从机之间的通信得以建立，数据得以在主机和从机之间传输。一次通信结束以后，连接得以释放，总线上所有的从机继续监听总线传送的数据。采集设备通过总线型的网络结构获取多个电能表的数据。

RS485 通信方案如图 ZY2000103004-2 所示。

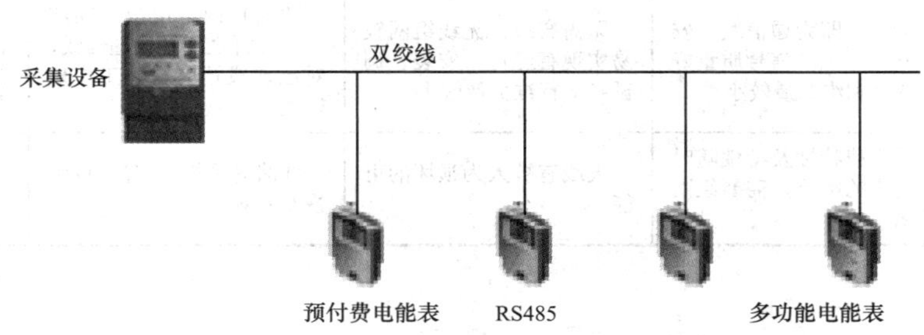

图 ZY2000103004-2 RS485 通信方案

5. 适用范围和对象

RS485 在用电信息采集与监控系统中已经有多年的应用，已经非常成熟，适用于以下情况：

（1）表箱内采集设备和表计的连接。

（2）专用变压器采集终端和多功能电能表之间的通信。

（3）新装居民用户的用电数据集中采集。

运行管理和维护内容、安全防护等的要求如下：

（1）保证通信网络不遭到破坏，接口接触良好，线路不被损坏。

（2）在同一总线上不要出现地址重复的情况，以免出现地址冲突，造成通信失败。

（3）保证给通信设备供电的交流电及机箱真实接地，而且接地良好。

总体来说，RS485 网络建成以后，通信可靠性较高，维护工作量比较小。

【思考与练习】

1. RS485 通信的范围和对象是什么？
2. RS485 通信技术要求是什么？

模块 5 本地网络性能特点比较（ZY2000103005）

【模块描述】本模块包含低压窄带载波、低压宽带载波、微功率无线自组网、RS485 总线等本地网络方式特点比较。通过图表比对分析，熟悉几种通信方式在可靠性、传输速率、实时性、安装、调试、维护等方面的区别，掌握本地通信方式的最优化选择。

【正文】

本地通信信道实现的方式以电力线载波（包括宽带、窄带）和 RS485 总线两种通信方式为主，同时考虑短距离无线等技术方案作为补充。综合考虑系统建设施工、可靠性、运行维护等因素，各网省可依据具体情况按照技术方案选择应用。本地通信方式比较见表 ZY2000103005-1。

表 ZY2000103005-1 本地通信方式比较

本地网络技术类别	低压窄带载波	微功率无线自组网	RS485 总线	低压宽带载波
通信可靠性	可靠性较好，但与电网特性的变化相关	可靠性较高	可靠性很高	可靠性较高
传输速率	通常为 300bit/s 以上，1200bit/s 以下；单帧有效数据载荷小，支持三相多功能表大数据量困难	几十 kbit/s；单帧有效数据载荷可达 1600bit/s 以上，可支持三相多功能表大数据量	1200～9600bit/s	＞512kbit/s
通信实时性（基于一次采集成功率）	一般	较好	较好	较好

模块
5
ZY2000103005

续表

本地网络技术类别	低压窄带载波	微功率无线自组网	RS485 总线	低压宽带载波
安装、调试和运行维护	电力线即为通信线，安装方便；电网信号质量好时调试和维护量较小	无需布线；无线组网较易实现智能化，安装、调试和运行维护量较小	建筑物内各用户之间或现场楼群之间铺设通信线，对已建成社区安装工作量较大	电力线即为通信线，安装方便，但由于通信距离受限，可能需加装中继
影响因素	受负载特性及特性随时间变化的影响，需要组网优化	天线有被人为损坏的可能	线路易受损，故障定位和恢复困难	高频信号衰减较快，在长距离通信中需要中继组网

【思考与练习】

1. 本地通信信道实现的方式以什么通信方式为主？
2. RS485 总线传输速率是多少？

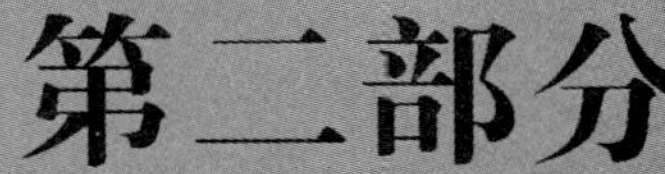

第二部分

数据库基础知识

第四章 数据库知识

模块 1 数据库概述（ZY2000201001）

【模块描述】本模块包含数据库的基本概念、数据库模型和数据库管理系统。通过概念解释、要点讲解和图形展示，熟悉数据、数据模型、数据库及其管理系统、应用系统等基本概念，掌握数据库系统的组成、常见的三种逻辑数据模型、数据库管理系统的主要功能和程序组成。

【正文】

数据库技术就是管理数据的技术，其核心问题是如何高效地获取和处理数据，并且科学地实现数据的组织和存储，是当代计算机系统的重要组成部分。

一、数据库的基本概念

（一）数据（Data）

数据是数据库的基本存储对象，是描述事物的符号，其表现形式很多，如数字、文字、声音、图像、图片等。与日常生活中语言的作用类似，在计算机系统中，是通过数据来描述事物的某些特征的。数据不是对事物全部特征的描述，而是对事物的某些令人关心的特征的描述。如为了反映某员工的特征，采用一条记录的形式进行描述，这条记录就是数据。

例如：李强，男，1974 年 7 月，华北电力大学，电力系统及其自动化，1997 年 6 月。

数据是需要解释的，因为相同的数据可以有不同的含义。数据的含义称为数据的语义，数据和数据的语义是密不可分的。就上条数据而言，它所描述的信息是：李强，男性，1974 年 7 月出生，1997 年 6 月毕业于华北电力大学电力系统及其自动化专业。

（二）数据模型（Data Model）

在使用计算机处理现实世界的信息时，必须抽取局部范围的主要特征，模拟和抽象出一个能反映局部世界中实体和实体之间联系的模型，即数据模型。也就是说，数据模型是抽象描述现实世界的一种工具和方法，是表示实体及实体之间联系的形式。

（三）数据库（Database）

数据库是长期保存在计算机存储设备上的、有组织或按一定格式存放的、可共享的数据集合。简单地说，就是存放数据的仓库，或者说是存储在一起的相关数据的集合。数据库中的数据按一定数据模型组织、描述和存储，尽可能不重复，具有较小的冗余度、较高的数据独立性和易扩展性，可以被各种用户共享。数据库是由数据库管理系统来管理的。

（四）数据库管理系统（DataBase Management System，DBMS）

数据库管理系统是位于应用系统和操作系统之间的一层数据管理软件，它对数据库进行统一管理、统一控制，使用户能够方便地定义数据和操作数据，并保证数据库的安全性和完整性，如 Oracle、DB2、Sybase 等。用户通过 DBMS 访问数据库中的数据，数据库管理员也通过 DBMS 进行数据库的维护工作。它提供多种功能，可使多个应用程序和用户用不同的方法同时或在不同时刻去建立、修改和询问数据库；当出现故障时，可实现系统恢复。

（五）数据库应用系统（DataBase Application System，DBAS）

数据库应用系统是指为了满足用户需要，采用各种应用开发工具（如 Power Builder、Visual FoxPro 等）和技术开发而成的数据库应用程序。数据库应用系统在各个领域中都有广泛的使用，如财务管理信息系统、调度管理信息系统、电力营销信息系统等。

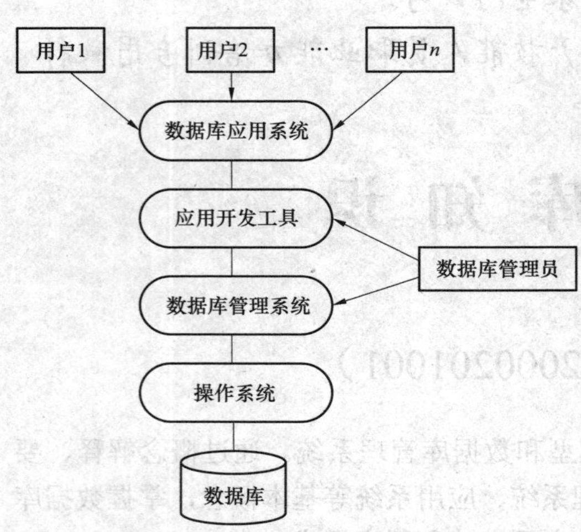

图 ZY2000201001-1　数据库系统的组成

（六）数据库系统（DataBase System，DBS）

数据库系统是指在计算机系统中引入数据库后的系统构成，通常由数据库、数据库管理系统（及其开发工具）、数据库应用系统、数据库管理员和数据库用户组成。

数据库系统的组成如图 ZY2000201001-1 所示。

二、数据模型

由于计算机不可能直接处理现实世界的具体事物，因此，必须把具体的事物通过抽象，转换成计算机能够处理的数据模型。

（一）数据模型的组成

在数据库中，数据模型就是数据库系统中用于提供信息表示和操作手段的形式框架。数据模型通常是由数据结构、数据操作和数据约束条件三个要素组成。

1. 数据结构

数据结构是刻画一个数据模型的最重要的方面，用于描述系统的静态特性，是数据对象以及存在于该对象的实例和组成实例的数据元素之间的各种联系的集合，它包括用于表示数据类型、内容、性质的对象，以及表示数据之间联系的对象。在数据库系统中，通常按照其数据结构的类型来命名数据模型，如数据结构有层次结构、网状结构和关系结构三种，那么按照这三种结构命名的数据模型则分别称为层次模型、网状模型和关系模型。

2. 数据操作

数据库的操作主要有检索（查询）和更新（插入、删除、修改等）两大类。数据操作用于描述系统的动态特性，是对数据库中数据允许执行的各种操作及其操作规则的集合。

3. 数据的约束条件

数据的约束条件是为了保证数据的完整性、一致性、正确性、有效性和相容性，预先规定的一些规则条件，用以限定符合数据模型的数据库状态以及状态的变化。例如，在教师数据库中，教师性别只有男和女两种状态。

（二）概念模型——实体—联系模型

通常采用的数据模型主要是实体—联系（Entity—Relationship，E—R）模型。实体—联系模型的建立基于这样一种认识：世界由一组实体和实体之间的相互联系组成。

1. 基本要素

实体—联系模型的基本要素是：实体、联系、属性。

（1）实体（Entity）。客观存在并且相互区别的“事物”称为实体。实体可以被（粗略地）认为是名词，如员工、公司、会议等。具有相同属性的一类实体称为一个实体型，如员工（姓名、性别、年龄、岗位）就是一个实体型。实体型所表示的实体集合中的任一实体称为该实体型的一个实例。同型实体的集合称为实体集（Entity Set），如全体员工、所有公司等。

（2）属性（Attribute）。属性指实体的特性。如员工实体有姓名、性别、年龄、岗位等方面的属性。属性有“型”和“值”之分，“型”是属性名称，“值”是属性的具体内容。如姓名、性别、岗位等是员工实体属性的“型”，而尚明、男、会计则是员工实体属性的“值”。

（3）联系（Relationship）。联系表达两个或更多实体相互间如何关联，可以被（粗略地）认为是动词，如：在用户和计算机之间的使用关联，在员工和领导之间的管理关联，在演员和电影之间的表演关联等。

两个实体型之间的联系分三类（见图 ZY2000201001-2）：

1）一对一联系（1:1）。实体集 A 中的一个实体最多与实体集 B 中的一个实体对应，反之亦然。如学校与校长、员工与员工编号。

2）一对多联系（1:n）。实体集 A 中的一个实体与实体集 B 中的多个实体对应，反之，实体集 B

中的一个实体最多与实体集 A 中的一个实体对应。如公司与员工、市与县。

3）多对多联系（$m{:}n$）。实体集 A 中的一个实体与实体集 B 中的多个实体对应，反之，实体集 B 中的一个实体与实体集 A 中的多个实体对应。如领导与员工、演员与电影。

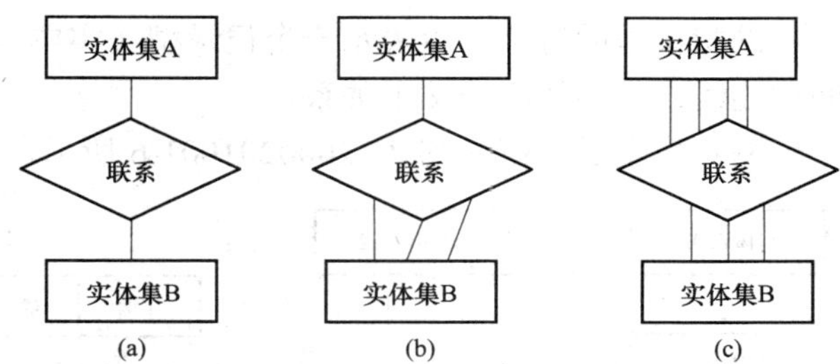

图 ZY2000201001-2　实体之间的联系

（a）1:1 联系；（b）1:n 联系；（c）$m{:}n$ 联系

2. E—R 图

即实体—联系图，是概念模型。它用表示实体型、属性和联系的方法来表述现实世界，如图 ZY2000201001-3 所示。

（1）实体型。用矩形表示，矩形框内写明实体名。比如员工张明、员工李达都是实体。

图 ZY2000201001-3　E—R 图

（2）属性。用椭圆形表示，并用无向边将其与相应的实体连接起来。比如员工的姓名、性别、职称、工龄等都是属性。

（3）联系。用菱形表示，菱形框内写明联系名，并用无向边分别与有关实体连接起来，同时在无向边旁标上联系的类型（1:1、1:n 或 $m{:}n$）。如员工与工作任务间存在承担任务的关系。

（三）常见的三种逻辑数据模型

常用的数据模型有层次模型、网状模型和关系模型，它们分别用“树结构”、“图结构”和“二维表”来表示数据之间的关系。数据之间关系的表示方式不同，即数据结构不同，是上述三种数据模型的根本区别。其中，层次模型和网状模型又称为非关系模型。

1. 层次模型

用树形结构表示实体之间联系的模型叫层次模型。现实中，很多实体之间的联系都表现出一种自然的层次关系，如行政隶属关系、家族关系等。

层次模型的表示方法是：树的节点表示实体集（记录的型），节点之间的连线表示相连两实体集之间的关系，这种关系只能是“1:n”的。通常把表示 1 的实体集放在上方，称为父节点，表示 n 的实体集放在下方，称为子节点。

层次模型的结构特点是：①　有且仅有一个根节点；②　根节点以外的其他节点有且仅有一个父节点。例如，企业记录型有电网公司、发电厂等记录值，而电网公司的下层记录值有营销部、财务部、生技部等部门，营销部下层又有员工和工作任务等记录值。层次模型示意图如图 ZY2000201001-4 所示。层次模型实例如图 ZY2000201001-5 所示。

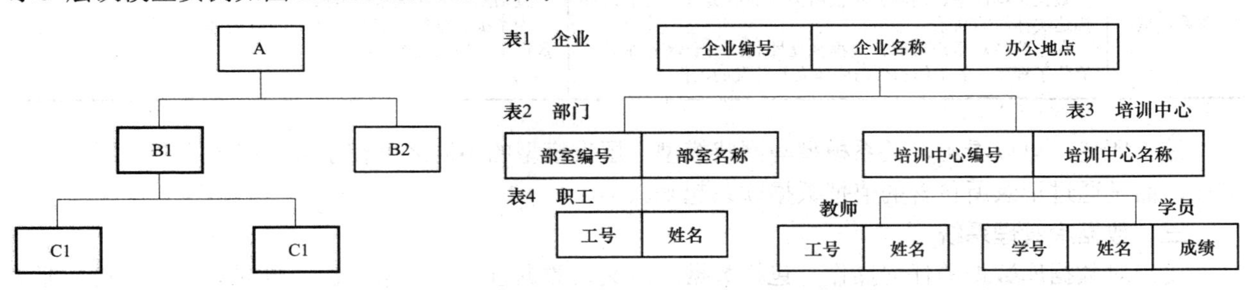

图 ZY2000201001-4　层次模型示意图

图 ZY2000201001-5　层次模型实例

2. 网状模型

用有向图结构表示实体类型及实体间联系的数据结构模型称为网状模型。网状模型满足以下两个条件：①　允许一个以上的节点无双亲节点；②　一个节点可以有多个双亲节点。

网状模型的每个节点表示一个记录型（实体），每个记录型可包含若干字段（实体的属性），节点间的连线表示实体间的父子关系。

网状模型示意图如图 ZY2000201001-6 所示，网状模型实例如图 ZY2000201001-7 所示。

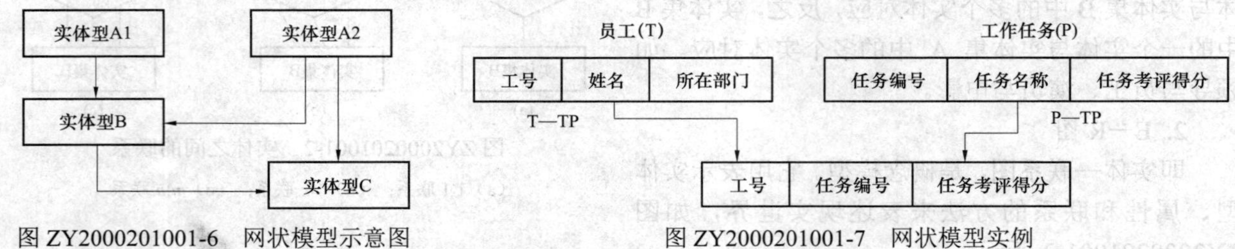

图 ZY2000201001-6 网状模型示意图　　图 ZY2000201001-7 网状模型实例

3. 关系模型

关系模型是现在的数据库中运用最广泛的模型，ORACLE、DB2、FoxPro、Access、Sybase、SQL Server 等都是基于关系数据库模型的。关系数据库的设计通常基于 E—R 模型，再转化成关系模型。

关系模型实例如图 ZY2000201001-8 所示。

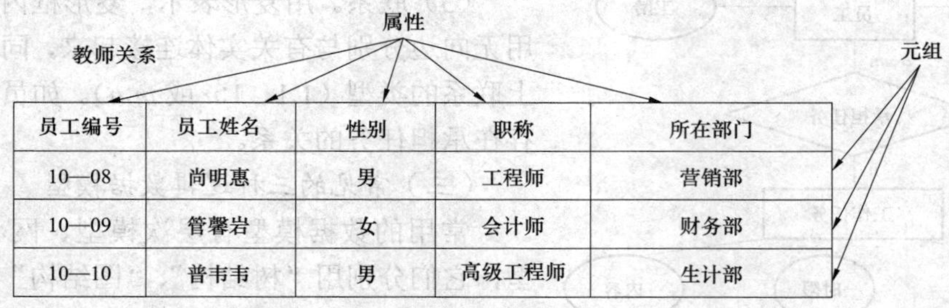

员工编号	员工姓名	性别	职称	所在部门
10—08	尚明惠	男	工程师	营销部
10—09	管馨岩	女	会计师	财务部
10—10	普韦韦	男	高级工程师	生计部

图 ZY2000201001-8 关系模型实例

三种数据模型优、缺点比较见表 ZY2000201001-1。

表 ZY2000201001-1　　三种数据模型优、缺点比较

模型类别	优　点	缺　点
层次模型	简单，易使用，只需几条命令就能操作数据库。 结构清晰，节点之间联系简单，只要知道每个节点的双亲节点，就可以了解整个模型结构。 提供了良好的数据完整性支持	树中父子节点之间只存在一种联系，因此，对树中的任一节点，只有一条自根节点到达它的路径。不能直接表示多对多的联系。 对数据插入和删除的操作限制过多。 树节点中任何记录的属性只能是不可再分的简单数据类型
网状模型	更加直观地描述客观世界，能表示实体之间的多种复杂联系。 有良好的性能和存储效率	结构复杂，数据定义语言极为复杂。 数据独立性差，用户必须了解系统结构的细节，加重了编写应用程序的负担
关系模型	有较强的数学理论依据。 数据结构简单、清晰，不仅用关系描述实体，也用关系描述实体间的联系。 存取路径对用户透明，数据独立性高，安全保密性好，简化了程序员的工作和数据库建立及开发的工作	查询效率较非关系模型低。 为了提高性能，必须对用户的查询进行优化，增加了开发数据库管理系统的负担

综上所述，可以看出，关系模型与网状模型、层次模型的不同之处在于关系模型不能使用指针或链接，而是通过记录所包含的值把数据联系起来。

三、数据库管理系统

用户对数据库数据的任何操作，包括数据库定义、数据查询、数据维护、数据库运行控制等都是在数据库管理系统的管理下进行的，应用程序只有通过数据库管理系统才能和数据库打交道。

（一）数据库管理系统的主要功能

1. 数据库的定义功能

DBMS 提供数据定义语言（Data Definition Language，DDL）定义数据库的三级结构、两级映像，

定义数据的完整性、保密限制等约束。

2. 数据库的操纵功能

DBMS 提供数据操纵语言（Data Manipulation Language，DML）实现对数据的操作。SQL 语言就是 DML 的一种。

3. 数据库的保护功能

DBMS 对数据库的保护主要通过 4 个方面实现：数据库的恢复、数据库的并发控制、数据完整性控制、数据安全性控制。

4. 数据库的建立和维护功能

这一部分包括数据库的数据载入、转换、转储，数据库的改组以及性能监控等功能。

5. 数据通信功能

DBMS 提供与其他软件系统进行通信的功能，由操作系统协调完成与用户程序间的通信。

（二）数据库管理系统的程序组成

DBMS 是实现各种功能的诸多程序模块的一个集合，不同的 DBMS 功能不同，包含的程序不完全相同。其主要程序组成如下：

1. 数据定义语言及其翻译处理程序

数据定义语言（DDL）及其编译程序供用户定义数据库的模式、存储模式、外模式、各级模式间的映射、有关的约束条件等。

2. 数据操纵语言及其翻译解释程序

数据操纵语言（DML）用来实现对数据库的检索、插入、修改、删除等基本操作。

3. 数据运行控制程序

系统运行控制程序负责数据库运行过程中的控制与管理。包括系统初启程序、文件读写与维护程序、存取路径管理程序、缓冲区管理程序、安全性控制程序、完整性检查程序、并发控制程序、事务管理程序、运行日志管理程序等。

4. 实用程序

实用程序包括数据初始装入程序、数据转储程序、数据库恢复程序、性能监测程序、数据库再组织程序、数据转换程序、通信程序等。

5. 数据字典

数据字典（Data Dictionary，DD）用来描述数据库中有关信息的数据目录，包括数据库的三级模式、数据类型、用户名、用户权限等有关数据库系统的信息，起系统状态目录表的作用，帮助用户、DBMS 本身管理和使用数据库。

【思考与练习】

1. 什么是数据？什么是数据模型？什么是数据库？
2. 什么是数据库管理系统？什么是数据库应用系统？
3. 数据库系统由哪几个组成部分？
4. 常见的三种逻辑数据模型是什么？
5. 简述数据库管理系统的主要功能。

模块 2　SQL 语言的基本格式（ZY2000201002）

【模块描述】本模块简要介绍 SQL 语言和 SQL 语言基本格式。通过概念解释、要点讲解和举例分析，熟悉 SQL 语言的发展过程、特点和分类等基本概念。掌握数据查询、插入和修改等数据维护的基本语言格式，正确运用 SQL 语言进行数据的查询和维护。

【正文】

一、SQL 语言简介

SQL（Structure Query Language），即结构化查询语言，是一种通用的、功能极强的关系数据库语言。

（一）SQL 语言的发展过程

SQL 是 1974 年提出的，其发展过程如下：

1974 年——由 Boyce 和 Chamberlin 提出，当时称为 SEQUEL（Structured English QUEry Language）。

1976 年——IBM 公司的 Sanjase 研究所在研制时改称为 SQL。

1986 年 10 月——美国国家标准化协会（ANSI）宣布 SQL 为数据库工业标准。

1987 年 6 月——国际标准化组织（ISO）将 SQL 采纳为国际标准。

（二）SQL 语言的特点

SQL 语言之所以能够为用户和业界广泛接受，成为国际标准，是因为它是一个综合的、通用的、功能极强同时又简洁易学的语言。SQL 语言集数据查询、数据操纵、数据定义和数据控制功能于一体，充分体现了关系数据语言的特点和优点。其主要特点包括：

1. 综合统一、可扩充性良好

SQL 语言集数据定义语言 DDL、数据操纵语言 DML、数据控制语言 DCL 的功能于一体，语言风格统一，能够独立完成数据库生命周期中的全部活动，包括定义关系模式、录入数据以建立数据库、查询、更新、维护、数据库重构、数据库安全性控制等一系列操作要求，为数据库应用系统开发提供了良好的环境。例如，用户在数据库投入运行后，还可根据需要随时地逐步地修改，并不影响数据库的运行，从而使系统具有良好的可扩充性。

2. 高度非过程化

使用 SQL 语言进行数据操作，用户（可以是应用程序，也可以是终端用户）只需提出“做什么”，而不必指明“怎么做”，存取路径的选择以及 SQL 语句的操作过程由系统自动完成。这不但大大减轻了用户负担，还有利于提高数据独立性。

3. 面向集合的操作方式

SQL 语言采用集合操作方式，不仅查找结果可以是元组的集合，而且一次插入、删除、更新操作的对象也可以是元组的集合。

4. 以统一的语法结构提供两种使用方式

SQL 语言既是自含式语言，又是嵌入式语言。作为自含式语言，它能够独立地用于联机交互的使用方式，用户可以在终端键盘上直接键入 SQL 命令对数据库进行操作。作为嵌入式语言，SQL 语句能够嵌入到高级语言（例如 C、Java、FORTRAN）程序中，供程序员设计程序时使用。而在两种不同的使用方式下，SQL 语言的语法结构基本上是一致的。这种以统一的语法结构提供两种不同使用方式的做法，为用户提供了极大的灵活性与方便性。

5. SQL 是国际标准语言

SQL 作为国际标准语言，有利于各种数据库之间交换数据，有利于程序移植，有利于实现高度的数据独立性，有利于实现标准化。

6. 语言简洁，简单易学

SQL 语言功能极强，但由于设计巧妙，语言十分简洁，完成数据定义、数据操纵、数据控制的核心功能只用了 9 个动词：CREATE、DROP、ALTER、SELECT、INSERT、UPDATE、DELETE、GRANT、REVOKE。而且 SQL 语言语法简单，接近英语口语，因此容易学习，容易使用。

（三）SQL 语言的分类

SQL 语言分为以下几类：

（1）数据定义语言（Data Definition Language，DDL）。用于定义、修改、删除数据库模式对象，进行权限管理等。

（2）数据操纵语言（Data Manipulation Language，DML）。用于查询、生成、修改、删除数据库中的数据。

（3）事务控制（Transaction Control）。用于把一组 DML 语句组合起来形成一个事务并进行事务控制。

（4）会话控制（Session Control）。用于控制一个会话（指从数据库进行连接开始到断开之间的时间过程）的属性。

（5）系统控制（System Control）。用于管理数据库的属性。

二、SQL 语言的基本格式

各个数据库厂商支持 SQL 语言在遵循标准的基础上，常常进行不同的扩充或修改。本节内容基于 Oracle 数据库进行介绍。需要说明的是：SQL 语句一般要用“；”结尾，表示可以执行这个语句。

（一）数据查询

SQL 中最经常使用的是从数据库中获取数据。从数据库中获取数据的过程称为查询数据库，查询数据库通常使用 SELECT 语句完成。

1. 基本查询

基本查询：指查询过程中只涉及一个表的查询。

（1）查询所有列。仅需要在 SELECT 关键字后面指定 *。

【例 ZY2000201002-1】 SQL> SELECT * FROM dept;

执行结果如下：

```
DEPTNO      DNAME          LOC
  10        ACCOUNTING     BOSTON
  20        DISPACHING     CHICAGO
  30        SALES          NEW YORK
```

（2）查询指定列。只需要查询某些列时，在 SELECT 关键字后面指定列名（还可以用 AS 定义列别名），各列之间用“，”隔开。

【例 ZY2000201002-2】 SQL> SELECT deptno，dname AS 部门名称 FROM dept;

执行结果如下：

```
DEPTNO      部门名称
 10         ACCOUNTING
 20         DISPACHING
30          SALES
```

（3）使用 WHERE 子句。如果只想查询满足某些条件的行，可以使用 WHERE 子句进行条件限制。如果条件表达式为 TRUE，则查出该行，否则不查出该行。

编写表达式时，需要使用的各种操作符见表 ZY2000201002-1。

表 ZY2000201002-1　　格式模型所包含的元素及用途

操作符	含义	操作符	含义
比较操作符　=	等于	逻辑操作符　AND	与
<>	不等于	OR	或
>=	大于等于	NOT	非
<=	小于等于	其他操作符　IN 和 NOT IN	成员
>	大于	BETWEEN…AND…	范围（在下限和上限之间）
<	小于		

在 WHERE 子句中使用数字值时，可以用单引号也可以不用单引号；使用字符值、日期值时，都必须使用单引号，而且日期值的格式必须符合数据库中支持的日期格式，否则必须事先使用 TO_DATE 函数将其转换为数据库中支持的日期格式。

【例 ZY2000201002-3】 查询 2007 年 1 月 1 日之后的新员工（符合默认的日期格式）。

```
SQL> SELECT ename, hiredate FROM emp
  2  WHERE hiredate >'01-1月-2007';
```

若日期值不符合默认的日期格式：

```
SQL> SELECT ename, hiredate FROM emp
  2  WHERE hiredate >TO_DATE ('2007-01-01','YYYY-MM-DD');
```

执行结果为：

ENAME	HIREDATE
ZHANGMING	27-3月-2007
LIUQIANG	15-8月-2007
ANWEI	22-5月-2008

大多情况下需要指定多个条件，这时多个条件就需要用逻辑操作符连接起来成为一个条件串。

【例 ZY2000201002-4】查询部门编号为 20 且工资高于 2000 元或岗位是 SALES（注意区分字符串大小写）的所有员工信息。

```
SQL> SELECT sal,job,ename FROM emp
  2  WHERE deptno = 20
  3  AND (sal > 2000 or job = 'SALES');
```

执行结果如下：

DEPTNO	SAL	JOB	ENAME
20	1500	SALES	XUMING
20	1900	SALES	ZHANGXIAO
20	3000	MANAGER	LIUWEI
20	2600	ANALYST	LIPING

【例 ZY2000201002-5】查询部门编号是 20 和 30 的、岗位不是 SALES 或 CLERK（注意区分字符串大小写）的所有员工信息。

```
SQL> SELECT deptno,sal,job,ename FROM emp
  2  WHERE deptno IN (20,30)
  3  AND NOT (job = 'SALES'or job ='CLERK');
```

执行结果如下：

DEPTNO	SAL	JOB	ENAME
20	3000	MANAGER	LIUWEI
30	2500	ANALYST	ZHANGYI
20	2600	ANALYST	LIPING

【例 ZY2000201002-6】查询工资在 1000～2000 元的，1980 年进公司的所有员工信息（BETWEEN 后指定小值，AND 后指定大值）。

```
SQL> SELECT sal,hiredate,ename FROM emp
  2  WHERE sal BETWEEN 1000 AND 2000
  3  AND hiredate BETWEEN '01-1月-80' AND '31-12月-80';
```

执行结果如下：

SAL	HIREDATE	ENAME
1135	02-5月-80	WANGMAN
1478	29-6月-80	TANGHUA
1926	18-3月-80	SUNJUN

（4）使用 ORDER BY 子句。执行 SELECT 时，可使用 ORDER BY 子句对返回表中的行进行排序（ASC 为升序；DESC 为降序），默认按升序排列。当在 SELECT 语句中同时包含多个子句（FROM、WHERE、GROUP BY、HAVING、ORDER BY）时，ORDER BY 子句必须在最后。

在 ORDER BY 子句中，可指定一个或多个列（含表达式），返回行将按照 ORDER BY 子句中的第一个列排序，再按第二个列排序，依次类推。

【例 ZY2000201002-7】以姓名降序及年龄升序来查询工资在 1000～2000 元的员工信息。

```
SQL> SELECT ename,age,sal FROM emp
  2  WHERE sal BETWEEN 1000 AND 2000
  3  ORDER BY ename DESC,age;
```

执行结果如下：

```
ENAME        AGE        SAL
ZHANGMING     31        1500
WANGDAN       35        1300
LIUWEI        35        1700
CHENHUA       42        1900
```

（5）使用 LIKE 子句。使用 LIKE 子句可进行模糊查询，只用在字符串比较中，有“%”和“_”两种方式。其中“%”可与任意长度的字符串匹配，“_”代表任一个字符。

【例 ZY2000201002-8】查询 students 表中姓名以 Z 开头的学生信息。

```
SQL> SELECT * FROM students
  2  WHERE name LIKE '% Z';
```

执行结果为：

```
NO       NAME         SEX       AGE
0611     ZHANGQIAN    M         18
0617     ZHAOWEI      M         18
0627     ZOUWEI       M         20
0633     ZHENGJIAN    W         19
```

2. 分组查询

在 SELECT 语句中加入 GROUP BY 子句、组处理函数和 HAVING 子句，可以实现数据分组，以便对各组数据进行统计。其中：① GROUP BY 子句指定要分组的列；② 分组函数计算和显示统计结果；③ HAVING 子句限制显示统计结果。

（1）GROUP BY 子句。

1）单列分组。

【例 ZY2000201002-9】显示每个部门员工的平均年龄和最小年龄。

```
SQL> SELECT dname,avg(age),min(age),FROM emp
  2 GROUP BY dname;
```

执行结果如下：

```
DNAME          AVG(AGE)    MIN(AGE)
ACCOUNTING       36          23
SALES            38          25
OPERATIONS       30          24
```

使用 ORDER BY 子句对上述结果进行排序：

```
SQL> SELECT dname,avg(age),min(age),FROM emp
  2 GROUP BY dname
  3 ORDER BY avg(age);
```

执行结果如下：

```
DNAME          AVG(AGE)    MIN(AGE)
OPERATIONS       30          24
ACCOUNTING       36          23
SALES            38          25
```

2）多列分组。

【例 ZY2000201002-10】显示每个部门、每种岗位员工的平均年龄和最小年龄。

```
SQL> SELECT dname,job,avg(age),min(age),FROM emp
  2 GROUP BY dname,job;
```

执行结果如下：

```
DNAME          JOB          AVG(AGE)    MIN(AGE)
OPERATIONS     MANAGER       35          30
OPERATIONS     WORKER        30          24
SALES          MANAGER       36          32
SALES          SALESMAN      32          25
ACCOUNTING     MANAGER       40          34
ACCOUNTING     CLERK         28          23
```

（2）HAVING 子句。HAVING 子句必须跟在 GROUP BY 子句之后，用于限制（过滤）分组处理后的结果显示。

【例 ZY2000201002-11】显示平均工资高于 1500 元的部门编号、平均工资和最高工资。

```
SQL> SELECT deptno,avg(sal),max(sal) FROM emp
 2  GROUP BY deptno
 3  HAVING avg(sal)>1500;
```

执行结果如下：

```
DEPTNO       AVG(SAL)       MAX(SAL)
10           1965.34        4200
30           1635.41        3500
```

（二）数据插入

使用 INSERT 语句向表中添加新的数据行。需要注意的是：

（1）若向数字列插入数据，可直接提供数字值；若向字符列或日期列插入数据，则必须使用单引号。

（2）数据插入时，数据必须满足表的完整性约束规则，即必须为主键列和 NOT NULL 列提供数据（NULL 表示未知值，比如填写表格中通信地址不清楚留空不填写，这就是 NULL 值）。

（3）数据插入时，列的个数、数据类型、顺序必须与提供的数据个数、数据类型、顺序一致或匹配。

【例 ZY2000201002-12】不使用列的列表插入数据。

不指定列的列表，则在 VALUES 子句中必须为所有列提供数据，如：

```
SQL> INTERT INTO dept VALUES(50,'airplain','dallas');
```

已创建 1 行。

【例 ZY2000201002-13】使用列的列表插入数据。

指定列的列表，VALUE 子句中只需为指定列提供数据。未出现的列若没有预先定义数据的默认值，则取 NULL。如：

```
SQL> INTERT INTO emp (empno,ename,job,hiredate)
  2  VALUES (123,'john','salesman','18-05-2002');
```

已创建 1 行。

【例 ZY2000201002-14】使用特殊格式插入日期数据。

插入日期数据必须遵守默认日期格式。若要使用非默认格式向数据库中插入日期数据，需使用 TO_DATE 函数进行格式转换。如：

```
SQL> INTERT INTO emp (empno,ename,job,hiredate)
  2  VALUES (456,'rose','clerk', TO_DATE('1993-08-09','YYYY-MM-DD'));
```

已创建 1 行。

查看插入结果：

```
SQL> SELECT empno,ename,job,hiredate,deptno FROM emp
  2 WHERE deptno IS NULL;
     EMPNO     ENAME     JOB          HIREDATE        DEPTNO
     123       john      salesman     18-5月-2002
     456       rose      salesman     09-8月-1993
```

（三）数据修改

UPDATE 用来更改表中已存在的数据。需要注意的是：

（1）若为数字列修改数据，可直接提供数字值；若为字符列或日期列更新数据，必须使用单引号。

（2）修改数据时，数据必须满足表的完整性约束规则，即必须提供存在的主键列数据。

（3）修改数据时，列的数据类型必须与提供数据类型匹配。

【例 **ZY2000201002-15**】修改数字列。

```
SQL> UPDATE emp
  2  SET deptno = 30,job = 'clerk'
  3  WHERE empno = 123 OR empno = 456;
```

已更新 2 行。

【例 **ZY2000201002-16**】修改日期列。

修改日期数据必须遵守默认日期格式。若要使用非默认格式修改日期数据，需使用 TO_DATE 函数进行格式转换。如：

```
SQL> UPDATE emp
  2  SET hiredate = TO_DATE('1982-03-21','YYYY-MM-DD')
  3  WHERE empno=456;
```

已更新 1 行。

查看修改结果：

```
SQL> SELECT empno,ename,job,hiredate,deptno FROM emp
  2  WHERE deptno = 30;
     EMPNO     ENAME     JOB        HIREDATE       DEPTNO
     123       john      clerk     18-5月-2002      30
     456       rose      clerk     21-3月-1982      30
```

（四）数据删除

DELETE 语句用于删除表中已存在的数据。需注意以下几点：

（1）若不使用 WHERE condition 子句指定删除的数据行，则删除所有行。

（2）数据删除时，数据必须满足表的完整性约束规则，即不能删除仍在使用的主键行。

【例 **ZY2000201002-17**】不允许删除正在使用的数据行。

```
SQL> DELETE  FROM dept
  2  WHERE deptno = 30
DELETE  FROM dept
*
ERROR 位于第一行：
ORA-02292：违反完整约束条件（SCOTT.FK_DEPTNO）——已找到子目录日志
```

因为 dept 表中部门 30 正被 emp 表使用，因此删除 deptno 列为 30 的记录行时，违反了参照完整性约束，会提示错误信息。

【例 **ZY2000201002-18**】删除 1 行。

```
SQL> DELETE  FROM emp
  2  WHERE deptno = 30;
```

已删除 1 行。

由于此时在 emp 表中已没有 deptno 列为 30 的记录行，因此可以在 dept 表中删除部门编号为 30 的记录行。

【思考与练习】

下表为数据库中的一个 report 表中的所有数据，请根据下表回答：

Name	Age	Department	Hiredate	Salary
Jack	28	Sales Department	11-08-2002	1630
Rose	31	Training Department	21-10-2003	1960
John	26	Sales Department	12-06-2007	1370
Sharry	44	Training Department	22-05-1987	2910
Black	29	Sales Department	21-10-2005	1830
Allce	40	Engineering Department	16-02-1992	2640
Joan	41	Finance Department	15-07-1989	2720
Emily	37	Finance Department	16-07-1993	2140
Michael	35	Training Department	06-09-2002	2180
Alexis	33	Finance Department	12-10-1999	1910
Nicholas	37	Engineering Department	18-07-2003	2380

1. 查询 2000 年以后进入公司且所在部门不是 Training Department 的所有员工信息，并写出查询结果。

2. 查询年龄 30 岁以上、2000 年以后进公司且工资在 1500～2000 元的所有员工信息，并写出查询结果。

3. 以姓名降序及年龄升序来查询工资在 1000～2000 元的员工信息，并写出查询结果。

4. 查询姓名以 J 开头的所有员工信息，并写出查询结果。

5. 显示每个部门员工的平均工资和最低工资，按照升序排序，并写出查询结果。

6. 查询平均工资高于 1800 元的部门名称、平均工资和最高工资，并写出查询结果。

模块 3　Oracle 数据库介绍（ZY2000201003）

【模块描述】本模块包含 Oracle 数据库简介、基本数据类型和 Oracle 数据库基本操作。通过概念解释、要点讲解和举例分析，了解 Oracle 数据库的最基本概念，熟悉字符型、数字型、日期型数据类型，掌握数据的查询、编辑表数据等 Oracle 数据库的基本操作。

【正文】

一、Oracle 数据库简介

Oracle 是古希腊的一个宗教名词，具有“神谕”、“哲言”的含义；它的另一个含义是“甲骨文”，因此，Oracle 公司在中国也被称为甲骨文公司。

Oracle 数据库是以高级结构化查询语言（SQL）为基础的大型关系数据库，通俗地讲它是用方便逻辑管理的语言操纵大量有规律数据的集合，是目前最流行的客户/服务器（Client/Server）体系结构的数据库之一，国内许多行业和部门的管理信息系统使用的数据库管理系统都是 Oracle 数据库。

目前，Oracle 数据库共有以下几种版本：

（1）Oracle 1。1979 年推出，是世界上第一个基于 SQL 标准的关系数据库管理系统，使用汇编语言，运行在 128KB 内存的 PDP-11 小型机上。该产品未正式发布。

（2）Oracle 2。1979 年推出，是 Oracle 1 的升级版，Oracle 数据库由此开始被关注。

（3）Oracle 3。1980 年推出，是第一个能运行在大型机和小型机上的关系数据库，使用 C 语言编写，这种跨平台的代码移植能力使得 Oracle 在竞争中占据了较大优势。

（4）Oracle 4。1984 年推出，扩充了数据一致性支持，并开始支持更广泛的平台。

（5）Oracle 5。1986 年推出，是 Oracle 数据库的 PC 版，支持协同服务器，实现了真正的客户/服务器（Client/Server）结构，开始支持基于 VAX 平台的群集，成为第一个具有分布式特性的数据库产品。

（6）Oracle 6。1988 年推出，支持行锁定模式、多处理器、PL/SQL 语言、可靠的联机事物处理。

（7）Oracle 7。1992 年推出，是基于 UNIX 的版本，具有分布式处理能力。

（8）Oracle 8。1997 年推出，基于 Java 语言，在 Oracle 7 的基础上增加了许多新功能，使 Oracle 数据库更加适合构造大型应用系统。

（9）Oracle 8i。1999 年推出，是 Oracle 数据库的因特网解决方案，是一次全面的数据库升级，其重点之一是向 Windows 操作系统进军。

（10）Oracle 9i。2001 年推出，是在 Oracle 8i 基础上的新一代基于因特网电子商务架构的网络数据库解决方案。

（11）Oracle 10g。2004 年推出，适应网格（grid）计算的潮流，可将多个服务器和存储器当作一台主机协调使用。

（12）Oracle 11g。2007 年推出，是 Oracle 数据库的最新版本。

二、Oracle 基本数据类型

在 Oracle 数据库中，基本的数据类型见表 ZY2000201003-1。

表 ZY2000201003-1　　Oracle 基本数据类型

数据类型	参　数	类 型 说 明
CHAR(n)	n=1～2000	字符型，定长字符串
VARCHAR2(n)	n=1～4000	变长字符型，可变长的字符串
NUMBER(m, n)	m=1～38	数字型，总位数为 m 位，小数位数为 n 位
DATE		日期型
RAW(n)	n=1～2000	纯二进制数据
LONG RAW		变长二进制数据，最长 2GB

我们仅对最常用的 CHAR、VARCHAR2、NUMBER、DATE 数据类型做简单介绍。

（一）字符型数据类型

字符型数据是数据库系统中使用最多的数据类型之一，用来处理文字或自由格式文本，可以存放字母和数字组成的字符串。

1. CHAR 数据类型

CHAR 数据类型为定长字符串，字节长度为 1～2000B；即对应单字节字符 1～2000 个字符、双字节字符 1～1000 个字符；如果不指定长度，缺省为 1B 长（一个汉字为 2B）。

Oracle 中 CHAR 数据类型的长度是固定的，实际应用中有以下三种情况：

（1）给出的字符串长度小于定义长度，则系统在该字符串后补齐空格。

【例 ZY2000201003-1】假设定义 NAME 字段长度为 10，给出的字符串长度为 5：

```
SQL> INSERT INTO persons
  2 VALUES(98001,'SMITH');
```

则 NAME 字段的实际值为‘SMITH　　　’（SMITH 后有 5 个空格）。

（2）给出的字符串尾有空格，且其长度大于定义长度，则系统将该字符串后多余空格删去。

【例 ZY2000201003-2】假设定义 NAME 字段长度为 10，给出的字符串长度为 15(后有 10 个空格)：

```
SQL> INSERT INTO persons
  2 VALUES(98001,'SMITH          ');
```

则 NAME 字段的实际值仍然是‘SMITH　　　’，多余的 5 个空格被系统删去。

（3）给出的字符串长度大于定义长度，则系统出现“错误提示”。

【例 ZY2000201003-3】假设定义 NAME 字段长度为 10，给出的字符串长度为 13：

```
SQL> INSERT INTO persons
  2  VALUES(98001,'SIMON HERBERT');
```

则系统出现如下“错误提示”：

```
ERROR at line 2:
ORA-01401:inserted value too large for column
```

2. VARCHAR2 数据类型

VARCHAR2 数据类型为可变长字符串，定义时应指明最大长度，其长度范围为 1～4000B。对于表中的每一行来说，其每一列存放的数据长度可以不同，但不允许超过定义的最大长度。

例如，有 VARCHAR2 数据类型的 LESSON 字段，定义最大长度是 100。当给其赋值长度为 20 时，系统存储的也只是这 20 个字符，而不是补齐 80 个空格。因此，若 VARCHAR2 数据类型的定义长度足够，那么它的实际长度将随着数据长度的变化而变化。

VARCHAR2 和 CHAR 数据类型根据尾部的空格有不同的比较规则。对 CHAR 型数据，尾部的空格将被忽略掉，对于 VARCHAR2 型数据尾部带空格的数据排序比没有空格的要大些。

比如：

```
CHAR 型数据:            'HO'='HO  '
VARCHAR2 型数据:        'HO'<'HO  '
```

（二）数字型数据类型（NUMBER）

NUMBER 数据类型用来存储整数和浮点数，其定义格式为 NUMBER（*m*，*n*）。其中：*m* 是最大数据长度，最大值为 38，如果未定义限值，则系统将根据实际数据长度自行确定；*n* 是小数点后的小数位数，如果未定义限值，则系统默认为 0。也可以只定义小数位限值，而不定义总位数，即 NUMBER（*，*n*），此时，总长度为 38，小数位数为 *n*。

如果定义 *n* 为负值，表示数据精确到小数点左侧（负方向）*n* 位，即四舍五入到 *n* 位，此时，*n* 的绝对值必须小于 *m*。

在实际应用中，应给出合理 *m*、*n* 值，以便进行数据检验，同时防止系统空间浪费。NUMBER 数据应用举例见表 ZY2000201003-2。

表 ZY2000201003-2　　NUMBER 数据应用举例

输入数据	定义格式	存储结果
123456.789	NUMBER	123456.789
123456.789	NUMBER（7）	123456
123456.789	NUMBER（7，0）	123456
123456.789	NUMBER（8.1）	123456.8
123456.789	NUMBER（*，2）	123456.79
123456.789	NUMBER（9，3）	123456.789
123456.789	NUMBER（9，2）	123456.79
123456.789	NUMBER（9，1）	123456.8
123456.789	NUMBER（9， 2）	123460
123456.789	NUMBER（5）	出错
123456.789	NUMBER（5，2）	出错

（三）日期型数据类型（DATE）

DATE 数据类型用来存储日期和时间格式的数据，可以存储从公元前 4712 年 1 月 1 日到公元 4712 年 12 月 31 日的所有合法日期，默认为公元后（AD）。在系统内部按 7B 来保存日期数据，每个字节

模块 3

ZY2000201003

分别对应世纪（Century）、年（Year）、月（Month）、日（Day）、小时（Hour）、分（Minute）、秒（Second）。在定义中还包括小时、分、秒。

日期的默认格式为 DD-MON-YY，如 07-11 月-00 表示 2000 年 11 月 7 日。时间的默认格式为 HH：MI：SS（小时：分：秒），若不指定时间，其默认值为 12：00AM。若只输入时间而未给定日期，则日期默认为当前月份的第一天。

如果使用非默认格式输入日期，必须使用 TO_DATE 函数进行格式转换。如：

```
SQL> INSERT INTO persons
  2  VALUES(30,'Smith')
  3  TO_DATE('April 12, 1981','Month DD, YYYY');
```

因为 DATE 型数据的默认格式中没有时间，所以要输入此类型数据的时间部分，必须使用 TO_DATE 函数来指定时间部分的格式表征码。如：

```
SQL> INSERT INTO persons
  2  VALUES(30,'Smith')
  3  TO_DATE('April 12, 1981 2:30PM','Month DD, YYYY HH:MI PM');
```

三、Oracle 数据库基本操作

本节介绍 Oracle 数据库的数据查询和编辑表数据（插入、修改、删除）基本操作。

（一）数据查询

数据查询是所有数据库产品最关键的功能之一，查询方法多样，一般有普通查询、组合子查询、分组查询和树查询法。在此仅介绍普通查询和分组查询。

1. 普通查询

普通查询是针对单个表进行的最常用的查询方法，是其他查询方法的基础，用带 WHERE 子句的 SELECT 语句来实现。语法结构如下：

```
SELECT 列的列表 | *
FROM 表名
WHERE 查询条件
ORDER BY 列的列表
```

上述语句的含义是：从指定表名的表中挑出满足 WHERE 后面查询条件的行，抽取出 SELECT 后面列的列表中的那些列，并以 ORDER BY 后面指定的列的列表排序。如果要列出表中所有的列，用“*”代替列的列表即可。

（1）基本查询。基本查询是对数据库中的某个表进行全部数据的查询。如：

```
SQL> SELECT * FROM students;
```

执行结果为：

```
NO       NAME        AGE    SEX
06211    WANGPENG    18     M
06212    ZHANGXIN    19     W
   …
06245    XULI        18     W
```

（2）条件查询。条件查询就是根据查询条件，查询表中的某些列。如：

```
SQL> SELECT name,sex FROM students
  2  WHERE age = 18;
```

执行结果为：

```
NAME        SEX
WANGPENG    M
XULI        W
```

（3）对查询结果进行排序。排序分升序（ASC）和降序（DESC），默认值为升序。若有多个列均

需排序，应分别指定排序方法。显示执行结果时，先按第一列排序，若出现等值，再按第二列排序，依次类推。如果排序列中有空值（NULL），则含有空值的行最先显示，而与升序还是降序无关。

【例 ZY2000201003-4】将 students 表中学号大于 615 的数据先按年龄降序排列，再按身高升序排列。

```
SQL> SELECT no,age,high FROM students
  2  WHERE no>0615
  3  ORDER BY age DESC,high ;
```

执行结果为：

```
NO      AGE     HIGH
0629    22      165
0619    21      162
0625    21      166
0616    20      172
```

1）IN 子句。用一个括号中的列表来指出要选择的行中某个列的值，这些值可以是字符型、数字型或日期型，其中字符型和日期型数据必须使用单引号，中间用逗号分隔。

【例 ZY2000201003-5】查询 students 表中身高为 165cm 和 180cm 的学生的姓名、性别和身高。

```
SQL> SELECT name,sex,high FROM students
  2  WHERE high IN (165,180);
```

执行结果为：

```
NAME          SEX     HIGH
WANGQIANG     M       180
ZHOUDAN       W       165
```

2）BEWEEN…AND…子句。用于查询数值在两个值之间（包含两端值）的行，这些值同样可以是字符型、数字型或日期型。

【例 ZY2000201003-6】查询 students 表中身高在 165cm 和 180cm 之间的学生的姓名、性别和身高。

```
SQL> SELECT name,sex,high FROM students
  2  WHERE high BEWEEN 165 AND 180;
```

执行结果为：

```
NAME          SEX     HIGH
WANGQIANG     M       180
ZHOUDAN       W       165
LIUWEI        M       175
```

3）LIKE 子句。使用 LIKE 子句可进行模糊查询，只用在字符串比较中，有“%”和“_”两种方式。其中“%”可与任意长度的字符串匹配，“_”代表任一个字符。

【例 ZY2000201003-7】查询 students 表中姓名以 Z 和 L 开头的学生信息。

```
SQL> SELECT * FROM students
  2  WHERE name LIKE '% Z % L';
```

执行结果为：

```
NO      NAME          SEX     AGE
0611    ZHANGQIAN     M       18
0617    ZHAOWEI       M       18
0627    LIUWEI        M       20
0633    LUJIAN        W       19
```

2. 分组查询

分组查询使用 GROUP BY 子句，可对选择的列进行分组，并进行统计计算。GROUP BY 后面常常会用一个 HAVING 子句来指定做统计计算的查询条件。语法结构如下：

```
SELECT 列或聚组列的列表
FROM 表名列表
WHERE 查询条件
GROUP BY 列的列表
HAVING 组查询条件
ORDER BY 列的列表
```

（1）用 GROUP BY 实现分组。

【例 ZY2000201003-8】以年龄分组，查询 students 表中学生的平均身高信息。

```
SQL> SELECT age,avg(high)
FROM students
GROUP BY age;
```

执行结果为：

```
AGE      AVG(HIGH)
18       168.32
19       167.11
20       172.25
21       171.46
```

（2）用 HAVING 增加查询条件。HAVING 子句的作用是对各组返回的结果进行筛选。与 WHERE 子句不同，HAVING 子句是对组结果进行筛选，而 WHERE 子句是对每一行做筛选。

【例 ZY2000201003-9】以年龄分组，查询 students 表中年龄在 19 岁及以上的学生的平均身高信息。

```
SQL> SELECT age,avg(high)
FROM students
GROUP BY age
HAVING age>=20;
```

执行结果为：

```
AGE      AVG(HIGH)
19       167.11
20       172.25
21       171.46
```

（3）用 ORDER BY 对查询结果排序实际应用中，往往需要对查询结果进行排序。

【例 ZY2000201003-10】以年龄分组，查询 students 表中年龄在 19 岁及以上的学生的平均身高信息，并对平均身高进行降序排列。

```
SQL> SELECT age,avg(high)
FROM students
GROUP BY age
HAVING age>=20
ORDER BY avg(high) DESC;
```

执行结果为：

```
AGE      AVG(HIGH)
20       172.25
21       171.46
19       167.11
```

（二）数据维护

常用数据维护操作有数据插入、数据修改和数据删除。

数据维护的方法通常有在原表中使用带某一子句的 SQL 语句、使用视图、在拷贝表上操作和用程序方式实现。其中，在原表中进行数据维护是最简单、最直接、最基本的方法，也是其他所有方法的基础。

1. 数据插入

使用带 VALUE 子句的 INSERT INTO 语句，在原表中进行数据插入，格式如下：

```
INSERT INTO 表名[(列名表)]
VALUES (列值表);
```

【例 ZY2000201003-11】在 students 表中插入一个学生的信息。

```
SQL> INSERT INTO students
  2  VALUES(0641,'XUYI',19,'W');
```

如果要插入的学生的部分信息未知，可使用指定列名表的方法，此时，未插入的列值为 NULL（空值），而不是零。

【例 ZY2000201003-12】在 students 表中插入一个学生的信息，但该生年龄未知。

```
SQL> INSERT INTO students (NO,NAME,SEX,AGE)
  2  VALUES(0641,'XUYI','W');
```

2. 数据修改

使用 UPDATE 语句，在原表中进行数据修改，格式如下：

```
UPDATE 表名
SET 列名=新列值1
    列名=新列值2
    …
    列名=新列值n
WHERE 查询条件;
```

【例 ZY2000201003-13】将 students 表中，姓名为"LUJIAN"的学生性别修改为男性，年龄修改为 20 岁。

```
SQL> UPDATE students
  2  SET sex='M'
  3      age=20
  4  WHERE name='LUJIAN';
```

3. 数据删除

使用 DELETE 语句，在原表中进行数据删除，格式如下：

```
DELETE
FROM 表名
WHERE 查询条件
```

（1）删除所有行。

【例 ZY2000201003-14】将 students 表中的所有行删除。

```
SQL>DELETE FROM students;
```

（2）删除部分行。

【例 ZY2000201003-15】将 students 表中的年龄为 18 岁的学生信息删除。

```
SQL>DELETE FROM students;
  2 WHERE age=18;
```

实际上，Oracle 数据库的基本操作还应包括数据库启动、数据库关闭、创建表结构和报表制作。但由于启动和关闭数据库这两种操作应用较少，同时又是数据库最关键的操作之一，其操作权限有非常严格的限制；而创建表结构和报表制作也超出了负荷控制专业技能人员的工作范畴，因此均不在此赘述。

【思考与练习】

下表是 Oracle 数据库中的一个 EMPLOYEE 表中的所有数据，请根据下表回答：

NAME	SEX	AGE	JOB	HIREDATE	SALARY
ZHANG MING	M	38	MANAGER	29-07-1997	3128.00
XIE XIAOBO	W	30	CLERK	19-11-2005	1835.00
LIU XINMING	M	41	MANAGER	18-03-1999	3456.00
WANG QING	M	28	OPERATOR	09-12-2004	1728.00
SONG XINYI	W	22	SALESMAN	20-10-2008	2018.00
WU WANYING	W	51	MANAGER	08-04-1988	3811.00
WEN QINBIN	M	32	CLERK	19-09-1998	2345.00
SUN SHENGYI	W	36	CLERK	22-08-2001	2712.00
GENG ACHENG	M	27	OPERATOR	30-03-2005	1216.00
ZHONG DAWEI	M	31	SALESMAN	31-01-1999	2236.00
BI XIAOJIE	W	24	OPERATOR	06-06-2007	1617.00
CHEN XINWU	M	34	SALESMAN	10-12-1996	2639.00
ZHOU SHIJUN	M	40	CLERK	03-10-1985	2001.00

1. 查询 EMPLOYEE 表中所有工资超过 2000 元的女职工的姓名、职位和工资，工资按升序排列，写出命令的执行结果。

2. 查询 EMPLOYEE 表中姓名以 Z 和 W 开头、2000 年以后聘用、工资在 1500～2500 元之间的职工的全部信息，写出命令的执行结果。

3. 以职位分组，查询 EMPLOYEE 表中年龄在 30 岁及以上的职工的平均工资信息，对工资进行降序排列，并写出命令的执行结果。

4. 在 EMPLOYEE 表中插入（‘ZHAO QING’，‘M’，29，‘SALEMEN’）的职工信息。

5. 将 EMPLOYEE 表中，姓名为“ZHONG DAWEI”的职工年龄修改为 33 岁、工资改为 1999.00 元。

模块 4 其他数据库简介（ZY2000201004）

【模块描述】本模块简要介绍 DB2、SQL Server、Sybase 数据库。通过概念解释、要点分析，掌握 DB2、SQL Server、Sybase 三种数据库的版本分类、特点、构成、架构。

【正文】

目前常用的关系数据库有 DB2、SQL Server、Sybase 和 Oracle，其中 Oracle 数据库已在教材中作为独立模块进行了介绍，因此在本模块中只概要讲述其他三种关系数据库。

一、DB2 数据库简介

DB2（DataBase2）是 IBM 公司开发的一个成熟的基于 SQL 语言的关系数据库产品，它起源于早期的实验系统 System R。20 世纪 80 年代初，DB2 主要用于大型机；90 年代，DB2 发展到小型机、微机；现在 DB2 已经成为 IBM 公司五大软件品牌之一，是公司在信息管理产品这一领域的旗舰产品，完全可以应用于各种软件、硬件平台，尤其是在金融行业得到广泛应用。

（一）DB2 版本分类

DB2 产品的版本按支持远程客户能力和分布式处理能力，分为以下几种：

1. DB2 企业服务器版

DB2 企业服务器版，即 DB2 ESE（Enterprise Server Edition），一般用于构建电子业务应用程序和支持大规模的部门级应用程序以及大型企业数据仓库。DB2 企业版服务器版提供了最大限度的连通性，可以与异构平台上的 DB2 数据库和第三方厂商的数据库产品共享数据资源，即提供了本地和远程客户访问 DB2 的功能（当然远程客户要安装相应客户应用程序开发部件）。企业版除包括工作组版中的所有部件外，还增加了对主机连接的支持。它允许将一个大的数据库分布到同一类型的多个不同计算机上，这种分布式功能尤其适用于大型数据库的处理。

2. DB2 工作组服务器版

DB2 工作组服务器版，即 DB2 WSE（Workgroup Server Edition），一般用于支持小规模的部门级应用程序，或支持那些不需要存取在 OS/400、VM/VSE 和 OS/390 平台上的远程数据库的应用程序。

3. DB2 个人版

DB2 个人版，也称为 DB2 PE（Personal Edition），适用于单机用户，即服务器只能由本地应用程序访问。其功能完备，拥有 DB2 WSE 的全部功能部件，但是不能响应远程的数据库请求。该版本只能运行在 Linux、Windows 操作系统上。

4. DB2 Everyplace

该版本是专门为移动计算机环境设计的，允许移动用户使用个人数字助理（PDA）和掌上电脑（HPC）等移动设备，通过关系型数据库和同步服务器，将企业应用程序和数据扩展到移动设备上。它可以运行在包含 Palm OS、Linux、Windows CE、Neutrino、PocketPC 在内的多种操作系统上。

（二）DB2 核心数据库的特点

DB2 核心数据库又称作 DB2 公共服务器，采用多进程多线索体系结构，可以运行于多种操作系统之上，并分别根据相应平台环境作了调整和优化，以便能够达到较好的性能。

DB2 核心数据库的特点如下：

（1）支持面向对象的编程。DB2 支持复杂的数据结构，如无结构文本对象，可以对无结构文本对象进行布尔匹配、最接近匹配和任意匹配等搜索，可以建立用户数据类型和用户自定义函数。

（2）支持多媒体应用程序。DB2 支持大二分对象（BLOB），允许在数据库中存取二进制大对象和文本大对象。其中，二进制大对象可以用来存储多媒体对象。

（3）备份能力。DB2 数据库专用的备份机制具有稳定、高效、使用简单的特点，为数据备份提供了跨平台的、全面的支持，提高了可用性。其主要功能如下：

1）数据库完全备份。把整个数据库数据包括事务日志一起备份起来。

2）增量备份和差量备份。增量和差量备份出来的数据量相对较小，只包含了变化部分的数据。系统管理员可以根据时间情况，结合数据库完全备份一起设计备份策略，可以有效提高存储设备的利用效率，减少备份时间。

（4）恢复能力。DB2 备份选件模块在设计时，尽可能考虑了可能的数据破坏情况，当出现状况时，可以迅速恢复数据。

1）用户数据库完全恢复。只需选择相应最近的备份集即可以对数据库轻松地进行恢复，操作简单明了，执行效率高。

2）DB2 灾难恢复。当 DB2 系统出现物理故障或其他灾难事件时，DB2 进入灾难恢复模式，指导用户进行数据拯救工作，帮助用户最大限度地恢复系统的正常运作。

（5）支持存储过程和触发器，用户可以在建表时显示定义复杂的完整性规则。

（6）支持 SQL 查询。

（7）支持异构分布式数据库访问。

（8）支持数据复制。

（三）DB2 产品组成与架构

DB2 数据库系统主要由数据库引擎、命令行处理器、管理工具、应用程序支持环境组成，如图 ZY2000201004-1 所示。

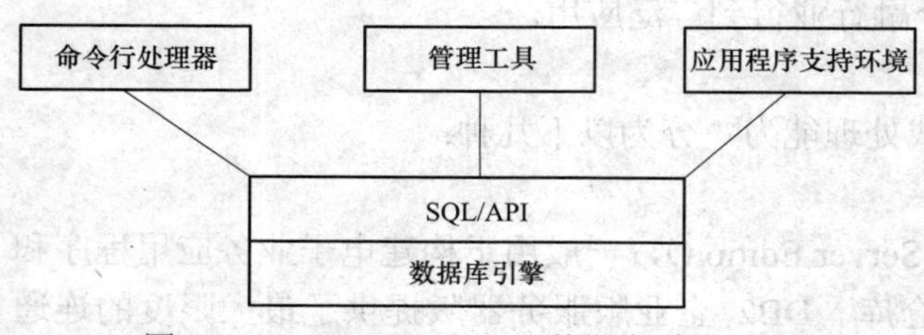

图 ZY2000201004-1　DB2 数据库系统组成

1. 数据库引擎

数据库引擎是整个数据库系统的核心，负责对数据库的存取，保证数据的完整性和安全性，并控制数据库的并发性。它主要由数据库对象、系统编目和配置文件构成。对数据库引擎的存取有两种接口：SQL 和 API。SQL 是标准数据库查询语言，实现对数据库中数据的存取；API 是 DB2 产品发行时提供的应用程序接口，负责调用数据库管理功能。

2. 命令行处理器

命令行处理器主要执行动态的 SQL 请求或 DB2 命令。使用命令处理器可以访问本地和远程工作组数据库，通过 DB2 连接服务器的个人版或企业版，可以访问分布式关系数据库体系架构应用服务器。

3. 管理工具

管理工具提供对数据库的管理。这些工具包括：控制中心、命令编辑器、复制中心、任务中心、日志、健康中心、工具设置、许可认证中心、开发中心。

4. 应用程序支持环境

应用程序支持环境包括 API、嵌入式 SQL、调用级的接口、JDBC 和 SQLJ 等。

DB2 遵循客户端/服务器架构，如图 ZY2000201004-2 所示。

不同身份的用户可以通过不同的客户端来对 DB2 数据库进行存取。图 ZY2000201004-2 中，DRDA（Distributed Relational Database Architecture）指分布式关系数据库访问。

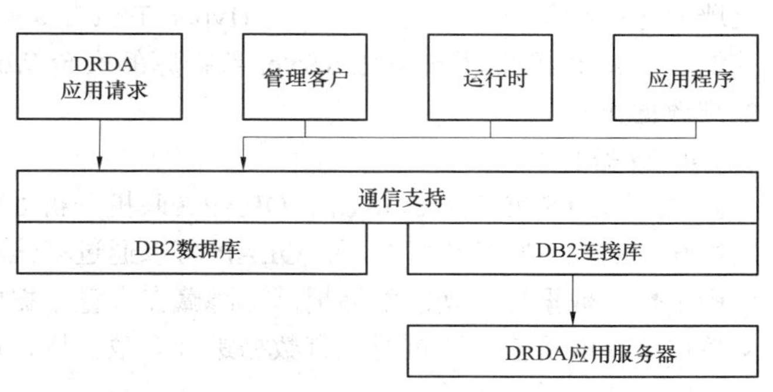

图 ZY2000201004-2 DB2 的客户端/服务器架构

二、SQL Server 数据库简介

SQL Server 是一个关系数据库管理系统，是 Microsoft 公司从 Sybase 公司购买技术而开发的产品，与 Sybase 数据库完全兼容。SQL Server 是一个全面的、集成的、端到端的数据解决方案，它为企业中的用户提供了一个安全、可靠和高效的平台用于企业数据管理和商业智能应用。支持客户机/服务器工作模式及 Web 工作模式，可以充分利用 Windows NT/2000 的优势，性价比较高。下面以 SQL Server 2005 为基础进行简单介绍。

（一）SQL Server 2005 的版本分类

SQL Server 2005 包括企业版、标准版、工作组版和移动版，所有的版本使用相同的数据库和查询格式。

1. SQL Server 企业版

SQL Server 企业版（Enterprise Edition，EE）主要用于大型用户，作为生产数据库服务器使用，支持 SQL Server 中的所有可用功能，可以支持更多的 CPU，可以支持集群（Cluster）、日志传输（Log Shipping）、并行 DBCC、并行创建索引、索引视图等高级功能。由于具备广泛的商务智能，强大的分析能力，如失败转移集群和数据库镜像等高可用性特点，SQL Server 企业版能承担企业最大负荷的工作量。与标准版不同的是，企业版包含自动重定向技术，其可伸缩性也优于标准版。

2. SQL Server 标准版

SQL Server 标准版（Standard Edition）是为中小企业提供的数据管理和分析平台。标准版包括电子商务、数据仓库和解决方案所需的基本功能。标准版的集成商务智能和高可用性特性为企业提供了支持其操作所需的基本能力。

3. SQL Server 工作组版

SQL Server 工作组版（Workgroup Edition）是满足小型企业这种需求的数据管理解决方案。工作组版能服务于企业的部门或分支机构，或作为一个前端 Web 服务器。它包含 SQL Server 产品系列的核心数据库特点，并便于升级至标准版或企业版。

4. SQL Server 移动版

SQL Server 移动版（Mobile Edition）是连接企业级数据库系统的 Pocket PC 数据库，用于嵌入 Pocket PC 设备，可以将企业数据管理能力延伸到移动设备；也应用于将本地数据子集备份到 Pocket PC 或智能设备的系统中。

（二）SQL Server 数据库的特点

1. 上手容易

大多数的中小企业日常的数据应用是建立在 Windows 平台上的。由于 SQL Server 与 Windows 界面风格完全一致，且有许多向导（Wizard）帮助，因此易于安装和学习。

2. 兼容性良好

目前 Windows 操作系统占领着主导地位，选择 SQL Server 一定会在兼容性方面取得一些优势。另外，SQL Server 除了具有扩展性、可靠性以外，还具有可以迅速开发新的因特网系统的功能。尤其是它可以直接存储 XML 数据，可以将搜索结果以 XML 格式输出等特点，有利于构建了异构系统的互操作性，奠定了面向互联网的企业应用和服务的基石。这些特点在.NET 战略中发挥着重要的作用。

3. 电子商务

在使用由 Microsoft SQL Server 关系数据库引擎的情况下，XML 数据可在关系表中进行存储，而查询则能以 XML 格式将有关结果返回。此外，XML 支持还简化了后端系统集成，并实现了跨防火墙的无缝数据传输。还可以使用 Hyper Text Transfer Protocol（超文本传输协议，HTTP）来访问 SQL Server，以实现面向 SQL Server 数据库的安全 Web 连接和无须额外编程的联机分析处理（OLAP）多维数据集。

4. 数据仓库

Microsoft SQL Server 增加了 OLAP（联机分析处理）功能，可以让很多中小企业用户也可以使用数据仓库的一些特性进行分析。OLAP 可以通过多维存储技术对大型、复杂数据集执行快速、高级的分析工作。数据挖掘功能能够揭示出隐藏在大量数据中的倾向及趋势，它允许组织或机构最大限度地从数据中获取价值。通过对现有数据进行有效分析，这一功能可以对未来的趋势进行预测。

5. 增强的在线商务

SQL Server 简化了管理、优化工作，并且增强了迅速、成功的部署在线商务应用程序所需的可靠性和伸缩性。其中，用以提高可靠性的特性包括日志传送、在线备份和故障切换群集。在伸缩性方面的改进包括对多达 32 块 CPU 和 64GB RAM 的支持。通过自动优化和改进后的管理特性，诸如数据文件尺寸的自动管理、基于向导的数据库拷贝、自动内存管理和简化的故障切换群集安装与管理，在线商务应用程序能够被迅速部署并有效管理。

6. 利于构筑"敏捷性商务"

所谓"敏捷性商务"就是能够打破内部和外部的商业界限，对迅速改变的环境做出快速反应。微软已经与关键的合作伙伴建立起了战略关系，创造出了能够与许多供应商的产品实现整合的解决方案，因而企业用户并不需要做出"要么完全接受，要么全部不要"的承诺。在部署解决方案的过程中，企业用户不一定要拆除原有的设备从头再来。敏捷性商务让企业用户能够充分利用现有的系统，自主决定所需的硬件和软件解决方案以及由谁来提供，伸缩自如、游刃有余。

（三）SQL Server 产品构成与架构

SQL Server 2005 将数据库映射为一组操作系统文件。数据和日志信息分别存储在不同的文件中，而且每个数据库都拥有自己的数据和日志信息文件。因此，SQL Server 数据库的文件有数据文件和日志文件两种类型。

SQL Server 数据库通过数据文件保存与数据库相关的数据和对象。在 SQL Server 中有两种类型的数据文件。

1）主数据文件。是数据库的起点，其中包含了数据库的初始信息，并记录数据库还拥有哪些文件。每个数据库有且只能有一个主数据文件。主数据文件是数据库必需的文件。

2）次要数据文件。除主数据文件以外的所有其他数据文件都是次要数据文件。次要数据文件不是数据库必需的文件。但是如果需要存储的数据量很大，超过了 Windows 操作系统对单一文件大小的限制，就需要创建次要数据文件来保存主数据文件无法存储的数据。

（1）数据文件的结构。数据文件的结构按照层次可以划分为分页和区。

1）页。是 SQL Server 中数据存储的基本单位。为数据库中的数据文件分配的磁盘空间可以从逻辑上划分成带有连续编号的页（编号从 0 开始）。磁盘 I/O 操作在页级执行，SQL Server 读取或写入的是所有的数据页。页的尺寸是 8KB。每页的开头是 96B 的页头，在页头存储页码、页类型、页中的可用空间以及拥有此页对象的 ID 等有关页的系统信息。

2）区。是 SQL Server 分配给表和索引的基本单位。一个区是 8 个物理上连续的页（即 64 KB）。区有两种类型。

a. 统一区。只能由一个单一的对象拥有，其中的 8 个页只能用来存储这个对象的数据。

b. 混合区。最多可以被 8 个对象共享，区中的 8 个页可以分给不同的对象。

（2）日志文件。每个 SQL Server 2005 数据库至少拥有一个自己的日志文件（也可以拥有多个日志文件）。日志文件最少 1MB，用来记录数据库的事务日志，即记录了所有事务以及每个事务对数据库所做的修改。事务日志是数据库的重要组件，如果系统出现故障，就需要使用事务日志将数据库恢复到正常状态。

SQL Server 2005 的日志文件从逻辑上看记录的是一连串日志记录。每条日志记录都由日志序列号（LSN）标识。每条新的日志记录均写入日志的逻辑结尾处，并使用一个比前面记录的更高的日志序列号。

从物理结构上看，SQL Server 将每个日志文件都分成了多个虚拟日志文件。虚拟日志文件没有固定大小，并且日志文件所包含的虚拟日志文件数量也不固定。SQL Server 在创建或扩展日志文件时，动态选择虚拟日志文件的大小。在扩展日志文件后，虚拟文件的大小是现有日志大小和新文件增量大小之和。管理员不能配置或设置虚拟日志文件的大小或数量。

三、Sybase 数据库简介

Sybase 1991 年进入中国市场，是 Sybase 公司的数据库产品，可以运行在 Unix、WindowsNT/2000、Netware 等操作系统平台上，支持 SQL 标准语言，支持客户机/服务器工作模式，采用开放的结构，能够实现网络环境下各节点上的数据库互访操作；Sybase 拥有著名的数据库应用开发工具 Power Builder。

（一）Sybase 版本分类

Sybase 主要有三种版本：① Unix 操作系统下运行的版本；② Novell Netware 环境下运行的版本；③ Windows NT 环境下运行的版本。对 Unix 操作系统目前广泛应用的为 Sybase 10 及 Syabse 11。

（二）Sybase 核心数据库的特点

1. 基于客户/服务器体系结构的数据库

在客户/服务器结构中，应用被分在了多台机器上运行。一台机器是另一个系统的客户，或是另外一些机器的服务器。这些机器通过局域网或广域网连接起来。它支持共享资源且在多台设备间平衡负载，允许容纳多个主机的环境，充分利用了企业已有的各种系统。

2. 真正开放的数据库

运行在客户端的应用不必是 Sybase 公司的产品。对于一般的关系数据库，为了让其他语言编写的应用能够访问数据库，提供了预编译。Sybase 数据库不只是简单地提供了预编译，而且公开了应用程序接口 DB-LIB，鼓励第三方编写 DB-LIB 接口。由于开放的客户 DB-LIB 允许在不同的平台使用完全相同的调用，因而使得访问 DB-LIB 的应用程序很容易从一个平台向另一个平台移植。

3. 一种高性能的数据库

Sybase 真正吸引人的地方还是它的高性能，体现在以下几方面：

（1）可编程数据库。通过提供存储过程，创建了一个可编程数据库。存储过程允许用户编写自己的数据库子例程。这些子例程是经过预编译的，因此不必为每次调用都进行编译、优化、生成查询规划，因而查询速度要快得多。

（2）事件驱动的触发器。触发器是一种特殊的存储过程。通过触发器可以启动另一个存储过程，从而确保数据库的完整性。

（3）多线索化。Sybase 数据库体系结构的另一个创新之处就是多线索化。一般的数据库都依靠操作系统来管理与数据库的连接。当有多个用户连接时，系统的性能会大幅度下降。Sybase 数据库不让操作系统来管理进程，把与数据库的连接当作自己的一部分来管理。此外，Sybase 的数据库引擎还代替操作系统来管理一部分硬件资源，如端口、内存、硬盘，绕过了操作系统这一环节，提高了性能。

（三）Sybase 产品构成与架构

Sybase 数据库主要由三部分组成：

（1）进行数据库管理和维护的一个联机的关系数据库管理系统 Sybase SQL Server。Sybase SQL Server 是个可编程的数据库管理系统，它是整个 Sybase 产品的核心软件，起着数据管理、高速缓冲管理、事务管理的作用。

（2）支持数据库应用系统的建立与开发的一组前端工具 Sybase SQL Toolset。ISQL 是与 SQL Server 进行交互的一种 SQL 句法分析器。ISQL 接收用户发出的 SQL 语言，将其发送给 SQL Server，并将结果以形式化的方式显示在用户的标准输出上。DWB 是数据工作台，是 Sybase SQL Toolset 的一个主要组成部分，它的作用在于使用户能够设置和管理 SQL Server 上的数据库，并且为用户提供一种对数据库的信息执行添加、更新和检索等操作的简便方法。在 DWB 中能完成 ISQL 的所有功能，且由于 DWB 是基于窗口和菜单的，因此操作比 ISQL 简单，是一种方便实用的数据库管理工具。

APT 是 Sybase 客户软件部分的主要产品之一，也是从事实际应用开发的主要环境。APT 工作台是用于建立应用程序的工具集，可以创建从非常简单到非常复杂的应用程序，它主要用于开发基于表格（Form）的应用。其用户界面采用窗口和菜单驱动方式，通过一系列的选择完成表格（Form）、菜单和处理的开发。

（3）可把异构环境下其他厂商的应用软件和任何类型的数据连接在一起的接口 Sybase Open Client/Open Server。通过 Open Client 的 DB-LIB 库，应用程序可以访问 SQL Server。而通过 Open Server 的 SERVER-LIB，应用程序可以访问其他的数据库管理系统。

【思考与练习】

1. DB2 是由哪个公司开发的关系数据库产品？

2. SQL Server 是哪个公司从 Sybase 公司购买技术而开发的产品？它与 Sybase 数据库完全兼容吗？它支持客户机/服务器工作模式及 Web 工作模式吗？

3. Sybase 是哪个公司的数据库产品？它支持 SQL 标准语言吗？它支持客户机/服务器工作模式吗？

4. 数据库应用开发工具 Power Builder 属于哪个数据库产品？

5. 简述 DB2、SQL Server、Sybase 各自的特点。

第三部分

用电信息采集

第五章 用电信息采集与监控技术

模块 1 电力负荷预测与分析（ZY2000301001）

【模块描述】本模块介绍电力负荷预测的概念、原理、分类、基本方法和预测技术、负荷特性分析方法。通过原理讲解、概念解释、要点讲解和图表比对，熟悉电力负荷预测的概念、电力负荷预测和负荷特性分析的基本原理，掌握电力销售市场负荷特性分析的内容、步骤和基本方法。

【正文】

一、电力负荷预测的概念及其基本原理

电力负荷预测实际上是对全社会用电需求的预测，它是实现电力系统管理现代化的基础性工作之一。准确的负荷预测，是确保电网安全稳定运行、连续可靠供电的重要技术手段，对于提高电网的经济运行水平也具有十分重要的作用。

（一）电力负荷预测的概念

电力负荷预测是从已知的用电需求出发，考虑政治、经济、气候、社会发展等相关因素，在正确理论的指导下，在掌握大量详实的历史数据并加以分析的基础上，运用可靠的方法与手段，探索事物之间的内在联系和发展规律，对未来的用电需求做出的科学估算。它包括两方面的含义：对未来用电需求水平（用电负荷）的预测和未来用电需求量（用电量）的预测。电力负荷预测的概念可用下式表示

电力负荷预测值=f（历史负荷，历史相关因素，未来相关因素） （ZY2000301001-1）

（二）电力负荷预测基本原理

理论上讲，负荷预测的核心是如何在总结电力负荷发展的历史规律的基础上建立预测数学模型，即如何通过数学函数来描述电力负荷变化的规律——如何用数学方法来从电力负荷变化的历史轨迹中分离出所有的影响因素及其相关程度。

由于电力负荷的变化规律与其所处地域及时间段紧密相关，因此，应尽可能提供比较多的预测模型，才能适应不同地域不同时间段的负荷预测需要。此外，纯理论的、抽象的、单一的数学模型是很难描述电力负荷发展的自然规律的，必须对多个预测模型进行有机地整合，即形成综合数学预测模型，才能实现对电力负荷发展自然规律的更贴切、更全面的描述。

电力系统是一个复杂的受多种因素影响的系统，一般来说，影响负荷曲线的因素至少有以下几种：一周内不同时间、节日、大用户生产安排、气候（温度、湿度、云量等）、重大政治经济活动、大型体育赛事、地方电厂和企业自备电厂发电情况。

二、电力负荷预测的内容、分类、基本步骤

（一）电力负荷预测的内容与分类

电力负荷预测的内容包括电量预测（如全社会用电量、各行业用电量等）和电力预测（最大用电负荷、最小用电负荷、用电负荷曲线等）两大类。简单地讲，电量预测用于选择恰当的机组类型和合理的电源结构，电力预测则用于确定电力系统发、输、配电设备的容量。

电力负荷预测通常分类如下：

1. 根据预测周期分类

按预测周期进行分类，电力负荷预测可分为长期、中期、短期和超短期负荷预测。

（1）长期负荷预测。一般指 10 年以上并以年度为单位进行的预测。

（2）中期负荷预测。指 5 年左右并以年度为单位的预测。

长期负荷预测和中期负荷预测的作用是提供本网内电源、电网规划的基础数据，帮助决定新的发电机组的安装（包括装机容量大小、型式、地点、和时间）与电网的规划、增容和改造，是电力规划部门的重要工作之一。

（3）短期负荷预测。指一年以内且以月、周、日、小时为单位进行的负荷预测。通常预测未来一个月度、未来一周、未来一天的负荷指标，也预测未来一天 24h 的负荷。其主要作用是在保证电网安全稳定运行和用户正常用电的前提下，合理制订电网调度计划，包括安排机组启停、旋转备用容量、发电厂（机组）发电曲线确定、水火互济、联络线交换功率、负荷经济分配、水库水量调度和发、输电设备检修等。

（4）超短期负荷预测。指未来 1h，未来 0.5h，甚至未来 10min 的预测。其意义在于可对电网进行在线实时监控，实现发电容量的合理调度、电网预防性控制和紧急状态处理。

2. 根据预测行业分类

根据预测行业对象的不同，电力负荷预测一般可分为城市民用电负荷、商业负荷、农村负荷、工业负荷及其他负荷的负荷预测。其中：

（1）城市民用电负荷预测。主要指城市居民的家用负荷预测。

（2）商业负荷预测。对为商业服务的负荷进行的预测。

（3）工业负荷预测。对为工业服务的负荷进行的预测。

（4）农村负荷预测。对广大农村全部负荷（农村民用电、生产与排灌用电、商业用电等）的预测。

（5）其他负荷预测。对包括市政、公用事业、政府办公、铁路、电车、军用等负荷的预测。

3. 根据负荷特性进行分类

根据预测的不同负荷特性，负荷预测通常分为最大用电负荷、最小用电负荷、平均用电负荷、负荷峰谷差、母线负荷、负荷率等类型的预测。

（二）电力负荷预测的基本步骤

负荷预测的关键是大量历史数据的收集整理，建立科学的预测模型，采用有效的算法，以历史数据为基础，进行反复试验，从中发现问题、总结经验，不断修正模型和算法，从而真正反映负荷变化规律。电力负荷预测的基本步骤见表 ZY2000301001-1。

表 ZY2000301001-1 电力负荷预测的基本步骤

步 骤	主要工作要求
1. 确定预测内容	根据不同地域、不同时间段的要求，确定预测对象的范围、内容、周期等
2. 资料收集	根据预测内容的具体要求，广泛搜集基础资料。资料的收集应尽可能全面、系统、连贯、准确。除了电力系统历史负荷数据外，还应包括经济、天气等对负荷变化有显著影响的历史数据。同时还可从相关部门获取其对相关因素未来变化规律的预测结果，作为电力系统负荷预测的基础数据
3. 基础资料分析和预处理	对大量资料进行全面分析后，选择其中具有代表性、直接相关、可靠性高的资料作为预测的基础资料。对基础资料进行必要的分析、整理、核实，对其中的异常数据进行取舍和修正
4. 预测模型、方法的选择及建模	根据所确定的预测内容，考虑本地区实际情况和资料的可利用程度，选择适当的预测模型。通过连接数据库、求取参数，进行预测；根据假设检验原理，判定模型是否合适。必要时可同时采用几种数学模型进行运算，以便对比、选择
5. 综合分析、确定预测初步结果	根据所确定的模型及所求取的模型参数，对未来时段的负荷进行预测
6. 预测结果的整理、综合分析、评价	可选择多种预测模型进行上述预测过程，然后对多种方法的预测结果进行综合分析、比较，判断各种方法预测结果的优劣，经整合形成综合预测模型；根据经验和常识对结果进行适当修正，得到最终的预测结果

三、电力负荷预测的基本方法

电力负荷预测的基本方法一般分为经典负荷预测方法和经验负荷预测方法两种。

（一）经典负荷预测方法

经典负荷预测方法很多，这里只介绍单耗法、电力弹性系数法和负荷密度法。

1. 单耗法

按照采用的单耗指标不同，可以分为用电单耗法和产值单耗法。

（1）用电单耗法。是利用预测期各行业的主要产品“单位产品的综合耗电定额”与对应产品在预测年度的“计划产量”进行预测。其预测模型是

$$W_j = k\sum_{i=1}^{n} A_i p_i \qquad (ZY2000301001\text{-}2)$$

式中　W_j ——j 行业预测年度需用电量；

A_i ——j 行业第 i 种产品的产量；

p_i ——j 行业第 i 种产品的单位产品的综合耗电定额；

n ——j 行业主要产品数量；

k ——修正系数，即某行业全部需用电量与该行业主要产品需用电量和的比值。

（2）产值单耗法。思路与用电单耗法基本相同，它是利用预测期各行业的主要产品的“单位产值的综合耗电定额”与对应产品在预测年度的“计划产值”进行预测。其预测模型为

$$W_j = k\sum_{i=1}^{n} B_i q_i \qquad (ZY2000301001\text{-}3)$$

式中　W_j ——j 行业预测年度需用电量；

B_i ——j 行业第 i 种产品的产值；

q_i ——j 行业第 i 种产品的单位产值的综合耗电定额；

n ——j 行业主要产品数量；

k ——修正系数，即某行业全部需用电量与该行业主要产品需用电量和的比值。

通过以上公式可预测各行业的用电量，将各行业用电量相加，求得全部工业用电量。

采用单耗法预测负荷的关键是确定适当的产品单耗或产值单耗。从我国的实际情况来看，一般规律是产品单耗逐年上升，产值单耗逐年下降。

2. 电力弹性系数法

电力弹性系数就是用电量的相对变化率与国民生产总值的相对变化率之比，也可考虑用电量相对于其他指标的弹性系数。一般情况下，电力弹性系数应大于 1，这是由电力工业的超前发展决定的。电力弹性系数用以下公式表示

$$K = \frac{V_W}{V} \qquad (ZY2000301001\text{-}4)$$

式中　K ——电力弹性系数；

V_W ——用电量平均增长速度；

V ——国民经济总产值的平均增长速度。

若选定了预测期内电力弹性系数值，并已知预测期国民经济总产值的计划平均增长速度，就可预测该时期的用电量，公式如下

$$W_n = (1+KV)^n W_0 \qquad (ZY2000301001\text{-}5)$$

式中　W_n ——用电量预测值；

W_0 ——基期用电量的实际值；

n ——预测期。

电力弹性系数法是利用事物变化的相关关系进行用电量预测的方法之一，常用于电力需求的长期预测。采用电力弹性系数法可以预测全国或地区的综合用电量，也可以按产业，如工业、农业、交通运输等进行预测，综合各产业的预测结果，求得地区或全国的总用电量。

3. 负荷密度法

负荷密度法是从某地区人口或土地面积的单位平均用电量出发的一种预测方法。计算公式如下

$$W = RP \qquad (ZY2000301001\text{-}6)$$

式中　W ——用电量的预测值；

R ——该地区总人口数（或总土地面积、建筑面积）；

P——人均或每平方面积的用电量，即负荷密度。

该方法适用于预测各功能分区的用电量，也适用于开发新区的用电量预测。

上述三种经典负荷预测方法的优缺点见表 ZY2000301001-2。

表 ZY2000301001-2　　三种经典负荷预测方法的优缺点

经典负荷预测方法	优　点	缺　点
单耗法	方法简单，对短期负荷预测效果较好	需做大量细致的调研工作，比较笼统，很难反映现代经济、政治、气候等条件的影响
电力弹性系数法	方法简单，易于计算	需做大量细致的调研工作
负荷密度法	方法简单，易于计算	要求被预测区域有比较明显的功能区划分，且对各功能区的经济、环境以及发展规划等有比较详尽的数据

（二）经验负荷预测方法

经验负荷预测方法主要依靠专家的判断，而不是依靠数据模型，其目的是给出一个方向性的结论，而不是研究电力负荷变化的轨迹和结构。这里介绍专家预测法、类比法和主观概率预测法。

1. 专家预测法

专家预测法通常又分为个人专家预测法、专家会议法、特尔菲法。

（1）个人专家预测法。指凭借个人经验对客观事物进行分析判断，并预测未来电力负荷的发展情况。

（2）专家会议法。通过召开专家会议，广泛交换意见，然后将不同人员的预测值进行综合，从而得出预测结果。

（3）特而菲法。即专家小组法。特而菲是古希腊的一个地名，传说中希腊神可以在特而菲的阿波罗神殿里占卜未来。20 世纪 40 年代，美国兰德公司借用特而菲这个地名，把专家小组法叫做特而菲法。该方法是按照规定程序，将所要预测的问题及相关资料以通信的方式向专家们提出，专家们均以书面形式独立发表见解，然后把各种意见归纳整理后再反馈给各位专家，进一步征询意见，如此多次反复，最后得出比较满意的预测结果。

三种专家预测法的优缺点见表 ZY2000301001-3。

表 ZY2000301001-3　　三种专家预测法的优缺点

专家预测法	优　点	缺　点
个人专家预测法	可综合考虑各方面因素，简便快捷	可能会因个人经验不足，或客观依据不足使预测出现偏差甚至失误
专家会议法	简单易行，预测准确性较高	易盲从权威意见
特尔菲法	克服了专家会议法的不足，节约专家们的时间和行程费用，方便专家们安排时间、思考问题	一般所需时间较长

2. 类比法

类比法是将类似事物做对比及分析研究，通过已知事物对未知或新生事物作出估算。例如，用一个已建成的开发区与待建开发区进行比较，找出它们的共同点，利用相似和比例关系，对待建开发区的电力电量需求作出预测，并根据它们的不同之处对预测结果进行修正。

3. 主观概率预测法

概率通常分为客观概率和主观概率。客观概率是通过多次重复实验计算的频率来规定概率。例如，抛硬币 n 次，出现正面的次数为 m 次，则出现正面的概率为 m/n，当 n 非常大时，m/n 接近 50%，这个概率就是客观概率。但某些情况下，不能通过多次实验获得概率，而是靠感觉和印象得出事物发生的概率，这种概率就是主观概率。

主观概率预测法就是通过若干专家估计事物发生的主观概率，综合得出该事物的概率进行预测的方法。主观概率 P 满足 $0 \leqslant P \leqslant 1$，所有可能发生的事件的概率 P_i 满足 $\sum P_i = 1$。

模块 1　ZY2000301001

四、负荷特性分析

电力系统负荷中，不同类型的负荷具有不同的特点与规律。电力负荷的特点是经常变化的，不但按小时变、按日变，而且按周变、按年变；同时负荷又是以天为单位不断起伏的，具有较大的周期性。负荷变化是连续的过程，一般不会出现大的跃变，但电力负荷对季节、温度、天气等是敏感的，不同的季节、不同地区的气候以及温度的变化都会对负荷造成明显影响。

（1）行业负荷特性分析。行业负荷主要是商业负荷以及工业负荷等。

1）商业负荷。主要是指商业部门的照明、空调、动力等用电负荷，覆盖面积大，且用电增长平稳，商业负荷同样具有季节性波动的特性。虽然商业负荷在电力负荷中所占比重不及工业负荷和民用负荷，但商业负荷中的照明类负荷占用电力系统高峰时段。此外，商业部门由于商业行为在节假日会增长营业时间，从而成为节假日中影响电力负荷的重要因素之一。

2）工业负荷。指用于工业生产的用电，一般工业负荷的比重在用电构成中居于首位，它不仅取决于工业用户的工作方式（包括设备利用情况、企业的工作班制等），而且与各行业的行业特点、季节因素都有紧密的联系，一般负荷是比较恒定的。

（2）客户负荷特性分析。客户负荷分为城市民用负荷与农村民用负荷。

1）城市民用负荷。主要是城市居民的家用电器，它具有年年增长的趋势，以及明显的季节性波动特点，而且民用负荷的特点还与居民的日常生活和工作的规律紧密相关。

2）农村民用负荷。指农村居民用电和农业生产用电。此类负荷与工业负荷相比，受气候、季节等自然条件的影响很大，这是由农业生产的特点所决定的。农业用电负荷也受农作物种类、耕作习惯的影响，但就电网而言，由于农业用电负荷集中的时间与城市工业负荷高峰时间有差别，所以对提高电网负荷率有好处。

【思考与练习】

1. 简述电力负荷预测的分类？
2. 电力负荷预测的基本步骤是什么？
3. 简述工业用电负荷特性。

模块2 电力平衡（ZY2000301002）

【模块描述】本模块介绍电力平衡基本概念、电力平衡特性和电力负荷调整。通过概念解释、要点讲解和定性分析，熟悉电力平衡的含义、电力平衡与电能质量的关系和主要电能质量指标，掌握电力平衡对电网、电力设备和电力用户的影响，掌握电力负荷调整的意义、内容、原则和措施。

【正文】

电力无法存储的特点，使得电力在电网发、供、用电的三个环节必须达到实时平衡。电力电量平衡关系到电网的电能质量，关系到电力系统的安全、稳定、经济运行和连续、可靠供电，同时也与全社会的正常生产和生活紧密相连。特别是近年来企业自备电厂的不断投产、节能发电政策下风能等可再生能源的大量上网，都不同程度地加重了电网电力平衡的压力。

一、电力平衡的概念

（一）电力平衡

电力平衡是指电网的有功功率平衡和无功功率平衡，即电力系统的全部有功电源发出的有功功率之和等于电网全部用电设备（含输变电设备）所耗用的有功功率之和，电力系统的全部无功电源发出的无功功率之和等于全部用电设备（含输变电设备）所耗用的无功功率之和。因为电网有功负荷与无功负荷是不断变化的，其平衡也常常会被打破，所以，电力平衡是一种动态平衡，是在不平衡中求得的暂时的平衡。

（二）电力平衡与电能质量的关系

电网电能质量最重要的指标是频率和电压，而保证电网频率质量和电压质量的重要前提就是实现电力系统的电力平衡。当电力系统的电源与负荷失去平衡时，系统的频率和电压就会随之变化，其数值将偏离国家规定的数值和允许偏差，电能质量将不能够保证。这时，电网发用电设备的安全和运行、工农业产品的质量和产量、人民生活的正常和稳定，都会受到严重威胁。电力平衡的动态特性，不仅要求电网侧进行实时监控和调整，同时也要求用户，尤其是工业用户的积极配合，才能实现电力的供需均衡。

（三）主要电能质量指标

电能质量是指通过公用电网供给用户端的交流电能的品质。理想状态的公用电网应以恒定的频率、正弦波形的标准电压对用户供电，其衡量点为供用电产权分界点或电能计量点。

1. 频率质量

频率是电力系统统一的一种运行参数，简单地说就是电网中发电机发出的正弦交流电压在 1s 内所做周期性变化的次数，主要和电力系统中的有功负荷有关。

我国《供电营业规则》规定电力系统的额定频率是 50Hz。

在电力系统正常情况下，频率的允许偏差分以下三种情况：

（1）电网装机容量 3000MW 及以上的电力系统，频率允许偏差为（50±0.2）Hz。

（2）电网装机容量 3000MW 以下的电力系统，频率允许偏差为（50±0.5）Hz。

（3）客户冲击负荷引起的系统频率变动一般不得超过（50±0.2）Hz。

2. 电压质量

电压质量，即用实际电压与额定电压间的偏差（偏差含电压幅值、波形和相位的偏差），反映供电企业向用户供给的电力是否合格。无功电能的余缺情况是影响电压偏差的主要因素。

我国《供电营业规则》规定：

（1）35kV 及以上电压供电和对电压质量有特殊要求的用户，电压的正负偏差绝对值之和不超过额定电压的 10%。

（2）10kV 及以下高压供电和低压三相供电的，电压的正负偏差不超过额定电压的±7%。

（3）220V 低压单相供电的，电压的正负偏差不超过额定电压的+5%～−10%。

二、电力平衡特性

（一）有功负荷的频率静态特性

在没有旋转备用容量的电力系统中，当电源与负荷失去平衡时，频率将立即发生变化。由于频率的变化，整个系统的负荷也将随着频率的变化而变化。这种负荷随频率的变化而变化的特性，称为有功负荷的频率静态特性，一般用 $P=\phi(f)$ 函数表示。由于负荷种类的不同，它与频率的关系也不同，分为以下几类：

1. 零次方类 $P_0=\phi(f^0)$

此类用电设备的有功负荷与频率变化无关，如照明、电炉、整流器和由整流器供电的负荷。此时，有功负荷与频率变化的关系如图 ZY2000301002-1 所示。

2. 一次方类 $P_1=\phi(f^1)$

此类用电设备的有功负荷与频率的一次方成正比。如金属切削机床、球磨机、螺旋输送机、磨煤机、空气压缩机、卷扬机、往复式水泵、纺织机、回转窑等，它们都是用交流电动机拖动的。当电网频率降低时，交流电动机的转速成正比下降，用电负荷和生产效率也成正比例下降。此时，有功负荷—频率静态特性可以用一条近似直线表示，如图 ZY2000301002-2 所示。

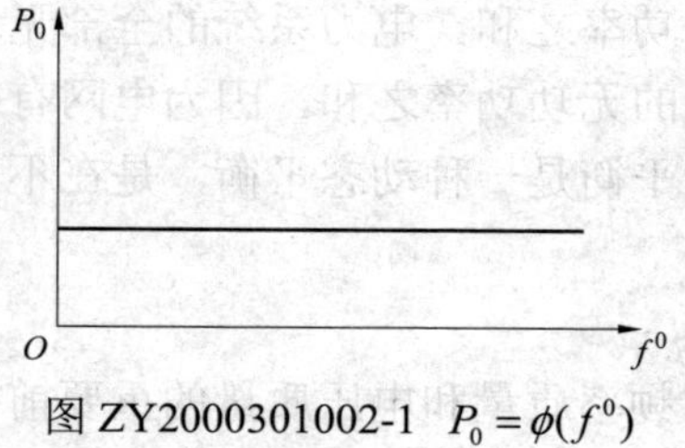

图 ZY2000301002-1 $P_0=\phi(f^0)$

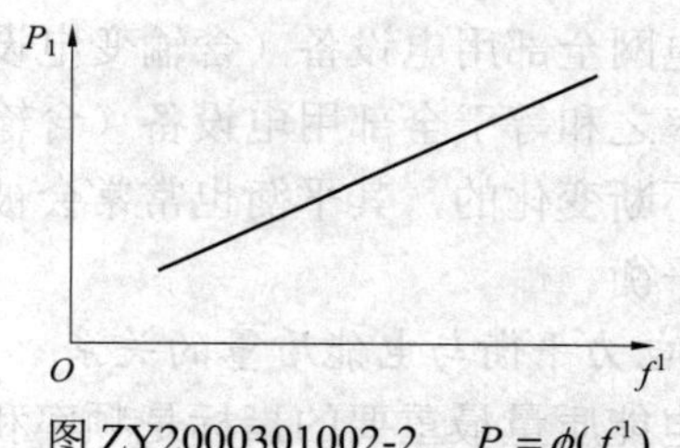

图 ZY2000301002-2 $P_1=\phi(f^1)$

3. 二次方类 $P_2=\phi(f^2)$

此类用电设备的有功负荷与频率的二次方成正比，电网的有功损耗属于这一类负荷。在电力系统总负荷的功率因数为 0.8～0.85 时，电力系统的有功功率损耗近似地与频率的平方成正比，即

$$\Delta P_2=\Delta P_{n2}\times\frac{f^2}{f_n^2}$$

式中 ΔP_2 ——频率为 f 时电力系统的有功损耗；

ΔP_{n2} ——额定频率为 f_n 时电力系统的有功损耗。

此时，有功负荷—频率静态特性曲线如图 ZY2000301002-3 所示。

4. 三次方类 $P_3=\phi(f^3)$

此类设备的有功负荷与频率的三次方成正比（见图 ZY2000301002-4），如煤矿、自来水厂、发电厂采用的鼓风机、二次通风机、引风机、循环水泵等。当电网频率降低时，发电厂的鼓风机、二次通风机、引风机等的出力也同时降低，将破坏锅炉的正常运行，使发电机出力下降。

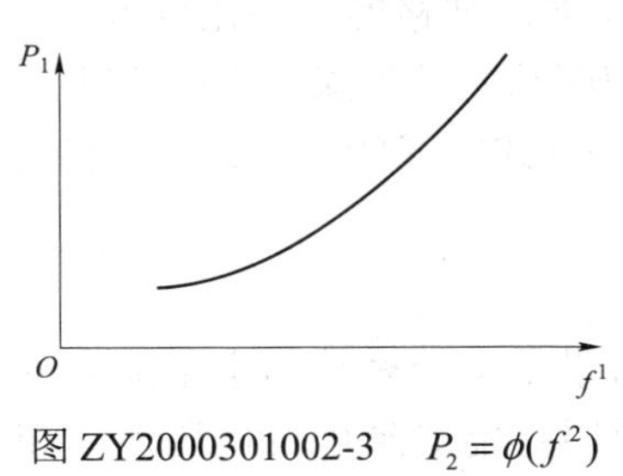

图 ZY2000301002-3 $P_2=\phi(f^2)$

图 ZY2000301002-4 $P_3=\phi(f^3)$

5. 高次方类 $P_n=\phi(f^n)$

此类用电设备的有功负荷与频率的高次方成正比变化。静阻力压头很大的水泵，如发电厂的给水泵，就属于此类设备。当其静阻力压头为 90%时，给水泵获取的有功功率与频率的 6～7 次方成正比。由此可见，电动给水泵在频率降低时，给水量急剧减少，当频率低到临界频率时完全停止给水，使锅炉及整个系统的安全运行受到严重威胁。此时，有功功率—频率静态特性曲线如图 ZY2000301002-5 所示。

综上所述，当电网电源与负荷的有功功率失去平衡时，会引起电网频率的大幅度变化。诸多用电设备获取的有功功率受频率的影响，因此保证电网频率质量意义重大。

（二）频率大幅度变化的影响

当电力系统的发电出力低于用电负荷时，电网将高频运行；反之，电网将低频运行。频率变化对电网及用电设备都会产生很严重的危害。

图 ZY2000301002-5 $P_n=\phi(f^n)$

1. 对电网、电力设备的影响

（1）损坏电力设备。当电网频率低至 45～46.5Hz 时，汽轮机末级叶片可能发生共振或接近共振，从而使叶片振动应力大幅增加，若时间过长，叶片将产生裂缝甚至断裂。电网高频运行时，发电机、电动机等旋转设备转速增加、功率上升，从而造成因超过设计应力而引起的设备损坏。

（2）发电厂出力下降。电网低频运行时，发电机转速下降，冷却条件变坏，若仍维持出力不变，势必造成发电机温度升高，可能超过绝缘材料的温度允许值，为不超过温升限额，必须降低发电机功率。此外，变压器励磁电流和铁芯损耗增加，为不超过温升限额，必须降低负荷，或被迫拉闸限电。通常，频率每降低 1Hz，发电厂的有功功率将降低 3%左右；当频率下降到 48 Hz 以下时，电动给水泵可能停运。另外，当频率超过额定值很多时，汽轮机可能会由于危及保安器动作而使机组突然甩负荷。

（3）发电机机端电压下降。频率下降时，发电机内电动势下降，导致电压降低。同时，由于频率降低，发电机转速下降，同轴励磁电流减小，发电机机端电压进一步下降。

（4）造成电网瓦解事故。低频运行的电网很不稳定，当频率快速下降时，发电机励磁机转速会以同样的速度下降，因而励磁机不能保证足够的端电压，发电机自动调节励磁装置的调节能力有限，出现失调，系统电压将降低到无可挽回的程度，系统稳定被破坏，最后有可能造成电网瓦解崩溃的严重事故。

2. 对电力用户的影响

（1）损坏用户设备。电网频率大幅度变化时，电力用户的电动机等旋转设备将会被烧损，其他设备也会被损坏。

（2）影响产品质量。当电网频率下降时，工业企业电动机转速随之下降，导致废品率上升，如纸张厚薄不均、棉纱粗细不均、平板玻璃厚薄不均等。

（3）产品产量下降、成本上升。电网频率超过允许偏差时，将对工业企业的动力设备产生影响，引起产量下降。通常，电网频率每降低 1Hz，产量下降 2%～6%；废品率上升、产量下降，必然造成水、电等能源和原材料消耗的增加，从而引起生产成本的增加。

（4）自动化设备误动作、电气测量仪器误差增大。对频率要求严格的自动化设备，在电网频率大幅变化时往往会误动作。频率下降 0.3Hz，将造成各种精美印刷品的颜色深浅不均；频率下降 0.5Hz，计算机会出现误计算和误打印现象。电网频率变化还可能影响铁路交通的正常进行，如造成铁路信号的误指示。

（三）无功不平衡对电网的影响

系统无功功率不足时，系统或地区电压偏低。可能的后果是系统有功功率不能充分利用，影响电力客户用电，损害客户设备，使用户产品质量下降，严重时可能导致电网电压崩溃和大面积停电事故。

系统无功功率过剩时，会引起系统电压过高，影响电力系统和电力用户设备的安全运行，同时增加电网电能损耗。

三、电力负荷调整

由于各类电力用户的用电性质不同，用户最大负荷出现的时间不同，当用电负荷发生变化时，电力系统的出力也应随之变化，否则电网的电力电量平衡将被破坏，电力用户的供电电能质量将难以保证。调整负荷，就是根据电力系统的生产特点和各类用户的不同用电规律，有计划地合理安排各类用户的用电负荷及用电时间，达到发、供和用电的平衡。

（一）负荷调整的意义

1. 负荷调整的社会意义

（1）通过负荷调整，可以降低社会用电对电网最大负荷的需求，从而有效减少国家对电力建设的投资，提高能源利用率；同时有利于环境保护。

（2）在电力供应出现缺口时，负荷调整有利于缓解社会用电紧缺矛盾，从而形成有序的用电秩序，使有限的电力资源最大限度地满足社会的需要。

（3）通过调整用电负荷，使工矿企业之间错开生产时间，从而缓解城市交通、自来水、煤气等市政供应压力。

2. 负荷调整对电力企业的意义

（1）负荷调整有利于电网的安全、稳定、经济运行。

（2）负荷调整有利于提高发电企业及电网设备的利用率，降低生产成本。

（3）负荷调整有利于充分利用水利资源，减少弃水电量损失。

（4）负荷调整有利于电力设备的检修安排。

3. 负荷调整对电力用户的意义

（1）负荷调整有利于电力用户充分、合理地使用其电气设备，减少设备投资和电费支出，从而降低生产成本，提高效益。

（2）负荷调整有利于电力系统向用户的持续可靠供电，有利于提高供电质量，减少或避免拉闸限电，从而减少或避免因电能质量不足及拉闸限电影响用电企业正常生产运营。

（二）负荷调整的内容

负荷调整包含发电厂调峰和用电负荷调整两方面内容。

（1）发电厂调峰。调整各发电厂在不同时间的发电出力，以适应电力用户在不同时间的用电需求。

（2）用电负荷调整。调整电力用户的用电功率和用电时间，使电力系统在不司时间的用电需求能与发电功率相适应，利用限制负荷或调整部分负荷用电时间的方法控制高峰负荷，减小用电峰谷差，以平滑负荷曲线。重点是在保证各工矿企业生产的条件下，对地区及工矿企业内部的用电负荷进行调整，提高用电负荷率。

（三）负荷调整原则

负荷调整关系到电网的安全、稳定、经济运行和连续可靠供电，对社会生产、生活都有直接影响，是一项政策性极强、非常细致、复杂的工作。负荷调整应遵循以下原则：

（1）统筹兼顾，确保电网安全。把确保电网安全稳定运行，为社会经济发展和人民群众生活提供连续、可靠的电力保障放在电力负荷调整工作的首位。同时根据电力供应的实际能力，结合每个电力用户的特点，合理调度，综合考虑各种因素，照顾到各方面利益，既要服从电网需要，又要考虑用户的条件，不搞平均主义。

（2）有保有压，确保重点。在电力供应不足、供需平衡困难时，要坚持有保有压的原则，尽可能做到限电不拉路。确保居民生活用电，确保农业生产用电，确保医院、学校、金融机构、交通枢纽、重点工程、生产企业等重要用户的用电需求。

（3）个性化方案，做到“快下快上”。根据不同的电力系统、不同电源结构，制定不同的负荷调整方案，采取不同的负荷调整方法；限制工业用户的非生产性用电，满足企业基本生产需求，确保负荷“限得下，用得上”。

（4）适当照顾生活习惯。在每日晚高峰负荷时段，尽力保证照明用电；尽力安排设在居民区、用电量较小、人均配备动力少且有噪声的工矿企业上正常班，减少对居民的影响。

（四）负荷调整措施

常用的调整电力负荷的方法主要是根据用电负荷特性，采用降低最大用电负荷、移峰填谷，均衡负荷率，从而有效降低社会用电对电网最大负荷的需求。负荷调整的主要措施如下：

1. 管理措施

通过政府的法律、标准、政策等，规范电力消费和电力市场，推动错峰削峰调整负荷工作。

（1）年负荷调整。根据年负荷曲线的特点，在用电缓和季节多开放用电。例如，对一些季节性用电的负荷，将其用电安排在电网年负荷曲线的低谷时段，错开冬夏两季的用电高峰时间；在每年的用电负荷高峰期间组织已完成生产计划的工厂进行大修；由此减小电网的最大负荷，从而提高电网负荷率。

（2）月负荷的调整。合理安排一个月生产计划，使生产用电负荷均匀。

（3）周负荷调整。在一个供电区域或一个城市内，将工业用电负荷分成基本均等的 7 份，让工厂轮流休息，使一周内每天的用电负荷基本均衡。

（4）日负荷的调整。将一班制生产企业后半夜低谷时段生产，两班制生产企业错开早晚高峰生产，三班制连续生产企业中非连续性设备放在后半夜低谷时段用电，推广使用蓄热蓄冷空调等。

2. 经济措施

利用价格、税收、补贴等经济机制，激励用户主动参与负荷管理，引导和激励用户自行调整用电方式，错峰削峰，移峰填谷，改善用电负荷特性。

（1）峰谷分时电价。是为反映峰、平、谷时段的不同供电成本而制定的电价制度。以经济手段激励用户少用高价的高峰电，多用便宜的低谷电，达到移峰填谷提高负荷率的目的。

（2）避峰电价（或可中断电价）。指电力公司对某些可实施避峰用电的用户实行的优惠电价。电力系统处在用电负荷高峰时，若出现电力供应不足，电力公司可按照预先签订的避峰合同，暂时中断部分负荷，从而减少高峰时段电力需求。

（3）季节性电价。指反映不同季节供电成本的一种电价制度，主要目的在于抑制夏、冬两季用电高峰负荷的过快增长，以减缓电力设备投资，降低供电成本。

3. 技术措施

改进生产工艺、材料、设备及其技术，用这些技术措施实现错峰削峰调整负荷，达到控制高峰电力需求的目的。例如，应用电力负荷管理系统，监测、控制、管理本地区用户用电，实现用电负荷监控到户，做到限电不拉路，是电网错峰削峰的重要技术手段。

【思考与练习】

1. 衡量电能质量的主要指标是什么？
2. 我国《供电营业规则》对电能质量的主要指标分别有哪些规定？
3. 简述频率大幅度变化对电力用户的影响。
4. 简述频率大幅度变化对电网和电力设备的影响。
5. 负荷调整的目的是什么？
6. 简述负荷调整的原则。

模块3　负荷特性（ZY2000301003）

【模块描述】本模块介绍电力负荷及其分类、用电负荷分类、表征和特性等知识。通过概念介绍、要点讲解和图表分析，熟悉电力负荷的概念及其分类、用电负荷的不同分类方式、用电负荷曲线和负荷率，掌握工业、农业和城乡居民用电负荷特性。

【正文】

一、电力负荷及其分类

（一）电力负荷的概念

电力负荷，是指发电厂或电力系统中，在某一时刻所承担的各类用电设备所消耗电功率的总和，包括有功功率（kW）和无功功率（kvar）。

（二）电力负荷的分类

从电力系统发、供、用各电力传输环节的角度，分为5大类：发电负荷、厂用电负荷、供电负荷、网损负荷、用电负荷。

二、用电负荷分类

根据不同产业类别、不同用户对供电可靠性的不同要求，以及国民经济不同时期的政策及季节性要求，用电负荷有以下分类方法：

（一）根据产业分类

根据产业的不同，用电负荷可分为：

（1）农、林、牧、渔、水利业用电负荷。

（2）工业用电负荷。

（3）地质普查和勘探业用电负荷。

（4）建筑业用电负荷。

（5）交通运输、邮电通信业用电负荷。

（6）商业、公共饮食业、物资供应和仓储业用电负荷。

（7）其他事业单位用电负荷。

（8）居民生活用电负荷。

（二）根据对供电可靠性的不同要求分类

《国家电网公司业扩供电方案编制导则（试行）》（国家电网营销［2007］655号）规定，根据对供电可靠性要求的不同，用电负荷可分为一级负荷、二级负荷、三级负荷共三大类，见表ZY2000301003-1。

表 ZY2000301003-1　　根据对供电可靠性的不同要求对用电负荷进行分类

分类	中断供电将产生的后果	供电要求	典型用户举例
一级负荷	1. 引发人身伤亡的。 2. 造成环境严重污染的。 3. 发生中毒、爆炸或火灾的。 4. 造成重大政治影响或经济损失的。 5. 造成社会秩序严重混乱的	保证不间断供电。一般要求由两个或两个以上的独立电源供电，电源间应能自动切换	国家军事指挥中心、军事基地，国家重要广播电台、电视台，大型钢厂，轨道交通枢纽，铁路枢纽站，重要水利枢纽大坝等
二级负荷	1. 造成较大政治影响、经济损失的。 2. 造成社会秩序混乱的	在可能的情况下要保证不间断供电。需要双回线路供电，但当双回线路供电有困难时，允许由一回专用线路供电	重要军事及公安、消防、交通指挥中心；县级及以上医院、电铁牵引站；大型煤矿、化工及危险化学品生产企业等
三级负荷	短时停电造成的损失不大	可以短时停电。对供电无特殊要求，允许较长时间停电，可用单回线路供电，但也不允许随意停电	城镇、农村居民用电等

（三）按电力系统中负荷发生的时间分类

按电力系统中负荷发生的时间可划分为高峰负荷、低谷负荷、平均负荷。

（四）按电力营销费率时段分类

按照费率时段可划分为峰段负荷（含尖峰负荷）、谷段负荷、平段负荷。

三、用电负荷的表征

用电负荷通常用负荷曲线和负荷率来表征。

（一）用电负荷曲线

电力系统中，常常用曲线来反映负荷随时间而变化的规律，这种曲线称为负荷曲线。负荷曲线分为以下几类：

1. 日负荷曲线

描述 1 天 24h 内负荷变化情况的曲线，称为日负荷曲线，如图 ZY2000301003-1。

曲线中的负荷最大值 P_{max} 为日最大负荷，又称高峰负荷；曲线中的负荷最小值 P_{min} 为日最小负荷，又称低谷负荷；二者之差（$P_{max}-P_{min}$）称为峰谷差。

由日有功负荷曲线也可以计算出用户消耗电能的多少，即由日负荷曲线 P 对时间的积分可得到日用电量

$$W_d=\int_0^{24}P(t)\mathrm{d}t \qquad \text{(ZY2000301003-1)}$$

2. 平均负荷曲线

以天数为横坐标，以每天的平均负荷为纵坐标而绘制的负荷曲线称为平均负荷曲线，可以有 1 周、1 个月、1 个季度、1 年的日平均负荷曲线。周平均负荷曲线如图 ZY2000301003-2 所示。

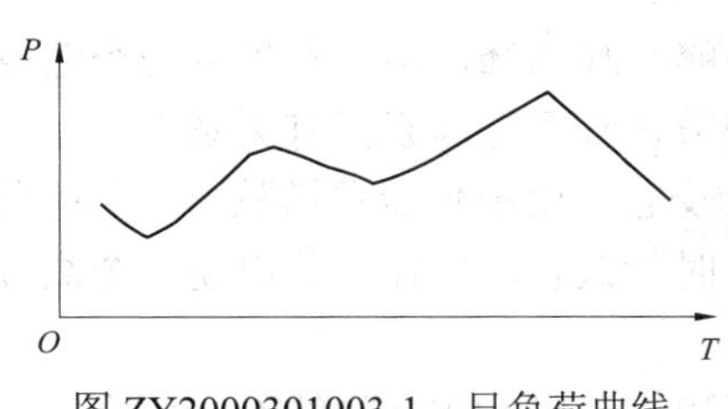

图 ZY2000301003-1　日负荷曲线

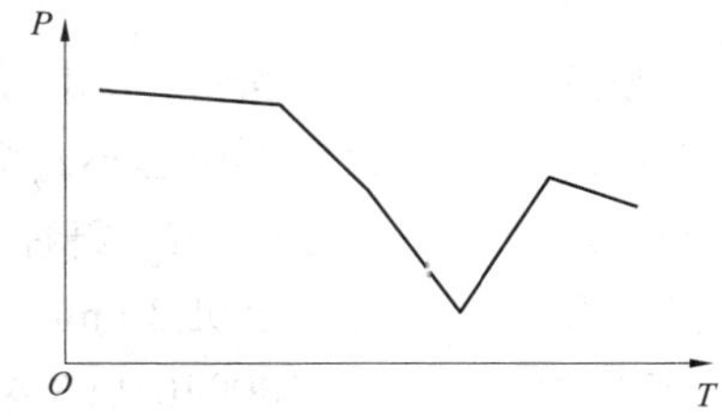

图 ZY2000301003-2　周平均负荷曲线

3. 负荷持续曲线

按某一段时间内负荷数值的大小及其持续小时数，按负荷的大小顺序排列而绘制的曲线。分为日、月、年三类负荷持续曲线。年负荷持续曲线如图 ZY2000301003-3 所示。

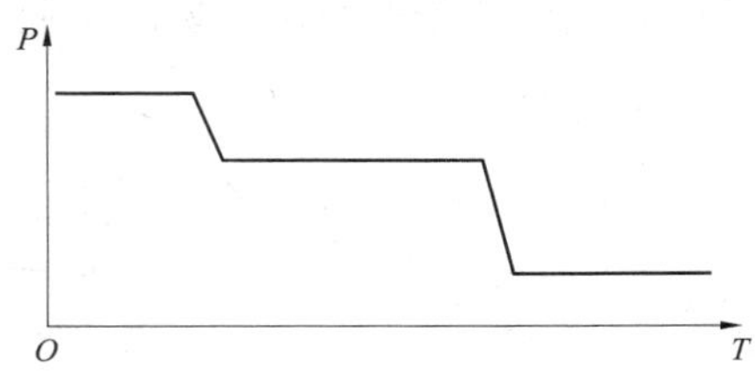

图 ZY2000301003-3　年负荷持续曲线

4. 最大负荷曲线

最大负荷曲线用于表示规定时间内，逐日（旬、月）的电力

系统最大负荷的变化情况。

（二）用电负荷率

负荷率通常用来衡量在规定时间内电器设备利用的程度，其定义是：规定时间段（年、月、日）内的平均负荷与该段时间内的最大负荷之比的百分数。

负荷率计算公式如下

$$k_i = \frac{P_{av.i}}{P_{max.i}} \times 100\% \qquad (ZY2000301003\text{-}2)$$

式中　k——负荷率；

P_{av}——平均负荷；

P_{max}——最大负荷；

i——日、月、年。

企业日负荷率最低指标值见表 ZY2000301003-2。

表 ZY2000301003-2　企业日负荷率最低指标值

企业类型	连续生产企业	三班制生产企业	二班制生产企业	一班制生产企业
日负荷率最低指标（%）	95	85	60	30

四、用电负荷特性分析

（一）工业用电负荷特性

工业用电负荷在不同行业之间，由于工作方式的不同，其变化差异很大，主要有以下特征：

1. 年负荷变化

工业用户在一年内负荷通常是比较稳定的。但在不同地区、不同行业也有显著差别：北方由于冬季采暖负荷增加、照明时间延长，年负荷曲线略呈两头高中间低的马鞍形；南方受通风降温负荷的影响，夏季负荷明显高于冬季负荷；连续生产的化工行业因夏季单位产品耗电量较多，冶金行业因夏季劳动条件较差，常常安排在夏季停产或减产检修，使局部地区夏季工业用电负荷反而较低；此外，部分企业年末为完成全年生产任务造成用电负荷短时间内持续上升。

2. 季负荷变化

受生产计划完成进度的影响，工业企业用电负荷通常季度初期较低，季度末期较高。

3. 旬负荷变化

通常是上旬较低，中旬较高。在生产任务饱满的工矿企业，一般是下旬负荷高于中旬；而生产任务不足的企业，可能中旬用电较多，月底下降。

4. 日负荷变化

日负荷变化起伏最大。通常一天内会出现早高峰、午高峰、晚高峰，中午和午夜两个低谷。日负荷变化与企业的工作班制、工作日小时数、下班时间以及季节、气候等因素都有关系。

一班制生产企业每天工作 8h，随着上班、休息和下班的交替，用电负荷骤增骤降，负荷曲线明显地显示出高峰和低谷。通常上班 30min 后出现早高峰，午休时为低谷，午休后又出现一个高峰。一班制企业日负荷曲线如图 ZY2000301003-4 所示。

二班制生产企业每天工作 16h，高峰和低谷出现的时间随作业班安排时间的不同而不同，峰谷差比一班制生产企业小。二班制企业日负荷曲线如图 ZY2000301003-5 所示。

图 ZY2000301003-4　一班制企业日负荷曲线

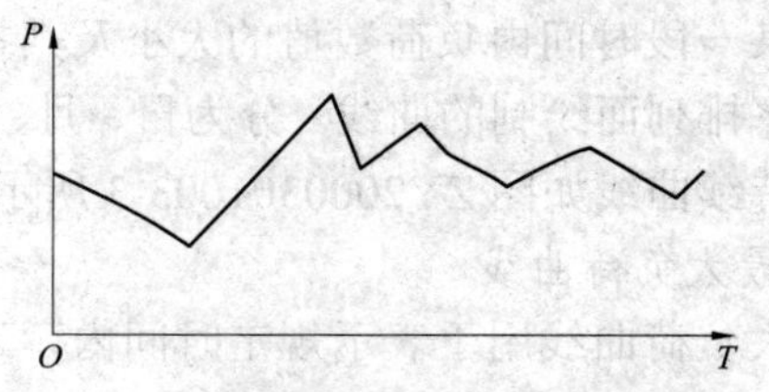

图 ZY2000301003-5　二班制企业日负荷曲线

三班制生产企业因其不间断生产的特点，负荷曲线变化幅度比较小。三班制企业日负荷曲线如图 ZY2000301003-6 所示。

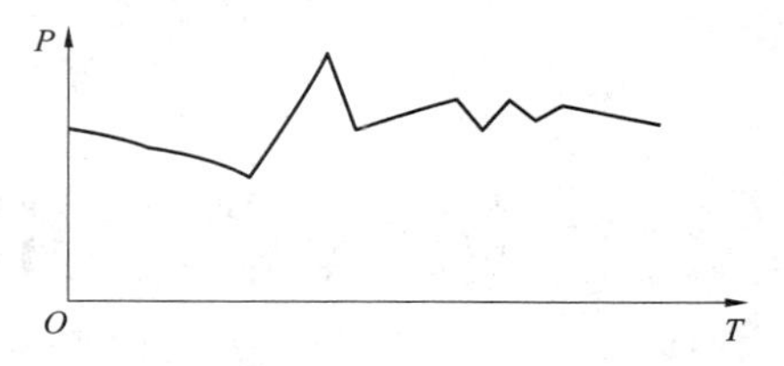

图 ZY2000301003-6　三班制企业日负荷曲线

（二）农业用电负荷特性

农业用电是综合性用电，包括农、林、牧、渔、水利业用电，其构成为：电力排灌用电、农业生产用电、农副产品加工用电、乡镇企业用电、农村居民生活用电、县办工业用电、县城居民生活用电和其他用电。农业用电负荷特性如下：

1. 负荷不稳定，受季节、气候影响较大

春、夏两季，排灌用电和水利业用电较多；秋季上述两种用电将有所减少，但农业用电（场上作业等）和农副业用电大增；冬季用电负荷最低。

2. 负荷密度小、分布不均、设备利用率低

农业用电设备的利用率一般较低，最大负荷利用小时一般不超过 2000h，不到工业用电设备最大负荷利用小时的 50%。

3. 功率因数低

农业用电主要用电设备是异步电动机，且无功补偿装置不足，因此农业用电负荷功率因数通常为 0.6～0.7，个别地区仅达到 0.4～0.5，造成农村电网网损相对较大。

4. 地域差别巨大

受地理位置、自然条件、周边经济环境、交通状况等因素的影响，农业用电负荷在构成和负荷量等方面区别显著。

（三）城乡居民用电负荷特性

城乡居民生活用电主要是照明和家用电器两大类，其用电水平的高低，直接反映该地区电气化、现代化水平和科技发达程度，是人民生活水平高低的标志之一。随着近年来生活水平的不断提高，城乡居民生活用电负荷增长迅猛，尤其是在晚高峰期间照明和家用电器的集中使用，对日负荷曲线影响极大。

1. 一日内变化明显

居民生活用电在一昼夜内极不均衡，通常白天和深夜用电负荷很小，在 18～23 时达到高峰。家用电器的大量使用，尤其是在城市居民中的普及应用，使得居民用电负荷快速增长。统计数据表明，家用电器中年耗电量最大的是空调，其次是冰箱、电饭锅、彩电等。一日照明负荷曲线如图 ZY2000301003-7。

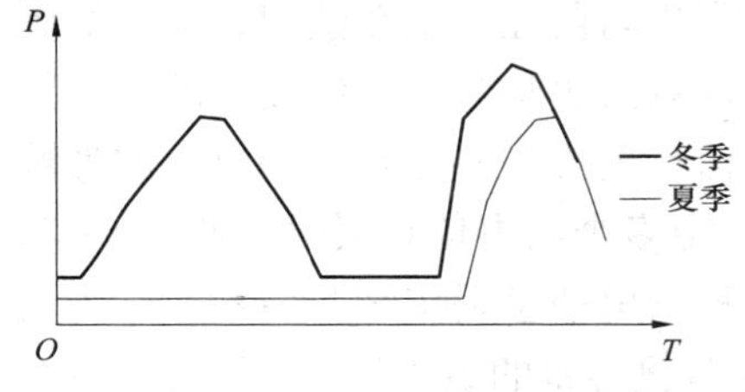

图 ZY2000301003-7　一日照明负荷曲线

2. 季节、天气影响较大

南方地区酷暑季节通风降温用电大幅增加；北方地区冬季采暖负荷大幅增加。此外，居民照明用电负荷在冬夏两季区别显著，冬季照明负荷一般有早、晚两个高峰，而夏季照明负荷通常只有一个晚高峰，且比冬季的晚高峰低很多，出现的时间也会推后。

【思考与练习】

1. 电力负荷、用电负荷各分为哪几类？
2. 什么是用电负荷率？
3. 简述工业用电负荷特性。

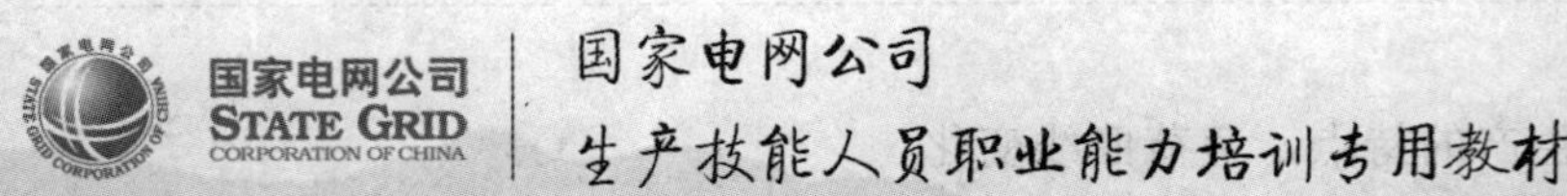

第六章　用电信息采集与监控系统

模块1　用电信息采集与监控系统概述（ZY2000302001）

【模块描述】本模块包含用电信息采集与监控系统的概念。通过对国内、国外用电信息采集与监控系统发展过程的讲解，对我国用电信息采集与监控系统发展方向进行分析，了解用电信息采集与监控系统的作用、发展过程及方向。

【正文】

一、用电信息采集与监控系统的概念

用电信息采集与监控系统是采集客户端实时用电信息的平台，是运用通信技术、计算机技术和自动控制技术对电力负荷进行监控、管理的综合系统，其功能包括负荷控制、远方自动抄表、预购电、防窃电、低压集抄等。

用电信息采集与监控系统是电力企业用电管理的重要自动化手段，是联系用户和电力企业的桥梁。它一方面涵盖了变电站、公用变压器、居民集抄、专用变压器用户等管理对象，系统核心是负荷与电量管理，较为符合电力企业市场发展及经营管理的需要；另一方面采用先进的用电信息采集与监控装置实时控制用户用电负荷，宏观调控负荷曲线，引导用户合理用电。

二、用电信息采集与监控系统的发展历程

1. 国外用电信息采集与监控技术的发展历程

（1）对用电负荷进行控制的想法，是伴随着电力工业的产生和发展而出现的。1897年，约瑟夫·若丁取得了一项英国专利，用不同电价鼓励用户均衡用电。1913年，都德尔等三人提出了把200Hz/10V的电压叠加在供电网络上去控制路灯和热水器的方案，这是最早的音频控制方法。1931年，韦伯提出了用单一频率编码的专利，这是现在广泛采用的脉冲时间间隔码的先导。

（2）用电信息采集与监控技术的提出源于20世纪的欧洲。英国20世纪30年代就开始对音频用电信息采集与监控技术的研究。第二次世界大战后，音频用电信息采集与监控技术在法国、瑞士等国家得到大量的使用。在20世纪70年代中期，美国不仅引进了用电信息采集与监控系统设备的制造技术，而且着手研究和发展无线用电信息采集与监控、配电载波用电信息采集与监控和工频电压波形畸变控制等多种用电信息采集与监控技术，到1980年美国已经装备了170多个用电信息采集与监控系统。

（3）到20世纪90年代初期，世界上已有几十个国家使用了各种用电信息采集与监控系统，先后安装的各类终端设备已达几千万台，可控负荷覆盖面占全世界发电总装机容量的10%以上，已有数百万台无线电遥控开关投入运行。许多发达国家在电力充足的情况下仍然控制蓄能型和可间断性负荷，如热水器、空调器、水泵等，以充分利用现有发电机的能力，提高其经济性，并适当延缓新建机组的投建。

2. 我国用电信息采集与监控技术的发展历程

我国从1977年底开始进行用电信息采集与监控技术的研究，到现在已有30多年的历史。这30多年大致可以分为探索、试点、推广应用、转型发展4个阶段。

（1）1977～1986年为探索阶段。在此期间专家们研究了国外用电信息采集与监控技术所采用的各种方法，并自行研制了包括音频、工频波形畸变、电力线载波和无线电控制等多种装置。同时由国外引进一批音频控制设备，安装在北京、上海、沈阳等地。

（2）1987～1989年是有组织的试点阶段。主要是试点开发国产的用电信息采集与监控系统和音频控制系统，分别在济南、石家庄、南通和郑州安装使用，都获得了成功。

（3）1990～1997年是全面推广应用的阶段。经过7年多的努力，全国已有约200个地（市）级城

市建设了供电系统规模不等的用电信息采集与监控系统。这些系统普遍采用了230MHz无线电作为组网信道，有些系统部分采用了音频或电力线载波，也有采用分散型装置来补充无线电信道达不到的用户的控制。用电信息采集与监控设备的投入运行，使各地区的负荷曲线有了很好的改善。

（4）1997年以后是用电信息采集与监控系统从单一控制转向管理应用的发展阶段。自20世纪90年代中国开始引入电力需求侧管理以来，用电信息采集与监控作为需求侧管理的一个重要组成部分也得到了大力发展，从最初的单向用户控制到双向采集数据和用户控制，从单纯的遥控功能发展到集遥控、遥信、遥测等多项功能于一体的较为完善的用户侧网络，它为推动电力需求侧管理迈向现代化提供了强大的技术支持。无论对电力企业本身，还是对整个社会而言，用电信息采集与监控系统都具有显著的经济效益和社会效益。

1998年全国电网安全工作会议上提出了用电信息采集与监控系统应由“控”转“管”，具备应用国家政策、技术政策引导用户用电、实时抄表计费、事故情况局部限电三大功能的发展方向。从系统功能上弱化“控制”，增强“管理”，逐步适应电力企业商业化营运的要求和不断改进企业管理增强企业效益的要求。

2004年，国家电网公司重新组织编写并印发了《电力负荷管理系统功能规范》和《电力负荷管理系统建设与运行管理办法》，明确了用电信息采集与监控系统是电力营销、用户服务、电力需求侧管理的必要支持手段，是电力营销技术支持系统的重要组成部分。

2005年6月，国家电网公司印发了《关于加快电力营销现代化建设指导意见》（简称《指导意见》），提出了推进电力营销现代化建设，重点任务是建设和完善电力营销技术支持系统八大模块（包括用电信息采集与监控模块）的指导意见。其中，终端侧用电信息采集与监控系统及集中抄表系统的建设和完善将共同架构实现“用电信息采集与监控模块”中销售侧电能信息实时采集与监控功能。国家电网公司的《指导意见》进一步明确了用电信息采集与监控系统的定位问题，为用电信息采集与监控系统的建设发展奠定了坚实的理论基础。

2007年国家电网公司部门文件《关于加快营销信息化建设有关问题的通知》中提出“全面推进并实现SG186”工程，将用电信息采集与监控系统归入电能信息实时采集与监控应用功能。用电信息采集系统的建设能实现计量装置在线监测和用户负荷、电量、电压等重要信息的实时采集，及时、完整、准确地为“SG186工程”营销业务应用提供电力用户实时用电信息数据。

2008年12月国家电网公司公布的Q/GDW 247.1～247.7—2008《供电企业劳动定员标准》中明确规定将用电信息采集与监控工种归入电能计量部门。

2009年《电力用户用电信息采集系统建设技术报告》中提出了用电信息采集与监控系统的建设目标：全面覆盖电力用户、全面采集用电信息、全面预付费管理。并对本地通信网络方案提出了建设性的意见，包括窄带电力线载波、宽带电力线载波、微功率无线通信、RS485通信技术、对低压集中抄表提出了典型建设方案。

三、我国用电信息采集与监控技术的发展方向

随着科学技术的不断发展、国家电网公司的改革与职能分配的变化，以下这些方面是用电信息采集与监控系统的发展方向。

用电信息采集与监控系统的建设已经从专用变压器用户、公用配电变压器、低压用户的单一采集，转而向实现购电侧、供电侧、售电侧综合统一的数据采集发展（平台）；每台终端都有热备份的两套信道，一套是无线或光缆的专用信道，另一套是GPRS或载波的公用信道；用电信息采集与监控终端通过连接远程网络、自诊断软件以及可擦除内存的应用，可实现故障自诊断并通过远方下载实现维护自动化；通过用电信息采集与监控终端对用户进行多方位服务，可实现对用户的各项人性化服务，为用户节约成本、创造效益；通过用电信息采集与监控终端将用户之间、用户和供电公司之间形成网络互动和即时连接，实现电力数据读取的实时性、高速性、双向性的总体效果。实现电网可靠、安全、经济、高效、环境友好运行的目标，使电网具备自愈、抵御攻击的能力。利用软硬件技术的快速发展，将负荷预测、线损分析、谐波检测、营业运作、多媒体信息查询等功能不断完善；开发多种用电信息采集与监控终端，也许将来每个家庭用户的家里都有一台人性化的微型服务终端；将低压居民客户的

实时用电信息自动采集到电能信息中心并进行相应的分析和处理，为电力系统规范变压器台区管理、降低变压器损耗和线路损耗提供强大的技术支持。

【思考与练习】

1. 简述用电信息采集与监控系统的发展方向。
2. 简述用电信息采集与监控系统的概念。

模块 2 用电信息采集与监控系统组成（ZY2000302002）

【模块描述】本模块介绍用电信息采集与监控系统的主要组成设备、部件及其系统的模式。通过概念解释、图文介绍和要点讲解，熟悉系统主站、终端、通信信道及客户侧的电能表、配电开关等配套设施的组成和各自能实现的功能，熟悉运行管理模式和系统组成的类型及特点。

【正文】

一、用电信息采集与监控系统的组成

用电信息采集与监控系统由系统主站、用电信息采集与监控终端（简称终端）、主站与终端间的通信信道及客户侧的电能表、配电开关等配套设施组成。其系统组成如图 ZY2000302002-1 所示。

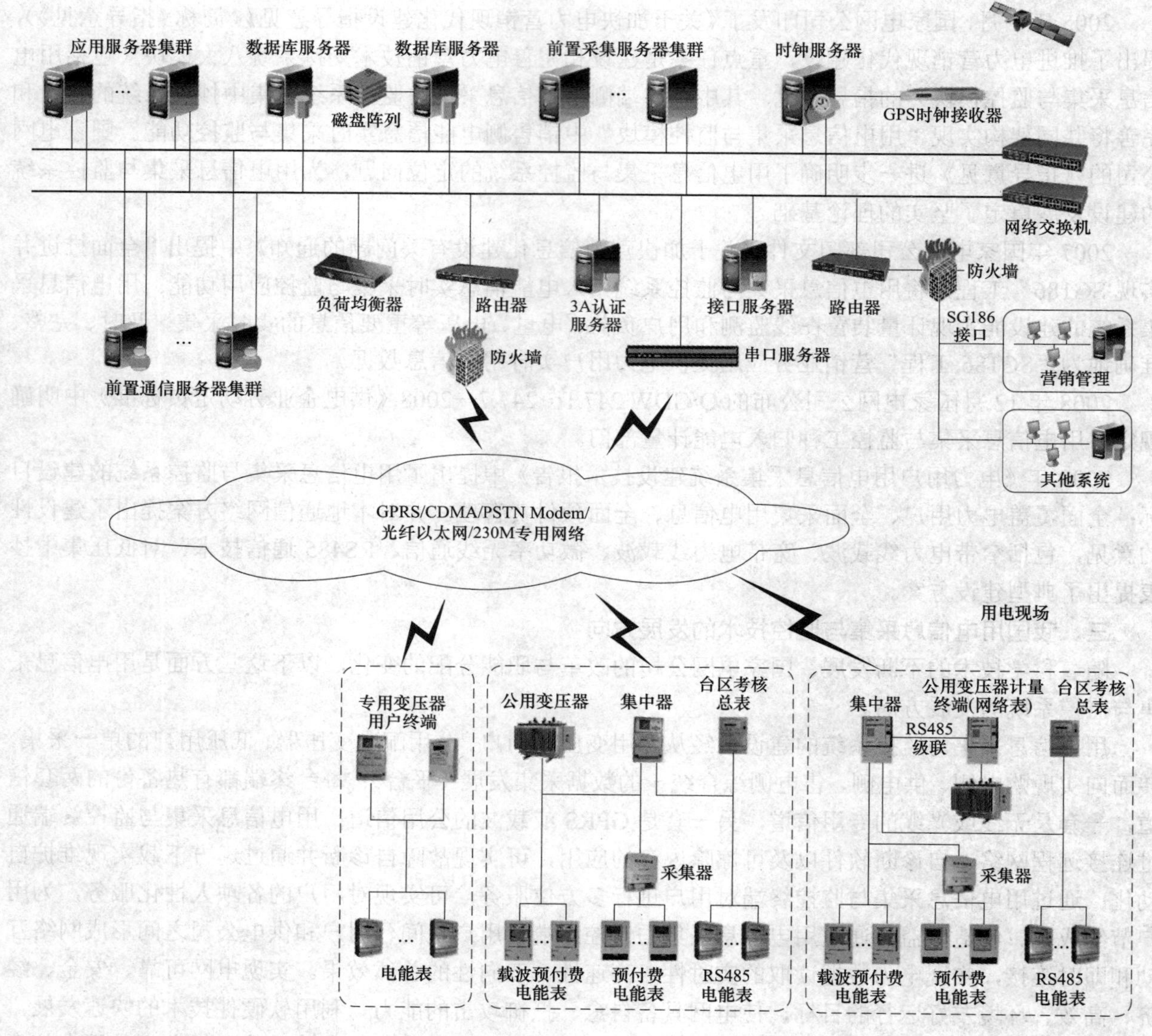

图 ZY2000302002-1 用电信息采集与监控系统的组成

（1）主站系统。或称主站、中心站、管理中心，是用电信息采集与监控系统的核心，是由计算机、网络、软件、通信等软硬件构成的信息平台。在对终端实现数据收集和负荷控制的基础上，实现数据的分析、处理与共享，为需求侧管理的实施提供技术手段，为电力营销管理业务提供服务和技术支持。

（2）中继站。在管理范围过大或受地形条件限制导致通信困难或故障时，实现通信接力的基站。

（3）信道。或称通道，是连接主站和终端之间的通信介质、传输、调制解调、规约等的总称。

（4）终端。是安装在客户侧用于实现用电信息采集与监控功能的智能装置。完成对客户端实时用电数据、计量工况和事件的采集及实现用户负荷控制，并及时向系统主站传送采集的数据和信息。

通信信道实现数据的传输。用电信息采集与监控系统使用的通信信道有230MHz无线信道、公网信道（包含GSM、GPRS和CDMA）、电力线载波、电话、光纤等，现在暂时以230MHz无线信道和GPRS公网信道为主。

1. 系统主站

主站设备包括前置机、数据库服务器、工作站、防火墙等。前置机可以接入Internet；主站配置必须满足《电力负荷管理系统通用技术条件》的要求；系统能够不间断运行，具有实时性、可靠性、稳定性和安全性，同时具有较强的可维护性、可扩展性；数据库安全可靠，能为系统的正常运行提供数据；主站操作系统支持多线程、多进程，具有较高的并发事故处理功能，有着有效的安全保护机制；应用软件系统采用结构化设计和面向对象设计的方法，具有良好的稳定性、可修改性和可重用性，符合程序开发设计的主流；同时设计有故障恢复方案，在发生严重故障时，可以采用设计好的故障处理预案，快速恢复系统。

2. 通信信道

（1）230MHz无线专网信道。230MHz无线专网主站电台与终端电台使用一对频点，同一频点下的每个终端都可以接收到主站的无线信号，所以同一个频点下终端需要独立的身份编号，终端识别信号后作出响应，完成通信。230MHz无线专网在同一个频点下是点对点的通信系统。

230MHz无线专网信道通信频率专用并受到保护，采取一定的信道安全措施后可以保证通信安全；下发控制指令实时迅速；地形上在平原和小丘陵地区较为适用，今后发展不受制于人；采集对象上对于负荷集中的工、矿企业和大用电单位较为适用。

（2）无线公网信道。无线公网通信是指电力计量装置或终端通过无线通信模块接入到无线公网，再经由专用光纤网络接入到主站采集系统的应用，目前无线公网主要有GPRS、CDMA、3G三种。

1）GPRS是通用分组无线业务（General Packet Radio Service）的英文简称，是在现有GSM系统上发展出来的一种新的承载业务，目的是为GSM用户提供分组形式的数据业务。

2）CDMA是码分多址的英文缩写（Code Division Multiple Access），它是在数字技术上的分支——扩频通信技术上发展起来的一种新的无线通信技术。

3）3G（3rd Generation）指第三代移动通信技术，与前两代系统相比，第三代移动通信系统的主要特征是可提供丰富多彩的移动多媒体业务。

无线公网信道建设投资小，应用范围广，网络组建灵活、方便快捷。目前GSM网络基本覆盖了全国的各个有人居住的角落，绝大部分地方具备GPRS数据通信网络。利用GPRS通信网络已经可以采集到绝大部分地方，到用电信息采集与监控主站的专线网络也是免费敷设，终端通信模块的价格低廉，体积小巧可内置在终端内。这是一个不需要建设能立即使用的网络。

（3）光纤信道。到目前为止，光纤信道是通信容量最大、运行最安全、稳定的通信方式，远程数据传输安全性和可靠性高，完全能满足未来用户的用电信息采集与监控信息通道和业务需求。可通过无源光纤将网络延伸至配电侧及用户侧。数据采集频度高，可达到秒级；数据采集信息量大，包括电能数据、交流电气量、工况数据、电能质量、事件记录及其他数据；充分保证远程控制特别是负荷控制的安全可靠性。同时为增值服务和智能电网奠定网络基础。

（4）其他远程通信方式。ADSL/PSTN有线数据传输网、有线电视网络等远程通信方式，都是综合利用社会通信资源，作为光纤专网、无线公网和230M等主要远程通信方式的补充来应用。

3. 用电信息采集与监控终端

终端是用电信息采集与监控系统的执行端，完成对客户端实时用电数据、计量工况、事件的采集和用户负荷的控制，并及时向系统主站传送采集的数据和信息。

根据通信传输媒质的区别可分为有线终端和无线终端。有线终端的通信方式有电话线、光纤、电力线载波等，无线终端的通信方式有230MHz无线、GPRS等，目前大量采用的是无线终端。

4. 外部相关设备

（1）用户侧电能表。电能表是电能计量装置的核心设备。按结构原理分为感应式电能表和电子式电能表。实施远方自动抄表时电能表应选用RS485通信接口的电子表。电子表的通信协议应与主站系统兼容，也可要求电子表制造厂商按照主站系统协议改造或者增加主站通信协议类型。对于低压电力客户实施远程自动抄表时，必须满足《低压电力用户集中抄表系统技术条件》。用电信息采集与监控终端通过RS485通信接口抄录电能表数据。

（2）配电开关设备。配电开关设备主要有断路器、隔离开关、负荷开关及熔断器等。配电开关设备大致可分为两个方面：一是户内用开关设备，这种设备需求量大、运行情况好、技术较为成熟，已作为常规的设计，其结构与方案已经或接近系统化和标准化；二是户外变电站及线路用开关设备，这种设备技术要求高，运行环境比较严酷，要求运行可靠。用电信息采集与监控终端通过配电开关设备实现对用户的遥控。

二、用电信息采集与监控系统的模式

1. 根据运行管理模式分类

用电信息采集与监控系统的应用部署和各个网省公司的管理模式密切相关，能够适合各网省公司以及直辖市的采集系统应用部署模式有集中和分布两种形式。

（1）集中式部署。集中式部署是全省（直辖市）仅部署一套主站系统，一个统一的通信接入平台，直接采集全省范围内的所有现场终端和表计，集中处理信息采集、数据存储和业务应用。下属的各地市公司不设立单独的主站，用户统一登录到省公司主站，根据各自权限访问数据和执行本地区范围内的运行管理职能。集中部署主要适用于用户数量相对较少，地域面积不是特别大，企业内部信息网络非常坚强的各个网省公司以及直辖市公司。简称为集中采集，分布应用。

系统在逻辑方面分为采集层、通信层以及主站层三个层次。其中主站层又分为前置采集、集中式用电信息采集系统数据平台、省（直辖市）系统应用以及地市（供电局）系统应用几大部分。系统统一实现购电侧、供电侧、售电侧三个环节电能信息数据的采集与处理。系统统一接入系统主站与现场终端的所有通信信道（对于230MHz等专网信道还需进行组网设计和建设），并集中管理系统所有终端。

集中式用电信息采集与监控系统物理结构由采集对象、通信信道、系统主站三部分组成，其中系统主站与营销外部系统以及公网信道采用防火墙进行安全隔离。系统在省（直辖市）公司侧建设一套主站，各地市公司（供电局）不单独建设主站，各地市公司（供电局）工作站通过电力公司内部专用的远程通信网络接入省（直辖市）公司主站。

（2）分布式部署。分布式部署是在全省各地市公司分别部署一套主站系统，独立采集本地区范围内的现场终端和表计，实现本地区信息采集、数据存储和业务应用。省公司从各地市抽取相关的数据，完成省公司的汇总统计和全省应用。分布部署主要适用于用户数量特别大，地域面积广阔，企业内部信息网络比较薄弱的网省公司。简称为分布采集，汇总应用。

由于和营销业务应用系统的一体化应用，这种部署方式下有两种形式：营销系统地市分布式部署，采集前置和营销系统一一对应部署；营销系统网省集中，采集前置系统在各地市分布式部署。

1）采集前置和营销系统一一对应的地市分布式部署。一级主站分为用电信息采集系统数据平台、省（直辖市）级系统应用两大部分，为省（直辖市）电力公司提供系统应用服务。利用内部信息网络从二级主站汇集所需要的电能信息数据或统计分析结果，构建完整的省（直辖市）级电能数据采集与管理数据平台。二级主站在逻辑方面分为采集层、通信层以及主站层三个层次，直接承担电能信息的采集任务，为地市供电公司提供系统应用服务。

2）采集前置地市分布式（营销系统网省集中）部署。一级主站分为用电信息采集系统数据平台、省（直辖市）级系统应用和地市级系统应用三大部分，为省（直辖市）电力公司和地市电力公司提供系统应用服务。一级主站利用内部信息网络从二级主站抽取所需要的电能信息数据采集结果，构建完整的省（直辖市）级电能数据采集与管理数据平台，提供省和地市两级采集业务应用。二级主站只承担电能信息的采集任务，不提供采集业务应用服务，地市级采集业务应用服务由一级主站提供。

二级系统利用公司内部信息网络，向一级系统发送所需要的电能信息数据，发送二级系统用电信息采集平台数据的采集情况和主站运行情况，或接收一级系统制定信息采集任务。

2. 根据用电信息采集与监控系统组成的特点分类

（1）基本系统。

1）无线专网。一个管理中心和若干个远方终端就可以组成一个基本的无线用电信息采集与监控系统，一般采用一组用电信息采集与监控专用双工频率，按国家无线电管理委员会规定，在管理中心选用的这组无线电频率是高段频率发送、低段频率接收。这种系统一般适用于平原地带、控制范围不太大、终端数量比较少的地方。当远方终端的数量很多，如果只用一组双工频率，则由于巡测时间长，将影响系统的实时性。为了减少巡测时间，应采用几组专用双工频率组成多频道系统。将终端较均匀的分散到各组频率下，这样每组双工频率所监控的远方终端减少。通过各组频率同时巡测，则系统的巡测时间可缩短，实时性增强。

2）无线公网。基于无线公网的数据采集是租用移动运营商提供的专用光纤网络来实现无线通信的。各供电企业主站数据采集系统所在的系统局域网通过无线通信专网接入到 GPRS/CDMA 无线数据网络，远程终端设备通过 GPRS/CDMA 通信模块以无线方式与主站采集系统连接。

（2）具有中继站或基站系统。在某些地区，由于管理范围较大，或受地形条件限制，需增设中继站，才能满足覆盖范围的要求。有些地区，仅依靠一级中继站还不能满足系统的要求，可以建立二级中继站以延伸控制范围。

有些区域只有某些少量的终端与主中心站直接通信有困难，建一个中继站来覆盖经济上不合算，则可采用终端转发技术，即利用它们附近的一个终端来兼具中继站功能，解决那些少量终端的覆盖问题。至于无线通信条件极差的个别终端则可采用有线通信的方式来解决。

【思考与练习】

1. 简述用电信息采集与监控系统的组成。
2. 简述用电信息采集与监控系统的运行管理模式。

模块3　用电信息采集与监控系统的主要功能（ZY2000302003）

【模块描述】本模块介绍用电信息采集与监控系统的“控”、“管”、“服务”等主要功能。通过典型案例讲解，功能应用介绍，掌握用电信息采集与监控系统的整体概念和各自能实现的功能。

【正文】

一、概述

用电信息采集与监控系统主要实现计量装置在线监测和用户负荷、电量、电压等重要信息的实时采集，对大用户的用电监测、计划考核、无功考核、系统负荷预测等电力市场考核提供准确的数据；及时、完整、准确地为 SG186 营销业务应用提供电力用户实时用电信息数据；为快速反应客户需求的营销机制提供数据支持；为“分时电价、阶梯电价、全面预付费”的营销业务策略的实施提供技术基础；同时该系统具有用户用电档案管理、系统管理、线损分析、报表与曲线输出、与其他系统接口等扩展功能。

国家电网公司重新组织编写的《用电信息采集与监控系统功能规范》中明确提出“用电信息采集与监控系统是电力营销、客户服务、电力需求侧管理的必要技术手段”，它有以下两层含义：

（1）用电信息采集与监控系统服务对象是电力营销、客户服务和电力需求侧管理工作。

（2）用电信息采集与监控系统是开展电力营销、客户服务和电力需求侧管理工作所必须具备的技术装备。

二、主要功能

用电信息采集与监控系统整合了专用变压器终端、公用变压器终端、低压集抄集中器的电能信息综合采集与监控，包括负荷数据、电量数据、抄表数据、工况数据、电能质量数据、异常告警信息和其他实时数据，并对这些原始数据进行统计和分析，实现了分变电站、分线路、分压、分台区的电能量管理及线损统计分析功能。

用电信息采集与监控系统的主要功能如图 ZY2000302003-1 所示。

以用电信息采集与监控系统的应用部署模式是营销系统地市分布式为例，用电信息采集与监控系统的功能分为省监管系统和地市局系统进行介绍。

1. 省监管系统主要功能

（1）应用分析功能。主要实现了可根据分析对象的不同需求，以地区、行业、用电性质、电压等级等常用数据为基础单元，重新筛选组合为新的数据分析对象，实现对其日、周、月、年负荷数据及电能量数据的统计及分析比对。

（2）主站运行情况监视功能。主要实现了主站设备及通信信道运行情况实时在线监视，以及省地两级数据同步情况的跟踪，为监测各地市局系统设备运行情况提供重要手段。

（3）终端运行情况分析功能。主要通过全省各地终端运行数据，多角度、多层次分析、评价用电信息采集与监控系统建设与运行管理水平，为考核指标的制定及评价提供依据。

1）终端安装情况统计。该功能实现了以天为最小颗粒度，从安装点性质、信道类型、生产厂家及设备型号等方面分析统计各个阶段、各个地市局终端设备安装情况，用于跟踪评价各地市局终端安装任务执行开展情况。

2）数据采集情况分析。该功能主要通过数据统计分析，直接监视各地历史日数据与月数据的采集情况、用电信息采集与监控远程自动抄表的数据采集情况，用于跟踪各地市局系统日数据采集工作正常与否。

3）通信成功率统计。该功能主要实现了通过不同成功率等级，分析各地市局系统数据采集通信水平，作为考核、评价各地市局系统运行水平的重要数据指标之一。

4）数据采集完整率统计。该功能主要通过交流采样、电能表 RS485 接口、脉冲三类数据的采集情况，分析终端安装是否完整及数据采集是否正常，作为考核、评价各地市局系统一运行水平的重要数据指标之一。

5）数据准确率分析统计功能。该功能主要通过将交流采样、电能表 RS485 接口、脉冲三类数据比较，分析数据采集准确情况，作为考核、评价各地市局系统运行水平的参考指标之一。

6）可监视负荷统计功能。该功能主要实现了理论与实际日、月及最大可监控的统计功能，用于对全省或某个地区的负荷监控效果的跟踪分析，为系统建设总体目标的制定及阶段性评估提供参考。

（4）用户监测功能。该功能模块主要可实现对用户基本档案、负荷数据、电能量数据、电能质量数据（如电压监测数据、功率因数数据）、工况异常数据的跟踪分析，并为高层次的应用分析，如负荷预测等提供数据基础。

同时该功能模块开发了省监管主站跨地区终端远程召测功能，实现了在省级管理单位下对各地区实时和当前数据的采集跟踪功能。

（5）其他功能。省公司监管主站实现全省终端资产全生命周期过程监视，终端设备运行指标分析评价，各地市局主站设备、通信信道运行情况在线监视，各地系统采集数据的汇总分析及高级应用，实时数据展现，代码维护及权限管理等功能。

2. 地市局系统基本功能

（1）数据采集。数据采集是用电信息采集与监控系统的基本功能之一，按数据形成的时间可分为实时数据、历史日数据、月数据，按数据的信息内容又可分为以下几种：

1）负荷数据。包括实时有功功率总加、实时无功功率总加、每日和当前有功及无功功率曲线、功率最大/最小值及出现时间、最大需量及出现时间等。

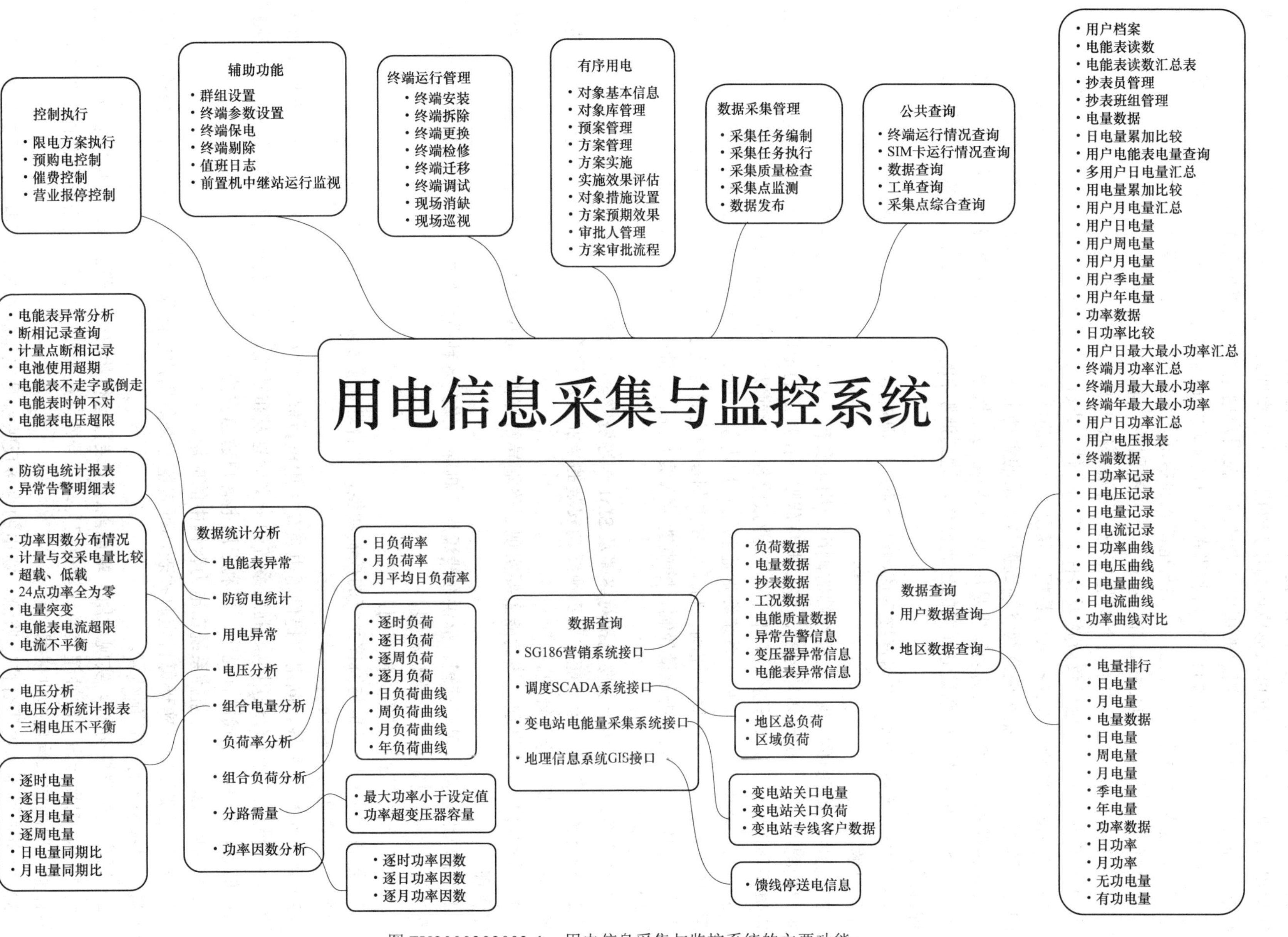

图 ZY2000302003-1 用电信息采集与监控系统的主要功能

2）负荷监控。系统可以一定间隔提供采集用户用电的实时信息，并以曲线或报表的形式显示或打印输出。同时，根据数据可以形成电力用户的三相平衡率曲线，统计分析负荷率、电压合格率、供电可靠性等数据。提供设定用户的用电计划曲线，在用户用电越限后及时报警功能。

3）电能量数据。包括每月、每日和当前有功及无功电能量累积值、分时有功电能量累积值、有功及无功电能量曲线等。同时包括终端与电能表直接通信读取的电能表计量数据。

4）电能质量数据。包括每日和当前电压、功率因数、谐波、停电时间及相关统计数据等。

5）工况类数据。包括电能计量装置工况、终端运行工况、开关状态等。

6）事件记录数据。包括负荷越限事件、控制事件、工况变化事件、运行异常事件、操作事件等。

7）用户侧其他相关设备提供的数据，例如远方自动抄表等。系统可定时自动或随机采集终端记录的各种数据，同时还能实现公网终端数据与记录的主动上报，对采集失败的数据可进行补采。

（2）负荷控制。负荷控制功能也是用电信息采集与监控系统的基本功能之一，终端在系统主站的集中管理下，通过对用户侧配电开关的控制操作，达到调整和限制负荷的目的。负荷控制主要有以下几种方式。

1）遥控。系统主站对终端直接下达控制命令，实现对用户端配电开关的远距离控制，达到调整负荷的目的。

2）功率定值闭环控制。系统终端监测用户用电负荷，以负荷定值自动判断越限用电，告警和控制用户侧配电开关，实现闭环控制，将用电负荷限制在规定的定值水平之下。根据控制方式不同，功率定值闭环控制可分为时段控、厂休控、营业报停控、当前功率下浮控制等控制类型。

3）电能量定值闭环控制。系统终端监测用户用电量，以电量定值自动判断越限用电，告警和控制用户侧配电开关，实现闭环控制，将用电量限制在规定的定值水平之下。根据控制方式不同，电能量定值闭环控制可分为月电能量控制、购电能量（费）控制、催费告警等控制类型。

（3）基础管理。

1）资产管理。该功能主要包括对终端及SIM卡等资产全生命周期的过程管理与结果控制。

2）业务流程管理。该功能主要实现终端安装的全业务流程管理，以及当用户用电变更时终端的更换、拆除、调试等业务管理。

3）终端故障流程管理。该功能主要实现了终端异常巡视、故障确认、故障处理、故障维修的流程化管理。

4）用户用电档案配置管理。提供在线添加、删除、修改各种电力对象功能。提供计量点的定义、管理功能，并能设定操作、维护权限。

（4）需求侧管理与服务支持应用。

1）通过用电信息采集与监控系统的控制功能，为合理调度负荷提供可靠数据。

2）负荷电量分析和预测。

3）用户个性化服务。向用户提供用电负荷等用电数据，发布用电信息，为用户提供个性化服务与管理，引导用户科学合理用电。利用系统的中文信息发布功能，可以发布电力系统检修、电力预测等供电信息，以中文方式进行显示，以利于用电客户适当安排生产。

（5）用电信息采集与监控系统在电力营销中的应用。

1）电量电费结算。实现每日定时抄表，可完整地采集用户电能量数据，把采集的数据传送到营销电量电费系统进行电费预结算。

2）用户用电异常分析。实现对用户端电能计量装置运行状况的在线监测，对电能表断相、欠电压、逆相序、编程计数、时钟超差及计量柜门异动等异常工况能及时记录，并发送异常情况报警，为电能计量装置的技术管理提供依据。

3）反窃电技术和电压合格率监测。窃电的直接反映就是电量的丢失。用电信息采集与监控系统能够监视用户用电特征，在用户用电异常时第一时间报警，并记录现场状态，基本上可以杜绝用户采用的各种各样的窃电行为。对于专线用户，还可以将变电站出口的电能表的信息与用户端用电信息进行比较，完全杜绝窃电行为。另外，远程自动抄表功能可以实时或定时将用户电能表读数抄回，这样供电企业就可以连续获取实时客户用电量情况。

4）实施催费限电、购电控制。利用系统的信息发布功能，向用户发送相应的催费信息；利用预购电、催费控等功能，实现催费限电。

5）线损分析。收集线路各计量点的负荷数据，为线损计算分析提供数据支持。

6）用户端电能质量在线监测，提供电压、功率因数、谐波等电能质量的统计分析数据。

7）配电变压器综合监测和集抄转发功能。公用配电变压器综合监测系统可以实现10kV线路上公用配电变压器的监测。对监控供区内的用户变压器，可以通过现有的用电信息采集与监控系统终端采集数据并用现有的无线通道传回主站进行统一分析、处理。而且配电变压器监测终端可直接作为附近区域集中抄表系统的集中转发器，节省大量的单建用户集抄系统所花费的重复投资。

8）为配网安全运行提供决策依据。负控管理中心能不断汇总各用户的现阶段用电水平和各条配电线路的负荷分布状况，为生产管理部门的决策适时提供分析依据，及时修正与调整负荷下达计划和配网改造计划；为逐步降低线损、合理进行电力网络的建设提供明确的技术数据。

9）为事故（障碍）处理提供数据支持。监控终端装置能够准确测量出用户进线侧电压、电流，并能及时发现高压熔丝的熔断，便于抢修人员快速地恢复供电，为电力企业不间断供电提供了有力的保证。

（6）系统管理。

1）权限管理。对系统用户进行分级管理，可对登录系统的所有操作员实现身份和权限认证，用户仅能根据授权权限使用规定的系统功能。

2）运行状况监测。对终端设备的数据采集情况、通信情况进行分析和统计；实时显示前置机、数据库、网络、服务器以及通信设备的运行状况；实时召测中继站的运行状态、工作环境参数。

3）操作记录管理。通过权限确认机制，确认操作人员情况、操作权限等内容。对重要操作，系统自动记录当前操作员、操作时间、操作内容、操作结果等信息，并生成操作日志。

（7）设备管理。对用电信息采集与监控终端、公用配电变压器终端、抄表终端、备品备件等设备的申购、验收、保管、安装、维护等的管理。

【思考与练习】

1. 地市局用电信息采集与监控系统的主要功能是什么？

2. 简述用电信息采集与监控系统在电力营销中的作用。

模块4　用电信息采集与监控系统主站的组成和环境要求（ZY2000302004）

【模块描述】本模块包含用电信息采集与监控系统主站的组成和环境要求。通过概念解释、要点讲解、功能介绍，掌握省公司监管系统和市、县公司主站（中心站）的组成框架，计算机及网络等软硬件设备选择配置，以及运行对机房及环境的要求。

【正文】

一、用电信息采集与监控系统主站的组成

主站是用电信息采集与监控系统的管理中心，管理全系统的数据传输、数据处理和数据应用以及系统的运行和安全，并管理与其他系统的数据交换。它是一个包括软件和硬件的计算机网络系统。

1. 主站的组成框架

用电信息采集与监控系统主站主要由数据服务器、磁盘阵列、应用服务器、前置服务器、备份服务器、省（直辖市）公司和地市电力公司工作站以及相关的网络设备组成。

服务器根据各地系统规模可采用小型机或者PC服务器，加存储磁盘阵列形成集群功能，承担系统数据存储、数据分析、业务逻辑处理和对外数据服务等。

前置服务器在系统中担负着系统相关模块与各种用电信息采集终端交互指令和数据的各项任务

的调度和管理。前置机负责系统信道驱动，提供通信信道设备的接入。前置机采用多线程技术实现多信道并发，支持多种通信规约。同时前置机上运行单机数据库实时与数据库同步，在系统网络故障时，可以实现单机操作。

操作工作站主要进行数据处理，完成各项操作及各自承担的系统管理任务。如打印工作站负责数据处理及打印管理；系统维护工作站对系统的工作软件进行维护；数据分析工作站负责数据的统计分析工作等。

系统通过交换机、防火墙等网络设备连接外部网络，与其他系统网络互联实现数据共享。用电信息采集与监控系统与其他信息系统互联时，应采用安全隔离措施，以保证用电信息采集与监控系统的安全稳定运行。

主站可按功能分为三层：数据采集层、数据管理层和综合应用层。数据采集层以各种通信方式接入各种类型终端，按照规定的通信协议解析数据，并对数据进行初步处理。监视通信质量，管理通信资源。它主要由通信接入设备、前置服务器、支持软件、通信协议解析软件等构成。数据管理层对采集数据进行加工处理、分类存储，建立和管理电能信息一体化数据平台，并与外部电力营销、调度自动化等系统接口交换数据，主要由数据库服务器、数据存储和备份设备、接口设备以及数据库管理软件等构成。综合应用层根据应用需求，开发应用软件支持数据的综合应用，如有序用电管理、异常用电分析、电能质量数据统计、报表管理、线损分析、增值服务等应用功能，可由应用服务器、应用工作站、Web 服务器等构成。

2. 计算机及网络设备

（1）数据库及应用服务器。系统数据服务器的配置主要依据系统的数据及数据处理量的规模。一般配置服务器，以双机热备方式运行。

（2）采集服务器。系统具有多采集服务器负载均衡、多线程并发的通信调度机制，根据接入系统大用户点数考虑采集服务器的数量配置。采集服务器数量可根据系统建设的进度及需要适时扩充。

（3）认证服务器。认证服务器负责为终端的连接接入提供合法认证。认证服务器配置中低档 PC 服务器。

（4）接口服务器。接口服务器负责和电力营销系统、生产管理系统、电能量采集系统等外部的数据交换。

（5）存储备份硬件。大用户用电信息采集与监控系统接入点数量多、数据量大，随着系统的投入运行，数据量的增长快，考虑到系统的重要性和对数据的保存，必须考虑数据的存储及系统备份。

（6）其他硬件。主要包括应用网络设备：配置以太网交换机，以负载均衡方式工作。配置路由器和防火墙。

（7）主站网络。主要包括服务器主网络、通信子网、工作站子网以及与营销内部系统和营销外部系统互联 4 部分，其中服务器主网络主要由数据服务器、应用服务器、备份服务器以及主网络交换机等设备组成；通信子网由前置服务器集群以及通信子网交换机等设备组成；工作站子网由各地市电力公司远程工作站、省（直辖市）公司工作站以及相关网络设备组成；与营销内部和外部系统互联主要由接口服务器、防火墙等设备组成。网络设计应满足网络通信的带宽要求和访问安全性要求。

3. 前置机

前置机负责用电信息采集与监控系统无线、有线网络的通信，前置机通过通信模块管理系统的数据通信设备，接受系统的通信服务请求并通过通信信道，与终端设备进行通信。前置机通信模块具有多个通信信道且采用多线程技术管理，只要本模块管理的信道之一处于主信道状态，模块即处于值班状态。

前置机要求配备稳定可靠的网络通道，以应对有可能在特定时刻出现的大流量数据。

前置机应支持多种通信规约。采用多线程技术，实现多信道的并发，并可实现值班机动态参数配置和遇到掉电等灾害后的自动恢复功能。

前置机的基本操作包括：前置机通信模块的启动、监视通信报文的收发、手工报文的发送。

4. 工作站

工作站主要进行数据处理，完成各项操作及各自承担的系统管理任务。如打印工作站，负责数据处理及打印管理；系统维护工作站，对系统的工作软件进行维护；数据分析工作站，负责数据的统计分析工作等。

二、用电信息采集与监控系统主站要求

主站设备应采用标准化设备，主站配置应满足系统功能规范和性能指标的要求，保障系统运行的实时性、可靠性、稳定性和安全性，并充分考虑可维护性、可扩展性要求。

1. 主站硬件要求

主站设备包括计算机网络、存储设备、专用通信设备以及电源等相关设备。计算机网络体系结构应为分布式结构，由若干台服务器、工作站以及网络设备和其他配套设备构成。不同的应用可分布于不同的计算机节点上，关键应用的计算机节点应作冗余配置。主站应配置数据备份设备，数据备份介质应能异地存取，计算机局域网与外部系统的接口应具有安全防护措施。主站设备应采用符合标准的主流设备，主站配置应满足系统功能和性能指标的要求，保障系统运行的实时性、可靠性、稳定性和安全性，并充分考虑可维护性、可扩性要求。

2. 计算机软硬件要求

（1）软件功能要求。系统软件均为结构化程序设计，遵循模块化原则。按功能分为若干模块，一般有人机界面、通信、内存管理、查询、打印等几个部分。

功能的分块一般为菜单形式，所以菜单形式的确定，功能软件的分块也就基本确定。从菜单来看，按功能系统软件分块为选址、遥测、遥信、遥控、一次接线图、中继站接口、远方抄表、异常分析、故障处理、定时任务、数据统计分析等。

（2）系统软件选择。应选用业界主流的操作系统，具有足够的稳定性、安全可靠性，适合长期运行重要的应用程序和大型数据库的系统使用。服务器建议采用 Unix 系列（含 Linux）操作系统或 Windows Server 系列操作系统，工作站客户端建议采用 Windows 系列操作系统。

建议采用现在大型成熟商用数据库，如 Oracle。数据库需支持完整的容错、容灾方案。

根据系统规模，建议选用成熟的商用应用服务器（大系统），如 WebLogic、WebSphere、Oracle AS 等。对于规模较小的系统，也可先采用开源应用服务器，如 Jboss、Tomcat 等，在系统规模扩大后，再升级到商用应用服务器。

第三方系统软件主要包括存储备份软件、防病毒软件等，根据系统需要适当选择。

3. 机房环境要求

（1）主站运行环境。主站设备正常运行的气候环境条件见表 ZY2000302004-1，使用场所大气压力分级见表 ZY2000302004-2。

表 ZY2000302004-1　　　　气候环境条件

场所类型	级别	空气温度		空气湿度	
		范围（℃）	最大变化率[①]（℃/h）	相对湿度（%）	最大绝对湿度（g/m³）
加热/或冷却	B1	15～30	0.5	10～75	22

① 取 5min 时间的平均值。

表 ZY2000302004-2　　　　大气压力分级

级别	大气压力（kPa）	适用海拔高度（m）
BB1	86～108	1000 以下
BB2	66～108	3000 以下
BBX	协议特定	

（2）计算机机房的环境条件应符合 GB/T 2887—2000《电子计算机场地通用规范》的规定。

1）电源要求。主站应有互为备用的两路电源供电，必须配备 UPS 电源，在主电源供电异常时，应保证主站设备不间断工作不低于 2h。

2）主站机房温度 15～30℃，湿度不大于 70%。在空调设备故障时，机房温度为 0～50℃，湿度不大于 95%（不凝结）。

3）计算机系统直流地电阻的大小应依不同计算机系统的要求而定：

a. 交流工作地的接地电阻不应大于 4Ω。

b. 安全保护地的接地电阻不应大于 4Ω。

c. 防雷保护地的接地电阻不应大于 10Ω。

4）主站机房考虑防雷、防静电、防电磁辐射、防火、防尘等要求。

【思考与练习】

1. 简述主站数据库及应用服务器的应用。
2. 简述用电信息采集与监控系统主站的环境要求。

模块 5 用电信息采集与监控系统软件（ZY2000302005）

【模块描述】本模块介绍用电信息采集与监控系统软件的种类、组成和实现的主要功能，通过术语解释、图形介绍和功能讲解，熟悉软件的基本术语、常用软件的功能，掌握软件实现的网络通信、前置机通信、中心控制、负荷控制、资源管理调度和系统扩展等主要功能。

【正文】

一、用电信息采集与监控系统软件简介

1. 基本术语

（1）操作员。对本系统主站软件进行具体操作的人员。

（2）终端。本系统中可进行远程控制的智能设备，如变电站管理终端、负荷管理终端。

（3）用户。安装某台终端的具体厂家或变电站。

（4）权限。对主站软件中的每项具体事务有操作的权力。

（5）接线图。反映每个用户的配电情况和各个重要开关状态的简易图。

2. 常用软件的功能

功能上，软件可分为采集层、基本功能层、扩展功能层（包括 SG186），功能结构如图 ZY2000302005-1。

图 ZY2000302005-1 常用软件的功能结构

二、软件实现的主要功能

1. 网络通信功能

网络通信模块是系统信息交换的通信基础，采用 TCP / IP 协议进行各工作站之间、各进程之间的通信。主要功能包括管理本机进程、通信报文转发、系统消息传递等。在启动其他需要进行信息交换的模块（如中心控制、负荷控制管理系统、变电站管理系统、前置机、定时任务等）之前，必须首先运行网络通信模块。

2. 前置机通信功能

前置机通信模块管理系统的数据通信设备，接受系统的通信服务请求通过通信通道，与终端设备进行通信。前置机通信模块采用多线程技术管理多个通信通道，具有基于信道的主备功能，只要本模块管理的信道之一处于主信道状态，模块即处于值班状态。

3. 中心控制功能

中心控制模块的功能是系统运行信息的管理和功能模块的调用与管理。包括主站系统网络运行状况图、设备运行状态统计、中继站的管理、定时任务、主站系统操作员配置、主站系统公用地址配置、值班日志管理和系统异常情况分析等。

4. 负荷控制管理功能

负荷控制管理功能是用电信息采集系统主站软件中最基本的一部分，实现了对用户的参数档案管理、用电监测、控制，并且扩展了远方抄表、表计监测、购电控制、防窃电分析、负荷分析等功能。

5. 居民集抄管理功能

系统软件用于居民电表数据的采集，采用的通信方式主要有无线和有线［使用调制解调器（Modem）通过电话线进行传输］两种方式。能够对居民电能表的各项数据进行“手动”或“自动”采集，能对数据进行分析、归类、处理、存库、显示、并打印成报表便于存档。

6. 资源管理调度功能

用电信息采集与监控系统在进行需方调峰资源调度、改善电网负荷特性和电力零售市场运作工作中起到很大的作用。

7. 变电站电量采集功能

变电站电量采集是用电信息采集与监控系统主站软件中的基础部分，实现了对变电站的各条线路的表计数据采集，为统计电网供售电量、分析线路损耗、分析母线平衡等功能提供数据依据。

8. 公用配电变压器管理功能

公用配电变压器管理是用电信息采集与监控系统主站软件中的基础部分，实现了对公用配电变压器监测设备进行监测和数据查询分析。

【思考与练习】

1. 用电信息采集与监控系统软件的基本术语有哪些？
2. 用电信息采集与监控系统软件能实现哪些主要功能？

模块 6　用电信息采集与监控终端（ZY2000302006）

【模块描述】本模块包含用电信息采集与监控终端组成及工作原理。通过概念解释、要点讲解，了解单片机的工作原理，各组成部件的作用、功能以及在用电信息采集与监控中的应用。掌握终端的作用和分类、终端各单元的原理、功能及其之间的关系，掌握终端设备的结构、工作原理和日常维护。

【正文】

一、单片机简介

单片机是指一个集成在一块芯片上的完整计算机系统，单片机就是嵌入式的计算机。嵌入式系统是指用于执行独立功能的专用计算机系统。它由微处理器、定时器、微控制器、存储器、传感器等一系列微电子芯片与器件，嵌入在存储器中的微型操作系统和控制应用软件组成，共同实现诸如实时控制、监视、管理、移动计算、数据处理等各种自动化处理任务。

1. 工作原理

单片机用汇编语言来指导自动化运作。单片机与计算机差不多，读入数据后，依据半导体进行逻辑运算，并把结果输出。最简单的嵌入式系统仅有执行单一功能的控制能力，在唯一的 ROM 中仅有实现单一功能的控制程序，无微型操作系统。复杂的嵌入式系统，例如个人数字助理（PDA）、手持电脑（HPC）等，具有与 PC 几乎一样的功能。实质上与 PC 的区别仅仅是将微型操作系统与应用软件嵌入在 ROM、RAM 和/或 FLASH 存储器中，而不是存储于磁盘等载体中。很多复杂的嵌入式系统又是由若干个小型嵌入式系统组成的。

2. 组成

尽管单片机的大部分功能集成在一块小芯片上，但是它具有一个完整计算机所需要的大部分部件：CPU、内存、内部和外部总线系统，目前大部分还会具有外存，同时集成诸如通信接口、定时器，实时时钟等外围设备。而现在最强大的单片机系统甚至可以将声音、图像、网络、复杂的输入输出系统集成在一块芯片上。

（1）运算器。用于实现算术和逻辑运算。计算机的运算和处理都在这里进行。

（2）控制器。是计算机的控制指挥部件，使计算机各部分能自动协调的工作。

通常把运算器和控制器合在一起称为中央处理器（Central Processing Unit，CPU）。MCS-51 的 CPU 能处理 8 位二进制数或代码。

（3）存储器。存储器的物理实质是一组或多组具备数据输入输出和数据存储功能的集成电路，用于充当设备缓存或保存固定的程序及数据。存储器按存储信息的功能可分为只读存储器 ROM 和随机存储器 RAM。

只读存储器 ROM 中的信息一次写入后只能被读出，而不能被操作者修改或删除。一般用于存放固定的程序，如监控程序、汇编程序等，以及存放各种表格。EPROM（Erasable Programmable ROM）和一般的 ROM 不同点在于可以用特殊的装置擦除和重写其内容，一般用于软件的开发过程。

随机存储器 RAM 就是我们平常所说的内存，主要用来存放各种现场的输入、输出数据，中间计算结果，以及与外部存储器交换信息和作堆栈用。RAM 只能用于暂时存放程序和数据，一旦关闭电源或发生断电，其中的数据就会丢失。

（4）定时器/计数器。定时器/计数器是实现定时或计数功能，并以其定时或计数结果对计算机进行控制。定时靠内部分频时钟频率计数实现。

（5）并行 I/O 接口。所谓并行 I/O 接口，是指多位数据同时通过并行线进行传送，这样数据传送速度大大提高，但并行传送的线路长度受到限制，因为长度增加，干扰就会增加，容易出错。利用 I/O 接口以实现数据的输入输出。

（6）串行口。在嵌入式系统的开发和应用中，经常需要使用上位机实现系统的调试及现场数据的采集和控制。一般是通过上位机本身配置的串行口，通过串行通信技术，和嵌入式系统进行连接通信。串行口功能较强，既可作为全双工异步通信收发器使用，也可作为移位器使用。RXD（P3.0）脚为接收端口，TXD（P3.1）脚为发送端口。

（7）中断控制系统。单片机的中断功能较强，以满足不同控制应用的需要。

（8）时钟电路。芯片的内部有时钟电路，但石英晶体和微调电容需外接。时钟电路为单片机产生时钟脉冲序列。

（9）外部设备。通常把外存储器、输入设备和输出设备合在一起称之为计算机的外部设备。

1）输入设备。用于将程序和数据输入到计算机（例如计算机的键盘、扫描仪）。

2）输出设备。输出设备用于把计算机数据计算或加工的结果以用户需要的形式显示或保存（例如打印机）。

3. 功能

单片机执行程序的过程实际上就是执行我们所编制程序的过程，即逐条执行指令的过程。计算机每执行一条指令都可分为三个阶段进行，即取指令→分析指令→执行指令。

取指令的任务是根据程序计数器 PC 中的值从程序存储器读出现行指令，送到指令寄存器。分析指令阶段的任务是将指令寄存器中的指令操作码取出后进行译码，分析其指令性质。如指令要求操作数，则寻找操作数地址。计算机执行程序的过程实际上就是逐条指令地重复上述操作过程，直至遇到停机指令可循环等待指令。一般计算机进行工作时，首先要通过外部设备把程序和数据通过输入接口电路和数据总线送入到存储器，然后逐条取出执行。但单片机中的程序一般事先都已通过写入器固化在片内或片外程序存储器中，因而一开机即可执行指令。

4. 应用场合

终端控制系统采用 ARM 单片机为控制核心，功能强大，资源配置灵活，运行可靠稳定，是一套相对完善的工业低压控制系统。可与低压控制终端或上位机通信，实现集中控制。可以实现工矿企业电气自动化工程及技术改造工程项目，其适用对象包括电力、气体监控、水处理、机械制造等各行业。

二、用电信息采集与监控终端

用电信息采集与监控终端（简称终端）是用电现场服务与管理系统及用电信息采集与监控系统中的重要终端设备之一，主要用于对用户的用电信息采集与监控。终端根据主台发来的遥控及报警命令进行跳闸及报警，而且可将用户的实时功率数和执行有序用电的结果主动上报主台，或随时按主台的命令发给主台。这样既确保实施全局的有序用电措施，又便于用户实施自我控制和生产安排，从而最大限度地提高电力的社会经济效益。

1. 分类

根据 Q/GDW 129—2005《电力负荷管理系统通用技术条件》，用电信息采集终端设备按应用场合分为厂站采集终端、专用变压器采集终端、公用变压器采集终端、低压集中抄表终端（包括低压集中器、低压采集器）。按功能分为有控制功能和无控制功能两大类终端。按通信信道分为 230MHz 专用无线网、无线公网（GSM/GPRS、CDMA 等）、电力线载波、有线网络、公共交换电话网以及其他信道几类终端。

2. 应用

主要用于电力线路、电力用户的负荷监测、控制及远程抄表，可广泛用于城市电网、农村电网。

3. 功能

终端的主要功能包括：实时测量用户的三相电压、电流、有功、无功、功率因数等瞬时值的遥测功能；通过终端测量的电压、电流、功率、电量、功率因数、相位角、相序等电力参数，用以防窃电的功能；用电管理部门通过终端管理软件对某一用电负荷管理终端进行拉合闸状态实验的负荷控制功能；上电、掉电、编程、校时、需量清零、断相、过电压、失电压、失电流、逆相序、超负荷、三相电流不平衡、TA 一次短路、TA 二次短路、TA 二次开路、计量箱开门等事件的发生时间、状态和数据的事件记录功能；负荷曲线的存储及上报功能；终端通过 RS485 通信接口，能读取多种协议电能表的远方抄表功能，包括功率闭环控制、时段控、厂休控、营业报停控、功率定值下浮控、电能量定值闭环控制、月电能量定值控制等的负荷管理功能，终端异常报警功能等。

三、终端介绍

用电信息采集与监控终端一般由主控单元、显示操作单元、通信单元、输入输出单元、交流采样单元及电源等组成。用电信息采集与监控终端各单元间的关系和原理框图如图 ZY2000302006-1 所示。

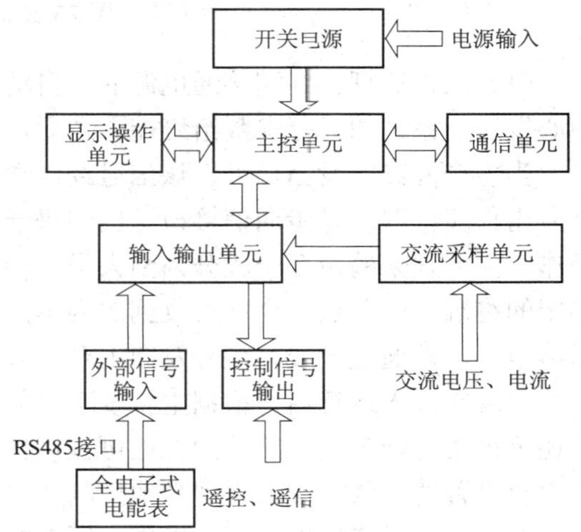

图 ZY2000302006-1 用电信息采集与监控终端各单元间的关系和原理框图

（1）主控单元。完成所有数据采集及处理、控制、数据通信、语音提示功能及协调其他模块的工作。

（2）显示单元。用于负荷管理终端实现必要的数据、状态、信息显示输出以及键盘输入，是终端的人机界面部分。

（3）输入输出单元。完成输入信号的调理及隔离、输出信号的驱动及隔离。这里所说的输入、输出信号主要是指遥控、状态量、脉冲量、模拟量和抄表等。

（4）通信单元。实现数据通信的单元。通信单元可以是230MHz电台、GPRS模块、CDMA模块、Modem及以太网卡等。

（5）交流采样单元。通过电流或电压互感器采集实时电网交流信号，用以计算电压、电流、功率、电量、相角、频率、谐波等。

（6）电源系统。由高可靠性电源将交流输入转换为各模块所需的直流供电，一般有开关电源和线性电源两种。电源要求有较高的可靠性和转换效率。

与电能表的驱动元件一样，交流采样部分分为电压通道和电流通道，分别连接被测电路的电压和电流回路。特别需要注意的是，高压环境电压互感器和电流互感器各有两个，电压互感器和电流互感器都应有两个绕组，一个绕组用于电能表计量使用，另一个绕组用于用电信息采集与监控系统终端的交流采样单元。电压和电流数值通过电压电流通道缓冲放大，经AD变换转化为数字信号，单片机的CPU读取数字信号，计算出相关电能量数值。

1. 无线双向终端

无线双向终端（简称终端）由电台、主控单元以及交流采样单元、输入输出单元、显示单元、电源单元等组成，如图ZY2000302006-2所示。

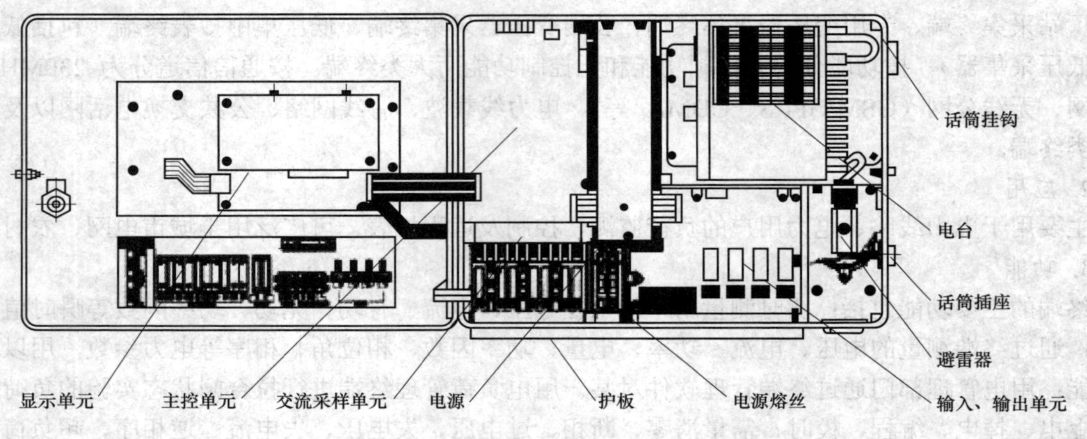

图ZY2000302006-2　终端的组成

（1）工作原理。终端接通电源后，自动进入复位和程序初始化运行，若首次运行则需由主台控制中心发送一系列的运行参数给终端。之后，终端会严格按此参数有条不紊地进行工作。

当主台向终端发出信号，该信号经终端天线接收、由电台解调为数字信号送往主控单元。主控单元应用程序截取从异步通信接口送出的每一帧数据，进行分析和识别，根据不同的命令代码执行各种操作。主台发来的命令一般分为两大类：一类是发给区域内的所有终端，即广播命令；另一类是发给选定的终端，即单点命令。若收到的为单点命令，则终端根据命令采集必要的数据，由异步串行接口送给电台，再通过天线将信号发向主台。

终端在投入运行后，根据主台发下来的参数直接采集交流电量，并运算出相应的功率等数据，终端还可采集电能表送出的脉冲，也可直接抄取电能表的电能量等数据，并自动将之保存在终端中，根据主台设置的定值等参数实现当地控制。主台可直接发出命令，对终端进行实时数据和历史数据的采集命令，并可对终端进行遥控操作。所有的遥控操作均可由遥信输入采集动作执行情况。

（2）日常维护。

1）每隔半年至一年，应清除终端外壳上部和机内的积尘。

2）本机工作电源应在交流 220（1±20%）V 范围内，如电源熔丝熔断则需更换延时熔丝。

3）终端出现故障时，应通知专业人员处理。

2. GPRS 终端

（1）概述。GPRS 终端采用 Intel 高性能增强嵌入式 32 位 CPU 操作系统，作为用电信息采集与监控系统中的智能采集执行终端，广泛应用于变电站、大用户、配变电站。可利用移动公网 GPRS/CDMA 或其他通信方式和用电信息采集与监控主站进行通信。终端按照主站发来的计划用电指标实施当地功率和电量控制，还可以直接接收主站的遥控命令来控制用户的负荷。

（2）结构。GPRS 终端由 LCD 液晶显示器、遥控遥信模块、GPRS 模块、数据接口、通信接口、交流采样接线端子、通信信号接线端子等部分组成，结构如图 ZY2000302006-3 所示。

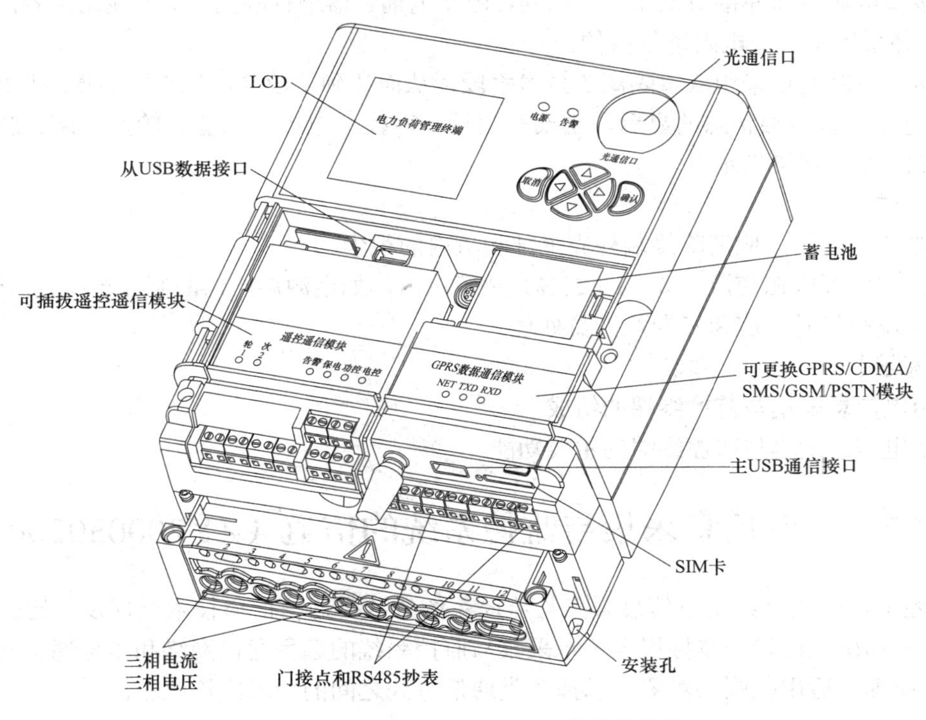

图 ZY2000302006-3 GPRS 终端的结构

（3）工作原理。终端由 CPU 模块、主控模块、液晶显示模块、备用模块、GPRS 模块及锂电池和电源及接口模块组成，其工作原理如图 ZY2000302006-4 所示。

1）主控模块。主控模块为终端的核心，它控制所有的电路协调工作，在主站的控制下进行数据采集、计算、控制工作。它负责用电信息采集报文的解析、主站应用层协议的分析及执行。电源及接口模块实现电源变换及电流电压信号的采集和调理。液晶显示模块实现终端当前状态的指示。GPRS 模块完成通过 GPRS 信道与主站的通信。

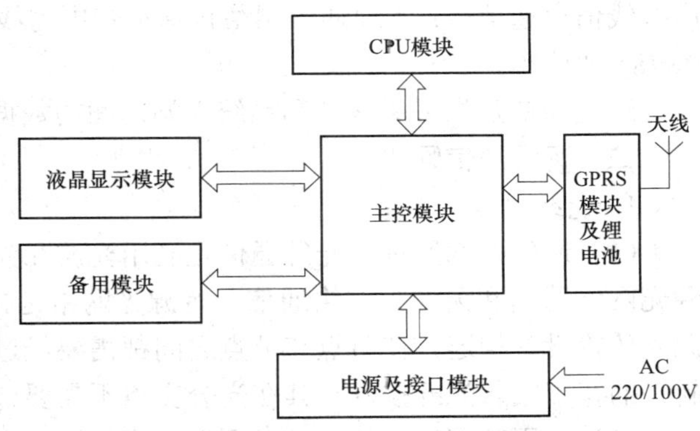

图 ZY2000302006-4 终端的工作原理

2）CPU 模块。CPU 是终端的大脑，它的主要功能是接受主台的命令，并按其命令执行各种控制、测量以向主台发送有关数据和状态信息，向显示电路提供当地显示数据。它能及时检测终端程序的运行情况，一旦程序失控能自动进行系统复位而不影响终端的正常运行。它控制各部分电路实现脉冲量、遥信量的采集与遥控输出；完成通过 TCP/IP 与主站的通信，实现抄表、主动上报等功能。

3）GPRS 模块。GPRS 模块是终端的主通信通道，与主控模块通过串行接口进行通信，它的主要功能是接收和发送数据。主台发送来的数据通过天线进入 GPRS 模块，经过处理后，及 TCP/IP 协议的解析后得到数据报文，然后送至主控 CPU。由其对负控报文进行解析，并执行报文的命令。主控 MCU 发送的数据 GPRS 模块调制成 GSM 信号，再送到天线，通过 TCP/IP 协议的解析后到达主台。

4）电源及接口模块。电源模块共输出三路电源：第一路为主电源，为终端控制电路提供 5、3.3V 等作电源，也为电池提供充电电源；第二路为 RS485 抄表提供电源；第三路为遥信等电路提供电源。

接口模块还分为：

a. 备用接口电路。以后可以扩充其他的功能电路，实现多功能的灵活扩充及配置调整。

b. 脉冲接口电路。由光电耦合器进行隔离，输入端用阻容滤波电路对信号进行处理，并采用了压敏电阻进行保护。

c. 遥信接口电路与脉冲接口电路基本相同，由光电耦合器进行隔离。输入端用阻容滤波电路对信号进行处理，并采用了压敏电阻进行保护。

d. 遥控接口电路通过采用双重隔离等技术手段，从而达到了较高的抗干扰防误动性能。

5）显示电路负责终端状态的显示，主要有运行、功控、电控、报警、轮控跳闸、脉冲指示、遥信指示、抄表收/发、网络指示等。

（4）日常维护。

1）每隔半年至一年，应清除终端外壳上部和机内的积尘。

2）本机工作电源应在交流 220（1±20%）V 范围内，如电源熔丝熔断则需更换延时熔丝。

3）终端出现故障时，应通知专业人员处理。

【思考与练习】

1. 简述用电信息采集与监控终端的组成。

2. 简述用电信息采集与监控终端的主要功能。

模块 7 用电信息采集与监控系统的信道（ZY2000302007）

【模块描述】本模块介绍用电信息采集与监控系统的各类通信信道技术原理及其比较。通过概念解释、要点讲解和图表比较，掌握用电信息采集与监控系统的远程通信网络和本地通信网络的信道类型、通信技术原理、适用范围、对象，掌握各类通信方式之间的技术经济比较。

【正文】

一、用电信息采集与监控系统的信道分类

按照《电力负荷管理系统建设通用方案》中的设计，分为远程通信网络和本地通信网络两大方案。远程通信包括光纤通信、无线公网通信、无线专网通信、中压电力线载波通信、PSTN 和 ADSL 等公用有线信道通信等；本地通信网络包括窄带电力线载波通信、宽带电力线载波通信、微功率无线通信、RS485 通信等。

远程通信是指采集终端和系统主站之间的数据通信，可分为专网通信及公网通信。

二、远程通信网络

1. 光纤通信

（1）通信技术原理。光纤通信是利用光波在光导纤维中传输信息的通信方式。光纤通信又分为有源光网络通信和无源光网络通信。有源光网络是指局端设备（CE）和远端设备（RE）之间，通过有源光传输设备相连，在节点和节点之间都需要经过光—电—光的转换。无源光网络（PON）作为一种新兴的宽带接入光纤技术，其在光分支点不需要节点设备，只需安装一个简单的光分支器即可。

（2）适用范围和对象。基于配电网络敷设的光纤专网还需要变电站通信网络的续接，除了投资成本外，在适用范围上受到两个方面的制约：一是变电站光纤通信网络的覆盖范围；二是工程施工所能敷设的范围。在架空线路上铺设光缆成本很低，适合铺设；在具有电力管道路径的线路上铺设也不困难，比较适合；在没有电力管道路径的线路上，需要综合考虑铺设的成本、难度等因素。

目前 35kV 及以上变电站已形成骨干光纤网，具备了向下延伸的网络基础。考虑到建设成本和投

入产出比，目前光纤专网适宜的敷设范围在城市和城镇，广大农村地区还要靠其他信道解决。

2. 无线公网通信

（1）通信技术原理。无线公网通信是指电力计量装置或终端通过无线通信模块接入到无线公网，再经由专用光纤网络接入到主站采集系统的应用，目前无线公网主要有 GPRS、CDMA、3G 三种。

GPRS 是通用分组无线业务（General Packet Radio Service）的英文简称，是在现有 GSM 系统上发展出来的一种新的承载业务，目的是为 GSM 用户提供分组形式的数据业务。GPRS 允许用户在端到端分组转移模式下发送和接收数据，而不需要利用电路交换模式的网络资源。从而提供了一种高效、低成本的无线分组数据业务。特别适用于间断的、突发性的和频繁的、少量的数据传输，也适用于偶尔的大数据量传输。

CDMA 是码分多址的英文缩写（Code Division Multiple Access），它是在数字技术上的分支——扩频通信技术上发展起来的一种新的无线通信技术。CDMA 技术的原理是基于扩频技术，即将需传送的具有一定信号带宽信息数据，用一个带宽远大于信号带宽的高速伪随机码进行调制，使原数据信号的带宽被扩展，再经载波调制并发送出去。

3G（3rd Generation）指第三代移动通信技术，与前两代系统相比，第三代移动通信系统的主要特征是可提供丰富多彩的移动多媒体业务。

（2）适用范围和对象。无线公网通信适用于各种地域范围广、分散度高、位置不确定、又要求建设和使用成本都十分低廉的数据采集应用场合，只要在应用环境中有无线公网的信号覆盖，就不受地理环境、气候、时间的限制。

在实际应用中，无线公网信道平均响应时间不大于 5s，单次通信数据量大，可以通过主站软件和硬件的调整来满足接入终端数量增加和需要，具有很强的可扩展性，因此无线公网可以应用于居民集抄、专用配电变压器、发电厂等用电信息采集的组网。

3. 无线专网通信

（1）通信技术原理。230MHz 无线自组网主站电台与终端电台使用一对频点，同一频点下的每个终端都可以接收到主站的无线信号，所以同一个频点下终端需要独立的身份编号，终端识别信号后作出响应，完成能通信。230MHz 无线自组网是在同一个频点下是一个点对点的通信系统。

（2）适用范围和对象。从 230MHz 无线自组网技术的通道特性来看，230MHz 无线自组网技术适用于以平原或丘陵地带为主，且用户分布密度高的地区。由于 230MHz 的实时性与安全性，主要用于大用户负荷控制、负荷峰谷差大或负荷供应紧张的用户，以及特殊环境下的定向通信。

4. 中压电力线载波通信

（1）通信技术原理。电力线载波通信通过将弱电通信信号耦合到中高压电力线网络中的办法，将信号传输到远程终端，实现方法有通过 FSK、PSK、OFDM 等几种调制方式。

（2）适用范围和对象。该系统可以作为其他通信网络的一个补充方案，在其他通信模块无法到达、暂时没有到达或是铺设成本太高时，可以使用本方案。

从地域范围上来说，该系统应适用于我国大部分地区，可适用于城网、农网等不同中压电网；可以通过架空明线、深埋电缆等媒介通信。

5. ADSL 和 PSTN 等公用有线信道通信

（1）通信技术原理。ADSL、PSTN 有线数据传输网是依托中国电信 ATM 网络，实现远程终端数据传输的通信网络，是对现有 230M、GPRS 等通信资源的一种有效补充。

电力公司采集主站作为主端，通过 100M 的光纤链路直连至电信 ATM 交换机，各节点的采集终端则通过 ADSL、PSTN 专用线路接入电信 ATM 网络，利用电信的传输通道，同时实现汇聚，将业务流量透传至 ATM 交换机，以实现电力公司采集主站对各采集点的用电数据采集。

（2）适用范围和对象。适用于没有无线信号覆盖的地下室和部分信号盲点地区。此种有线方式仅作为主信道资源的一种有效补充。

综合考虑系统建设规模、技术前瞻性、实时性、安全性、可靠性等因素，市区和城镇优先选用光纤专网通信。远程通信方式比较见表 ZY2000302007-1。

表 ZY2000302007-1　　远程通信方式比较

传输方式	光纤专网	无线专网	中压载波	GPRS/CDMA
建设成本	光纤建设及硬件设备成本高	成本较低	成本较低	成本极低
运行维护	维护费用低，多重业务综合应用	维护费用较低	维护费用较高	第三方维护，按流量收费，运行成本高，受制于人
容量	容量巨大	容量有限	容量极低	容量不受限制
可靠性	高速，高可靠性	可靠性较好	可靠性较差	速率较高，并发量大，可靠性较好
信息安全	专网运行，安全性高	无线专网运行，安全性较高	专网运行，安全性高	公网的专线信道，安全性较差
影响因素	完全不受电磁干扰和天气影响	受电磁干扰、地形影响大	受电网负荷和结构影响大	受具备信道容量影响
通信实时性	二层通信，网络实时性强	单次通信快速，但轮询工作方式，速率低，采集数据性差	轮询工作方式，实时性差	并发工作，有传输延时，采集数据实时性高

三、本地通信网络

1. 窄带电力线载波通信

（1）通信技术原理。电力线载波通信是将信息调制为高频信号并耦合至电力线路，利用电力线路作为介质进行通信的技术。

低压窄带载波通信是指载波信号频率范围不大于 500kHz 的低压电力线载波通信。

（2）适用范围和对象。窄带载波通信技术适用于电能表位置较分散、布线较困难、用电负载特性变化较小的台区，例如城乡公用变压器台区供电区域、别墅区、城市公寓小区。窄带电力线载波通信作为本地通信信道的一种，主要应用于集中器与采集器和集中器与载波电能表之间的数据通信。

2. 宽带电力线载波通信

（1）通信技术原理。电力线宽带通信调制技术将可用信道带宽分为多个正交的子信道，由于子信道的窄带特性，各个子信道呈现相对线性和平坦特性，可以认为在每个子信道内的衰减和群延时是常数，可以看作是一个理想信道，因此实现起来就很容易，也能保证可靠的传输。

（2）适用范围和对象。宽带载波信道在用电信息采集与监控系统中的适用对象为城区集中表箱布置的高层或者多层楼宇居民区。多适用于电能表集中布置的台区，如城乡公用变压器台区供电区域、城市公寓小区等，对采集和管理要求较高的一般工商业户有更好的适应性。

3. 微功率无线通信

无线传感器网络（Wireless Sensor Networks，WSN）是一系列微功率通信技术的通称。

（1）通信技术原理。无线传感器网络 WSN 技术属于一门综合性技术，它综合了传感器技术、嵌入式系统技术、网络无线通信技术、分布式信息处理技术等，能够通过各类集成化的微型传感器节点实时监测、感知和采集各种环境或监测对象的信息，而每个传感器节点都具有无线通信功能，并组成一个无线网络，将测量数据通过自组多跳的无线网络方式传送到监控中心。

（2）适用范围和对象。适用于测量点相对比较分散的场合，如城市或农村一户一表的情况；对集中装表的场合，每个计量表箱内可安装一个无线采集器；在电网质量恶劣无法为载波提供良好的信道的情况下；在用户负载变化大，载波信道不稳定的场合；作为电力线载波通信的补充。

4. RS485 通信

在本地通信信道中，简单有效的通信方式还是基于 RS485 总线的有线通信方式。

（1）通信技术原理。RS485 是用于串口通信的接口标准，由 RS232、RS422 发展而来，属于物理层的协议标准。

RS485 采用平衡发送和差分接收方式来实现通信：发送端将串行口的 TTL 电平信号转换成差分信号两路输出，经传输后在接收端将差分信号还原为 TTL 电平信号。两条信号线为双绞线或同轴电缆，实现了基于单对平衡线的多点、双向半双工通信链路。

（2）适用范围和对象。RS485 在用电信息采集与监控系统中已经有多年的应用，已经非常成熟，适用于以下情况：表箱内采集设备和表计的连接；专用变压器采集终端和多功能电能表之间的通信；新装居民用户的用电数据集中采集。

本地通信方式比较见表 ZY2000302007-2。

表 ZY2000302007-2　　本地通信方式比较

本地网络技术类别	低压窄带载波	微功率无线自组网	RS485 总线	低压宽带载波
通信可靠性	可靠性较好，但与电网特性的变化相关	可靠性较高	可靠性很高	可靠性较高
传输速率	通常为 300bit/s 以上 1200bit/s 以下；单帧有效数据载荷小，支持三相多功能表大数据量困难	几十 kbit/s；单帧有效数据载荷可达 1600bit/s 以上，可支持三相多功能表大数据量	1200～9600kbit/s	＞512kbit/s
通信实时性（基于一次采集成功率）	一般	较好	较好	较好
安装、调试和运行维护	电力线即为通信线，安装方便；电网信号质量好时调试和维护量较小	无需布线；无线组网较易实现智能化，安装、调试和运行维护量较小	建筑物内各用户之间或现场楼群之间铺设通信线，对已建成社区安装工作量较大	电力线即为通信线，安装方便，但由于通信距离受限，可能需加装中继
影响因素	受负载特性及特性随时间变化的影响，需要组网优化	天线有被人为损坏的可能	线路易受损，故障定位和恢复困难	高频信号衰减较快，在长距离通信中需要中继组网

【思考与练习】

1. 用电信息采集与监控系统的信道如何分类？
2. 用电信息采集与监控远程、本地通信模式各有哪几种？

模块 8　用电信息采集与监控系统与外部系统的关系（ZY2000302008）

【模块描述】本模块包含用电信息采集与监控系统与其他系统之间的联系与配合。通过概念介绍、要点讲解，图形展示，掌握电力营销管理、配网管理、电网调度等系统数据传输方式、数据接口的原理、规则、要求，掌握用电信息采集与监控系统与外部系统实现数据共享的原理。

【正文】

一、相关系统的简介

用电信息采集与监控系统需要为“电费管理、电能计量、客户服务、配网管理”4 个中心服务。

1. 电力营销管理信息系统

电力营销管理信息系统是建立在计算机网络基础上，覆盖营销业务全过程的计算机信息处理系统。

根据 2007 年国家电网公司《关于加快营销信息化建设有关问题的通知》中指示，将营销管理业务应用 8 大模块按照“三个基本应用模块（营销管理、95598 客户服务、客户缴费）、4 个高端应用模块（电能信息实时采集与监控、需求侧管理、客户关系管理、市场管理）、一个分析决策模块（营销分析与辅助决策）”整合为三大应用功能。

在应用功能上，电力营销管理信息系统分为客户服务支持平台、营销业务处理平台、工作质量管理平台和辅助决策分析平台 4 个平台。在统一的安全体系下，各种数据经由营销数据中心进行加工处理，然后在各个平台之间进行上传、下达。

目前，电力营销所需要的资源扩展到了生产、财务、人事等各个领域，其服务途径也延伸至互联网、邮件、电话、银行等多种方面，即“大营销”的应用体系架构。用电信息采集与监控系统与电力营销管理信息系统的关系如图 ZY2000302008-1 所示。

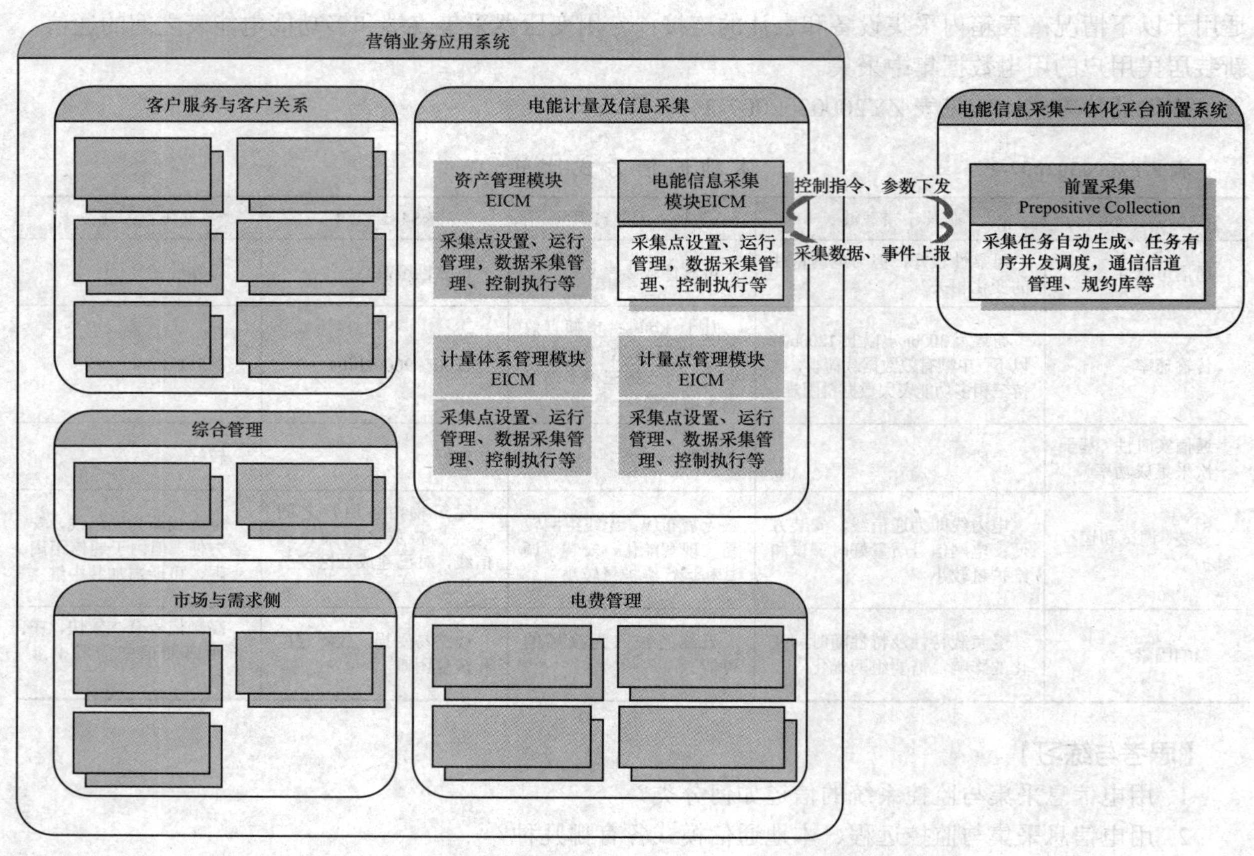

图 ZY2000302008-1　用电信息采集与监控系统与电力营销管理信息系统的关系

2. 配网管理系统

配网管理系统（DAS）是一种可以使配电管理中心在远方实时监视、控制和合理协调配电设备的自动化系统。其内容包括配电网数据采集和监控（SCADA）、配电网地理信息系统（GIS）和需求侧管理（DSM）几部分。SCADA 系统包括进线监视、10kV 开闭站自动化、变电站自动化、配电网自动化、变压器巡检与无功补偿；GIS 是通过地理信息对配电线路的运行检修管理进行指挥的协助系统；DSM 包括负荷监控与管理和远方抄表与计费自动化系统。

配电网数据采集和监控系统的主要功能：

（1）配电网数据采集和监控系统实时采集各终端装置所上传的遥测、遥信、电能、数字量、定值等数据，同时向各终端发送各种数据信息和控制命令。

（2）配电网数据采集和监控系统对收到的模拟量数据、状态量数据、脉冲量进行处理。

（3）在配电网数据采集和监控系统中除大量的实测点外，还有大量的计算点，在系统启动时，按照数据变化及规定的周期、时段不断对计算点进行处理。

（4）配电网控制功能包括：开关量输出（遥控）、模拟量输出（遥测）、开关人工设置和标志操作的统一处理、对断路器和开关的实时操作、定值参数的下发。

（5）实时数据库保存从各个自动化终端采集上来的实时数据，在实时数据库中可以保存模拟量、数字量、脉冲累计量、控制量、计算量、设定点控制输出等多种类型的点。

（6）需长期存放的重要数据，通过定义可存入历史数据库，数据归档的定义和修改可以通过界面在线进行，不影响系统的运行。

（7）人机界面对话功能。

3. 电网调度系统

电网调度系统是基于计算机、通信、控制技术的自动化系统的总称，是在线为各级电力调度机构生产运行人员提供电力系统运行信息、分析决策工具和控制手段的数据处理系统。当前常见的电网调度系统有：监视控制和数据收集系统（SCADA）、能量管理系统（EMS）、配电管理系统（DMS）、电能量计量系统（Metering System）。

SCADA 系统作为能量管理系统（EMS 系统）的一个最主要的子系统，有着信息完整、高效率、正确掌握系统运行状态、决策迅速、快速诊断系统故障状态等优势，现在已经成为电力调度不可缺少的工具。它对提高电网运行的可靠性、安全性与经济效益，减轻调度员的负担，实现电力调度自动化和现代化，提高调度的效率和水平等方面有着不可替代的作用。

电能量计量系统的主要功能是实现电力公司对多个厂站的关口计量点电量进行自动采集和结算，为电力的商业化运营提供必要的技术手段，满足电力市场今后发展的需要。

二、与外部系统的数据传输

1. 通信技术

（1）光纤通信技术是以光波作为信息载体，以光导纤维作为传输介质的先进的通信手段。

（2）无线通信技术因其覆盖面广、施工相对容易、施工周期短等特点，在电力自动化中仍具有生命力。它不需要传输线，而且可以构成双向通信系统。所有的无线通信系统都能够和停电区域通信。

（3）配电线载波通信技术是以 6～10kV 配电线路为传输通道，采用移频监控（FSK）和跳频技术相结合的调制方式，应用先进的 DSP 数字信号处理技术和集成电路技术来实现数话同传的通信方式。具有通道可靠性高、投资少见效快、与电网建设同步等电力部门得天独厚的优点。

（4）RS485 总线通信技术的发展已经达到了很高的技术水平，能够满足如输入输出隔离、防静电、防雷击、微功耗等基本要求，因此，是用电信息采集与监控通信系统的选择之一。

2. 与电力营销相关系统的接口

（1）与银行系统的接口。把应收数据传给银行，由银行进行收费，再把实收数据从银行传回营销部门。根据收费方式的不同（如储蓄划拨、托收、代收）有实时联网和定时联网之分，定时联网比较简单，通过定时传送数据文件的方式可以满足要求，而实时联网需要采用前置机的方式和银行进行实时数据通信。

（2）与配网自动化系统的接口。将调度自动化系统的实时电网数据采集至营销系统中，便于对电力需求进行分析与预测。为了不对调度实时系统产生影响，营销系统不直接访问调度的实时数据库，一般通过一个实时信息，从网关接收调度实时系统的数据包，解包后，再保存在营销系统的实时数据库中。

（3）与 GIS 系统的接口。在营配合一的模式下，营销系统需要随时查看客户的地理信息、配网的情况，在 GIS 上实现模拟初勘、电力负荷情况查询、辅助供电方案制定。因此，在配网 GIS 中必须记录客户产权分界点的地理信息及配电设备的物理连接关系等信息。通过客户号、配电设备号与电力营销系统建立数据的关联关系，实现数据连接和数据共享访问。

（4）与电能计量管理系统的接口。接收电能表标准装置的校验检测数据。

（5）与用电检查管理系统的接口。用电信息采集与监控系统采集的各项电能量可以有效地预防用户窃电行为。

（6）与电费收缴及账务管理系统的接口。用电信息采集与监控系统采集的实时电量可供电费结算使用。

（7）与抄表管理系统的接口。用电信息采集与监控系统采集的各项电能量可用于抄表工作。

（8）与营销分析与辅助决策系统的接口。根据具体的功能需求，提供相应的数据接口，为电力公司全局范围内的管理和决策提供信息支持。

（9）与集抄/远方抄表系统的接口。实现与集抄/远方系统数据的连接，向电量电费系统提供抄表数据。

（10）与 95598 客户服务系统接口。95598 客户服务系统作为前台数字语音服务支持系统，接收并处理客户提出的电力信息服务需求，如信息查询、停电咨询、故障报修、业务报装、密码修改等，并根据服务质量管理要求对客户进行报装回访；根据电费业务管理要求对客户进行电费通知和欠费催缴等。

【思考与练习】

1. 与用电信息采集与监控系统相关联的外部系统有哪些？

2. 用电信息采集与监控系统与营销相关系统的接口有哪些？

第七章 用电信息采集与监控系统应用

模块1 用电信息采集应用（ZY2000303001）

【模块描述】本模块介绍用电信息采集的需求、主要技术、采集原理及应用。通过概念介绍、要点讲解、图形展示，熟悉用电信息采集需求背景、工作范围和要求，掌握采集系统的逻辑架构、采集技术、远距离传输技术，熟悉数据采集项目、方式、策略、数据处理、统计分析等电能信息集中收集和管理要求，掌握远程自动抄表、线损分析支持、电量销售分析、客户负荷分析等电能信息的应用。

【正文】

一、用电信息采集的需求

1. 电能生产销售过程特点介绍

（1）电能不能大量储藏，生产和销售同时完成。

（2）电力系统的电磁变化过程非常迅速，必须依靠自动控制和调节。

（3）电力工业和国民经济各部门之间有着极其密切的关系。

2. 开展用电信息采集的需求背景

（1）电力系统运行的要求。根据电能生产销售的特点，电力系统的运行必须满足下列基本要求，这就需要采集运行过程中的电能信息：

1）保证对用户供电的可靠性。在任何情况下，都应该尽可能地保证电力系统运行的可靠性。

2）保证电能的良好质量。即要求供电电压（或电流）的波形为较严格的正弦波，保证系统中的频率和电压在一定的允许变动范围以内。

3）保证运行的最大经济性。电力系统运行有三个主要经济指标，即生产每度电的能源消耗、生产每度电的自用电以及供配每度电在电力网中的电能损耗。提高运行经济性，就是在生产和供配某一定数量的电能时，使上列三个指标达到最小。

（2）国家电网公司“精益化管理”要求。随着电力体制市场化改革进程的不断推进，国家电网公司提出了建设“一强三优”现代公司的战略目标。电力营销工作紧紧围绕这一发展目标，依据“三抓一创”的工作思路，按照“集团化运作、集约化发展、精益化管理、标准化建设”的要求，提出加快营销现代化和计量标准化建设，提升营销整体管理水平，强化营销核心竞争力。

3. 用电信息采集的需求分析

从电力系统的运行、国家电网公司“精益化管理”以及实际工作的需求等方面综合考虑，可以归纳用电信息采集的主要需求如下：

（1）通过用电信息采集，进行需求侧分析、电能质量分析和经济运行分析，为有序用电、电网供需平衡、电能质量管理和电网经济运行提供科学的技术手段和决策依据。

（2）通过用电信息采集，为营销现代化和计量标准化提供可靠的数据支持，使供电企业实现提升市场响应快速化的水平，提高客户服务的质量，为落实“精益化管理”奠定基础条件。

（3）通过用电信息采集，实现自动抄表，提高抄表质量，实现营销业务创新，节省人工成本，为有序用电提供实时数据，使实现有序用电成为可能；进行线损分析，找出线损的原因，使线损管理变得科学而且责任明确。

二、用电信息采集工作范围

1. 开展用电信息采集的工作范围划分

根据国家电网公司 SG186 营销业务应用对用电信息采集与管理系统的定位：用电信息采集是整个营

销业务类之一，接收 SG186 营销管理业务应用的采集任务、控制任务及装拆任务等。采集终端、通信网络、用电信息采集前置平台、用电信息采集业务类以及电能信息实时数据库构成了用电信息采集与监控系统。

电能采集与其他营销业务应用之间的关系可以用图 ZY2000303001-1 来表示。

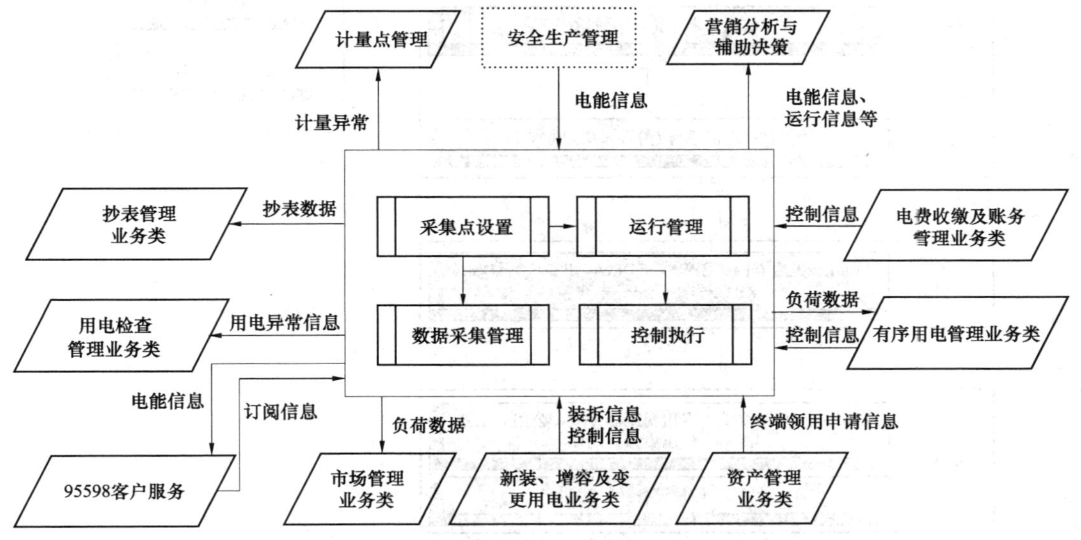

图 ZY2000303001-1　采集系统与其他营销业务应用之间的关系

关系图说明：

（1）用电信息采集的业务定位。用电信息采集由采集点设置、数据采集管理、运行管理和控制执行等业务构成。

（2）用电信息采集在营销体系内的业务关联。用电信息采集在业务处理中与营销管理其他业务类存在关联关系：

1）为营销分析与辅助决策提供电能信息、运行信息等。

2）为抄表管理提供抄表数据。

3）为用电检查管理提供用电异常信息。

4）为市场管理提供负荷数据。

5）从新装、增容及变更用电获取终端装拆信息和控制信息。

6）为资产管理提供终端领用申请信息。

7）为有序用电管理提供负荷数据，并从有序用电管理获取控制信息。

8）从电费收缴及账务管理获取控制信息。

9）为计量点管理提供计量异常信息。

10）从 95598 业务处理业务类获取订阅信息，并返回电能信息给 95598 业务处理业务类。

（3）用电信息采集与其他系统的关联。用电信息采集在业务处理中与 SG186 工程中的安全生产管理业务应用存在关联关系：从安全生产管理获取电能信息。

2. 用电信息采集技术发展过程

系统的建设已经从分别面向关口、专用变压器用户、公用配电变压器、低压用户的单一采集，转而向实现购电侧、供电侧、售电侧综合统一的数据采集发展。

三、用电信息采集主要技术

（一）系统概述

1. 采集系统的逻辑架构

用电信息采集与监控系统逻辑架构如图 ZY2000303001-2 所示。

逻辑架构说明如下：

（1）系统在逻辑方面分为采集层、通信层以及主站层三个层次。其中主站层又分为前置采集、用电信息采集与监控系统数据平台、系统应用几大部分。

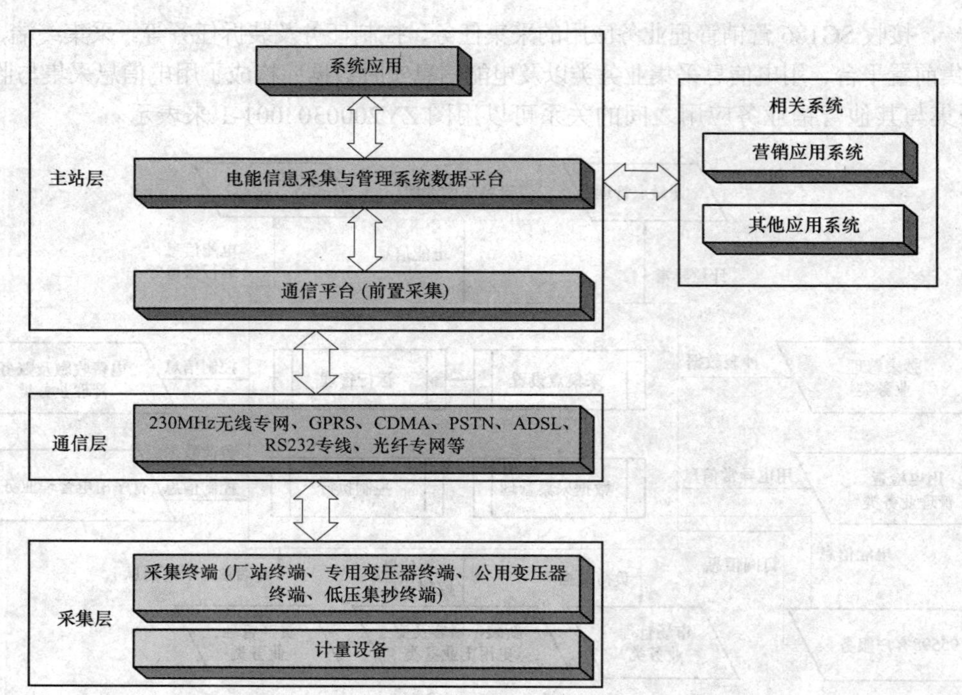

图 ZY2000303001-2　用电信息采集与监控系统逻辑架构

（2）系统统一实现购电侧、供电侧、售电侧三个环节电能信息的采集与处理，构建完善的用电信息采集与监控的数据平台。

（3）系统统一接入系统主站与现场终端的所有通信信道（对于 230MHz 无线专网等专网信道还需进行组网设计和建设），并集中管理系统所有终端。

2. 采集系统的物理架构

用电信息采集与监控系统物理架构如图 ZY2000303001-3 所示。

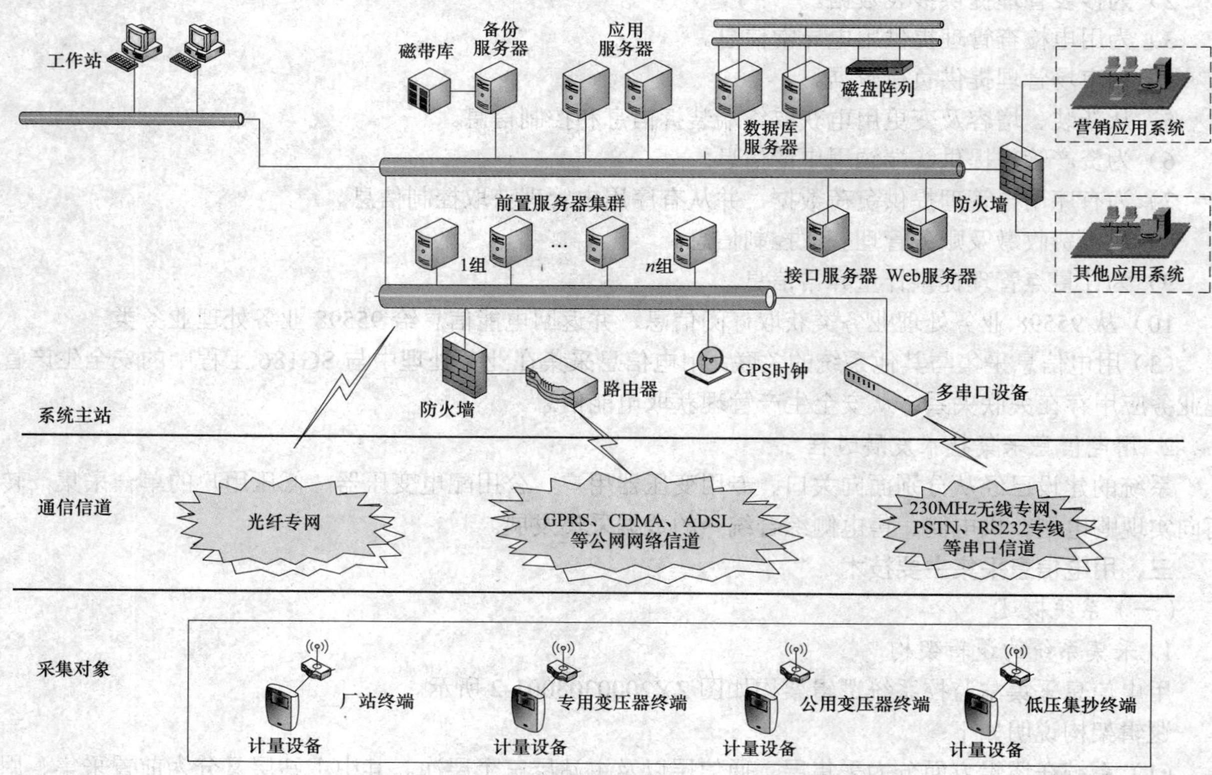

图 ZY2000303001-3　用电信息采集系统物理架构图

物理架构说明如下：

（1）系统物理结构由采集对象、通信信道、系统主站三部分组成。

（2）采集对象指安装在现场的采集终端及计量设备，主要包括厂站采集终端、专用变压器采集终端、公用变压器采集终端、低压集中抄表终端以及电能表计。

（3）通信信道是指系统主站与采集终端的通信信道，主要包括 GPRS、CDMA、230MHz 无线专网、PSTN、ADSL 以及光纤专网等。

（4）主站网络的物理结构主要由数据库服务器、磁盘阵列、应用服务器、前置服务器、Web 服务器、接口服务器、备份服务器、磁带库、工作站以及相关的网络设备组成。

（二）电能信息的采集技术

用电信息采集终端设备按应用场合分为厂站采集终端、专用变压器采集终端、公用变压器采集终端、低压集中抄表终端（包括低压集中器、低压采集器）。

采集终端和用户电能表之间的数据通信称为本地通信。对于不同用电信息采集应用，本地通信的差异很大。专用变压器、公用变压器的用电信息采集的本地通信通常采用 RS485 总线，相对比较简单；居民用电信息采集的本地通信相对比较复杂，主要有电力线载波（窄带、宽带）、RS485 总线及微功率无线等多种通信方式同时共存。

（三）电能信息的远距离传输技术

远程通信是指采集终端和系统主站之间的数据通信，可分为专网通信及公网通信。

1. 专网通信

专网信道是电力系统为满足自身通信需要建设维护的专用信道，可分为 230MHz 无线专网及光纤专网两大类。

光纤专网是指依据电力通信规划而建设的以光纤为信道的一种电力系统内部通信网络。

2. 公网通信

公网信道可分为无线、有线两大类，常用的公网信道类型有中国移动公司和中国联通公司的 GPRS、中国电信的 CDMA 等无线通信方式以及中国电信的 ADSL、PSTN 等有线通信方式。

（四）电能信息的集中收集和管理

电能信息的集中收集和管理由主站系统的集中采集与监控平台完成，主要包括数据采集、数据处理和统计分析。

系统采集各种电能数据。建立统一的通信协议库对数据进行解析，并支持远程软件升级等特殊报文的数据压缩和加密传输，同时监视和管理通信资源，实现负载均衡和互为备用。

（1）采集项目。系统能采集电能量采集终端或者电能表的所有数据，内容至少包括：正、反向有功电能量数据（包括总、尖、峰、平、谷），四象限无功电能量数据，负荷曲线（含表底、电压、电流、功率、增量、需量）、表计状态，重要时间信息（含 TV 缺相、TA 断线、相序错误等）进行自动采集，所有数据均带时标。

（2）采集方式。系统可按定制的计量点类型、采集项目、采集周期进行数据采集，并可定制存储方式。

1）定时自动采集。按设定时间间隔自动采集终端数据，自动采集时间、内容、对象可设置，最小采集间隔为 1min。当定时数据采集失败时，主站有自动及人工补抄功能，保证数据的完整性。

2）典型日数据采集。按设定的典型日和采集间隔采集功率、电能量、电压、电流等数据。

3）随机召测数据。能人工随机召测数据，如出现事件告警时，随机召测与事件相关的重要数据，供事件分析用。

（3）采集策略。

1）并行采集。系统可同时并行对多个用电信息采集终端进行采集。

2）任务调度。可对采集任务进行统一调度管理和优先级控制。

3）过程监控。能对用电信息采集终端进行远程诊断。

4）采集频度。通过主站定制，其采集的周期为 1～60min（可调），主站在一个采集周期内能将所有的电能表的信息采集一遍。最小采集周期可根据用情况灵活调整。

5）数据补采。在一个采集周期内，若某个厂站或某个电能表的数据采集不到，主站系统能自动再进行补采，主站能以自动补采的方式，获取中断期间的全部电能量数据，并保证数据的完整性和连续性。

（4）数据处理。

1）原始信息的保存。系统将对采集数据放入数据库中进行统一管理，对数据的所有操作都只针对派生数据库，数据源都有相应信息状态位。

2）数据甄别和修补。系统支持对采集数据、导入数据做完整性、合法性严整，提供多种数据严整规则，对异常数据能自动辨识、告警，并做标记。提供多种异常数据修补方案，可自动/手动做数据修补。

3）信息质量标识。用户可方便地向数据库输入并参与各类计算及处理。系统对异常数据、人工置数相关数据应设置相应标志。

（5）统计分析。系统按用户自定义的不同时段、不同区域、不同类别实现计量点原始数据、计量点电量、考核对象电量的统计分析，结果可通过表格和图形（曲线、棒饼图）显示，支持和计划值、同比以及自定义比较分析。

1）处理影响电量计算的主要方法。正确处理换表、换互感器、旁路替代操作对电量统计的影响，能自动或人工进行统计的功能，以保证数据统计的连续性。

2）电量数据的统计与计算基本功能。系统可对各类电量数据按日、月、年进行统计；可统计上网、下网、发电、售电等各类电量。

具备灵活的组合查询功能，用户可查询厂站、大用户、台区、低压用户、任意电能表、任意时段的分时电能量的数据和曲线，分时电量、负荷数据和曲线，并可通过此功能灵活查询任意大用户、任意电能表、任意时段的数据，同时也可查询各大用户、分时的总加报表，所有曲线和报表均可打印。

具有对电能量数据进行综合分析功能，提供对售电曲线统计计算及分析、站内用电量统计考核分析、线/变损统计等。

四、利用用电信息采集与监控系统完成用电信息采集

1. 采集任务

用电信息采集与监控系统完成的用电信息采集任务有自动采集任务和实时采集任务两种。

（1）自动采集任务。系统根据编制好的自动任务，通过远程技术手段，按照要求自动下发采集指令，获取终端或量测设备的数据。

（2）实时采集任务。根据接收到的实时数据采集要求，通过远程技术手段，自动下发采集指令，实时召测终端或量测设备的数据。

2. 采集主要数据项目

（1）日负荷曲线：每天总有功、无功平功率曲线。

（2）正反向有功总、尖、峰、平、谷表码。

（3）正反向无功、四象限无功。

（4）月最大需量、冻结电量。

（5）U、V、W 三相电压、电流、功率、功率因数。

（6）失电压记录、失电流记录、断相记录。

（7）其他事件记录：过电压、不平衡、逆相序、上/掉电、超功率、清需量、系统清零、初始电量等。

五、用电信息采集的业务应用

（一）业务对电能信息的应用方式

采集系统具有信息采集和负荷控制等基础功能。利用采集系统的基础功能能够为电力营销业务应用提供数据支持，采集系统接受并完成营销业务应用所下达的采集任务以及客户用电现场监控指令。

（二）常见的具体应用介绍

1. 远程自动抄表

远程自动抄表就是采集远程关口采集点电能表、大用户电能表、配电变压器台区和居民电能表的电能表示数，并将采集到的数据传输到用电管理部门，实现抄表自动化。在整个过程中无需人工参与，方便了用户又提高了效率，极大地节省了抄表成本，提高了抄表准确率，保障了抄表的及时性。

2. 线损分析支持

系统以四分线损作为应用的核心之一，提供多种分析手段，旨在为供电公司提供方便、快捷的线损分析工具，准确、快速查找到引起线损异常的因素，为降损或线损异常的原因定位提供先进的技术支持。

（1）分区线损。

1）全局线损分析。包括全局主网高压线损、全局低压线损、分局主网高压线损、分局低压线损。

2）区域线损分析。按各地区统计的主网高压线损、低压线损。

3）无损直供线损。为更真实、准确地反映实际线损情况，系统支持无损直供用户构成的线损，可以统计扣除无损电量之后的线损。

4）固定周期自动统计。支持小时、日、月固定周期的线损自动统计分析，并提供按指定时间段分区的线损统计。

（2）分压线损。

1）按各电压等级统计线损：220kV 线路线损、220kV 变压器变损；110kV 线路线损、110kV 变压器变损；35kV 线路线损、35kV 变压器变损；10kV 及以下线路线损、10kV 及以下变压器变损。

2）按区域统计各电压等级线损。

3）按固定周期自动统计分析。支持小时、日、月固定周期的线损自动统计分析，并提供按指定时间段分压的线损统计。

（3）分线线损。

1）支持站间联络线线损分析。

2）支持配电线路线损分析。对于复杂的电网运行模式，系统提供以下功能，实现线损分析：

a. 分段统计：将线路细分，在联络开关和分段开关分别采集电能量数据，将配电线路分成若干小段，分别统计线损。

b. 将环网供电的多条线路合并，按某个区域的多条线路合并成一个整体分析线损。

c. 加入档案的时效性：不同的时间段，采用不同的计算公式模型分析线损。

3）可以根据线路的属性，按类别统计线损。如公用线路线损、农用线路线损、专用线路线损等。

（4）分台区线损。

1）按结算日统计分析。由于各台区月结算时间可能存在不一致的情况，系统自动根据台区月结算时间计算相应的台区供入/出电量，分析台区结算线损。

2）按自然月统计分析。系统也可以根据自然月，每月自动分析台区考核线损。

3. 电量销售分析

系统支持按单个用户或按行业进行电量销售分析。

（1）按单个用户分析。

1）按固定周期统计分析。按日、月、年固定周期统计单个用户售电量，电量包含总、尖、峰、平、谷，帮助客户合理使用电能，移峰填谷，提高用电效率，优化客户负荷曲线。

2）按任意时段统计。按任意时段统计单个用户售电量，电量包含总、尖、峰、平、谷。

3）同期对比分析。对用户售电量进行同期对比，包括与上周、上月和上年进行对比。

4）指定时间对比分析。对用户售电量进行任意时间对比，可以与任意选择的历史日期中的 3 天进行对比。

5）用户售电量异常分析。可以通过设定阀值进行统计分析，找出异常用电用户。

（2）按行业分析。

1）单个行业或一组行业电量分析。进行售电量分析，从而了解行业的用电走势，包括日、月、年或某一时段的分析。能分析分时计费行业的24小时用电走势，显示日、月和24小时的负荷曲线。

2）行业电量同期对比分析。单个行业或一组行业同期对比，包括与上周、上月和上年进行对比，了解各个行业的用电状况及用电需求趋势。

3）行业能效分析。按行业进行售电量分析，准确掌握行业电力需求状况，对开展有针对性的能效管理和技术指导工作，为需求侧管理工作提供技术支持。

4. 客户负荷分析

客户负荷分析主要针对各典型大用户的负荷进行分析，除包含供电区域负荷分析外，还增加了行业、产业的负荷分析，从而有利于负荷预测人员对行业、产业的负荷作各项负荷分析，以了解其对供电区域负荷整体的影响，为实现日、月、年负荷曲线的预测积累数据。

【思考与练习】

1. 采集方式有哪几类？

2. 现有采集系统常见的具体应用有几类？

模块2　电能质量管理（ZY2000303002）

【模块描述】本模块包含电能质量的概念、质量管理工作要求、内容和方法。通过概念解释、要点讲解，熟悉电能质量的含义、电能质量指标分析工作要求、频率和电压的质量管理、用户的谐波监督等质量管理的工作要求，掌握用电信息采集与监控系统的数据采集功能、开展电能质量管理的方法和要求。

【正文】

电能质量是指并网公用电网、发电企业、用户受电端的交流电能质量，电能质量监测（管理）由电网企业专门的职能部门负责，电力营销配合其做好销售侧的电能监测和分析工作，重点在电压、谐波以及不平衡度的监测和分析等工作内容上。

一、电能质量管理工作要求

（一）电能质量指标分析

1. 电能质量管理的基本要求

为加强电网电能质量技术监督管理，保证电网安全、经济运行和电能质量，维护电气设备的安全使用环境，保护发、供、用各方的合法权益，依据《中华人民共和国电力法》和国家有关规定，电能质量管理必须遵循如下规定：

（1）电能质量管理工作贯彻“安全第一、预防为主”、超前防范的方针，按照依法监督、分级管理、行业归口的原则，对电网电能质量实施全过程、全方位的技术管理。

（2）电网电能质量管理是为了保证电网向用户提供不间断且符合国家电能量标准的电力，对电网内影响电能质量的发电、供电、用电等各环节进行必要的技术管理。

（3）应按“谁污染，谁治理”的原则及时处理，并应贯穿于公用电网、并网发电企业及用电设施设计、建设和生产的全过程。

（4）本规定适用于电网公司所属各电网企业、供电企业、发电企业、施工企业和并网发电企业、电力设计单位以及由公用电网供电的用户。

（5）电能质量指标分析（管理）必须满足下列标准要求：

GB/T 15945—2008　电能质量　电力系统频率偏差

GB/T 12325—2008　电能质量　供电电压偏差

GB/T 14549—1993　电能质量　公用电网谐波

GB/T 12326—2008　电能质量　电压波动和闪变

GB/T 15543—2008　电能质量　三相电压不平衡

GB/T 18481—2001　电能质量　暂时过电压和瞬时过电压

IEC 61000-4-30 测试测量技术 电能质量测试测量方法

2. 电能质量监测指标

电能质量的主要监测指标包括：① 电压允许偏差；② 电力系统频率允许偏差；③ 电压允许波动和闪变；④ 相电压允许不平衡度；⑤ 电网谐波允许指标；⑥ 电能质量暂升、暂降以及短时中断；⑦ 暂态过电压与瞬态过电压；⑧ 电能质量指标监测分析。

以下重点讨论与电力营销业务相关的电能质量监测工作内容。

（1）电压偏差指标分析

电压偏差=（实测电压标称电压–标称电压）×100%/标称电压

电压偏差与电压幅值主要针对不同的用户，供电端主要关心电压偏差，对于用电端主要关心供电部门提供的电压幅度。GB/T 12325—2008 规定的电压偏差限值主要针对中低压公用电网。该标准对电压偏差的要求为：

1）35kV 及以上供电电压正负偏差的绝对值之和不超过标称电压的 10%。

2）10kV 及以下三相供电电压允许偏差为标称电压的±7%。

3）220V 单相供电电压允许偏差为标称电压的+7%、–10%。

分析评估方法：

评估周期：一天为最小评估周期（最小评估周期为一天）。

分析评估：考虑 1min 统计值，统计值与限值的最大或最小值进行比较。

采用 1min 统计值计算电压正偏差合格率，电压负偏差合格率，以及电压合格率。合格率评估周期为日、周、月。

（2）频率偏差分析。频率偏差计算公式为

频率偏差=实测电压频率–标称频率

频率偏差与电压频率主要针对不同的用户，供电端主要关心频率偏差，对于用电端主要是供电部门提供的电压频率。

（3）电压不平衡度分析。不平衡度计算采用公式

不平衡度=100%×负序分量/正序分量

（4）波动与闪变分析。

（5）谐波与间谐波指标分析。谐波分析方法按照 IEC 61000-4-7 的规定进行计算。

对于负荷变化快的谐波源（例如炼钢电弧炉、晶闸管变流设备供电的轧机、电力机车等）测量的间隔时间不大于 2min，测量次数应满足数理统计的要求，一般不少于 30 次；对于负荷变化慢的谐波源（例如化工整流器、直流输电换流站等）测量间隔和持续时间不作规定，为了区别暂态现象和谐波对负荷变化快的谐波，每次测量结果可为 3s 内所测值的平均值。推荐采用 3s 内测得的所有谐波的均方根值计算。

1）对于谐波。

a. 评估周期：最小一天的评估周期。

b. 分析评估：1～10min 统计值，统计值与限值的最大或最小值进行比较。

c. 必须采用 1～10min 统计值计算各次谐波总畸变合格率，合格率评估周期为日、周、月。

2）对于间谐波。

a. 评估周期：最小评估周期为一天。

b. 分析评估：统计间隔为 1～10min，统计值与限值的最大或最小值进行比较。

c. 必须采用 1～10min 统计值计算各次间谐波合格率，合格率评估周期为日、周、月。

（6）暂升、暂降以及短时中断分析。IEC 61000-4-30 中对暂降、暂升以及短时中断的分析作出了详细的规定。

（二）电网电能质量管理的工作范围

1. 频率质量管理

频率质量监督管理工作由生产及调度部门负责，与营销业务部门没有直接职责关联。

2. 电压质量管理

电压的质量管理工作中的监测和调整仍主要由生产及调度部门负责，营销业务涉及的是对客户侧电压的监测与管理相关工作内容：电力用户装设的各种无功补偿设备（包括调相机、电容器、静补和同步电动机）要按照负荷和电压状况及时调整无功出力。

（1）无功配置原则。

1）电力系统的无功补偿与无功平衡是保证电压质量和电网稳定运行的基本条件，电力系统配置的无功补偿装置应能保证分（电压）层和分（供电）区的无功平衡。

2）无功补偿配置应根据电网情况，实施分散就地补偿与变电站集中补偿相结合，电网补偿与用户补偿相结合，高压补偿与低压补偿相结合。

3）配电变压器的电容器组应装设以电压为约束条件、根据无功功率（或无功电流）进行分组自动投切的控制装置。

4）电力用户应根据其负荷性质采用适当的无功补偿方式和容量，在任何情况下，不应向电网反送无功电力，并保证在电网负荷高峰时不从电网吸收无功电力。

（2）电压监测点的设置。供电电压质量监测分为 A、B、C、D 4 类监测点。各类监测点每年应随供电网络变化进行动态调整。

1）A 类。带地区供电负荷的变电站和发电厂（直属）的 10（6）kV 母线电压。

2）B 类。35（66）kV 专线供电和 110kV 及以上供电的用户端电压。

3）C 类。35（66）kV 非专线供电的和 10（6）kV 供电的用户端电压，每 10MW 负荷至少应设一个电压质量监测点。

4）D 类。380 / 220V 低压网络和用户端的电压，每百台配电变压器至少设 2 个电压质量监测点，监测点应设在有代表性的低压配电网首末两端和部分重要用户。

（3）运行监督。用电监察部门应对电力用户无功补偿装置的安全运行、投入（或切除）时间、电压偏差值等状况进行监督和检查。

3. 用户的谐波监督

（1）供电企业在确定谐波源设备供电方案时，要严格按照用电协议容量分配用户所容许的谐波注入量，并要求用户提供经监测中心认可的公用电网电能质量影响的评估报告，作为提出供电方案的条件之一。

（2）对预测计算中谐波超标或接近超标的用户，要安装电能质量实时监测装置和谐波保护装置。

（3）新投滤波器等装置要经过监测中心验收合格后方可挂网运行。

（4）对于谐波超标的用户，应按照“谁污染，谁治理”的原则，签订谐波治理协议，限期由用户进行治理，达到规定的要求。

（5）经监测中心确定的由于用户造成谐波污染造成电网及其他用户设备损坏事故，该污染源用户应负担全额赔偿。

（6）谐波不合格的时段和测试指标，以用户自备并经电能质量技术监督管理部门认可的自动检测仪器的记录为准，如用户未装设此类仪器，则以供电方的自动检测仪器记录为准。

（三）开展电能质量管理工作的条件

电网电能质量技术监督在管理上应严格执行《国家电网公司技术监督工作管理规定》的要求，建立相应的管理体制和制度，规范技术监督工作。电网电能质量技术管理是为了保证电网向用户提供不间断且符合国家电能量标准的电力，对电网内影响电能质量的发电、供电、用电等各环节进行必要的技术管理。

（1）建立专门的电能质量技术监督管理部门。

（2）建立电能质量监督管理制度。

（3）建立分层的电能质量管理系统。

电能质量管理系统特点如下：

（1）可以帮助供电部门实现电能质量考核与监督。上级供电部门可以通过该系统考核下级供电部门各项电能质量指标的合格率。

（2）供电部门也可以通过该系统对用电企业进行监督。

（3）地市局的监测终端通过通信服务器和数据库服务器与安装在现场的监测仪进行通信，从而实现电能质量的监测，网省局的监测终端也通过通信服务器和数据库服务器与地市局相连，从而实现全面监控。

（4）可以通过系统对历史电能质量数据进行分析，为电网改造以及电网维护提供依据。

（5）可以进行电力系统能效管理。

（6）在省、市、县建立区域电能监测网络也可以利用用电信息采集与监控系统进行电能质量监测与管理。

二、利用用电信息采集与监控系统开展电能质量管理

（一）用电信息采集与监控系统的数据采集功能

1. 数据采集功能模式

（1）采集功能具有灵活的可扩展性。

（2）系统可定时和随时抄录终端数据，定时采集的时间间隔（最小单位为 15min）和数据采集项目可由授权用户灵活定义，重复召唤的次数也可由授权用户灵活定义。

（3）系统进行随时抄录远方数据时，当终端及通信信道满足要求时，一次抄读 1000 个终端下的当前功率，在 10min 以内数据抄读成功率不小于 95%。

（4）提供方便采集监控功能，对因主站系统故障未能抄录的数据，在系统恢复正常时，应能自动补测并自动参与计算。

（5）主站程序能及时接收现场终端主动上报的报警信息，当终端异常、电网运行状态变化等事件上报到主站后，主站应能及时反应，以醒目方式告知责任人，关键信息还可通过短信发送到相关责任人手机上。

（6）主站采集前置机与现场终端的通信支持不同通信规约。

（7）系统提供远程升级模块，并借用 GPRS/CDMA 或光纤采集通道远程升级本厂家终端应用软件和终端电能表规约库。

2. 系统采集以下数据项目

（1）日负荷曲线：00:15～24:00 每 15min 的总有功、平均无功功率。

（2）正反向有功总、尖、峰、平、谷电量。

（3）正反向无功、四象限无功。

（4）A、B、C 三相电压、电流、功率、功率因数。

（5）终端累计的最大和最小电压、电流和频率。

（6）电流过负荷数据：最近 100 次电流过负荷记录，每条记录包括电流负荷开始（结束）时间、过负荷相别、过负荷时的最大电流。

（7）失电压记录、失电流记录、断相记录。

（8）其他事件记录。过电压、不平衡、逆相序、上/掉电、超功率、清需量、系统清零、初始电量、校时等。

（9）最大需量以及发生时间。

（10）抄表结算数据：月冻结表码。

（11）电能质量指标监测。

（二）利用采集数据开展电能质量管理

通过用电信息采集与监控系统接入专用的电能质量监测仪可以进行电网电能质量的监测与分析功能，为后续电网进行电能质量控制提供依据。

1. 系统能够监测的电能质量指标

系统具有电压偏差，谐波与间谐波，三相电压/电流不平衡及负序、零序分量，3 类指标的数据分析功能。

可选择不同的相别、均值、极值来展现不同的指标趋势图，重新选择图形选择方式后，需要重新单击图形区的查询按钮才能展现新选择的图形。也可以选择同时或分项来显示不同展现方式的图形，分项显示每一指标都分配有一个独立的显示区域，不重叠在一起，单击趋势图上的数据点，将会在下方显示对应的数据。

2. 系统可为电能质量分析提供的采集数据

（1）功率数据。功率类分析包含：功率因数、有功/无功/视在功率总共 4 类指标的数据分析功能。

（2）波动闪变信息。波动闪变数据分析功能包含有电压波动、短时闪变、长时闪变的数据分析功能，其中可为电压波动数据分析提供 A/B/C 三相的最大值、平均值、最小值的电压波动数据分析、图形分析功能；为长时闪变数据分析提供 A/B/C 三相的最大值、平均值、最小值的长时闪变数据分析、图形分析功能；为短时闪变数据分析提供 A/B/C 三相的最大值、平均值、最小值等数据。

（3）三相不平衡信息。

1）三相不平衡功能模块包含三相电压不平衡和三相电流不平衡的数据分析功能。

2）三相电压不平衡指标包含电压不平衡度、正序电压、负序电压、零序电压。

3）电压不平衡与电压相序分量数据分析包含电压的不平衡度、相序分量的平均值、最大值、最小值指标数据分析功能。

4）三相电流不平衡指标包含电流不平衡度、正序电流、负序电流、零序电流。

5）电流不平衡与电流相序分量数据分析包含电流的不平衡度、相序分量的平均值、最大值、最小值指标数据分析功能。

（4）谐波数据。谐波数据分析模块包含有总谐波的指标值和各次谐波的指标值。总谐波指标值有：电压总谐波含有量、电压总谐波畸变率（含图形分析）、谐波电流含有量（含图形分析）、谐波电流畸变率；各次谐波指标值有各次谐波电压频谱图、各次谐波电压趋势图、各次谐波电流频谱图、各次谐波电流趋势图。

1）电压总谐波含有量。电压总谐波含有量数据分析功能包含有 A/B/C 三相的最大值、平均值、最小值的总谐波电压含有量数据分析功能，根据数据展现方式可查询出分钟、小时、天、月数据。

2）电压总谐波畸变率。电压总谐波畸变率数据分析功能包含有 A/B/C 三相的最大值、平均值、最小值的总谐波电压畸变率数据分析、图形分析功能，根据数据展现方式可查询出分钟、小时、天、月数据和图形。

3）总谐波电流含有量。总谐波电流含有量数据分析功能包含有 A/B/C 三相的最大值、平均值、最小值的总谐波电流含有量数据分析、图形分析功能。可以通过选择不同的数据类型查询分钟、小时、天、月数据，并能够以数据和图形方式展现。

4）电流总谐波畸变率。电流总谐波畸变率数据分析功能包含有 A/B/C 三相的最大值、平均值、最小值的总谐波电流畸变率数据分析功能，可以通过选择不同的数据类型查询分钟、小时、天、月数据，并能够以数据和图形方式展现。

【思考与练习】

1. 电能质量监测指标有哪些？
2. 电能质量管理的工作范围是什么？

模块 3　防窃电应用（ZY2000303003）

【模块描述】本模块介绍应用用电信息采集与监控系统开展防窃电的内容。通过概念解释、要点讲解、接线图分析和案例剖析，了解窃电现象、手段和防止措施，掌握用电信息采集与监控系统防窃电工作的原理、流程和方法。

【正文】

一、开展防窃电工作的目的意义

当前，我国的窃电现象非常普遍和严重，窃电行为日益猖獗，部分地区呈高发态势，窃电大案不断发生，窃电主体可谓是形形色色，几乎涉及社会的方方面面。窃电已被一些人当作职业，窃电手段有比以前更隐蔽、更多样化的特点，已向高科技、智能化、专业化方向发展。窃电大案不断发生，严重地影响了社会稳定和经济发展，同时使国家财产遭受了重大损失。

从窃电所造成的危害后果来看，窃电行为已经对电网安全构成了严重威胁。例如，某市一个季度内因窃电造成变压器、线路烧坏和大小停电事故就达 100 多起。并且，窃电行为还时常引发民事纠纷、治安案件、火灾案件、刑事案件等，严重影响了社会的稳定。中央电视台报道的多起火灾事故原因均与窃电有关联。有专家统计，在火灾事故的原因当中，电气火灾位居首位，窃电更是引起火灾的重大隐患。

由此可见，窃电已不单纯是一个电力经营秩序问题，更成为一个社会问题。如何反窃电和防止窃电，成为电力系统亟待解决的一个课题。

二、常见的窃电现象分析

1. 电能计量典型分析

电能计量装置包括电压互感器、电流互感器和电能表。很多的窃电手法，都是从电能计量的基本原理入手，利用了计量装置的错误接线，包括电能表的错误接线以及电压互感器、电流互感器一次侧和二次侧的错误接线，达到破坏电能计量准确性的目的。因此，首先需要了解供电与计量方面的相关知识。

我国目前配置给大用户的电压等级为 220、110、35kV，配置给中小用户及社区和广大城乡用电的为 10kV，配置给居民小区及分散居民用电的是低压三相四线 380/220V。

供电局对各种用户供电方式有以下 3 种：

（1）高压供电，高压侧计量。指我国城乡普遍使用的国家标准电压 10kV 及以上的高压供电系统。须经高压电压、电流互感器（TV、TA）计量，计算用电量须乘 TV、TA 倍率。10kV 供电，一台 630kVA 和两台 500kVA 变压器及以上的大用户要实行高供高计。

（2）高压供电，低压侧计量。指 35、10kV 供电系统，具有专用配电变压器的大用户，须经低压电流互感器（TA）计量，计算用电量须乘以低压 TA 倍率。10kV 供电，一台 500kVA 变压器及以下用户，可高供低计。

（3）低压供电，低压侧计量。

指城乡普遍使用，经 10kV 公用配电变压器的低压供电用户。电能表额定电压单相 220V，用电量直接从电能表读出。由 10kV 公用配电变压器供电的中小用户均可低压计量。

为了正确计量，供电系统的电能表还要根据电力系统中心点接地或中心点不接地的运行方式配置。

2. 常见的计量装置错误接线方法

很多的窃电手法，都是利用了计量装置的错误接线。据统计，80%以上的窃电是从电能计量装置入手的。窃电者往往通过另行接线或改动接线来窃电。

（1）电压互感器的 V 型接线正确接法如图 ZY2000303003-1 所示。常见的错误接线为二次侧 B、C 相反接，二次侧 A、B 相反接或二次侧全部相反接。

（2）电压互感器的 Y 型接线正确接法如图 ZY2000303003-2 所示。三台单相电压互感器 Y 型接线构成了三类错误接线：二次侧一相反接，例如二次侧 B 相反接；二次侧两相反接，例如二次侧 A、C 相反接；二次侧三相反接。

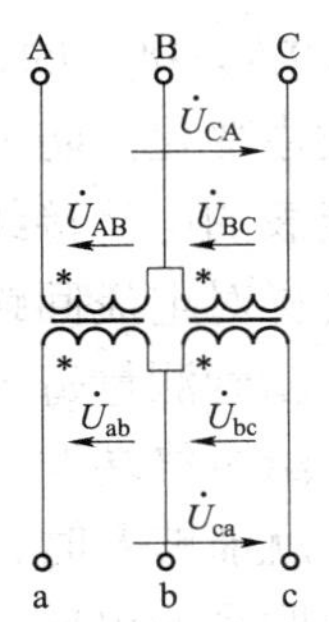

图 ZY2000303003-1　电压互感器的 V 型接线正确接法

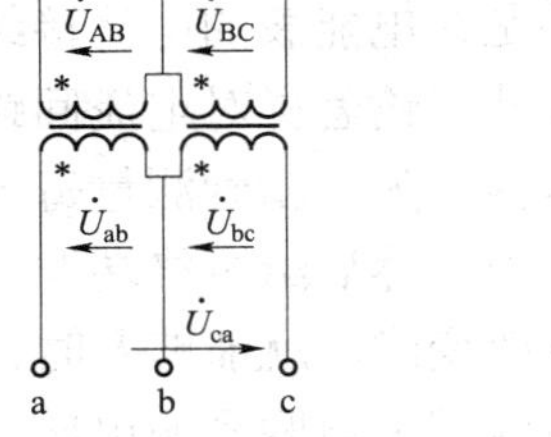

图 ZY2000303003-2　电压互感器 Y 型接线正确接法

（3）电流互感器的 V 型接线正确接法如图 ZY2000303003-3 所示。常见的错误接线为二次（或一次）侧 A 相反接、二次（或一次）侧 C 相反接或二次（或一次）侧 A、C 相均反接。

（4）电流互感器的 Y 型接线正确接法如图 ZY2000303003-4 所示。常见的错误接线为二次侧（或一次侧）一相或多相反接。

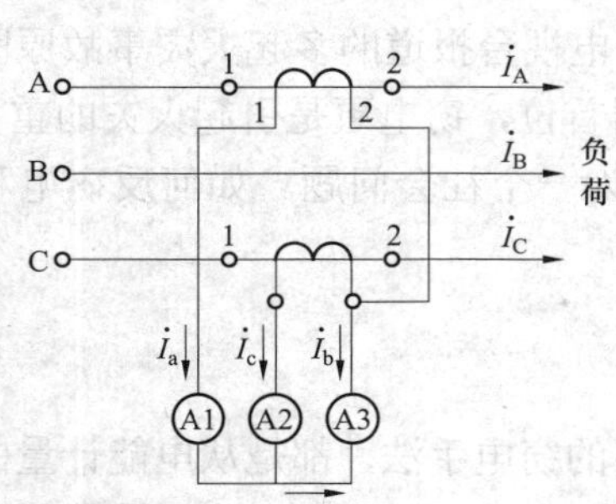

图 ZY2000303003-3 电流互感器的 V 型接线正确接法

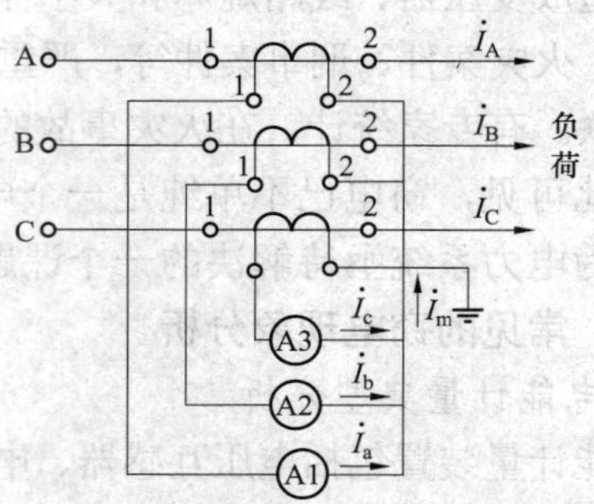

图 ZY2000303003-4 电流互感器的 Y 型接线正确接法

3. 常见的窃电手段及计量分析

一个电能表计量电量的多少，主要取决于电压、电流、功率因数三要素和时间的乘积。因此人为窃电一般采用改变计量回路二次接线等方法进行窃电，所以监测窃电时产生的电压、电流、相位变化，可以准确捕获窃电的起止过程，实现防窃电。

（1）欠电压法窃电。窃电者采用各种手法故意改变电能计量电压回路的正常接线，或故意造成计量电压回路故障，致使电能表的电压线圈失电压或所受电压减少，从而导致电量少计。

常见的手法有：使电压回路开路；造成电压回路接触不良故障；串入电阻降压；改变线路接法等。

针对此类情况，计量装置：产生失电压、断相报警，进行电压差动对比：比较电能表和终端两端电压大小，当电压差值大于 3%时为异常；在电能表内当 1min 平均电流大于 2%I_b 时，若 1min 平均电压小于（76%±2%）U_b 时，判断为断电压，当电压大于（85%±2%）U_b 时判断为电压恢复，记录失电压期间的有功电量。

（2）欠电流法窃电。改变电能计量电流回路的正常接线或故意造成计量电流回路故障，致使电能表的电流线圈无电流通过或只通过部分电流，从而导致电量少计。

改变电流大小的方式有短接或分流一次侧电流，短接或分流二次侧电流，这种短接或分流可能是某一相、二相或三相。

常见的手法有：使电流回路开路；短接电流回路；改变电流互感器的变流比；改变线路接法等。

针对此类情况，计量装置比较电能表和防窃电终端测量的电流大小，若差值大于 3%说明电流回路异常。

三相电流不平衡：电流不平衡率大于设定值，电流不平衡率按如下公式计算

不平衡率=（最大相电流−最小相电流）/ 三相平均电流

平均电流为 1min 的平均值，终端主动上报主站。

进行 TA 二次侧短路和开路检测，主动上报发生的时间和电量。

交流阻抗测量：进入电能表电流接线端子的电流是通过电流互感器（TA）接入的，如果 TA 二次侧开路或 TA 一次侧短路、分流，都会使得 TA 二次侧回路的交流阻抗发生变化，防窃电终端可以测量出这个阻抗的变化，据此判断出对 TA 两侧所作的改变。如果是在电能表的电流接线端子处进行短路、分流，同样会使得 TA 二次侧回路的交流阻抗发生变化。因此无论怎样对电流回路作改动，防窃电终端都能够测量出来。由于不同的电流互感器的交流阻抗有差异，为了精确测量每一个现场的交流阻抗，防窃电终端需要进行自学习，安装时，应保证接线正确无误，然后给本终端发一个命令，终端会自动记下这个现场的电流回路阻抗特征，当电流回路阻抗特性改变时，就能够及时识别出来。

（3）移相法窃电。改变电能表的正常接线，或接入与电能表线圈无电联系的电压、电流，还有的利用电感或电容特定接法，从而改变电能表线圈中电压、电流间的正常相位关系。

常见的手法有：改变电流回路的接法；改变电压回路的接线；用变流器或变压器附加电流；用外部电源使电能表倒转；用电感或电容移相；用一台一次侧或二次侧没有电联系的升压变压器，将某相电压升高后反接入表尾中性线等。

针对此类情况，计量装置：根据 A、B、C 三相过零点的先后顺序判断电压是否为逆相序；利用电流失衡法判断电流反向，并记录下该相反相电量；利用电流失衡法判断超大电流倒灌，还可以设立超功率报警，即当 1min 平均有功功率大于功率限定值时进行报警。

（4）扩差法窃电。窃电者私拆电能表，通过采用各种手法改变电能表内部的结构性能，致使电能表本身的误差扩大；利用电流或机械力损坏电能表，改变电能表的安装条件，使电能表少计。

针对此类窃电，主要通过计量门报警、计量装置告警判断，并对电能表进行权限管理。

（5）无表法窃电。针对此类情况，计量装置判断电能表停走时主动上报，内容为发生时间、电量。

4. 开展防窃电工作的技术困难分析

随着经济的发展和用电量的增大，窃电问题日益突出，供电部门大量采用防窃电设备，例如全封闭防伪封印、防窃电电能表箱、计量箱、计量装置故障检测仪等设备，有针对性地堵塞窃电行为。

但每种防窃电设备在功能方面均有一定的局限性。在窃电方式多元化的情况下，只要有一种防窃措施实施不久，紧接着就会发现窃电者有一套相应手段进行破坏，而且手法相当隐蔽，一般很难发现，致使原有的设备失去作用。并且，大多数的防窃电设备在认定窃电行为方面的可操作性不强，始终无法解决窃电量的统计问题。

同时，计量装置多安装在用户端，专用变压器计量装置多装在厂区内，当前往检查时，“电老鼠”容易、且有足够时间灭迹，检查人员难以人赃并获。检查人员在检查时经常会发现部分线路和计量装置曾有窃电行为所留下的痕迹；对已拆回的旧表计、互感器在进行校验时发现部分被恶意窃电者做了手脚；一些电能表被人为损坏，但是难以查处。

随着（高新）技术的普及，窃电者往往利用计算机设备破解电能表密码，手工更改电能表内部数据，普通防窃电设备根本无法防范。IC 卡电能表不断普及后，出现了伪造电卡偷电；而编程器偷电的案件中，发现编程器体积越来越小，具有远程遥控、自毁等功能。电力部门只能通过线损异常，发现偷电行为的存在，难以定位具体偷电用户。改装电能表的案件也时有发生。防窃电工作难度越来越大。

尽管供电部门采取了加强人力检查、在电能表计中增设防窃电措施等各种技术手段，但达到的防窃电效果和工作效率很低。分析防窃电难的根本原因，在于无实时性数据分析，对电压、电流、相位的变化无记录，无法堵塞窃电漏洞。

通过采用计算机技术和通信技术的用电信息采集与监控系统，实现在线监测，实时传送计量数据和告警信息，并且利用数据库系统对历史数据进行用电分析，将防窃电转变为反窃电的系统工程，在功能、适用范围、工作环境、可扩展性、投入的经济可行性等方面，具有更多的优势。

三、利用用电信息采集与监控系统开展防窃电应用

1. 用电信息采集与监控系统在防窃电工作中的有利条件

（1）用电信息采集与监控系统可以分为两个主要的部分：用电现场由电能表与电力用电信息采集与监控终端构成数据采集通信，通过终端实现对表计设备的数据采集和监控，完成报警事件的处理，发现异常进行主动上报到系统主站或者相关责任人。

（2）主站系统定时采集电力负荷终端的原始数据，实时接收终端的报警信息。对数据进行用电分析，包括异常用电、负荷曲线、线损等分析。

用电信息采集与监控系统提供了从电能表到系统一体化完整的解决方案，实时采集、传输、分析和保存现场计量数据，并将报警信息上报主站处理，及时发现用电异常情况。供电部门通过对报警事件前后的计量点电流等数据的对比，判断是否存在窃电嫌疑，作为专项现场检查提供依据。

用电信息采集与监控系统通过实现在线监测和用电数据分析的功能，达到阻止偷窃电和抓获偷窃电的目的，减少偷窃电事件的发生，为反窃电工作提供了科学依据。

2. 利用用电信息采集与监控系统开展防窃电工作的主要方法

用电信息采集与监控系统通过定时采集终端中的历史数据和实时数据，同时实时接收终端主动上报的报警信息，进行分析，提供防窃电应用功能。

（1）报警信息与事件分析。对电能表状态、终端状态、计量回路状态以及各种处理分析的异常报警是电力用电信息采集与监控系统重要的基本功能。鉴于对异常报警的判断和处理过程比较复杂，对下列几类报警采用规范的报警处理机制，从而准确产生报警信息。

1）设置电能表运行参数（与计量相关）产生的报警。此类报警事件是非常重要的，同时也较难判断。电能表参数分为两类：一类为出厂设置参数，如校表精度、脉冲常数、启动电流、接线方式等，该类参数是不允许在运行过程中修改的，且具有较高的安全性；另一类为运行管理参数，该类参数在运行过程中允许合法修改，但一旦非法修改，将带来严重后果，主要包括清需量和设置底度、倍率、时钟、时区时段等。

2）计量回路运行状态（与计量相关）改变所产生的报警。包括缺相、断相、电压逆相序、反接线（电流逆相序）、TA 一次短路、TA 二次开路、TA 二次短路等事件。

3）由终端分析处理后产生的与计量相关的各种报警事件。主要包括计量门开启、电能表外壳打开、差动对比、电流不平衡、电能表停走、电能表飞走、电量下降等事件。

针对每一类报警可以调用相应的后续处理程序。如结合电量分析、曲线分析、线损分析，可以初步确认用户的窃电嫌疑。

（2）统计分析功能。根据测量量可以统计分析运行情况，包括：

1）电量分析。包括有无功分时电量、异常用电分析，如电量突变，不同时间段电量对比，日电量的分析，电量曲线状况分析等，从而确认用户的用电异常情况。

2）线损分析。根据线损的异常，可以追溯引起报警的某个用户。

3）功率曲线分析。根据负荷曲线图直观显示用户的负荷状态。

4）电压合格率、供电可靠率、三相电流不平衡率分析。

四、案例分析

某供电局从 2005 年投入使用电力用电信息采集与监控系统后，为充分发挥利用用电信息采集与监控系统技术支持功能，供电所用电检查班每月定期查询系统的“超合同容量用电”、“电流过负荷”、“计量门装置打开”、“TA 二次短路”等用电异常报警事件，以及报警事件发生前后客户计量点数据电流等，排查和判断该客户是否存在超合同容量用电、过负荷等违约和窃电行为。

（1）通过用电信息采集与监控系统报警分析中“计量门装置打开”报警事件，查询“计量门装置打开”报警事件发生时间前后计量点数据采样电流是否发生突变，可判断该客户是否存在窃电嫌疑。

（2）通过用电信息采集与监控系统报警分析中“超合同容量用电”、“电流过负荷”等用电异常报警事件，查询报警事件发生时间前后计量点数据采样电流，可判断该客户是否存在超合同容量用电、过负荷等，未违约用电管理工作提供支持和帮助。

通过以上窃电排查功能有效运用，2006 年 9 月查处了某个用户的窃电行为，按照系统提供该客户计量一、二次数据查询的电流值，检查“计量门装置打开”报警发生时前后的电流，判断该客户存在窃电嫌疑。经供电所人员现场突击检查，现场抓获客户擅自打开计量门短接计量 TA 窃电，立即进入窃电处理流程。事后根据用电信息采集与监控系统记录，发现客户在 7、9 月利用假日期间进行窃电，通过系统记录确认客户窃电累计时间为 231.5h，总窃电量为 156 874kWh，追补及违约电费合计约 40 万元。

【思考与练习】

1. 常见的窃电手段有哪几种？
2. 常见的计量装置错误接线有哪几种？

模块 4 预购电应用（ZY2000303004）

【模块描述】本模块介绍应用用电信息采集与监控系统开展预购电工作的内容、要求和流程。通过概念介绍、要点讲解，图形示意，了解预购电管理工作的意义，熟悉预购电业务相关规范与要求、开展预购电业务必须具备的技术条件，掌握应用用电信息采集与监控系统开展预购电业务的原理、特点和流程。

【正文】

一、预购电管理工作介绍

随着社会的不断发展，服务意识的不断提高，智能化的呼声越来越高，提高管理水平、减小劳动强度是未来发展的必然选择。预购电管理经过几年的实际应用，收到了较好的效果，已成为我国用电管理的主流。

预购电的管理模式，是解决电费回收风险的一项重要措施；为用户提供网上充值、电话充值等新型电费缴纳方式，满足用电客户不同的需求；并为用户提供多种便捷的方式，了解自己的预付费及用电信息，全面推行预付费，推动电费回收工作。

二、预购电管理工作需要的技术支持分析

（一）预购电业务相关的规范与要求

由于预购电管理的发展，国家制定了国家标准 GB/T 18460—2001《IC 卡预付费售电系统》。该标准自 2001 年发布实施以来，推动了产业的技术进步，促进了产品质量的提高，增强了国际市场的竞争能力。但随着技术的持续发展和产业规模的扩张，出口市场的扩大，特别是国际标准的陆续发布（IEC 62055），行业对国家标准 GB/T 18460—2001 修订工作的要求日益迫切。为此全国电工仪器仪表标准化技术委员会拟对 GB/T 18460—2001 进行修订，将参照国际电工委员会 IEC 62055《电能测量付费售电系统》以及其他国外先进标准，并结合这几年标准的贯彻实施情况进行。

国家相关标准如下：

GB/T 18460.1—2001　IC 卡预付费售电系统　第 1 部分：总则

GB/T 18460.2—2001　IC 卡预付费售电系统　第 2 部分：IC 卡及其管理

GB/T 18460.3—2001　IC 卡预付费售电系统　第 3 部分：预付费电度表

（二）开展预购电业务必须具备的技术条件

预付费系统是全面采用先进、成熟的芯片技术、互联网技术、面向对象技术、构件化技术、信息安全技术等构建的高速网络通信的软硬件综合平台，具有高效、优质、开放、安全的优点。它由如下三个方面组成，组成了预购电业务必须具备的技术条件：

（1）预付费电能表（电钥匙表、IC 卡表、非接触式 IC 卡表、CPU 卡表等）。

（2）预付费售电管理系统。

（3）其他辅助设备或系统（如 IC 卡读写器、CPU 卡的密钥系统等）。

1. 预付费电能表或终端

国内市场上常见预付费电能表有：预付电量 IC 卡电能表，单一费率的 IC 卡预付电费电能表，单、三相多费率 IC 卡预付费电能表，三相多功能 IC 卡预付费电能表，键盘式预付费电能表，公用预付费电能表等。国外市场上还有梯度预付费电能表。

其中预付费电能表的主要功能如下：

（1）控制功能。实现用户先买电后用电的功能。当电能表内剩余电量（金额）为零或双方约定允许的赊欠电量（金额）时，可发出断电信号控制负荷开关自动切断。在电能表输入新购电量（金额）后能自动恢复（必要时也可辅以手工恢复）。

（2）分时扣费功能。结合分时功能，按照电能表当前费率实时扣减电费。

（3）赊欠及紧急赊欠功能。

（4）超负荷报警、控制功能。

（5）IC 卡设置参数及抄读功能。

（6）显示功能。显示用户关心的数据、插卡提示功能。

（7）处理 IC 卡过程中和操作完成后的提示功能。

（8）内置继电器、外置开关控制功能。

（9）剩余电量（金额）报警功能。

（10）事件记录功能。用户购电记录、费率倍率更改记录等。其中用户购电记录包括购电次数、

购电电费、制卡时间、插表时间、购电前后电费等数据。

（11）电费囤积限制功能。

（12）备用时区时段费率及定时切换功能。

2. 预付费售电管理系统及其他辅助设备

预付费售电管理系统由数据库服务器、应用服务器和应用终端组成。

为配合系统的运行，有些硬件设备必不可少，如读写卡设备等。

同时有时也需要一些软件作为支撑，如使用 CPU 预付费售电就需要有密钥系统、发卡系统等。

三、用电信息采集与监控系统在预购电工作中的技术支持应用

（一）用电信息采集与监控系统对电力营销业务的技术支持特点

用电信息采集与监控系统由采集终端、通信网络、用电信息采集与监控前置平台、用电信息采集与监控业务类以及电能信息实时数据库构成，是对电力营销业务的很好的技术支持。它是基于分布式实时数据库、统一数据库存储、统一实时监控平台和统一应用管理平台建立的自动化系统，以实现电厂、变电站、专用变压器大客户、公用变压器台区和低压客户用电信息采集与监控的一体化应用为目标，实现了用电信息采集与监控、厂站电能信息自动采集、配电监测、低压集抄、防窃电、预付费、四分线损分析和需求管理等功能于一体的业务管理，支持对数据进行自动统计分析、考核结算、报表打印和信息发布。

用电信息采集与监控系统所有档案信息来自电力营销系统。系统预付费售电数据以及采集的现场电量数据、设备状态需提供给其他模块，并作为有序用电、电量电费控、部分客服信息发布的执行模块，响应其他模块的相关命令。

用电信息采集与监控系统对营销管理业务的支持主要体现在如下几点：

（1）用电信息采集与监控系统接收营销业务应用的采集任务、控制任务及装拆任务等信息，借助现代化通信等技术手段，实现电能信息的远程采集与负荷的远程控制，为抄表管理、有序用电管理、电费收缴及账务管理、用电检查管理等营销业务提供数据支持和后台保障。

（2）用电信息采集与监控系统提供采集点设置、数据采集管理、运行管理以及控制执行等管理功能，是实现营销业务应用与用电信息采集与监控系统数据交互的功能组件。

（3）用电信息采集与监控系统系统为营销业务应用提供数据支持。用电信息采集与监控与管理系统与营销管理业务应用系统中用电信息采集与监控模块是从两个不同角度看待的同一个事物，当然两者的范畴有所不同。

从整个大营销业务来看，用电信息采集与监控是整个营销业务类之一，数据采集（终端操作控制）和基础应用（负荷控制、抄表）是这个业务类的内容，而综合应用（用电管理、异常分析、统计）已经被归并到了其他业务类中去了。

两者之间的关系可以用图 ZY2000303004-1 所示。

（二）用电信息采集与监控系统在开展预购电业务中的应用

预付费管理需要由主站、终端、电能表多个环节协调执行，实现预付费控制方式也有主站实施预付费、终端实施预付费、电能表实施预付费三种形式。

1. 主站实施预付费管理

主站根据用户的预付费信息和定时采集的用户电能表数据计算剩余电费，当剩余电费等于或低于报警门限值时，主站下发催费告警命令，通知用户及时缴费。当剩余电费等于或低于跳闸门限值时，主站下发跳闸控制命令，告知用户并切断供电。用户缴费成功后，在规定时间内主站应及时下发允许合闸命令，允许合闸。

2. 终端实施预付费管理

主站可根据用户的预付费信息，输入和存储电能量费率时段和费率以及预付费控制参数包括购电单号、预付电费值、报警和跳闸门限值，并下发到终端。当需要对用户进行控制时，向终端下发预付费控制投入命令，终端根据报警和跳闸门限值分别执行告警和跳闸。用户缴费成功后，在规定时间内主站应及时下发允许合闸命令，允许合闸。

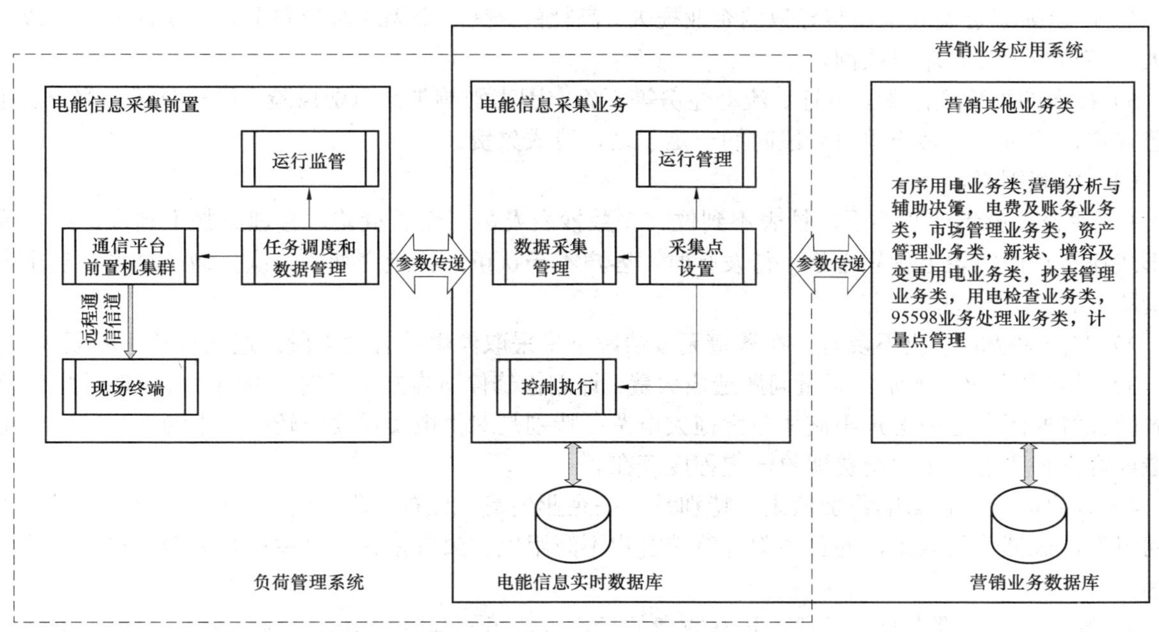

图 ZY2000303004-1　用电信息采集与监控系统与营销业务应用之间的关系图

3. 电能表实施预付费管理

主站可根据用户的预付费信息，输入和存储电能量费率时段和费率以及预付费控制参数包括购电单号、预付电费值、报警和跳闸门限值，并下发到电能表。当需要对用户进行控制时，向电能表下发预付费控制投入命令，电能表根据报警和跳闸门限值分别执行告警和跳闸。用户缴费成功后，在规定时间内主站应及时下发允许合闸命令，允许合闸。

【思考与练习】

1. 用电信息采集与监控系统在开展预购电业务中的应用有哪几类？

2. 用电信息采集与监控系统对营销管理业务的支持主要体现在哪几点？

模块 5　催费管理（ZY2000303005）

【模块描述】本模块介绍应用用电信息采集与监控系统开展催费业务的内容、要求和流程。通过要点分析、讲解、应用介绍，了解客户电费欠费的原因、开展催费业务相关的要求和规范，熟悉实时采集客户用电信息、自动发送催费信息、实现客户用电负荷远程监控等催费业务技术支持手段，掌握运用用电信息采集与监控系统开展催费管理的具体任务和管理要点。

【正文】

一、催费管理工作业务要求

1. 造成客户电费欠费的原因

造成客户电费欠费的原因主要有客观因素和主观因素两种。

（1）客观因素。

1）用电政策方面的原因。“先用电、后交钱”的用电现状造成电费回收与用电有 1～2 月时间差，是形成欠费的政策原因。根据《电力供应与使用条例》规定：“客户逾期未交付电费的自逾期之日起计算超过 30 日，经催缴仍未付电费的，供电企业可以按照国家规定的程序停电”，使供电企业在对欠费用户采取有效措施上，增加了时间上的风险。

2）客户的故意拖欠。客户因资金周转问题故意拖欠电费现象，此类欠费发生在企业居多。

3）市场经济的发展和经济结构的调整所导致的拖欠。困难企业、倒闭破产企业因资金困难而拖欠电费现象较为严重，加大了电费回收的风险。该类客户普遍经营状况差、用电量大、欠费比较严重、催费难度大，极有可能造成呆账、坏账。

4）伴随国家宏观政策调整导致的企业拖欠。高耗能、高污染等政策导向型企业受国家宏观政策影响大，易造成欠费且难以收回。

5）社会的不稳定因素。拆迁、流动住房等不确定因素影响带来电费风险。如部分拆迁客户、租房经营客户、临时用电客户用电一段时间一走了之，造成欠费。

（2）主观因素。

1）抄表人员责任心不强，抄表不到位。少数抄表人员工作质量差，管理监督不到位，漏抄或错抄形成在客户电能表上积累电量，待发行时，客户不予认可，拒绝交纳或一次性缴纳过多，超出客户交费能力。

2）客户欠费时催收不及时。在催费无效情况下未采取停电等有效手段，造成客户不断累积欠费。

3）因供电企业供电服务质量问题造成欠费。计划检修停电告知不及时，电网故障临时停电恢复送电时间长等原因，造成客户不满意故意拖欠电费；特别是对供电质量要求较高双电源客户，因停电故障造成客户损失的，不愿交费现象一定程度存在。

4）外界因素干扰影响收费效果。特别是一些企业欠费，催费过程中受到行政、社会等干扰，“照顾用电”造成催费无效果，并且该部分特殊客户不断用电、欠费累计，这往往是欠费大户形成的主要原因。

5）缺乏有效的催费技术手段。依法收费的运用上，虽然与客户签订了《供用电合同》，但并未与“交费难”客户专门就电费问题签订协议并严格执行停电等有效手段，从而使一些如预交电费、资产抵押等有效防范措施得不到灵活运用。

2. 开展催费业务相关的要求和规范

针对用户欠费实际情况，为了有力促进电费回收，使企业资金流合理流畅运转，电力必须加强催费管理力度。催费管理的原则要求如下：

（1）电费催费的前提条件是要在客户优质服务的基础上来开展。

（2）针对不同客户，需要采取不同的催费方式来开展。

（3）催费手段要借助先进的技术手段来进行。电话、短信、邮件以及人工送单等多方式。

（4）催费要结合电费回收管理相并进行。

（5）催费要及时，并需要对该工作采取相应的考核手段。

二、催费业务所需要的技术支持

1. 催费工作中的困难分析

催费工作存在比较多的困难，主要难点如下：

（1）政策方面的制约。欠大额电费的客户一般都是大客户，甚至有些是国有企业，对当地经济建设有着重要的作用，因此往往当地政府有相应的政策支持和保护他们，导致催费困难。

（2）欠费客户的错误认识。基于种种原因，欠费客户普遍存在“欠电费不违法”的错误认识，这一问题是导致催费难的重要因素。

（3）催费手段落后单一。长期以来，电力营销缺乏必要的技术手段，不能对用户用电情况实现有区别的实时监控，当出现用电后不交费的现象时没有有效的技术手段辅助电费的催收，现场停电往往受到不可抗力的外界条件限制，甚至人工登门催收还要受到非法阻挠，这就形成催费难的一个主要因素。

2. 催费业务需要的技术支持

催费业务需要相应的技术支持手段，尽量做到以自动催费为主，人工进行跟踪，并辅以有效的监控手段，以维护正常的供电秩序，保证国家财产不致流失。

催费业务主要的技术支持需求有：

（1）实时采集客户用电信息。保证计量抄表工作的质量，及时获取用户的用电信息，尤其是在欠费发生期间，需要实时掌握用户的用电状况和变化趋势，以便有针对性地制定相关催费策略和措施并及时评估催费措施的有效性。

（2）自动发送催费信息。能够以多种方式提供向客户下达催费信息的技术手段，及时通知客户缴费。

（3）实现客户用电负荷远程监控。提供可靠的远程负荷控制技术手段，依据营业催费的具体指令，限制或切断客户的用电负荷，并实时监测控制的有效性，成为辅助催费工作的“杀手锏”。

三、用电信息采集与监控系统在催费业务中的应用

1. 用电信息采集与监控系统在催费业务中能够提供的技术支持条件

用电信息采集与监控系统因为具备对客户用电信息的集中采集和负荷控制基本功能，可实现实时的远程抄表、计量监测和控制跳闸等功能，具备催费业务的辅助技术条件，可提供的主要技术条件有：

（1）实时信息采集。能远程采集客户用电数据和计量信息，为及时准确掌握和自动结算客户当前用电情况提供了数据依据。

（2）实时负荷控制。用电信息采集与监控系统具有对客户用电负荷及用电量的远程控制功能，以负荷定值控、电量定值控、遥控等多种方式，实现对客户用电负荷的限制，实现了远程控制的同时从根本上避免了线路的拉闸。

（3）信息发布。用电信息采集与监控系统具有与客户联系的信息发布功能，通常还具备面向客户开放的信息网站和短信平台，可承担向客户发布实时用电信息的任务。

2. 用电信息采集与监控系统在催费业务中具体任务

充分利用用电信息采集与监控系统上述功能和技术条件，在电费催收工作中能够起到不可或缺的辅助技术支持作用，主要体现在以下几个方面：

（1）实时采集客户的用电信息。通过用电信息采集与监控系统实现自动抄表和信息采集，为电费结算提供准确和及时的计量数据依据。

在客户发生欠费期间，用电信息采集与监控系统可为电费催收工作提供实时的客户用电状况和变化趋势。

（2）发送电费催收信息。通过用电信息采集与监控系统的信息发布网站、短信平台，及时发布催费信息，尤其是可利用安装于客户配电房的用户终端，直接发布催费文字和语音信息，达到通知到户的目的。

（3）催费辅助控制。利用用电信息采集与监控系统灵活多样的客户用电负荷控制功能，对欠费并继续用电的客户实行远程负荷控制，限制其用电功率水平或用电量，直至遥控断电，达到催费的目的。

3. 用电信息采集与监控系统实施催费辅助控制应遵循的管理要点

利用用电信息采集与监控系统对欠费客户实施催费控制是一项严肃的业务工作，必须置于严格的管理之下进行，其要点有：

（1）负荷控制必须依据营业规范进行。是否运用负荷控制手段实施对具体的欠费客户催费，须由供电企业的营业部门决定，由电费催收业务部门下达具体的客户对象、控制方式、控制力度和控制时间等控制要素，经相关主管批准后方可执行。

控制命令的下达、批准和传递，视系统技术条件，既可系统自动流转，也可人工传递工作单。

（2）控制功能必须稳定可靠。控制功能的稳定可靠是控制是否有效的前提技术条件，涉及系统主站、通信信道和终端设备等各环节运行性能的稳定性、控制功能的可靠性、客户用电信息采集的完整性和客户用电配电开关的可控性等诸方面的工作必须到位，此外还有操作人员的操作准确性及控制业务管理的严密性对能否有效实现催费控制密切相关。

（3）必须对控制对象有充分的了解。考虑到不同客户生产流程的不同，控制对象具有不同的可控等级，有些客户不能完全中断供电，诸如化工企业必须保证保安负荷的供应等，因此必须对欠费客户控制对象有充分的了解，掌握供电性质和可切除负荷的可能性，做到既能有的放矢地实施催费控制，又不至于导致不应发生的停电危险。

为此，应针对各种可能出现的异常情况做好应急处理预案。

（4）控制过程必须做到信息透明。为了保证催费控制的有效性和控制方式的合理性，在实施催费控制的过程中尤其要重视相关信息的发布和沟通，催费信息的发布、控制功能的启用和结束必须依据营业业务部门的指令进行，面向客户发布的信息必须准确及时，控制过程及控制效果必须及时反馈给营业业务部门，控制结束必须及时采集客户现场信息，准确判断恢复供电的实际情况并及时报告营业业务部门，对控制过程中因限电导致的客户重大事件应按预先指定的预案及时处理，整个控制过程应保留完整的操作和实施记录。

【思考与练习】

1. 用电信息采集与监控系统在催费业务中的应用有哪几类？

2. 催费业务需要的技术支持有哪些？

模块6 地方上网电厂管理（ZY2000303006）

【模块描述】本模块介绍应用用电信息采集与监控系统对地方电厂上网管理的内容、要求。通过概念介绍、要点讲解、应用介绍，了解地方电厂的存在和上网需求的客观性，熟悉地方电厂上网的管理规范和要求、对上网电厂进行管理的技术条件需要和功能需求，掌握运用用电信息采集与监控系统对地方电厂上网管理的方法。

【正文】

一、地方上网电厂管理规范

1. 地方电厂存在和上网需求

在各地区广泛分布着大量地方电厂。之所以存在众多的地方小电厂，一方面是因为各地水资源和煤炭资源丰富，政府各种政策提倡合理利用水资源和矿产资源；其次，工业生产用电负荷增大，电力负荷紧张。众多因素促成各地区建设了许多地方电厂，并在电力负荷供应中起着不可忽视的作用。

地方小水电上网供电受季节影响较大，夏季丰水期电力生产充足，冬季枯水期电力生产紧张。冬季电力生产在不能满足自身需要的时候需要从电网购电。而夏季丰水期季节，生产的电力不但满足了自身电厂用电还剩余大量电力，此时地方小水电发出的电上供到电网企业。

地方小火电机组普遍存在机组容量小、可靠性差的特点，因而运行不稳定和能耗高是不可避免的现象。在这一特点下，小火电机组不可能成为客户稳定的电源，主要还是将发出的电上供到电网企业。

2. 地方电厂上网的管理规范和要求

地方电厂上网通常由电网公司管理，供电企业与地方上网电厂签订售电合同，规定上网电量、发电负荷曲线和结算电价，负责对地方电厂的结算电能表进行安装、维护和定期抄表，并负责对地方上网电量和发电负荷曲线进行结算、核查。

为此，供电企业需要直接对地方电厂的上网电量进行监测，甚至进行控制。

（1）现场情况。地方电厂的结算电能表一般安装在发电侧，上到供电企业的电量近似认为发电量。并且规定地方电厂的上网电量为正向，下网电量为反向。计量方式分为高供高计与高供低计。

（2）结算情况。地方电厂上网电量由供电企业进行考核、结算、划账。供电企业只结算合格上网电量。上网电量结算计算公式如下

上网合格电量=表计电量−变压器损失−违约电量

变压器损失：根据计量方式不同判断变损，采用高供高计时变损在小水电客户侧，此时减0计算；采用高供低计时变损在电网侧，非统调关口客户应承担一定的变损费用。

违约电量：超过合同中规定上网电量的电量。

供电企业在结算上网电量时，依据上网电量费率时段、季节等标准进行结算。

（3）费率时段划分标准。（例如）小水电客户一般划分为三个费率时段：

峰时段8：00～12：00，19：00～23：00；

平时段7：00～8：00，12：00～19：00；

谷时段0：00～7：00，23：00～24：00。

根据季节，小水电客户上网电量结算分枯水期结算与丰水期结算。

枯水期结算标准：枯水期时供电企业收购小水电客户全部上网电量。

丰水期结算标准：丰水期为6～10月，在丰水期收购峰:平:谷上网电量的比例为1:1:0.85，即应收

购总电量=峰时段的全部电量+平时段的全部电量+谷时段全部电量×0.85。将应收购总电量与签订的小水电合同中约定的上网电量进行比较，如果应收购总电量小于合同约定的上网电量，那么全部收购。如果应收购总电量大于合同约定的上网电量，那么只按合同约定的电量为准，超过部分不付费。当前小水电客户结算周期为1个月。

（4）考核情况。为了保证电力质量，供电企业需要对上网电量进行无功考核。根据考核情况对不合格电量进行扣减。

当前供电企业结算时主要通过考核无功电量判断上网电量是否合格。考核方式为判断功率因数 $\cos\varphi$ 是否大于等于0.85。根据公式 $\cos\varphi = Q/S$ 计算功率因数，其中 Q 为无功功率、P 为有功功率、S 为视在功率。

二、上网管理需要的技术支持条件

1. 开展上网电厂管理需要的技术条件

供电企业与地方电厂最大的关系就是交易电量。为了对上网电厂进行上网电量管理，应具备以下条件：

（1）拥有自动采集电量、电压、负荷等数据的系统。

（2）拥有地方电厂的档案信息。

（3）实施地方电厂现场终端安装。

（4）具有稳定可靠的通信信道。

2. 上网电厂管理的功能需求

为更好地管理地方上网电厂，供电企业需要把住自动数据采集、监测、考核、结算、分析、现场维护等各环节。在各环节上需要系统能够提供以下功能：

（1）自动数据采集环节。

1）确保与营销系统一致的档案数据。

2）确保实现电表档案的一致对应。

3）确保能够稳定、可靠、准确地自动抄表。

（2）监测环节。

1）提供上网电量监测功能。

2）提供现场终端、电表、计量设备的实时工况信息。

3）提供实时数据采集功能。

（3）考核关节。

1）提供无功功率、有功功率的数据采集与查询分析功能。

2）提供电流、电压的数据采集与查询分析功能。

（4）结算环节。提供上网电量统计功能。

（5）分析环节。提供上网电量分析功能。

三、用电信息采集与监控系统在地方电厂上网管理中的应用

1. 利用用电信息采集与监控系统开展上网管理的有利条件

利用用电信息采集与监控系统可以实时、准确、高效地监控地方电厂运行情况，也可节约人力资源。

首先用电信息采集与监控系统能够定时自动进行数据采集，系统拥有定时数据采集任务与周期巡测任务，保障了每日数据的完整。

其次，用电信息采集与监控系统拥有稳定可靠的信道资源，系统可采用 230Mbit/s 无线专网、GPRS/CDMA 无线公网、光纤等通信方式，有效保障了数据采集的稳定与可靠。

另外，用电信息采集与监控系统采用营销系统档案，用电信息采集与监控系统可以从营销系统获取合同账户、客户、安装点、电能表等其他营销对象，保障了地方上网电厂的档案一致以及维护统一性。

再次，用电信息采集与监控系统能够实时获取现场工况，能够及时了解掌握地方小水电电厂的运

行情况，监控现场设备运行情况。

最后，用电信息采集与监控系统可以根据采集的小水电数据，进行上网电量统计与分析，也为小水电客户进行电能质量考核提供参考依据。

2. 用电信息采集与监控系统上网管理功能分析

（1）自动抄表采集功能。用电信息采集与监控系统的自动抄表功能具备抄表投运、抄表任务下载、现场数据采集并将数据传送到营销系统的功能。

在用电信息采集与监控系统中，首先对能够稳定准确采集数据的上网电厂客户投入自动抄表。营销系统将针对用电信息采集与监控系统具备自动抄表功能的客户下达抄表任务，用电信息采集与监控系统将获取现场的抄表数据并定时上传到营销系统进行出账。

（2）现场运行监测功能。用电信息采集与监控系统提供地方小水电电厂每日的上网电量分析功能，监控地方电厂的上网情况。

用电信息采集与监控系统实时提供现场终端运行工况、电能表运行工况以及计量设备的运行工况信息，可以为运行维护人员及时获取现场运行情况，保证运行质量。

用电信息采集与监控系统提供实时现场数据采集，以保证实时掌握上网电量情况。

（3）考核功能。用电信息采集与监控系统提供无功功率、有功功率的数据采集以及分析功能，提供最大功率及发生时间。

用电信息采集与监控系统提供电流、电压的数据采集功能与查询分析功能，提供失电压、断相分析。

（4）结算功能。用电信息采集与监控系统提供上网电量定时统计功能，提供日上网电量查询功能。

（5）分析功能。用电信息采集与监控系统提供上网电量同期同比功能，提供上网电量、下网电量分析功能。

（6）上网电量信息同步功能。用电信息采集与监控系统定时将电量数据传送到营销系统。

【思考与练习】

1. 地方电厂上网管理有哪些需求？

2. 简述利用用电信息采集与监控系统开展地方上网电厂管理。

模块7　公用变压器监测（ZY2000303007）

【模块描述】本模块介绍运用用电信息采集与监控系统开展公用变压器监测的内容、要求和方法。通过要点讲解、应用介绍，了解公用变压器管理工作要求，熟悉运行状态的采集及监测数据的传输、收集、处理、分析等公用变压器运行监测技术要点，掌握运用用电信息采集与监控系统开展公用变压器运行检测的方法。

【正文】

一、公用变压器管理工作要求

配电网是电力系统电能发、变、输、配四大必不可少环节中的最后一个向用户供电的环节，而配电变压器（简称配变）则是配电网中将电能直接分配给低压用户的电力设备，是中压（35kV）、低压（10kV）配电网与用户380/220V配电网的分界点。

配变、配变低压侧馈电线路及该配变所供给的用户群组成的区域构成了该配变的台区。公用配变台区和专用配变台区是电力企业向用户销售电能产品的最基本的单元，电力网中的电能绝大部分都由无数个这样的台区供给用户。

装于电线杆、配电室及箱式变电站的配变是配变台区中的关键设备，其运行数据是整个380/220V配电网基础数据的重要组成部分。配电网由于其本身复杂性存在一些问题，如：电网结构复杂，城市电网多采用环状、网状供电结构；电网覆盖面广，设备众多，维修困难，基本上无专人进行护养；在运行环境方面，存在设备安装困难、运行环境恶劣、用电状况复杂、无序等问题。另外由于电力行业发展的历史原因，在配变台区管理上普遍存在如下的问题：一是台区与变电站及变电站线路的对应关系不清晰，电力用户与台区对应关系不明确，对各个台区用户的用电性质不了解；二是对各台区配变运行状态不了解，台区营销考核的重要指标来源不科学，技术参数依靠人工采集的落后方式。以上这些问题严重地制约了现代电力企业的经营管理和业务发展。

建立配电变压器台区监测系统，能够有效地解决上述问题。该系统通过切实有效的技术手段，能够实现对配变运行的实时监测、远方数据采集、配变台区用电分析、负荷预测及营销管理，从而为用电管理者提供及时、真实、科学的管理信息，促进电力运营管理，最终为电力企业提高经济效益服务。

二、公用变压器运行监测技术要点

公用变压器运行监测需要在采集公用变压器运行的负荷、电压、电流等曲线数据和谐波数据、统计数据以及事件记录的基础上进行统计分析，实现公用变压器运行监测功能。综合起来看主要涉及三个方面的技术：公用变压器运行状态采集，监测数据的传输与收集以及监测数据统计与分析。

（一）公用变压器运行状态的采集

1. 查询台区计量点日数据

其中包括了日电量、日极值、日电压合格率、日平均负载率、日平均功率、功率因数日极值、三相电流不平衡超40%的百分比、最低功率因数、平均功率因数、供电可靠率等。

2. 查询台区计量点月数据

其中包括了月电量、月极值、月电压合格率、月平均负载率、月平均功率、功率因数月极值和月最大需量数据、三相电流不平衡超40%的百分比、最低功率因数、平均功率因数、供电可靠率等。

（二）监测数据的传输与收集

台区运行监测系统与电网调度自动化系统十分类似，只不过调度自动化主站系统就是配变台区管理主站系统，远动分站（RTU）就是公用变压器监测终端（TTU）。但前者与后者由于各自的监控对象、完成任务、实时性要求的不同，对通信的技术要求也就不同。

1. 公用变压器监测信息采集特点

（1）采集存储的方式。由于公用变压器监测终端具备历史数据的存储功能，因此，其数据的实时性要求不必太高，也不必每一个公用变压器监测终端时时占用一个信道与配变台区管理主站通信。

（2）采集响应的实时性。要具备选点召测的通信功能。虽然不必时时刻刻地通信，但当管理人员要查看某公用变压器监测终端的当前运行情况时，该公用变压器监测终端要能将当前的实时数据立即传送上来。

（3）对监测告警信息的采集。对会严重威胁配变正常运行的某些告警信号，又要求及时地上传至配变台区管理主站。

2. 常用的采集信息远程传输方式

目前，鉴于投资因素，较适合于台区运行监测系统远程数据传输的通信信道方式主要是采用中国移动公司或中国联通公司提供的GPRS和中国电信提供的CDMA公共无线数据传输网，经专线引入电网公司以虚拟专网方式构建数据及采集信道资源，满足公用配变台区监测的技术要求。

GPRS/CDMA公网信道的应用具有如下的特点：

（1）采集终端注册在通信公司。每套采集终端设备需向当地通信公司开户申请SIM卡并按月交纳通信资费。

（2）需心跳技术维持通信在线。

（3）虚拟专网需要完善信息安全措施。

（三）监测数据的处理和分析

1. 谐波统计

（1）设置电压、电流谐波限值，统计分相总畸变电压含有率和分相2～19次电压含有率的越限日累计时间、分相总畸变电流含有率和分相2～19次电流含有率的越限日累计时间等。

（2）记录最大谐波含量发生时间和最大谐波含量发生时客户用电情况的事件。

2. 配变经济性运行分析

（1）电流不平衡率统计分析。按台区统计不平衡率分别在40%以下、40%～80%、80%以上所占时间以及比例，绘制不平衡率曲线。

（2）负荷率统计分析。按台区统计最小间隔负荷率分别在 30%、30%～80%、80%以上所占时间以及比例，绘制负荷率曲线。

（3）功率因数统计分析。按台区统计最小间隔功率因数分别在 0.8 以下、0.8～0.9、0.9 以上所占时间以及比例，并绘制功率因数曲线。

三、用电信息采集与监控系统的公用变压器运行监测功能

用电信息采集与监控系统具备远程抄表、设备运行监测、经济运行分析、电能质量分析、线损分析等功能，能够满足公用变压器运行监测的需要。

（一）公用变压器运行的数据采集功能

用电信息采集与监控系统的数据采集功能主要由配变采集终端实现。配变采集终端具备数据采集功能，完成计量信息采集和交流量采样以及状态信息监测。

1. 电能表数据采集

终端可以通过 RS485 用下列方式采集电能表的数据：

（1）定时自动采集。终端能根据主站设置的抄表方案自动采集采集器或电能表的数据。

（2）自动补抄。终端对在规定的抄读间隔时间内未抄读到数据的电能表有自动补抄功能。在规定的抄读间隔时间内补抄失败，记录为抄读失败事件，并能向主站报告。

（3）实时点抄。终端能响应主站命令，对指定的电能表按设置的数据项进行实时穿透抄表。

终端采集的数据类型有：各电能表的实时数据，日数据、月数据等历史数据，电能表失电流、失电压、编程状态等事件记录。

2. 智能设备数据采集

终端可通过 RS485 接口连接配变台区的其他智能设备，如电压监测仪、无功补偿装置等设备，按设定的终端抄表日和定时采集时间间隔采集、存储数据，采集数据包括电压、电流、设备参数、设备状态、电压合格率统计数据、无功装置投切状态等信息，并在主站召测时发送给主站。

3. 状态量采集

终端应实时采集输入状态信息，发生变位时应记入内存并能在最近一次主站查询时向其发送该变位信号或可定义为主动上报。

4. 直流模拟量采集功能

对一些非电气量监测点（如温度、压力等），经变换器或终端内置变换电路转换成直流模拟量；终端可实时采集直流模拟量测量温度、压力等非电气量，直流模拟量测量误差在±1%范围内。

5. 交流采样数据采集

终端具备电压、电流、功率、功率因数、需量（平均功率）、零序电流等交流量采集功能。

（二）公用变压器采集数据的传输与集中收集

公用变压器采集数据的传输包括如下两个方面：

1. 本地通信

公用变压器采集终端与其他智能设备的通信，如电子式电能表、电压监测仪、智能无功补偿装置等。通信通道可以是 RS485 总线、CS、电力线载波、无线通信等。这一层次的数据传输实现一个台区下所有被测量物理量的集中。

2. 远程通信

公用变压器采集终端与公用变压器主站的通信，通信通道可以是公用电话交换网、GPRS、以太网等。支持多种通信规约，如用电信息采集通信规约、配变监测终端通信规约等。这一层次的数据传输实现一个地区的所有台区的数据集中。

（三）公用变压器采集的数据处理

对公用变压器采集的数据进行统计、计算、分析，可以进一步得到如下数据：

（1）低压侧各相电压最大值、最小值及其发生时间。

（2）低压侧各相电压越上限、越下限累计时间及次数。

模块
7
ZY2000303007

（3）低压侧各相电压合格率。

（4）低压侧各相最大电流及发生时间。

（5）低压侧各相电流越上限累计时间及次数。

（6）最大三相电流不平衡率及发生时间。

（7）三相电流不平衡越限累计时间及次数。

（8）低压侧各相的失电压时间和失电压电量，三相失电压的次数。

（9）三相总、各相的最大有功功率及发生时间。

（10）变压器过载累计时间与次数、变压器停电时间。

（11）三相总、各相最小功率因数及发生时间。

以上数据可以由公用变压器采集终端计算实现，也可以由主站计算实现。

（四）公用变压器采集数据的应用

公用变压器运行统计分析包括：

（1）负荷（电量）分析。掌握地区、行业、大户的用电特点和趋势，利于宏观把握用电市场的结构、现状和未来走向。

（2）电压监测和表计故障分析。测量各电压考核点的电压质量数据，统计各类表计故障。

（3）线损分析。进行每日、每月的高压线路线损计算与分析，过滤出异常数据。进行台区线损计算、变电站母线不平衡计算、变压器损耗计算。

（4）负荷预测。对单（组）用户、线路及行业的短、中、长期的负荷进行预测。

（5）变压器经济运行分析。

（6）异常告警处理。当某配变台区出现以下类型的异常情况时，监控终端将主动向配变台区管理主站发出异常事件信息：① 电压断相、失电压；② 电流越限；③ 负荷过载；④ 谐波越限；⑤ 电压/电流不平衡越限。

配变台区管理主站收到异常事件信息后，应立即在计算机显示器上显示出异常事件所在的台区、异常事件的类型及发生时间，同时还应保存在事件数据库中，以备将来查询和统计。

【思考与练习】

1. 公用变压器运行监测技术要点是什么？

2. 公用变压器运行的数据采集功能有哪几种？

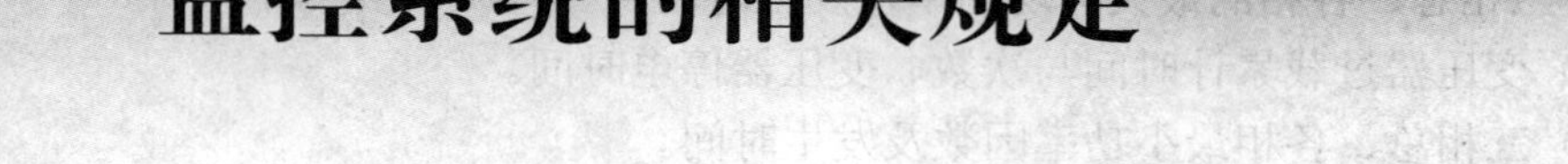

第八章　用电信息采集与监控系统的相关规定

模块 1　电力用户用电信息采集系统功能规范（ZY2000304001）

【模块描述】本模块包含《电力用户用电信息采集系统功能规范》的文件内容。通过条文提炼、要点归纳，熟悉规范的定义、组成、作用，掌握规范的主要规定。

【正文】

一、范围

本标准规定了用电信息采集系统的基本功能和性能指标。

本标准适用于国家电网公司电力用户用电信息采集系统及相关设备的制造、检验、使用和验收。

二、术语和定义

（一）电力用户用电信息采集系统

电力用户用电信息采集系统是对电力用户的用电信息进行采集、处理和实时监控的系统，实现用电信息的自动采集、计量异常监测、电能质量监测、用电分析和管理、相关信息发布、分布式能源监控、智能用电设备的信息交互等功能。

（二）用电信息采集终端

用电信息采集终端是对各信息采集点用电信息进行采集的设备，简称采集终端，可以实现电能表数据的采集、数据管理、数据双向传输以及转发或执行控制命令。用电信息采集终端按应用场所分为专变采集终端、集中抄表终端（包括集中器、采集器）、分布式能源监控终端等类型。

（三）专变采集终端

专变采集终端是对专变用户用电信息进行采集的设备，可以实现电能表数据的采集、电能计量设备工况和供电电能质量监测，以及客户用电负荷和电能量的监控，并对采集数据进行管理和双向传输。

（四）集中抄表终端

集中抄表终端是对低压用户用电信息进行采集的设备，包括集中器、采集器。集中器是指收集各采集器或电能表的数据，并进行处理储存，同时能和主站或手持设备进行数据交换的设备。采集器是用于采集多个或单个电能表的电能信息，并可与集中器交换数据的设备。采集器依据功能可分为基本型采集器和简易型采集器。基本型采集器抄收和暂存电能表数据，并根据集中器的命令将储存的数据上传给集中器。简易型采集器直接转发集中器与电能表间的命令和数据。

（五）分布式能源监控终端

分布式能源监控终端是对接入公用电网的用户侧分布式能源系统进行监测与控制的设备，可以实现对双向电能计量设备的信息采集、电能质量监测，并可接受主站命令对分布式能源系统接入公用电网进行控制。

三、系统功能

系统主要功能包括系统数据采集、数据管理、控制、综合应用、运行维护管理、系统接口等。

（一）数据采集

根据不同业务对采集数据的要求，编制自动采集任务，包括任务名称、任务类型、采集群组、采集数据项、任务执行起止时间、采集周期、执行优先级、正常补采次数等信息，并管理各种采集任务的执行，检查任务执行情况。

1. 采集数据类型项

系统采集的主要数据项有：

（1）电能量数据。总电能示值、各费率电能示值、总电能量、各费率电能量、最大需量等。

（2）交流模拟量。电压、电流、有功功率、无功功率、功率因数等。

（3）工况数据。采集终端及计量设备的工况信息。

（4）电能质量越限统计数据。电压、电流、功率、功率因数、谐波等越限统计数据。

（5）事件记录数据。终端和电能表记录的事件记录数据。

（6）其他数据。费控信息等。

2. 采集方式

主要采集方式有：

（1）定时自动采集。按采集任务设定的时间间隔自动采集终端数据，自动采集时间、间隔、内容、对象可设置。当定时自动数据采集失败时，主站应有自动及人工补采功能，保证数据的完整性。

（2）随机召测。根据实际需要随时人工召测数据。如出现事件告警时，随即召测与事件相关的重要数据，供事件分析使用。

（3）主动上报。在全双工通道和数据交换网络通道的数据传输中，允许终端启动数据传输过程（简称主动上报），将重要事件立即上报主站，以及按定时发送任务设置将数据定时上报主站。主站应支持主动上报数据的采集和处理。

3. 采集数据模型

通过需求分析，按照电力用户性质和营销业务需要，将电力用户划分为6种类型，并分别定义不同类型用户的采集要求、采集数据项和采集数据最小间隔。

（1）大型专变用户（A类）。用电容量在100kVA及以上的专变用户。

（2）中小型专变用户（B类）。用电容量在100kVA以下的专变用户。

（3）三相一般工商业用户（C类）。包括低压商业、小动力、办公等用电性质的非居民三相用电。

（4）单相一般工商业用户（D类）。包括低压商业、小动力、办公等用电性质的非居民单相用电。

（5）居民用户（E类）。用电性质为居民的用户。

（6）公用配变考核计量点（F类）。即公用配变上的用于内部考核的计量点。

其他关口计量点的采集数据项、采集间隔、采集方式可参照执行。

4. 采集任务执行质量统计分析

检查采集任务的执行情况，分析采集数据，发现采集任务失败和采集数据异常应记录详细信息。统计数据采集成功率、采集数据完整率。

（二）数据管理

1. 数据合理性检查

提供采集数据完整性、正确性的检查和分析手段，发现异常数据或数据不完整时自动进行补采。提供数据异常事件记录和告警功能；对于异常数据不予自动修复，并限制其发布，保证原始数据的唯一性和真实性。

2. 数据计算、分析

根据应用功能需求，可通过配置或公式编写，对采集的原始数据进行计算、统计和分析。

包括但不限于：

（1）按区域、行业、线路、自定义群组、单客户等类别，按日、月、季、年或自定义时间段，进行负荷、电能量的分类统计分析。

电能质量数据统计分析，对监测点的电压、电流、功率因数、谐波等电能质量数据进行越限、合格率等分类统计分析。

（2）计算线损、母线不平衡、变损等。

3. 数据存储管理

采用统一的数据存储管理技术，对采集的各类原始数据和应用数据进行分类存储和管理，为数据中心及其他业务应用系统提供数据共享和分析利用。按照访问者受信度、数据频度、数据交换量的不同，对外提供统一的实时或准实时数据服务接口，为其他系统开放有权限的数据共享服务。提供系统级和应用级完备的数据备份和恢复机制。

4. 数据查询

系统支持数据综合查询功能，并提供组合条件方式查询相应的数据页面信息。

（三）定值控制

系统通过对终端设置功率定值、电量定值、电费定值以及控制相关参数的配置和下达控制命令，实现系统功率定值控制、电量定值控制和费率定值控制功能。

系统具有点对点控制和点对面控制两种基本方式。

1. 功率定值控制

功率控制方式包括时段控、厂休控、营业报停控、当前功率下浮控等。系统根据业务需要提供面向采集点对象的控制方式选择，管理并设置终端负荷定值参数、开关控制轮次、控制开始时间、控制结束时间等控制参数，并通过向终端下发控制投入和控制解除命令，集中管理终端执行功率控制。控制参数及控制命令下发、开关动作应有操作记录。

2. 电量定值控制

系统根据业务需要提供面向采集点对象的控制方式选择，管理并设置终端月电量定值参数、开关控制轮次等控制参数，并通过向终端下发控制投入和控制解除命令，集中管理终端执行电量控制。控制参数及控制命令下发、开关动作应有操作记录。

3. 费率定值控制

系统可向终端设置电能量费率时段和费率以及费控控制参数，包括购电单号、预付电费值、报警和跳闸门限值，向终端下发费率定值控制投入或解除命令，终端根据报警和跳闸门限值分别执行告警和跳闸。控制参数及控制命令下发、开关动作应有操作记录。

4. 远方控制

（1）遥控。主站可以根据需要向终端或电能表下发遥控跳闸命令，控制用户开关跳闸。主站可以根据需要向终端或电能表下发允许合闸命令，由用户自行闭合开关。遥控跳闸命令包含告警延时时间和限电时间。控制命令可以按单地址或组地址进行操作，所有操作应有操作记录。

（2）保电。主站可以向终端下发保电投入命令，保证终端的被控开关在任何情况下不执行任何跳闸命令。保电解除命令可以使终端恢复正常受控状态。

（3）剔除。主站可以向终端下发剔除投入命令，使终端处于剔除状态，此时终端对任何广播命令和组地址命令（除对时命令外）均不响应。剔除解除命令使终端解除剔除状态，返回正常状态。

（四）综合应用

1. 自动抄表管理

根据采集任务的要求，自动采集系统内电力用户电能表的数据，获得电费结算所需的用电计量数据和其他信息。

2. 费控管理

费控管理需要由主站、终端、电能表多个环节协调执行，实现费控控制方式也有主站实施费控、采集终端实施费控、电能表实施费控三种形式。

（1）主站实施费控。根据用户的缴费信息和定时采集的用户电能表数据，计算剩余电费。当剩余电费等于或低于报警门限值时，通过采集系统主站或其他方式发催费告警通知，通知用户及时缴费。当剩余电费等于或低于跳闸门限值时，通过采集系统主站下发跳闸控制命令，切断供电。用户缴费成功后，可通过主站发送允许合闸命令，允许合闸。

（2）采集终端实施费控。根据用户的缴费信息，主站将电能量费率时段和费率以及费控参数，包括购电单号、预付电费值、报警和跳闸门限值等参数下发终端并进行存储。当需要对用户进行控制时，向终端下发费控投入命令，终端定时采集用户电能表数据，计算剩余电费，终端根据报警和跳闸门限值分别执行告警和跳闸。用户缴费成功后，可通过主站发送允许合闸命令，允许合闸。

（3）电能表实施费控。根据用户的缴费信息，主站将电能量费率时段和费率以及费控参数，包括购电单号、预付电费值、报警和跳闸门限值等参数下发电能表并进行存储。当需要对用户进行控制时，向电能表下发费控投入命令，电能表实时计算剩余电费，电能表根据报警和跳闸门限值分别执行告警和跳闸。用户缴费成功后，可通过主站发送允许合闸命令，允许合闸。

3. 有序用电管理

根据有序用电方案管理或安全生产管理要求，编制限电控制方案，对电力用户的用电负荷进行有序控制，并可对重要用户采取保电措施，可采取功率定值控制和远方控制两种方式。执行方案确定参与限电的采集点并编制群组，确定各采集点的控制方式、负荷定值参数、开关控制轮次、控制开始时间、控制结束时间等控制参数。控制参数批量下发给参与限电的所有采集点的相应终端。通过向各终端下发控制投入和控制解除命令，终端执行并有相应控制参数和控制命令的操作记录。

4. 用电情况统计分析

（1）综合用电分析。

1）负荷分析。按区域、行业、线路、电压等级、自定义群组、用户、变压器容量等类别对象，以组合的方式对一定时段内的负荷进行分析，统计负荷的最大值及发生时间、最小值及发生时间，负荷曲线趋势，并可进行同期比较，以便及时了解系统负荷的变化情况。

2）负荷率分析。按区域、行业、线路、电压等级、自定义群组等统计分析各时间段内的负荷率，并可进行趋势分析。

3）电能量分析。按区域、行业、线路、电压等级、自定义群组、用户等类别，以日、月、季、年或时间段等时间维度对系统所采集的电能量进行组合分析，包括统计电能量查询、电能量同比环比分析、电能量峰谷分析、电能量突变分析、用户用电趋势分析和用电高峰时段分析、排名等。

4）三相平衡度分析。通过分析配电变压器三相负荷或者台区下所属用户按相线电能量统计数据，确定三相平衡度，进而适当调整用户相线分布，为优化配电管理奠定基础。

（2）负荷预测支持。分析地区、行业、用户等历史负荷、电能量数据，找出负荷变化规律，为负荷预测提供支持。

5. 异常用电分析

（1）计量及用电异常监测。对采集数据进行比对、统计分析，发现用电异常。如同一计量点不同采集方式的采集数据比对或实时数据和历史数据的比对，发现功率超差、电能量超差、负荷超容量等用电异常，记录异常信息。

对现场设备运行工况进行监测，发现用电异常。如计量柜门、TA/TV 回路、表计状态等，发现异常，记录异常信息。

用采集到的历史数据分析用电规律，与当前用电情况进行比对分析，分析异常，记录异常信息。发现异常后，启动异常处理流程，将异常信息通过接口传送到相关职能部门。

（2）重点用户监测。对重点用户提供用电情况跟踪、查询和分析功能。可按行业、容量、电压等级、电价类别等分类组合定义，查询重点用户或用户群的信息。查询信息包括历史和实时负荷曲线、电能量曲线、电能质量数据、工况数据以及异常事件信息等。

（3）事件处理和查询。根据系统应用要求，主站将终端记录的告警事件设置为重要事件和一般事件。对于不支持主动上报的终端，主站接收到来自终端的请求访问要求后，立即启动事件查询模块，召测终端发生的事件，并立即对召测事件进行处理。对于支持主动上报的终端，主站收到终端主动上报的重要事件，应立即对上报事件进行处理。

主站可以定期查询终端的一般事件或重要事件记录，并能存储和打印相关报表。

6. 电能质量数据统计

（1）电压越限统计。对电压监测点的电压按照电压等级进行分类分析，分类统计电压监测点的电压合格率、电压不平衡度等。

（2）功率因数越限统计。按照不同用户的负荷特点，对用户设定相应的功率因数分段定值，对功率因数进行考核统计分析；记录用户指定时间段内的功率因数最大值、最小值及其变化范围；超标用户分析统计、异常记录等。

（3）谐波数据统计。按设置的电压、电流谐波限值对监测点的电压谐波、电流谐波进行分析，记录分相 2～19 次谐波电压含有率及总畸变率日最大值及发生时间，统计分相谐波越限数据。

7. 线损、变损分析

根据各供电点和受电点的有功和无功的正/反向电能量数据以及供电网络拓扑数据，按电压等级、分区域、分线、分台区进行线损的统计、计算、分析。可按日、月固定周期或指定时间段统计分析线损。主站应能人工编辑和自动生成线损计算统计模型。变损分析是指将计算出的电能量信息作为原始数据，将原始数据注入指定的变损计算模型中，生成对应计量点各变压器的损耗率信息。变损计算模型可以通过当前的电网结构自动生成，也支持对于个别特殊变压器进行特例配置。

8. 增值服务

系统采用一定安全措施后，可以实现以下增值服务功能：系统具备通过 Web 进行综合查询功能，满足业务需求。能够按照设定的操作权限，提供不同的数据页面信息及不同的数据查询范围。Web 信息发布包括原始电能量数据、加工数据、参数数据、基于统计分析生成的各种电能量、线损分析、电能质量分析报表、统计图形（曲线、棒图、饼图）网页等。系统应提供数据给相关支持系统，实现通过手机短信、语音提示等多种方式及时向用户发布用电信息、缴费通知、停电通知、恢复供电通知等相关信息，实现短信提醒、信息发布等功能。可支持网上售电服务，通过银电联网，费控数据与系统进行实时交换。可以提供相关信息网上发布、分布式能源的监控、智能用电设备的信息交互等扩展功能。

（五）运行维护管理

1. 系统对时

系统具有与标准时钟对时的功能，并支持从其他系统获取标准时间。主站可以对系统内全部终端进行广播对时或批量对时，也可以对单个终端进行对时。主站可以对时钟误差小于 5min 的电能表进行远程校时。

2. 权限和密码管理

对系统用户进行分级管理，可进行包括操作系统、数据库、应用程序三部分的用户密码设置和权限分配，并可根据业务需要，按照业务的涉及内容进行密码限制。登录系统的所有操作员都要经过授权，进行身份和权限认证，根据授权权限使用规定的系统功能和操作范围。

3. 采集终端管理

终端管理主要对终端运行相关的采集点和终端档案参数、配置参数、运行参数、运行状态等进行管理。主站可以对终端进行远程配置和参数设置，支持新上线终端自动上报的配置信息。主站可以向终端下发复位命令，使终端自动复位。

4. 档案管理

主要对维护系统运行必需的电网结构、用户、采集点、设备进行分层分级管理。系统可实现从营销和其他系统进行相关档案的实时同步和批量导入及管理，以保持档案信息的一致性和准确性。

5. 通信和路由管理

对系统使用的通信设备、中继路由参数等进行配置和管理。对系统使用的公网信道进行流量管理。

6. 运行状况管理

运行状况管理包括主站、终端、专用中继站运行状况监测和操作监测。

（1）主站运行工况监测。实时显示通信前置机、应用服务器以及通信设备等的运行工况；检测报文合法性、统计每个通信端口及终端的通信成功率。

（2）终端运行工况监测。终端运行状态统计（包括各类终端的台数、投运台数）、终端数据采集情况（包括电能表数据采集）、通信情况的分析和统计。

（3）专用中继站运行监测。实时显示中继站的运行状态，工作环境参数。

（4）操作监测。通过权限统一认证机制，确认操作人员情况、所在进程及程序、操作权限等内容。

系统自动记录重要操作（包括参数下发、控制下发、增删终端、增删电能表等）的当前操作员、操作时间、操作内容、操作结果等信息，并在值班日志内自动显示。

7. 维护及故障记录

自动检测主站、终端以及通信信道等的运行情况，记录故障发生时间、故障现象等信息，生成故障通知单，提示标准的故障处理流程及方案，并建立相应的维护记录。统计主站和终端的月/年可用率，对各类终端进行分类故障统计。对电能表运行状态进行远程监测，及时发现运行异常并告警。

8. 报表管理

系统提供专用和通用的制表功能。系统操作人员可在线建立和修改报表格式。应根据不同需求，对各类数据选择各种数据分类方式（如按地区、行业、变电站、线路、不同电压等级等）和不同时间间隔组合成各种报表并支持导出、打印等功能。

9. 安全防护

系统的安全防护应符合 Q/GDW 377—2009《电力用户用电信息采集系统安全防护技术规范》中的相关要求。对于采用 GPRS/CDMA 无线公网接入电力信息网的安全防护，对接入必须制定严格的安全隔离措施。对于采用 230MHz 无线专网接入电力信息网的安全防护，应采取身份认证、报文加密、消息摘要、时间戳技术等措施。采集终端应包含具备对称算法和非对称算法的安全芯片，采用完善的安全设计、安全性能检测、认证与加密措施，以保证数据传输的安全。

智能电能表信息交换应符合 Q/GDW 365—2009《智能电能表信息交换安全认证技术规范》中的安全认证要求。

（六）系统接口

通过统一的接口规范和接口技术，实现与营销管理业务应用系统连接，接收采集任务、控制任务及装拆任务等信息，为抄表管理、有序用电管理、电费收缴、用电检查管理等营销业务提供数据支持和后台保障。系统还可与其他业务应用系统连接，实现数据共享。

四、系统技术指标

（一）系统可靠性

系统（或设备）可靠性是指系统（或设备）在规定的条件和规定的时段内完成预定功能的能力，一般用“平均无故障工作时间 *MTBF*”的小时数表示。系统可靠性 *MTBF* 用于考核可修复系统的可靠性，它取决于系统设备和软件的可靠性以及系统结构

$$MTBF=T(t)/r \qquad (ZY2000304001\text{-}1)$$

式中　$T(t)$——系统工作时间（从开始正常运行到考核结束时系统正常运行的累积间隔时间），h；

r——考核时间内故障数，次。

为易于验证，仅规定电能信息采集终端的 *MTBF*，$MTBF \geqslant 2\times10^4$h。

（二）系统可用性

系统可用性 A 可由以下公式计算

$$A=\text{系统工作时间/（系统工作时间+系统不工作时间）} \qquad (ZY2000304001\text{-}2)$$

系统不工作时间包括故障检修和预防性检修的时间和。系统可用性以运行和检修记录提供的统计资料为依据进行计算。记录所覆盖的时限应不少于 6 个月，并应从第一次故障消失并恢复工作时起算。一般统计年可用率，并按主站年可用率和终端年可用率分别统计，计算如下

$$\text{主站年可用率=主站设备工作时间/全年日历时间}\times100\% \qquad (ZY2000304001\text{-}3)$$

$$\text{终端年可用率}=\frac{\text{全年日历小时数}\times\text{终端数}-\Sigma\text{每台终端故障及停用小终端数}}{\text{全年日历小时数}\times\text{终端数}}\times100\%$$

(ZY2000304001-4)

主站的年可用率应不小于 99.9%，终端的年可用率应不小于 99.5%。

（三）数据完整性

数据完整性是指在信源和信宿之间的信息内容的不变性。它与有错报文残留概率（残留差错率）有关，包括有错报文残留概率和未发现的报文丢失概率。数据完整性分级规定有错报文残留率的上限

值，它取决于由信源到信宿的整个传输信道上的比特差错率。GB/T 17463—1998 给出了数据完整性分级和在比特差错率 $P=10^{-4}$ 的条件下的残留差错率 R。电能信息采集系统属于循环更新系统，错误信息易于发现和纠正，可选择级别 I1，而遥控命令可选择级别 I3。

提高数据完整性的措施有：

（1）传输信号质量的监视。

（2）采用高冗余度的传输编码（检错、纠错编码）。

（3）功能很强的差错检出设备。

（4）控制命令采用选择和执行的命令步骤。

（5）同一信息的重复传输等。

（四）响应时间

1. 信息传输响应时间

响应时间一般指系统从发送站发送信息（或命令）到接收站最终信息显示或命令执行完毕所需的时间。它是信息采集时间、信息传递时间、发送站处理时间和接收站处理时间的总和。各种类型信息的响应时间要求如下：

（1）遥控操作响应时间小于 5s。

（2）重要信息（如重要状态信息及总功率和电能量）巡检时间小于 15min。

（3）常规数据召测和设置响应时间（指主站发送召测命令到主站显示数据的时间）小于 15s。

（4）历史数据召测响应时间（指主站发送召测命令到主站显示数据的时间）小于 30s。

（5）用户事件响应时间小于 30min。

2. 数据库查询响应时间

（1）常规数据查询响应时间小于 5s。

（2）模糊查询响应时间小于 15s。

（五）数据采集成功率

1. 一次数据采集成功率

一次数据采集成功率指在特定时刻对系统内指定数据采集点集合（如不同类型用户）的特定数据（如总功率和电能量）一次采集的成功率

$$\text{一次数据采集成功率} = \frac{\text{一次采集成功的数据总数}}{\text{应采集的数据总数}} \times 100\% \qquad \text{(ZY2000304001-5)}$$

2. 周期数据采集成功率

周期数据采集成功率指在指定时间段内（如 1 天）按系统日常运行设定的周期采集系统内数据采集点数据的采集成功率

$$\text{周期数据采集成功率} = \frac{\text{1天内采集成功的数据总数}}{\text{1天内应采集的数据总数}} \times 100\% \qquad \text{(ZY2000304001-6)}$$

系统数据采集成功率可作为系统数据传输稳定性考核指标，数据采集成功率可根据不同终端和数据类型分类统计。

【思考与练习】

1. 用电信息采集与监控功能规范包括哪些内容？

2. 简述用电信息采集与监控功能规范技术指标。

模块 2　专变采集终端技术规范（ZY2000304002）

【模块描述】本模块包含《专变采集终端技术规范》的文件内容。通过条文提炼、要点归纳，熟悉规范的范围、定义、技术要求、检验规则、运行质量管理规则。

【正文】

一、范围

本部分规定了专变采集终端的技术指标、机械性能、适应环境、功能要求、电气性能、抗干扰及可靠性等方面的技术要求、检验规则以及运行质量管理等要求。

本部分适用于国家电网公司电力用户用电信息采集系统专变采集终端等相关设备的制造、检验、使用和验收。

二、术语和定义

数据转发（data transfer）：一种借用其他设备的远程信道进行数据传输的方式。主站通过数据转发命令，可以将电能表的数据通过主站与电能采集终端间的远程信道直接传送到主站。

三、技术要求

（一）环境条件

1. 参比温度及参比湿度

参比温度为23℃；参比湿度为40%～60%。

2. 温湿度范围

终端设备正常运行的气候环境条件分类见表ZY2000304002-1。

表ZY2000304002-1　　气候环境条件分类

场所类型	级别	空气温度		湿度	
		范围（℃）	最大变化率①（℃/h）	相对湿度②（%）	最大绝对湿度（g/m³）
遮　蔽	C2	−25～+55	0.5	10～100	
户　外	C3	−40～+70	1		35

① 温度变化率取5min时间内平均值。

② 相对湿度包括凝露。

3. 大气压力

63.0～108.0kPa（海拔4000m及以下），特殊要求除外。

（二）机械影响

终端设备应能承受正常运行及常规运输条件下的机械振动和冲击而不造成失效和损坏。机械振动强度要求：

（1）频率范围：10～150Hz。

（2）位移幅值：0.075mm（频率≤60Hz）。

（3）加速度幅值：10m/s²（频率＞60Hz）。

（三）工作电源

1. 一般要求

终端使用交流单相或三相电源供电。三相供电时，电源出现断相故障，即三相三线供电时断一相电压，三相四线供电时断两相电压的条件下，交流电源能维持终端正常工作。

2. 额定值及允许偏差

（1）额定电压：220/380V，57.7/100V，允许偏差−20%～+20%；

（2）频率：50Hz，允许偏差−6%～+2%。

3. 功率消耗

在非通信状态下，采用单相供电的终端，有功功耗应不大于7W，视在功耗应不大于15VA；采用三相供电的终端，每相有功功耗应不大于5W，视在功耗不大于10VA。

电流输入回路功率消耗应不大于0.25VA（单相）；电压输入回路功率消耗不大于0.5VA（单相）。

4. 失电数据和时钟保持

终端供电电源中断后，应有数据和时钟保持措施，存储数据保存至少10年，时钟至少正常运行5年。

5. 抗接地故障能力

终端的电源由非有效接地系统或中性点不接地系统的三相四线配电网供电时，在接地故障及相对地产生10%过电压的情况下，没有接地的两相对地电压将会达到1.9倍的标称电压；在此情况下，终端不应出现损坏。供电恢复正常后，终端应正常工作，保存数据应无改变。

（四）结构

终端的结构应符合 Q/GDW 375.1—2009《电力用户用电信息采集系统型式规范　第一部分：专变采集终端型式规范》中的结构要求。

（五）绝缘性能要求

1. 绝缘电阻

终端各电气回路对地和各电气回路之间的绝缘电阻要求见表 ZY2000304002-2。

表 ZY2000304002-2　　绝缘电阻要求

额定绝缘电压	绝缘电阻（MΩ）		测试电压（V）
	正常条件	湿热条件	
$U\leqslant 60$	≥10	≥2	250
$60<U\leqslant 250$	≥10	≥2	500
$U>250$	≥10	≥2	1000

注　与二次设备及外部回路直接连接的接口回路采用 $U>250$V 的要求。

2. 绝缘强度

电源回路、交流电量输入回路、输出回路各自对地和电气隔离的各回路之间以及输出继电器动合触点回路之间，应耐受表 ZY2000304002-3 中规定的 50Hz 的交流电压，历时 1min 的绝缘强度试验。试验时不得出现击穿、闪络现象，泄漏电流应不大于 5mA。

表 ZY2000304002-3　　试验电压　　V

额定绝缘电压	试验电压有效值	额定绝缘电压	试验电压有效值
$U\leqslant 60$	500	$125<U\leqslant 250$	2000
$60<U\leqslant 125$	1500	$250<U\leqslant 400$	2500

注　输出继电器动合触点间的试验电压不低于 1500V；对于交直流双电源供电的终端，交流电源和直流电源间的试验电压不低于 2500V。

3. 冲击电压

电源回路、交流电量输入回路、输出回路各自对地和无电气联系的各回路之间，应耐受表 ZY2000304002-4 中规定的冲击电压峰值，正负极性各 5 次。试验时应无破坏性放电（击穿跳火、闪络或绝缘击穿）现象。

表 ZY2000304002-4　　冲击电压峰值　　V

额定绝缘电压	试验电压有效值	额定绝缘电压	试验电压有效值
$U\leqslant 60$	2000	$125<U\leqslant 250$	5000
$60<U\leqslant 125$	5000	$250<U\leqslant 400$	6000

注　RS485 接口与电源回路间试验电压不低于 4000V。

（六）温升

在额定工作条件下，电路和绝缘体不应达到可能影响终端正常工作的温度。具有交流采样的终端每一电流线路通以额定最大电流，每一电压线路（以及那些通电周期比其热时间常数长的辅助电压线路）加载 1.15 倍参比电压，外表面的温升在环境温度为 40℃时应不超过 25K。

（七）数据传输信道

1. 安全防护

终端应采用国家密码管理局认可的硬件安全模块实现数据的加解密。硬件安全模块应支持对称密钥算法和非对称密钥算法。密钥算法应符合国家密码管理相关政策，对称密钥算法推荐使用 SMI 算法。

2. 通信介质

通信介质可采用无线、有线、电力线载波等。

3. 数据传输误码率

专用无线、电力线载波信道数据传输误码率应不大于 10^{-5}，微波信道数据传输误码率应不大于 10^{-6}，光纤信道数据传输误码率应不大于 10^{-9}，其他信道的数据传输误码率应符合相关标准要求。

4. 通信协议

终端与主站的通信协议应符合 Q/GDW 376.1—2009《电力用户用电信息采集系统通信协议　第一部分：主站与采集终端通信协议》的要求。终端与电能表的数据通信协议至少应支持 DL/T 645—2007《多功能电能表通信协议》。

5. 通信单元性能

通信单元性能应符合 Q/GDW 374.3—2009《电力用户信息采集系统技术规范　第二部分：集中抄表终端技术规范》的相关要求。

（八）输入/输出回路要求

1. 电压、电流模拟量输入

交流采样模拟量输入有：

（1）交流电压。输入额定值为 57.7/100V、220/380V。输入电压范围为（0～120%）U_N。电压输入回路功率消耗不大于 0.5VA（单相）。

（2）交流电流。输入额定值为 5A（或 1.5A），输入电流范围为 0～6A。能承受 200%I_N 连续过载；耐受 20 倍额定电流过载 5s 不损坏。电流输入回路功率消耗不大于 0.25VA（单相）。

2. 脉冲输入

脉冲输入回路应能与 DL/T 614—2007《多功能电能表》规定的脉冲参数配合，脉冲宽度为（80±20）ms。

3. 状态量输入

状态量输入为不带电的开/合切换触点。每路状态量在稳定的额定电压输入时，其功耗不大于 0.2W。

4. 控制输出

（1）出口回路应有防误动作和便于现场测试的安全措施。

（2）触点额定功率：交流 250V/5A、380V/2A 或直流 110V/0.5A 的纯电阻负载。

（3）触点寿命：通、断额定电流不少于 10^5 次。

（九）功能要求

1. 功能配置

选配功能中交流模拟量采集可为异常用电分析和实现功率控制提供数据支持。

2. 数据采集

（1）电能表数据采集。终端能按设定的终端抄表日或定时采集时间间隔对电能表数据进行采集、存储，并在主站召测时发送给主站。终端记录的电能表数据，应与所连接的电能表显示的相应数据一致。

（2）状态量采集。终端实时采集位置状态和其他状态信息，发生变位时应记入内存并在最近一次主站查询时向其发送该变位信号或终端主动上报。

（3）脉冲量采集。终端能接收电能表输出的脉冲，并根据电能表脉冲常数 K_p（imp/kWh 或 imp/kvarh）、TV 变比 K_{TV}、TA 变比 K_{TA} 计算 1min 平均功率，并记录当日、当月功率最大值和出现时间。脉冲输入累计误差应不大于 1 个脉冲。功率显示至少 3 位有效位，功率的转换误差在±1%范围内。

（4）交流模拟量采集。交流模拟量采集要求：

1）测量准确度。专变采集终端可按使用要求选配电压、电流等模拟量采集功能，测量电压、电流、功率、功率因数等。具有电压监测越限统计功能的终端，其电压准确度等级为 0.5；具有谐波数据统计功能的终端，谐波分量准确度等级为 1。

2）被测量的参比条件应满足要求。

3）影响量引起的改变量应满足要求。

3. 数据处理

（1）实时和当前数据。终端按照要求可以采集实时和当前数据，见表 ZY2000304002-5。

表 ZY2000304002-5 实 时 和 当 前 数 据

序号	数 据 项	数 据 源
1	当前总加有功功率	终端
2	当前总加无功功率	终端
3	当日总加有功电能量（总、各费率）	终端
4	当日总加无功电能量	终端
5	当月总加有功电能量（总、各费率）	终端
6	当月总加无功电能量	终端
7	终端当前剩余电量（费）	终端
8	实时三相电压、电流	测量点
9	实时三相总及分相有功功率	测量点
10	实时三相总及分相无功功率	测量点
11	实时功率因数	测量点
12	当月有功最大需量及发生时间	电能表
13	当前电压、电流相位角	测量点
14	当前正向有功电能示值（总、各费率）	电能表
15	当前正向无功电能示值	电能表
16	当前反向有功电能示值（总、各费率）	电能表
17	当前反向无功电能示值	电能表
18	当前一/四象限无功电能示值	电能表
19	当前二/三象限无功电能示值	电能表
20	三相断相统计数据及最近一次断相记录	测量点
21	终端日历时钟	终端
22	终端参数状态	终端
23	终端上行通信状态	终端
24	终端控制设置状态	终端
25	终端当前控制状态	终端
26	终端事件计数器当前值	终端
27	终端事件标志状态	终端
28	终端状态量及变位标志	终端
29	终端与主站当日/月通信流量	终端
30	电能表日历时钟	电能表
31	电能表运行状态字及其变位标志	电能表
32	电能表参数修改次数及时间	电能表

（2）历史日数据。终端将采集的数据在日末（次日零点）形成各种历史日数据，并保存最近 30 天日数据，见表 ZY2000304002-6。

表 ZY2000304002-6　　历史日数据

序号	数 据 项	数 据 源
1	日有功最大需量及发生时间	电能表
2	日总最大有功功率及发生时间	终端
3	日正向有功电能量（总、各费率）	终端
4	日正向无功总电能量	终端
5	日反向有功电能量（总、各费率）	终端
6	日反向无功总电能量	终端
7	日正向有功电能示值（总、各费率）	电能表
8	日正向无功电能示值	电能表
9	日反向有功电能示值（总、各费率）	电能表
10	日反向无功电能示值	电能表
11	日一/四象限无功电能示值	电能表
12	日二/三象限无功电能示值	电能表
13	终端日供电时间、日复位累计次数	终端
14	终端日控制统计数据	终端
15	终端与主站日通信流量	终端
16	抄表日有功最大需量及发生时间	电能表
17	抄表日正向有功电能示值（总、各费率）	电能表
18	抄表日正向无功电能示值	电能表
19	总加组有功功率曲线	终端
20	总加组无功功率曲线	终端
21	总加组有功电能量曲线	终端
22	总加组无功电能量曲线	终端
23	有功功率曲线	测量点
24	无功功率曲线	测量点
25	总功率因数曲线	测量点
26	电压曲线	测量点
27	电流曲线	测量点
28	正向有功总电能量曲线	终端
29	正向无功总电能量曲线	终端
30	反向有功总电能量曲线	终端
31	反向无功总电能量曲线	终端
32	正向有功总电能示值曲线	电能表
33	正向无功总电能示值曲线	电能表
34	反向有功总电能示值曲线	电能表
35	反向无功总电能示值曲线	电能表

终端可以按照设定的冻结间隔（15、30、45、60min）形成各类冻结曲线数据，并保存最近 30 天曲线数据。

（3）抄表日数据。终端将采集的数据在设定的抄表日及抄表时间形成抄表日数据，并保存最近 12 次抄表日数据，见表 ZY2000304002-7。

表 ZY2000304002-7　　抄表日数据

序号	数据项	数据源
1	抄表日有功最大需量及发生时间	电能表
2	抄表日正向有功电能示值（总、各费率）	电能表
3	抄表日正向无功电能示值	电能表

（4）历史月数据。终端将采集的数据在月末零点（每月 1 日零点）生成各种历史月数据，并保存最近 12 个月的月数据，见表 ZY2000304002-8。

表 ZY2000304002-8　　历史月数据

序号	数据项	数据源
1	月有功最大需量及发生时间	电能表
2	月总最大有功功率及发生时间	终端
3	月正向有功电能量（总、各费率）	终端
4	月正向无功总电能量	终端
5	月反向有功电能量（总、各费率）	终端
6	月反向无功总电能量	终端
7	月正向有功电能示值（总、各费率）	电能表
8	月正向无功电能示值	电能表
9	月反向有功电能示值（总、各费率）	电能表
10	月反向无功电能示值	电能表
11	月一/四象限无功电能示值	电能表
12	月二/三象限无功电能示值	电能表
13	月电压越限统计数据	终端/电能表
14	月不平衡度越限累计时间	终端
15	月电流越限统计数据	终端
16	月功率因数区段累计时间	终端
17	终端月供电时间、月复位累计次数	终端
18	终端月控制统计数据	终端
19	终端与主站月通信流量	终端

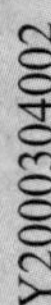

（5）电能表运行状况监测。终端能够监测电能表运行状况，可监测的主要电能表运行状况有电能表参数变更、电能表时间超差、电能表故障信息、电能表示度下降、电能量超差、电能表飞走、电能表停走等。

（6）电能质量数据统计。

1）电压监测越限统计。专变采集终端可具有电压偏差监测及电压合格率统计的功能。对被监测电压采用有效值采样。具有按月统计的功能，按照设定的允许电压上、下限值，统计：① 电压合格率及合格累计时间；② 电压超上限率及相应累计时间；③ 电压超下限率及相应累计时间。

2）功率因数越限统计按设置的功率因数分段限值对监测点的功率因数进行分析统计，记录每月功率因数越限值发生在各区段的累计时间。

4. 参数设置和查询

（1）时钟召测和对时。终端应能接收主站的时钟召测和对时命令，对时误差应不超过 5s。终端时钟 24h 内走时误差应小于 1s。电源失电后，时钟应能保持正常工作。

（2）TA 变比、TV 变比和电能表常数。有脉冲输入的终端应能由主站或在当地设置和查询 TV 变比 K_{TV}、TA 变比 K_{TA} 以及电能表脉冲。

（3）限值参数。终端能由主站设置和查询电压及电流越限值、功率因数分段限值等。

（4）功率控制参数。终端能由主站设置和查询功率控制（简称功控）各时段和相应控制定值、定值浮动系数等时段功控参数以及厂休功控、营业报停功控和当前功率下浮控制参数，控制轮次及告警时间等。改变定值时应有音响（或语音）信号。

（5）预付费控制参数。终端能由主站设置和查询预付电费值、报警门限值、跳闸门限值等预付费控制参数。设置参数时应有音响（或语音）信号。

（6）终端参数。终端能由主站设置和查询终端组地址、终端配置及配置参数、通信参数等，并能查询终端 ID。

（7）抄表参数。终端能由主站设置和查询抄表日、抄表时间、抄表间隔等抄表参数。

5. 控制

终端的控制功能主要分为功率定值控制、电量定值控制、费率定值控制、保电/剔除、远方控制四大类。

（1）功率定值控制。

1）一般要求。主站向终端下发功率控制投入命令及参数，终端在所定限值范围内监测实时功率。当不在保电状态时，功率达到限值则自动执行功率定值闭环控制功能，执行跳闸。功率定值控制解除或控制时段结束后，终端允许用户合上由于功率定值控制引起跳闸的开关。功率定值闭环控制根据控制参数不同分为时段功控、厂休功控、营业报停功控和当前功率下浮控等控制类型。控制的优先级由高到低是当前功率下浮控、营业报停功控、厂休功控、时段功控。若多种功率控制类型同时投入，只执行优先级最高的功率控制类型。在参数设置、控制投入或解除以及控制执行时应有音响（或语音）告警通知用户。各类功率控制定值先要和保安定值比较，如大于保安定值就按功率控制定值执行，小于保安定值就按保安定值执行。

2）时段功控。控制过程如下：

a. 主站依次向专变采集终端下发功控时段、功率定值、定值浮动系数、告警时间、控制轮次等参数，终端收到这些命令后设置相应参数。

b. 主站向专变采集终端下发时段功控投入命令，终端收到该命令后显示“时段功控投入”状态。当不在保电状态时，终端在功控时段内监测实时功率，自动执行功率定值控制功能。控制过程中应在显示屏上显示定值、控制对象、执行结果等。

c. 控制时段结束或时段功控解除后，应有音响（或语音）通知客户，允许客户合上由于时段功控引起跳闸的开关。

3）厂休功控。控制过程如下：

a. 主站向专变采集终端下发厂休功控参数（功率定值、控制延续时间等）以及控制轮次等，终端收到这些命令后设置相应参数。

b. 主站向专变采集终端下发厂休功控投入命令，终端收到该命令后显示“厂休功控投入”状态。当不在保电状态时，终端在厂休日监测实时功率，自动执行功率定值控制功能。控制过程中应在显示屏上显示定值、控制对象、执行结果等信息。

c. 控制时段结束或厂休功控解除后，应有音响（或语音）通知客户，允许客户合上由于厂休功控引起跳闸的开关。

4）营业报停功控。控制过程如下：

a. 根据客户申请营业报停起、止时间，主站向专变采集终端下发营业报停功控参数，终端收到这些命令后设置相应参数。

b. 主站向专变采集终端下发营业报停功控投入命令，终端收到该命令后显示“营业报停功控投入”状态。当不在保电状态时，终端在报停时间内监测实时功率，自动执行功率定值控制功能，并在显示屏上显示相应信息。

c. 营业报停时间结束或营业报停功控解除后，应有音响（或语音）通知客户，允许客户合上由于营业报停功控引起跳闸的开关。

5）当前功率下浮控。控制过程如下：

a. 主站向专变采集终端下发功率下浮控的功率计算滑差时间 M(min)、定值下浮系数 k%等参数。终端收到这些参数后计算当前功率定值。

b. 专变采集终端收到当前功率下浮控制投入命令后，显示“当前功率下浮控投入”状态。终端不在保电状态时，自动执行功率定值控制功能，直至实时功率在当前定值之下。

c. 当前功率下浮控解除或控制时段结束后，终端有音响（或语音）通知客户，允许客户合上由于当前功率下浮控引起跳闸的开关。

6）功率控制的投入或解除。专变采集终端应能由主站远方投入或解除其功率定值闭环控制的功能，并有音响（或语音）告警通知客户和在显示屏上显示状态。功控解除，应自动撤销由功率定值闭环控制引起的跳闸控制，并有音响（或语音）通知客户。当专变采集终端处于保电状态时，不执行功率定值闭环控制的跳闸。

（2）电能量控制。

1）控制类型。电能量定值控制主要包括月电控、购电量（费）控等类型。

2）月电控。控制过程如下：

a. 主站依次向专变采集终端下发月电能量定值、浮动系数及控制轮次等参数设置命令，专变采集终端收到这些命令后设置月电能量定值、浮动系数及控制轮次等相应参数，并有音响（或语音）告警通知客户。

b. 主站向专变采集终端下发月电控投入命令，终端收到该命令后显示“月电控投入”状态，监测月电能量，自动执行月电能量定值闭环控制功能，闭环控制的过程中应在显示屏上显示定值、控制对象、执行结果等信息。

c. 月电控解除或月末 24 时，终端允许客户合上由于月电控引起跳闸的开关。

3）购电控。控制过程如下：

a. 主站向专变采集终端下发购电量（费）控参数设置命令，包括购电单号、购电量（费）值、报警门限值、跳闸门限值、各费率时段的费率等参数，终端收到这些参数设置命令后设置相应参数，并有音响（或语音）告警通知客户。

b. 主站向专变采集终端下发购电量（费）控投入命令，终端收到该命令后显示“购电控投入”状态，自动执行购电量（费）闭环控制功能。终端监测剩余电能量，如剩余电能量（或电费）小于设定的告警门限值，应能发出音响告警信号；剩余电能量（或电费）小于设定的跳闸门限值时，按投入轮次动作输出继电器，控制相应的被控负荷开关。

c. 专变采集终端自动执行购电量（费）定值闭环控制的过程中，应在显示屏上显示剩余电能量、控制对象、执行结果等信息。

d. 购电量（费）控解除或重新购电使剩余电能量（或电费）大于跳闸门限时，专变采集终端允许客户合上由于购电量（费）控引起跳闸的开关。

（3）保电和剔除。终端接收到主站下发的保电投入命令后，进入保电状态，自动解除原有控制状态，并在任何情况下均不执行跳闸命令。终端接收到主站的保电解除命令，恢复正常执行控制命令。在终端上电或与主站通信持续不能连接时，终端应自动进入保电状态，待终端与主站恢复通信连接后，终端自动恢复到断线前的控制状态。终端接收到主站下发的剔除投入命令后，除对时命令外，对其他任何广播命令或终端组地址控制命令均不响应。终端收到主站的剔除解除命令，恢复到正常通信状态。

（4）远方控制。终端接收主站的跳闸控制命令后，按设定的告警延迟时间、限电时间和控制轮次动作输出继电器，控制相应被控负荷开关；同时终端应有音响（或语音）告警通知用户，并记录跳闸时间、跳闸轮次、跳闸前功率、跳闸后 2min 功率等，显示屏应显示执行结果。终端接收到主站的允许合闸控制命令后，应有音响（或语音）告警通知用户，允许用户合闸。

6. 事件记录

终端根据主站设置的事件属性按照重要事件和一般事件分类记录。每条记录的内容包括事件类型、发生时间及相关情况。对于主站设置的重要事件，当事件发生后终端实时刷新重要事件计数器内容，记为事件记录，并可以通过主站请求访问召测事件记录，对于采用平衡传输信道的终端应直接将重要事件主动及时上报主站。对于主站设置的一般事件，当事件发生后终端实时刷新一般事件计数器内容，记为事件记录，等待主站查询。

终端应能记录参数变更、终端停/上电等事件。

7. 数据传输

（1）与主站通信。与主站通信要求如下：

1）终端能按主站命令的要求，定时或随机向主站发送终端采集和存储的功率、最大需量、电能示值、状态量等各种信息。

2）与主站的通信协议应符合 Q/GDW 376.1—2009，并通过通信协议的一致性检验测试。

3）对重要数据和参数设置、控制报文的传输应有安全防护措施。

4）采用光纤专网信道的终端应具有 RJ-45 通信接口。

5）采用 230MHz 专用信道的终端应设长发限制，长发限制时间可以设置为 1～2min。

6）采用无线公网信道的终端应采取流量控制措施。

（2）中继转发。对于具有中继转发功能的终端应能按需求设置中继转发的功能。

（3）与电能表通信。终端与电能表通信，按设定的抄收间隔抄收和存储电能表数据；可以接受主站的数据转发命令，将电能表的数据通过远程信道直接传送到主站。

8. 本地功能

（1）本地状态指示。终端应有本地状态指示，指示终端电源、通信、抄表等工作状态，并可显示当前用电情况、抄表数据、终端参数、维护信息等。

（2）本地维护接口。终端应有本地维护接口，通过维护接口设置终端参数，进行软件升级等。

（3）本地用户接口。本地通信接口中可有 1 路作为用户数据接口，提供用户数据服务功能。由用户根据需要查询实时用电数据和参数（如用电曲线、时段费率、购用电信息等）、供电信息（如停限电通知、电价信息、催费信息等）、告警信息等。

9. 终端维护

（1）自检自恢复。终端应有自测试、自诊断功能，发现终端的部件工作异常应有记录。终端应记录每日自恢复次数。

（2）终端初始化。终端接收到主站下发的初始化命令后，分别对硬件、参数区、数据区进行初始化，参数区置为缺省值，数据区清零，控制解除。

10. 其他功能

（1）软件远程下载。终端软件可通过远程通信信道实现在线软件下载。

（2）断点续传。终端进行远程软件下载时，终端软件应具有断点续传能力。

（3）终端版本信息。终端应能通过本地显示或远程召测查询终端版本信息。

（4）通信流量统计。终端应能统计与主站的通信流量。

（十）电磁兼容性要求

（1）电压暂降和短时中断。在电源电压突降及短时中断时，终端不应发生死机、错误动作或损坏，电源电压恢复后终端存储数据无变化，并能正常工作。试验电压具体见 Q/GDW 379.2—2009《电力用户用电信息采集系统检验技术规范　第二部分：专变采集终端检验技术规范》相关条款规定。

（2）工频磁场抗扰度。终端应能抗御频率为 50Hz、磁场强度为 400A/m 的工频磁场影响而不发生错误动作，并能正常工作。试验具体要求见 Q/GDW 379.2—2009 相关条款规定。

（3）射频辐射电磁场抗扰度。终端应能承受工作频带以外规定强度的射频辐射电磁场的骚扰不发生错误动作。

（4）射频场感应的传导骚扰抗扰度。终端应能承受频率范围在 150kHz～80MHz、试验电平为 10V 的射频场感应的电磁骚扰，不发生错误动作和损坏，并能正常工作。试验具体要求见 Q/GDW 379.2—2009 相关条款规定。

（5）静电放电抗扰度。终端在正常工作条件下，应能承受加在其外壳和人员操作部分上的 8kV 直

模块2
ZY2000304002

接静电放电以及邻近设备的间接静电放电而不发生错误动作和损坏，并能正常工作。试验具体要求见 Q/GDW 379.2—2009 相关条款规定。

（6）电快速瞬变脉冲群抗扰度。终端应能承受一定强度的传导性电快速瞬变脉冲群的骚扰而不发生错误动作和损坏，并能正常工作。试验具体要求见 Q/GDW 379.2—2009 相关条款规定。

（7）阻尼振荡波抗扰度。终端应能承受由电源回路或信号、控制回路传入的 1MHz 的高频衰减振荡波的骚扰而不发生错误动作和损坏，并能正常工作。试验具体要求见 Q/GDW 379.2—2009 相关条款规定。

（8）浪涌抗扰度。终端应能承受一定强度的浪涌的骚扰而不发生错误动作和损坏，并能正常工作。试验具体要求见 Q/GDW 379.2—2009 相关条款规定。

（十一）连续通电稳定性

终端在正常工作状态下连续通电 72h，在 72h 期间每 8h 进行抽测，其功能和性能以及交流电压、电流的测量准确度应满足相关要求。

（十二）可靠性指标

终端的平均无故障工作时间（*MTBF*）不低于 2×10^4h。

（十三）包装要求

应符合 GB/T 13384—2008《机电产品包装通用技术条件》可靠包装要求。

四、检验规则

（一）检验分类

检验分为验收检验和型式检验两类。

（二）验收检验

1. 项目和建议顺序

对于到货验收的终端，应按型号、生产批号相同者划分为组，按组提供给质检部门按项目和建议顺序逐个进行检验。

2. 不合格判定

检验中出现任一检验项目不合格时，判该终端为不合格，应重新进行调换或修理。

（三）型式检验

1. 周期

终端新产品或老产品恢复生产以及设计和工艺有重大改进时，应进行型式检验。批量生产或连续生产的终端，每两年至少进行一次型式检验，由国家电网计量中心对样品进行检验。可靠性验证试验在生产定型时进行，或按客户要求，在系统试运行时进行。

2. 抽样

型式检验的样品应在出厂检验合格的终端中随机抽取。按 GB/T 2829—2002《周期检验计数抽样程序及表（适用于过程稳定性的检验）》选择判别水平Ⅰ，不合格质量水平 *RQL*=30 的一次抽样方案。

3. 不合格分类

按 GB/T 2829—2002 规定，不合格分为 A、B 两类。各类的权值定为：A 类 1.0，B 类 0.5。

4. 合格或不合格判定

检验项目不合格类别，当一个样本不合格检验项目的不合格权值的累积数大于或等于 1 时，则判为不合格品；反之为合格品。对一个样本的某个试验项目发生一次或一次以上的不合格，均按一个不合格计。

五、运行管理要求

（一）监督抽检

由监督抽检工作组按照统一的监督抽检方案进行抽样和监督抽检试验，对运行的终端进行监督、考核管理，及时排查故障隐患，对抽检结果不满足判定标准要求的及时通报。

（二）周期检测

由当地网省级或地（市）级电能计量中心按照有关管理规定要求组织开展终端周期检验。

模块 2 ZY2000304002

（三）故障统计分析

按照制造单位、产品型号等信息分类统计终端故障类型、故障次数、故障原因、故障率，并及时将统计分析结果上报国家电网计量中心进行统计汇总，分析查找影响终端质量的关键因素，及时消除故障隐患，并定期发布统计分析结果。

【思考与练习】

1. 简述专变采集终端技术规范技术要求。
2. 简述专变采集终端技术规范功能要求。

模块3 主站建设规范（ZY2000304003）

【模块描述】本模块包含《主站建设规范》的文件内容。通过条文提炼、要点归纳，熟悉规范的适用范围、职责分工、建设管理、验收，掌握规范的主要规定。

【正文】

一、总则

1. 编制目的

为加强国家电网公司（简称国网公司）系统内电力用户用电信息采集系统主站（简称主站）建设的管理工作，规范主站建设过程，切实提高主站建设水平，特制定本部分。

2. 编制依据

《“SG186”工程营销业务应用建设管理办法》

《电力用户用电信息采集系统建设管理办法》

《电力用户用电信息采集系统主站软件设计规范》

《电力用户用电信息采集系统检验技术规范》

《电力用户用电信息采集系统安全防护技术规范》

《电力企业计算机管理信息系统建设导则（试行）》

3. 适用范围

本部分适用于国网公司各区域电网公司、省（直辖市、自治区）电力公司（简称网省公司）及其所属各单位主站建设管理工作。

二、职责分工

1. 国网公司

（1）负责制定主站建设管理规范。
（2）负责统一组织应用软件的设计、开发及验收工作。
（3）负责对各网省公司主站建设进度及质量进行监督和考核。
（4）负责对各网省公司应用软件需求差异和变更进行审查。
（5）负责组织网省公司主站建设验收工作。

2. 网省公司

（1）负责制定主站建设相关管理制度。
（2）负责确定主站部署方式。
（3）负责组织主站硬件部署实施。
（4）负责组织应用软件的部署。
（5）负责组织采集系统数据网络设计、建设。
（6）负责组织主站安全防护体系的设计、部署。
（7）负责组织主站运行场地及监控场地设计和施工。
（8）负责对主站建设进度及质量进行监督和考核。
（9）负责主站建设的自验收工作。
（10）负责组织建设实施人员和运行维护人员的培训。

3. 地市公司

（1）负责组织分布式主站硬件部署。

（2）负责分布式应用软件的部署。

（3）负责采集系统数据网络建设。

（4）负责分布式主站安全防护体系部署。

（5）负责组织分布式主站运行场地及监控场地设计和施工。

三、建设管理

（一）建设内容

主站建设内容主要包括主站硬件、主站软件、网络平台、主站环境的设计和实施。

1. 主站硬件

主站硬件包括计算机及存储设备、前置设备、其他辅助设备。

（1）计算机及存储设备。如采集服务器、通信服务器、应用服务器、数据库服务器及磁盘阵列、Web 服务器和工作站等设备。

（2）前置设备。终端服务器和 Modem 等。

（3）其他辅助设备。GPS 时钟装置、网络打印机、密码机等其他辅助设备。

2. 主站软件

（1）系统及支撑软件。操作系统、数据库、Web 服务、备份和中间件等软件。

（2）系统应用软件。电力用户用电信息采集系统应用软件，含系统接口。

3. 网络平台

（1）系统运行网络。主站系统运行网络以及支撑各级应用的网络。

（2）网络及安全设备。交换机、路由器和正反向隔离装置、防火墙等设备。

4. 主站环境

（1）主站运行环境建设包括运行场地、防尘防静电、供配电、空调系统、电视监控、消防系统、安全系统（门禁）等。

（2）主站监控环境建设包括监控场地、监控屏幕、值班休息室等。

（二）主站设计

1. 主站模式设计

应根据应用规模和具体情况选择集中式或者分布式的部署模式。

考虑因素如下：

（1）采集系统主站应与 SG186 营销业务应用系统部署保持一致。

（2）依据系统规模部署原则，小于 500 万用户的网省公司宜采用集中式部署模式。

（3）地域面积过大的网省公司宜采用分布式部署模式。

2. 硬件设计

硬件设计应达到系统主站对性能、容量、可靠性及安全等方面的指标要求。

（1）性能要求。

1）90%界面切换响应时间≤3s，其余≤5s。

2）装置主备通道自动切换时间＜5s。

3）在线热备用双机自动切换及功能恢复的时间＜30s。

4）计算机远程网络通信中实时数据传送时间＜5s。

5）在任意 30min 内，各服务器 CPU 的平均负荷率≤35%。

6）站年可用率≥99.5%。

7）单台通信机 GPRS/CDMA 连接数＞30 000 台。

8）多台通信机 GPRS/CDMA 并发数＞600 台。

（2）容量要求。

1）接入终端数＞25 万台。

2）系统数据在线存储时间≥3 年。

3）工作站并发数>500 台。

4）接入用户数>1000 万户。

5）230MHz 1200 波特率每信道下终端数量>600 台。

（3）可靠性要求。

1）主站年可用率≥99.5%。

2）主站各类设备的平均无故障时间（*MTBF*）≥3104h。

3）系统故障恢复时间≤2h。

（4）安全要求。

数据库服务器、前置服务器必须采用高可用性技术，实现热备、容灾功能，具备负载均分、故障自动切换的功能。密码机应满足《电力用户用电信息采集系统安全防护技术规范》要求。

3. 软件设计

软件设计应满足《电力用户用电信息采集系统主站软件设计规范》要求，具备高可靠性、高安全性、良好的开放性、易扩展性和易维护性，需满足主站对功能、数据、接口、安全等方面的要求。

（1）功能要求。应符合《电力用户用电信息采集系统功能规范》的规定。

（2）数据要求。主站的数据模型设计应当满足功能需求，并遵循采集系统设计规范的数据字典要求。主站的数据元设计应当满足国家相关标准规范关于数据元相应的分类规范和命名规则的要求。

（3）软件要求。软件设计技术路线应选用结构化设计和面向对象设计的方法。软件遵循基于 J2EE 的分布式多层架构体系，但考虑到采集系统的特点，在部分模块中，也可以根据实际情况采用其他技术。

（4）接口要求。与其他系统的接口方式可以采用文件、中间库、专有协议通信等方式。对于数据量大、实时性要求不高的数据，可以采用文件或中间库等方式。

（5）安全要求。软件设计应满足《电力用户用电信息采集系统安全防护技术规范》要求，软件设计中应考虑设置严格的权限体系、制定严密的访问控制策略、采用加密通信等技术措施，以确保采集系统的安全。

4. 网络平台设计

网络平台设计需满足主站对功能、容量、安全性等方面的要求。

（1）功能要求。网络平台设计应满足主站数据采集、控制等功能的运行要求，满足集中式、分布式部署模式的应用要求。

（2）网络容量要求。网络平台设计时应满足本系统终端接入数量、工作站并发数量对网络带宽容量要求。在主站运行中任意 30min 内，主站局域网的平均负荷率≤35%。

（3）安全性要求。

网络平台设计时应满足以下安全性要求：

1）设计时应满足《电力二次系统安全防护规定》（电监会 5 号令）和《国家电网公司信息化“SG186”工程安全防护总体方案（试行）》和《电力用户用电信息采集系统安全防护技术规范》有关安全及防护要求。

2）应在主站系统与营销系统、与生产控制大区、与下级（上级）系统边界，设计防火墙或网闸等安全设备。

3）应在主站系统与外部网络设计逻辑隔离设备，必要时部署入侵检测系统。

4）应对网络关键结点采用冗余设计，对主站运行网络采用双机双网设计。

5. 主站环境设计

（1）主站运行场地应满足 GB 50174—2008《电子信息系统机房设计规范》对机房环境的有关规定，宜与 SG186 工程营销业务应用同一运行场地，同时兼顾与远程通信部分的链接。

（2）主站监控场地应满足对所有电力用户用电信息的监控要求，满足 24h 值班要求，并配置值班休息室。

（三）设备管理

（1）主站软、硬件设备采购应按招标管理要求履行。

（2）硬件设备运输应符合产品运输要求，保证产品在搬运过程中不受损坏，并按时运达。

（3）硬件设备存放地点应满足计算机设备防护要求。

（4）设备管理人员应根据设备安装工序次序放置，并进行标识，应做好设备进货、领用的账目记录。

（四）建设实施

1. 运行环境建设

（1）施工建设前，应做好现场勘察、工程施工设计、制定工程施工管理计划、软硬件准备等前期工作。

（2）安装设备的机房必须使用不间断电源供电，不得直接接入动力线路，禁止接入照明线路。其他设备间、交接间应使用稳定的220V、50Hz交流电源供电。

（3）施工应采取安全措施，机房内严禁存放易燃、易爆等危险物品，施工现场应有性能良好的消防器材。

（4）应加强对主站运行及监控场地建设过程的监督、检查工作，确保主站运行及监控场地的建设质量。

（5）机房设施应能保证计算机设备对环境温度、湿度及防尘的要求。

（6）所有有工作人员工作的机房都应有一定的新风补充。

（7）工程文档资料要按照合同有关规定准备齐全。资料包括：工程系统拓扑图、工程网络拓扑图、所有接入设备接入前接入后的立体图、接入前/接入后的线缆连接图、系统及设备的安装手册、操作维护手册和器件、产品的使用说明书等。

2. 网络平台建设

（1）施工前应设计现场施工方案和提出施工计划。

（2）主站网络平台采用双机双网模式。

（3）对于分布式部署模式，网省公司主站和地市公司主站之间的网络应采用专用网络，带宽不小于100M。

（4）应制定网络安全访问机制，在路由器、防火墙、交换机配置安全访问控制策略。

（5）综合布线系统建设应当符合GB/T 50312—2007《综合布线系统工程验收规范》的规定。

（6）应对网络平台的速度、功能、容量、安全等方面进行测试。

（7）应按照网络设计要求部署，对相关资料和运行环境及时备份、归档。

3. 硬件建设

（1）硬件平台须按照硬件架构设计实施、部署。部署完成后，应对相关资料及时备份、归档。

（2）集中式主站硬件平台由网省公司安装、调试、部署。

（3）分布式主站网省公司级硬件平台由网省公司安装、部署，地市公司级硬件平台由地市公司安装、部署。

（4）设备到货后，应进行外观和结构检查、检查配置是否与要求相符等到货验收。

4. 系统软件建设

（1）集中式主站系统软件（服务器操作系统、数据库、中间件、备份软件）由网省公司安装、部署。

（2）分布式主站网省公司级系统软件由网省公司安装、部署，地市公司级系统软件由网省公司指导，地市公司安装、部署。

5. 应用软件建设

应用软件建设采取先试点后推广的方式。

（1）试点建设。试点建设包括应用软件开发、现场安装调试、试运行、验收等。

1）应用软件开发。由国网公司统一组织应用软件的设计、开发、测试验收工作，形成采集系统主站应用软件标准版本。

2）软件现场安装、调试。在试点单位进行应用软件现场安装，开展基础数据的录入、原始数据的导入、相关系统接口（含原有主站接口）开发及系统调试工作。

3）软件上线试运行。软件现场安装、调试完毕后，试点单位应按照主站运行规范进行软件试运行，及时监视、记录主站应用软件各模块、进程运行情况、通信通道运行情况。

4）验收。试运行结束后，按照主站应用软件验收要求，对应用软件进行验收。验收完成后，应对相关资料和运行环境及时备份、归档。

（2）推广建设试点验收合格后，由国网公司统一组织应用软件非试点单位的推广应用。在推广过程中，应根据网省公司的需要进行本地化功能的开发工作。

四、验收

主站工程建设竣工后，应组织设计、施工、监理单位进行分级验收。由建设单位提请验收，提请验收时应提交《验收申请报告书》及有关文件。

（1）主站工程建设过程中，建设单位应对硬件设备等进行到货验收。

（2）主站工程建设过程中，建设管理单位应分别对主站场地建设、硬件设备安装等单项工程进行中间验收。

（3）主站整体工程建设完成后需对主站功能及性能指标进行验收。

（4）验收依据《电力用户用电信息采集系统验收管理规范》进行。

【思考与练习】

1. 简述主站建设规范职责分工。

2. 主站设计要求是什么？

模块 4　主站运行管理规范（ZY2000304004）

【模块描述】本模块包含《主站运行管理规范》的文件内容。通过条文提炼、要点归纳，熟悉规范的适用范围、职责分工、运行管理内容、文档管理、规章制度、考核管理，掌握规范的主要规定。

【正文】

一、总则

1. 目的

电力用户用电信息采集系统（简称采集系统）是对电力用户的用电信息采集、处理和实时监控的系统，实现用电信息的自动采集、计量异常和电能质量监测、用电分析和管理等功能。为确保电力用户用电信息采集数据的及时性、准确性、完整性和采集系统安全、稳定、高效的运行，制定本部分。

2. 依据

编制本管理规范的依据：

《电力用户用电信息采集系统功能规范》

《电力用户用电信息采集系统主站软件设计规范》

《电力用户用电信息采集系统主站建设管理规范》

《电力用户用电信息采集系统验收管理规范》

3. 适用范围

本部分适用于国家电网公司（简称国网公司）系统各单位电力用户用电信息采集系统及主站的运行管理。

系统主站由以下设备组成：

（1）硬件。计算机及存储设备、网络及安全设备、前置设备等。

（2）软件。系统软件、应用软件。

（3）其他设备。GPS 时钟、网络打印机、UPS 电源、空调、专用机柜及连接线缆等。

二、职责分工

国网公司营销部是采集系统的归口管理部门，公司各级营销部门是本级及下级采集系统管理的主管部门并负责运行管理中心（监控中心）的业务管理。

网省公司运行管理中心是采集系统运行管理部门，负责全省采集系统运行情况的统一监控和管理，并对地市公司监控中心进行技术指导等工作。地市公司监控中心负责所辖范围内采集系统运行情况监控、采集终端的运行维护等工作，并接受网省公司运行管理中心的业务指导、监督以及本地区营销部的业务管理。

（一）职能管理部门

（1）负责制定管辖范围内采集系统的运行管理规定细则。

（2）负责采集系统的规划编制工作。

（3）负责采集系统的体系建设。

（4）负责组织采集系统技术改造、升级工作。

（5）负责组织采集系统的验收工作。

（6）负责组织采集系统的技术交流、人员培训工作。

（7）负责对采集系统运行情况、质量管理等进行监督、考核。

（8）负责组织采集系统事故的调查、分析，并督促制定改进措施和实施计划。

（9）各业务应用部门应配合执行有序用电、预付费、催费等运行操作。

（二）运行部门

1. 网省公司运行管理中心

（1）系统运行。

1）负责监视全省采集系统各项运行指标及运行情况。

2）负责采集系统业务数据、运行情况的汇总、统计分析工作，按期完成运行情况统计、上报并进行监督检查。

3）负责采集系统、主站设备、网络等运行工况监测。

4）负责统计分析采集系统日常故障，形成常规故障处理指导手册。

5）负责采集系统参数的配置管理工作。

6）负责汇总分析分布式部署主站的各地市公司采集系统运行及各类采集数据。

7）负责提供采集系统统计报表和分析报告。

8）负责监视所辖范围内各监控中心的运行状态及运行情况。

（2）技术管理。

1）负责所辖范围内采集系统的运行管理细则和技术规范的制定。

2）负责编写所辖范围内采集系统相关应急预案、作业指导书。

3）负责参加采集系统事故的调查、分析、统计工作等。

4）负责采集数据质量的验证、协调工作。

5）负责采集系统升级和改造计划的编制工作。

6）负责地市公司监控中心的技术指导工作。

（3）主站维护。

1）负责采集系统主站设备、网络等运行工况巡视、检查，发现隐患并及时处理。

2）负责采集系统主站系统维护、故障处理的协调处理工作。

3）负责采集系统主站安全管理、数据备份和日志分析等工作。

2. 地市公司运行监控中心

（1）系统运行。

1）负责采集系统的业务日常运行监视并填写值班日志，对各类异常情况进行协调处理，汇总所辖范围各类异常信息。

2）负责采集系统采集质量监控、协调工作。

3）负责主站与采集终端联合调试工作。

4）负责自动采集任务的编制和执行情况监视工作。

5）负责对所辖范围内采集系统的运行数据进行统计分析，按期完成报表统计。

6）负责对相关部门使用的采集数据进行准确性、真实性检查，发现问题，及时解决。

7）负责监视采集终端运行情况，分析终端设备故障信息，发现问题通知相关维护人员。

8）负责编写所辖范围内采集系统相关应急预案、作业指导书。

9）负责统计分析采集系统日常故障，形成常规故障处理指导手册。

10）负责资料录入、相关资料归档等工作。

11）负责向上级运行中心汇报系统运行工况，并接受上级运行中心的监督考核。

（2）终端调试。

1）负责地市公司监控中心所辖范围内用户档案、终端档案数据的维护、核对。

2）负责配合现场采集终端的调试工作。

（3）主站维护（分布式主站）。

1）负责采集系统主站设备、网络等运行工况巡视、检查，发现隐患并及时处理。

2）负责采集系统主站系统维护、故障处理的协调处理工作。

3）负责采集系统主站安全管理、数据备份和日志分析等工作。

（三）岗位配置

各级系统运行管理和监控中心设专职技术管理岗、运行值班岗、主站系统维护岗和现场终端维护岗。人员配置数量应视各网省实际情况、系统建设规模和24h有人值班需求进行配置。

（1）专职技术管理岗。负责采集系统运行、技术管理、故障处理等工作。

（2）运行值班岗。负责采集系统运行、终端调试、故障处理等工作。

（3）主站系统维护岗。负责采集系统的主站维护管理。

（4）现场终端维护岗。负责采集系统现场采集终端的运行维护、故障处理等工作。

三、运行管理内容

运行管理中心与运行监控中心应根据职责分工的要求进行采集系统的运行维护。

1. 系统运行

（1）数据采集管理。检查采集任务的执行情况，分析采集数据，发现采集任务失败和采集数据异常，进行故障分析，并处理采集环节的问题。核对采集数据项，对应采而未采的数据进行人工补采，对采集失败的用户进行分析，发现采集故障问题并及时处理。定期统计数据采集成功率、数据采集完整率等，提供各类考核指标的数据报表和分析报告。

（2）系统运行状态监视。

1）采集终端的告警、故障、掉线状态监控，采集系统主站设备运行状态监视。

2）采集系统通信信道运行情况监视。自建信道（如光纤、230MHz无线专网等）主要监视通道运行性能，租用信道（如GPRS、CDMA）同时监视通道运行性能和信道资费情况。发现通信信道异常，应根据有关规定处理。

（3）数据分析。利用系统功能对采集数据进行分析，根据数据异常项或各类告警信息（如计量异常、用电负荷异常、电量异常、开关量异常、预付费信息异常等），进行分析判断并做好记录，发起相关业务流程，或提交专项检查。

（4）数据核对。配合业务应用部门的工作，对业务应用部门提出的采集数据正确性进行检查和确认，查找原因，分析解决问题。

（5）数据统计。按地区、行业等对采集数据进行统计分析，完成全省供用电情况的月、季、年报表统计工作。

（6）有序用电操作。配合编制有序用电方案，对政府批复的有序用电预案，在系统内进行执行方案的编制，对于需要进行终端预设的，进行相关操作。按照系统预案和调度指令，进行有序用电操作。包括方案选取、控制执行、效果统计。

（7）预付费操作。按照预付费管理要求，配合预付费业务部门进行各类客户的预付费电量、电费及各相关参数的设置、变更、购电单以及购电异常的处理和停电处理。

（8）违约用户停电。按照有关规定和流程，对于需要停止供电的违约用电户，配合业务部门进行远程停电操作。

2. 终端调试

（1）档案维护。根据流程传票，进行所辖范围内用户、采集装置档案信息的建立和维护。配合现场调试人员进行系统信息与现场信息的核对，并根据核对结果进行维护更新。

（2）参数设置。配合现场安装维护人员进行采集终端各项参数设置和指令下发，测试各项控制指令执行情况。

（3）采集调试。配合现场安装维护人员，对现场采集终端接入的所有采集对象（抄表信息，遥信、遥控信息和其他采集对象）进行功能调试和试采集，核对采回信息与现场信息，确保完全一致。

3. 系统配置管理

（1）系统配置。对系统运行参数进行配置管理、系统业务和岗位权限分配工作，及时备份系统配置文档。

（2）自动采集任务配置。根据采集系统采集的功能需求和信道特点，以地市为单位编制自动采集任务，确保采集系统的自动、高效运行。自动采集任务包括自动抄表任务，负荷、电量采集任务，异常信息采集任务等。自动采集任务经过网省公司运行管理中心审核后启用。

（3）监督检查。

1）对各地市运行监控中心的采集数据质量进行监督和管理，统计分析采集成功率和系统运行质量。

2）指导各地市采集监控中心日常运行工作，对地市运行人员业务技能和规范化服务进行培训、抽查。

4. 技术分析

（1）系统状态评估。根据采集系统的运行状态、指标参数、检修等情况以及历史数据、故障和异常记录等各种信息，对采集系统运行状态进行评估。提出采集系统运行维护、检修、升级和更新改造的意见和建议。

（2）应急预案编制。分析系统的结构和关键点，结合业务要求，制定周密的应急预案及应急处理措施，确保系统能应对异常突发事件。

（3）故障分析。统计分析日常故障，上报故障处理分类统计报表和分析总结，逐步完善常规故障处理指导手册，形成设备质量分析报告。

5. 故障处理

网省公司运行管理中心处理监视运行过程中发现的系统性故障和安全隐患；指导各地市公司采集监控中心处理当地的运行故障。

（1）采集异常。对采集系统各异常事件进行分析判断，发现各类采集故障，并做好记录和分类处理。对于采集装置参数异常等非现场故障，应通过参数核对、参数维护等手段进行故障处理。对于现场类故障，应利用系统功能发起维护工作任务流程，通知并配合维护人员进行现场维护（具体见采集终端运行维护规范）。

（2）系统性故障。对系统性故障进行分析判断并做好故障登记，无法解决的应及时协调运行维护部门（或通知供应商）进行处理，根据故障的严重程度，启用相应的应急预案，及时上报主管部门或上级领导并通知相关业务部门。属于运行考核事故的，应形成事故分析报告。

6. 主站维护

（1）日常巡视。应每天查看一次数据库日志记录，每周查看一次操作系统、应用软件日志记录，对异常情况应在值班日志中填写。

（2）数据备份。

1）系统软件。每年 6 月 30 日、12 月 31 日之前，各级运行维护部门利用移动硬盘、光盘或异机备份方式各做一次与运行中软件一致的软件备份，软件备份存放在安全的地点。

2）历史数据备份。对于超过历史库保存期限的历史数据，利用磁带库或其他备份介质进行备份。

移动硬盘等备份介质应有专人保管，各种数据备份工作应做好数据备份记录。

（3）系统安全。严格执行密码管理制度，每项操作功能设置独立权限，并有操作记录。严格执行防病毒措施，数据库服务器有必要的入侵检测手段。采集系统应配置为每天下载病毒库，系统管理员应定期（每周一次）进行检查。

四、文档管理

系统及主站的运行维护技术资料、图纸资料、规章制度、光和磁记录介质等应由专人管理，要建立技术资料目录及借阅制度。

1. 技术资料

（1）设计单位提供已校正的设计资料（竣工原理图、竣工安装图、技术说明书、设备资料等）。

（2）制造厂商提供已校正的技术资料（设备和软件的技术说明书、操作手册、软件备份、设备合格证明、质量检测证明、软件使用许可证和出厂试验报告等）。

（3）工程负责单位提供的工程资料（合同中的技术规范书、设计联络和工程协调会议纪要、工厂验收报告、现场施工调试方案、调整试验报告、技术检测资料、安全评估报告等）。

（4）设备的专用检验规程及相关的运行管理规定、办法。

（5）符合实际情况的现场安装接线图、现场调试和测试记录。

（6）设备投入试运行和正式运行的书面批准文件。

2. 工作记录

（1）符合实际情况的现场安装接线图、现场调试和测试记录。

（2）改进的采集系统设备应有经批准的设备改进报告。

（3）各类设备运行记录（如运行日志、巡视记录等）。

（4）设备故障和处理记录（如设备缺陷记录）。

（5）软件资料，如程序框图、文本及说明书、软件介质及软件维护记录簿等。

五、规章制度

运行管理部门应制定相应的系统及主站的运行管理制度，内容包括：

（1）运行管理制度。值班员日常工作规则、交接班制度、卫生管理制度、设备管理制度、机房管理制度。

（2）运行考核管理制度。主站、通道、采集设备运行维护考核管理制度，运行指标考核管理制度，运维工作质量考评制度等。

（3）安全管理制度。密码管理、防病毒措施、系统日志审计、漏洞扫描、安全加固等。

（4）维护管理制度。系统升级改造管理制度、用电采集系统日常维护制度、巡检制度、设备缺陷管理制度、系统及数据备份管理制度等。

（5）技术资料管理制度、技术培训制度等。

（6）采集系统应急预案。

六、考核管理

依据《电力用户用电信息采集系统运行管理办法》的要求，定期对采集系统的运行和应用情况进行统计、分析、评价、监督和考核，实现采集系统运行管理过程的可控、在控。各网省公司依据《电力用户用电信息采集系统运行管理办法》制定考核管理实施细则，对本区域采集终端运行维护工作质量进行检查、考核。采集系统及主站考核指标设置分日、月、年三种。

1. 考核指标

（1）评价指标设置见表 ZY2000304004-1。

表 ZY2000304004-1　　评价指标设置

序号	考核范围	考核对象	指标名称	考核目标值	考核周期
1	主站	网省/地市	系统故障恢复时间	≤2h	年
2	系统	网省/地市	周期采集成功率	≥99.5%	日

（2）考核指标设置见表 ZY2000304004-2。

表 ZY2000304004-2 考 核 指 标 设 置

序号	考核范围	考核对象	指标名称	考核目标值	考核周期
1	主站	网省/地市	系统故障次数	0	年
2	主站	网省/地市	系统年可用率	≥99.5%	年
3	系统	网省/地市	采集安装覆盖率	100%	月/年
4	系统	网省/地市	采集完整率	≥98%	月/年

2. 指标说明

（1）采集安装覆盖率。通过统计采集安装覆盖率考核用户采集安装情况（统计时限：月/年）

采集安装覆盖率（%）=已安装采集终端数/需安装采集终端总数×100%

月采集安装覆盖率=当月已经安装的采集终端/当前需要安装的采集终端总数×100%

需要安装采集终端总数指考核区域内应安装终端总数。

（2）采集完整率。按照统计时间（时间段）、地区（按照采集系统的地区划分），来统计采集终端数据项的情况

采集完整率（%）=采集数据的完整项数/应采集项数×100%

其中：采集数据的完整项数为当日（月）采集数据完整的采集项数；应采集项数为当日（月）应采集的数据项数。

（3）系统故障恢复时间。通过统计系统故障恢复时间考核系统运行质量。其中：系统故障恢复时间是指系统（主站或网络）发生停止服务或严重性能降低，导致业务难以处理的单次时间（统计时限：月/年）。说明：系统故障恢复时间≤2h 为事件；系统故障恢复时间 2～5h 为故障；系统故障恢复时间≥5h 为事故。系统故障指系统主要功能故障（如数据库损坏、前置通信装置损坏或某一类通信信道故障等）。

（4）系统年可用率。通过统计系统年可用率考核系统运行质量，即系统年内可用情况

系统年可用率（%）=（年日历时间–故障时间）/年日历时间×100%

其中：故障时间指系统发生影响系统性能的故障时间或主要功能无法使用的故障时间。

（5）系统数据周期采集成功率。周期采集成功率在非设备故障和非通信故障条件下统计得出（统计时限：日/月/年）。周期内（1 天）按照地区（按照采集系统的地区划分）统计采集终端设备采集数据成功率（周期为 1 天，日冻结数据）

采集成功率（%）=采集成功数据项数量/应采集数据项总数×100%

其中：采集成功数据项指当日（月）成功采集的数据项；应采集数据项总数指当日（月）应该采集的数据项。

注：采集成功数据项仅指正常运行的终端。

（6）系统年故障次数。统计系统年故障次数考核运行质量。年系统故障次数不大于 1 次。

【思考与练习】

1. 主站运行管理规范职责分工是什么？
2. 主站运行管理内容是什么？

模块 5 通信信道运行管理规范（ZY2000304005）

【模块描述】本模块包含《通信信道运行管理规范》的文件内容。通过条文提炼、要点归纳，熟悉规范的职责分工、运行管理内容、故障处理、文档管理、规章制度、评价与考核，掌握规范的主要规定。

【正文】

一、总则

1. 目的

电力用户用电信息采集系统（简称采集系统）远程通信信道（简称通信信道）是采集系统不可缺少的重要组成部分和重要技术支持手段。为满足采集系统的业务信息传输需要，确保通信信道安全、稳定、可靠运行，制定本部分。

2. 依据编制

本管理规范的依据：

《电力用户用电信息采集系统通信信道建设规范》

《电力用户用电信息采集系统设计导则》

《电力用户用电信息采集系统通信性能检验技术规范》

3. 适用范围

本办法适用于国家电网公司（简称国网公司）系统各单位电力用户用电信息采集系统远程通信信道的运行管理。远程通信信道主要有配电光纤专网、GPRS/CDMA 等无线公网、230MHz 无线专网、中压电力线载波 4 种。

二、职责分工

各级信息通信部门参与采集系统的运行工作，主要负责采集系统的数据网络和通信信道的运行、维护、故障处理等工作，为采集系统提供足够、优质、安全、可靠的信道资源。

1. 各级通信部门职责

（1）负责通信信道的升级改造、技术管理和运行维护。

（2）负责通信信道的运行监控和故障处理。

（3）负责通信信道应急预案的编制和执行。

2. 采集系统运行部门职责

（1）监视并考核通信信道的运行质量。

（2）协调并配合通信信道调试工作。

三、运行管理内容

通信部门应加强对通信信道的运行监控和管理，建立严格的运行考核制度，保证通道的连续、可靠、稳定、优质运行。根据设备的实际情况进行定期巡视、测试和检修工作。当检修、信道割接或改变运行方式将导致通信中断的，应提前 48h 通知运行管理中心，经同意后方可进行。通信部门发现通信信道故障时，应立即通知采集系统运行部门，采集系统运行部门应做好记录并汇报。

1. 光纤通道的运行管理

光纤通信信道包括骨干光纤网和配网分支光纤网。主站侧应以采集系统机房通信配线架为分界点，采集终端侧以采集终端通信模块接入点端口为分界点。通信配线架至采集终端侧接入点端口之间的通信链路，由通信部门负责运行维护。

光纤通信信道的巡视是维护的一项重要工作，线路运行部门在日常巡检中同时巡视光纤及通信设备，发现问题通知通信部门解决，巡视分下列情况进行：

（1）周期巡视。结合电力线路巡视开展光纤的周期巡视，及时发现和排除光纤故障隐患。

（2）故障巡视。根据光缆断芯、断缆、衰耗明显增加等情况，查找光缆故障点并查明故障情况。

2. 230MHz 通信的运行管理

230MHz 无线通信资源由各网省公司统一管理、资源统一分配。各网省公司应做好全省的通信组网规划设计，对基站/中继站的设立、频点资源、地址资源等进行统一调配。230MHz 无线通信信道由主站电台、远程基站（中继站）、主站与远程基站间的通信链路、终端电台等设备组成。对于有远程基站的方式，主站通信配线架至远程基站之间的通信链路，由通信部门负责运行维护。对 230MHz 基站/中继站应每季度巡视一次，特殊情况下应缩短巡视周期。巡视内容主要包括：无线数传电台发射功率、天馈线驻波比、供电电压、环境温度、附属设备等是否正常，架设天线的铁塔支架是否锈蚀。每年对信道传输误码率、数据速率、传输迟延、电台功率、灵敏度等信道质量指标进行检测，如偏离设计值，应及时处理。

3. GPRS/CDMA 通信的运行管理

采集系统无线公网通信信道（GPRS/CDMA）以信道接入设备为界，通道侧设备及链路由运营商负责运行维护。无线公网通信信道、运营商数据机房至采集系统的专用光纤均由信道提供运营商负责运行维护，并保证其安全可靠运行。

采集系统运行部门应对无线公网通信终端设备的登录、在线情况、传输迟延、响应时间等进行监视，及时发现无线终端设备和网络中发生的故障，经过滤和分析后确定网络故障的根源和性质，帮助排除故障。

定期分析无线公网终端的数据流量，并形成统计数据，对于流量超出限定值的终端要及时发现并做出相应处理。

无线公网运营商提供的 GRPS/CDMA 汇聚链路，必须施放专用光纤，采用 VPN 加密设计，设置专用 APN 登录端口，并要求运营商必须关闭除本系统专用的数据传输业务外的所有功能（如语音、Internet 等）。运行商因调整网络架构需要进行网络切割影响通信的，应提前 2 天通知并需征得采集系统运行部门的同意。运行商应保证通信信道的可靠运行。发生通信故障中断通信时，处理时间不得超过 8h，全年累计故障次数不得超过 5 次。

在与无线公网运营商签订的合同中需明确下列条款，对其提供的服务加强管理：

（1）运营商应加强所属通信设备的建设、运行和维护，为电力用户用电信息采集系统安全、可靠、稳定连续运行提供可靠的通信支持和优质的服务。

（2）运营商应解决信号盲区盲点问题。

（3）运营商应做好公网信道通信卡制作、开通、更换、销户、故障处理工作。

（4）运营商应及时提供通信卡资费信息，并协助做好通信卡超流量、超资费的限定和控制工作。

（5）运营商应建立与采集系统运行管理部门的全天候工作联系，及时协调，快速解决网络故障。

（6）当运营商通信网络升级换代时，应保证对原有采集设备通信方式的兼容。

（7）运营商应做好网络安全措施，防止黑客、病毒、木马等网络攻击对采集系统的安全稳定运行造成威胁。

4. 中压载波通信的运行管理

中压载波通信的维护界面以载波信道提供的通信串口为分界点。通信部门应保障通信串口至采集系统通信配线架之间通信链路的正常通信。

四、故障处理

1. 工作要求

（1）发生通信故障时，采集系统运行部门应先主动判断分析，缩小故障范围查找故障点，及时通知通信部门进行处理。

（2）采集系统运行部门要做好故障处理过程的记录工作，相关工作的通知要进行电话录音备查。

（3）当信道维护部门发现通道故障时，应立即通知采集系统运行部门，同时尽快开展故障处理工作。

（4）通信信道的抢修应遵循“先主后次”的原则。各级通信部门应建立故障处理流程和应急办法。

（5）采集系统运行部门应建立与各级通信部门的故障处理联系制度。当通信信道发生故障时，相关单位应主动配合，在通信管理部门的统一指挥下，尽快定位、排除故障，恢复通道正常运行。

（6）故障处理完毕后，应对通信信道的传输质量进行测试，恢复故障前的运行水平，确保故障完全消除。

（7）发生主干通道故障，影响范围较大的严重通信中断，通信部门应及时作出响应，进行不间断的抢修，尽快恢复正常运行。

（8）发生影响范围较小的一般通信故障，应在 8h 内解决，恢复通道正常运行。

2. 光纤通道故障处理

各级采集系统运行管理部门发现通信信道故障时，应及时通知通信部门，由通信部门负责通知信道维护单位进行故障处理。故障修复后，信道维护单位应及时告知采集系统运行部门。当通信部门发现通信信道故障时，一方面进行故障处理，同时通知采集系统运行部门。

3. 230MHz 通信故障处理

当采集系统运行部门发现 230MHz 通信信道故障时，应根据故障影响范围，通知相关信道维护部门进行处理。当发现通信成功率大幅降低时，应排查是否有外界信号干扰或终端长发，上报运行管理专责，组织技术力量进行处理。

4. GPRS/CDMA 通信故障处理

对于 GPRS/CDMA 通信信道，当采集终端不能上线时，采集系统运行部门应先查看终端整体上线率，逐级排除故障。当判断故障属运营商责任时，应通知运营商进行处理。在排除通信信道故障后，可使用专用工具或其他手段对通信卡进行检测，包括信号强度、信号资源、配置参数等，必要时通知运营商协助解决。

5. 中压载波通信故障处理

当采集系统运行部门发现中压载波终端通信不通时，应先询问配电管理部门是否有线路故障或线路工作，然后通知通信管理部门查看载波通道运行情况，属信道原因的，通信部门应派人检查处理。排除通信信道原因后，应通知终端维护部门对采集终端进行现场处理。

五、文档管理

通信信道的工程图纸资料、运行台账记录、规章制度等应由专人管理。

1. 工程图纸资料

（1）制造厂提供的技术资料，主要包括设备技术说明书、操作手册、设备合格证明、出厂试验报告等。

（2）工程施工单位提供的工程资料，主要包括合同中的技术规范书、工厂验收报告、网络拓扑图、调试报告、竣工图、竣工报告、技术检测资料、光缆网线等设备清册等。

2. 运行台账记录

（1）采集系统通信信道相关的运行管理规定、办法。

（2）在运行的通信设备的台账。

（3）负荷通信路由图、现场调试和测试记录。

（4）设备投入试运行和正式运行的书面批准文件。

（5）各类设备运行记录（如运行日志、巡视记录等）。

（6）通信设备故障和处理记录（如设备缺陷记录）。

六、规章制度

各级通信管理部门应建立相应的通信信道运行管理制度，内容包括：

（1）运行管理制度。包括通信信道运行值班制度、交接班制度、设备管理制度、机房管理制度、工作联系制度、通信设备资产管理制度。

（2）运行考核管理制度。包括通信信道运行维护考核管理制度、通信信道运行指标考核管理制度、运维工作质量考评制度、故障处理时限考核制度等。

（3）安全管理制度。包括网络维护管理权限分级管理制度、密码管理、安全防护措施等。

（4）维护管理制度。包括通信信道升级改造管理制度、巡检制度、设备缺陷管理制度、通信设备备品备件管理制度等。

（5）技术资料管理制度、技术培训制度、设备台账清册管理制度等。

（6）通信信道大面积故障应急预案。

七、评价与考核

通信信道的可靠稳定运行是电力用户用电信息采集系统正常运行的重要保障，各级通信部门应加强对通信信道的运行质量管理，采集系统运行部门应定期对信道质量进行评价。运行质量指标主要包括通信信道的评价指标、通信信道的技术指标和综合考核指标。

1. 评价指标

根据采集系统总的考核指标要求，评价指标主要是综合考察各种通信信道的运行质量情况，按通信信道的类型分别进行评价。在采集终端完好和采集系统主站工作正常的情况下，通信部门提供的通信信道在运行过程中应满足表 ZY2000304005-1 所列指标。

表 ZY2000304005-1　　　　评 价 指 标

指 标 名 称	指 标 要 求			
	光纤	230MHz	GPRS/CDMA	中压载波
一次通信成功率	≥99%	≥95%	≥95%	≥85%
周期采集成功率（周期为 1 天，采集日冻结数据）	100%	≥98%	≥98%	≥98%

2. 考核指标

通信信道运行情况由采集系统运行部门每月进行统计，按月对通信信道质量进行考核，其考核指标包括信道月可用率和全部信道月可用率两类，计算公式如下：

（1）信道月可用率

$$\text{信道月可用率（\%）}=\left(1-\frac{\Sigma\text{终端月通信中断时间}}{\text{全月日历时间}\times\text{终端总数}}\right)\times 100\%$$

（2）全部信道月可用率

$$\text{全部信道月可用率（\%）}=\left(1-\frac{\Sigma\text{全部终端月通信中断时间}}{\text{全月日历时间}\times\text{终端总数}}\right)\times 100\%$$

注：1. 信道月可用率指标按照通信信道类型分别统计。
2. 终端月通信中断时间是指考核信道内的终端因通信原因导致的停运时间，不包括终端设备本身故障而中断运行的时间。

【思考与练习】

1. 通信信道运行管理规范中职责分工的内容是什么？
2. 通信信道运行管理规范中运行管理的内容是什么？

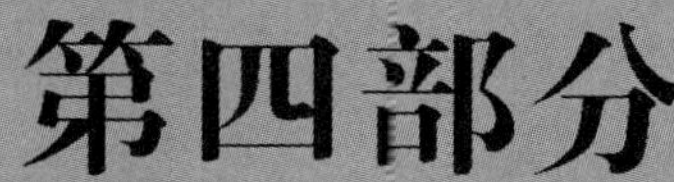

第四部分

主站设备安装维护及操作

第九章　主站的安装调试与维护

模块 1　数据库的安装与配置（ZY2000401001）

【模块描述】本模块包含数据库的安装和配置。通过操作流程及步骤讲解，掌握 Oracle 11g 数据库在不同平台上的安装操作方法和常用技术，掌握用电信息采集与监控系统数据库的架构及运行维护技能。

【正文】

一、用电信息采集与监控系统的数据库技术应用需求

1. 用电信息采集与监控系统的信息管理

用电信息采集与监控系统的信息管理包括基础档案数据、现场采集信息和主站辅助信息。

基础档案数据包括系统运行参数、系统设备管理参数等基础信息。现场采集信息包括表码、电量、电流、电压、功率、功率因数、中继站信息、现场事项等电力数据。主站辅助信息包括通信事项、操作日志、运行记录、主站设备状态、主站服务状态等运行信息。

2. 系统应用的数据管理和数据处理

数据管理包括数据采集、数据甄别和数据存储。数据采集是指将现场的数据收集至系统；数据甄别是指对采集的数据进行判断，剔除不合理数据；数据存储是指将采集数据分类存储到系统中。

数据处理是指在数据采集后、在数据应用前对数据的加工抽取。

二、数据库技术应用基础

（一）数据库应用架构

用电信息采集系统的数据库采用三层的应用架构模式，即业务表示层、业务逻辑层和数据访问层。该结构中，数据库访问层负责数据的访问、存储和优化，业务处理功能在应用服务器上实现，业务表示层提供系统与用户交互的界面。

（二）Oracle 11g 数据库在 Windows 平台上的安装操作

（1）Oracle 11g 数据库安装注意事项。在进行 Oracle 11g 数据库安装之前，应注意以下几个方面工作：

1）启动操作系统，以 Administrator（管理员）身份登录。

2）停止任何其他 Oracle 服务，尤其要停止监听器服务。

3）如果有 ORACLE_HOME 环境变量，将其删除。

4）将 Oracle 11g 的安装程序复制到硬盘上，通过硬盘进行安装可加快安装速度。

5）安装前，记录物理数据库服务器的计算机名称和 IP 地址，以便定义网络时使用。

6）在安装过程中，注意记录每个步骤、提问及输入数据，特别是用户名和密码。

7）安装后的任何文件和表格均不能删除。

（2）Oracle 11g 数据库客户端安装。

1）执行安装命令。双击安装目录下的 setup.exe 文件，进入选择安装类型界面。

2）安装类型。选择“运行时”选项，单击“下一步”按钮。

3）指定安装目录。一般选择安装在 C 盘或者是 D 盘，单击“下一步”按钮。

4）程序自动检查先决条件。单击“下一步”按钮，再点击“安装”按钮进行安装。

（3）Oracle 11g 数据库服务端程序安装。

1）运行 setup.exe 文件出现“Oracle Database 11g 安装”画面。选中“高级安装”选项，以便为

SYS、SYSTEM 设置不同的口令，并进行选择性配置。

2）单击“下一步”按钮进入“Oracle Universal Installer：选择安装类型”界面。

3）单击“下一步”按钮进入“Oracle Universal Installer：指定文件位置”界面。设置源“路径”、“名称”和目的“路径”,“名称”对应 ORACLE_HOME_NAME 环境变量,“路径”对应 ORACLE_HOME 环境变量。

4）保持默认值，单击“下一步”按钮，进入“Oracle Universal Installer：选择数据库配置”界面。

5）选择仅安装数据库软件，单击“下一步”按钮，进入“Oracle Universal Installer：概要”界面。

6）选择安装，进入“Oracle Universal Installer：安装”界面。

7）选择退出，至此 Oracle 数据库服务端程序安装完成。

（4）补丁安装。

1）运行 setup.exe 文件，出现“Oracle Database 11g 安装”界面。

2）单击“下一步”按钮进入“Oracle Universal Installer：指定主目录详细信息”界面。“名称”对应 ORACLE_HOME_NAME 环境变量，“路径”对应指定的安装路径。

3）单击“下一步”按钮进入“Oracle Universal Installer：产品特定的先决条件检查”界面。

4）单击“下一步”按钮进入“Oracle Universal Installer：Oracle Configuration Manager 注册”界面。

5）单击“下一步”按钮进入“Oracle Universal Installer：概要”界面。

6）单击“下一步”按钮进入“Oracle Universal Installer：安装”界面。

7）单击“下一步”按钮进入“Oracle Universal Installer：安装结束”界面。

8）单击“退出”按钮，至此补丁安装完成。

（5）创建数据库。

1）进入“命令提示符”界面，输入“dbca”。

2）按回车键进入“Database Configuration Assistant：欢迎使用”界面。

3）单击“下一步”按钮进入“Database Configuration Assistant：步骤 1（共 12 步）：操作”界面。

4）选择“创建数据库”，单击“下一步”按钮进入“Database Configuration Assistant：步骤 2（共 12 步）：数据库模板”界面。

5）选择“一般用途”，单击“下一步”按钮进入“Database Configuration Assistant：步骤 3（共 12 步）：数据库标示”界面。

6）在全局数据库名和 SID 处输入环境变量中配置的 ORACLE_SID，单击“下一步”按钮进入“database configuration assistant：步骤 4（共 12 步）：管理选项”界面。

7）单击“下一步”按钮进入“Database Configuration Assistant：步骤 5（共 12 步）：数据库身份证明”界面。

8）填写口令，单击“下一步”按钮进入“Database Configuration Assistant：步骤 6（共 12 步）：存储选项”界面。

9）选择“文件系统”，单击“下一步”按钮进入“Database Configuration Assistant：步骤 7（共 12 步）：数据库文件所在位置”界面。

10）保持默认值，单击“下一步”按钮进入“Database Configuration Assistant：步骤 8（共 12 步）：恢复配置”界面。

11）保持默认值，单击“下一步”按钮进入“Database Configuration Assistant：步骤 9（共 12 步）：数据库内容”界面。

12）保持默认值，单击“下一步”按钮进入“Database Configuration Assistant：步骤 10（共 12 步）：初始化参数”界面。

13）在此设置“字符集”，单击“下一步”按钮进入“Database Configuration Assistant：步骤 11（共 12 步）：数据库存储”界面。

14）保持默认值，单击“下一步”按钮进入“Database Configuration Assistant：步骤 12（共 12 步）：

创建选项”界面。

15）单击“完成”按钮，至此完成数据库创建。

（6）创建监听。

1）进入“命令提示符”界面，输入“netca”，弹出“Oracle Net Configuration Assistant：欢迎使用”界面。

2）选择“监听程序配置”，单击“下一步”按钮进入“Oracle Net Configuration Assistant：监听程序配置，监听程序”界面。

3）选择“添加”，单击“下一步”按钮进入“Oracle Net Configuration Assistant：监听程序配置，监听程序名”界面。

4）保持默认值，单击“下一步”按钮进入“Oracle Net Configuration Assistant：监听程序配置，选择协议”界面。

5）保持默认值，单击“下一步”按钮进入“Oracle Net Configuration Assistant：监听程序配置，TCP/IP 协议”界面。

6）保持默认值，单击“下一步”按钮进入“Oracle Net Configuration Assistant：监听程序配置，更多的监听程序？”界面。

7）保持默认值，单击“完成”按钮，至此监听配置完成。在服务器上的安装工作也完成。

（三）数据库常用技术

1. 使用 SQL 语句

数据库系统常用的 SQL 语句包括 SELECT、INSERT、UPDATE。

（1）SELECT。

语法格式：

```
SELECT 属性列表
  FROM 数据表
 WHERE 筛选条件
 GROUP BY 分组条件
 ORDER BY 排序条件;
```

示例：

```
SELECT *
  FROM emp
 WHERE eno > 1001
 ORDER BY 1,2;
```

（2）INSERT。

语法格式：

```
INSERT INTO 数据表 （属性列表）
VALUES （记录）;
```

示例：

```
INSERT INTO departments
VALUES (departments_seq.nextval, 'Entertainment', 162, 1400);
```

（3）UPDATE。

语法格式：

```
UPDATE 数据表
   SET （属性列表）= VALUES （记录）
 WHERE 条件;
```

示例：

```
UPDATE employees
```

模块1

ZY2000040100 1

```
    SET commission_pct = NULL
  WHERE job_id = 'SH_CLERK';
```

2. 常用管理工具和基本操作

Oracle 11g 提供企业管理器作为管理工具，下面介绍 EM 的基本使用方法。

（1）打开 Web 浏览器，输入以下 URL：

http://ip:1158/em

（2）如果进程启动，则将显示“Database Control Login”页面。输入一个获授权访问 Oracle Enterprise Manager Database Control 的用户的用户名和口令，单击“Login”按钮。

注意：如果这是第一次访问 Enterprise Manager Database Control，那么会看到一个关于许可的页面。仔细查看信息，并根据情况相应地进行回答。

（3）打开“Database Home”页面，可以从“Database Home”页面访问 Performance、Administration 和 Maintenance 属性。

（4）将 EM 管理权限授予其他用户。管理员是在管理信息库中定义的、能够登录 Enterprise Manager 来执行管理任务的数据库用户。在 Enterprise Manager 中提供的管理任务的范围取决于分配给管理员的权限和角色。将管理权限授予其他数据库用户的步骤如下：

1）单击“Database Home”页面顶部的“Setup”。

2）显示 Administrators 列表，单击“Create”，通过将管理权限分配给一个现有的数据库用户来创建一个新的 Enterprise Manager 用户，显示“Create Administrator：Properties”页面。

3）把管理权限授予 HR 用户，输入下列值：

Name：HR

Password：HR

注意：可以单击与“Name”字段相邻的手电图标来从弹出窗口中选择一个现有的数据库用户。

单击“Finish”按钮。

4）显示“Create Administrator：Review”页面，单击“Finish”按钮。

5）再次出现“Administrators”页面，新的管理员已包括在管理员列表中。

（5）定义中断周期。可以通过定义一个中断周期来指定您不希望接收警报通知。中断还允许暂停监控，以便执行其他的维护操作。在 Enterprise Manager Database Control 中定义一个中断时间周期步骤如下：

1）单击“Database Home”页面顶部的“Setup”，出现“Setup”页面。

2）单击左边窗格中的“Blackouts”，出现“Blackouts”页面。

3）单击“Create”，启动 Create Blackout 向导。

4）在“Name”字段中为中断输入一个名称［还可以在 Comments 字段（虽然它不是一个必需的字段）中添加注释］，选择“Enter a new reason”，为中断输入一个原因。在“Available Targets”区域中的 Type 下拉菜单中选择“Database”，选择数据库，然后单击“Move”按钮。

5）数据库作为一个 Selected Target 列出，单击“Next”按钮，出现“Create Blackout：Schedule”页面。

6）输入计划中断的开始时间（如果要立即关闭数据库，则选择“immediately”）。选择中断的持续时间，可以是不确定、一段时间长度，或者为到将来的某个时间。接受默认的“Do Not Repeat”，或在下拉菜单中选择一个重复频率。单击“Next”按钮，打开“Create Blackout：Review”页面。

7）仔细查看输入的信息，然后单击“Finish”按钮。如果需要修改某个设置，可以单击“Back”按钮，接收到一条确认消息。

（6）设置首选证书。可以设置首选证书，以便在执行管理操作（如备份和恢复）而安排作业和任务时，Enterprise Manager 能够自动提供主机和数据库登录证书。出于安全性的考虑，Oracle 以加密模式存储首选证书。可以通过执行以下步骤来在 Enterprise Manager Database Control 中设置首选证书：

1）单击“Database Home”页面顶部的“Preferences”，出现“Preferences”页面。

2）单击左边窗格中的“Preferred Credentials”，出现“Preferred Credentials”页面。

3）单击数据库 Target Type 的 Set Credentials 下的图标，出现“Database Preferred Credentials”页面。

4）以用户名和口令的形式为普通、SYSDBA 和主机连接输入证书，单击“Test”按钮。

5）收到一条消息，确认证书验证完成。单击“Apply”按钮，保存首选证书。

3. 表、视图、索引

表是由若干列与行组成的一个集合，这个集合表示单个实体（如客户、订单、雇员等）。

视图是一个或多个表中数据的逻辑投影，它可以表示为存储在数据库中的一条 SQL 语句。通过在数据库中为复合的与重复的 SQL 语句指派名称，它就能够使用视图来简化这些语句。

通过存储特定键值的逻辑指针，索引能够帮助加快数据的检索。

4. 用户与权限管理

每个 Oracle 用户都有一个名字和口令，并拥有一些由其创建的表、视图和其他资源。Oracle 角色（Role）就是一组权限（Privilege）（或者是每个用户根据其状态和条件所需的访问类型）。用户可以给角色授予或赋予指定的权限，然后将角色赋给相应的用户。一个用户也可以直接给其他用户授权。

数据库系统权限（Database System Privilege）允许用户执行特定的命令集。例如，CREATE TABLE 权限允许用户创建表，GRANT ANY PRIVILEGE 权限允许用户授予任何系统权限。

5. 备份与恢复

备份与恢复是数据库管理中最重要的方面之一。如果数据库崩溃却没有办法恢复它，那么对企业造成的毁灭性结果可能会是数据丢失、收入减少、客户不满等。

备份是数据的一个代表性副本。该副本会包含数据库的重要部分，如控制文件、重做日志和数据文件。“备份与恢复”通常指将复制的文件从一个位置转移到另一个位置，同时对这些文件执行各种操作。要恢复还原的备份，需要使用事务日志中的重做记录来更新数据。事务日志记录在执行备份之后对数据库所做的更改。Oracle 提供的备份工具有 EXP 和 RMAN。

6. 开发工具及应用设计

Oracle 数据库带有 SQL Developer、JDeveloper 等一系列开发与管理工具，用户可以方便地在 Oracle 数据库上进行各类开发。

三、用电信息采集与监控系统数据库设计与配置

1. 设计的需求和要点

数据库设计时，在存储方面需要考虑数据字典的存储、档案数据的存储和历史数据的存储。

2. 数据库配置选择

数据库配置选择主要考虑以下几个方面：支持集群、支持分区、支持备份恢复。

3. 保障数据库安全性的主要措施

系统在架构设计阶段已经充分考虑了数据库的安全性，主要采取的措施有以下方面：使用磁盘阵列、建立数据库集群、数据库安装备份、数据库启用归档模式、数据库 RMAN 备份。

四、用电信息采集与监控系统数据库运行维护

1. 数据库日常维护的需求

数据库日常维护主要完成以下方面的工作：检查实例状态、检查告警日志、检查数据库备份、查看数据库供应商的补丁公告。

2. 数据库日常维护的手段

数据库日常维护可以通过 Oracle 提供的命令或者是图形界面 EM 完成。

3. 数据库日常维护的实际操作

（1）Oracle 警告日志文件监控。Oracle 在运行过程中，会在警告日志文件（alert_SID.log）中记录数据库的一些运行情况：

1）数据库的启动、关闭，启动时的非默认参数。

2）数据库的重做日志切换情况，记录每次切换的时间。如果因为检查点（Checkpoint）操作没有执行完成造成不能切换，则记录不能切换的原因。

3）对数据库进行的某些操作，如创建或删除表空间、增加数据文件。

4）数据库发生的错误，如表空间不够、出现坏块、数据库内部错误（ORA-600）。

DBA 应该定期检查日志文件，根据日志中发现的问题及时进行处理，问题及处理见表 ZY2000401001-1。

表 ZY2000401001-1　　日志中出现的问题及处理方法

问　题	处　理
启动参数不对	检查初始化参数文件
因为检查点操作或归档操作没有完成造成重做日志不能切换	如果经常发生这样的情况，可以考虑增加重做日志文件组，想办法提高检查点或归档操作的效率
有人未经授权删除了表空间	检查数据库的安全问题，是否密码太简单。如有必要，撤销某些用户的系统权限
出现坏块	检查是否是硬件问题（如磁盘本身有坏块），如果不是，检查是哪个数据库对象出现了坏块，对该对象进行重建
表空间不够	增加数据文件到相应的表空间
出现 ORA-600	根据日志文件的内容查看相应的 TRC 文件，如果是 Oracle 的 bug，要及时打上相应的补丁

（2）数据库表空间使用情况监控（字典管理表空间）。数据库运行了一段时间后，由于不断地在表空间上创建和删除对象，会在表空间上产生大量的碎片，DBA 应该及时了解表空间的碎片和可用空间情况，以决定是否要对碎片进行整理或为表空间增加数据文件。可以采用以下语句列出数据库表空间的空闲块情况：

```
SELECT tablespace_name,
count (*) chunks,
max (bytes/1024/1024) max_chunk
FROM dba_free_space
GROUP BY tablespace_name;
```

上面的 SQL 语句列出了数据库中每个表空间的空闲块情况，如下所示：

```
TABLESPACE_NAME          CHUNKS   MAX_CHUNK
-------------------- ---------- ----------
INDX                          1  57.9921875
RBS                           3  490.992188
RMAN_TS                       1  16.515625
SYSTEM                        1  207.296875
TEMP                         20  70.8046875
TOOLS                         1  11.8359375
USERS                        67  71.3671875
```

其中，CHUNKS 列表示表空间中有多少可用的空闲块（每个空闲块是由一些连续的 Oracle 数据块组成），如果这样的空闲块过多，如平均到每个数据文件上超过了 100 个，那么该表空间的碎片状况就比较严重了，可以尝试用以下的 SQL 命令进行表空间相邻碎片的接合：

```
ALTER tablespace 表空间名 COALESCE;
```

然后再执行查看表空间碎片的 SQL 语句，看表空间的碎片有没有减少。如果没有效果，并且表空间的碎片已经严重影响到了数据库的运行，则考虑对该表空间进行重建。

MAX_CHUNK 列的结果是表空间上最大的可用块大小，如果该表空间上的对象所需分配的空间（NEXT 值）大于可用块的大小，就会提示 ORA-1652、ORA-1653、ORA-1654 的错误信息，DBA 应该及时对表空间的空间进行扩充，以避免这些错误发生。

对表空间的扩充对表空间的数据文件大小进行扩展，或向表空间增加数据文件。

4. 数据库故障下的恢复

在 RMAN 备份下，Oracle 数据库的恢复过程如下：

数据库启动到 mount 状态命令如下：

```
SQL> shutdown immediate;
SQL> startup mount;
```

RMAN 下数据库恢复命令如下：

```
RMAN> restore database;
```

【思考与练习】

1. 简述 Oracle 10g 数据库安装注意事项。
2. 用电信息采集与监控系统数据库日常维护主要有哪些工作？

模块 2　计算机及网络设备安装与调试维护（ZY2000401002）

【模块描述】本模块包含用电信息采集与监控系统主站的计算机及网络设备安装与调试维护内容。通过功能介绍、要点归纳和步骤讲解，掌握用电信息采集与监控系统主站架构、运行要求及其设备功能，掌握系统主站计算机及网络设备的安装调试及运行维护要求。

【正文】

一、用电信息采集与监控系统主站架构及设备

系统主站由计算机设备、网络设备以及打印机等辅助设备组成，计算机设备主要有服务器和工作站等，网络设备主要有路由器、交换机以及网络安全防护等设备。

（一）系统主站架构与功能简介

1. 主站物理构架

由计算机设备和网络设备组成的典型主站物理架构如图 ZY2000401002-1 所示。

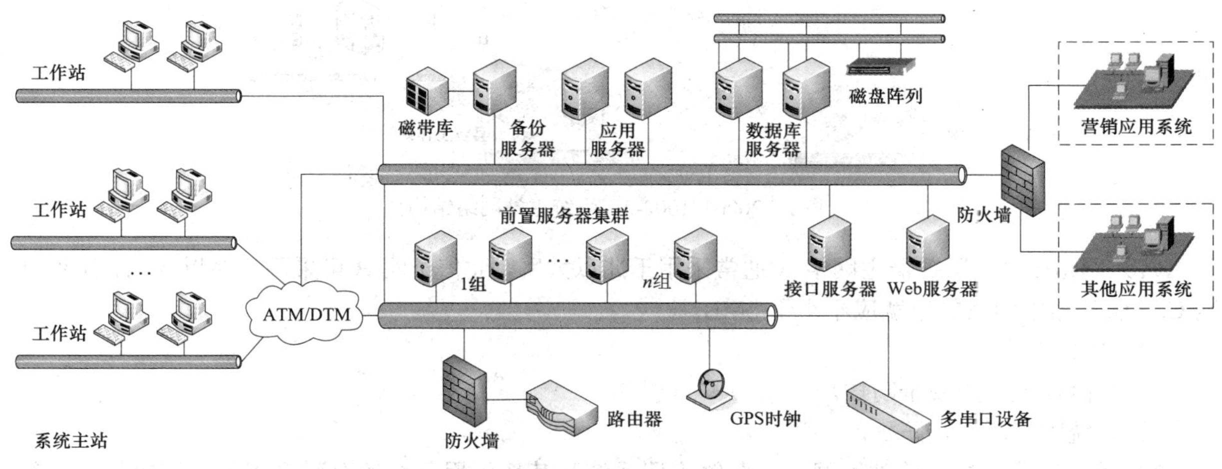

图 ZY2000401002-1　系统主站物理架构图

系统主站网络物理结构主要由数据库服务器、应用服务器、前置服务器、Web 服务器、接口服务器、工作站、GPS 时钟以及相关的网络设备组成。通过各类通信信道，实现电能信息的自动采集、存储、处理，同时提供各类电能信息与管理的各项应用功能。

2. 主站设备的系统功能简介

由计算机设备等组成的主站物理架构是支撑用电信息采集、负荷控制和系统运行监控管理等应用功能的基础平台，其主要设备承担着以下系统功能：

（1）数据库服务器：负责管理系统各类数据的存储。

（2）存储设备：为系统数据提供物理存储空间。

（3）Web 服务器：提供信息网站服务。

（4）应用服务器：负责后台的数据计算和处理，为客户端应用功能提供服务。

（5）接口服务器：负责与其他系统的接口，与一级系统进行数据交换。

（6）前置服务器集群：负责完成系统的采集、控制、通信工作，由多台服务器共同组成。

（7）运行操作工作站：提供操作人员与系统的交互界面和手段，通常按功能又可区分为系统运行操作和业务应用两类。

（二）系统主站设备的技术特性

系统主站包括网络设备、存储设备、数据库服务器、Web 服务器、接口服务器、前置服务器和工作站等主要设备。

1. 网络设备

主站网络主要包括服务器主网络、通信子网、工作站子网以及与营销应用系统和其他应用系统互联等四部分，其中服务器主网络主要由数据库服务器、应用服务器、Web 服务器、备份服务器以及主网络交换机等设备组成；通信子网由前置服务器集群以及通信子网交换机等设备组成；工作站子网由各地市公司远程工作站、省（直辖市）公司工作站以及相关网络设备组成；与营销应用系统和其他应用系统互联主要通过接口服务器、防火墙等设备完成。

主站网络结构必须满足带宽要求和访问安全性要求。主站网络如图 ZY2000401002-2 所示。

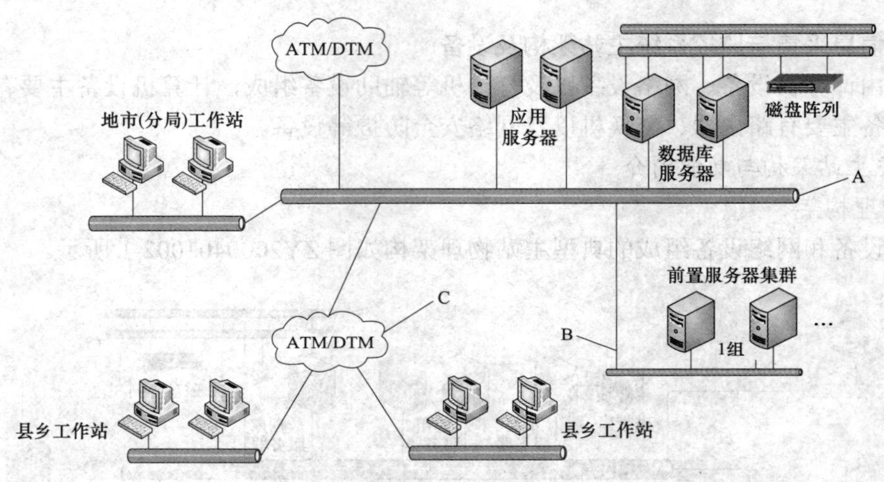

图 ZY2000401002-2　系统主站网络结构图

（1）网络带宽。服务器主网络 A 通常采用千兆以太网，通信子网 B 可采用百兆以太网，工作站子网 C 与服务器主网络的带宽应不小于 2MB。

（2）网络安全。

1）公网信道接入安全防护。

2）系统间互联安全防护。

3）通常对系统进行单独组网，与营销应用系统和其他应用系统的互联采用防火墙等技术进行安全隔离。

2. 存储设备

系统的采集与监控规模较大，工作站并发性访问众多，要求采用高性能的存储设备来满足系统性能、规模及存储年限等指标，主要要求如下：

（1）配置双控制器，具备负载均衡。

（2）部件和电源模块可热插拔，在单点设备具有高可靠性的同时，结构冗余配置，避免出现单点故障，采用 RAID 技术保护数据的安全性。

（3）能够根据要求进行灵活方便的在线、不间断、动态地扩展（系统处理能力、存储容量、I/O 能力）。

3. 数据库服务器

数据库服务器承担着系统数据的集中处理、存储和读取，是数据汇集、处理的中心，应通过集群技术手段满足系统的安全性、可靠性、稳定性、负载及数据存取性能等方面的指标要求。

4. Web 服务器

Web 服务器主要运行 Web 服务程序，提供 Web 发布服务。Web 服务器同样应通过集群技术保障系统的可靠性和稳定性，通过负载均衡技术保障系统的负载以及工作站并发数等性能指标要求。不同规模的系统对 Web 服务器的配置要求有所不同。

5. 接口服务器

接口服务器主要运行接口程序，负责与其他系统的接口服务，需要满足系统的安全性、可靠性、稳定性等要求。不同规模的系统对接口服务器的配置要求有所不同。

6. 前置服务器

前置服务器为系统主站与现场终端通信的唯一接口，所有与现场终端的通信都由前置服务器负责，所以对服务器的实时性、安全性、稳定性等方面的要求较高。前置机的配置数量、性能要求、安全防护措施等系统管理的终端数量及信道方式和业务模式有关，有以下技术特点：

（1）前置服务器应具有分组功能，以支持大规模系统的集中采集。

（2）每组前置机采用双机以主辅热备或负载均衡的方式运行，当其中一台服务器出现故障时，另一台服务器自动接管故障服务器所有的通信任务，从而保证系统的正常运行。

（3）每组前置服务器可接入系统所有类型的信道。

（4）每组前置服务器设计容量为可接入的终端总数不小于 30 000 台。

（5）不同规模的系统对前置服务器的配置和数量要求有所不同。

7. 工作站

工作站设备选型通常为个人电脑，可为台式个人电脑或笔记本电脑，由系统权限界定为面向系统运行操作或面向业务数据应用。

（三）系统主站运行要求

系统主站必须满足以下运行要求：

（1）始终保持连续不间断地正常运行。即使在故障情况下可自动切换至备用系统，保证系统功能的不间断，运行维护也不会导致系统运行的中断，因此必须具备在线维护的技术条件。

（2）始终保持较高的设备运行性能。系统运行必须满足设计所规定的响应实时性和计算机负载率等技术指标。

（3）始终保持良好的设备运行环境。

1）计算机机房的环境条件应符合 GB/T 2887—2000《电子计算机场地通用规范》的规定。

2）主站应有互为备用的两路电源供电。必须配备 UPS 电源，在主电源供电异常时，应保证主站设备不间断工作不低于 2h。

二、系统主站计算机及网络设备的安装调试

主站计算机和网络设备通过安装集成起来，形成系统主站架构，各自承担系统主站功能节点，协调工作，实现系统主站信息采集、负荷控制、终端管理和数据应用等系统的整体功能。

由于目前各地系统开发不统一，遵循的实施规范和技术方案不尽相同，具体的安装操作细节存在差异，因此下面重点针对系统主站计算机及网络设备安装通用原则进行描述。

系统主站计算机及网络设备的安装调试步骤：

（1）系统集成规划。在系统集成前，应事先根据系统功能划分和信息安全的要求，规划设计系统网络拓扑结构，明确设备间连接方式，编制系统集成方案。

（2）设备就位。根据计算机机房的空间面积，按照一定的原则对设备进行功能分区，确定各设备安装位置，绘制设备安装竣工图，便于今后的日常运行维护和检修工作。

（3）布线工程。机房布线工程分为强电和弱电。一般强、弱电布线应严格分开，敷设不同的线槽。

强电工程应根据设备的用电负荷选择合适的线径和开关，避免过负荷运行。弱电综合布线工程一般采用超五类或六类综合布线系统，构成星型连接的以太网拓扑结构。

（4）安装操作系统。操作系统是计算机运行的最基本软件，目前主流的操作系统有 Windows、Unix、AIX、Linux 等，无论安装哪种操作系统，都应该及时安装最新的公开发行的系统补丁程序。

（5）网络设置与调试。网络布线完成后，要实现数据交换，需要对连接网络的硬件设备进行相关参数的设置，这样整个网络系统才能运转起来，当然，也可以在网络设备上设置 ACL（访问控制列表）对某些设备资源限制访问。同样，计算机主机系统也需要设置相应的 IP 地址。

（6）安装数据库、中间件软件。数据库是存储、交换、访问数据的专用数据管理软件，常见的数据库软件有 Sybase、Ms SQL Server、DB2、Oracle 等。一般应用系统都离不开数据库的支撑，根据应用软件的逻辑架构，必要时还应安装中间件软件。

（7）安装系统应用软件。在计算机软、硬件平台安装完毕后，即可部署安装业务应用软件。

（8）系统应用功能测试。为了保证应用软件的正常运行和使用，在应用软件安装完毕后，通常应进行软件功能测试，验证软件运行环境是否符合要求，软件运行是否正常，和硬件环境是否兼容，是否存在冲突。应对照软件功能需求说明书，充分进行应用软件的各项功能测试，测试合格后，投入试运行。

（9）系统性能测试。系统软硬件平台及应用程序部署完毕后，按照业务流程，对系统各环节还需要进行系统性能测试，包括硬件性能和软硬件压力测试。根据应用系统设计容量，在最大规模业务运行的情况下，测试硬件 CPU 负荷、内存使用、I/O 吞吐量等指标，测试软件运行效率、处理能力等，测试的各项数据应满足设计文档指标和业务应用要求。

三、系统主站计算机及网络设备的运行维护

为了保障系统主站的连续正常运行，需要定期开展运行维护工作，维护工作主要的内容如下：

（1）系统安全评价。定期进行安全检查和评估，对发现的系统漏洞及时安装系统补丁，同时加强防病毒入侵的各项措施，及时升级病毒库文件。与外系统有连接的，应安装防火墙加以隔离，做好安全策略和访问控制策略，加强访问审计，关闭不必要的协议和端口。

（2）系统数据库维护。至少每周检查一次数据库运行环境，重点检查数据库表空间是否足够、数据表有无死锁等现象，当表空间不够时，应立即增加，防止数据库因空间不足而崩溃。

数据库维护的另一项重要工作是清理数据库 log 日志，随着数据库的长期运行，不断地进行增、删、改等操作，会产生很多的日志文件，并且这些日志文件不停增大，挤占数据库磁盘空间，如果不及时清理，数据库也会因空间不足而停运。

（3）系统性能测试和调整。当业务应用运行后，可阶段性地开展系统性能测试，重新进行系统性能评估，针对评估出的系统薄弱环节，进行相应调整和优化。

（4）计算机及网络设备状态维护。保持计算机及网络设备良好的健康状态，是日常运行维护工作的重点。值班人员应加强设备巡视，查看设备状态指示灯，发现问题，及时处理，以防止故障进一步扩大。

适时检查计算机及网络设备的运行状况，查看计算机进程是否正常，查看 CPU 负载、内存资源利用、有无可疑文件等情况，查看网络设备配置是否被篡改、网络流量是否异常、无用的协议端口是否已经关闭，以防非法用户登录。

（5）主站运行环境维护。主站运行环境包括机房清洁、供电电源、机房温度、空气湿度及应急照明等。主机机房应保持干燥、清洁、无尘，房间温度和湿度应符合计算机产品的规定要求，主机的供电电源应稳定可靠，必要时应采用 UPS 不间断电源供电，对特别重要的主机，还用采取双电源供电等措施。

【思考与练习】

1. 系统主站计算机及网络设备的安装步骤是什么？
2. 系统主站运行有什么要求？

模块 3　前置机程序安装与配置（ZY2000401003）

【模块描述】本模块包含用电信息采集与监控系统前置机的安装与配置维护。通过概念描述和步骤讲解，熟悉典型的前置服务器集群模式，掌握前置机程序的安装调试步骤及系统功能测试的要求和方法。

【正文】

一、前置机工作模式介绍

用电信息采集与监控系统通信前置机需与成千上万的终端设备建立通信，并保持不间断运行，响应并完成后台应用或现场终端发起的远程信息采集和集中控制所需的实时数据通信任务，是系统相对独立的关键部件之一。

对于较大规模的系统，通常采用前置机集群并选择合适的集群模式。当前前置服务器三类典型的集群模式如图 ZY2000401003-1 所示。

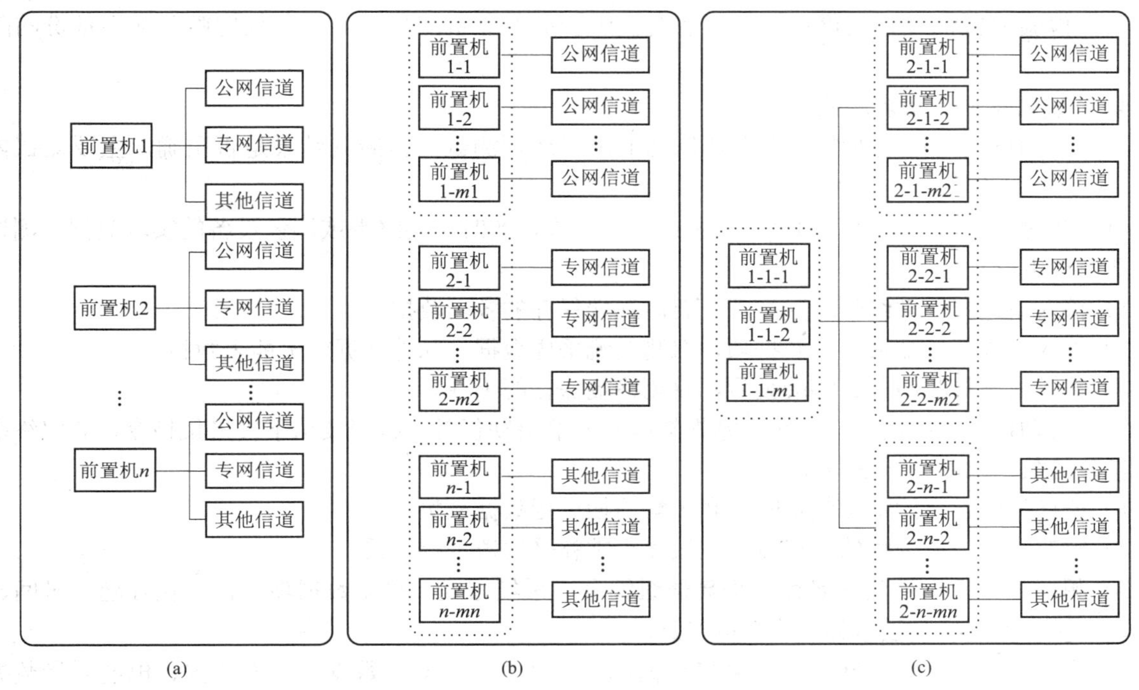

图 ZY2000401003-1　前置服务器集群示意图

（a）A 类集群；（b）B 类集群；（c）C 类集群

A 类集群，各前置机完全对等，单台前置机能完成对所有信道和功能的支持。该模式单前置机功能设计较复杂，但集群间调度程序较简单。该类集群方式较适合系统规模较小且信道类型多样的情形。

B 类集群，采取分组支持不同信道的方式，不同组间前置机面向的信道不同。该模式前置机功能设计较简单，但集群间调度程序较复杂。该类集群方式适应系统规模较大且信道类型多样的情形。

C 类集群在 B 类集群的基础上，进一步对功能组件采取分布部署的方式。前置机不再是全功能前置机，一部分前置机承担调度、处理功能，另一部分前置机承担信道接入功能。该模式可满足部分单位要求分布部署信道的特定需求（如 230MHz 无线信道）。

在实际具体系统的应用中，可根据系统规模和复杂程度组合以上三种模式，以取得最佳效果。

二、前置机程序安装调试工作步骤

1. 系统集成检查与程序安装准备

前置机不能自成体系独立工作，必须与系统主站的后台集成构建完整的主站系统，同时前置机工作还需与信道设备连接，才能正常实施各项数据通信管理功能。因此，在前置机程序安装前需进行的必要的建设和准备工作有：

（1）系统主站设备完成平台集成工作，前置机与后台构成完整的主站架构，后台程序已安装就绪。

（2）系统信道资源条件已经实现，各种通信信道具备工作条件。

（3）前置机与各通信信道的连接已经完成。

（4）具有供系统进行数据传输测试的用户终端设备已经正常工作。

2. 前置机程序安装

当前，用电信息采集与监控系统的开发建设未能按照统一的技术规范实施，因此不同的软件开发厂商提供的前置机程序具体功能细节有所不同，在进行前置机程序的安装与配置时，需按照系统开发商提供的前置机技术说明书和软件介质，依次在前置机（服务器或工作站）上安装程序及配置参数。

3. 信道管理功能测试

（1）对系统使用的通信设备、路由参数等进行配置管理。包括：前置机阵列的管理配置；定义具体的信道和前置机的接入关联，信道与前置机间可以建立动态关联关系，也可以为静态关联关系。

（2）验证通信信道的创建、修改、删除功能。

（3）对信道参数的配置功能。

（4）检验前置机阵列配置功能，将前置机组合成前置机阵列，实现负载均衡及互为备份的阵列关系。

4. 系统数据通信功能测试

对系统面向用户终端的各项数据通信功能进行逐项测试，检验其结果是否正确。主要测试内容如下：

（1）实时数据召测测试。通过系统主站人工操作，实时召测终端或测量设备的实时数据。测试方法与要点如下：

1）输入或选择终端编号、数据项，召测终端保存的各项数据。

2）输入或选择终端编号、数据项，召测交流采样数据、脉冲数据或电能表数据。

3）输入或选择时间段、终端编号，召测终端保存的事件。

（2）自动任务执行测试。系统主站根据编制好的自动任务，按照要求下发采集指令，获取终端或测量设备的数据。测试方法与要点如下：

1）严格按照设定的执行起止时间和采集周期进行数据采集。

2）针对采集数据失败的采集点，应按照正常补采次数进行补采。

3）测试任务应包括任务名称、采集群组编号、采集方式、采集数据项、任务执行起止时间、采集周期、执行优先级及正常补采次数等信息。

4）测试任务执行后应获取以下采集数据：负荷数据、电能量数据、抄表数据、电能质量数据、工况数据、事件记录数据。

5）测试结果统计要素：采集数据项总数、采集成功数据项数、采集完整数据项数和采集成功与否等。

（3）实时任务执行测试。系统主站根据接收到的实时数据采集要求，自动下发采集指令，实时召测终端或测量设备的数据。测试方法与要点如下：

1）查询接收到的实时数据采集要求。

2）下发采集指令，执行实时采集任务，获取相应数据。

3）查询系统返回的采集数据和实时任务执行结果。

4）测试结果统计要素：实时任务执行结果。

（4）终端参数设置测试。系统主站设置终端运行所需各项参数，即终端配置参数、控制参数、限值参数等，并通过远程通信技术将参数下发到终端。测试方法与要点如下：

1）下发并保存终端各类参数，保存操作记录，支持批量设置参数，支持参数初始化命令的下发。

2）终端配置参数主要包括脉冲配置参数、电能表或交流采样装置配置参数、总加组配置参数、终端电压电流模拟量配置参数等。

3）控制参数主要包括轮次状态、功率控制参数、电能量控制参数、购电控参数等。

4）限值参数主要包括电压越限参数、电流越限参数、功率越限参数、谐波越限参数、直流模拟量越限参数等。

（5）遥控功能测试：通过系统主站操作，向终端下发遥控跳闸或允许合闸命令，控制客户配电开关。

1）测试方法与要点：

a. 主站操作输入或选择控制终端，下发遥控命令给参与测试的终端，检查终端执行遥控结果的正确性。

b. 如果下发遥控命令不成功，则重新下发。

c. 遥控跳闸命令包含告警延时时间和限电时间。

d. 所有操作应有详细的操作记录，操作记录由系统自动生成，不允许修改和删除。自动记录操作信息有操作人、操作时间、操作对象、操作内容、操作结果等。

e. 控制命令可以按单地址或组地址进行操作。

f. 负荷控制状态的改变和控制动作必须自动生成详细的事件记录并告警，事件记录内容包括动作时间、当时状态及用电情况等。

2）测试结果统计要素：是否控制成功。

（6）功控功能测试：通过系统主站操作，对模拟客户的用电负荷进行有序控制，包括时段控、厂休控、营业报停控、当前功率下浮控等。

1）测试方法与要点：

a. 主站操作选择或输入控制终端控制类型，输入或选择控制时段、控制功率定值、告警时间、控制轮次等控制参数，向终端下发控制投入或解除命令，检查被控终端执行结果的正确性。

b. 负荷控制必须有详细的操作记录，操作记录由系统自动生成，不允许修改和删除，自动记录的操作信息有操作人、操作时间、操作对象、操作内容和操作结果。

c. 负荷控制状态的改变和控制动作必须自动生成详细的事件记录并告警，事件记录内容包括动作时间、当时状态及用电情况等。

2）测试结果统计要素：是否控制成功。

（7）电控功能测试：通过系统主站操作，向测试终端下发月电能量控制投入或解除命令。

1）测试方法与要点：

a. 主站操作输入或选择测试终端及月电能量定值、浮动系数等控制参数，下发月电量定值、浮动系数，检查测试终端收到结果是否准确。

b. 如果下发参数不成功，则重新下发。

c. 主站操作必须有详细的操作记录，操作记录由系统自动生成，不允许修改和删除，自动记录操作信息有操作人、操作时间、操作对象、操作内容、操作结果等。

d. 负荷控制状态的改变和控制动作必须自动生成详细的事件记录并告警，事件记录内容包括动作时间、当时状态及用电情况等。

2）测试结果统计要素：是否控制成功。

（8）群组设置功能测试：系统主站操作编制采集点分组，对需要下发组地址的终端，下发组地址到终端。测试方法与要点如下：

1）新增群组：主站操作输入并保存群组名称、群组地址等信息；系统自动生成群组编号；选择终端加入群组。为数据查询用的群组，可不下发到采集终端，需要广播执行的，组地址下发到采集终端。

2）群组测试操作：

a. 群组投入：对群组里的所有终端下发群组地址，群组中只要有一个终端的状态是投入，群组的状态就是投入。第二次群组投入时，只对终端状态是未知的下发组地址。

b. 群组解除：对群组里的所有终端删除群组地址。群组中只有所有终端的状态是解除，群组的状态才是解除。第二次解除时，只对终端状态是未知的下发。

5. 采集信息处理功能测试

前置机应具有对采集信息进行甄别处理功能，程序安装后需测试检查以下信息处理功能是否正确：

（1）数据合理性检查测试：对采集的数据进行合理性检查，标志其中的异常数据，不予发布使用并触发消缺流程。

1）测试方法与要点：

a. 模拟异常数据，系统通过采集并应用数据完整性、正确性的检查和分析手段，发现异常数据或数据不完整，触发实时自动补采。

b. 提供数据异常事件记录和告警功能。

c. 对于异常数据不予自动修复，并限制其发布。

2）测试结果统计要素：识别异常数据比率。

（2）采集质量统计测试：系统对采集任务的执行质量进行检查，统计数据采集成功率、采集完整率。

1）测试方法与要点：

a. 系统主站操作启动采集任务，对任务执行情况进行检查，并记录检查结果，统计采集成功率和采集完整率。

b. 采集质量检查信息包括采集群组编号、任务类型、采集点类型、应采集数据项、采集成功数据项、采集失败数据项、采集不完整数据项等。

2）测试结果统计要素：应采集数据项数、采集成功数据项数、采集完整数据项数。

【思考与练习】

1. 简述前置机程序安装调试工作步骤。

2. 系统针对终端的各项数据通信功能主要测试内容包括哪几项？

模块 4 后台主程序安装与配置（ZY2000401004）

【模块描述】本模块包含用电信息采集与监控系统主站后台主程序的安装与配置。通过功能讲解、要点归纳及步骤讲解，熟悉后台主程序的软件体系、安装部署、系统应用功能以及系统接口软件，掌握后台主程序安装步骤和方法。

【正文】

一、后台主程序的定义与工作范围

后台主程序即指用电信息采集与监控系统主站的系统应用软件。

后台主程序的任务是：完成对系统运行操作的任务响应，处理采集信息的数据，为业务应用功能提供数据，实现业务应用功能，实现与其他系统的数据交换等系统应用功能。

后台主程序分别在系统应用服务器、Web 服务器、接口服务器和系统工作站等设备上部署工作。

（一）后台主程序的软件体系

1. 软件架构

后台主程序采用分布式多层技术，典型的软件架构分为数据层、支撑层、应用层、表现层。后台主程序软件通过接口组件与外系统交互。软件架构如图 ZY2000401004-1 所示。

（1）数据层：数据层实现海量信息的存储、访问，数据层一般通过大型关系数据库实现。

（2）支撑层：支撑层提供全局通用的消息、安全、通信等组件支持，并实现系统专用的业务服务子层，为应用层提供通用技术支撑。

（3）应用层：应用层实现具体业务逻辑，是系统的核心层。根据系统的应用特点，应用层可分为采集子层与业务子层等。

1）采集子层以各种通信方式接入各种类型终端设备，执行业务子层召测任务和控制命令，直接与远程设备通信，负责读取、设置终端参数，采集终端数据，并对数据进行解析、处理，监视通信质量，管理通信资源。

图 ZY2000401004-1　系统应用软件架构图

2）业务子层利用支撑层提供的技术手段，实现用电信息采集与监控系统的业务功能，涵盖系统必需的基本功能和扩展功能。

（4）表现层：作为统一的采集平台，用电信息采集与监控系统在提供统一的数据存储、业务应用、操作规范的同时，根据专用变压器采集、公用变压器采集、厂站采集、低压集抄等不同业务领域的需求，提供以下不同的表现层：

1）功能丰富、操作专业的 C/S 客户端。

2）免维护、易于操作的 B/S 客户端。

2. 软件功能结构

软件从功能上可分为采集层、基本功能层、扩展功能层，功能结构如图 ZY2000401004-2 所示。

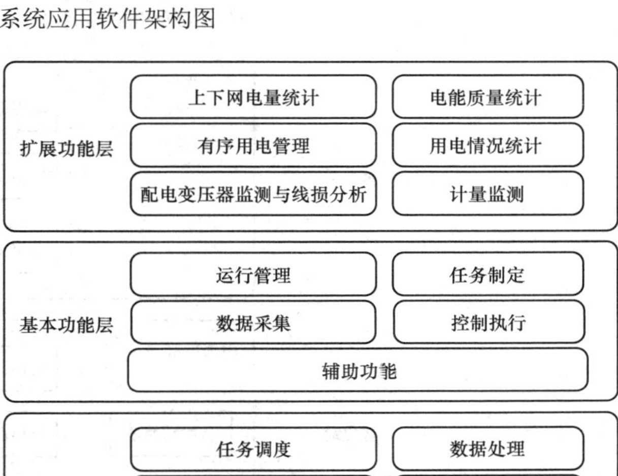

图 ZY2000401004-2　系统应用软件功能结构图

（二）后台主程序软件的安装部署

视系统规模和功能不同，软件中各组件应部署在相应的物理实体上。

数据层组件部署在数据库服务器上。数据库存储根据系统规模可选择磁盘阵列或普通存储介质。

采集子层组件部署在前置服务器上。根据系统规模不一，前置服务器可从单机到集群不等。

支撑层和业务功能子层一般部署在应用服务器上。为保证应用服务器的并发处理能力，提高可靠性，应用服务器在逻辑上采用分布式设计，将任务平均分配到多个逻辑服务器上，随着客户端的增加、任务量的增大，实际部署中可采用应用服务器集群共同完成对外服务。

接口组件一般部署在接口服务器上。对于较小规模的系统，也可部署在应用服务器上。

典型的软件部署示意如图 ZY2000401004-3 所示。

1. 数据库软件的安装部署

数据库设计应采用双机热备、HA（高可用性）等主流成熟技术，并在此基础上，根据业务特点制定特定策略，提高性能和可靠性。

（1）针对原始数据（生数据）修改频繁、查询较少，而处理后数据（熟数据）查询频繁、修改较少的特点，对生、熟数据分别采用不同的修改、索引、查询策略，以提高数据库响应性能。

（2）针对数据库压力具有时间不均衡分布的特性，采用数据库任务错时调度策略，削峰填谷，充分挖掘数据库处理能力。

2. 应用服务器软件的安装部署

对于较大规模的系统，建议采用应用服务器集群并选择合适的集群模式，以提高性能。

应用服务器三类典型的集群方式如图 ZY2000401004-4 所示。

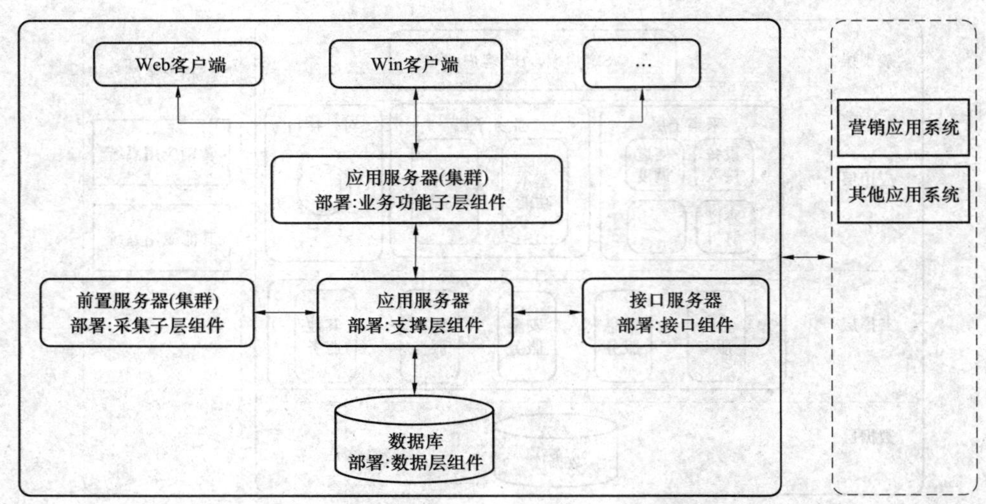

图 ZY2000401004-3 系统应用软件部署示意图

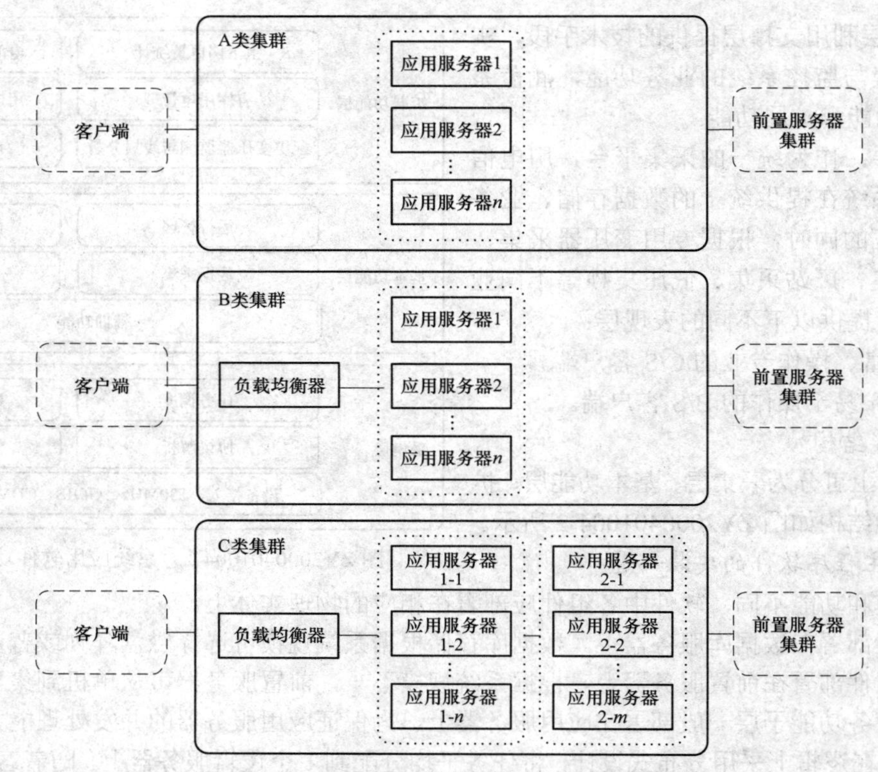

图 ZY2000401004-4 典型应用服务器逻辑示意图

A 类集群采取 n 台服务器对等部署，各机器完全对等，单台实现支撑层、业务服务子层、业务子层所有功能。在 $n=2$ 的情况下，就是常见的双机热备模式。该模式部署简单，没有负载均衡功能。一般部署双机热备模式。

B 类集群，在应用服务器群前增加一台负载均衡器，支持负载均衡。单台应用服务器功能部署与 A 类集群相同。

C 类集群，在 B 类集群基础上，分布部署业务服务子层和业务子层。该模式具有更好的伸缩性，但复杂度高。

（三）后台主程序的系统接口软件及其安装部署

用电信息采集与监控系统作为一个独立的运行系统，需要与相关的系统进行互联互通，实现数据共享，消除信息孤岛，充分发挥数据的价值。

1. 方式

用电信息采集与监控系统与其他系统的接口方式众多，常用的主要有协议、文件、中间数据库和

WebService 等方式。对于使用 J2EE 平台的系统间的接口，也常使用 JMS（Java 消息服务）。

（1）协议方式：按照预先定义的通信原语（如国际标准的通信协议、国家标准的通信协议、企业标准的通信协议等），采用通信的手段进行的数据交换的方法。该方式可以适合与调度自动化系统、上下级电能量系统等系统之间的数据交换。

（2）文件方式：按照预先定义的文件格式，以文件为载体的数据交换的方法。该方式可以通过 FTP 服务进行文件的上传和下载来实现数据的远传。

（3）中间数据库方式：以商用数据库为载体，按照预先定义的库、表结构定义和权限配置，实现各种数据的双向交换。中间数据库方式的接口示意图如图 ZY2000401004-5 所示。

图 ZY2000401004-5　中间数据库方式接口示意图

（4）WebService 方式：WebService 技术是应用程序通过内联网或者因特网发布和利用软件服务的一种标准机制，在 Internet 或 Intranet 上通过使用标准的 XML 协议和信息格式提供应用服务。作为 WebService 用户，客户程序可以采用 UDDI 协议发现服务器应用程序（WebService 供应商）发布的 WebService，其采用 WSDL 语言确定服务的接口定义。

用电信息采集与监控系统向其他系统请求静态数据服务的方式见图 ZY2000401004-6。

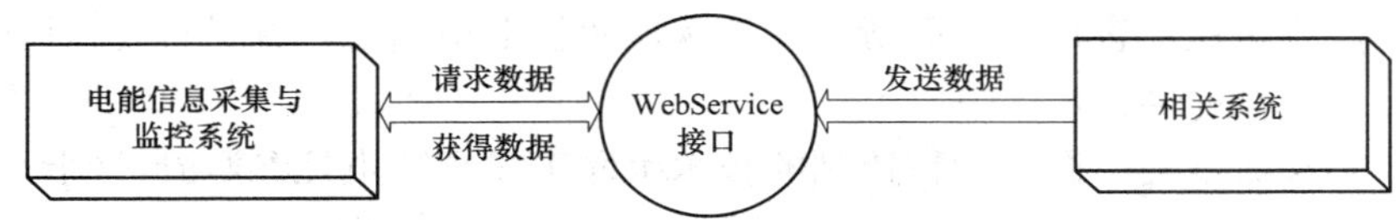

图 ZY2000401004-6　WebService 接口方式（请求静态数据服务）

其他系统向用电信息采集与监控系统请求动态数据服务的方式见图 ZY2000401004-7。

图 ZY2000401004-7　WebService 接口方式（请求动态数据服务）

2. 与营销应用系统接口

为保证基础信息一致，用电信息采集与监控系统不维护档案信息，所有档案信息来自营销其他模块。本系统采集的现场电量数据、设备状态需提供给其他模块，并作为有序用电、电量电费控制、部分客服信息发布的执行模块，响应其他模块的相关命令。

作为统一的营销业务模块，用电信息采集与监控系统应与其他模块采取统一的编码规范、接口技术。用电信息采集与监控系统和现有营销业务接口描述见表 ZY2000401004-1。

表 ZY2000401004-1　　用电信息采集与监控系统和现有营销业务接口描述

数据类型	数据内容描述	频度要求	方向
档案信息	用户、变压器、终端、表计、TA、TV 等基础信息及基本参数信息	实时	营销系统到用电信息采集与监控系统，单向
数据	电量、需量、电流、电压等	1 天 96 点（24 点）数据，每日同步	用电信息采集与监控系统到营销系统，单向
命令	抄表任务、控制要求、信息发布等	实时	营销系统发起到用电信息采集与监控系统，用电信息采集与监控系统返回结果，双向

二、后台主程序应实现的系统应用功能

（一）运行管理

（1）重点客户监测。针对重点客户提供用电情况跟踪、查询和分析功能。

（2）值班日志。根据交接班制度，在系统中填写并保存值班信息。记录日期、时间、主站值班人员、交接班人员、当班系统运行简述、当班运行维护简述等信息。

（3）权限管理。管理系统的用户账号及权限分配。

（4）用电异常监测。用电信息采集与管理系统通过对现场事件以及采集数据的分析，发现异常时及时给出告警信息，并启动异常处理流程。

（5）报表管理。按照规定的格式生成档案及数据报表。

（6）运行状况监测。对系统中关键设备的运行工况以及操作进行监测、记录。

（7）事件处理和查询。主站系统能够对终端侧发生的事件作出主动或被动响应，及时处理终端事件。

（8）档案管理。维护系统运行必需的电网结构、客户、采集点及相关参数、档案信息。

（9）数据查询。对采集到的各项数据提供查询功能，并支持图表形式展现。

（二）任务制定

（1）实时数据召测。通过远程技术手段，实时召测终端或测量设备的数据。

（2）采集任务编制。根据不同业务对采集数据的要求编制采集任务。

（3）限电方案编制。根据有序用电方案管理或安全生产管理要求，编制限电控制方案。

（三）预购电控制

（1）预购电单接收。从“客户电费缴费管理”获取负控购电信息，并进行初次购电的调试工作，为预购电控制投入与解除提供技术保障。

（2）预购电控制参数下发：通过远程控制的技术手段下发预购电控参数到控制终端，执行预购电控制。

（四）催费控制

（1）催费控制通知接收。从“催费管理”获取催费控制通知，从“欠费停复电管理”获取停复电通知，并返回停复电结果。

（2）催费控制参数下发。根据“欠费管理”的要求，投入或解除催费告警、催费限电。

（五）营业报停控制

（1）营业报停控指令接收。接收“暂停”、“暂停恢复”、“减容”、“减容恢复”的营业报停控制指令。

（2）营业报停控制参数下发。根据“暂停”、“暂停恢复”、“减容”及“减容恢复”的要求，通过远程控制的技术手段执行营业报停负荷控制。

（六）终端安装

根据所接收的终端安装任务制定安装工作单，领取安装设备到现场执行安装作业，记录现场安装信息。

（1）安装工作单制定。根据所接收的终端安装任务制定安装工作单，并引用资产管理的“出库管理”环节领取终端出库，到现场执行安装作业。

（2）终端安装调试。现场安装时按照终端调试单上的项目进行调试。

（3）终端安装归档。终端安装完成后，将安装信息录入系统。

（七）终端拆除

根据所接收的终端拆除任务制定拆除工作单进行拆除作业，记录现场拆除信息，并将拆回的终端入库。

（1）拆除工作单制定。根据所接收的终端拆除任务制定拆除工作单，到现场执行拆除作业。

（2）终端拆除归档。现场拆除作业完成后，将拆除信息录入系统，并将拆回的终端入库。

（八）终端更换

根据所接收的终端更换任务制定更换工作单，领取终端，到现场执行更换作业，记录现场更换信

息，并将更换拆回的终端入库。

（1）更换工作单制定。根据所接收的终端更换任务制定更换工作单，并引用资产管理的“出库管理”环节领取终端出库，到现场执行更换作业。

（2）终端更换调试。现场更换时按照终端调试单上的项目进行调试。

（3）终端更换归档。现场更换作业完成后，将更换信息录入系统，并将更换拆回的终端入库。

（九）终端检修

根据终端运行情况与使用年限，对终端零配件（含天线、馈线）进行批量更换或软件升级作业。

（1）检修计划编制。根据终端运行情况与使用年限编制年度检修计划，对终端零配件（含天线、馈线）进行批量更换或软件升级作业，同时安排季度、月度检修实施计划。

（2）检修调试。现场检修更换配件后或软件升级完成后进行调试，保证采集与控制功能的正常实现。

（3）检修记录。终端检修作业完成后，将检修信息录入系统。

（十）数据采集

根据接收到的采集任务要求或不同业务对采集数据的要求编制自动任务。

（十一）控制执行

（1）方案控制。根据编制好的限电控制方案，通过远程控制的技术手段下发限电控制参数到控制终端，限制用电负荷，包括控制投入和控制解除。

（2）遥控。根据业务需要，通过远程控制的技术手段，向终端下发遥控跳闸或允许合闸命令，控制客户配电开关。

（3）功控。根据有序用电要求，对客户的用电负荷进行有序控制，包括时段控、厂休控、营业报停控、当前功率下浮控等。

（4）电控。根据需要向终端下发月电能量控制投入或解除命令。

（十二）辅助功能

（1）群组设置。根据要求，编制相应的采集点分组，对需要下发组地址的下发组地址到终端。

（2）终端参数设置。设置终端各项参数，并通过远程通信技术将参数下发到终端。

（3）终端保电。通过向终端下发保电投入命令，使得用户控制开关在设置的保电持续时间内不受终端控制。向终端下发保电解除命令，使用户控制开关处于正常受控状态。

（4）终端剔除。通过向终端下发剔除投入命令，使终端处于剔除状态，终端对除剔除、对时命令以外的任何广播命令和组地址命令均不响应。向终端下发剔除解除命令，则使处于剔除状态的终端返回正常工作状态。

（十三）扩展功能

1. 配电变压器监测和线损分析

（1）配电变压器监测。在采集配电变压器的负荷、电压、电流等曲线数据，统计数据，以及事件的基础上进行统计分析，实现配电变压器监测功能。

（2）线损分析。在数据采集平台的基础上实现分区、分压、分线以及分台区的“四分”线损统计分析，为设备改造和电网运行方式提供依据，提高电网的经济运行水平。

2. 有序用电管理

（1）方案编制。根据有序用电要求，制定相应的方案来有效地实施。

（2）方案执行统计分析。方案执行过程中，实现对基础数据、统计数据的查询和分析功能。

（3）方案执行效果评估。在有序用电方案执行过程中和方案执行后，实现方案执行情况的分析评估，为方案修改及进一步执行方案提供依据。

3. 用电情况统计分析

（1）反窃电分析。根据采集的电能量、负荷的用电异常情况分析窃电的可能性。

（2）负荷预测支持。根据地区、行业等历史负荷、电量的数据，为负荷预测提供基础数据。

（3）综合用电分析。按不同分类，实现对负荷、电能量数据的统计分析和比对。

4. 上下网电量统计

（1）上下网指标考核管理。根据上下网电量、电压质量、频率及功率因数指标，统计分析实际执行情况。

（2）上下网电量查询统计。对上下网电量历史、当前数据进行查询。

5. 电能质量统计

（1）电压越限统计。对电压监测点的电压按照电压等级进行分析统计。

（2）谐波数据统计。根据设定的电压、电流谐波参数，统计分析谐波数据。

（3）功率因数越限统计。对客户功率因数进行统计分析。

三、后台主程序安装步骤

具体系统均具有应用软件开发商提供的后台主程序安装技术说明书和软件介质，依据这些技术文档，即可逐步完成应用软件即后台主程序的安装和配置。

归纳后台主程序安装步骤如下：

1. 系统主站架构设备及网络测试

（1）经测试确认主站平台工作正常，各服务器硬件及系统软件（操作系统）工作正常。

（2）经测试确认系统存储设备工作正常。

（3）经测试确认系统工作站工作正常。

（4）经测试确认主站网络设备工作正常，各计算机设备经网络构建起完整的主站架构并工作正常。

2. 安装、配置系统数据库

（1）构建系统应用数据库体系，在数据库服务器和存储设备上部署数据库系统软件。

（2）在工作站上安装、配置数据库客户端。

3. 安装、配置中间件软件等系统软件

（1）安装系统数据处理基础软件，在应用服务器上部署安装用于数据处理、数据挖掘、数据报表等系统中间件软件。

（2）安装系统数据展示工具性软件，在 Web 服务器上安装数据展示发布系统软件。

4. 安装系统开发商提交的系统应用软件

按照开发商提交的相关系统技术说明书，依次将系统应用软件分别安装部署在应用服务器、Web 服务器、接口服务器等设备上并启动运行。

5. 系统应用功能测试

参考系统应用功能的描述和调试要点，逐一测试和调整每一项功能的正确性。

6. 系统运行性能测试

在系统运行状况下，辅助以测试环境，以系统设计规范为依据，对系统进行运行压力测试，在系统功能全部正常的前提下，检验系统性能是否能够满足设计指标，否则需要查找问题所在及有针对性地进行运行调优，直至满足指标要求。

【思考与练习】

1. 系统接口方式有几种？

2. 简述后台主程序的软件体系架构。

模块 5　主站日常巡视维护（ZY2000401005）

【模块描述】本模块介绍主站系统的日常巡视和维护。通过要点归纳和步骤讲解，掌握主站系统日常巡视维护工作的基本要求、主要内容、基本方法和操作步骤。

【正文】

一、主站系统日常巡视维护工作的基本要求

日常运行巡视的目的是为了保证系统主站连续正常运行，及时发现运行异常或故障，为系统异常和故障的排除及恢复正常运行赢得时间，是一种主动的定期维护工作内容。

任何实时系统在其运行期间，由于设备本身的原因或外界条件等因素，不可避免地会发生功能或性能方面的异常，甚至导致设备故障。由于系统的应用软件是在确定的需求背景下完成的定制开发，需求变化后的不适应性也将导致原有的系统功能异常。而运行的异常或故障呈现明显的不确定性和随机性，因此，除常规的运行操作监视外，开展对主站运行设备的定期日常巡视维护是十分必要的。

1. 主站运行状态分类

（1）正常状态。同时满足信道正常通信、服务器正常工作、系统任务正常完成、运行环境处于正常范围时，主战运行处于正常状态。

（2）异常状态。当出现部分或全部信道不能通信、个别或全部服务器不能正常工作、系统任务未能正常完成、运行环境恶化等情况时，主站运行于异常状态。

2. 主站运行导致异常状态的主要因素

（1）主站设备（计算机设备、网络设备等）性能不稳定或设备故障。

（2）信道条件不稳定或信道中断。

（3）网络布线受到外力损伤或网络受到攻击。

（4）由于应用软件可能存在的隐患，运行中进行不合理地占用或分配系统存储空间。

（5）定制开发的应用软件存在缺陷或需求变更后不能适应。

（6）运行环境条件不能满足（如稳定供电、室温控制等）。

3. 主站运行状态维护的目的和要点

主站运行状态维护的目的和要点是及时发现系统运行中的异常状态，以便及时排除故障并恢复正常运行。

二、主站日常巡视工作的主要内容

1. 主站运行状态的监控方式

通过以下方式可获得系统主站当前的运行状态：

（1）系统运行自动监控功能。服务器设备、存储设备和网络设备以及定制开发的应用软件均提供了部分运行状态的监控功能，可由此获得：

1）计算机设备的负荷水平及负荷率记录曲线。

2）网络设备的在线状态及在线率记录曲线。

3）数据通信的成功率记录曲线。

4）定时采集任务的完成率。

5）接口信息交换的有效率。

6）各类运行工况日志记录等。

由此可直接反映主站系统在当前和过去一段时期的运行状态及变化情况。

（2）系统运行操作反馈运行状态。通过对系统的运行操作，根据操作结果，可获得相关有效信息，间接反映了系统主站当前的运行状态。这些有效信息是：

1）系统是否正常响应。

2）系统采集数据的完整性。

3）系统功能正确性。

（3）仪器仪表及指示灯直接反映设备的运行状态和运行环境。

2. 日常巡视的主要对象和内容

（1）系统采集任务是否正常完成。

（2）通信信道是否正常工作。

（3）系统功能是否正确。

（4）主站网络是否畅通。

（5）主站设备性能是否正常。

（6）运行环境是否满足条件。

三、主站日常巡视的基本方法和操作步骤

1. 日常巡视工作安排

鉴于负荷管理系统的任务需求，确定了系统主站有以下工作特殊性：

（1）在每日零时至早 8 时期间需自动执行并完成系统的定时采集任务。

（2）白天每 30min 自动对所辖用户终端设备逐一巡测一遍。

（3）白天承担业务应用和实时用户的负荷控制集中管理。

针对上述系统工作特点，主站日常巡视每日至少安排两次，分别为早间（7 时）和晚间（22 时），有重点区别地开展巡视维护工作。

2. 日常巡视维护的基本工作方法

（1）主站设备现场（机房）检查。直接从各类设备仪器仪表和指示灯获得设备运行状态信息，掌握运行环境情况。

（2）查询主站设备的运行监控信息，获取当前设备运行状态，例如当前 CPU 负载率、存储空间的占用和分配信息等。

（3）查询主站设备的运行监控记录曲线和工况日志记录，掌握运行期间设备性能变化趋势和曾经发生的异常记录。

（4）选择有代表性的典型系统功能，直接对系统进行运行操作检查，通过获得操作结果判断系统运行状态。

（5）做好各项巡视维护工作记录。

3. 日常巡视维护操作步骤

（1）早间巡视维护工作。早间巡视维护的工作重点在以下方面：

1）检查定时信息采集各项任务的完成情况，发现采集异常及时启动数据补采或相应的故障处理。

2）抽查主要系统功能，综合判断系统是否正常完成采集、控制和应用功能，发现异常及时进入相关的异常处理工作流程。

3）检查系统安全防护状况和记录，定期或不定期进行检查和清除病毒，分析是否存在非常入侵、评估防护措施是否有效。

4）检查系统存储空间占用和分配状况，并有针对性地进行磁盘空间清理和数据库分区清理与调整。

5）检查网络设备工作状况，针对关键路由节点进行逐一查验，发现异常可采取网络重建处理或进入故障处理工作流程。

6）检查运行环境的基础设施（例如供电、空调、清洁等）的完好程度，保持在最佳工作状况。

（2）晚间巡视维护工作。晚间巡视维护的工作重点在以下方面：

1）采取与通信基站（中继站）和现场终端设备实时通信方式，逐一检查每一信道的工作是否正常及当日变化趋势，必要时切换至备用通道或进入故障处理流程。

2）检查主站各硬件设备（服务器、网络、存储设备等）是否工作在正常状态，发现异常可采取设备重新启动恢复正常或切换至备用设备运行，或进入相应的故障处理流程。

3）检查运行环境是否满足规定的技术条件，努力保持运行在最佳工作状况下。

【思考与练习】

1. 主站运行导致异常状态的主要因素是什么？

2. 主站日常巡视工作的主要内容有哪些？

模块 6　系统故障分析与处理案例（ZY2000401006）

【模块描述】本模块包含系统常见故障的分析和处理。通过要点归纳，掌握系统常见故障的现象、影响范围及其处理技术。

【正文】

一、系统常见故障分析

（一）系统故障分类

主站系统常见的设备故障如下：

（1）通信故障。

（2）数据库故障。

（3）网络故障。

（4）服务器故障。

（5）系统安全故障。

（二）故障分类分析

1. 数据通信故障分析

通信故障指因主站无法与终端正常通信的故障，现象包括终端对主站的通信请求无应答、终端无法上线、无法成功采集终端数据等。

（1）230MHz 无线专网信道故障分析。

230MHz 无线专网信道包括通信前置机（服务器）和终端服务器（扩展前置机串口的设备）、通道切换箱（主备信道切换设备）等。

1）设备功能作用：主站与 230MHz 终端的通信信道。

2）故障影响范围：230MHz 通信方式的用户终端无法与系统主站建立联系，系统主站对此类终端的数据通信中断，失去集中控制和不能完成信息采集。

3）故障现象：此信道下接入的用户终端与主站的通信全部中断。

（2）GPRS 虚拟专网信道故障分析。

1）设备功能作用：系统主站与无线公网——GPRS 终端的通信信道。

2）故障影响范围：GPRS 终端无法采集数据。

3）故障现象：此信道下接入的用户终端与主站的通信全部中断。

（3）CDMA 虚拟专网信道故障分析。

1）设备功能作用：主站与无线公网——CDMA 终端的通信信道。

2）故障影响范围：CDMA 终端无法采集数据。

3）故障现象：此信道下接入的用户终端与主站的通信全部中断。

2. 系统数据库故障分析

系统数据库故障是严重的故障，可能造成数据丢失或系统功能失常，甚至导致系统运行中断直至系统崩溃。

数据库包括系统数据库服务器设备和系统存储设备（磁盘阵列或 SAN 单元）等。

（1）系统功能作用：系统数据库服务。

（2）故障影响范围：系统不能正常运行。

（3）故障现象：系统无法登录，无法查询数据，无法保存数据，无法进行各类运行操作，各项应用功能无法实施，系统监控有相应的“数据库操作出错”等系统故障告警信息。

3. 网络故障分析

系统中网络交换机、路由器、光端机和网络配线架及网络布线等设备和设施发生故障即形成系统网络故障。系统网络故障往往导致系统主站不能正常工作甚至中断运行。

（1）系统功能作用：构成系统主站网络平台。

（2）故障影响范围：主站的某一台、某一些或全部服务器、工作站不能正常工作。

（3）故障现象：某些客户端无法登录系统或系统运行中断。

4. 服务器故障分析

（1）应用服务器故障。

1）系统功能作用：实现系统数据处理和数据应用功能。

2）故障影响范围：主站不能工作，所有应用功能中断。

3）故障现象：系统数据处理、数据应用、系统操作等各项应用功能均不能正常实现。

（2）Web 服务器故障。

1）系统功能作用：实现系统数据发布网站，发布系统数据应用功能。

2）故障影响范围：主站不能向业务部门提供数据应用功能结果。

3）故障现象：网站不响应。

（3）数据交换服务器故障。

1）系统功能作用：系统与营销信息系统及其他系统的数据交换接口。

2）故障影响范围：不能实现信息共享和数据交换功能。

3）故障现象：系统无法与相关系统交换信息，导致信息不准确和采集数据不能共享传递。

5. 系统安全故障分析

（1）Web 防火墙。

1）系统功能作用：隔离用电信息采集与监控系统主站专网和其他网络。

2）故障影响范围：主站不能向外发布数据应用结果。

3）故障现象：其他网段无法查看主站发布网页。

（2）无线公网防火墙。

1）系统功能作用：隔离 CSM 专网和无线公网网络。

2）故障影响范围：无法对无线公网终端采集数据。

3）故障现象：无线公网接入的终端全部中断通信。

二、系统故障处理技术

1. 故障处理必须遵行的技术原则

及时发现，及时处理，防止故障扩大化。

2. 故障处理常规方式方法

明确故障发生的现象，分析故障原因，按流程操作。

3. 防止故障扩大化的有效措施

（1）及时发现。

（2）明确故障原因。

（3）及时排除故障。

【思考与练习】

1. 主站常见的设备故障有哪几类？

2. 服务器故障有哪几种？

第十章　通信设备安装调试和维护

模块 1　电台的安装调试及维护（ZY2000402001）

【模块描述】本模块包含电台的安装调试和维护内容。通过图文结合和方法介绍，熟悉电台面板，掌握主台和中继站的频率、地址设置及功能调试的方法。

【正文】

一、电台面板简介

目前生产的主站设备都是选用 KG510 电台，其前面板示意图如图 ZY2000402001-1 所示。

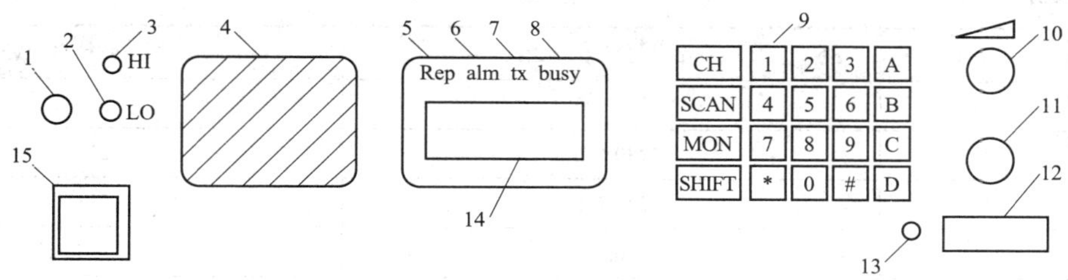

图 ZY2000402001-1　电台面板示意图

1—手持听筒插孔；2—低发射功率调节；3—高发射功率调节；4—扬声器；5—转发模式指示灯 LED；6—告警模式指示灯 LED；7—发射模式指示灯 LED；8—占线模式指示灯 LED；9—5×4 键盘；10—音量旋钮；11—静噪控制旋钮；12—电源开关；13—电源指示灯 LED；14—液晶显示屏 LCD；15—话筒插孔

1. 电源开关

电源开关按下为打开电源，电源指示灯 LED 点亮。电台初始化结束后 LCD 显示字符，再按一次电源开关为关闭电台电源。

2. 音量旋钮

顺时针方向为增大音量方向，适当调节音量旋钮，使声音柔和。

3. 静噪控制旋钮

用来设置静噪门限电平，顺时针旋转为加深静噪门限电平，使用时先把静噪开关顺时针旋到底，将静噪打到最深，然后逆时针方向旋转调整。

4. LCD 液晶显示

在正常工作条件下，第一行以棒状图形显示接收信号强度，第二行显示发射功率的大小，第三行左方前四个字符为频道名称。

5. 大小功率校准（一般情况下，非维修人员勿动）

HI 为大功率调整电位器，LO 为小功率调整电位器，可分别在一定范围内调整输出功率大小，且相互之间相对独立。

6. 话筒插孔

插入话筒可以通话。

由于 KG510 电台面板带有液晶显示屏，因此在正常使用中，显示屏还可以棒图形式显示在所选频道上接收到的信号强度和发射功率的大小，显示所选的频道号。此外面板上的按键还有如下的常用功能：

B ： 使电台下降一个频道。

SCN ： 电台进入扫描所有已编程的频道。

SHIFT + 1 ：使电台液晶屏的背光打开或关闭。

SHIFT + 2 ：使电台发射功率在高和低之间转换（高功率时在液晶屏第三行右边会显示符号"➤"）。

SHIFT + 8 ：锁定或解锁KG510电台的面板键盘。

SHIFT + CH ：启动或停止在显示屏上显示收发的棒形图。

二、主台和中继站的调试

1．频率的设置

电台的频率配置表一般在设备门的侧面，对于主台和中继站，一般设置频率为15对双工频率的高发低收配置，而链路台采用低发高收配置。电台的频率配置见表ZY2000402001-1。

表 ZY2000402001-1 电台的频率配置

编号	代号	中控站发射频率（MHz）	终端发射频率（MHz）
1	D1	230.525	223.525
2	D2	230.675	223.675
3	D3	230.725	223.725
4	D4	230.850	223.850
5	D5	230.950	223.950
6	D6	231.025	224.025
7	D7	231.125	224.125
8	D8	231.175	224.175
9	D9	231.225	224.225
10	D10	231.325	224.325
11	D11	231.425	224.425
12	D12	231.475	224.475
13	D13	231.525	224.525
14	D14	231.575	224.575
15	D15	231.650	224.650

频道选择方法如下：

CH + 数字0~9

如下按键，则电台停留在5频道：

CH + 0 + 5

2．地址的设置

每一台主台或中继站都有一个唯一的地址，与主台协商，选择一个地址，作为采集终端的固定地址。设置好中继站的地址为十六进制编码方法，如地址为8401，则地址开关设置如下：

高位 OFF ON

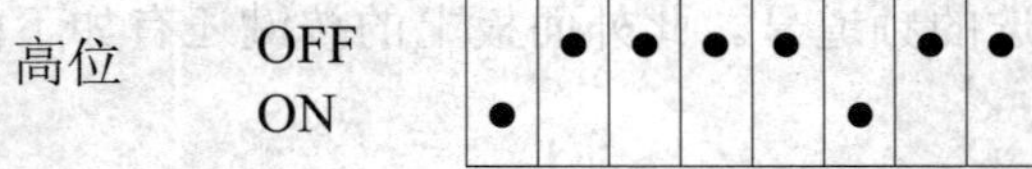

低位		1	2	3	4	5	6	7	8
	OFF	●	●	●	●	●	●	●	
	ON								●

3. 功能调试

（1）电源检查。查看主台或中继站的电源显示，确定电源在 13.6V。在控制终端的电压菜单中可以显示 A、B 机的电压值。

（2）通话功能检查。中继站具有通话功能，不但可以和中心站进行通话，还可以和用户终端通话，方便设备调试和维护。将主台或中继站的附带话筒插入电台话筒插口，先把音量电位器调至适当位置，按下 PTT 按键，与主台或中继站联系，检查话音是否清晰。

（3）对时功能检查。中继站具有对时功能，提供事件的时间记录，方便设备调试和维护。由操作机对主台或中继站进行对时操作，并核对时间是否一致。

（4）发参数功能检查。控制终端不断地检测中继站各部分的工作状态，发现故障并使中继站无法工作时，控制终端自动将中继站切换至备份机工作，判别标准由中心站设置，例如：当输出功率小于 10W（标称 25W）时，可判定功率放大器故障；当 12V 电压变成小于 10V 或大于 14V 时，判为故障。

由主台发送参数，查看是否成功。

（5）A、B 机切换检查。

1）开机后，在中继站控制终端面板上手动切换几次 A、B 机的状态，以检查 A、B 机切换是否正常。

2）与中心站联系，由主控站通过计算机对中继站进行遥控 A、B 机切换，并观察中心站显示的中继站 A、B 工作状态与中继站当地实际 A、B 工作状态是否保持一致。

（6）当地功率、场强等模拟量采集功能检查。当智能分机进入电测状态时，它变成一个简易的功率计和场强仪。通过选择菜单进入电测状态，面板可显示 A、B 电台的发射功率、接收场强以及电压值。由操作机对智能分机进行召测，并与现场数据核对。

（7）状态功能检查。中心站发送停止转发遥控命令，使中继站在特殊情况下变成只能接收而不能转发的状态，退出系统转发工作。

（8）电源状态检查。控制终端对中继站的有关开关量进行检测，诸如交直流供电状态和断电、送电时间记录。

（9）数传调试。将可供调试的终端接上电源和调试天线，与主控中心联系获得终端的地址，并设置好终端的地址和频道；由主控中心正确设置调试终端的信道参数和终端地址后，对该终端进行数传通信，连续五次召测数据长帧均成功，则表明设备数传功能正常。

（10）调试结束。通话结束离开中继站时，必须完成以下事宜：

1）必须确保静噪电位器调至最大，逆时针回转一些，以免影响通信。

2）必须把音量电位器调至最小，以免影响他人。

【思考与练习】

1. 电台面板的液晶显示屏能显示电台的哪些主要参数？
2. 怎样设置电台的频率？
3. 怎样设置电台的地址？

模块 2　天馈线安装调试和维护（ZY2000402002）

【模块描述】本模块介绍电台天馈线安装调试和维护的内容。通过图文结合、要点归纳和步骤讲解，掌握主台天线、链路电台天线的安装方法和要求，掌握高频电缆头的装配方法。

【正文】

一、全向天线的安装

1. 主控站天线位置的选择

主控站的天线位置根据电测位置架设，一般在架设天线时，根据终端分布情况确定天线的安装位置。天线安装时，天线附近的阻挡会对天线的各方向增益情况产生影响，在不同环境下，天线的增益曲线如图 ZY2000402002-1 所示。

（1）减少阻挡影响的方法如下：

1）天线距杆状阻挡大于 1.5m，距塔身阻挡物大于 2m。

2）对于距离远的用户，尽量集中在开阔的一端，如图 ZY2000402002-2 和图 ZY2000402002-3 所示。

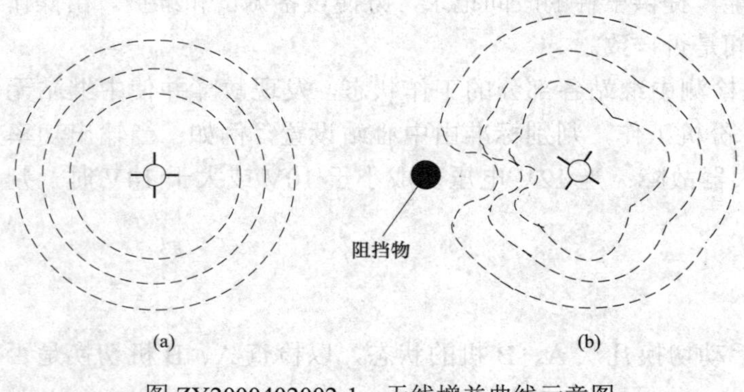

图 ZY2000402002-1　天线增益曲线示意图

（a）天线周围空旷时；（b）天线周围有阻挡时

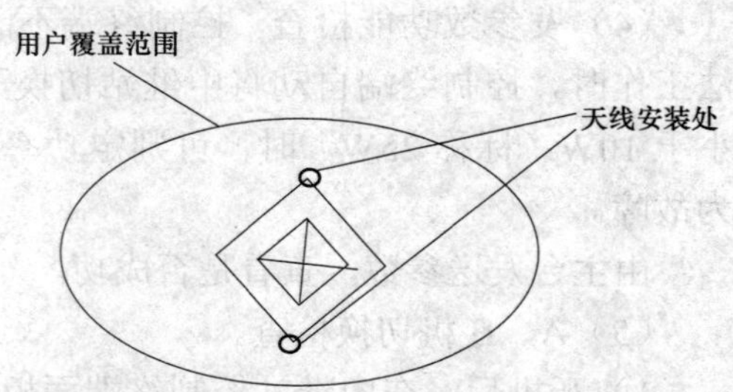

图 ZY2000402002-2　主台分布在地区中心时天线架设位置

（2）天线安装注意事项：

1）天线应该架设在相对空旷的高处，附近不应有明显近距离阻挡。

2）对于杆状阻挡物，天线与之至少保持 1.5m 距离；对于铁塔塔身，应保持 2m 以上的距离。

3）一般将天线位置架设在铁塔角上对称的两处。

2. 中继天线位置的选择

中继天线根据电测位置架设，原来电测位置经过电测的充分验证，应该没有问题。

应根据主台的位置和信号确定天线位置，若主台到中继站的信号在 25dB 左右，则天线位置应该以主台位置方向为确定依据，尽量使两根天线接收主台信号处于对等的最佳位置，如图 ZY2000402002-4 所示。

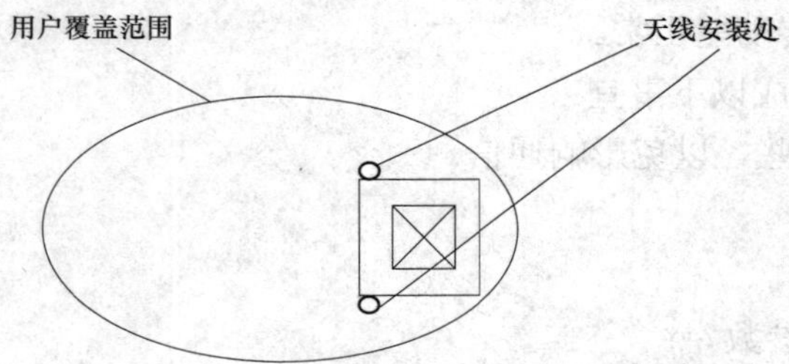

图 ZY2000402002-3　主台位置不在地区中心时的天线架设位置

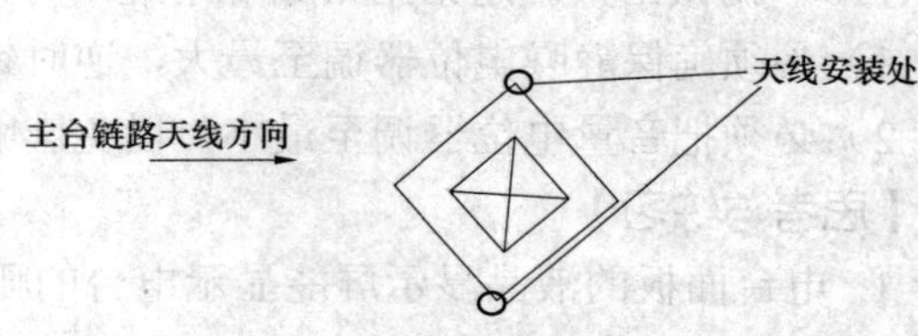

图 ZY2000402002-4　中继站天线安装位置

如果主台链路到中继站的天线信号足够大，则根据终端分布情况确定天线的安装位置。

3. 天线的组装

全向天线有桅杆式天线和四振子天线两种。

（1）桅杆式天线，有部分天线安装时加装三根屏地针，将三根针旋入互成 120° 的孔内，旋紧即可。

（2）四振子天线需要组装，一般为两节，有四个振子，组装时注意事项如下：

1）一般先连接上下节之间的馈线，再连接天线柱体，这样做防水处理时较方便。馈线接头连接好后，需做防水处理，先用自粘胶带缠绕，再用 PVC 胶带缠绕。

2）柱体连接处的螺栓上紧时，每个螺栓上几圈，依次逐步上紧，这样用力均匀，不会导致某个螺栓上紧后，别的螺栓无法上。

3）四个振子的方向应该互成 90°，除非在有些场合需要特殊的增益方向。一般天线杆上会有振子方向的指示或已经将振子就位。

4. 安装前的测试

将天线安装到位前，建议对天馈线系统进行测试，确定天线和馈线系统没有问题，避免安装后，才发现天馈线不好。测试采用功率计，测试时注意天线竖立在空旷的区域。

5. 天线及支架的安装

（1）全向天线必须架置在避雷针的 45° 保护区范围内。

（2）天线安装的强度，要保证在最大风速时方位及仰角不发生可视的误差。天线安装在杆上时，如果杆长超过 5m，必须拉防风绳，杆的直径必须达到 1in（1in=2.54cm）以上。天线装在铁塔上时，应该固定在铁塔围栏的主要支架上或较粗的支架上。

（3）天线支架一般采用井字形。

（4）两根全向天线应分别在主控站铁塔顶部平台的适当位置上，用镀锌角铁或镀锌圆钢支撑架设。

6. 馈线安装的注意事项

（1）天线与馈线之间加装固定避雷器以获得双重保护，避雷器必须接地良好。避雷器必须固定好，避雷器的接线引出端应该朝下，避免进水。

（2）馈线与避雷器的连接处和避雷器与天线的连接处要密封以防漏水，先用自粘胶带，按馈缆高低方向，由低向高缠绕，这样形成瓦片一样的形状，不易进水。如果要绕两层，则自粘胶带先从高到低绕一层，再回头往上绕一层，如图 ZY2000402002-5 所示。然后，再用 PVC 胶带缠绕，缠绕时应注意：

1）馈缆与天线接头的金属部分必须完全包裹在内。

2）自粘胶带在缠绕时，避免将气泡包裹在内。

3）保证 PVC 胶带必须超过自粘胶带的包裹范围。

4）如果天线的短电缆上有防水橡皮套时，不要把它包在里面，应该包好后，再把橡皮套拉下来，罩住包过的地方。

（3）馈线与避雷器连接好后，应该由低向高固定一段，形成一个环状，如图 ZY2000402002-6 所示。这样，一方面可以预留一些长度，另一方面，一旦接头未处理好进水，水也不会向上流，同时，还可以剪掉一部分馈缆重新做接头，避免整根馈缆报废。

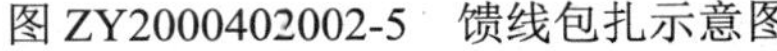

图 ZY2000402002-5　馈线包扎示意图

（4）馈线在铁塔上或房顶上由水平变成垂直走向时，应该将套管作防磨处理，且在水平和垂直方向应分别固定，以避免馈缆受自身重力影响产生形变，如图 ZY2000402002-7 所示。

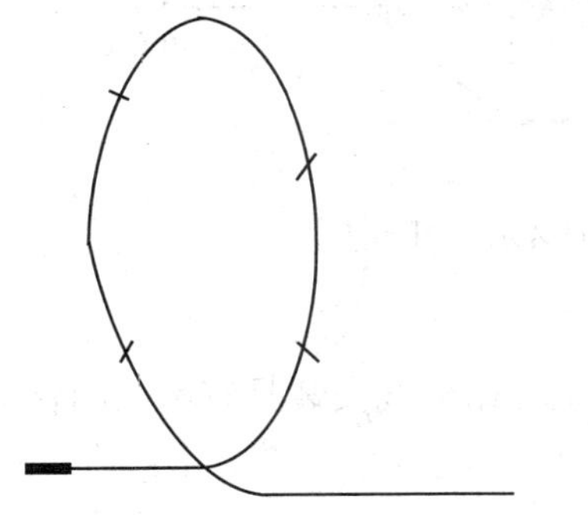

图 ZY2000402002-6　馈线安装示意图（一）

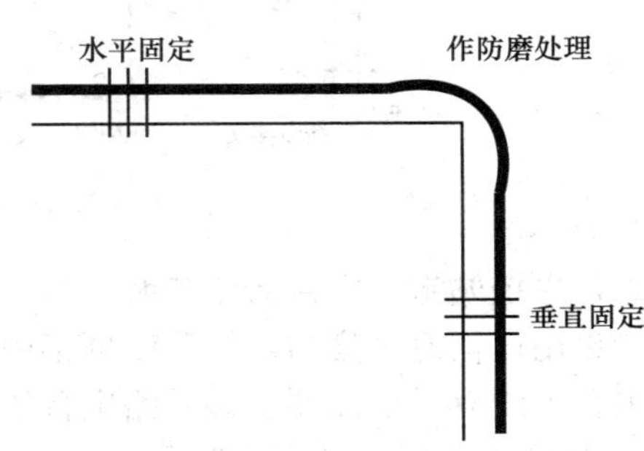

图 ZY2000402002-7　馈线安装示意图（二）

（5）馈线沿安装天线架、铁塔引到主机房的走线路径应尽可能短，固定要牢靠，但不应夹伤馈线。一般采用 1.5mm^2 以上单股铜芯线来固定，每隔 1～2m 固定一下。固定时先用线环绕电缆 2～3 圈，收紧，再从外侧绑住附着物。为了能够使附着物分担部分电缆的重力，应该选择与馈缆走线方向垂直的横档固定，如图 ZY2000402002-8 所示。

（6）安装时要保证电缆有足够的曲率半径，一般为 300mm，以免损伤电缆。

（7）馈线进房时，应该留有防水弯，即房屋外的馈线比屋内的位置低。施工打穿墙孔时，应该做到外低内高，防止雨水顺电缆流进屋内，如图 ZY2000402002-9 所示。

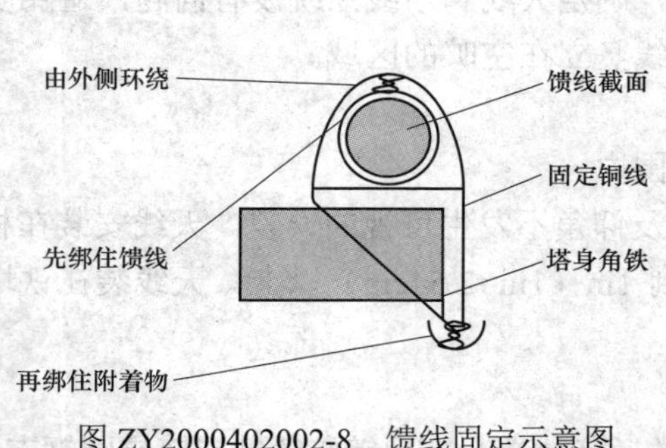

图 ZY2000402002-8　馈线固定示意图

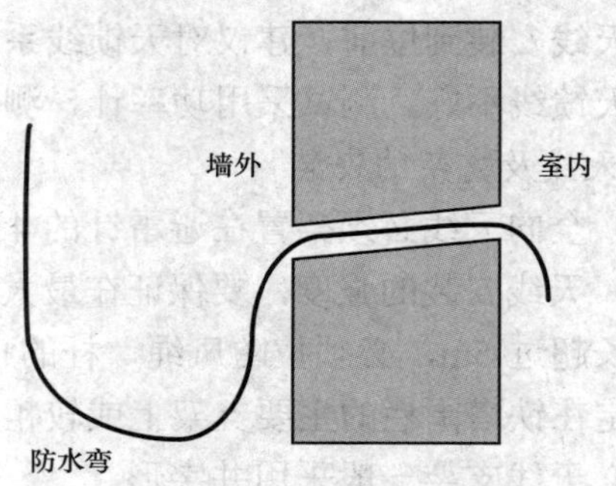

图 ZY2000402002-9　馈线进房示意图

（8）馈线在室内走线时，不要沿空调管道等有温度变化的管道走线。

（9）馈线架空走线超过 5m 时，应使用钢线或钢缆固定。

（10）馈线与天线连接后，馈线应该做标记，在近天线端、近设备端和中段分别做一些标记，记录下各天线所对应的电台，便于日后维护。

主台天线安装示意见图 ZY2000402002-10。

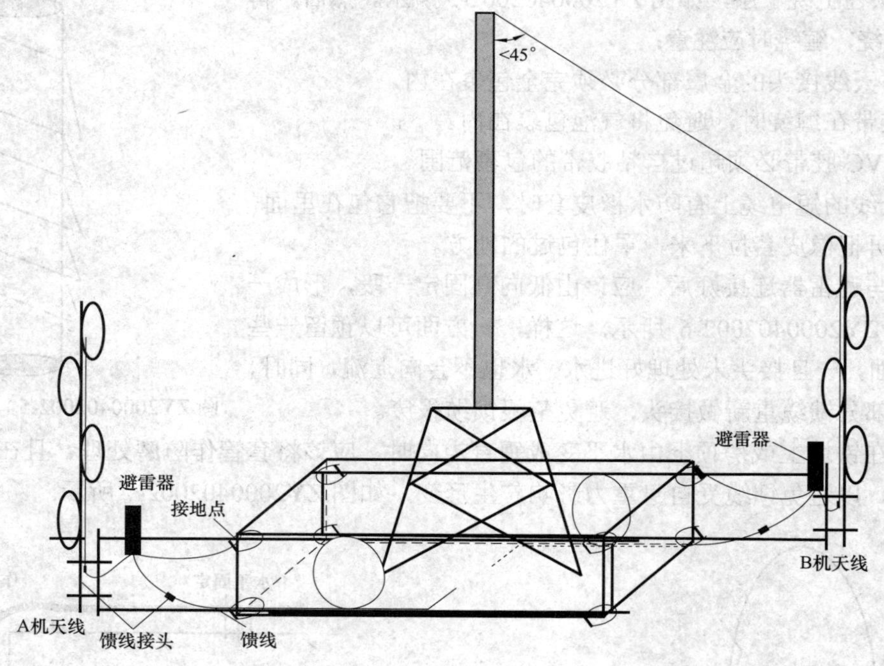

图 ZY2000402002-10　主台天线安装示意图

二、主控站链路电台天线安装

如果用电信息采集与监控系统框架中含有中继站，故其主控站天线安装具有不同的特点，即除了安装主台天线以外还需要安装链路电台的天线。

1. 链路站天线位置的选择

用电信息采集与监控系统主控制站链路电台（只有一个中继站时）的天线在安装时，对准中继站方向即可。

主控制站链路电台安装的天线为230-D5YN型定向天线，主、备各1根。安装位置最好处于铁塔顶部平台对角线上。如果主台同时有基站和链路天线，主控制站链路电台天线的安装位置应与主台全向天线相隔1m以上，以免相互影响。如主站到中继站的信号强度足够大时，最好将链路电台的天线高度降低一些，这样可增加天线间的隔离度，使和主台的相互影响大大下降。

2. 天线的组装

终端的天线通常采用五单元定向天线，由一根龙骨、三根引向振子、一根反射振子和一根有源振子组成。应先将天线在地面上组装好，定向天线的天线振子排列如图ZY2000402002-11所示。组装时注意：

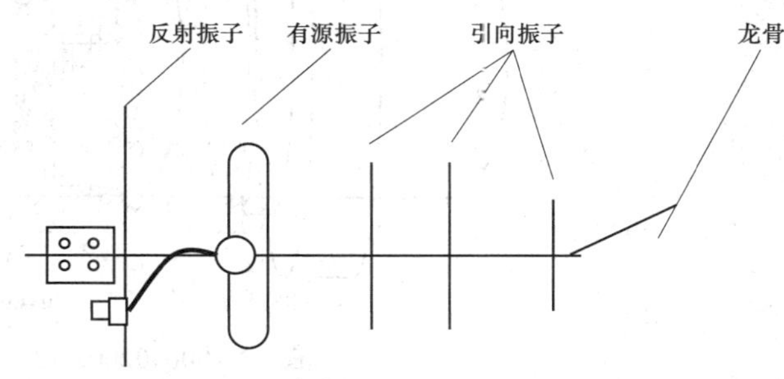

图ZY2000402002-11　天线振子排列示意图

（1）反射振子、有源振子和引向振子必须安装在龙骨的同一侧。

（2）反射振子最长，装在最靠近天线安装固定的卡口处，在有源振子的后端。

（3）有源振子在反射振子的前端，它的馈线引出端应该朝向反射振子。

（4）引向振子按从长到短的次序从离有源振子最近端装到最远端。

3. 安装前的测试

将天线安装到位前，建议对天馈线系统进行测试，确定天线和馈线系统没有问题，避免安装后才发现天馈线不好。测试采用功率计，测试时注意天线竖立在空旷的区域。

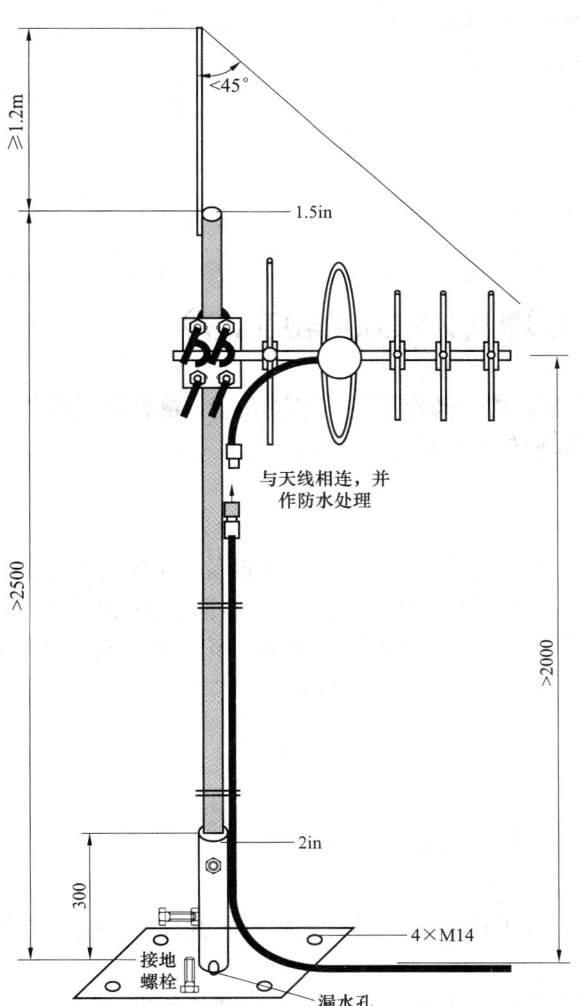

图ZY2000402002-12　定向天线安装示意图

4. 天线及支架的安装

安装定向天线时，安装示意如图ZY2000402002-12所示，应注意以下几点：

（1）天线的振子需与地面垂直，即垂直极化方式，切不可使天线的平面与地面平行，否则将大大影响通信的质量。

（2）避雷针的高度要合适，确保整个天线处在避雷针的45°有效保护范围内。

（3）天线有源振子与馈线接头处要拧紧，妥善密封，以免渗水。

（4）避雷针必须具有良好的接地性能，以保证天线不受雷击。

如果用电信息采集与监控系统具有两个或以上的中继站，且工作在不同频率时，则主控制站需配置多台链路电台和多根定向天线。如果中继站为同频工作时，则只需安装全向天线（主/备各一根）。安装全向天线方法与安装主台和中继站天线相同。

三、高频电缆头的装配

高频电缆头的装配如图ZY2000402002-13所示。

（1）在缆线两端装配完毕高频电缆头后，可用万用表电阻挡测量一下，其两端的芯线应相连通，两端的外屏蔽层应相连通，芯线和外层线不可相通。

（2）检查高频电缆头插针，一般要求与接头端面相平，不可缩进或突出，如图ZY2000402002-14所示。

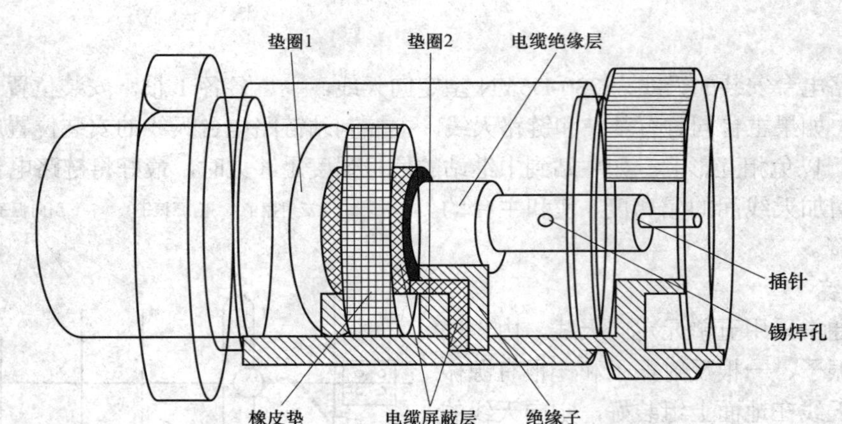

图 ZY2000402002-13　高频电缆头装配示意图

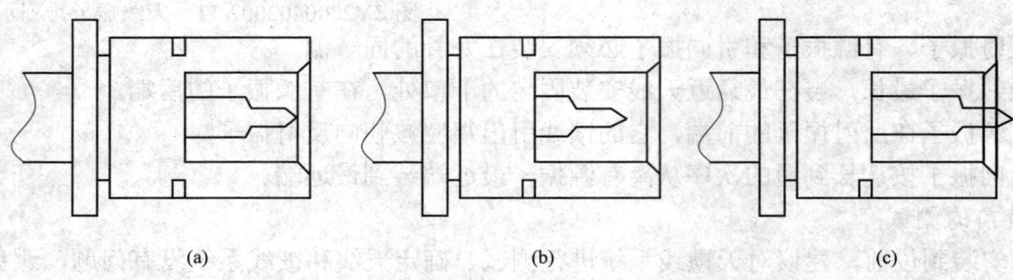

图 ZY2000402002-14　电缆头插针示意图

（a）正确；（b）错误（缩进）；（c）错误（伸出）

【思考与练习】

1. 如何选择天线的位置？
2. 怎样组装天线？
3. 安装馈线应注意什么？

模块 3　天线及机房的防雷处理（ZY2000402003）

【模块描述】本模块包含天线及机房的防雷处理内容。通过概念描述、方法介绍，熟悉防雷器的功能、技术参数、分类及安装方法，熟悉计算机房和移动通信基站的防雷措施。

【正文】

一、雷电的危害

通信技术、计算机技术和信息技术飞速发展，而今已迈入电子化时代。而电子设备的工作电压却在不断降低、数量和规模又在不断扩大，因而它们受到过电压，特别是雷电袭击而遭受损坏的可能性就大大增加。距雷击中心半径为 1.5～2.0km 范围内都可能出现危险电压，破坏线路上的设备，其后果可能使整个系统的运行中断，造成难以估计的经济损失。雷电和浪涌电压已成了电子化时代的一大公害。

有资料给出了全球雷击的一些统计数字：

全球每年有数以千计的人死伤于雷电事故。

全球平均每年要发生 1600 万次闪电。

根据记录，直击雷的最大电流可达 210kA，其平均值也有 30kA。

每次雷击所产生的能量约为 550 000kWh。

根据 IEEE 的统计，在一处电网中每 8min 便有一个过电压产生，相当于每 14h 就有一次破坏性的冲击。

防雷器就是在最短时间（纳秒级）内将被保护的线路接入等电位系统中，使设备各接口等电位；同时将电路上因雷击而产生的大量脉冲能量泄放到大地，降低设备各接口端的电位差，从而保护线路上的用户设备。对系统设备而言，电源线路和信号线路是雷电袭击产生过电压并进行传导的两条主要通道，因此防雷器分为电源系统防雷器和信号系统防雷器两类。

二、防雷器的基本技术参数

1. 标称电压 U_n 和额定电压 U_N

（1）标称电压 U_n。该值与被保护系统的额定电压相符。在信息技术系统中，此参数表明了应该选用的保护器类型，它标出了交流或直流电压的类型。如在单相供电中，一般标为 230V/50Hz。

（2）额定电压 U_N。这个值表明了保护器的最大持续工作电压，即能够长久施加在保护器的指定端，而不会引起保护器特性变化和激活保护元件的最大电压有效值。如在市电供电中，一般标为 380～500V 等。

2. 放电电流

（1）额定放电电流 I_{sN}。额定放电电流是指给保护器施加如图 ZY2000402003-1 所示的 8～20μs 脉冲宽度的标准雷电波冲击 10 次时，保护器所耐受的最大冲击电流峰值。该图是国际上如 IEEE 587、IEC 1024 等用于测试防雷器性能的雷电模拟冲击波的标准波形，如 20kA 和 40kA 等。

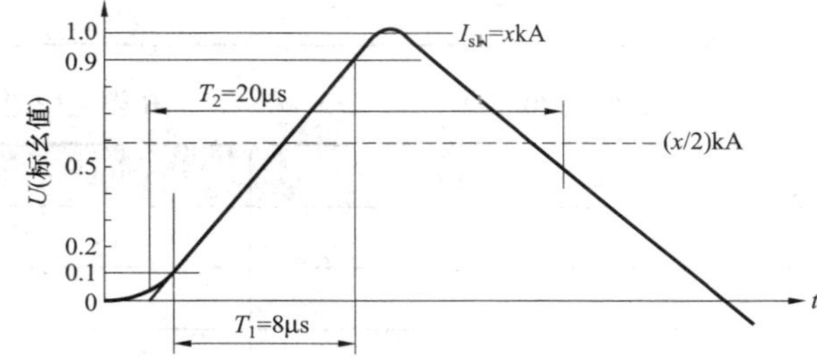

图 ZY2000402003-1　雷电模拟冲击波短路电流波形

（2）最大放电电流 I_{max}。最大放电电流是指给保护器施加上述 8～20μs 脉冲宽度的标准雷电波冲击一次时，保护器所能耐受的最大冲击电流峰值。如型号为 ZYSPD40K385B 防雷器的 I_{sN}=40kA 时，I_{max}=60kA。

3. 电压保护级别和相应时间

（1）电压保护级别。电压保护级别是指在下列测试中，防雷器两端的电压最大值。这里有两项测试：

1）施加上升率为 1kV/μs 的电压时防雷器两端的电压值，如 ZYSPD20K…C/4 防雷器在 5kA（8/20μs）时的保护电压小于 1kV。

2）额定放电电流时的残压值，如 ZYSPD20K…C/4 防雷器的残压值小于 1.61V。

（2）相应时间 t_A。这个值反映了在保护器内特殊元件的动作灵敏度和击穿时间。在一定时间内的变化取决于 du/dt 或 di/dt 的斜率，一般小于 25ns。

4. 数据传输率 v_s

表示在 1s 内传输多少比特（bit/s）的信息，是数据传输系统中正确选用防雷器的参考值。防雷保护器的数据传输速率取决于系统的传输方式。如网络信息保护线路的保护器 ZYSPD-N 系列适用于广域网信息传输线路机器设备的过电压保护，这类防雷器就适用于 500kbit/s～100Mbit/s 传输速率的线路。

5. 损耗

（1）插入损耗 A_E。这里主要指的是信号电路保护器，其含义是在给定频率下保护器插入前和插入后的电压比率。如用于高频天线馈线的保护器 ZYSPD.C 系列的插入损耗 A_E 小于 0.5dB。

（2）回波损耗 A_R。这里主要指的是用于高频天馈线的保护器。其含义是传输信号的前沿波在保护设备（反射点）被反射回去的比率，是直接衡量保护设备与系统阻抗的匹配性能。如用于高频天线馈线的保护器 ZYSPD.C 系列，其回波损耗不小于 20dB。

三、防雷器的分类

（一）雷击与瞬间过电压分类

最严重的雷击是直击雷击。当直击雷发生时，其二次感应效应可以通过电阻性及电感性途径破坏电子设备。实际上，造成破坏的真正原因是因为它在电源线、信号线或数据线上产生了瞬间（毫秒到微秒）冲击电压，这个瞬间冲击电压的峰值远远大于一般设备所能承受的 AC 700V。根据国际上多个防雷标准（如 AS 1768、IEEE 587 和 IEC 1024 等），把一个建筑物的电源输入及数据线所能感应到的最高电压和电流分为 A～E 类 5 个区域，如图 ZY2000402003-2 所示。

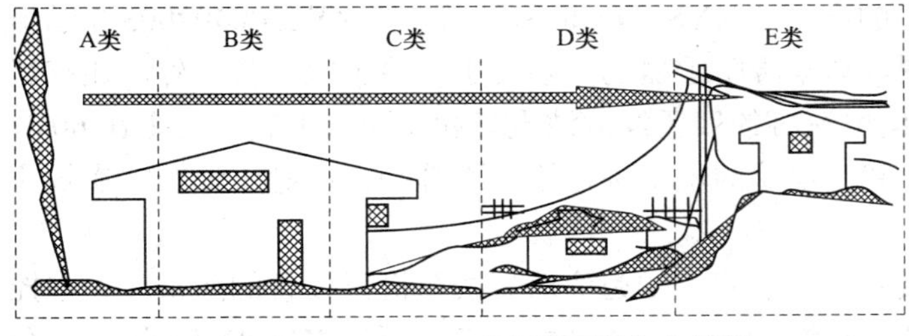

图 ZY2000402003-2　感应雷国际分布简图

每类区域的最高感应电压和电流又视此建筑物所在位置的不同而分高、中、低三级雷击风险度。不同风险度又有不同的感应电压和电流，见表 ZY2000402003-1～表 ZY2000402003-4。

表 ZY2000402003-1　　A 类区域电源输入雷电感应

雷击风险度	最高感应电压（kV）	最大感应电流（A）
低	1	167
中	4	333
高	6	500

表 ZY2000402003-2　　B 类区域电源输入雷电感应

雷击风险度	最高感应电压（kV）	最大感应电流（kA）
低	2	1
中	4	2
高	6	3

表 ZY2000402003-3　　C 类区域电源输入雷电感应

雷击风险度	最高感应电压（kV）	最大感应电流（kA）
低	1	3
中	4	5

表 ZY2000402003-4　　D 类区域数据线雷电感应

雷击风险度	最高感应电压（kV）	最大感应电流（kA）
低	1.5	25
中	3	5

（二）防雷器的一般分类

根据机房设备所处不同区域的类别应选用不同等级的防雷器。防雷器制造商根据不同区域和使用特点制造出种类繁多的品种。防雷器从结构上可分为并联和串联两类，从功能上则有以下几类：

（1）用于 A 区域的保护器。该区的特点是：可能出现直击雷，雷电电压高，当然放电电流也大。保护器在该区域的作用是把非常高的上万伏雷电电压抑制在一定的电压电平，以保护线路上的用电设备。如 ZYSPD40K 系列防雷器在额定放电电流 40kA 时的残压不大于 2.2kV，这种防雷器可用于 TN 和 TT 连接的三相四线制电源系统以及 TN 连接的二线制电源系统。

（2）用于 B 区域的保护器。该区域的主要特点是：感应雷多，雷电电压远低于 A 区域，用在该区域的防雷器额定放电电流一般为 20kA，残压一般在 1.5kV 以下。这种级别的产品适用于 TN 连接的三相电源系统，如 ZYSPD20K 系列防雷器就属于这一类。

（3）ZYSPD10K 系列防雷器。这个级别的产品可作三级防雷用，在 10kA 额定放电电流时的残压比前者还要小，如可将电压限制在 600V 以下。

（4）用于通信系统电源的浪涌吸收保护器。此类保护器是专门用于通信电源 24V 和 48V 的，它可以将保护电压等级保持在 60V 以下，属于该类的产品有 ZYSPD05K 系列等。图 ZY2000402003-3 示出了通信系统电源的浪涌吸收保护器电路原理图。与电源防雷器的区别在于它除了放电管之外，还有滤波电感和稳压管，其目的是将放电管在额定放电电流时的残压经滤波电感和稳压管抑制后稳定在 60V。若额定放电电流时的残压仍有很高的瞬时值，就由电感的电抗进行第二次抑制，由稳压管的雪崩效应进行第三次抑制。

（5）双绞线通信电路保护器。此类保护器主要用于双绞线通信信号线路机器设备的防雷，如程控交换设备、传真设备、电子电话、警报发生器等。属于这种功能的产品有 ZYSPD-T 系列，图

ZY2000402003-4 所示就是这种电路的原理结构图。这里没有采用电抗器而是采用降压电阻，为了更加安全，后面除了稳压管之外又增加了压敏电阻。

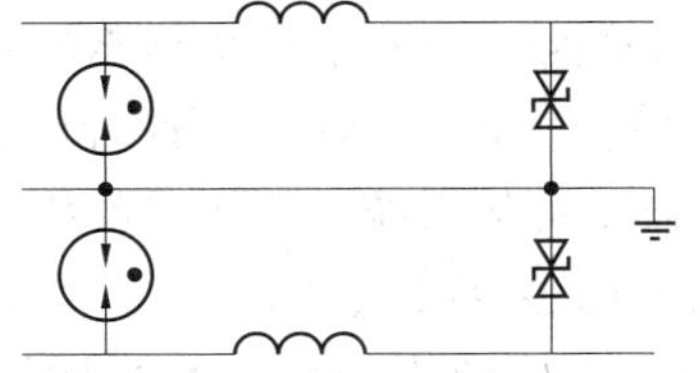

图 ZY2000402003-3　通信系统电源的浪涌吸收保护器电路原理图

图 ZY2000402003-4　双绞线通信电路保护器电路原理图

（6）网络信息线路保护器。属于这种功能的有 ZYSPD-N 系列，它主要用于广域网和局域网数据、信息传输线路机器设备的防雷和过电压保护，如 DDN 专线、Hub 等设备。这种网络信息线路保护器分为用于广域网数据信息传输线路和设备，用于局域网数据信息传输线路和设备，有 4 线保护和 8 线保护等几类。

（7）高频天线馈线保护器。天线馈线是直接暴露在户外的，因此在雷雨天气时很容易将雷电的感应电压引入接收设备。由于这种保护器要串联在馈线中，所以必须保持和馈线有良好的阻抗匹配，以避免有较大的反射波（回波）。一般常用的同轴天线馈线的特征阻抗为 50、75、93Ω。属于此类作用的产品有 ZYSPD-C 系列等。

四、防雷器的安装

根据 TN 和 TT 两种供电系统，防雷器也有两种安装形式。

（1）在 TN 供电系统中，3 条相线（L1、L2、L3）和中性线 N 对地 PE 安装有防雷器，称为 L-PE、N-PE 保护，如图 ZY2000402003-5 所示。在这里采用的是并联结构的产品，卡装在 35mm 的导轨上。

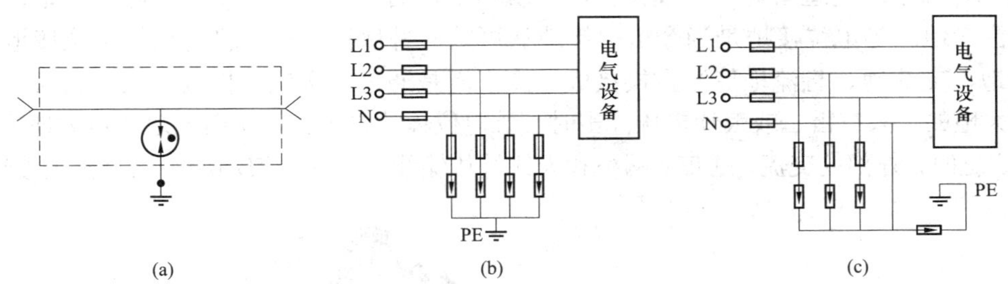

图 ZY2000402003-5　防雷安装原理图

（a）防雷示意；（b）TN 供电系统连接图；（c）TT 供电系统连接图

（2）在 TT 供电系统中，3 条相线（L1、L2、L3）对中性线 N 安装有防雷器，然后中性线 N 对地 PE 再安装防雷器，即所谓的 L-N、N-PE 保护。

信号线防雷器的外形完全是按照被保护设备的要求设计的，而且在说明书中也给出了安装的方法，很容易安装。

需要指出的是，各种防雷器性能再好，如果没有很好的接地装置也是枉然，因为千安级强大的雷电流会在地电阻上形成很高的电压，接地电阻越大这个电压就越高。为此尽量把接地电阻做小是有效防雷的基础条件。

五、计算机房的防雷与接地

1. 机房接地的必要性

计算机系统运行的稳定性在很大程度上取决于供电系统的稳定性。有些干扰问题也一直在影响着用户的情绪，如电网电压不稳定、零电位漂移数十伏、直流地极阻值大于 1Ω、地极引线绝缘损坏以及地线截面积小于 50m^2 等。我国区、县级电力系统运行条件比较差，而 UPS 一般又未选配隔离变压器，在这种情况下，将使 UPS 输出零电位对直流地之间电位差大于 1V 乃至数十伏，这将导致一些计算机系统无法投入运行。但是，UPS 系统是独立的工作系统，系统负载工作稳定，而且还可以均匀地分配在三相回路里；当 UPS 输出末端插座中性线、地之间电位差大于 1V 而小于 4V 时，可使 UPS 工作中性线二次重复接地；当 UPS 输出回路中性线、地电位差大于 4V 时，首先应检查中性线高电位是电力系统引起的还是 UPS 自身产生的。当中性线电位漂移大于 4V 时，一般都是电力系统产生的。由于电力系统电压波动大、三相负载平衡度差，从而造成中性点电压漂移大于 4V，在这种情况下，仅靠二次重复接地是解决不了问题的。如前所述，由于 UPS 是一个独立负载系统，三相和单相负载当然是自成负载回路，那么 UPS 工作中性线可以与电网工作中性线断开而独立接大地。

UPS 工作中性线独立接大地有两种接法：一种是接独立地极，地极阻值小于 3.5Ω即可；另一种是接到直流地极上，从直流地极上接出两根 BV 截面积大于 $50mm^2$ 的导线，将这两根导线同时引入机房分电柜中，并分别接到直流地极母线和 UPS 工作中性母线上即可。

2. 计算机房对干扰的接地防护

计算机系统运行不稳定的另一个因素是机房静电及空间强电磁场的干扰。

机房产生静电干扰，主要是由于机房的湿度偏低所致。因为静电地板里的氯分子具有很强的吸湿能力，可改变静电地板的电阻值。当机房湿度小于 30%时，抗静电地板呈现高阻抗（$>10^{10}\Omega$），人在机房中行走时会产生大于 1000V 的静电电压，这个电压难于对大地释放。这时如果人体接触 MOS 电路，就很容易击穿组件模块。所以，计算机机房在干燥季节应通过加湿系统将机房湿度调节到大于 35%，才能减小静电对计算机的影响。

机房空间电磁场的干扰主要来自机房内部动力源电磁场和外部空间电磁场，故内部动力线应敷设在远离弱电系统的金属线槽内。至于外部空间电磁场，因现代机房已走向金属化维护结构，机房六面体（彩板墙体、金属吊顶和金属地板）的金属骨架采用的是网状组合并接大地，这样不仅可满足机房安全接地的要求，而且对雷电等干扰也具有一定的屏蔽效果。

图 ZY2000402003-6 示出了建筑物结构金属网与各公共点接地的情况。该建筑物的防雷系统是双层保护系统，外部空间是避雷针引下线保护，建筑物维护结构是金属骨架共点综合接地，也叫一点接地——等电位接地。等电位接地是当今机房接地认可的一种保护方式，机房里等电位接地不是把各种地（如保护地、交流地、直流地等）直接接成一点，而是通过等电位体接成一点。正常情况下，各种地是独立接大地的，只有雷击或浪涌电压冲击时，等电位体才被击穿，从而各地才对大地形成一点接大地的等电位。这时，外部的交流、通信、网络和天线等传输线路引入的浪涌冲击均会被大楼结构地吸收。

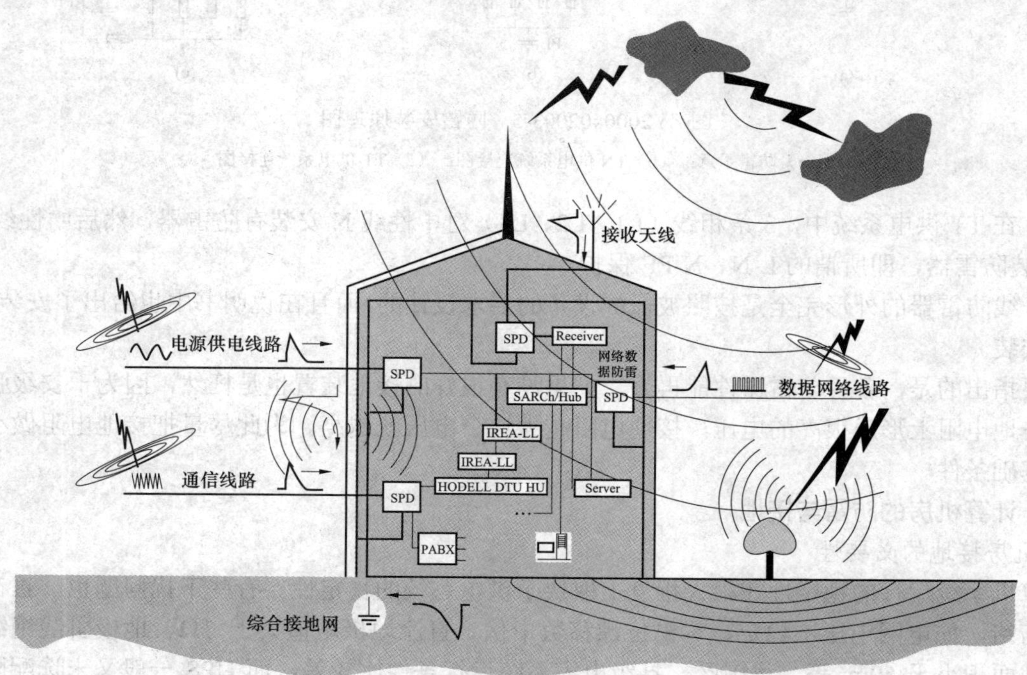

图 ZY2000402003-6 建筑物防雷接地系统示意图

所谓结构地，就是机房外围结构金属骨架的网点化接地。而金属顶板、彩色墙体和活动地板等金属体，均被安装在这些骨架上。因此这种等电位接地的方式不仅可避免浪涌电压的袭击，而且也隔离了空间电磁波及其相互之间的干扰。需要注意的是，直流地极应尽可能距离防雷地极 15m 以上。

3. 供电系统的保护

电流在架空线远距离传输过程中会受到外界因素的污染，尤其是雷电的污染更为严重。所以，在电网电压接入机房时，需要在入口处安装防雷器或称浪涌吸收器，图 ZY2000402003-7 所示就是供电系统的三级保护方案。需要注意的是，两个防雷器或浪涌吸收器的距离应大于 15m。接入防雷器后的雷击浪涌电压情况如图 ZY2000402003-8 所示。

经过三级防雷器抑制后，浪涌电压幅度衰减得很小：第一级将浪涌电压的幅度抑制在 2500～3000V，第二级又将其压缩到 1500～2000V，第三级将幅度控制在 1000V 以下，达到了可接受的输入程度。三级防浪涌器件的反应时间都必须小于 25ns。

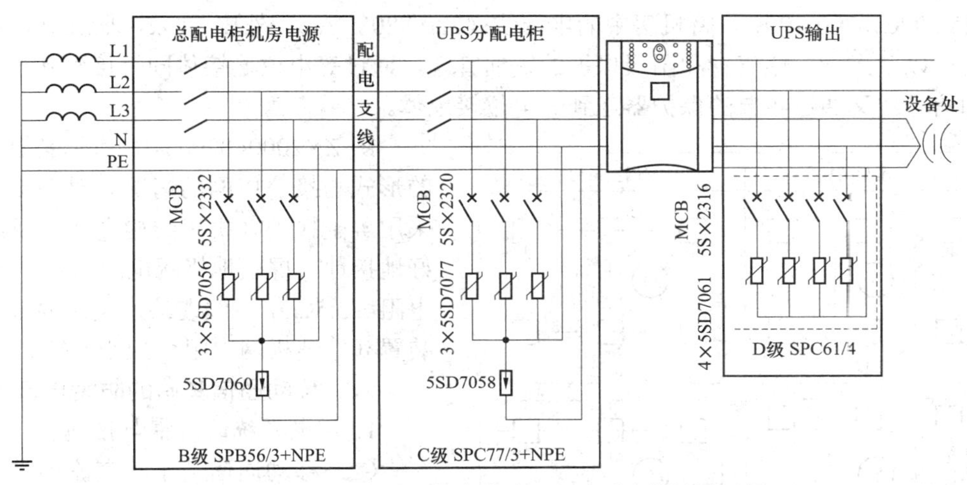

图 ZY2000402003-7　供电电路三级防雷电接地原理图

注：防雷器说明：

B 级：SPB56/3+NPE 为三相五线限流型电源防雷器，由 5SD7056 与 5SD7060 组成。防雷器的连接线采用 16mm² 的多股铜线。

C 级：SPC77/3+NPE 为三相五线限压型电源防雷器，由 5SD7077 与 5SD7058 组成。防雷器的连接线采用 10mm² 的多股铜线。

D 级：SPC61/4 为三相五线限压型电源防雷器，由 5SD7061 组成，防雷器的连接线采用 10mm² 的多股铜线。

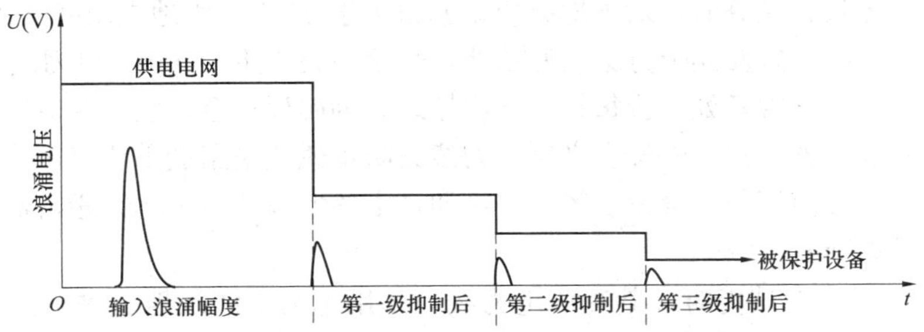

图 ZY2000402003-8　接入防雷器后的雷击浪涌电压逐级减小的情况

在加防雷电浪涌措施时，市电总开关柜首当其冲，一般都要安装一级或二级防雷器，对于 UPS 输入柜和 UPS 输出柜则是二次、三次保护。所以，在远离大楼电源输入端的小型机房（小于 150m²）里一般可不安装防雷器，因为若安装级数过多，反而有时会引起 UPS 输出系统死机。

计算机场地建筑有的位于外部直接雷击区、雷击冲击波干扰区、电线电缆感应区或浪涌电压引入区等，为此应根据不同的情况采取不同的措施。对于直接雷击区不仅要有良好的防雷天线，而且要有良好的天线引下线（如在大楼柱子中，焊接良好的钢筋是理想的引下线）接至防雷地极网（电阻≤10Ω）。对于雷击冲击波的防范，一般可采用等电位体连接方式，如图 ZY2000402003-9 所示。

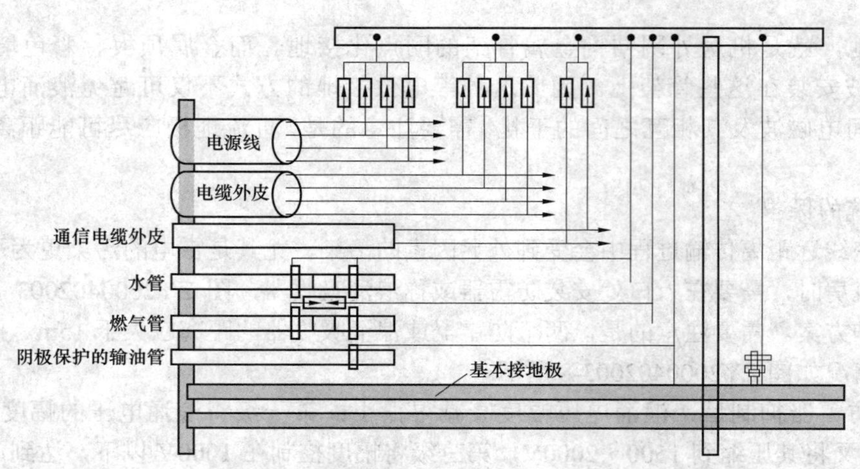

图 ZY2000402003-9 等电位体连接接地系统

在图 ZY2000402003-9 中，将机房中的电源线（220/380V AC）外皮、C&I 或 EDP 电缆外皮和通信电缆外皮，以及水管、燃气管和阴极保护的输油管等，通过等电位连接体同时接到基本接地极上。而电源线和信号线又通过各自的保护器连到等电位接地体。

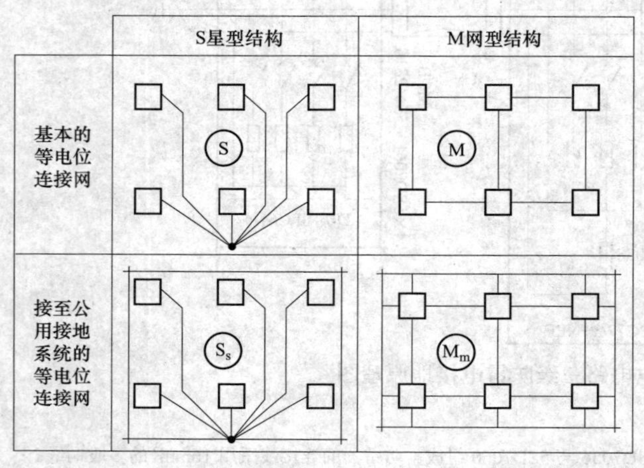

图 ZY2000402003-10 不同基本等电位连接网与公用接地系统的等电位连接情况

图 ZY2000402003-10 所示是等电位接地网的形式与接公用网的情况。对强磁场感应区要采用屏蔽接地（机房结构金属体及线缆桥架良好地接地，屏蔽地极网电阻＜1Ω，桥架地极网电阻≤3.5Ω），对线缆浪涌电压要采用浪涌保护装置（接地极网电阻≤3.5Ω）等。

六、移动通信基站的防雷与接地

1. 供电系统的防雷与接地

（1）移动通信基站的交流供电系统应采用三相五线制供电方式。

（2）移动通信基站宜设置专用电力变压器，电力线宜采用具有金属护套或绝缘护套电缆穿钢管埋地引入移动通信基站，电力电缆金属护套或钢管两端应就近可靠接地。

（3）当电力变压器设在站外时，对于地处年雷暴日大于 20 天、大地电阻率大于 100Ω·m 的暴露地区的架空高压电力线路，宜在其上方架设避雷线，长度不宜小于 500m。电力线应在避雷线的 25°保护范围内，避雷线（除终端杆处）应每杆作一次接地。为确保安全，宜在避雷线终端杆的前一杆上增装一组氧化锌避雷器。若已建站的架空高压电力线路防雷改造采用避雷线有困难时，可在架空高压电力线路终端杆和终端杆前第一、第三或第二、第四杆上各增设一组氧化锌避雷器，同时在第三杆或第四杆增设一组高压熔断器。

（4）当电力变压器设在站内时，其高压电力线应采用电力电缆从地下进站，电缆长度不宜小于 200m，电力电缆与架空电力线连接处三根相线应加装氧化锌避雷器，电缆两端金属外护层应就近接地。

（5）移动通信基站交流电力变压器高压侧的三根相线，应分别就近对地加装氧化锌避雷器，电力变压器低压侧三根相线应分别对地加装无间隙氧化锌避雷器，变压器的机壳、低压侧的交流中性线以及与变压器相连的电力电缆的金属外护层，应就近接地。出入基站的所有电力线均应在出口处加装避雷器。

（6）进入移动通信基站的低压电力电缆宜从地下引入机房，其长度不宜小于 50m（当变压器高压侧已采用电力电缆时，低压侧电力电缆长度不限）。电力电缆在进入机房交流屏处应加装避雷器，从屏内引出的中性线不作重复接地。

（7）移动通信基站供电设备的正常不带电的金属部分、避雷器的接地端，均应作保持接地，严禁作接零保护。

（8）移动通信基站直流工作地，应从室内接地汇集线上就近引接，接地线截面积应满足最大负荷的要求，一般为35～95mm²，材料为多股铜线。

（9）移动通信基站电源设备应满足相关标准、规范中关于耐雷电冲击指标的规定，交流屏、整流屏（或高频开关电源）应设有防护装置。

（10）电源避雷器和天馈线避雷器的耐雷电冲击指标等参数应符合相关标准、规范的规定。

2. 铁塔的防雷与接地

（1）移动通信基站铁塔应有完善的防直击雷及二次感应雷的防雷装置。

（2）移动通信基站铁塔宜采用太阳能塔灯。对于使用交流电馈电的航空标志灯，其电源线应采用具有金属外护层的电缆，电缆的金属外护层的塔顶及机房入口处的外侧就近接地。塔灯控制线及电源线的每根相线均应在机房入口处分别对地加装避雷器，中性线应直接接地。

3. 天馈线系统的防雷与接地

（1）移动通信基站天线应在接闪器的保护范围内，接闪器应设置专用雷电流引下线，材料宜采用40mm×4mm的镀锌扁钢。

（2）基站同轴电缆馈线的金属外护层，应在上部、下部和经走线架进机房入口处就近接地，在机房入口处的接地应就近与地网引出的接地线妥善连通。当铁塔高度大于或等于60m时，同轴电缆馈线金属外护层还应在铁塔中部增加一处接地。

（3）对于同轴电缆馈线进入的感应雷，馈线避雷器接地端子应就近引接到室外馈线入口处接地线上，选择馈线避雷器时应考虑阻抗、衰耗、工作频段等指标与通信设备相适应。

4. 信号线路的防雷与接地

（1）信号电缆应由地下进出移动通信基站，电缆内芯线在进站处应加装相应的信号避雷器，避雷器和电缆内的空线对均应做保护接地。站区内严禁布放架空缆线。

（2）对于地处年雷暴日大于20天、大地电阻率大于100Ω·m地区的新建信号电缆，宜采取在电缆上方放排流线或采用有金属外护套的电缆，亦可采用光缆，以防雷击。

5. 其他设施的防雷与接地

（1）移动通信基站的建筑物应有完善的防直击雷及抑制二次感应雷的防雷装置（避雷网、避雷带和接内器等）。

（2）机房顶部的各种金属设施，均应分别与屋顶避雷带就近连通。机房屋顶的彩灯应安装在避雷带下方。

（3）机房内走线架、吊挂铁架、机架或机壳、金属通风管道、金属门窗等均应做保护接地，保护接地引线一般宜采用截面积不小于35mm²的多股铜导线。

【思考与练习】

1. 防雷器的主要技术参数有哪些？
2. 简述防雷器的分类。
3. 简述防雷器的安装。

模块4 交流电源及UPS安装配置（ZY2000402004）

【模块描述】本模块包含交流电源及UPS的安装配置。通过应用介绍，熟悉机房供电方案和供电电源的配置要求。

【正文】

一、供电方案

计算机场地供电系统的高可用性，是建立在电力系统从高压→低压→UPS→插座这样一个完整和独立的供配电系统中的。机房中的供电系统包括市电、配电开关柜、柴油发电机、UPS和蓄电池等。供电系统中的每一个环节都应具有可扩展性和可管理性，尤其是低压配电ATS自动切换以及UPS冗

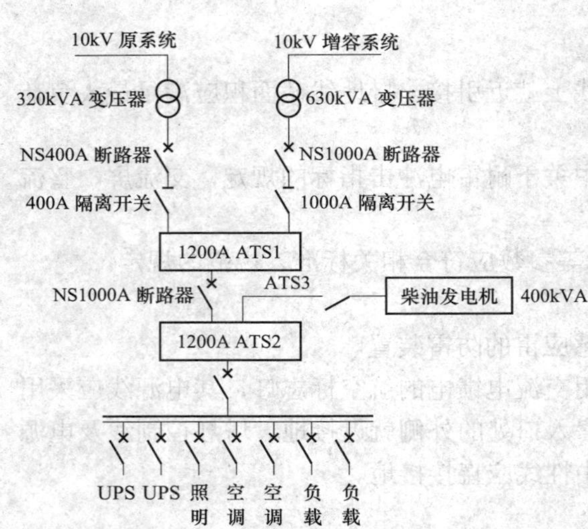

图 ZY2000402004-1 机房改造方案原理方框图

余系统，对于这些系统都应精心设计、精心施工和进行系统化测试。

1. 双路市电供电方案

以前的计算机房多是单电网供电，随着业务量的变大和设备的增加，原来的容量已不足以支持增容后的设备量；另外，原来系统的容量没有增加，但重要性增加了，因而对系统的可用性要求增加了，而提高可用性最有效的办法就是冗余供电，这就必须在原有的基础上进行改造，这种情况比较普遍，图 ZY2000402004-1 就是其中一个提高可用性的机房改造方案原理框图。在这个例子中，原来系统的容量小于 300kVA，后来容量虽然不变，但为了满足提高可用性的要求，只好在第二路供电电网上另外增加一个 Dy 连接的变压器，这样就变成了双电源供电。该两路输入电压通过一个自动互投开关 ATS1 转换成一路输出。为了使供电系统具有更高的可用性，另外又增加了一台 400kVA 的柴油发电机。在此，柴油发电机又与转换后的市电形成冗余关系，经第二级自动互投开关 ATS2，再将市电与发电机转换成了一路，形成最后的输出。ATS3 是发电机自身的输出自动开关。

2. 双总线供电方案

双总线供电是比图 ZY2000402004-1 高一个级别的冗余供电方式，如图 ZY2000402004-2 所示。其不同之处在于它不但是双路市电供电，UPS 采用了冗余方式，而且又通过转换开关将两组冗余系统进一步冗余，使可用性得到进一步提高。一般称这种两组 UPS 互投的供电方式为双总线供电。

（1）集中切换。它的特点是将整个 UPS 的容量进行集中切换。在这种情况下的转换开关多用 ATS，并且电缆连线和切换较为简单：只需将两台 UPS 的输出电缆连接在静态转换开关 ATS 的输入端即可，静态转换开关的输出端一般不直接与用电设备相连，只是起一个中转的作用。

这种切换方式造价高，有一定的瓶颈效应。

（2）分散切换。它的特点是每一个开关只将 UPS 的一部分容量进行切换。在这种情况下的转换开关多用冗余开关（Redundant Switch）。这种切换方式的优点是直接与用电设备相连，而且投资比集中切换式廉价得多，即使开关出现故障，也不会影响大局。由于它必须将连线直接引向每一个用电设备，所以连线比集中式多。

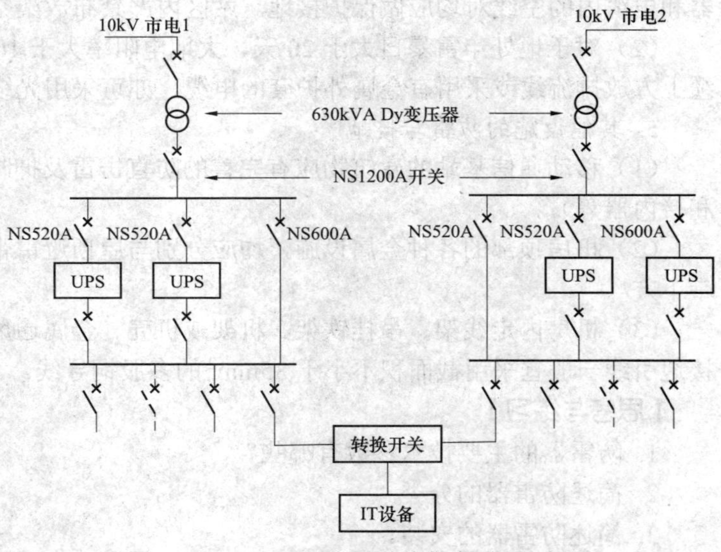

图 ZY2000402004-2 双总线供电原理方框图

3. UPS 冗余供电方案

UPS 冗余供电方案也是一种常用的提高供电可用性的手段。冗余分串联冗余、切换冗余和并联冗余三种。

（1）串联冗余。串联冗余就是将主供电 UPS 的旁路输入与备用 UPS 的输出相连，构成主从供电系统，以达到高可用性的目的。这种方案主要用于无并联功能的 UPS 或不同厂家的 UPS。

（2）切换冗余。这种方式主要应用在 UPS 既不能串联连接，又不能并联连接的场合，或用在两组电源系统切换的场合。

（3）并联冗余。这是一种单机冗余的最好方式，它不但有着负载均分的功能，而且也有过载能力强的优点。因此它的优点是串联冗余方案所无法比拟的，也是切换冗余方案在单机情况下所无法比拟的。

以上的几种冗余方案都应该是建立在同容量规格的基础上，因为当UPS的容量不同时，其冗余连接后的UPS容量要以容量最小的那一台为准。

根据不同的要求，能将系统可用性做到0.999 99（允许年停电时间5min）或0.999 999 9（允许年停电时间 3min）。这种对系统一体化设计和集中式构成的解决方案，极大限度地减轻了用户的投资压力和繁琐的施工过程。

二、供电电源

计算机系统应拥有独立的供配电系统，独立性是计算机供配电系统稳定性和可控制性的关键。供配电系统的独立性、稳定性要求大型场地系统具有高压变配电系统、ATS后备电源自动切换系统、UPS并机冗余系统等，以确保计算机系统的运行不间断性和连续运行稳定性。对于中小型机房，要求在大楼配电系统里有专用开关和专用电缆给机房供电。供配电系统可控制性是，一旦机房发生火情，消防联动系统可紧急切断电源（UPS、空调、新风、照明和辅助电源）。然而有些经过改造的中小型机房供电是多支路的，如UPS由大楼配电柜供电，动力、照明和墙壁插座等又由大楼竖井供电，这样不仅多支路控制比较复杂，甚至有些回路是不可控的，致使电力系统供电混乱。如UPS虽然运行正常，但空调动力因大楼供电故障而不得不停止运行，这样会对系统的正常工作造成威胁，从而使计算机供配电系统供电的连续性和可靠性变差。

计算机或其他IT设备机房使用的供电电源，除有一些直接使用市电外，还有交流稳压电源、UPS和燃油发电机等，采用这些中间电源的目的即稳压、抗干扰和不间断。

1. 交流稳压电源

交流稳压电源也称交流稳压器，主要用来对输入市电电压进行稳定和净化，给IT设备创造一个良好的工作环境。目前的交流稳压电源大致可分为以下几个类型：参数稳压器、净化电源（正弦能量分配器）、自动调整稳压器、Delta变换串/并联调整稳压器等。

（1）参数稳压器。这是一种利用铁磁谐振原理构成的稳压电路。一般容量都不太大，大都是几十千伏安以下。这种电路的性能稳定、可靠性高，不怕负载端短路。其不足之处是效率偏低，受输入端的频率影响较大，多为单相调整，对电感性负载的兼容性不理想。

（2）净化电源。也称正弦能量分配器，是根据等效电感量的变化原理来实现补偿功能的。这种电路的效率比前者高，相对而言体积小、重量轻，但一般容量不大，且对电感性负载的兼容性不理想。

由于上述两种电源多为单相调整，在容量不太大而又无其他产品时可供使用。

（3）自动调整稳压器。这种稳压器实际上是一种自动调整的自耦调压器。这种产品具有效率比较高、可以做成容量较大（如100kVA以上）的三相产品以及对负载性质要求不高等特点。由于这种产品的调压机理是通过触点的移动，调压点不论是滑动还是滚动都存在着惰性，因此动态响应速度较慢。而且由于工作中存在有跳火和触点磨损问题，所以产品的寿命较短，输出电压有时有跳动。

交流稳压电源只具有稳压和滤波抗干扰功能，无不间断的作用。这种产品应用面比较广，它不但用在为设备直接供电的场合，而且在很多情况下还用在UPS的前端。

（4）Delta 变换串/并联调整稳压器。这是目前性能最完善的交流稳压器之一，它克服了上述几种电路的缺点。容量可以从几千伏安做到几百兆伏安，结构可做成单相或三相，可实现全电子电路调节，系统效率高，反应速度快，过载能力强，滤波效果好，是上述几种电路所无法比拟的。

2. UPS

UPS（Uninterruptible Power Supply）是不间断电源系统的简称，作用是提供不间断的稳定可靠的交流电源。UPS是现代IT设备的必备配套产品，尤其是数据中心、控制中心、指挥中心、通信中心和医疗中心设备等地方，几乎是无所不在。

UPS有两大类，即旋转发电机式和静止变换式，目前大多数地方用的是静止变换式。而静止变换式也可概括地分为两大类：单变换器式和双变换器式。在市电正常供电的情况下，如果只有一个变换器工作，就属于单变换器式；若在市电正常供电的情况下，两个变换器都在工作，就属于双变换器式，双变换器式都是在线式。在市电异常而电池放电时，则都是一个变换器（逆变器）工作。

属于单变换器式的 UPS 有三端口、在线互动式和后备式三种结构，后备式工作方式应用最广泛。只有三端口是在线式工作方式。

属于双变换器式的 UPS 有传统双变换和 Delta 变换两种，前者属串联调整在线式工作方式，后者属串/并联调整双重在线式工作方式。

各种规格的 UPS 在机房中均有应用，尤其是中大容量的 UPS。如果给机房供电的还有燃油发电机，则对发电机容量的选择应注意以下几点：

（1）如果采用的 UPS 输入功率因数是 0.8 或以下，则发电机的容量应大于或等于 UPS 容量的 3 倍。

（2）如果采用的 UPS 输入功率因数是 0.95 以上，发电机的容量应大于或等于 UPS 容量的 1.5 倍。

（3）如果 UPS 负载的功率因数平均为 0.8 左右，而 UPS 又是单机供电的情况，这时即使 UPS 的输入功率因数在 0.99 以上，发电机的容量也应大于或等于 UPS 容量的 3 倍。因为负载在 UPS 旁路供电时，发电机面对的不是功率因数为 0.99 的 UPS，而是功率因数为 0.8 的负载。

（4）如果 UPS 是输入功率因数在 0.95 以上的多台冗余连接供电方式，则其发电机的容量可根据情况取 UPS 容量的 1.5 倍。

三、UPS 蓄电池配置计算方法

在市电中断（停电）时，UPS 能不间断地供电的原因是有蓄电池储能，所能供电时间的长短由蓄电池的容量大小决定。UPS 蓄电池配置的计算方法如下：

1. 影响备用时间的因素

（1）负载总功率 P_t。考虑到 UPS 的功率因数，在计算时可直接以 P_t 的伏安（VA）为单位计算。

（2）蓄电池放电后的终止电压 U_L。2V 电池的 U_L=1.7V，12V 电池的 U_L=10.2V。

（3）蓄电池的浮充电压 U_f。2V 电池的 U_f=2.3V，12V 电池的 U_f=13.8V。

（4）电池容量换算系数（C_t/C_{10}）K_h。10h 放电率为 1，5h 放电率为 0.9，3h 放电率为 0.75，1h 放电率为 0.62。

（5）电池的工作电流 I、连续放电时间 T、UPS 外接电池的直流供电电压 U。

2. 计算方法

（1）12V 单体电池的数量 N

$$N=U/12$$

2V 单体电池的数量为 $6N$。

（2）电池工作电流 I

$$I=P_t/U$$

（3）实际电池容量 C

$$C=IT/K_h$$

例如：功率为 1kVA 的电源备用时间 4h，选择 UPS 的型号为 HP9101H，U=36V，则

$$N=36\div12=3\text{（节）}$$

$$I=1000\div36=28\text{（A）}$$

$$C=28\times4\div0.9=124\text{（A·h）}$$

电池的配量可选用 100A·h 一组 3 节或 65A·h 二组 6 节，选用的结果有偏离，可根据用户的需求和成本考虑。

根据以上计算方法，可列表格进行计算，如某品牌 UPS 电池配置见表 ZY2000402004-1。

表 ZY2000402004-1　　某品牌 UPS 电池配置

后备时间	总功率（kVA）	电池数量	时间数	放电系数 K	理论电池容量（A·h）	实际电池容量（A·h）
30min	1	3	0.5	0.5	30	21
1h	1	3	1	0.62	48	34
2h	10	32	2	0.68	83	58

续表

后备时间	总功率（kVA）	电池数量	时间数	放电系数 *K*	理论电池容量（A·h）	实际电池容量（A·h）
3h	10	32	3	0.75	113	79
4h	1	3	4	0.8	151	106
5h	10	32	5	0.9	157	110
6h	10	32	6	0.92	185	130
8h	1	3	8	0.96	252	176
10h	20	20	10	1	909	636

注　1. 放电率按电池在常温下计算，不同品牌的电池其放电率也不同，其值也应改变。
2. 理论电池容量=总功率×时间/（11×电池数量×放电系数）。
3. 实际电池容量取理论电池容量的 *N* 倍（*N* 可选 0.6、0.7、0.8、0.9 等）。

【思考与练习】

1. 画出双路市电供电方案图。
2. 画出双总线供电方案图。
3. 双变换器式 UPS 有何优点？

模块 5　GPRS 与 CDMA 通信设备调试及维护（ZY2000402005）

【模块描述】本模块包含 GPRS/CDMA 通信设备的调试和维护内容。通过步骤讲解，掌握 GPRS/CDMA 通信设备的调试方法及其常见故障的处理方法。

【正文】

一、设备

GPRS 与 CDMA 通信设备包括表计终端、SIM 卡和主站（装有 2004 版规约测试系统）。

二、步骤

（1）将有金额的 SIM 卡插入表计终端，上电，通过查看“用户设置”→“GPRS 参数设置”确认表计终端设置的 IP 地址，端口号与主站应一致，若不同，可直接通过按键进行设置。

（2）通过查看“常用数据”→“GPRS 状态”，可依次看到“模块重新启动”、“波特率检测”、“初始化”、“登录间隔等待”、“短消息接收”、“正在建立连接”、“发送登录包处理”、“TCP/IP 连接成功”等状态。当显示“TCP/IP 连接成功”，通常表示已登录主站。若某个过程没完成，就会出现“正在断开连接”，再重复以上流程。在网络状况好时，不一定每个状态全都显示，就直接进入“TCP/IP 连接成功”。

（3）通过查看“常用数据”→“信号强度”，得到模块上电时的信号强度，范围为 0～31，作为现场场强强弱的参考依据。一般情况 10 以上连接是比较可靠的，10 以下有时也能登录主站，但通信成功率会降低。也可直接在主菜单右上角，看“〉〉〉〉〉”图标，一格代表 6。注意该信号强度是瞬时值，可通过上下电或按复位键反复查看信号强度。

（4）登录主站后，主站将进行：① 下发 F65，定时发送 1 类数据任务设置（将数据单元标识个数设为 32）；② 召测 F65；③ 召测终端时钟。通过多次召测检测通信成功率，同时观察通信时间，一般完成一次通信时间在 3、4s。

以上是简易的检测方法。当然也可通过手机在当地进行 GPRS 上网，若连手机都不能上网，那当地肯定无法满足 GPRS 终端安装的条件。

送检终端要求购买当地 SIM 卡，并向 1860 确认开通 GPRS 功能。一般有 CMWAP 和 CMNET 两种，终端的 APN 地址需做相应设置。

（5）天线安装。一般终端所配天线为短天线，安装在终端内。但若终端安装现场信号强度不好，导致 GPRS 通信不正常，则可根据用户需求改换为车载式长天线，引出到终端外，并放置在信号强度最好的地方，以达到最好的通信效果。

（6）检查 GPRS 与 CDMA 终端通信模块指示灯状态。终端通信模块上共有五个指示灯：在面板上的定义分别为网络、数传、电源、TX、RX。若终端天线已连接，且 SIM 卡插入，则终端上电后，“电源”指示灯亮 3s 后熄灭，大约 10s 后重新亮起，表示给 GPRS 模块重新上电。再等待大约 3s，网络灯亮起 2～3s（正常情况），然后“数传”灯闪烁，表示 GPRS 模块与 GSM 网络正在通信，此时可看到“TX”“RX”灯闪烁，表示主控模块正在对 GPRS 模块进行各项设置。待“网络”灯进入慢闪，“数传”灯不再闪烁时，在显示屏“常用数据”项中若看到“TCP/IP 连接成功”，表示终端已顺利与主台连接。

三、常见故障处理

GPRS/CDMA 常见故障现象、原因及排除故障方法见表 ZY2000402005-1。

表 ZY2000402005-1　　常见故障现象、原因及排除故障方法

序号	现　象	原　因	排除故障方法
1	终端能显示信号强度，可发送登录包，但与主台无法连接	终端地址不对	重新设置终端地址
		终端 GPRS 参数不对	检查并重新终端 GPRS 参数
		网络繁忙或故障	等待一段时间再重新连接
2	终端通信模块指示不正常	若电源灯长时间不亮，则通信模块损坏	更换通信模块
		电源灯亮时，网络灯常亮，GPRS 网络通信条件不满足	检查 SIM 卡是否有余额、是否插好，天线连接是否正常

【思考与练习】

1.“常用数据”→“GPRS 状态窗口”显示哪些内容？

2. GPRS/CDMA 信号强度达到多少才能传数据？

模块 6　其他通信设备调试及维护（ZY2000402006）

【模块描述】本模块包含光端机和 PCM 设备的调试和维护内容。通过功能介绍和流程说明，掌握光端机的系统结构与硬件接口，熟悉光接口指标及电接口指标，熟悉光端机工程工作流程和 PCM 工程工作流程。

【正文】

一、系统总体结构

如图 ZY2000402006-1 所示，光端机从功能层次上可分为硬件系统和网管软件系统，两个系统既相对独立，又协同工作。硬件系统是设备的主体，可以独立于网管软件系统工作。

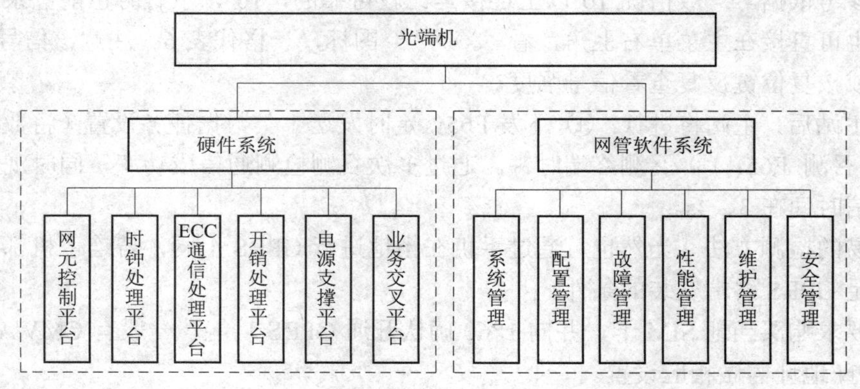

图 ZY2000402006-1　设备功能框架

1. 硬件系统

光端机硬件系统采用“平台”的设计理念，拥有网元控制平台、时钟处理平台、ECC 通信处理平

台、开销处理平台、电源支撑平台以及业务交叉平台。

通过平台的建立、移植以及综合，光端机形成了各种功能单元或功能单板，根据不同的组网要求，通过一定的连接方式可配置为TM、ADM和REG三种类型，组合成一个功能完善、配置灵活的SDH设备。

如图ZY2000402006-2所示，光端机设备由业务交叉单元、系统定时单元、业务接口处理单元、网元控制单元组成，并将业务交叉单元和系统定时单元作为系统的核心。

在光端机中，各种SDH接口、PDH接口、数据接口经过接口匹配、复用解复用（以及映射）、适配等过程，转换为统一的AU-4/AU-3业务总线，在空分/时分矩阵内完成各个线路方向和各个接口的业务交叉。

在整个业务流程中，由系统定时单元将系统时钟分配至各单元，以确保网络的同步。用于承载网元控制信息的开销字节，由业务接口处理单元提取后送入网元控制单元，再由网元控制单元上报网管，同时，网管的配置或控制命令也经过网元控制单元、业务接口处理单元插入相应的开销字节位置，通过光纤传递至目的网元。

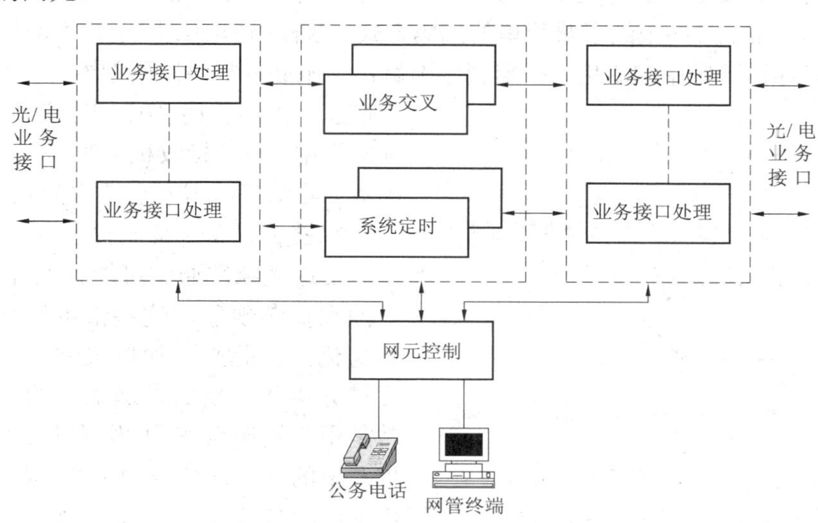

图ZY2000402006-2 光端机设备信号处理流程框图

2. 网管软件系统

光端机设备采用网管软件实现设备硬件系统和传输网络的管理和监视，协调传输网络的工作。光端机系统采用四层结构，分别为设备层、网元层、网元管理层和子网管理层，并可向网络管理层提供Corba接口。

（1）层次介绍。

1）设备层（MCU）：负责监视单板的告警、性能状况，接收网管系统命令，控制单板实现特定的操作。

2）网元层（NE）：在网管系统中为Agent，执行对单个网元的管理职能，在网元上电初始化时对各单板进行配置处理，正常运行状态下负责监控整个网元的告警、性能状况，通过网关网元（GNE）接收网元管理层（Manager）的监控命令并进行处理。

3）网元管理层（Manager）：用于控制和协调一系列网元，包括管理者Manager、用户界面GUI和本地维护终端LMT。其中，网元管理层的核心为Manager（或服务器Server），可同时管理多个子网，控制和协调网元设备；GUI提供图形用户界面，将用户管理要求转换为内部格式命令下发至Manager；LMT通过控制用户权限和软件功能部件实现GUI和Manager的一种简单合成，提供弱化的网元管理功能，主要用于本地网元的开通维护。

4）子网管理层：子网管理层的组成结构和网元管理层类似，对网元的配置、维护命令通过网元管理层的网管间接实现。子网管理系统下发命令给网元管理系统，网元管理系统再转发给网元，执行完成后，网元通过网元管理系统给子网管理系统应答，并可向网络管理层提供Corba接口。

（2）接口说明。

1）Q_x 接口：Agent 与 Manager 的接口，即 NCP 板与 Manager 程序所在计算机的接口，遵循 TCP/IP 协议。

2）F 接口：GUI 与 Manager 的接口，即 GUI 与 Manager 程序所在计算机的接口，遵循 TCP/IP 协议。

3）f 接口：Agent 与 LMT 的接口，即 NCP 板与维护终端的接口，维护终端安装有相应的网管软件，遵循 TCP/IP 协议。

4）S 接口：Agent 与 MCU 的接口，即 NCP 板与单板的通信接口。S 接口采用基于 HDLC 通信机制进行一点对多点的通信。

5）ECC 接口：Agent 与 Agent 的接口，即网元与网元之间的通信接口。ECC 接口采用 DCC 进行通信，可考虑同时支持自定义通信协议和标准协议，在 Agent 上完成网桥功能。

二、光接口指标

1. 传输码型

有关光纤系统的大量运行经验表明，各种线路码型在实际性能上的差异不大，ITU-T 为了就线路码型达成世界性的标准，最终采纳了最简单的扰码方式。这种码型的线路速率不增加，无光功率代价，误码监视问题可以通过开销中的专用误码监视字节解决，不必依靠线路码型本身；缺点是不能完全防止信息序列的长连“0”或长连“1”的出现。在实际应用中，只要接收机定时提取电路的 Q 值（品质因数）足够高，就不会发生问题。

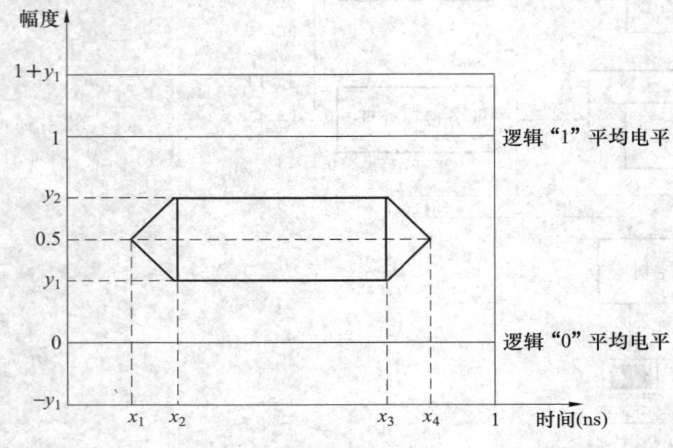

图 ZY2000402006-3　光发送信号眼图模框

2. 光发送信号的眼图模框

发送光脉冲通常可能有上升沿、下降沿、过冲、下冲和振荡现象，这些都可能导致接收机灵敏度的劣化，因此必须加以限制。为防止接收机灵敏度过分劣化，要对发送信号的波形加以限制，通常是用在发送点 S 上发送的眼图模框来规范发送机发出的光发送信号的脉冲形状。光发送信号眼图模框如图 ZY2000402006-3 所示。

不同的 STM 等级的系统，应满足相应的不同模板形状的要求，模板参数见表 ZY2000402006-1。

表 ZY2000402006-1　　光发送信号眼图模板参数

参　数	STM-1	STM-4	STM-16
x_1/x_4	0.15/0.85	0.25/0.75	—
x_2/x_3	0.35/0.65	0.40/0.60	—
y_1/y_2	0.20/0.80	0.20/0.80	0.25/0.75
x_3-x_2	—	—	0.2

3. 平均发送光功率

平均发送光功率是指发送机耦合到光纤的伪随机数据序列的平均功率在 S 参考点上（光板 OUT 口）的测试值。发送机发送的光功率与传送的数据信号中“1”所占的比例有关，“1”越多，发送光功率大。当传送的数据信号是伪随机序列时，“1”和“0”大致各占一半，将这种情况下的光功率定义为平均发送光功率。

STM-N 平均发送光功率参数见表 ZY2000402006-2。

表 ZY2000402006-2　　STM-*N* 平均发送光功率　　dBm

参　数	STM-1	STM-4	STM-16
长距离指标	−5～0	−3～2	−2～3（L-16.2）
短距离指标	−8～−15	−8～−15	−5～0

4. 平均接收光功率

平均接收光功率是上（下）游站点发送机发送过来的，耦合到光纤的伪随机数据序列的平均功率在本站点的测试值。平均接收光功率的测量目的是检查光缆线路有无断路、实际损耗，各接口的连接是否良好。对平均接收光功率的要求为：平均接收光功率应大于相应型号光板的最差灵敏度，而小于相应型号光板的过载光功率。

5. 消光比

消光比是最坏反射条件时，全调制条件下，发射光信号平均光功率与不发射光信号平均光功率的比值。STM-*N* 光接口消光比指标见表 ZY2000402006-3。

表 ZY2000402006-3　　STM-*N* 光接口消光比指标

型　号	STM-1				STM-4					STM-16
	S-1.1	S-1.2	L-1.1	L1.2	S-4.1	S-4.2	L-4.1	L-4.2	L-4.3	
最小消光比	8.2		10		8.2		10			8.2

6. 接收机灵敏度

接收机灵敏度是在接收点 R 参考点上，达到规定的误码率（BER）所能接收到的最低平均光功率。ZXMP S330 STM-*N* 接收机灵敏度见表 ZY2000402006-4。

表 ZY2000402006-4　　STM-*N* 接收机灵敏度　　dBm

型　号	STM-1					STM-4	STM-16		
	S-1.1	S-1.1	L-1.1	L-1.2	L-1.3		I-16	L-16.1	L-16.2
最差灵敏度	−28		−34			−28	−18	−27	−28

7. 接收机过载光功率

接收机过载光功率定义为使 R 点处达到规定的比特误码率（BER）所需要的平均接收光功率可允许的最大值。接收机过载光功率见表 ZY2000402006-5。

表 ZY2000402006-5　　STM-*N* 接收机过载光功率　　dBm

型　号	STM-1					STM-4	STM-16		
	S-1.1	S-1.1	L-1.1	L-1.2	L-1.3		I-16	L-16.1	L-16.2
最小过载点	−8		−10			−8	−3	−9	−9

8. 光输入口允许频偏

输入口允许频偏是指当输入口接收到频偏在规定范围内的信号时，输入口仍能正常工作（通常用设备不出现误码来判断）。

9. 光输出口 AIS 速率

AIS 信号速率是指当 SDH 设备输入口光信号丢失故障情况下应从输出口向下游所发的 AIS 信号的速率，且其速率偏差应在一定的容限范围内。

三、电接口指标

SDH 网络的 155 520kbit/s 的 STM-1 信号在使用电信号接口的情况下，采用编码信号反转（CMI）码，CMI 是一种两电平不归零码。2048kbit/s 和 34 368kbit/s 电信号采用三阶高密度双极性码（HDB3）。

1. 输入口允许衰减和允许频偏及输出口信号比特率容差

输入口允许衰减就是要求输入口在接收到经标准连接电缆衰减后的信号时仍能正常工作（通常用设备不出现误码来判断）。

输入口允许频偏是指当输入口接收到频偏在规定范围内的信号时，输入口仍能正常工作（通常用设备不出现误码来判断）。

输出口信号比特率容差是指实际数字信号的比特率和规定的标称比特率的差异程度，应不超过各级接口差别允许的范围，即容差。

ZXMP S330 输入口允许衰减和允许频偏以及输出口信号比特率容差见表 ZY2000402006-6。

表 ZY2000402006-6　　输入口允许衰减和允许频偏以及输出口信号比特率容差

接口速率（kbit/s）	输入口允许衰减（平方根规律衰减）	输入口允许频偏	输出口比特率容差
1544	0～6dB，772kHz	＞±32B	＜±32B
2048	0～6dB，1024kHz	＞±50B	＜±50B
34 368	0～12dB，17184kHz	＞±20B	＜±20B
44 736	0～20dB，22368kHz	＞±20B	＜±20B
155 520	0～12.7dB，78MHz	＞±20B	＜±20B

2. 输入/输出口反射衰减

输入口或输出口的实际阻抗和标称阻抗的差异会导致信号反射，其反射须控制在一定的范围内，该指标用反射衰减来规范。ZXMP S330 各接口的输入/输出口反射衰减指标要求见表 ZY2000402006-7。

表 ZY2000402006-7　　输入/输出口反射衰减指标要求

接口比特率（Mbit/s）	测试频率范围	反射衰减（dB）
2（输入口）	51.2～102.4kHz	≥12
	102.4～2048kHz	≥18
	2048～3072kHz	≥14
34（输入口）	860～1720kHz	≥12
	1720～34 368kHz	≥18
	34 368～51 550kHz	≥14
155（输入/输出口）	8～240MHz	≥15

3. 输入口抗干扰能力

由于在数字配线架上和数字输出口的阻抗失配，会在接口处产生信号反射，为了保证对这种信号反射有适当的承受能力，要求当输入口加入一个下述的干扰信号时不应产生误码：

（1）干扰信号：与主信号具有相同的标称频率及容差，具有相同的波形及码型，但两者不同源。

（2）主信号与干扰信号比为 18dB。

4. 输出口波形

输出口波形是指在输出口规定的测试负载阻抗条件下，所测得的信号波形参数，指标应符合 G.703 建议的模板。

四、接口

1. 背板接口

背板接口分布如图 ZY2000402006-4 所示。

（1）电源接口：子架直流电源输入，与电源分配箱的 POWER OUTPUT 接口相连。采用 D 型三芯插座，由上至下依次定义为–48V、GND、PE、–48V。

（2）接地柱：为系统保护地，与汇流排相连接。采用预绝缘端子。

（3）灯板告警接口：灯板告警输出，与灯板告警输入接口相连接。采用 DB15 接口。

（4）电源告警接口：采用 DB15 接口。当使用电源分配板时，与电源分配板电源告警输出接口 POWER_ALM 相连接。当不使用电源分配板时，电源告警电缆接在左边第一个电源告警接口。

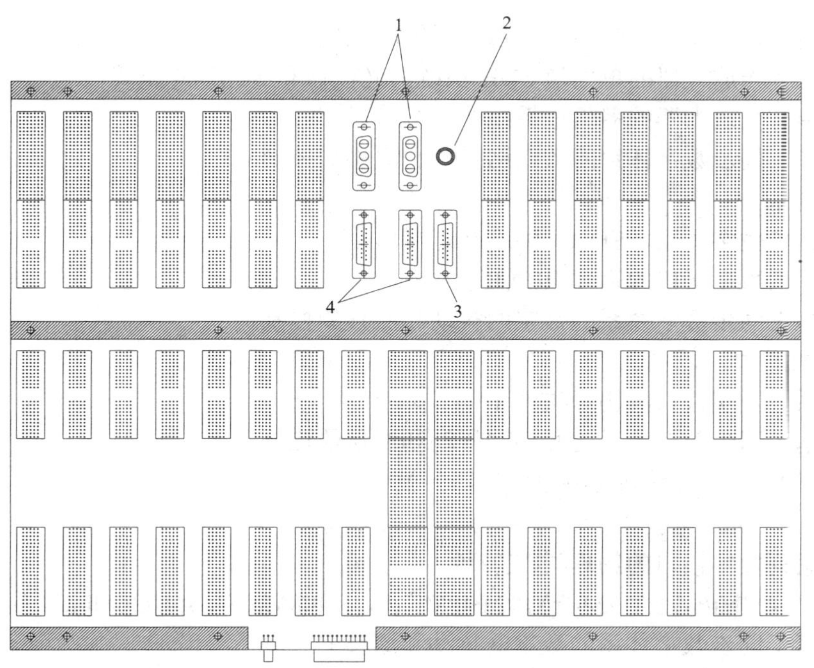

图 ZY2000402006-4　背板接口图

1—电源接口；2—接地柱；3—灯板告警接口；4—电源告警接口

2. 电源板接口

电源板电源输入接口采用 D 型三芯插座，由上至下依次定义为–48V、GND、PE、–48V。其中，–48V 与空气开关的输出端子相连，–48V、GND 与接线端子–48V、GND 的输出侧相连，PE 与设备右侧的铜排相连。

3. 单板接口

（1）光板接口。ZXMP S330 设备提供三种光接口，即 STM-16 标准光接口、STM-4 标准光接口、STM-1 标准光接口，接口连接器型号为 SC/PC。

（2）电板接口。提供 STM-1 等级的标准电接口和 PDH 电接口。提供的 PDH 电接口包括：① 2.048Mbit/s 电接口，采用 50 芯直式扁平电缆 IDC 压接插头（孔）；② 34.368Mbit/s 电接口、44.736Mbit/s 电接口和 51.840Mbit/s 电接口，采用 1.0/2.3 直式电缆压接插头（针）。

（3）SCI 板接口。SCI 板为 SC 板提供外部参考时钟接口，有两种 SCI 接口板：

1）120Ω SCI 接口板：提供 2 路 2.048Mbit/s 和 2 路 2.048MHz 的 120Ω收发接口，采用 D 型 9 芯直式电缆焊接插头（针）。

2）75Ω SCI 接口板：提供 2 路 2.048Mbit/s 和 2 路 2.048MHz 的 75Ω同轴收发接口，采用 1.0/2.3 直式电缆压接插头（针）。

（4）NCP 和 NCPI 板接口。

1）NCP 板提供三个接口，分别为：① f 接口，是网元与便携设备的接口；② Q_x 接口，是网元与子网管理控制中心（SMCC）通信的接口；③ 公务电话接口，是连接公务电话机的接口，话机接口采用 6P4C 直式电缆压接插头。

2）NCPI 板提供三个接口，分别为：① 公务电话接口，是连接公务电话机的接口，话机接口采用 6P4C 直式电缆压接插头；② 列头柜告警输出接口，用做列头柜告警信号（一般告警、严重告警、声音告警）的输出，采用 DB9 插座；③ F1 接口/外部告警输入口，用做外部告警（烟雾、水浸、开门、火警、温度等）信号的输入口和连接 64KB 同向接口设备，采用 DB15 插座。

五、接口标准

ZXMP S330 设备的外部接口符合 ITU-T 标准要求，具体遵循标准如下所述。

1. 155Mbit/s、622Mbit/s、2.488Gbit/s 光接口

ITU-T G.707 同步数字体系（SDH）网络节点接口

ITU-T G.957 同步数字体系（SDH）设备和系统的光接口

ITU-T G.691 带有光放大器的单信道 SDH 系统的光接口和 STM-64 系统

ITU-T G.692 带有光放大器的多信道系统的光接口

ITU-T G.825 基于同步数字体系的数字网抖动和漂移的控制

2. 155Mbit/s 电接口

ITU-T G.707 同步数字体系（SDH）网络节点接口

ITU-T G.703 系列数字接口的物理/电气特性

ITU-T G.825 基于同步数字体系的数字网抖动和漂移的控制

3. 140Mbit/s 电接口

ITU-T G.703 系列数字接口的物理/电气特性

ITU-T G.825 基于同步数字体系的数字网抖动和漂移的控制

GB/T 7611—2001 数字网系列比特率电接口特性

4. 34Mbit/s，45Mbit/s 电接口

ITU-T G.703 系列数字接口的物理/电气特性

ITU-T G.704 1.544Mbit/s，6.312Mbit/s，2.048Mbit/s，8.448Mbit/s，44.736Mbit/s 系列用的同步帧结构

ITU-T G.825 基于同步数字体系的数字网抖动和漂移的控制

GB/T 7611—2001 数字网系列比特率电接口特性

5. 2Mbit/s 电接口

ITU-T G.703 系列数字接口的物理/电气特性

ITU-T G.704 1.544Mbit/s，6.312Mbit/s，2.048Mbit/s，8.448Mbit/s，44.736Mbit/s 系列用的同步帧结构

ITU-T G.825 基于同步数字体系的数字网抖动和漂移的控制

GB/T 7611—2001 数字网系列比特率电接口特性

6. 2.048MHz 网络时钟同步接口

ITU-T G.703 系列数字接口的物理/电气特性

7. 公务电话两线接口

频率范围为 300Hz 到 3400Hz，使用 PCM 调制方式，比特率为 64kbit/s

8. 用户数据通道接口（64kbit/s）

ITU-T G.703 系列数字接口的物理/电气特性

9. 本地终端 F 接口

ITU-T V.24 数据终端设备（DTE）和数据电路终端设备（DCE）之间的接口电路定义表

ITU-T V.28 不平衡双流接口电路的电气特性

10. Ethernet 接口

IEEE 802.3 规范规定的 100BASE-TX 和 10BASE-T 物理接口

六、光端机工程工作流程

（1）到现场后，对所发设备和配件进行盘点，分配各站设备备件。

（2）询问客户网络需求，要求客户出示光缆规划图。

（3）按照网络规划图作网络规划，包括光端机 F 口 IP 地址、光口 IP 地址、每站 2MB 分配数量、以太网板分配带宽等。

（4）进行工程实施，最先做好主站的工作，包括主站设备的安装调试、配置设备数据，并在设备安装好之后对设备的发光功率进行测量和记录，为竣工资料做准备。

（5）按照顺序进行站端设备的安装，每安装好一个站，即对所安装的站点进行测试，并做好发光功率的记录。

（6）所有站点安装调试完毕后，对整个网络进行整体测试，包括对环网的光路保护倒换的测试、以太网的测试等。

（7）全部安装测试完成后，做好整个工程的竣工资料，工程完毕。

七、PCM工程工作流程

（1）到现场后，对所发设备和配件进行盘点，分配各站设备备件。

（2）询问客户需求，要求客户出示网络规划图。

（3）按照网络规划图作网络规划，包括设备地址、局端和站端板卡配置情况、每站业务分配数量等。

（4）进行工程实施，最先做好主站的工作，包括主站设备的安装调试、配置设备数据，并在设备安装好之后做好记录，为竣工资料做准备。

1）按照顺序进行站端设备的安装，每安装好一个站，即对所安装的站点进行测试，包括对业务的测试。若有2MB保护业务，对2MB保护业务做测试，并做好测试记录。

2）全部安装测试完成后，做好整个工程的竣工资料，工程完毕。

【思考与练习】

1. 光端机有哪些主要组成部分？
2. 光端机接口板的名称和作用是什么？
3. 简述平均发送光功率和平均接收光功率。
4. 简述光端机调试的主要步骤。

第十一章　用电信息采集与监控系统主台操作

模块 1　用电信息采集与监控系统配置与维护（ZY2000403001）

模块 1
ZY2000403001

【模块描述】本模块包含用电信息采集与监控系统的系统管理和系统配置的内容。通过功能介绍和步骤讲解，掌握系统参数、系统颜色和数据库配置的内容和方法，掌握系统管理的内容和配置方法。

【正文】

系统配置与管理功能提供系统运行所必备基础参数的管理功能。这些配置可以分为两大类：一类是规则性和关联性较强的配置，另一类则是相对零散独立的配置。系统将前者归纳为系统管理，而将后者归纳为系统配置。

一、系统配置

在主界面上选择“系统管理”→“系统配置”菜单，打开“系统配置”界面，该界面有 3 个选项卡，分别为“系统参数”、“系统颜色”和“数据库配置”，操作人员可以自行设定一些与系统相关的参数。“系统配置”的“系统参数”界面如图 ZY2000403001-1 所示。

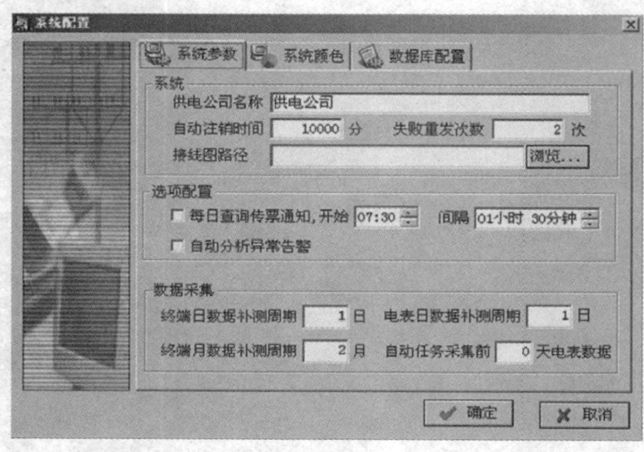

图 ZY2000403001-1　“系统配置”的“系统参数”界面

1. 系统参数

系统参数包括系统自动注销时间、失败重发次数、终端日数据补测周期、终端月数据补测周期等参数的配置。

（1）自动注销时间：指操作人员登录系统后，连续无操作的时间超过此处指定值，则系统自动注销该操作人员的登录权限，软件界面上的相关功能将不可使用。

（2）失败重发次数：当系统在与终端通信失败后，自动重新尝试的最多次数。

（3）终端日数据补测周期：此参数作用于主台软件，用于设定终端日数据补测功能默认的补测日期长度。

（4）终端月数据补测周期：此参数作用于主台软件，用于设定终端月数据补测功能的补测日期长度。同终端日数据补测周期。

（5）电表日数据补测周期：此参数作用于主台软件，用于设定除电表抄表日数据补测以外所有的电表数据补测功能的补测日期长度。

2. 系统颜色

在“系统颜色”选项卡中，设置系统中一些量的曲线或图例的颜色值，包括功率、电量、电压、电流等。

该设置是个性化的，也不是必须进行的，系统有标准的默认值。如果进行更改并保存，其配置只影响本计算机。设定界面如图 ZY2000403001-2 所示。

在此界面内，操作人员可自行设定系统的一些曲线或图例的颜色值。设置方法如下：

（1）选择需要设定颜色的列表项，单击鼠标即可。

（2）点击“选择颜色”按钮，出现系统调色板，选中一种颜色后点击“确定”按钮。

（3）重复第（1）、（2）步，直到所有需要设定颜色的列表项设定完毕。

（4）点击“确定”按钮保存设置并退出系统配置。

3. 数据库配置

数据库包括数据库的访问方式、数据源、用户名、密码等参数的配置与管理，此处用以配置连接数据库。系统支持数据库的两种访问方式，即使用 CICS 中间件的访问方式以及 ODBC 访问方式；同时，系统支持主备库方式。因此，此处共有三个选项，即正式库（CICS 访问）、正式库（ODBC 访问）、应急库（ODBC 访问）。

采用 CICS 方式访问数据库时，需要额外安装 CICS 交易中间件并进行配置，对数据库的安全性比较有利，但同时会降低访问效率。

应急库是各子系统设置的本地备用数据库，当正式库不可使用时，可以连接到应急库，待正式库恢复后，可以使用应急库中的记录进行数据恢复。

每种数据库配置包括数据库的访问方式、数据源、用户名、密码等参数的配置与管理等，界面如图 ZY2000403001-3 所示。

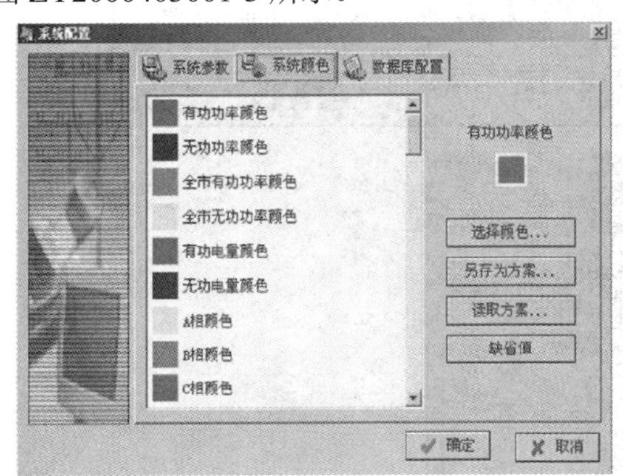

图 ZY2000403001-2 “系统配置”的“系统颜色”界面

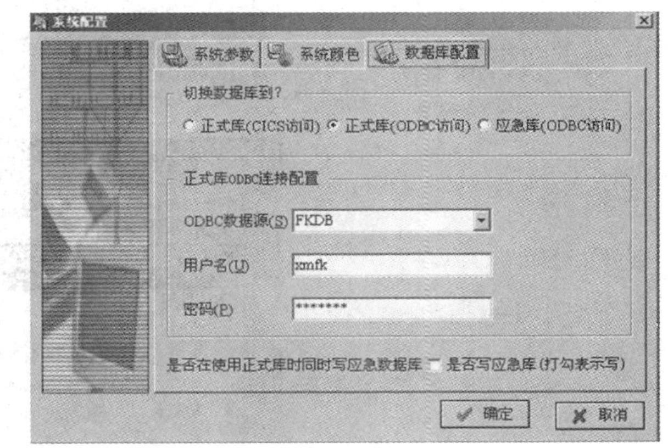

图 ZY2000403001-3 “系统配置”的“数据库配置”界面

在此界面可设置数据库连接方式和数据源，具体操作如下：

（1）选择数据库访问方式。

（2）在数据源下拉列表中选择正确的数据源，填写正确的用户名和密码，然后点击“确定”按钮保存。

实际上，程序在启动时如果不能连接数据库，将会自动弹出数据库连接界面（类似本界面），修改配置后即会保存。

二、系统管理

（一）前置机管理

前置机管理包括前置机名称、IP、端口、数据库连接等参数的配置与管理。

前置机是系统的重要实体对象，承担了信道管理和各种规约解释的重要任务，在系统中，前置机扮演通信服务器的角色，包括主台软件在内的各种应用部件在和终端通信前需要主动与前置机建立网络连接，通过前置机才能使用通信信道和终端通信。

此处管理前置机的档案和相关参数，是系统各部件和前置机建立连接的凭据。

在“系统管理”对象列表内点击“前置机”，出现界面如图 ZY2000403001-4 所示。

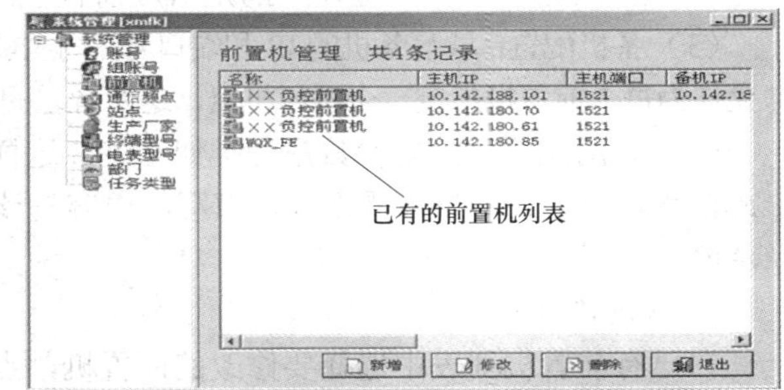

图 ZY2000403001-4　前置机管理界面

在此界面内，系统管理员可对前置机进行管理和维护。

1. 新增前置机

点击“新增”按钮或在已有的前置机列表内右击鼠标，在弹出菜单内选择“新增前置机”，出现界面如图 ZY2000403001-5 所示。

前置机管理 - 修改前置机[××前置机]
常规 公网配置 对应地区
前置机名称 ××前置机
数据库配置
正式库CICS接口 SCSCBOBOK3K3>>>>z:z:meme|0 配置
正式库ODBC接口 SC^>BOH2K3;;>>p4z:k3meRz|0: 配置
应急库ODBC接口 SCSCBOBOK3K3>>>>z:z:meme|0 配置
主机配置
IP地址 127.0.0.1 端口 12345
备机配置
IP地址 端口
确定 取消

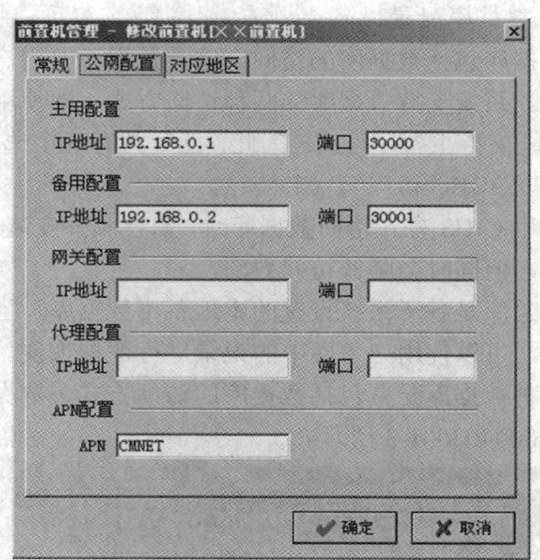

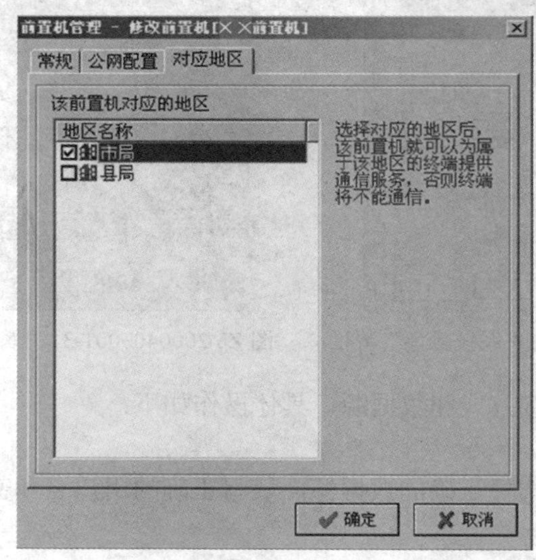

图 ZY2000403001-5 前置机详细配置

在界面内输入前置机的各项参数，点击“确定”按钮即可。

（1）数据库配置：视当前的数据库连接方式，点击相应行后面的“配置”按钮，选择所用的数据源名称后，系统将自动填写空白处的连接字符串。

（2）主机配置：IP 地址输入的是对应前置机的 IP 地址，端口即主台和前置机通信的 IP 端口号。

（3）备机配置：填写备机的 IP 和端口号，同主前置机配置部分。系统支持每个前置机以主备方式运行，即允许为每个前置机指定一个备用机器，这两者之间将自动实现双机热备，以提高前置机的工作可靠性。

（4）公网配置：此处参数是为类似 GPRS 这样的公网接入终端所准备，此参数将自动出现在挂接于此前置机下的终端参数界面中。填写的内容是该前置机对应于终端专线接入时的公网 IP、端口号以及 APN 名称等。

2. 修改前置机

在已有前置机列表中选择要修改的前置机，点击“修改”按钮或在要修改的前置机列表上右击鼠标，在弹出的界面内修改前置机的配置（修改操作界面与新增相同），改后点击“确定”按钮即可。

3. 删除前置机的方法

在已有前置机列表中选择要删除的前置机，点击“删除”按钮即可。

（二）通信频点管理

通信频点：对 230MHz 通信频点信息进行配置与管理。

通信频点管理是针对 230MHz 而言的，此处记录其上下行频率作为档案。频率主要影响 230MHz 无线专网信道的相互冲突等，但实际情况往往更为复杂。完善的专网通道通信解决方案还需考虑信号覆盖范围、无线中继等因素，这些在前置机软件中另行配置实现。

在系统管理对象列表内点击“通信频点”，出现界面如图 ZY2000403001-6 所示。

1. 新增频点

点击“新增”按钮或在已有的频点列表内右击鼠标，在弹出菜单内选择“新增频点”，出现界面如图 ZY2000403001-7 所示。在此界面内输入频点的上行频率和下行频率，点击“确定”按钮即可。

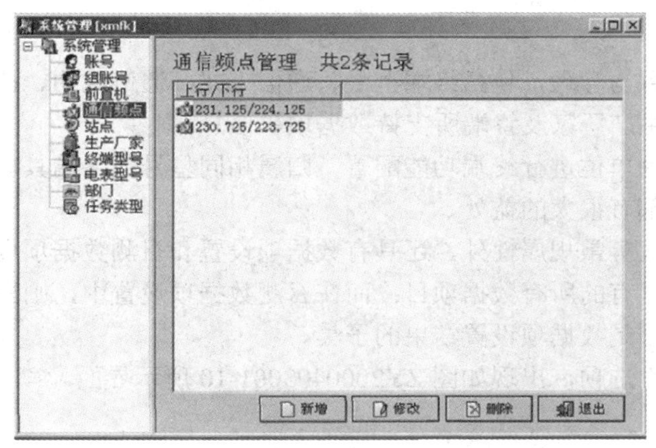

图 ZY2000403001-6　通信频点管理

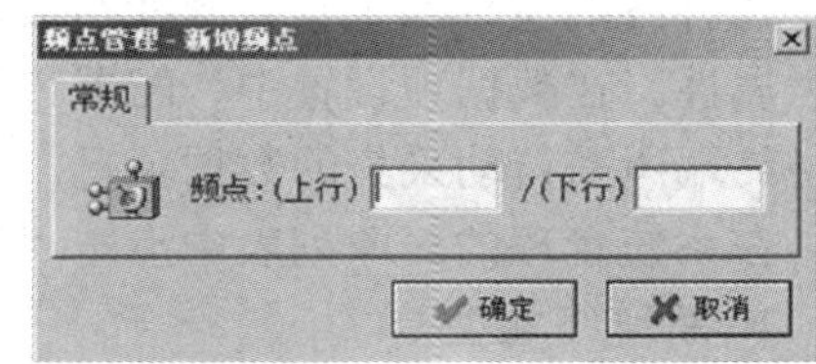

图 ZY2000403001-7　新增频点

2. 修改频点

在已有频点列表中选择要修改的频点，点击“修改”按钮或在要修改的频点列表上右击鼠标，在弹出的界面内修改频点的上行频率和下行频率（修改操作界面与新增相同），点击“确定”按钮即可。

3. 删除频点

在已有频点列表中选择要删除的频点，点击“删除”按钮即可。

（三）站点管理

站点管理包括通信站点的名称、类型、通信地址、频点、行政区划码、所属前置机、通道号等参数的配置与管理。

站点是隶属于前置机通信信道，一个站点可以简单地理解为一个串行口或者一个公网接入时的 IP 端口。

在系统管理对象列表内点击“站点”，出现界面如图 ZY2000403001-8 所示。

1. 新增站点

点击“新增”按钮或在已有的站点列表内右击鼠标，在弹出菜单内选择“新增站点”，在打开的界面内输入站点所需的参数，点击“确定”按钮即可。

2. 修改站点方法

在已有站点列表中选择要修改的站点，点击“修改”按钮或在要修改的站点列表上右击鼠标，出现界面如图 ZY2000403001-9 所示。在界面内修改站点的参数（修改操作界面与新增相同），点击“确定”按钮即可。

3. 删除站点

在已有站点列表中选择要删除的站点，点击“删除”按钮即可。

图 ZY2000403001-8　站点管理

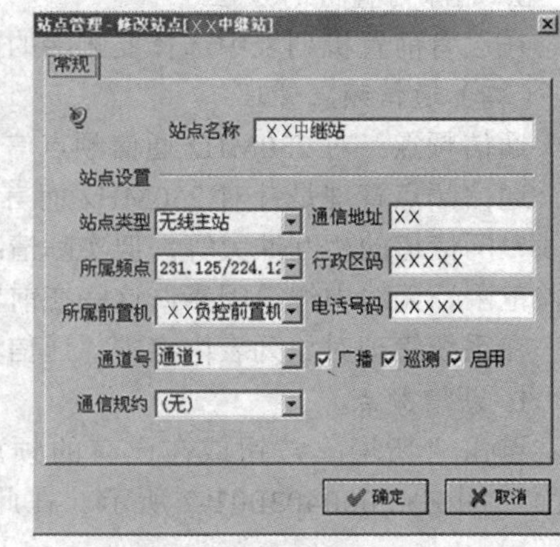

图 ZY2000403001-9　“修改站点”详细设置

（四）终端型号管理

终端型号管理是指对终端型号信息进行配置与管理，包括终端型号、通信方式、通信规约、控制路数、状态量路数、RS485 路数、脉冲路数、生产厂家及终端所支持数据项等信息。

系统将所有终端按型号进行划分，以型号为单位进行终端功能配置，归属相同型号的终端具有相同的功能和数据，划分终端型号对管理和运行都有很大的益处。

每种终端型号除了具有脉冲路数、控制组数等常规属性外，还具有数据项设置和召测数据项设置两大属性。在数据项设置中，配置该型终端所具有的所有数据项目；而在召测数据项设置中，则配置该型终端所需自动采集的数据项目。召测数据项是数据项设置结果的子集。

在系统管理的对象列表中点击“终端型号”选项，出现如图 ZY2000403001-10 所示界面。

1. 新增终端型号

点击“新增”按钮或在已有设备型号列表内右击鼠标，在弹出菜单内选择新增设备型号，出现如图 ZY2000403001-11 所示界面。

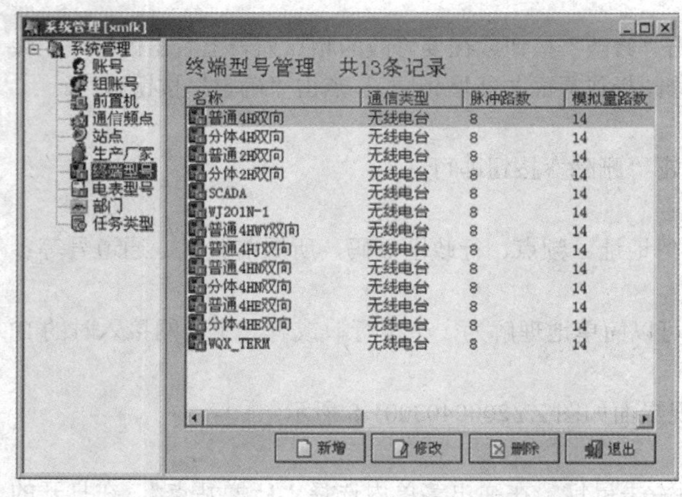

图 ZY2000403001-10　终端型号管理界面

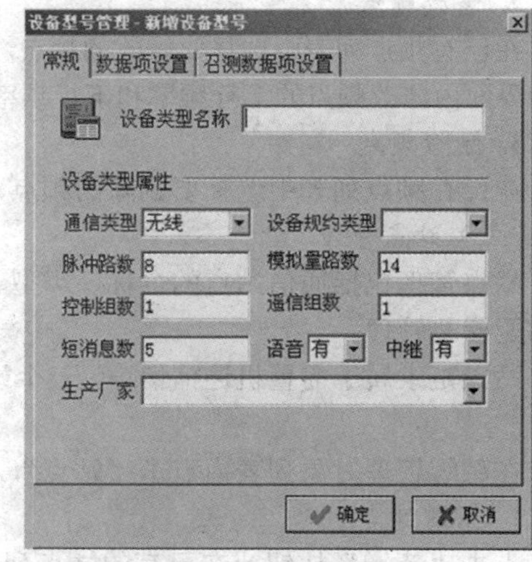

图 ZY2000403001-11　新增设备型号的“常规”选项卡

（1）“常规”选项卡内容设置：在“常规”选项卡中，输入设备类型名称和设备类型属性。注意设备类型属性中的“设备规约类型”一定要选择，否则，数据项设置将为空白。

（2）“数据项设置”选项卡内容设置：“数据项设置”选项卡界面如图 ZY2000403001-12 所示。在此界面内选择该设备类型所能采集的数据项，注意，如果此界面数据项选择为空，则在“召测数据项设置”中将没有可供选择的数据项。

（3）“召测数据项设置”选项卡内容设置：“召测数据项设置”选项卡如图 ZY2000403001-13 所

示，在此界面内可供选择的数据项，会因为在数据项设置中选择的不同而不同，此处只出现在数据项设置选项卡中选中的项目。在该界面中选择好需要自动召测的数据项后，点击“确定”按钮即可。

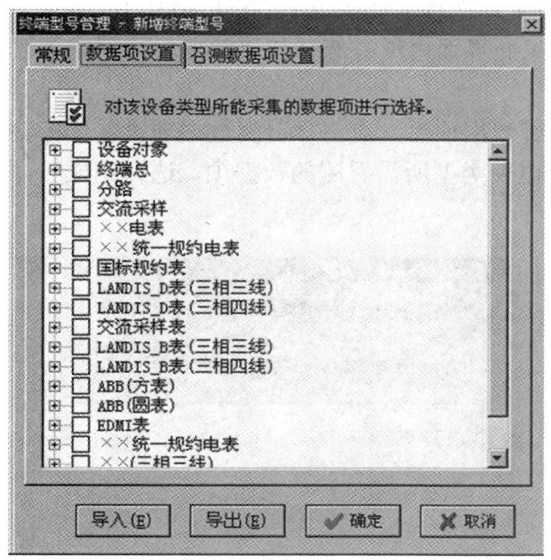

图 ZY2000403001-12 新增终端型号的“数据项设置”选项卡

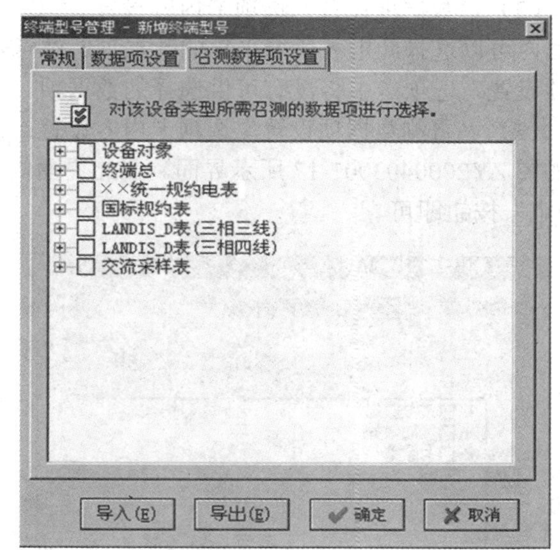

图 ZY2000403001-13 新增终端型号的“召测数据项设置”选项卡

2. 修改终端型号

在已有终端型号列表中选择要修改的终端型号，点击“修改”按钮或在要修改的终端型号列表上右击鼠标，在弹出的界面内修改终端型号的配置（修改操作界面与新增相同），点击“确定”按钮即可。

3. 删除终端型号

在已有终端型号列表中选择要删除的终端型号，点击“删除”按钮即可。

（五）电表型号管理

电表型号管理是对电表型号信息进行配置与管理，包括电表型号、规约、厂家、数据项。

和终端型号一样，电表型号的划分是对电表运行、管理非常重要的工作。在电表型号管理中，确定每种电表型号具有的功能和数据项目。

每种电表型号也具有“常规”、“数据项设置”和“召测数据项设置”，其作用同终端型号管理中对应的部分。

在系统管理的对象列表中点击“电表类型”选项，出现如图 ZY2000403001-14 所示界面。

1. 新增电表型号

点击“新增”按钮或在已有电表型号列表内右击鼠标，在弹出菜单内选择“新增电表型号”，出现如图 ZY2000403001-15 所示界面。

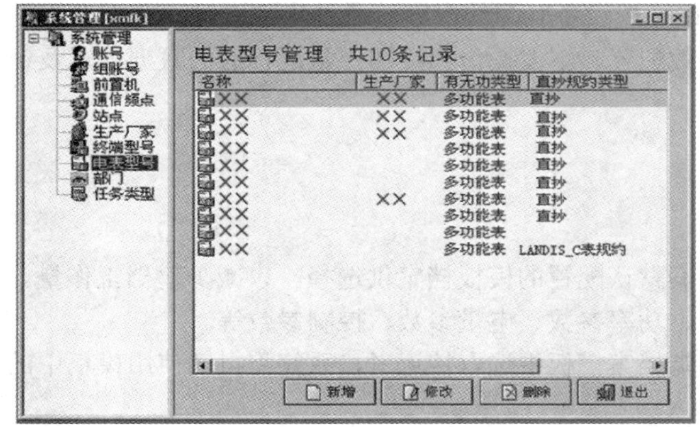

图 ZY2000403001-14 电表型号管理

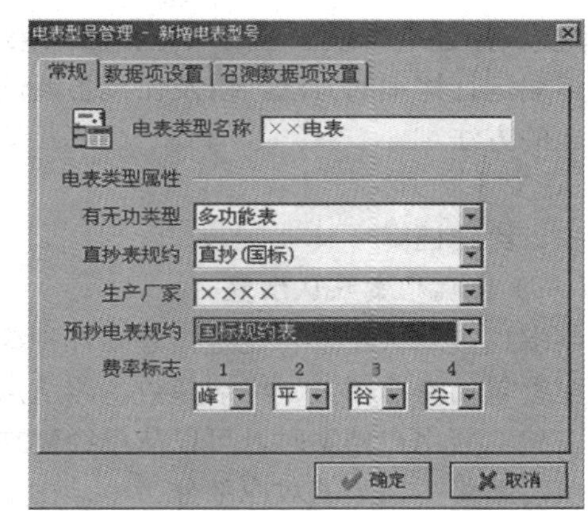

图 ZY2000403001-15 新增电表型号的“常规”选项卡

（1）“常规”选项卡内容设置：在“常规”界面中输入新增电表类型的名称和该电表的一些基本属性。注意，预抄电表规约是必须要有的，否则在“数据项设置”选项卡中将没有数据项可供选择。

（2）“数据项设置”选项卡内容设置：“数据项设置”选项卡如图 ZY2000403001-16 所示，在此界面内可以选择此电表所能采集的数据项。注意，如果此界面内没有选择任何数据项，则在“召测数据项设置”选项卡中将没有可供选择的数据项。

（3）“召测数据项设置”选项卡内容设置：选择好数据项后，点击“召测数据项设置”标签，打开如图 ZY2000403001-17 所示界面。在此界面内选择电表类型所需召测的数据项，选择完成后，点击“确定”按钮即可。

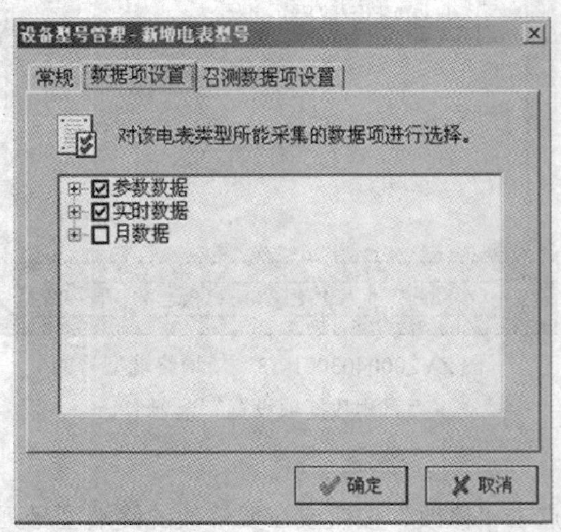

图 ZY2000403001-16　“数据项设置”选项卡

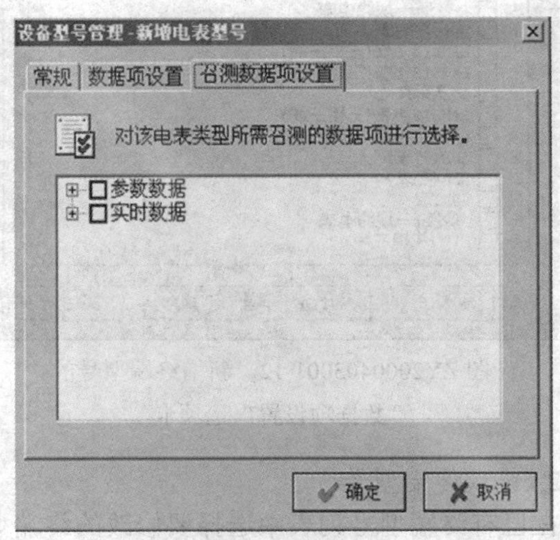

图 ZY2000403001-17　“召测数据项设置”选项卡

2. 修改电表型号

在已有电表型号列表中选择要修改的电表型号，点击“修改”按钮或在要修改的电表型号列表上右击鼠标，在弹出的界面内修改电表型号的配置（修改操作界面与新增相同），点击“确定”按钮即可。

3. 删除电表型号

在已有电表型号列表中选择要删除的电表型号，点击“删除”按钮即可。

【思考与练习】

1. 简述进行数据库配置操作步骤。
2. 简述进行前置机、频点、终端型号、电表型号等操作的配置操作步骤。

模块 2　主站与终端设备联调（ZY2000403002）

【模块描述】本模块包含用电信息采集与监控终端设备联调的内容。通过步骤讲解，掌握在主站建立终端运行档案的方法，以及在设备调试时参数配置、下发操作和终端正常运行后的数据核对及资料归档的方法。

【正文】

一、终端档案

（一）终端档案默认配置

终端档案默认配置功能是指建立几种终端档案默认配置的模板档案供选择，以减少建档工作量。默认配置包括终端档案、终端参数、测量点参数、功率参数、电量参数、控制参数等。

在建立新用户档案时，可以从已经建立的终端档案模板中选取接近者，系统将自动使用模板中的参数填写新终端档案的对应部分。

在主界面上选择“系统管理”→“档案默认设置”菜单，出现如图 ZY2000403002-1 所示界面。

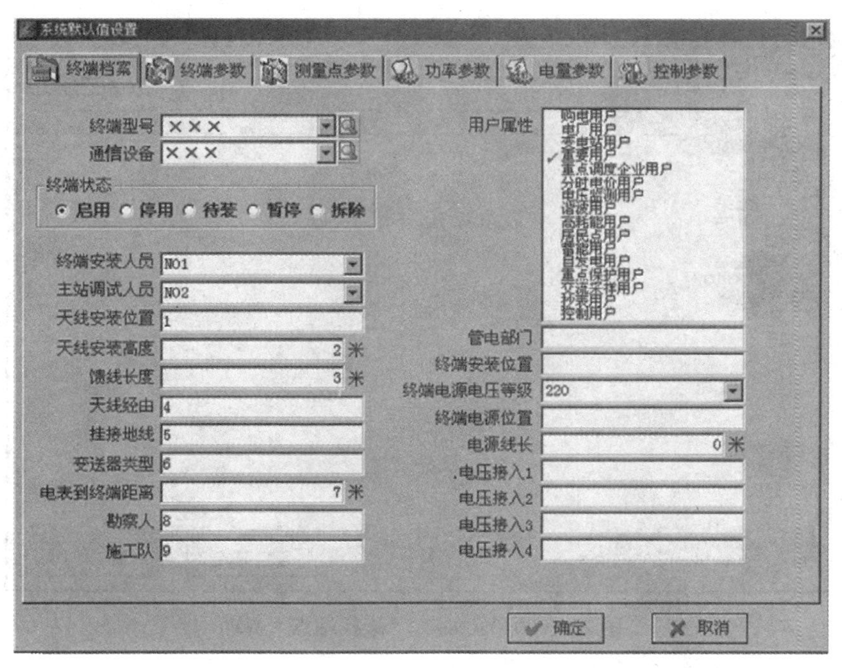

图 ZY2000403002-1 “系统默认值设置”界面

此界面内有 6 个选项卡：终端档案、终端参数、测量点参数、功率参数、电量参数和控制参数。

1. “终端档案”选项卡

“终端档案”的设置界面见图 ZY2000403002-1，在此界面内可输入一些大多数终端都共有的信息作为模板档案，当为某一特定终端编制档案时，可减少工作量。在此界面内输入所需的参数后，点击“确定”按钮即可。

在“终端型号”和“通信设备”输入框后面，各有一个按钮，点击“终端型号”后的该按钮，显示如图 ZY2000403002-2 所示的“查找终端型号”界面。

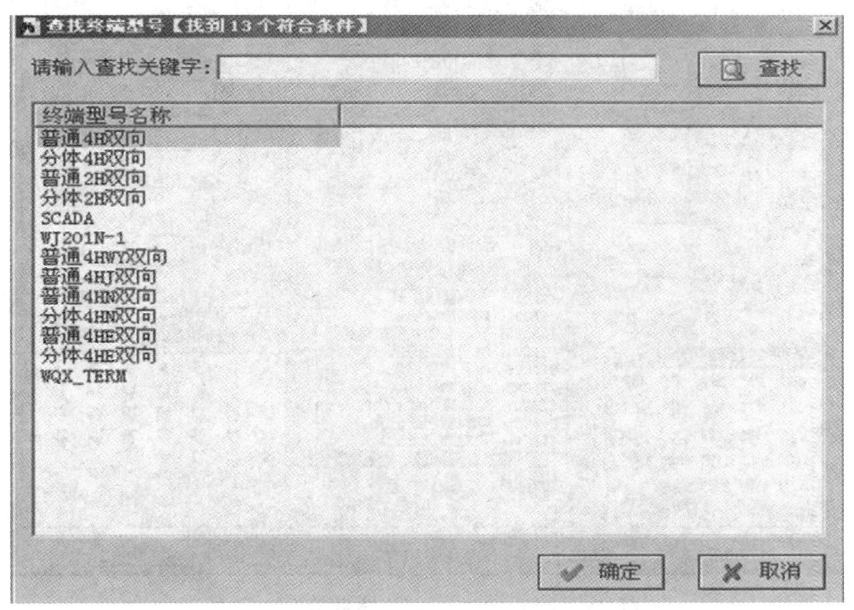

图 ZY2000403002-2 “查找终端型号”界面

在此查找界面内，可以根据终端型号的关键字查找更多终端型号。输入关键字后，点击“查找”按钮，如果找到该终端型号，点击“确定”按钮退出，系统自动将该终端型号输入终端档案界面内的终端型号输入框内。如果没找到，应检查输入的关键字是否正确，重新查找。

点击“通信设备后”的查找图标，出现如图 ZY2000403002-3 所示界面。

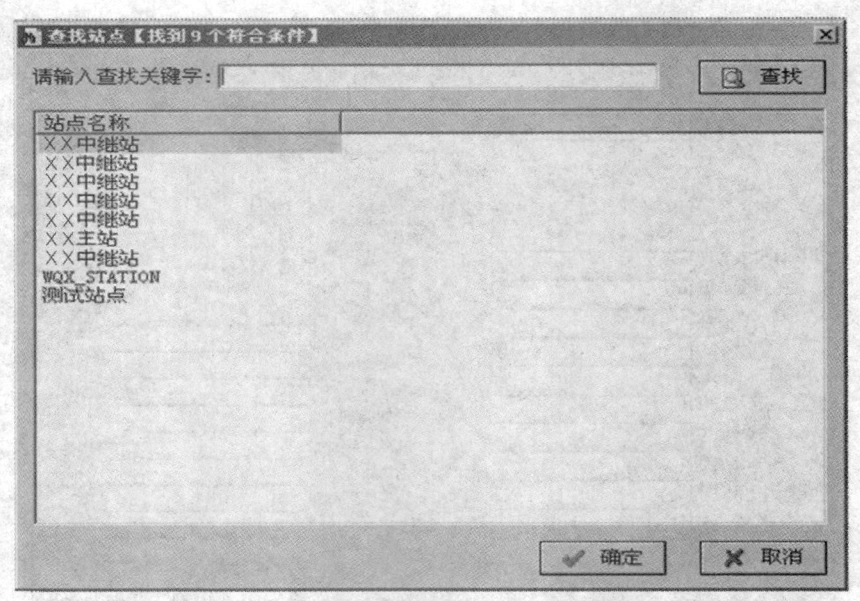

图 ZY2000403002-3 “查找站点”界面

在此查找界面内，可以根据终端型号的关键字查找更多终端型号。输入关键字后，点击“查找”按钮，如果找到该终端型号，点击“确定”按钮退出，系统自动将该终端型号输入终端档案界面内的终端型号输入框内；如果没找到，应检查输入的关键字是否正确，重新查找。

2. “终端参数”选项卡

“终端参数”选项卡如图 ZY2000403002-4 所示，在此界面中可将部分常用终端参数设置成默认值，新建终端档案后，终端参数将默认为此项。在此界面内输入所需的参数，点击“确定”按钮即可。

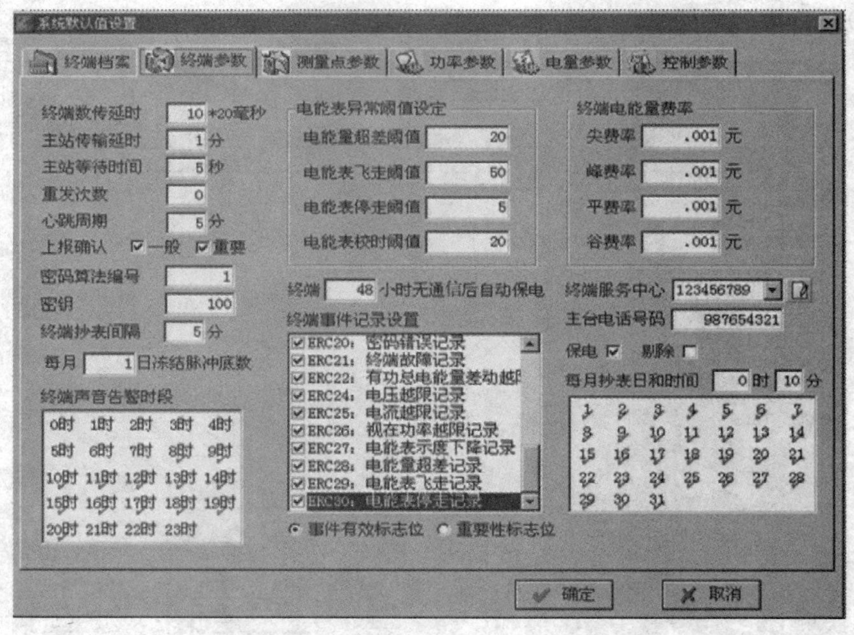

图 ZY2000403002-4 “终端参数”选项卡

3. “测量点参数”选项卡

“测量点参数”选项卡如图 ZY2000403002-5 所示。在此界面中可将部分常用参数设置成默认值，新建终端档案后，测量点参数将默认为此。在此界面内输入所需的参数，点击“确定”按钮即可。

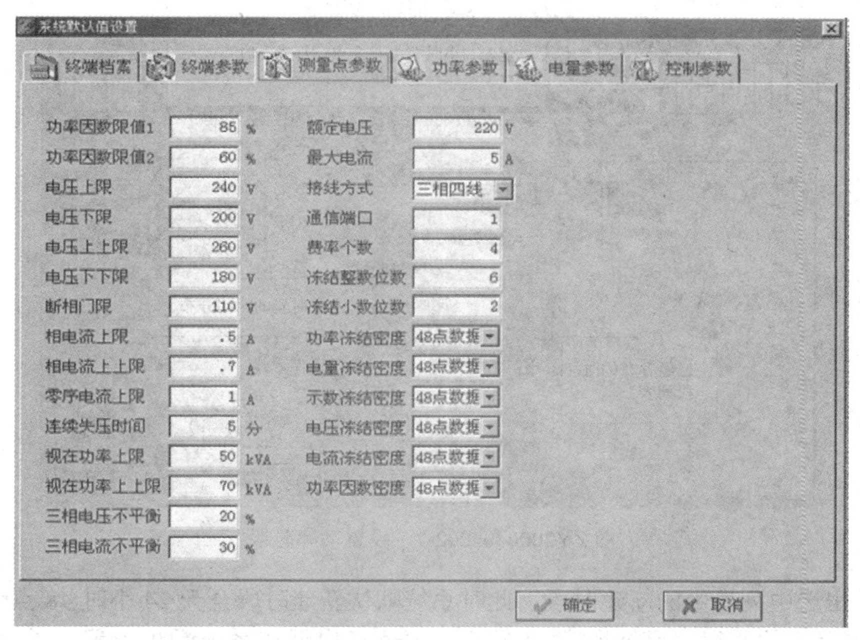

图 ZY2000403002-5 “测量点参数”选项卡

4. “功率参数”选项卡

“功率参数”选项卡如图 ZY2000403002-6 所示。此界面的主要功能是设置一些常用的功率时段，在功控设置下发时，如果是第一次下发，则自动调用此处的功率时段设置作为默认的下发值。

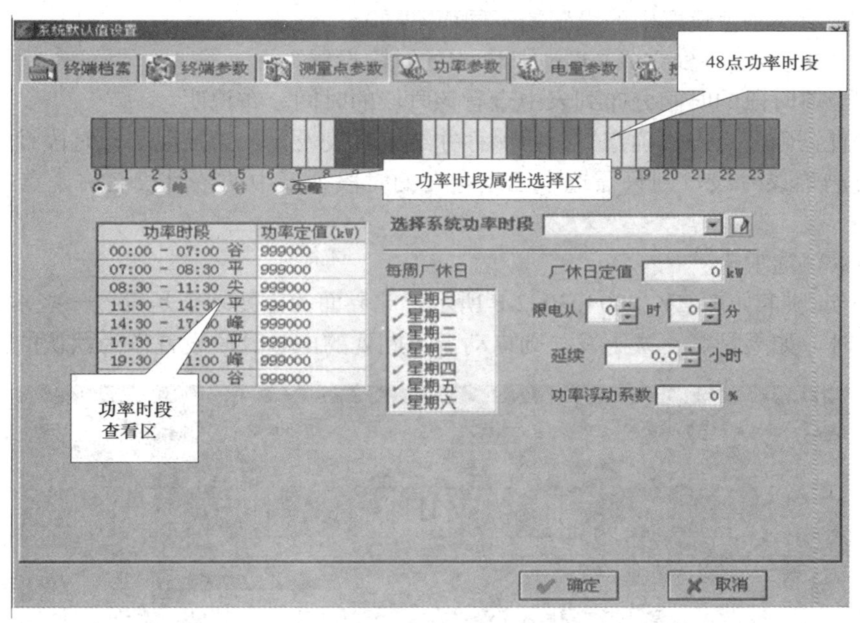

图 ZY2000403002-6 “功率参数”选项卡

设置方法为：在“选择系统功率时段”下拉列表中选择系统功率时段，在功率时段查看区可以查看此功率时段的设置值，在 48 点功率时段中可看到以颜色区分的图例。如果在下拉列表中没有需要的时段功率，可以点击下拉框后的图标，出现如图 ZY2000403002-7 所示界面。

在此界面内，可根据本地区用电情况将全天 24 小时分为平、峰、谷和尖峰四种用电时段。建立一个新的时段分布类型的方法如下：

（1）在“时段名称”输入框内输入想要建立的时段的名称。

（2）选择时段类型，即功率时段或电量时段。

（3）点击“新增”按钮，则此新时段将会出现在已经存在的时段列表中。

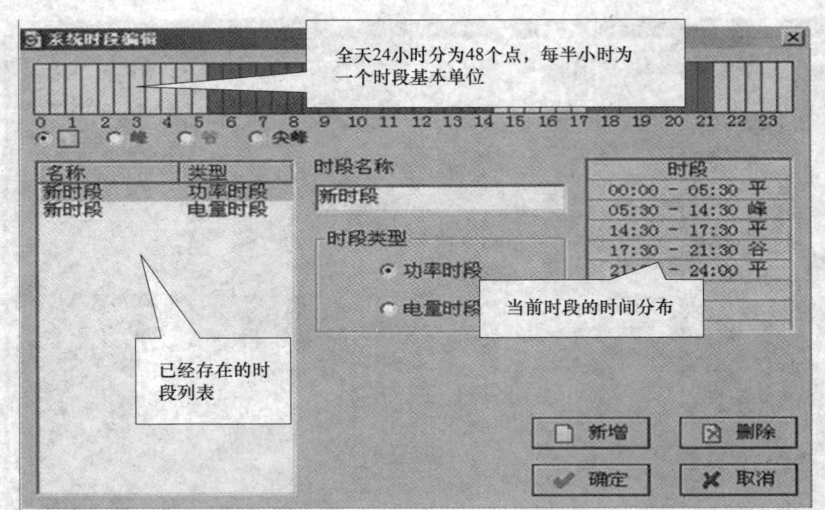

图 ZY2000403002-7 设置功率时段

（4）鼠标单击选中列表中的新建时段，此时系统默认新建时段全天 24 小时 48 点全部为平时段。具体表现为界面上方的时段显示条的颜色全部为黄色（根据在系统颜色设置中的设置的不同而不同）。

（5）根据本地区用电情况划分时段。例如 0 点到 3 点的时段为本地区的用电谷时段，则可以先点击时段显示条下方的“谷”的单选框，将鼠标从时段显示条上的 0 点拖至 3 点（鼠标在拖动过程中始终按着左键），或者用鼠标将 0 点到 3 点的每个小格一次点一下。可看到从 0 点到 3 点之间的小格都变成了绿色（根据在系统颜色设置中的设置的不同而不同）。

（6）重复第（5）步，直到完成 24 小时 48 点的时段设置。

（7）可以在当前时段的时间分布列表中查看该时段的时间分布说明。

（8）如果设置正确，点击“确定”按钮保存并结束时段设置。当发现某一时段设置不再使用或其他原因时，想要删除该时段，则只需选中已经存在的时段列表中的该时段名称，点击“删除”按钮即可。

5. “电量参数”选项卡

“电量参数”选项卡如图 ZY2000403002-8 所示。此界面的主要功能是设置一些常用的电量时段，在电控设置下发时，如果是第一次下发，则自动调用此处的电量时段设置作为默认的下发值。

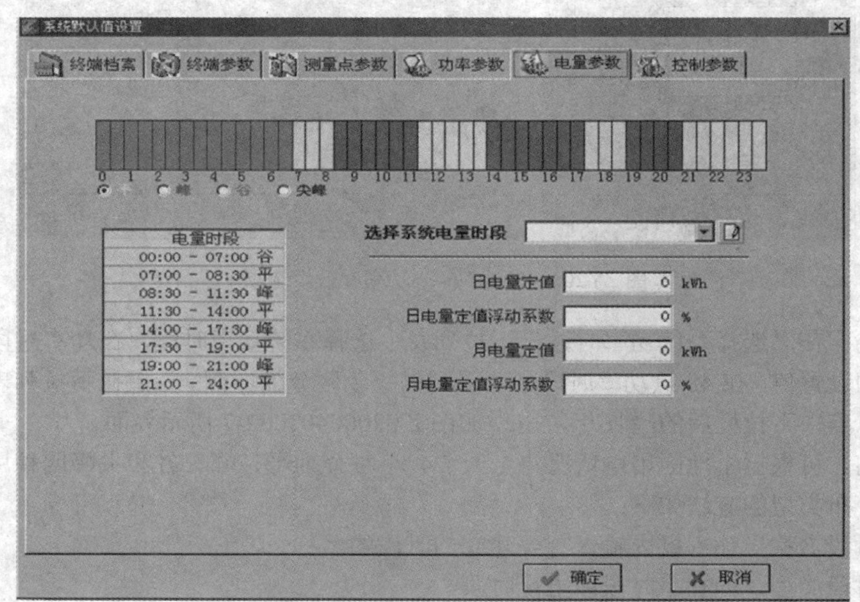

图 ZY2000403002-8 “电量参数”选项卡

6. “控制参数”选项卡

“控制参数”选项卡界面如图 ZY2000403002-9 所示。在此界面内，可以设定默认的遥控参数、电控轮次、功控轮次、功控投入时段和紧急下浮的有关参数。

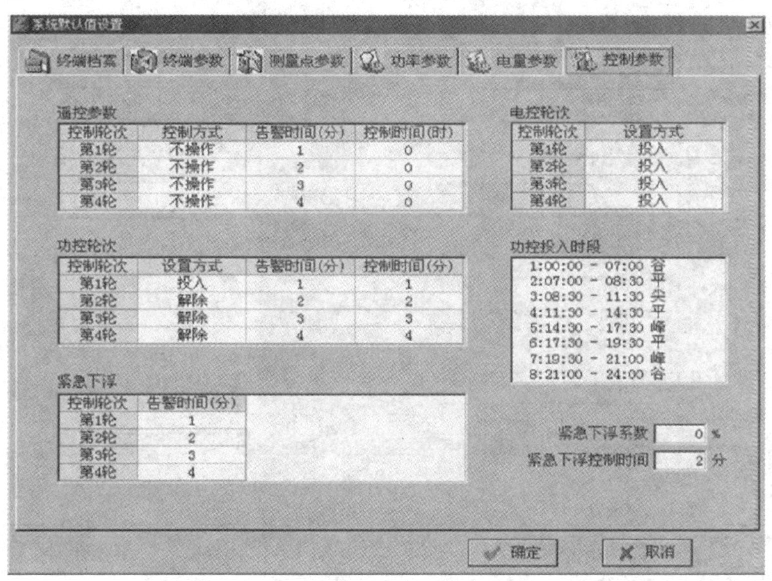

图 ZY2000403002-9 “控制参数”选项卡

设置方法为：所有的控制方式和设置方式信息格都可以在下拉列表中选择，其他的信息格可以直接输入。完成后点击“确定”按钮即可。

（二）用户档案管理

用户档案管理功能包含电力客户档案和现场设备装接信息，具体包括用户档案、终端档案、电表档案、交采回路、开关信息等。

系统和营销有紧密的联系，很多档案从营销获取，本系统将其直接应用，如用户名称、联系人等。这部分内容在界面中以蓝色字体标示，且内容不可修改。

另外，用户档案管理部分内容是正常运行不可缺少的，这部分内容的提示信息前加注了“*”，为必填项目。

选择“系统管理”→“用户档案管理”菜单，或点击快捷图标，出现如图 ZY2000403002-10 所示界面。此界面内包含 5 个选项卡，分别为用户档案、终端档案、电表档案、直流模拟和开关/其他。

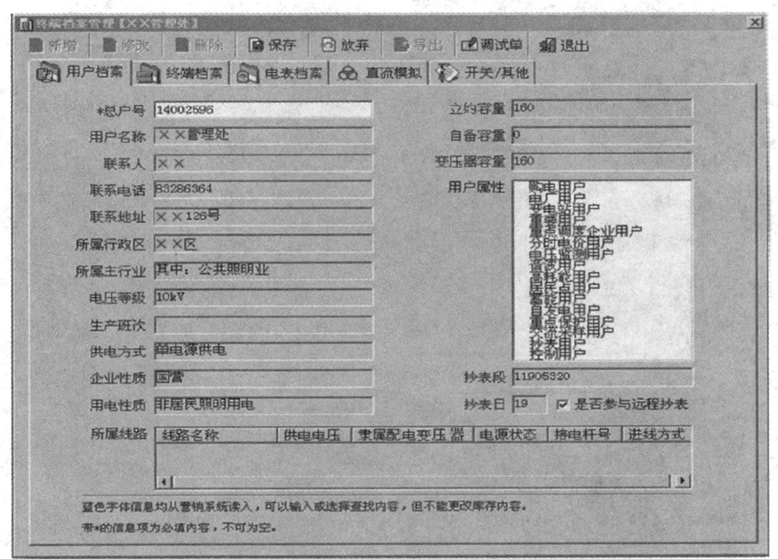

图 ZY2000403002-10 用户档案管理

如果要新增档案，就点击“新增”按钮，出现如图 ZY2000403002-11 所示界面，将需要的用户档案、终端档案、电表档案、直流模拟和开关/其他的信息填写完整，点击“完成”按钮即可。

图 ZY2000403002-11　新增终端档案

如果要修改档案，就点击“修改”按钮，在界面中可修改信息，修改后点击“保存”按钮即可（新增与修改界面和操作基本相同）。

1.“用户档案”选项卡

在“用户档案”选项卡界面（图 ZY2000403002-11）内可以查看或修改终端用户的一些基本信息。此界面内用蓝色字体标示的信息，都是从营销系统中读出的信息，在此处不能被修改。其中是否参与远程抄表选项是设置是否将该用户作为远程抄表用户，将终端抄回的电表数据传送给营销。

2.“终端档案”选项卡

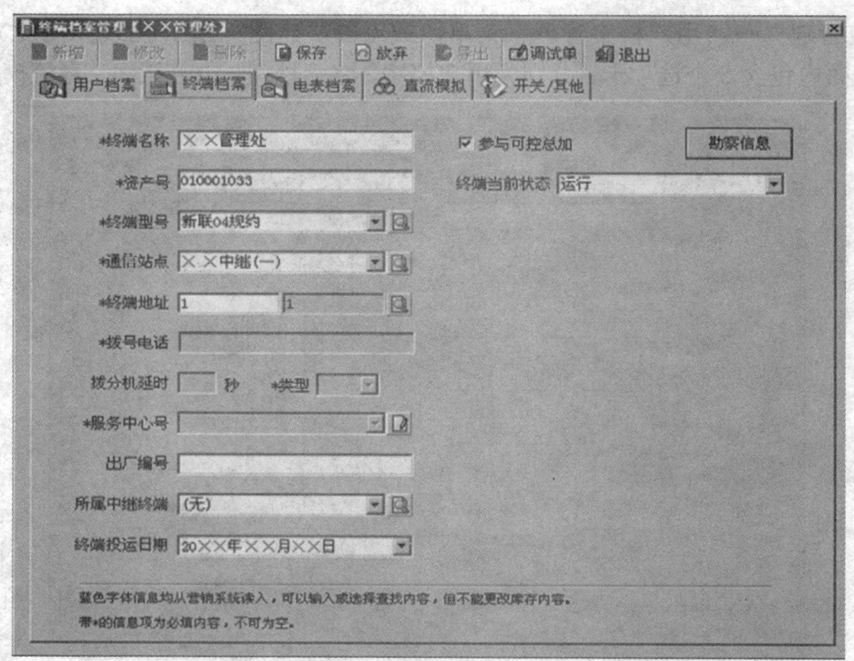

图 ZY2000403002-12　“终端档案”选项卡

“终端档案”选项卡如图 ZY2000403002-12 所示，点击“勘察信息”按钮后，出现如图 ZY2000403002-13 所示界面。在此界面内可以添加终端安装现场和安装人员及安装过程细节方面的一些信息。

图 ZY2000403002-13　终端现场勘察与安装调试信息

3.“电表档案”选项卡

“电表档案”选项卡如图 ZY2000403002-14 所示，在此界面内可以查看和修改电表的相关档案信息。界面内还包含 3 个选项卡，分别为计量档案、电表参数和脉冲属性，打开对应的选项卡，进行电表档案和相关参数信息的设置。

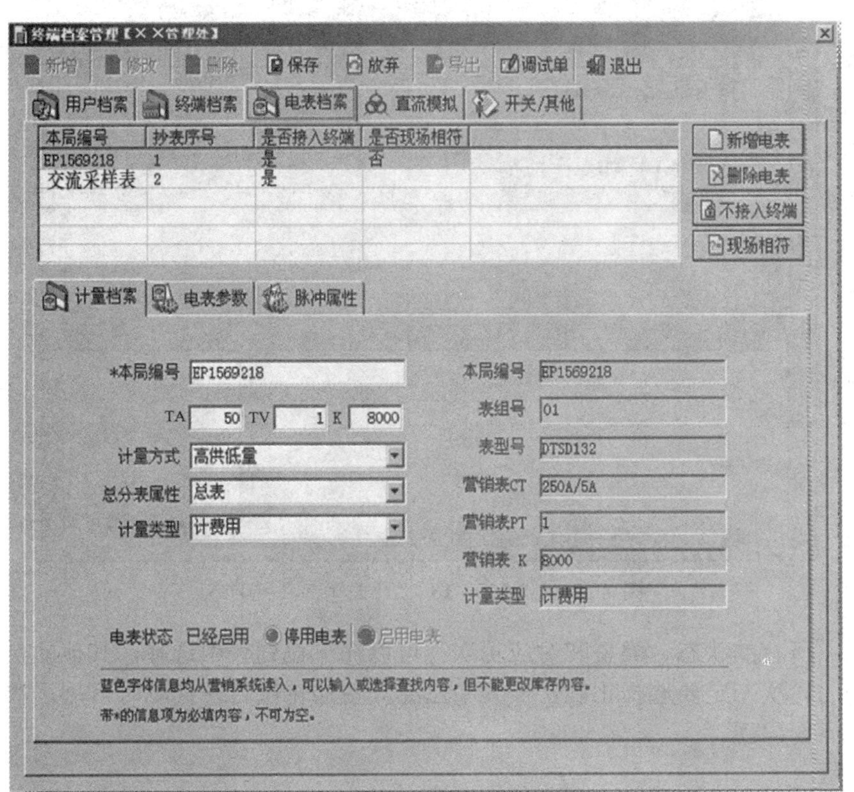

图 ZY2000403002-14　“电表档案”选项卡

4.“直流模拟”选项卡

“直流模拟”选项卡如图 ZY2000403002-15 所示，在此界面内，列出了交流采样回路的一些基本信息，可以根据实际情况进行相应填写。

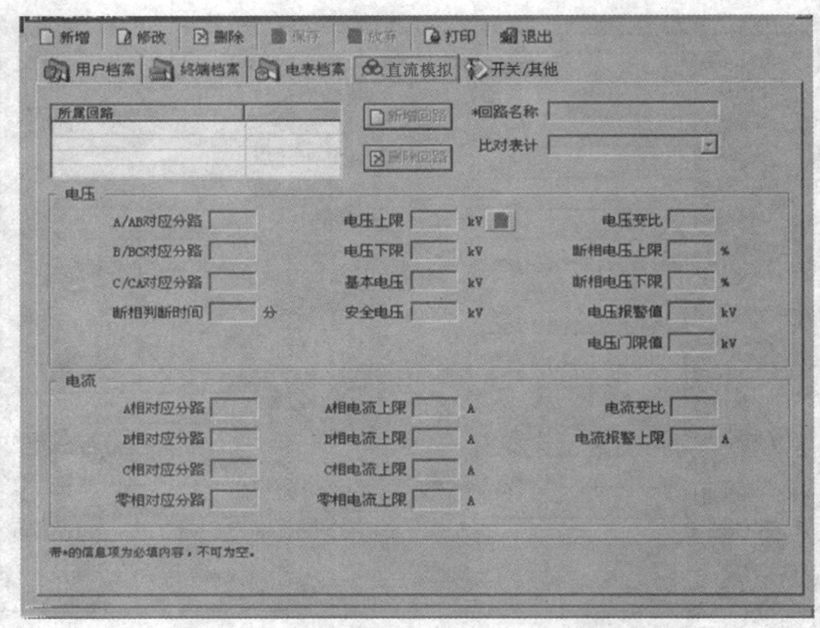

图 ZY2000403002-15 “直流模拟”选项卡

5.“开关/其他”选项卡

“开关/其他”选项卡如图 ZY2000403002-16 所示，在此界面内可以查看或修改终端的一些开关信息。

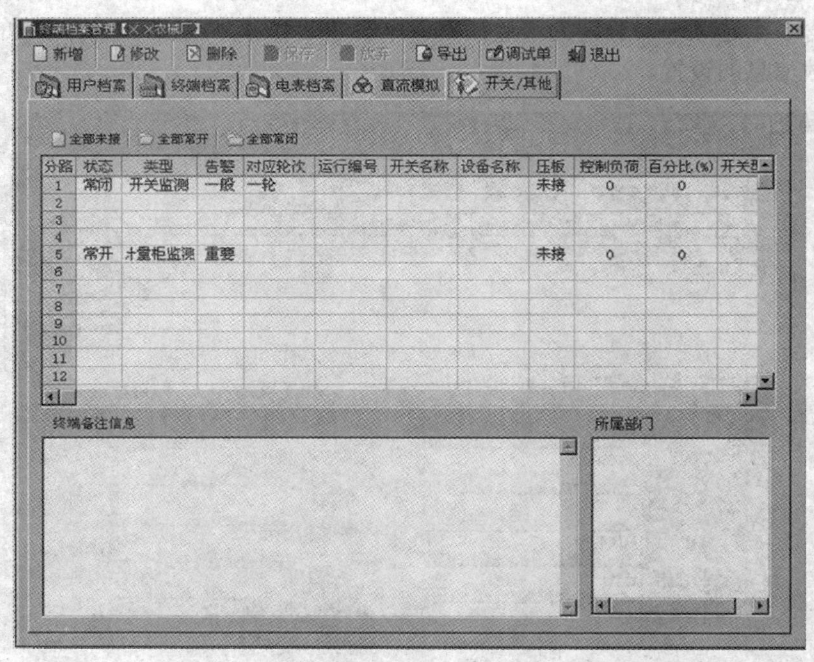

图 ZY2000403002-16 “开关/其他”选项卡

设置方法为：所有的状态、类型和对应轮次都可以在下拉列表中选择，其他的信息格可以直接输入。注意，此处的轮次一定要选择正确，档案中已经具备的轮次将在控制时可用，档案中不具备的轮次将不会在控制界面出现。

二、参数设置

在主界面上选择“参数设置”→“终端参数设置”菜单，打开如图 ZY2000403002-17 所示界面。

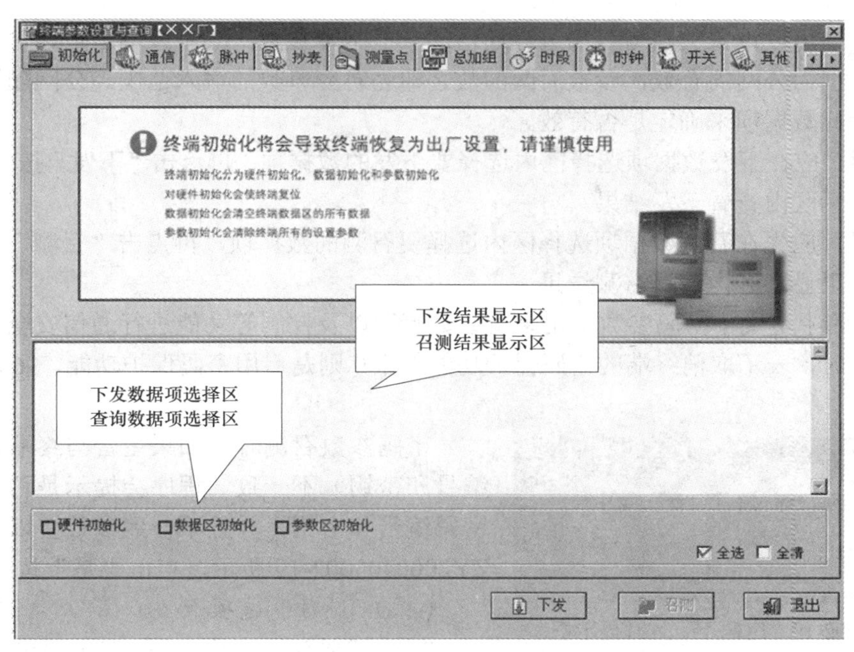

图 ZY2000403002-17 “终端参数设置与查询”界面

在此界面内，根据选择的终端不同，选项卡的个数也不同。选项卡分别为初始化、通信、脉冲、抄表、测量点、总加组、时段、时钟、开关、其他及信息参数。在此界面内，可对设置参数和召测参数进行设置。

（一）“初始化”选项卡

“初始化”选项卡界面如图 ZY2000403002-17 所示。终端初始化操作分为硬件初始化、数据区初始化和参数区初始化。硬件初始化功能将命令终端复位，其作用相当于终端重新上电；数据区初始化将清空终端数据区存储的数据，导致所有的历史数据和实时数据的丢失；参数区初始化将使终端内部的参数恢复位默认设置。

一般该功能仅在终端安装调试时使用，以清除终端内部原先保留的数据和参数。在终端正常运行时，非特殊需要请勿使用该功能，以防丢失参数和数据。

（二）“通信”选项卡

“通信”参数设置界面如图 ZY2000403002-18 所示。

图 ZY2000403002-18 “通信”选项卡

在此界面中，可以设置主站与终端进行通信的一些基本参数。其中终端上报通信参数和主台电话号码只对站点类型为公网的有效，参数后面的数字即为对应参数的输入范围。公网配置参数是根据规约类型是否包含此数据项来确定是否有效。

下发参数时，应在下发数据项选择区内选择要下发的数据项，再点击“下发”按钮。下发完成后，可在下发结果显示区内查看下发结果。

召测参数时，应先在召测数据项选择区内选择要召测的数据项，再点击“召测”按钮。召测完成后，可在召测结果显示区内查看召测结果。

04/05 版规约中定义了密码参数，用来对参数下发以及控制等功能进行通信安全保护。当选取密码算法编号为 0 时，表示取消终端的密码保护功能，非 0 则是启用密码保护功能。96 版规约不具备密码保护功能。

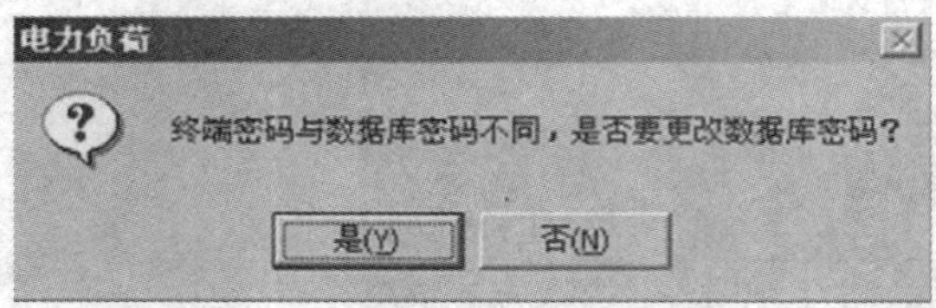

图 ZY2000403002-19 密码不一致时提示框

密码参数召测时，如果主台与终端密码（密码算法编号和密钥）不一致，程序会提示是否更新数据库中的密码编号和密钥，并且不一致参数会以红色显示，如图 ZY2000403002-19 所示，点击“是”按钮即可。

（三）“脉冲”选项卡

“脉冲”选项卡界面如图 ZY2000403002-20 所示。此界面用来对终端电表的脉冲参数进行设置和召测。对于 04/05 版规约终端而言，实际上是定义其脉冲类型的测量点；而对于 96 版规约终端而言，则是定义其脉冲分路属性。

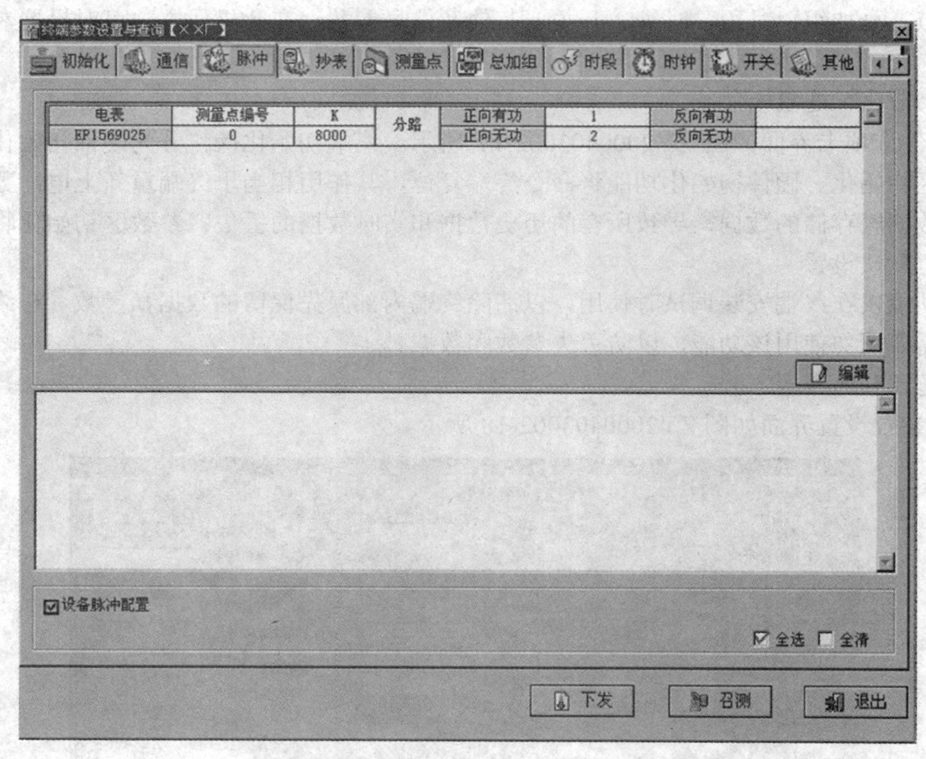

图 ZY2000403002-20 “脉冲”选项卡

一般来说，当建立了用户和终端档案后，则“脉冲”选项卡参数已经自动生成，如果需要修改，则点击“编辑”按钮，就会出现电表档案编辑界面，可以修改其对应的脉冲档案。

下发参数时应点击“下发”按钮，并且确定下发参数项选择区内至少有一项被选中（打勾）。在下发结果显示区可以查看下发结果。召测参数时应点击“召测”按钮，并且召测参数项选择区内至少有一项被选中（打勾）。在召测结果显示区可以查看召测结果。

（四）“抄表”选项卡

“抄表”选项卡界面如图 ZY2000403002-21 所示，在此界面内可以对抄表参数进行设定。对 04/05

版规约而言，主要是定义其电表类型测量点；对 96 版规约而言则主要是定义表号及表规约。另外，与电表相关的抄表时间及抄表间隔功能也集成于此。

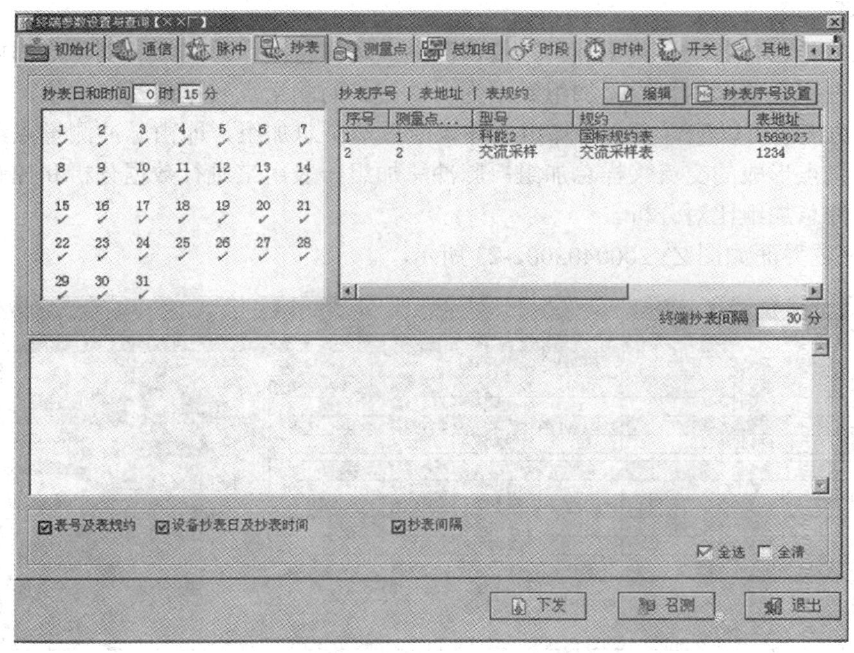

图 ZY2000403002-21　“抄表”选项卡

选择“编辑”按钮可以重新编辑电表档案，而“抄表序号设置”功能则可以调整终端抄表的顺序。

在所有的参数都设置好后，点击“下发”按钮，将参数下发。

（五）“测量点”选项卡

“测量点”选项卡界面如图 ZY2000403002-22 所示，在此界面中，设置、召测各个测量点的基本配置参数、限值参数、冻结参数和功率因数限值参数。

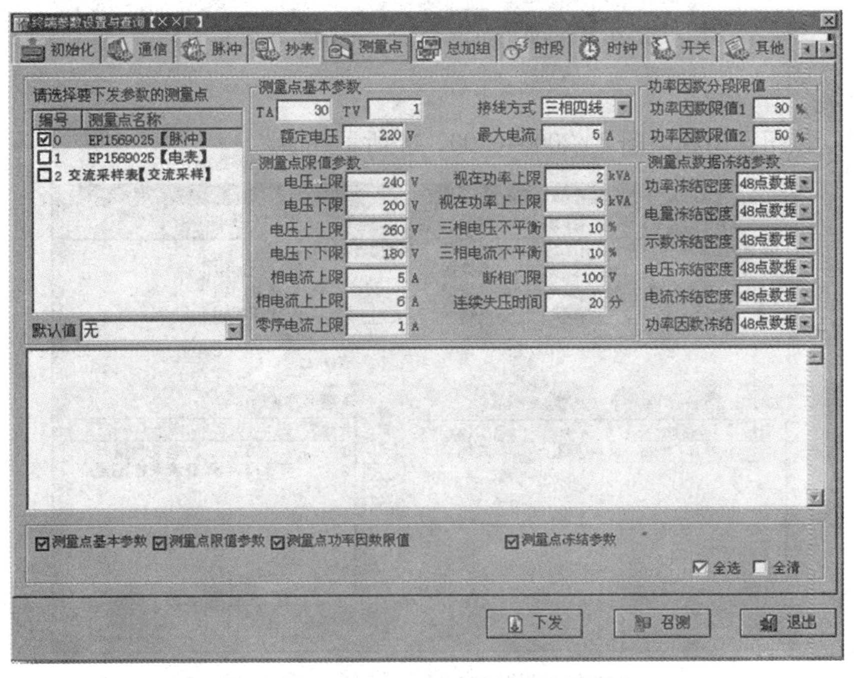

图 ZY2000403002-22　“测量点”选项卡

先选择需要的测量点，接下来的下发和召测操作和其他参数相同。

（六）“总加组”选项卡

总加组是在 04/05 版规约中定义的概念，指相关的各测量点的某一同类电气量值按设置的加或减运算关系计算得到的数值。

一个总加组总是包含若干个测量点，其值由测量点运算得到。总加组和测量点都可以得到独立的电气测量值，不过其重要区别是：总加组数据为一次值，而测量点数据都是二次值。

04/05 版规约终端可以配置多个总加组，建议配置两个总加组，即由脉冲测量点组成的脉冲总加组和交流采样测量点形成的交流采样总加组。脉冲总加组一般用来进行数据分析和控制，而交流采样总加组用于和脉冲总加组比对分析。

“总加组”配置界面如图 ZY2000403002-23 所示。

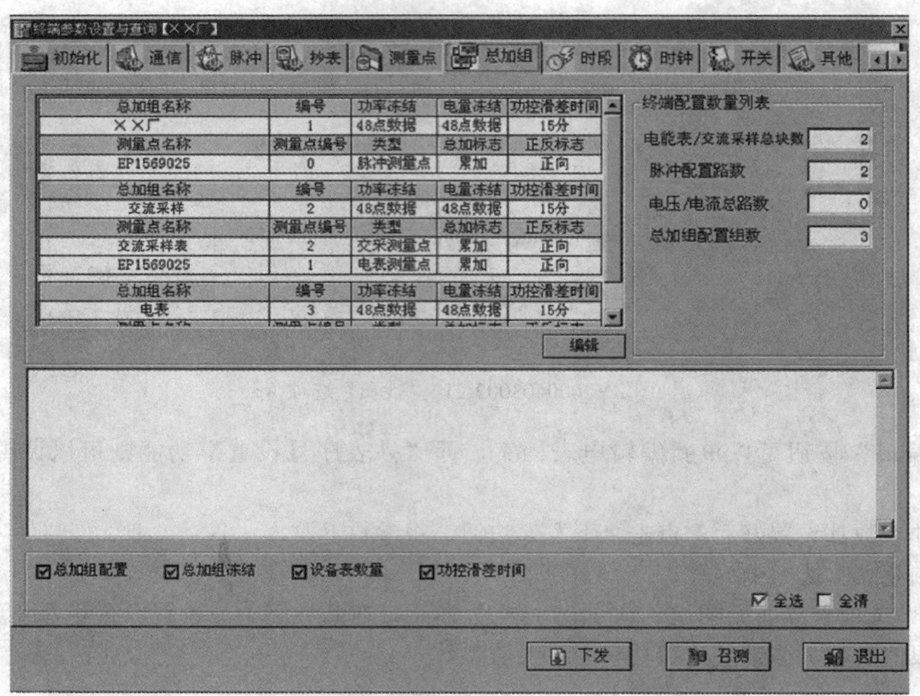

图 ZY2000403002-23 “总加组”选项卡

1. 增加总加组

点击“编辑”按钮，出现如图 ZY2000403002-24 所示界面。

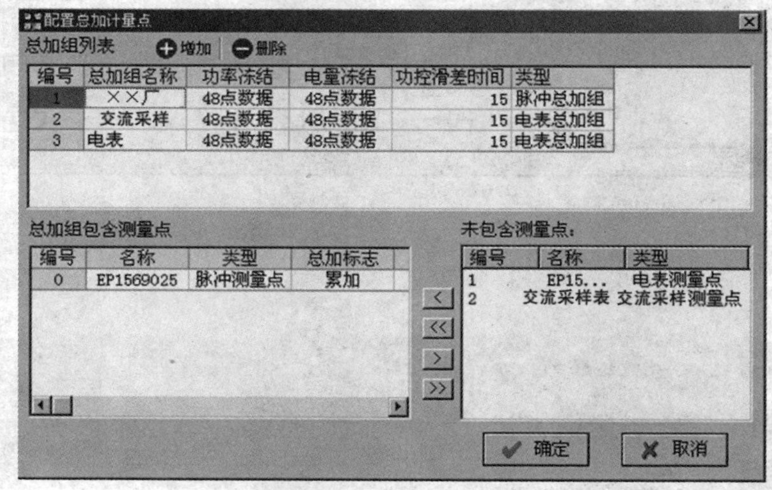

图 ZY2000403002-24 增加总加组（一）

点击“增加”按钮可以增加一个总加组，界面如图 ZY2000403002-25 所示。

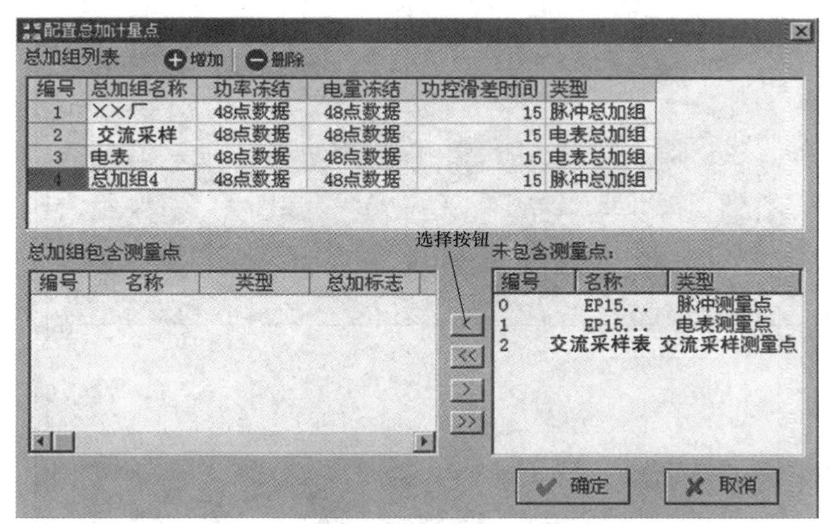

图 ZY2000403002-25 增加总加组（二）

从“未包含测量点”中选择需要添加到总加组的测量点，然后点击选择按钮将其添加至总加组中。点击“确定”按钮后返回总加组界面，进行参数的下发。如果要召测终端中的总加组配置参数，则可选择数据项，点击“召测”按钮即可。

2. 修改总加组

点击“编辑”按钮，出现如图 ZY2000403002-26 所示界面。在总加组列表中选择需要修改的总加组，即可以修改信息，修改后点击“确定”按钮。

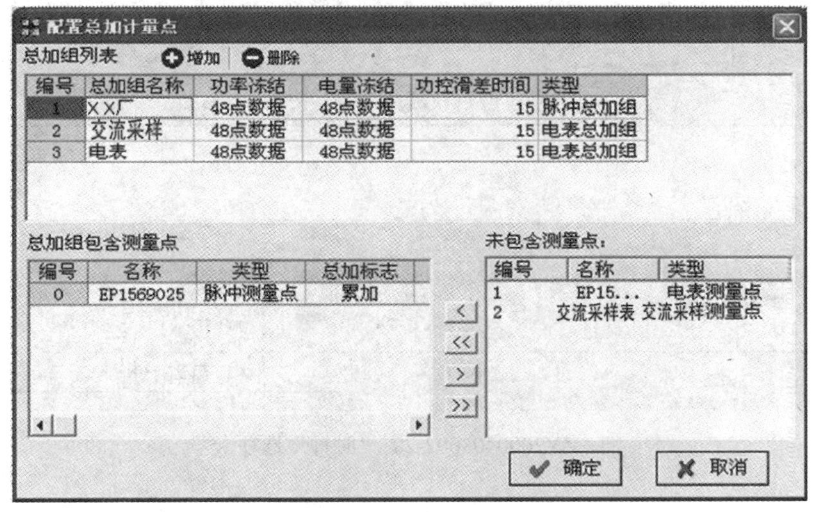

图 ZY2000403002-26 修改总加组

3. 删除总加组

在图 ZY2000403002-26 所示界面上，在总加组列表中选择需要删除的总加组，然后点击“确定”按钮。

4.“时段参数”选项卡

在此界面中，可设置、查询终端的功控时段和费率时段。如图 ZY2000403002-27 所示，先输入好功率时段和电量时段，接下来的下发和召测操作和其他参数相同。

5.“时钟”选项卡

“时钟”选项卡用来对选定的终端进行对时和召测终端时钟，其界面如图 ZY2000403002-28 所示。

召测时钟可点击“召测”按钮，并且应确定召测信息项选择区内至少有一个选项被选择（打勾）。在召测结果显示区内可查看召测结果。

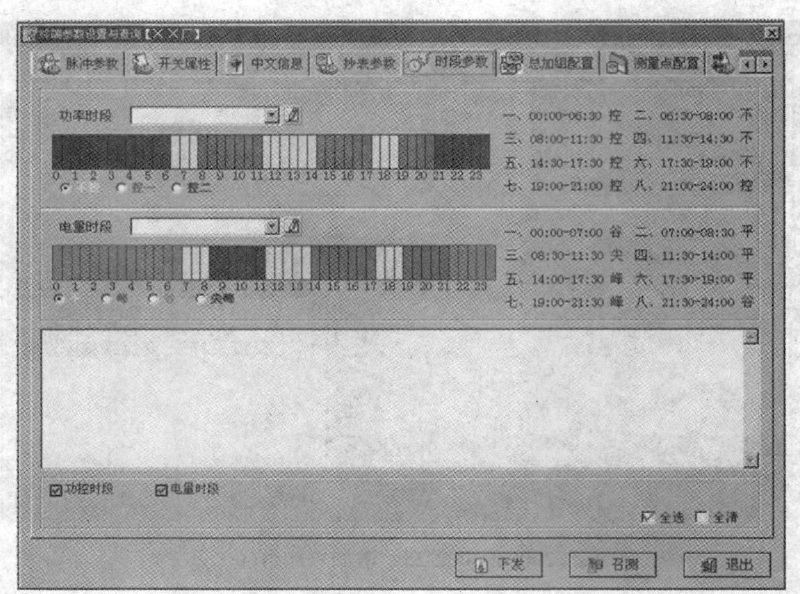

图 ZY2000403002-27 “时段参数”选项卡

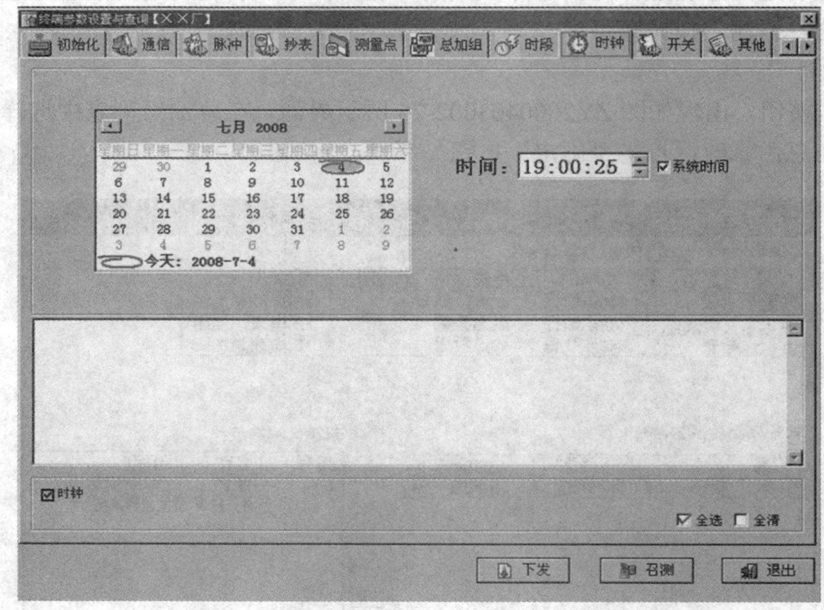

图 ZY2000403002-28 “时钟”选项卡

6.“开关”选项卡

“开关”选项卡用来设定遥信触点类型以及和开关对应关系，其中遥信触点的类型正确与否直接关系到召测到的开关状态，其界面如图 ZY2000403002-29 所示。

在开关属性参数设置、显示区内可直接设置开关属性参数。方法为：点击对应信息格，输入参数即可。其中，状态、类型、告警标志、对应轮次、主计量点和旁路计量是可以通过下拉列表选择，其他的都为直接输入。

下发操作可点击“下发”按钮，并且应确定下发信息项选择区内至少有一项被选中（打勾）。在下发结果显示区内可查看下发结果。

召测可点击“召测”按钮，并且应确定召测信息项选择区内至少有一项被选中（打勾）。在召测结果显示区内可查看召测结果。

7.“其他”选项卡

“其他”选项卡界面如图 ZY2000403002-30 所示。

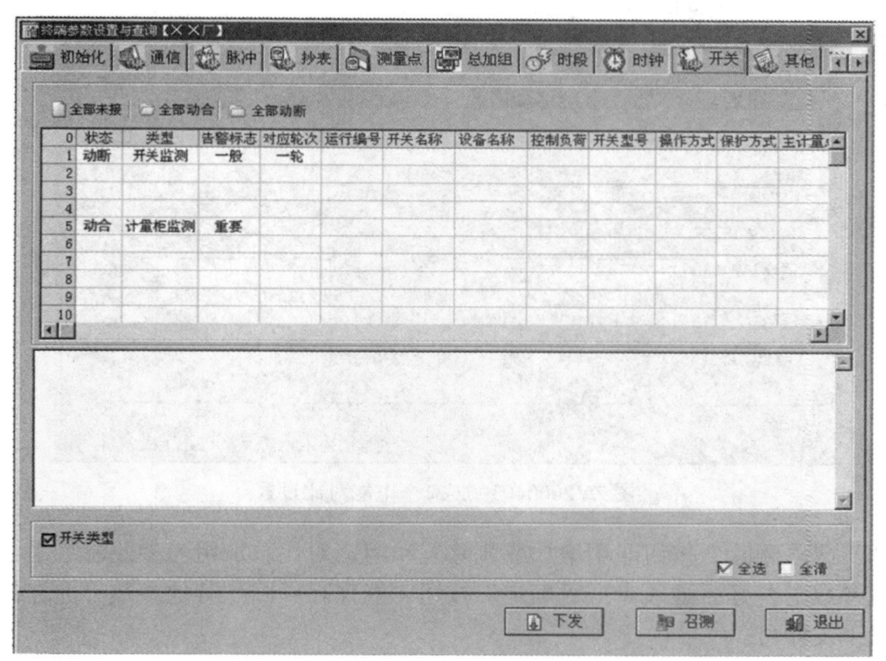

图 ZY2000403002-29 “开关”选项卡

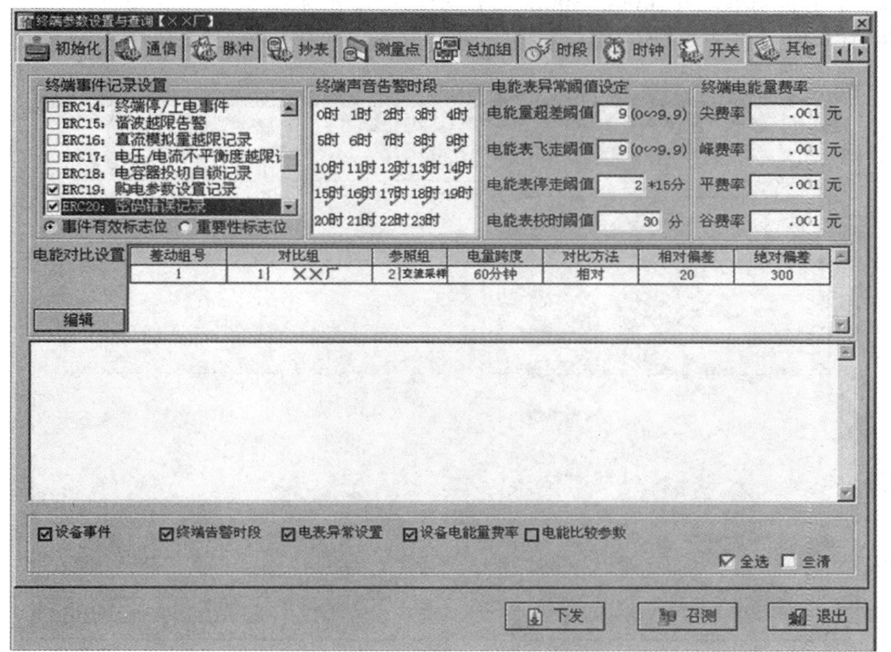

图 ZY2000403002-30 “其他”选项卡

终端事件记录设置：04/05 版规约定义了 31 种具体的事件类型，分为一般事件和重要事件。选择事件有效标志位选项，可以选择所有需要终端记录的事件类型，然后再选择重要性标志位，则可从有效事件集合中再定义重要事件类型。那些有效但非重要的事件就是一般事件。

终端声音告警时段：此处设定终端在选定的时段可以发生告警声音，其他时段则不告警。

终端点能量费率：此参数与购电控有关，04/05 版规约中定义费率全为 0.001 时，终端购电模式为购电量模式，其他则为购电费模式。鉴于电费计算的复杂性，很难做到真正的精确购电费，建议采用购电量模式，并在每月电费结算后进行购电结算以多退少补、纠正剩余电量误差。

电能比较参数：04/05 版规约允许终端设置多个总加组，并可将之进行自动比对，一旦发现比对异常则产生差动越限事件。点击“编辑”按钮可以配置电能对比参数，如图 ZY2000403002-31 所示。

电能量差动越限参数

编号	对比组	参照组	对比电量	对比方法	相对偏差
1	1 ××厂	2 交流采样	60分钟	相对	20

增加 删除

常规

对比总加组 1|××厂 对比方法 相对

参照总加组 2|交流采样 相对偏差 20

电量跨度 60分钟 绝对偏差 300

确定 取消

图 ZY2000403002-31 电能对比设置

点击“增加”或“删除”按钮即可增加或删除差动组，对比总加组与参照总加组不能是同一个总加组，差动越限参数配置好后必须点击“确定”按钮才能保存。回到其他参数界面选择需要操作的数据项执行召测或下发即可。

8.“信息”选项卡

“信息”选项卡界面如图 ZY2000403002-32 所示，可以用来编辑、下发终端短信息。在此界面内，可以对终端下发中文信息。点击“编辑”按钮，可以编辑新的中文信息。

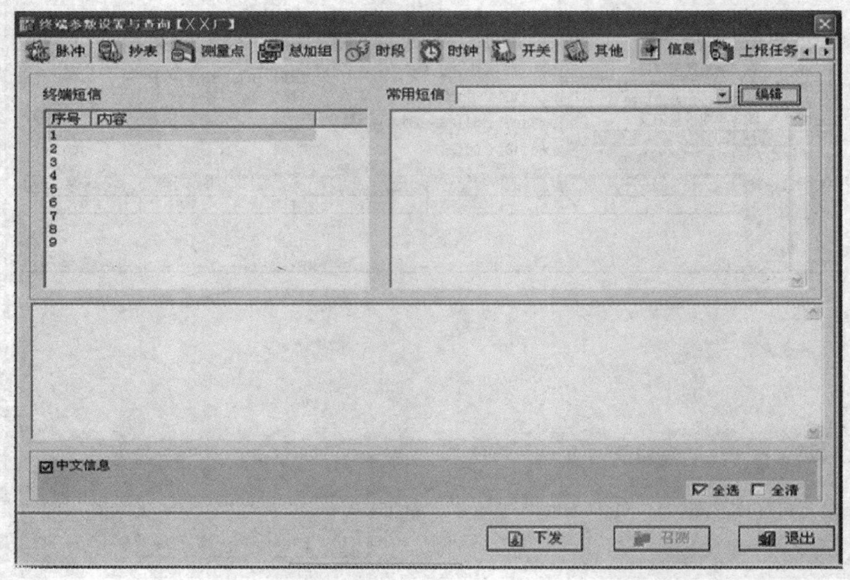

图 ZY2000403002-32 “信息”选项卡

三、归档

主站与终端联调成功后，对调试记录进行归档，将终端状态改为运行。

【思考与练习】

1. 建立终端档案，在主站配置终端档案、终端参数、测量点参数、功率参数、电量参数、控制参数等。

2. 模拟终端调试过程，进行终端参数的设置与下发操作。

模块 3 数据采集任务设置和维护（ZY2000403003）

【模块描述】本模块包含用电信息采集与监控系统主站数据采集任务配置和维护的内容。通过概念描述和步骤讲解，熟悉数据采集任务的分类，掌握数据采集和数据补测的设置方法。

【正文】

一、数据采集任务分类

根据采集发起方式的不同，数据采集任务可以分成三类：随机召测、定时巡测和主动上报。

（1）随机召测：随机召测是指从随机选择的终端直接查询随机选择的数据项对应的数据。随机召测用于操作人员从随机选择终端直接查询实时数据和历史数据，同时也可随机选择数据项查询自己关心的数据。

（2）定时巡测任务：定时巡测任务是指主台程序按照预设的周期性、规律性的任务执行方案周期性地定时从批量终端直接采集数据。定时巡测任务用于创建周期性、规律性的定时数据采集执行方案。

（3）主动上报任务：主动上报任务是指终端按照预设的周期性、规律性的任务执行方案周期性地定时把数据直接发送给主站。主动上报任务用于创建周期性、规律性的不需要主台请求的定时数据采集执行方案。

二、数据采集任务设置

（一）随机召测操作

在主界面上选择“数据查询”→“数据查询召测”菜单，出现如图 ZY2000403003-1 所示界面。

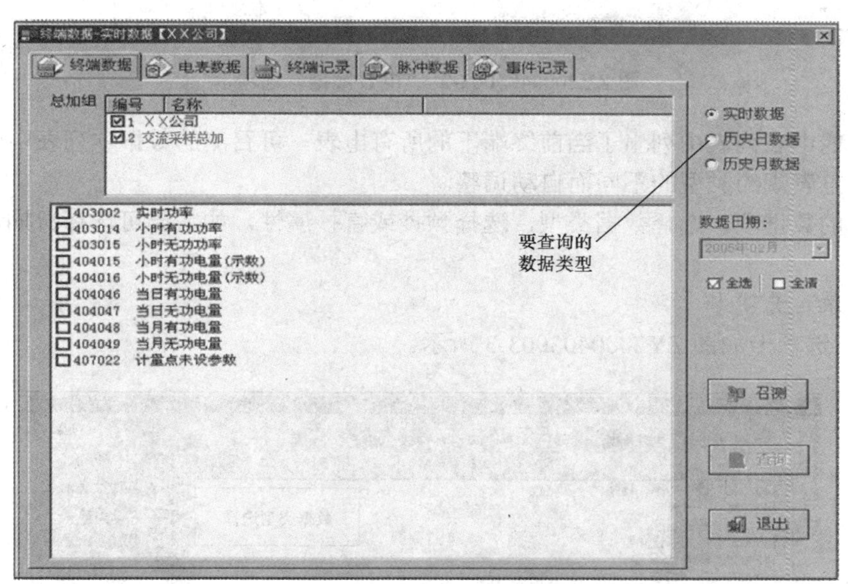

图 ZY2000403003-1　终端数据查询

在此界面内有 5 个选项卡，分别为终端数据、电表数据、终端记录、脉冲数据和事件记录。

其中，终端数据包含隶属于总加组的数据项目，电表数据包含隶属于电表型测量点的数据项目，终端记录包含隶属于终端的事件类型数据项目，脉冲数据包含隶属于脉冲型测量点的数据项目，事件记录则为 04/05 版特有的事件记录。

各个选项卡的操作方式类似，具体操作步骤如下：

1.“终端数据”选项卡

“终端数据”选项卡界面见图 ZY2000403003-1。

在终端可召测的数据项列表中，列出了当前终端（主界面上终端列表中选定的终端）所支持的所有可召测的数据项。当选择的终端类型不同时，可召测的数据项也会不同。

在要召测的数据类型中选择将要召测的数据的类型。选择不同的数据类型，终端可召测的数据项列表中的内容也不同。

选择要召测的总加组、数据项、数据类型，需要时还可选择日期，点击“召测”按钮即可。

2. “电表数据”选项卡

“电表数据”选项卡界面如图 ZY2000403003-2 所示。

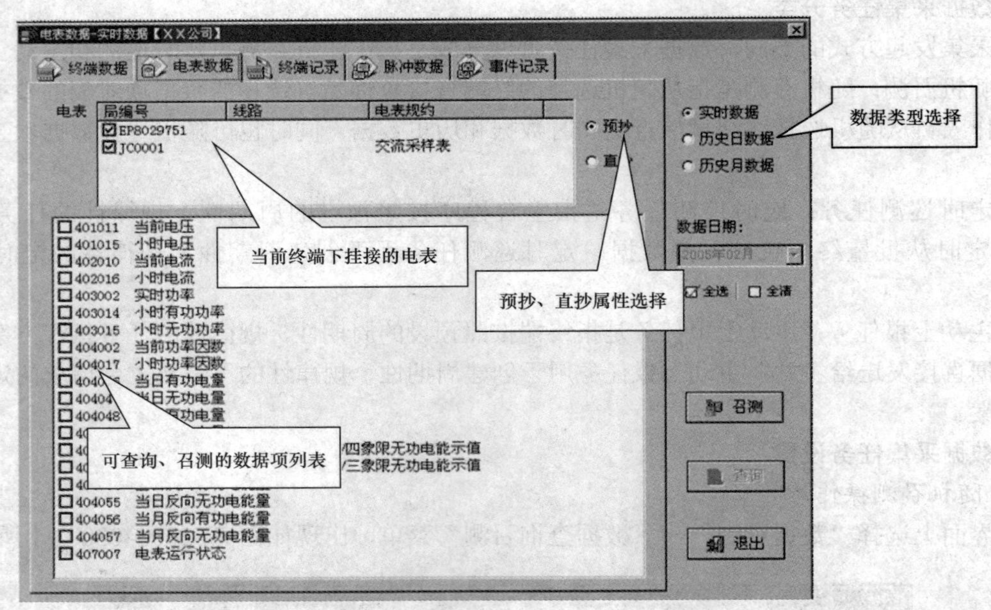

图 ZY2000403003-2 “电表数据”选项卡

当前终端下的电表列表中列出了当前终端下的所有电表。可召测的数据项列表中的项目会根据当前终端型号以及电表规约类型的不同而自动调整。

选择要召测的数据项，选择数据类型，选择预抄或直抄属性，如需要可选择日期，点击“召测”按钮即可。

3. “终端记录”选项卡

“终端记录”选项卡如图 ZY2000403003-3 所示。

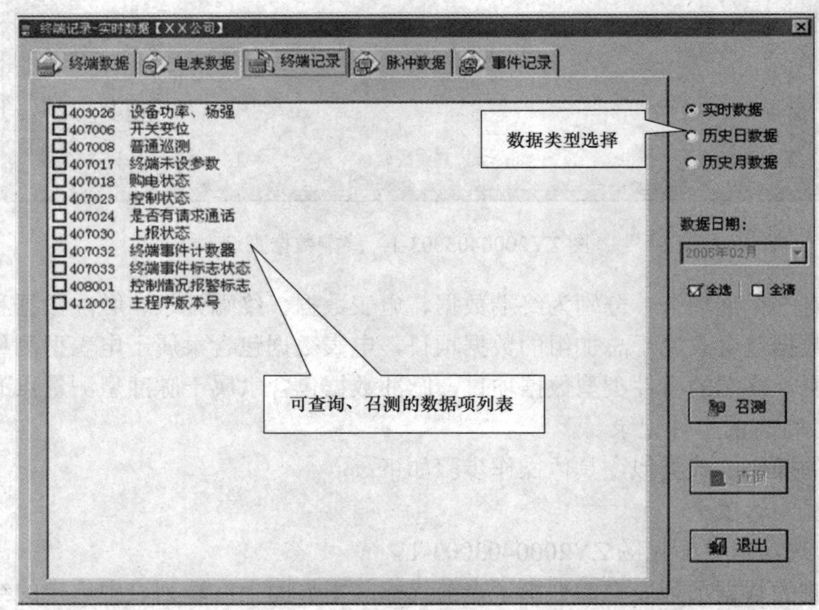

图 ZY2000403003-3 “终端记录”选项卡

4. “脉冲数据”选项卡

“脉冲数据”选项卡如图 ZY2000403003-4 所示。

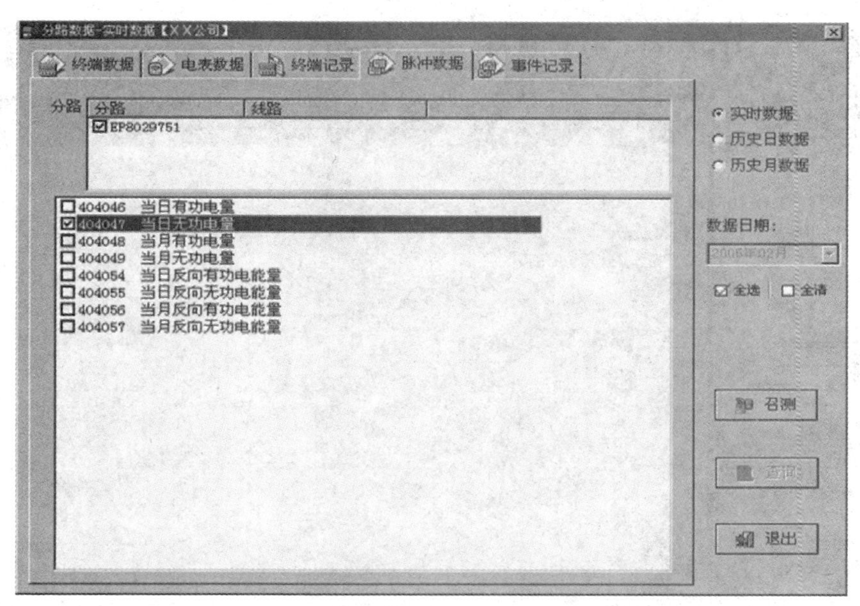

图 ZY2000403003-4 “脉冲数据”选项卡

5.“事件记录”选项卡

“事件记录”选项卡如图 ZY2000403003-5 所示，进行事件召测前，应先召测事件计数器，然后选择需要召测的事件类型，点击“召测”按钮召测事件。

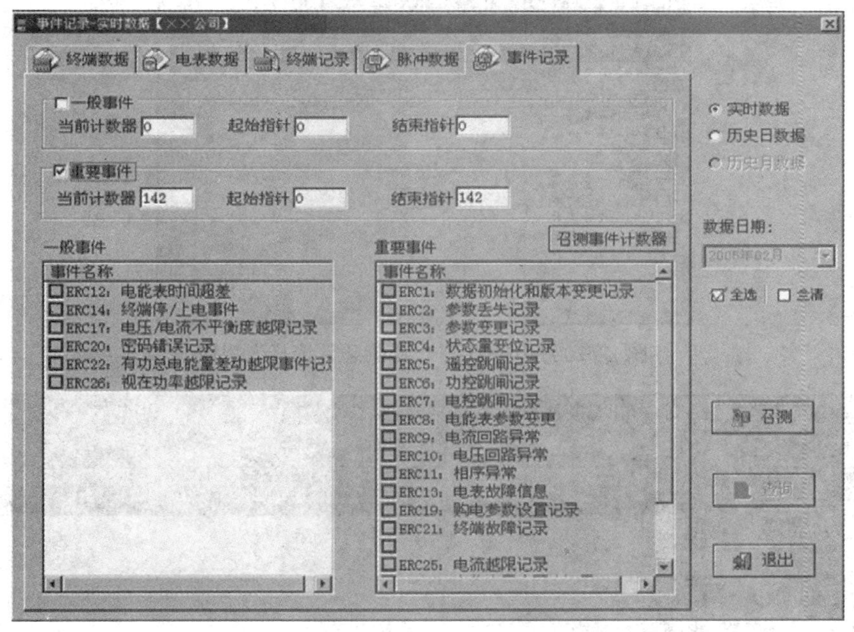

图 ZY2000403003-5 “事件记录”选项卡

（二）定时巡测任务

定时巡测任务包括自定义数据巡测、整点巡测、日数据巡测、月数据巡测等任务。这些任务创建好后，按照周期到达定时时间由自动任务程序自动执行。

1. 自定义数据巡测

在主界面上选择“数据查询”→“自定义实时数据巡测”菜单，出现如图 ZY2000403003-6 所示“用电信息采集与监控系统”界面。

点击“条件选择”按钮，出现如图 ZY2000403003-7 所示界面。在“选择数据类型”中选择要巡测的数据类型，在“数据项”列表中选择选测数据项，点击“确定”按钮，自定义巡测界面如图 ZY2000403003-8 所示。

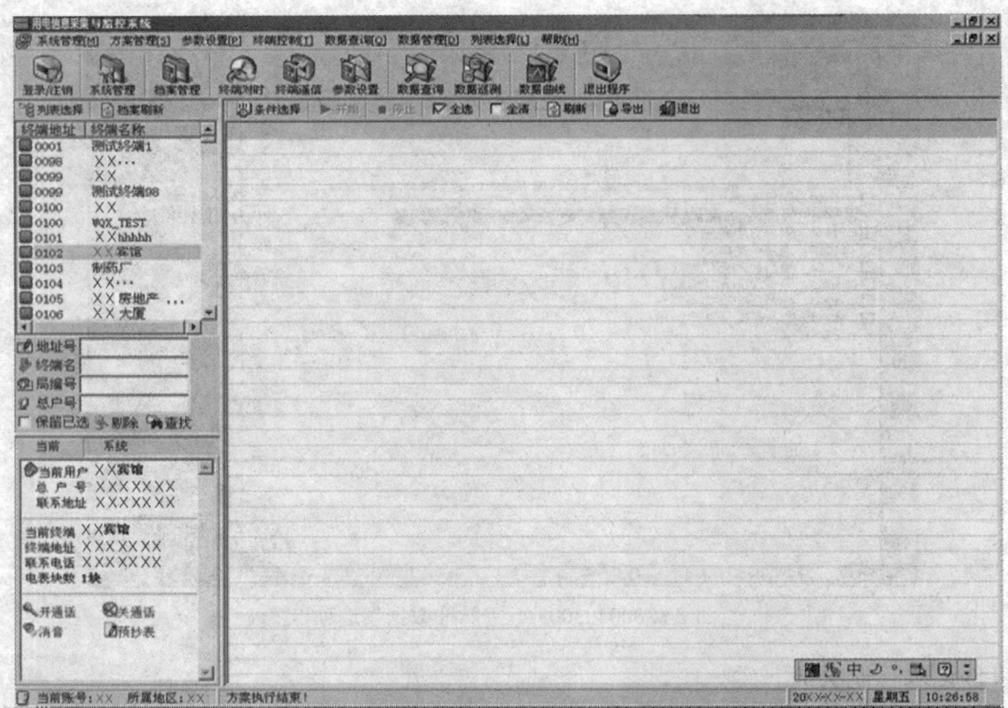

图 ZY2000403003-6 “用电信息采集与监控系统”界面

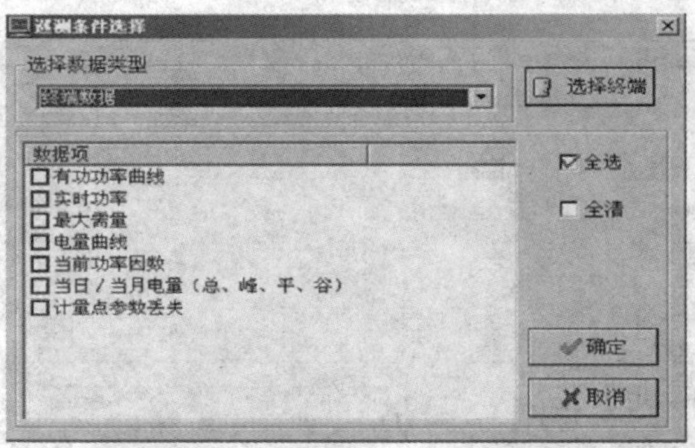

图 ZY2000403003-7 “遥测条件选择”界面

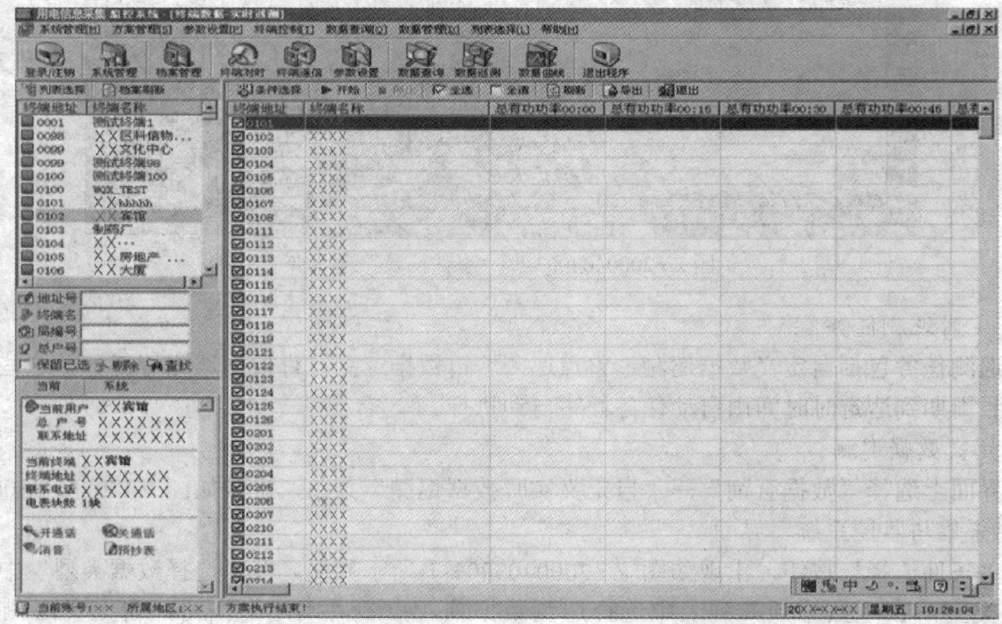

图 ZY2000403003-8 自定义巡测

点击列表中的复选框，选中（打勾）表示将对此终端进行数据巡测，未选中（不打勾）表示不对此终端进行数据巡测。点击“开始”按钮，开始巡测。巡测完成后，在此界面内可查看巡测结果。

2. 整点巡测

在主界面上选择“系统管理”→“配置自动任务管理”菜单，出现如图 ZY2000403003-9 所示界面。

在此界面内可以新建、修改和删除整点巡测。

点击“新建”按钮可以创建整点巡测任务，出现如图 ZY2000403003-10 所示界面。

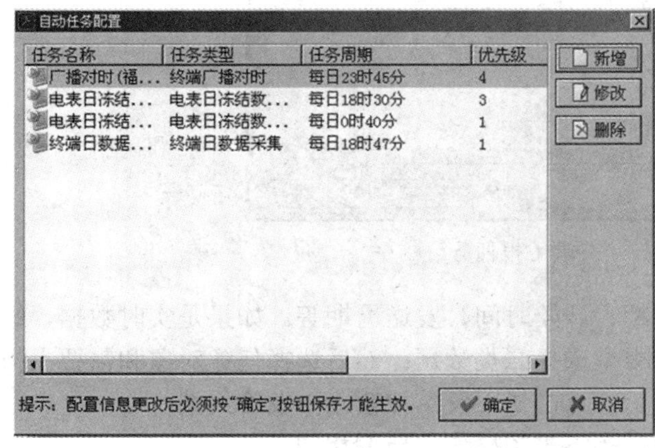

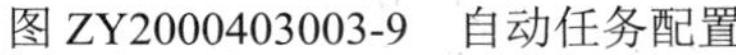
图 ZY2000403003-9 自动任务配置

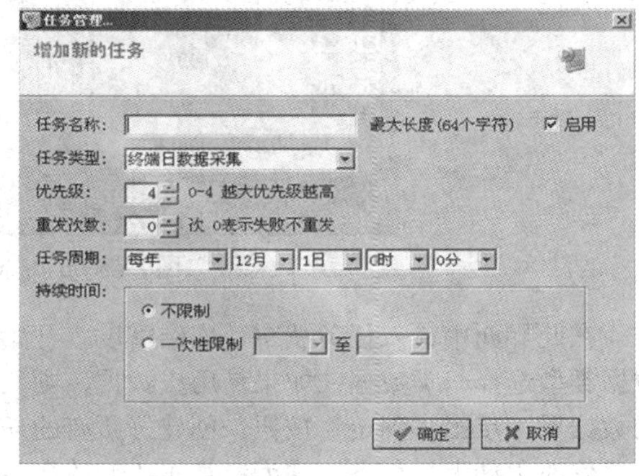

图 ZY2000403003-10 创建整点巡测任务

在“任务名称”中输入任务名称，在“任务类型”中选择任务类型，任务周期选择为每小时，输入任务执行时间。如果有必要，还可以输入此任务有效期。任务优先级应酌情定夺。在新建任务时，启用标志默认为启用，只有在修改任务时才可以更改。

所有任务参数都输入完成后，点击“确定”按钮退回上一界面。再点击“新建”按钮，开始下一个任务的创建。

3. 日数据巡测

日数据巡测与整点巡测的任务配置界面和过程相同，只是日数据巡测任务执行周期需要选择每日，其他完全相同。

4. 月数据巡测

月数据巡测与整点巡测的任务配置界面和过程相同，只是月数据巡测任务执行周期需要选择每月，其他完全相同。

（三）主动上报任务

主动上报任务是只对公网通信方式的终端设置实时数据（一类数据）、历史数据（二类数据）、事件记录等主动上报任务的配置。

1. 实时数据、历史数据主动上报配置

在主界面上选择“参数设置”→“终端参数设置”菜单，再选择“上报任务”选项卡，出现如图 ZY2000403003-11 所示界面。

在此界面内可以新建、修改、删除和查看、主动上报任务。

点击“新增”按钮可以创建主动上报任务，出现如图 ZY2000403003-12 所示界面。

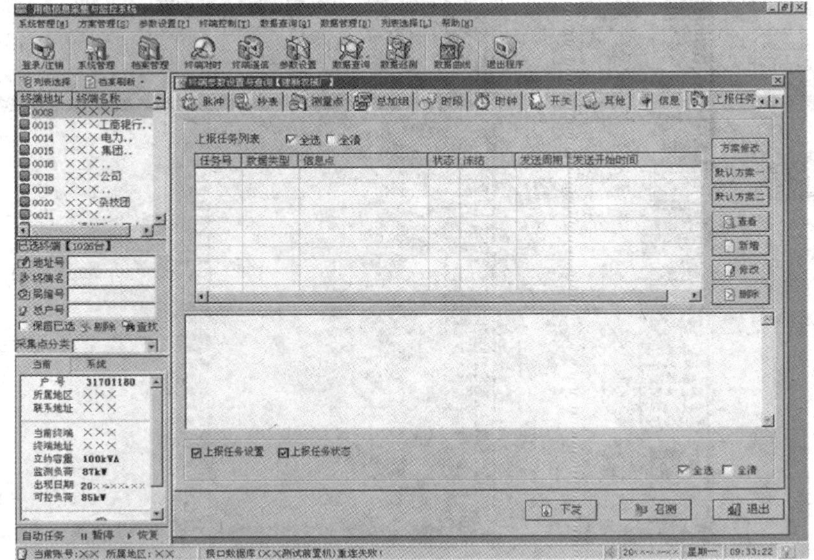

图 ZY2000403003-11 “上报任务”选项卡

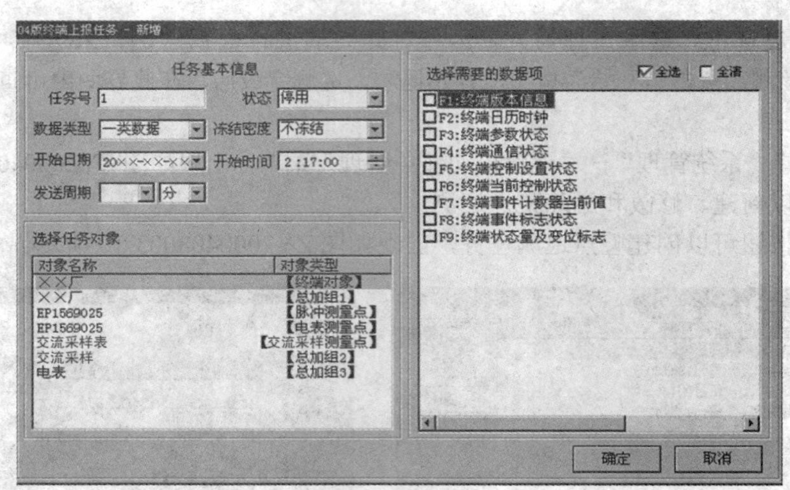

图 ZY2000403003-12 终端上报任务

在此界面中输入任务状态、冻结密度、开始日期、开始时间、发送周期等。如果是实时数据，则数据类型选择一类数据；如果是历史数据，则数据类型选择二类数据；然后选择任务对象和需要上报的数据项，点击“确定”按钮。创建好所有的任务后，点击“下发”按钮，下发给终端。

修改主动上报任务方法为：点击“修改”按钮，接下来的操作与新增相同。

删除主动上报任务方法为：先在任务列表中选择需要删除的任务，然后点击“删除”按钮即可。

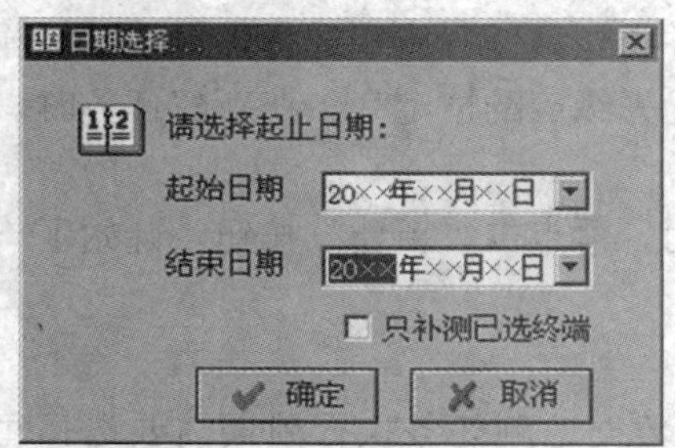

图 ZY2000403003-13 日期选择

2. 事件记录主动上报

将终端设置参数为允许上报后，定义为重要类型的事件在信道允许的情况下将自动上报。

三、数据补测

（一）手动数据补测

1. 日数据补测

在主界面上选择“数据管理”→“日数据补测”菜单，出现如图 ZY2000403003-13 所示界面。在界面内输入需要补测的日期范围，点击“确定”按钮，出现如图 ZY2000403003-14 所示界面。

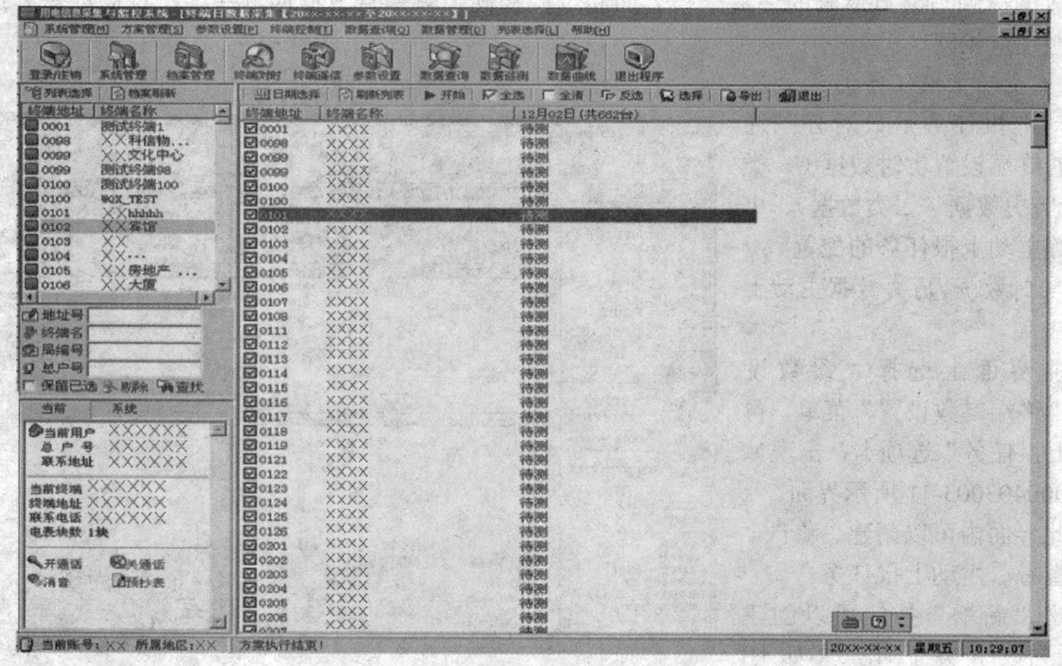

图 ZY2000403003-14 终端日数据补测

点击列表中的复选框，选中（打勾）表示将对此终端进行日数据补测，未选中（不打勾）表示不对此终端进行日数据补测。点击日期选择按钮，可以重新选择日数据补测的日期范围。点击“开始”按钮，开始数据补测。补测完成后，在此界面内可查看补测结果（成功或失败）。

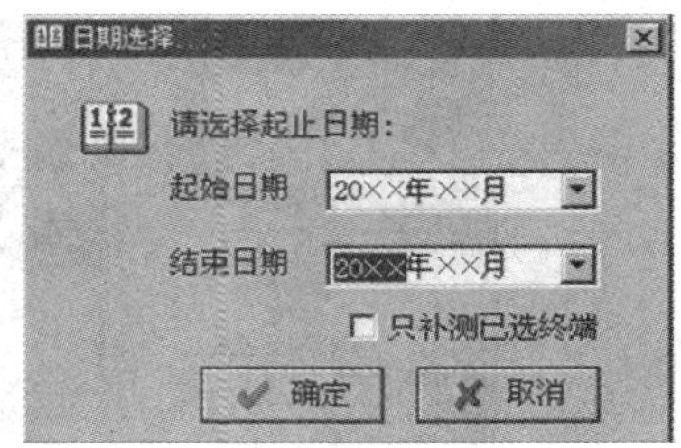

图 ZY2000403003-15　日期选择

2. 月数据补测

在主界面上选择“数据管理”→“月数据补测”菜单，出现如图 ZY2000403003-15 所示界面。在此界面内选择要进行数据补测的月份，点击“确定“按钮，出现如图 ZY2000403003-16 所示界面。

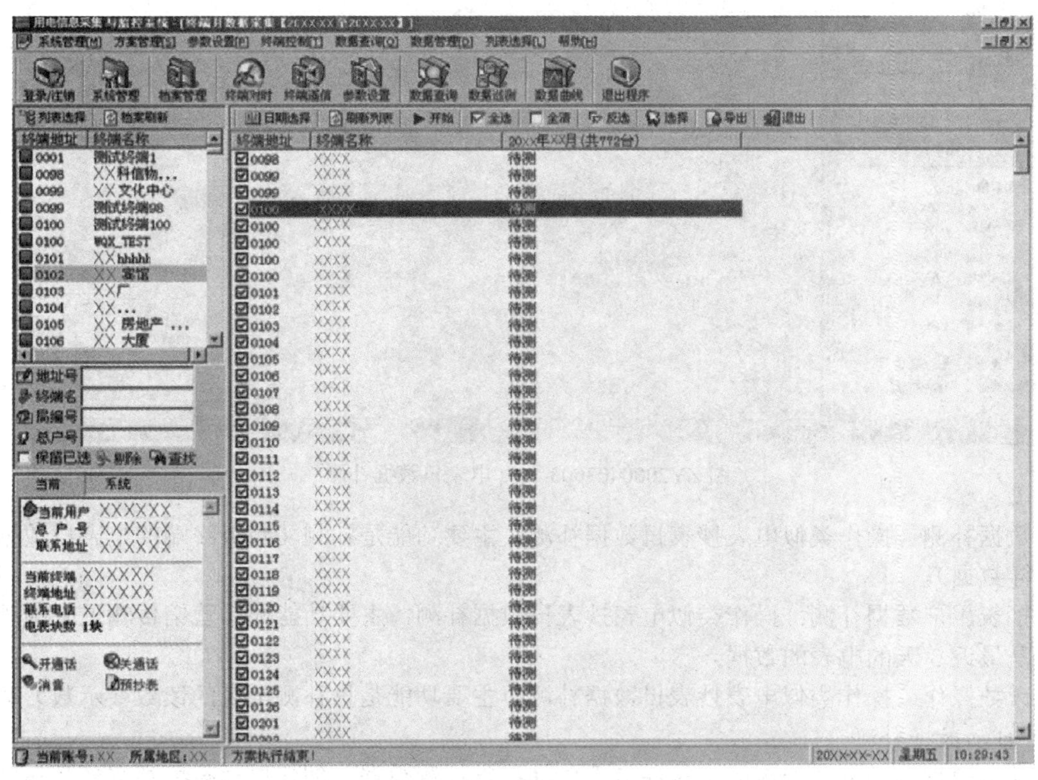

图 ZY2000403003-16　终端月数据补测

点击列表内的复选框，选中（打勾）表示将对此终端进行月数据补测，未选中（不打勾）表示不对此终端进行月数据补测。点击“日期选择”按钮，可以重新选择进行月数据补测的日期范围。点击“开始”按钮，开始补测。补测完成后，在此界面内可以查看补测结果（成功或失败等）。

3. 电表数据补测

在主界面上选择“数据管理”→“电表数据补测”→“电表抄表日数据补测”菜单，出现如图 ZY2000403003-17 所示界面。在此界面内可以选择电表数据补测的日期范围，点击“确定”按钮，出现如图 ZY2000403003-18 所示界面。

点击列表中的复选框，选中（打勾）表示将对此电表进行数据补测，未选中（不打勾）表示不对此电表进行数据补测。点击“日期选择”按钮，可以重新选择电表数据补测的日期范围。点击“开始”按钮，开始进行数据补测。补测完成后，在此界面内可查看数据补测结果（成功或失败等）。

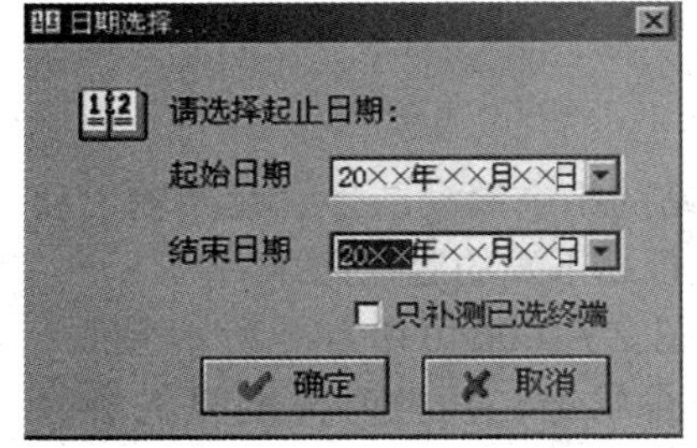

图 ZY2000403003-17　日期选择

该补测主要是对 96 版终端的电表数据和 04 版抄表日数据项进行补测。

电表日冻结数据补测：操作类似电表抄表日数据补测，主要功能是补测 04 版终端的电表日数据（包含交流采样数据）。

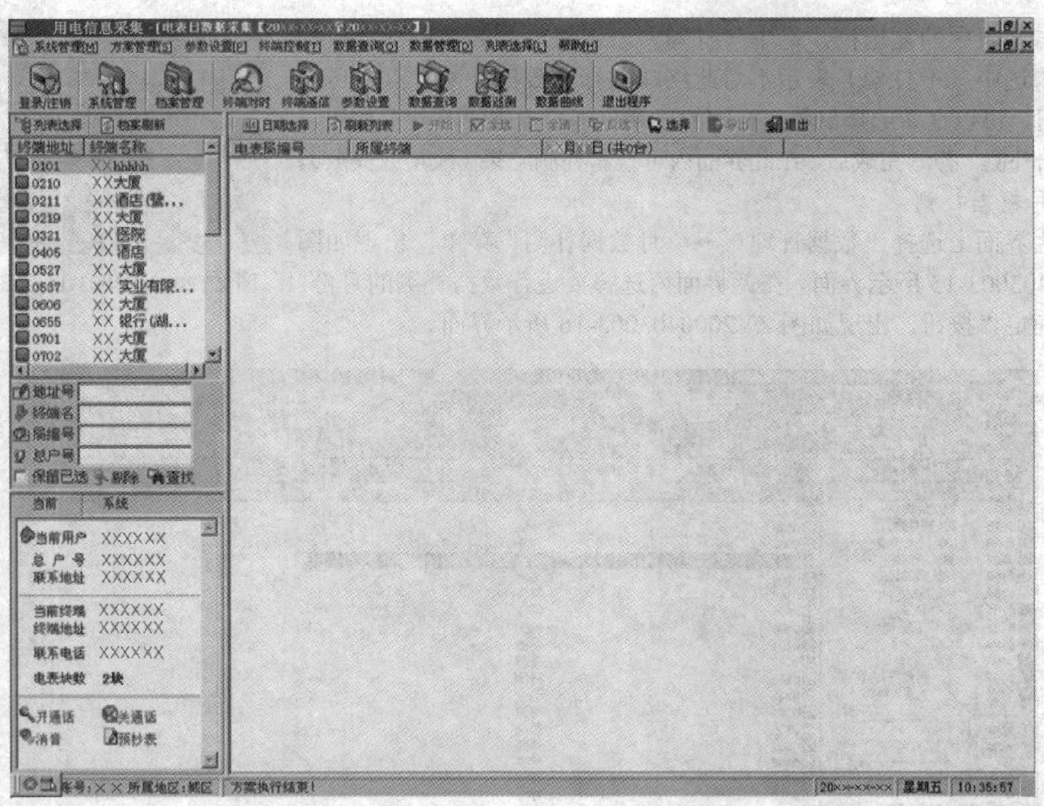

图 ZY2000403003-18 电表日数据补测

电表数据补测：操作类似电表抄表日数据补测，主要功能是补测 04 版终端的电表日数据（不包含交流采样数据）。

远程抄表用户数据补测：操作类似电表抄表日数据补测，主要功能根据营销传输过来的抄表日补测抄表日是最近 3 天的电表的数据。

电表读数操作：操作类似电表抄表日数据补测，主要功能是只补测电表的读数（示数）数据。

（二）自动数据补测

自动补测数据就是创建相应的定时任务去自动执行补测数据。创建自动数据补测任务与定时任务相同，参照定时任务部分。

【思考与练习】

1. 说明数据采集任务的分类与区别。
2. 进行各种数据采集任务的配置操作。

模块 4 限电控制（ZY2000403004）

【模块描述】本模块包含用电信息采集与监控系统限电控制的内容。通过概念描述和步骤讲解，掌握遥控、功控、电控的概念和操作流程，掌握编制和执行限电方案的方法。

【正文】

一、控制操作

（一）遥控

遥控是指远程直接控制终端开关的控制方式，终端能够根据主站的指令启动或停止跳闸输出动作，即分闸或允许合闸。在遥控告警期间可通过撤销遥控命令撤销主台站下发的遥控命令。

在主界面上选择“终端控制”→“终端遥控”菜单，出现如图 ZY2000403004-1 所示界面。在此界面中，可以下发或召测终端的各项控制参数，如开关的分合状态、功控时段的投入解除等。

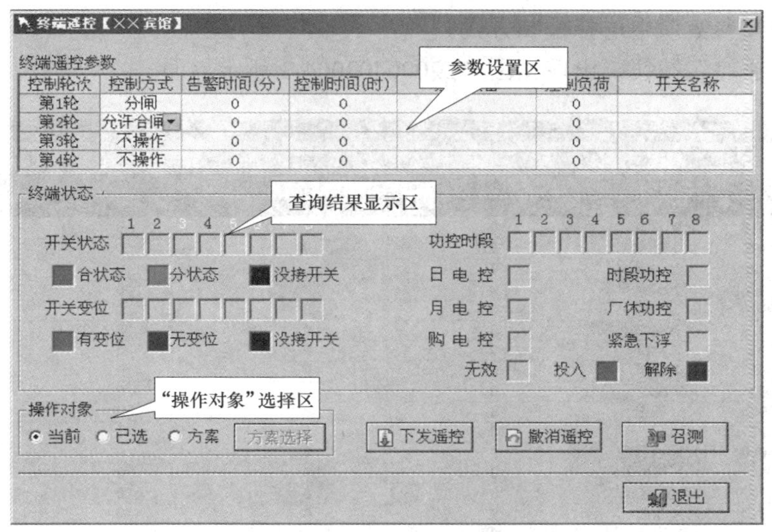

图 ZY2000403004-1 “终端遥控”界面

“用电信息采集与监控系统”界面如图 ZY2000403004-2 所示。

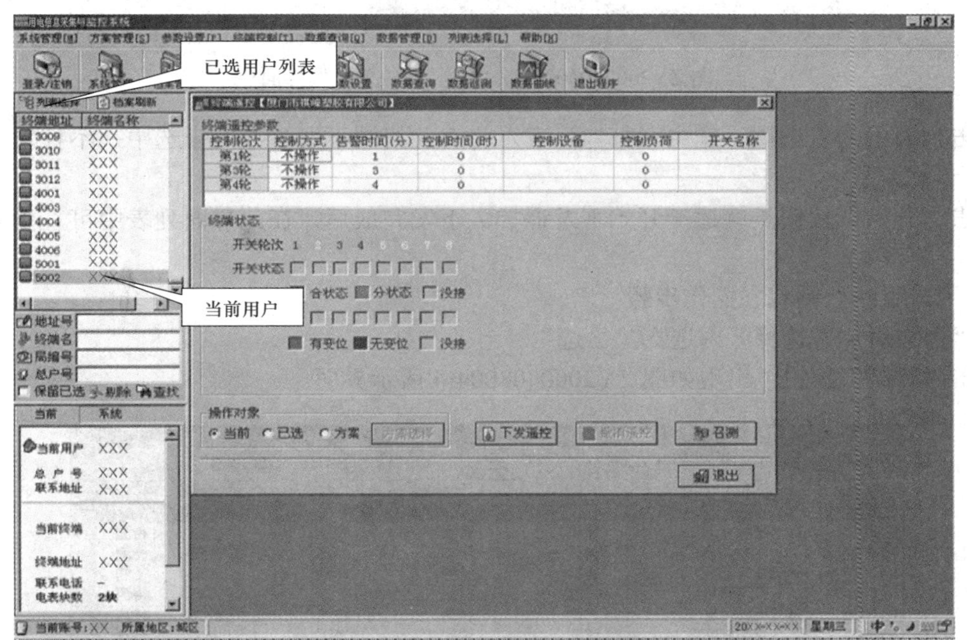

图 ZY2000403004-2 “用电信息采集与监控系统”界面

1. 单用户操作方式

（1）单用户下发遥控操作步骤：

1）在用户列表框中选择要操作的终端。

2）在“操作对象”选择区内选择“当前”，在“终端遥控参数”中选择控制方式。

3）点击“下发遥控”按钮即可进行下发遥控操作，下发完成后就会显示下发结果。

（2）单用户召测控制状态操作步骤：

1）在用户列表框中选择要操作的终端。

2）在“操作对象”选择区内选择“当前”。

3）点击“召测”按钮后即可进行召测，完成后就会显示召测结果。

2. 多用户操作方式

（1）多用户下发遥控操作步骤：

1）在“操作对象”选择区内选择“已选”。

2）在“终端遥控参数”中选择控制方式。

3）点击“下发遥控”按钮，出现如图 ZY2000403004-3 所示界面。

终端遥控下发

选择　开始　暂停　停止　全选　全清　打印　退出

终端地址	终端名称	轮次1告警时间(分)	轮次1控制时间(时)	轮次2告警时间(分
0021	××食品开发有...	0	0	0
0518	××医院	0	0	0
0024	××木材制品厂	0	0	0
0025	××木制品厂	0	0	0
0026	××交易市场	0	0	0
0028	××有限公司	0	0	0
0029	××电力设备厂	0	0	0
0031	××学校	0	0	0
0032	××铝材厂	0	0	0
0034	××墨水厂	0	0	0
0035	××集团	0	0	0
0037	××厂	0	0	0
0040	××村委会	0	0	0
0041	××有限公司	0	0	0
0042	××小区	0	0	0
0043	××盲校	0	0	0
0045	××股份有限公司	0	0	0
0038	××冷冻厂	0	0	0
0049	××公司	0	0	0
0050	××分局	0	0	0
0053	××供销公司仓库	0	0	0
0054	××股份有限公司	0	0	0

图 ZY2000403004-3 “终端遥控下发”界面

4）点击列表中的复选框，选中（打勾）表示将对此终端下发参数，未选中（不打勾）表示不对此终端下发参数。

5）点击“开始”按钮，就逐一开始下发遥控。下发完成后，在此界面列表中可直接查看下发结果。

（2）多用户召测控制状态操作步骤：

1）在“操作对象”选择区内选择“已选”。

2）点击“召测”按钮，出现如图 ZY2000403004-4 所示界面。

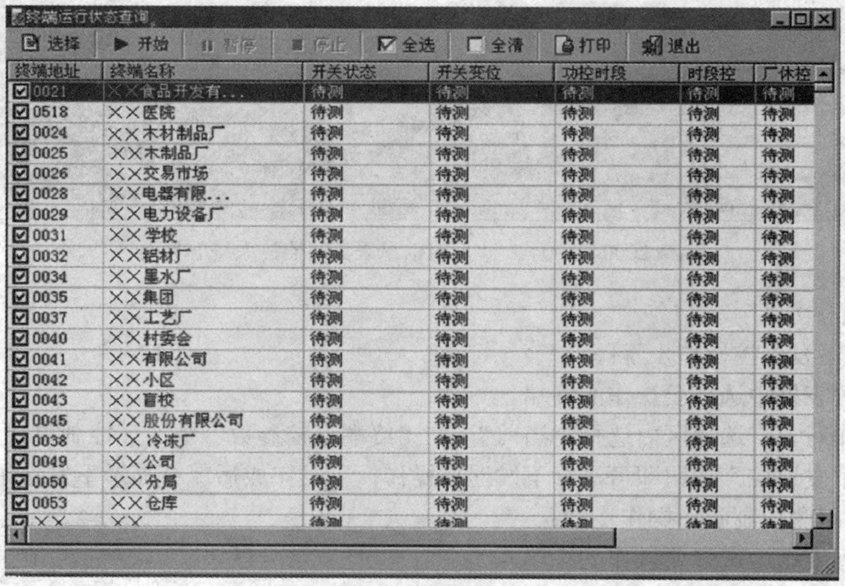

终端运行状态查询

选择　开始　暂停　停止　全选　全清　打印　退出

终端地址	终端名称	开关状态	开关变位	功控时段	时段控	厂休控
0021	××食品开发有...	待测	待测	待测	待测	待测
0518	××医院	待测	待测	待测	待测	待测
0024	××木材制品厂	待测	待测	待测	待测	待测
0025	××木制品厂	待测	待测	待测	待测	待测
0026	××交易市场	待测	待测	待测	待测	待测
0028	××电器有限...	待测	待测	待测	待测	待测
0029	××电力设备厂	待测	待测	待测	待测	待测
0031	××学校	待测	待测	待测	待测	待测
0032	××铝材厂	待测	待测	待测	待测	待测
0034	××墨水厂	待测	待测	待测	待测	待测
0035	××集团	待测	待测	待测	待测	待测
0037	××工艺厂	待测	待测	待测	待测	待测
0040	××村委会	待测	待测	待测	待测	待测
0041	××有限公司	待测	待测	待测	待测	待测
0042	××小区	待测	待测	待测	待测	待测
0043	××盲校	待测	待测	待测	待测	待测
0045	××股份有限公司	待测	待测	待测	待测	待测
0038	××冷冻厂	待测	待测	待测	待测	待测
0049	××公司	待测	待测	待测	待测	待测
0050	××分局	待测	待测	待测	待测	待测
0053	××仓库	待测	待测	待测	待测	待测
××	××	待测	待测	待测	待测	待测

图 ZY2000403004-4 “终端运行状态查询”界面

3）点击“开始”按钮，就逐一开始召测。召测完成后，在此界面列表中可直接查看结果。

（3）群组方式操作步骤：

1）在操作对象选择区内选择方案，点击方案选择，出现如图 ZY2000403004-5 所示界面。

2）在现有方案列表中选择一个合适的方案，在方案所包含的终端列表终端可查看此方案所包含的终端。点击“确定”按钮，将返回终端遥控界面。

3）点击“下发遥控”按钮即可进行操作。下发完成后就会显示下发结果。

（二）功率控制

功率控制是一种终端自主方式的本地闭环控制。当终端监测到用户实时功率超过功率定值时，自动对事先指定的轮次实施跳闸，简称功控。

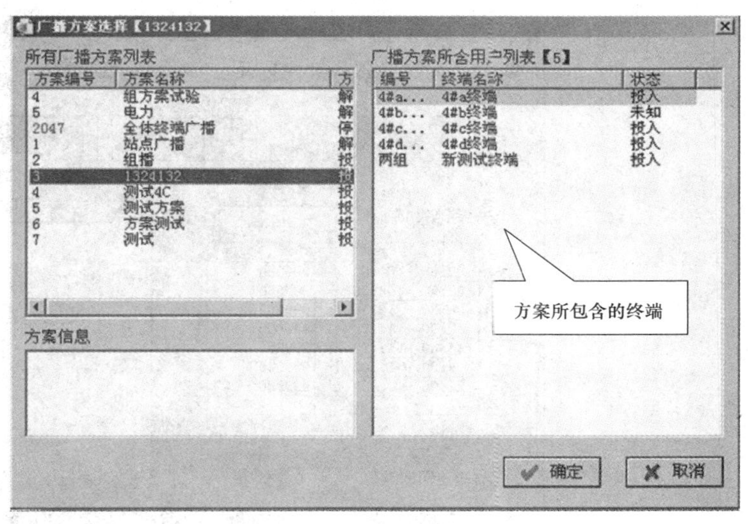

图 ZY2000403004-5 “广播方案选择”界面

每个用户可以按时段设置若干个不同的功率定值，而且其目标是要求用户在某个时间段内负荷降到相应的定值以下即可，并不一定会导致用户完全无法用电。因此，功率控制常被用来执行有序用电或催缴电费。

功率控制操作包括时段控参数、控制时间和功控设置三步操作。

在主界面上选择“终端控制”→“功控参数与功控下发”菜单，出现如图 ZY2000403004-6 所示界面。

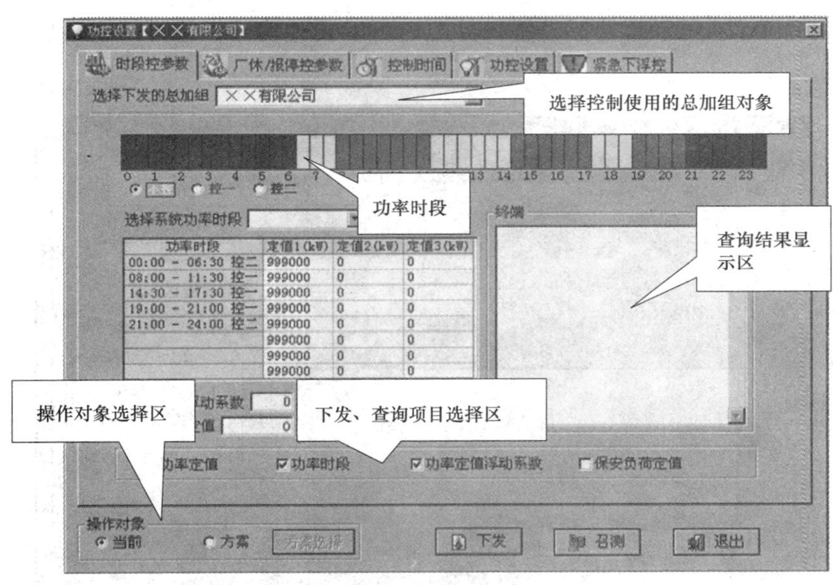

图 ZY2000403004-6 “功控设置”界面

1.“时段控参数”设置

“时段控参数”界面如图 ZY2000403004-7 所示。

（1）下发时段控参数设置方法：

1）在“操作对象”选择区选择“当前”。

2）在“选择系统功率时段”下拉列表中选择合适的功率时段。如果在下拉列表中没有合适的功率时段，可以选择峰、平、谷类型后以鼠标拖动的方式在功率时段上划定所有时段，也可点击下拉框后的图标编辑出一个系统标准时段。

3）点击“下发”按钮即可。下发完成后可以看到下发结果。

（2）召测时段控参数设置方法：

1）在“操作对象”选择区内选择“当前”。

2）点击“召测”按钮，召测完成后可以直接看到召测结果。

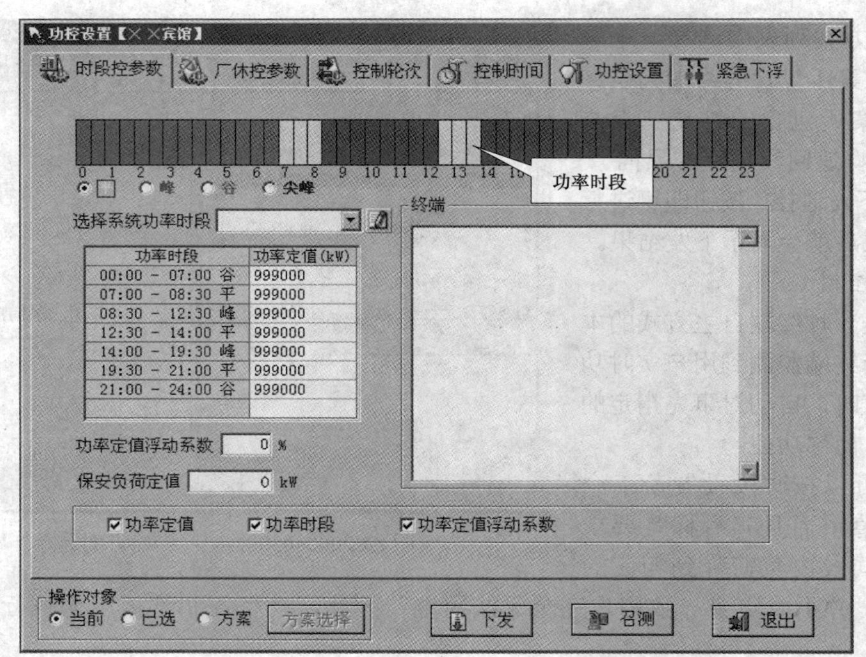

图 ZY2000403004-7 “时段控参数”设置界面

2. 控制时间设置

在图 ZY2000403004-8 所示“功控设置”界面内可以设置功控告警时间、功控控制时间和功控跳闸轮次顺序。

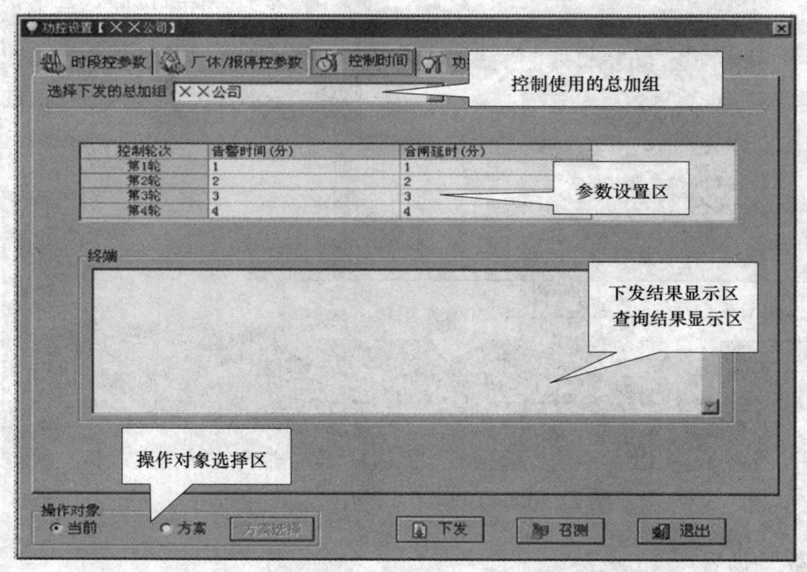

图 ZY2000403004-8 “控制时间”设置界面

（1）控制时间下发设置方法：

1）在“操作对象”选择区内选择“当前”。

2）在参数设置区内设置参数。直接点击信息格，输入参数即可。

3）点击“下发”按钮，下发完成后可以看到下发结果。

（2）控制时间召测设置方法：

1）在“操作对象”选择区选择“当前”。

2）点击“召测”按钮，召测完成后可以直接看到召测结果。

3. 功控设置

功控设置主要是对终端功控投入时段、功控控制轮次和终端状态等参数进行设置和召测。其界面如图 ZY2000403004-9 所示。

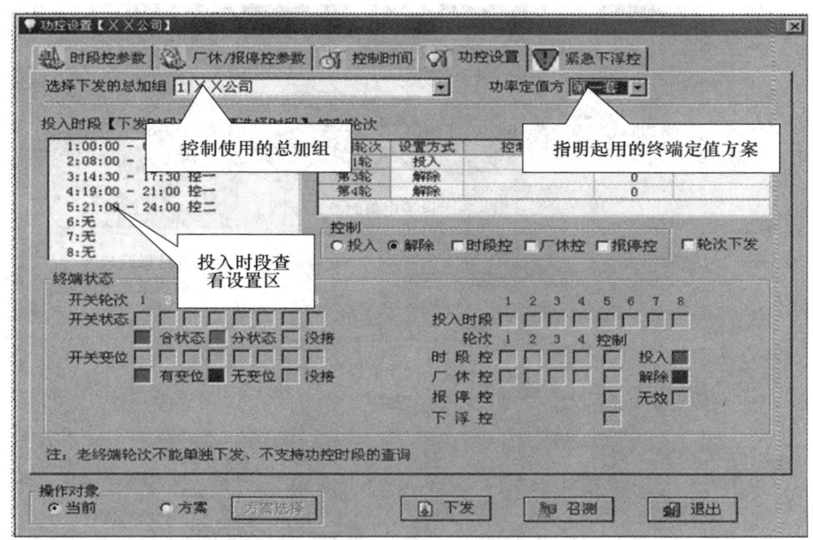

图 ZY2000403004-9 “功控设置”界面

（1）功控设置下发方法：

1）在“操作对象”选择区选择“当前”。

2）在投入时段查看设置区设置投入的时段（选择要投入的时段点击打勾）。在控制轮次查看设置区设置控制轮次，直接点击设置方式信息格可进行设置。

3）在控制列表中选择投入或解除（如果是要功率控制起作用就选择投入；如果是要功率控制不起作用就选择解除），然后选择功控和轮次下发，最后点击“下发”按钮，下发完成后就会显示下发结果。

（2）功控设置召测方法：

1）在操作对象选择区内选择当前。

2）点击“召测”按钮，召测完成后就会显示召测结果。

（三）电量控制

电量控制也是一种闭环控制，当终端监测的用户有功电量超过日或月定值时，自动输出跳闸，简称电控。

电控实际细分为日电控、月电控和购电控三种控制方式。其中，购电控由于和电力业务有较好的结合，得到较为广泛的应用。

日电控投入时，用户的实际日用电量达到日电量定值的 80%，终端自动进行声光报警，当实际日用电量超过日电量定值，终端能自动跳闸，限制用户再用电。日电量控制解除或次日零点自动允许合闸。

月电控投入时，用户的实际月用电量达到月电量定值的 80%，终端自动进行声光报警，当实际月用电量超过月电量定值，终端将能按已投入的轮次顺序及延迟时间自动跳闸，限制用户再用电。月电量控制解除或次月首日零点自动允许合闸。

电量控制包括电控参数和电控设置两步操作。

在主界面上选择“终端控制”→“电控参数与电控下发”菜单，出现如图 ZY2000403004-10 所示电控参数界面。

1. 电控参数

在电控参数的设置界面内可自行设定或召测电控参数。

（1）电控参数下发方法：

1）在“操作对象”选择区内选择“当前”。

2）在参数设置区设置参数值。

3）点击“选择系统电量时段”下拉列表，选择合适的电量时段。如果下拉列表中没有合适的电量时段可供选择，可手动编辑或者点击下拉框后的图标创建一个新标准时段。

4）信息项选择区选择“电量时段”和“月电量”，点击“下发”按钮，下发完成后就会显示下发结果。

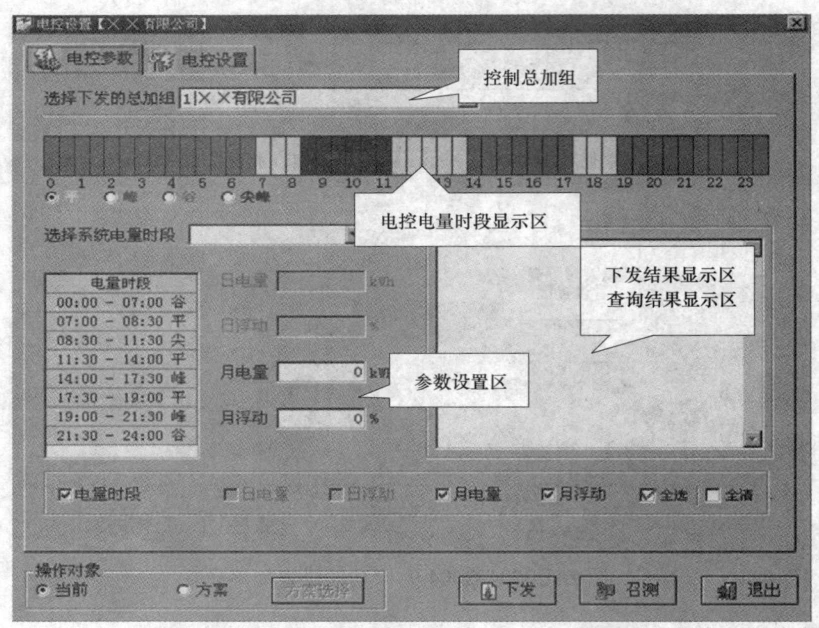

图 ZY2000403004-10 “电控参数”设置界面

（2）电控参数召测方法：

1）在“操作对象”选择区内选择“当前”。

2）点击“召测”按钮，召测完成后就会显示召测结果。

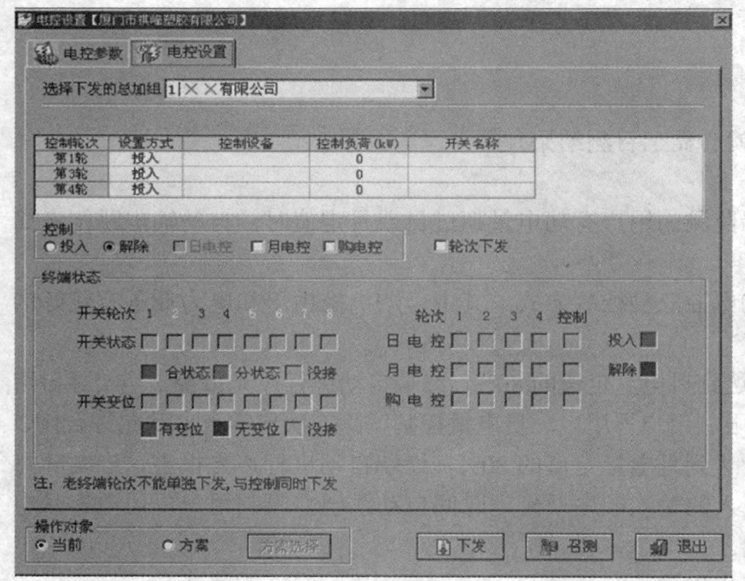

图 ZY2000403004-11 “电控设置”界面

2. 电控设置

在图 ZY2000403004-11 所示电控设置界面内，可以对电控的控制轮次、控制方式以及终端状态等信息进行设置或召测。

（1）电控设置下发方法：

1）在“操作对象”选择区选择“当前”。

2）电控设置区内设置参数。直接点击设置方式信息格，会出现下拉列表，选择即可。

3）在控制列表中选择投入或解除（如果是要电量控制起作用就选择投入；如果是要电量控制不起作用就选择解除），然后选择“月电控”和“轮次下发”，最后点击“下发”按钮。下发完成后就会显示结果。

（2）电控设置召测方法：

1）在“操作对象”选择区内选择“当前”。

2）信息项选择区内选择要召测的信息项。

3）点击“召测”按钮，召测完成后，在端状态查看区可查看召测结果。

二、限电方案编制

1. 预设群组方案编制

预设群组方案就是广播方案。所谓群组，就是负荷管理系统中为使一组终端响应同一个命令，而给它们所编的公共地址。

在主界面上选择“方案管理”→“预设群组方案”菜单，出现如图 ZY2000403004-12 所示界面。

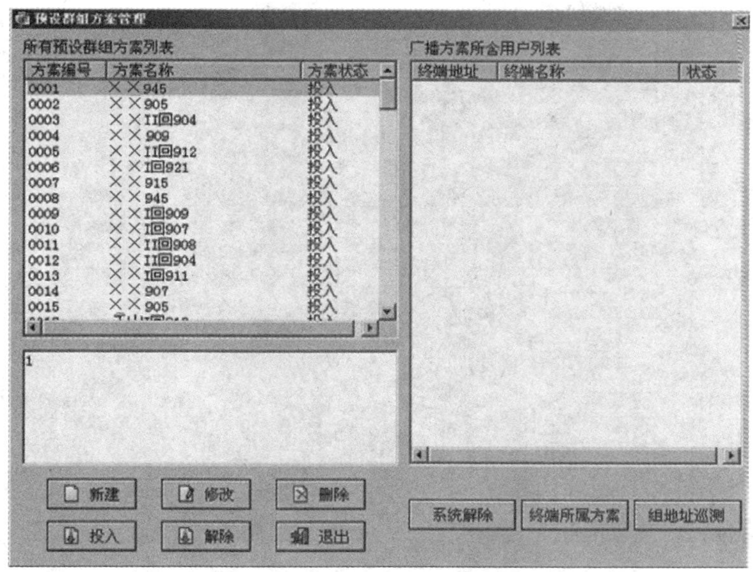

图 ZY2000403004-12 “预设群组方案管理”界面

此界面的主要功能为：预先设定若干个常用的预设群组方案（即广播方案），在需要用到时直接调用方案并执行即可。

投入：给选中方案里的终端下发组地址，组地址就是方案编号，右边终端列表里的状态列能看出终端的执行情况。终端列表的状态列有投入、未知、失败状态。投入状态即终端下发组地址成功；未知状态即主台未收到终端回码，有可能终端已执行成功，也有可能失败。方案中只要有一个终端的状态是投入，方案的状态就是投入。

解除：把方案里终端的这个方案编号清掉。终端状态有解除、未知。解除即终端成功解除了这个组地址；未知即主台未收到终端回码，有可能终端已执行成功，也有可能失败。只有方案里所有终端的状态是解除，方案的状态才是解除。

系统解除：由于终端的状态在数据库和终端现场存在不一致的情况，为了防止误操作，每年在做限电组方案之前最好把终端的组地址全部清掉。系统解除能够把所有终端的组地址清掉，也可以把已选终端的组地址清掉。

（1）预设群组方案的新增方法：

1）点击“新建”按钮，出现如图 ZY2000403004-13 所示“广播方案编辑”界面。

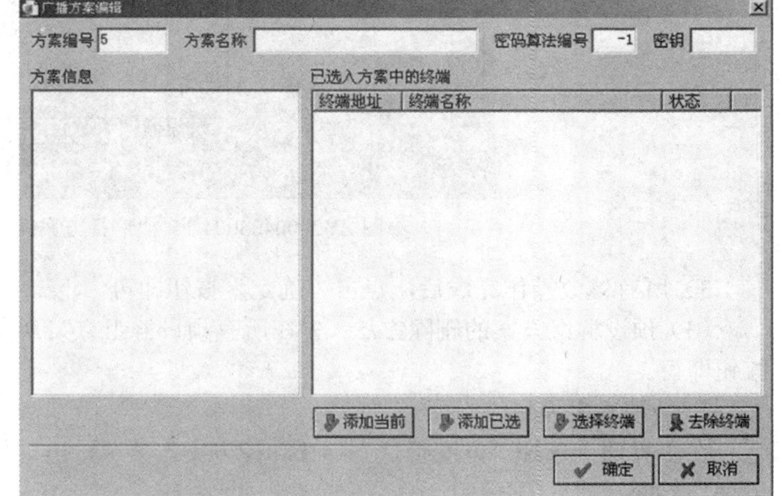

图 ZY2000403004-13 “广播方案编辑”界面

2）输入方案名称、方案信息。

3）点击“选择终端”按钮，出现如图 ZY2000403004-14 所示“查找终端”界面。

4）选择查找终端的条件，然后点击“查找”按钮，就会列出符合条件的终端。

5）点击“查找终端”界面中的“确定”按钮，就会将选择的终端加入方案中。

6）点击广播方案编辑界面中的“确定”按钮即可，新的预设群组方案创建成功。

（2）预设群组方案的修改方法：

1）点击“修改”按钮，出现如图 ZY2000403004-15 所示“广播方案编辑”界面。

2）接下来的内容修改方法与预设群组方案新增的内容填写方法相同。

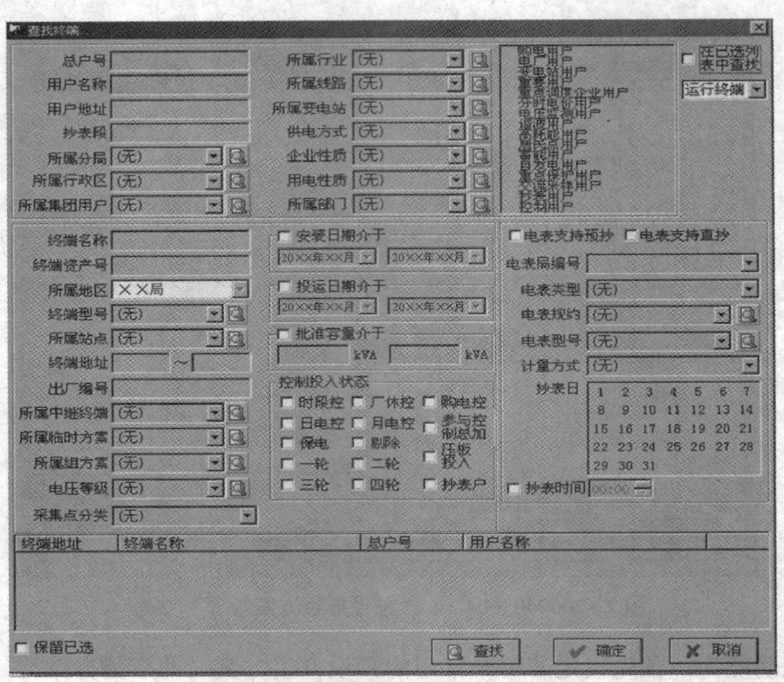

图 ZY2000403004-14 “查找终端”界面

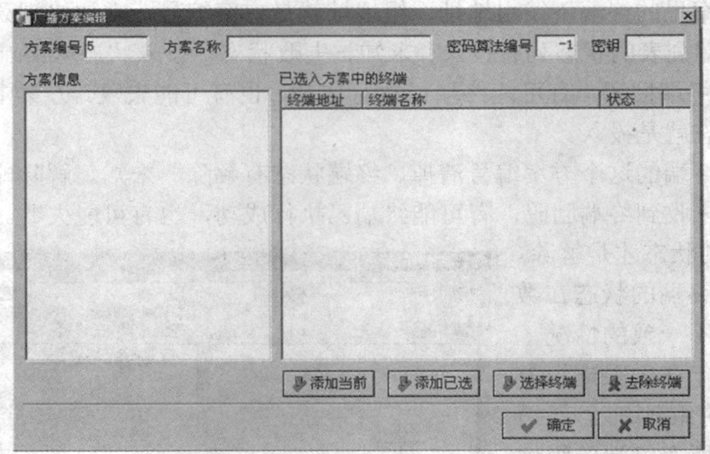

图 ZY2000403004-15 “广播方案编辑”界面

3）所有修改操作完成后，点击“确定”按钮即可。

（3）预设群组方案的删除方法：先在所有预设群组方案列表中选择删除的方案，然后点击“删除”按钮即可。

2. 功控方案编制

在主界面上选择“方案管理”→“功控方案”菜单，出现如图 ZY2000403004-16 所示“功控方案管理”界面。

功控方案是指将若干个功率上限或功率定值相同的终端组合在一起，称为一个功控方案。其作用为简化操作，例如可以设定一批终端的功率定值，在执行控制时，可以对这批终端自动依次下发。

点击方案列表中的方案名称，在终端列表中即显示此方案中所包含的终端。在方案参数显示区中可查看此方案的设定参数。

设置参数的功能只设置方案所包含终端列表中当前选择的终端的参数。

批设置参数功能对方案所包含终端列表中的所有终端设置参数，但参数必须都是相同的。

（1）功控方案新增方法：

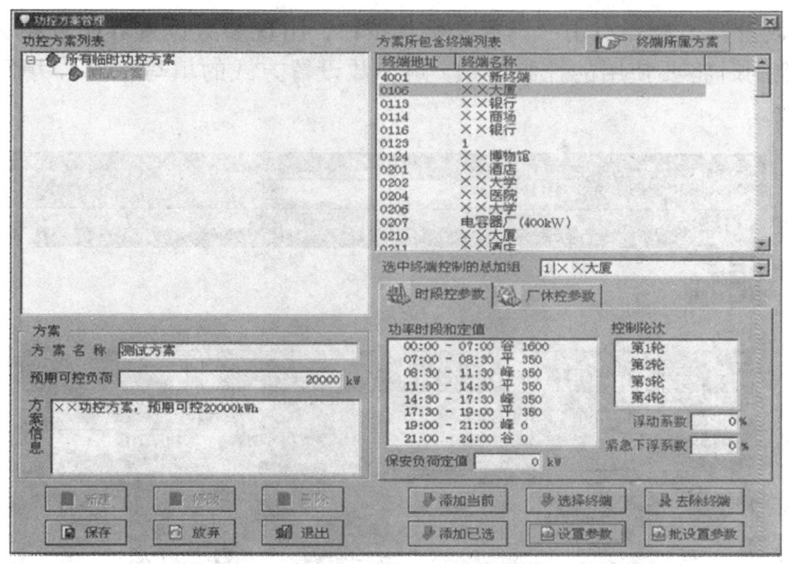

图 ZY2000403004-16 “功控方案管理”界面

1）点击“新建”按钮，输入方案名称和一些此方案的必要说明信息。

2）点击“选择终端”按钮准备添加属于该方案终端，出现如图 ZY2000403004-17 所示“查找终端”界面。

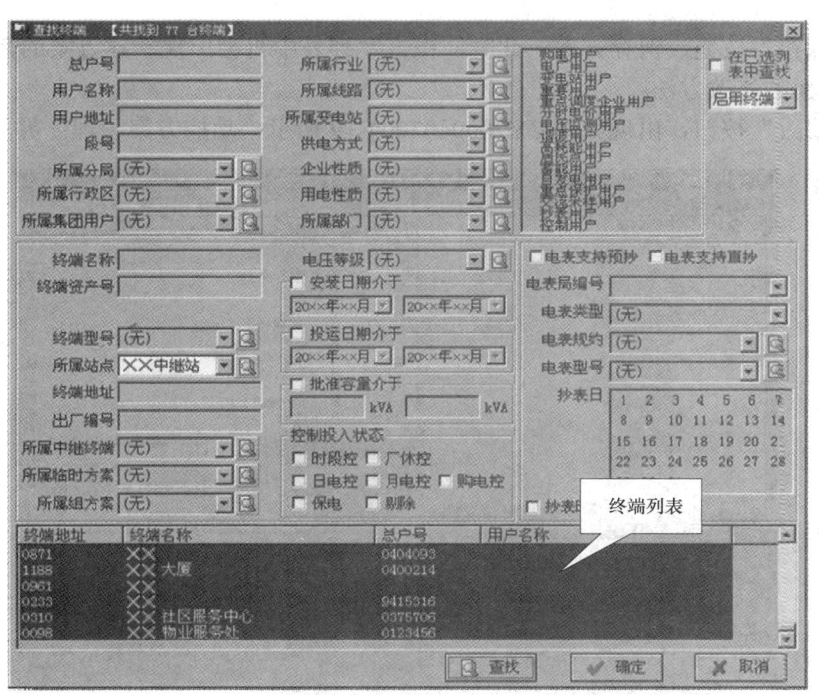

图 ZY2000403004-17 “查找终端”界面

3）选择查找终端的条件，点击“查找”按钮将列出满足条件的终端。

4）点击“确定”按钮，将查找到的终端添加至方案中。

5）重复步骤 3）、4），直到将需要的终端都加入了方案中。如果误将不该放入此方案的终端放入了此方案，则选中该终端后，点击“去除终端”按钮即可。

6）设置参数：

a）使用参数设置方式：在方案所包含终端列表中选择需要的一个终端，点击“设置参数”按钮，出现如图 ZY2000403004-18 所示“功控定值设置”界面。在此界面中填写控制时将要使用的控制参数（与功率控制部分的参数填写相同）。填写完成后，点击“确认”按钮保存参数。每个终端的参数设置都需这样设置。

b）使用批参数设置方式：点击“设置参数”按钮，出现参数设置界面见图 ZY2000403004-18。在此界面中填写控制时将要使用的控制参数（跟参数设置方式的填写相同），填写完成后，点击“确认”按钮保存参数。

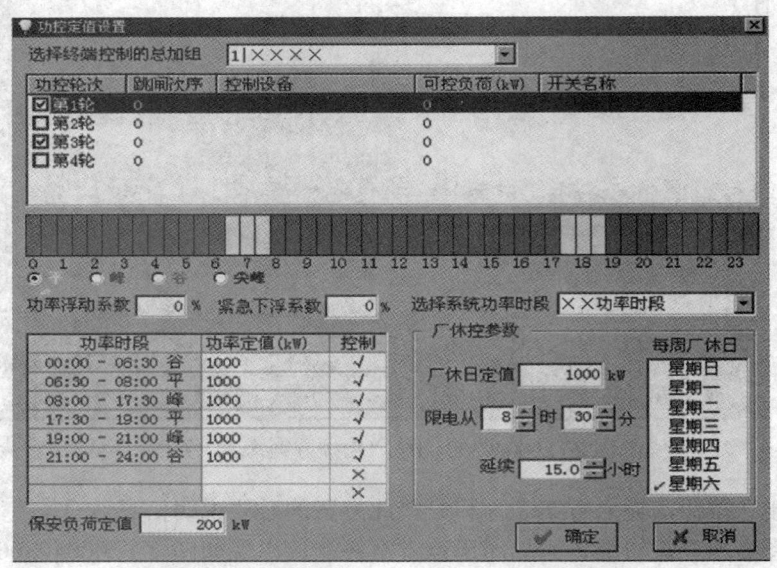

图 ZY2000403004-18 “功控定值设置”界面

7）点击“保存”按钮，保存方案。此时，在方案列表中将会出现新建方案的名称。

（2）功控方案的修改方法：

1）点击“修改”按钮，出现如图 ZY2000403004-19 所示“功控方案管理”界面。

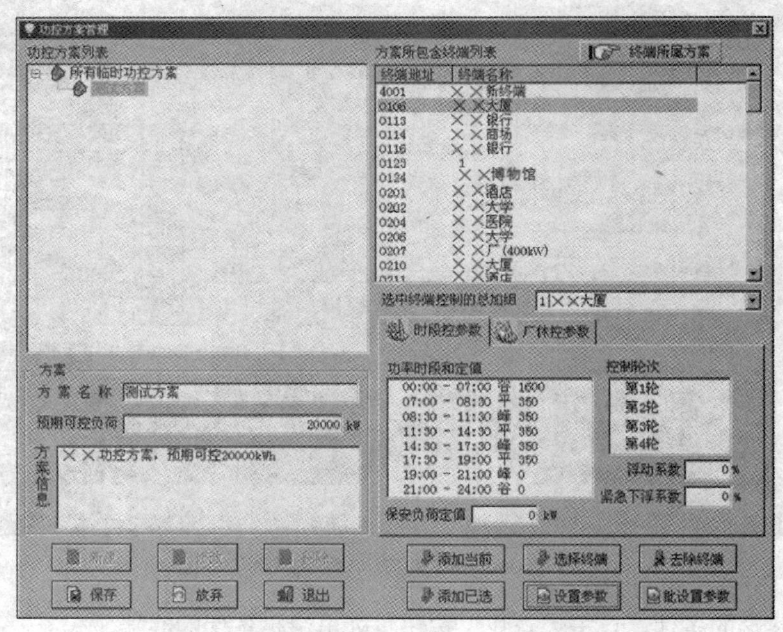

图 ZY2000403004-19 “功控方案管理”界面

2）接下来的内容修改方法与功控方案新增的内容填写方法相同，可参照功控方案新增方法。

3）修改完成后，点击“保存”按钮保存修改。

（3）功控方案的删除方法：先在功控方案列表中选择删除的方案，然后点击“删除”按钮即可。

3. 电控方案编制

在主界面上选择“方案管理”→“电控方案”菜单，出现如图 ZY2000403004-20 所示“电控方案管理”界面。

将若干个某时间段内用电量相同的终端组合起来，称为一个电控方案，其作用在于简化操作。其工作原理及操作方法同功控方案。

点击方案列表中的方案名称，在终端列表中即显示此方案中所包含的终端。在“电控参数”显示区内可查看此电控方案的相关参数。

（1）电控方案新增的方法：

1）点击“新建”按钮，输入方案名称和一些关于此方案的说明信息。

2）点击“添加终端”按钮，出现如图 ZY2000403004-21 所示的界面。

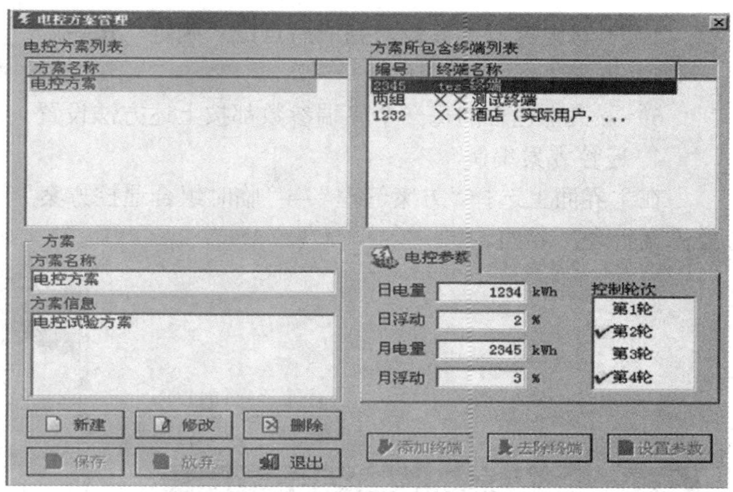

图 ZY2000403004-20 “电控方案管理”界面

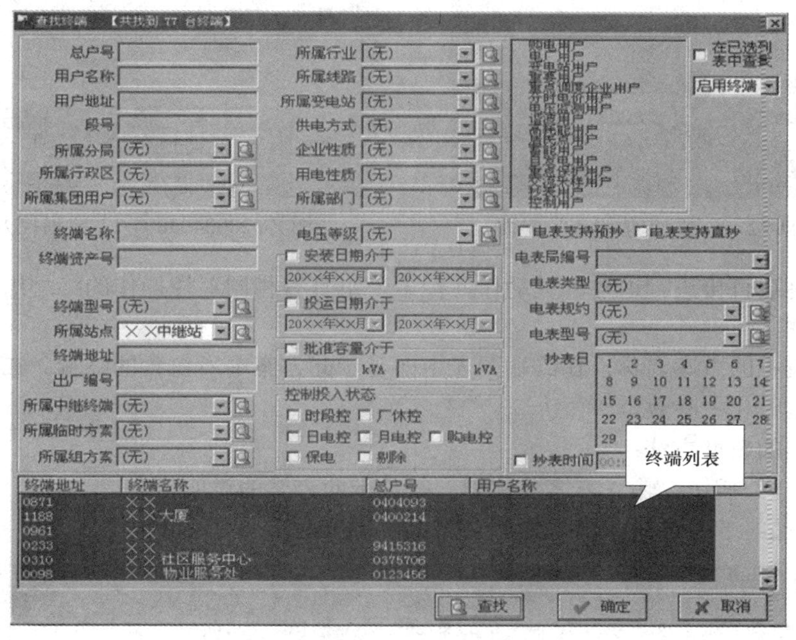

图 ZY2000403004-21　添加终端

3）选择查找终端的条件，点击“查找”按钮将列出满足条件的终端。

4）点击“确定”按钮，将查找到的终端添加至方案中。

5）重复步骤 3）、4），直到将需要的终端都加入方案中。如果误将不该放入此方案的终端放入此方案，请选中该终端后，点击“去除终端”按钮。

6）点击保存按钮，保存方案。此时，在方案列表中将会出现新建方案的名称。

（2）电控方案的修改方法：

1）点击“修改”按钮。

2）接下来的内容修改方法与电控方案新增的内容填写方法相同。

3）修改完成后点击“保存”按钮保存修改。

（3）电控方案的删除方法：先在电控方案列表中选择删除的方案，然后点击“删除”按钮即可。

（4）电控方案参数的设置：如果一个方案中不包含任何终端，则此方案不能设置参数。

1）在方案列表中选择要修改参数的方案，鼠标单击选中即可。

2）点击“修改”按钮，在方案所包含终端列表中选择终端。

3）点击“设置参数”按钮，出现如图 ZY2000403004-22 所示“电控定值设置”界面。

4）填写电控方案参数，完成后点击“确定”按钮。

5）点击“保存”按钮。

6）方案中包含的每一个终端参数都按上述方法设置。

4. 遥控方案编制

在主界面上选择“方案管理”→“临时组合遥控方案”菜单，出现如图 ZY2000403004-23 所示“遥控方案管理”界面。

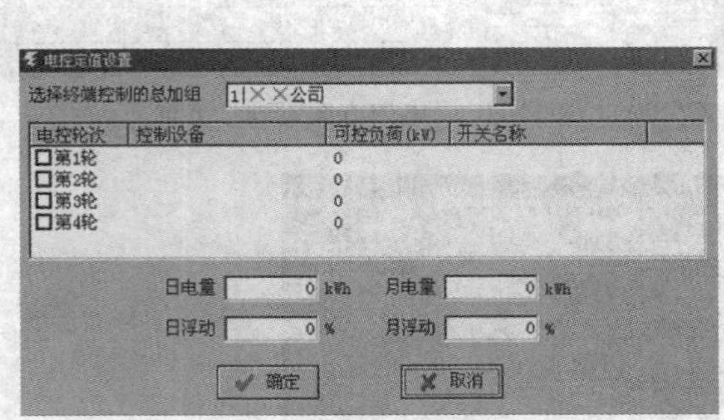

图 ZY2000403004-22　“电控定值设置”界面

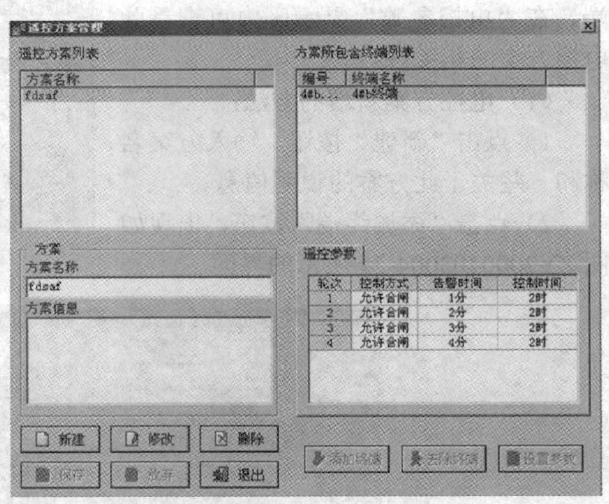

图 ZY2000403004-23　“遥控方案管理”界面

遥控是指对终端直接进行遥控开关动作，把若干组具有相同遥控操作的终端组合在一起，称为一个遥控方案。

点击方案列表中的方案名称，在终端列表中即显示此方案中所包含的终端。在遥控参数显示区内可查看此遥控方案的相关参数。

（1）遥控方案的新增方法：

1）点击“新建”按钮，输入方案名称和一些关于此方案的说明信息。

2）点击“添加终端”按钮，出现如图 ZY2000403004-24 所示的界面。

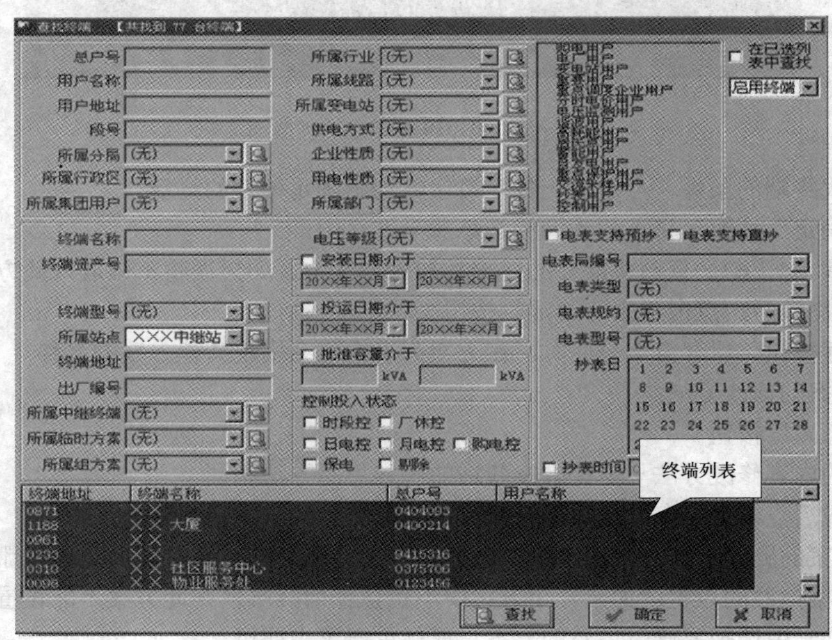

图 ZY2000403004-24　添加终端

3）选择查找终端的条件，点击“查找”将列出满足条件的终端。

4）点击“确定”按钮，将查找到的终端添加至方案中。

5）重复步骤 3）、4），直到将需要的终端都加入方案中。如果误将不该放入此方案的终端放入此方案，则选中该终端后，点击“去除终端”按钮。

6）点击“保存”按钮，保存方案。此时，在方案列表中将会出现新建方案的名称。

（2）遥控方案的修改方法：

1）点击“修改”按钮。

2）接下来的内容修改方法与遥控方案新增的内容填写方法相同，可参照遥控方案新增方法。

3）修改完成后点击“保存”按钮保存修改。

（3）遥控方案的删除方法：先在遥控方案列表中选择删除的方案，然后点击删除按钮即可。

（4）遥控方案的参数设置方法：如果一个方案中不包含任何终端，则此方案不能设置参数。

1）方案列表中选择要修改参数的方案，鼠标单击选中即可。

2）点击“修改”按钮。

3）点击“设置参数”按钮，出现如图 ZY2000403004-25 所示“终端控制轮次编辑”界面。

4）填写遥控方案参数，完成后点击“确定”按钮。

5）点击“保存”按钮，结束参数设置。

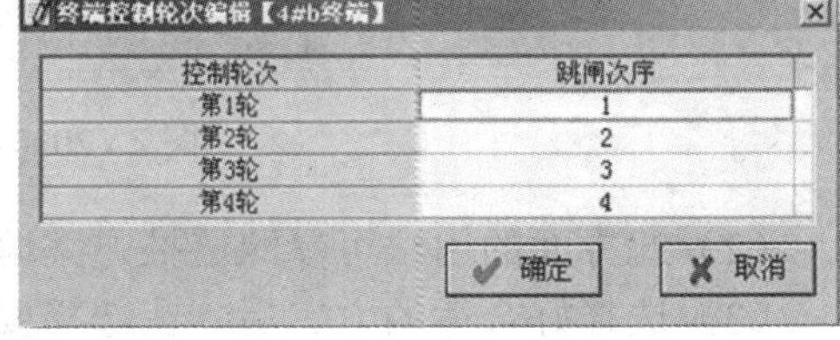

图 ZY2000403004-25 “终端控制轮次编辑”界面

三、限电方案执行

在主界面上选择“终端控制”→“执行方案”菜单，出现如图 ZY2000403004-26 所示“方案执行”界面。

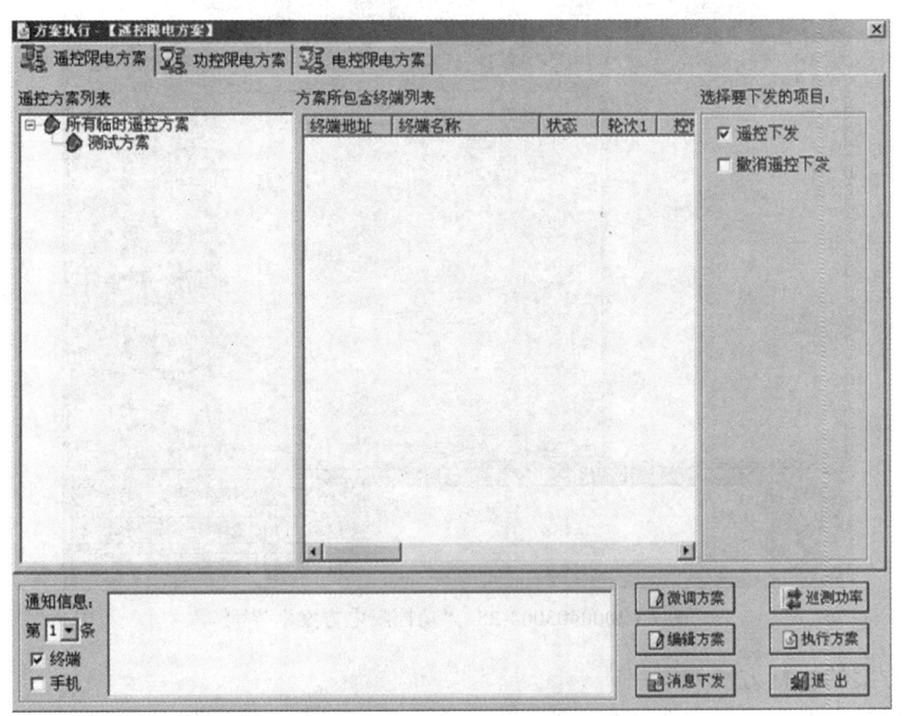

图 ZY2000403004-26 “方案执行”界面

此界面用于遥控限电方案、功控限电方案和电控限电方案的执行操作。

1. 遥控限电方案执行

遥控限电方案执行方法如下：

（1）在“遥控方案列表”中选择合适的方案，在方案所包含的终端列表中查看该方案所包含的终端。如果方案有不合适的地方，点击“编辑方案”按钮，出现如图 ZY2000403004-27 所示“遥控方案管理”界面。

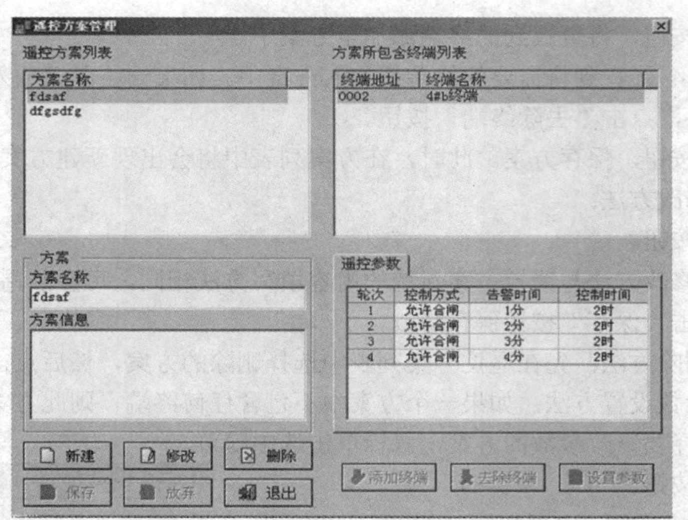

图 ZY2000403004-27 “遥控方案管理”界面

（2）此界面的用法可参照遥控方案编制。

（3）选择好合适的方案后，在选择要下发的项目中选择要下发的项目。

（4）点击“执行方案”按钮即可。

2. 功控限电方案执行

“功控限电方案”的界面如图 ZY2000403004-28 所示。

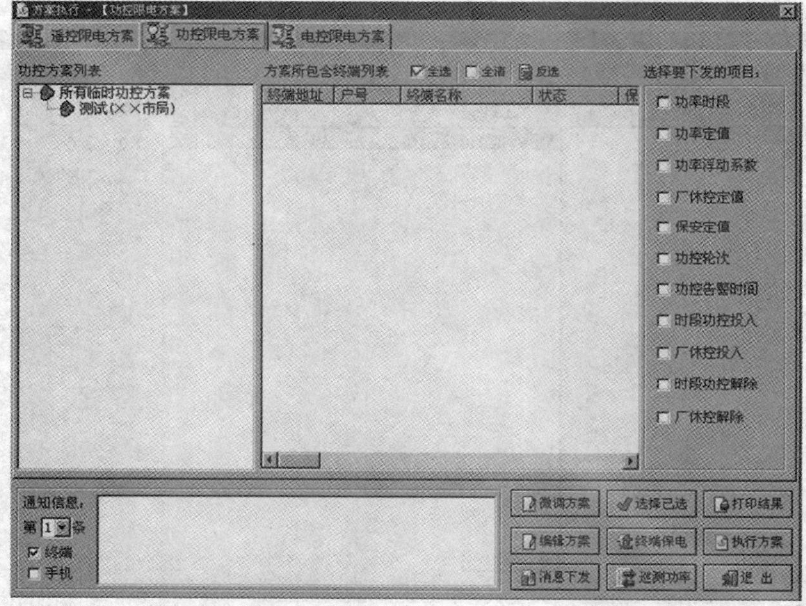

图 ZY2000403004-28 “功控限电方案”界面

功控限电方案的执行方法如下：

（1）在“功控方案列表”中选择合适的方案，在方案所包含的终端列表中查看该方案所包含的终端。如果此方案有不合适的地方，点击“编辑方案”按钮，出现如图 ZY2000403004-29 所示“功控方案管理”界面。

（2）此界面的用法可参照功控方案编制部分。

（3）选择好合适的方案后，在选择要下发的项目中选择要下发的项目。

（4）点击“执行方案”按钮即可。

3. 电控限电方案执行

“电控限电方案”的界面如图 ZY2000403004-30 所示。

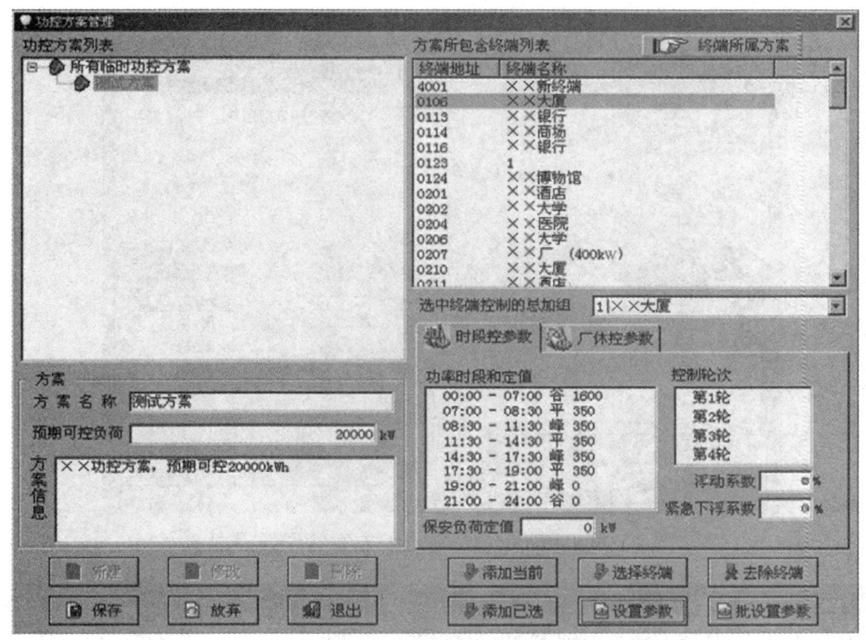

图 ZY2000403004-29 “功控方案管理”界面

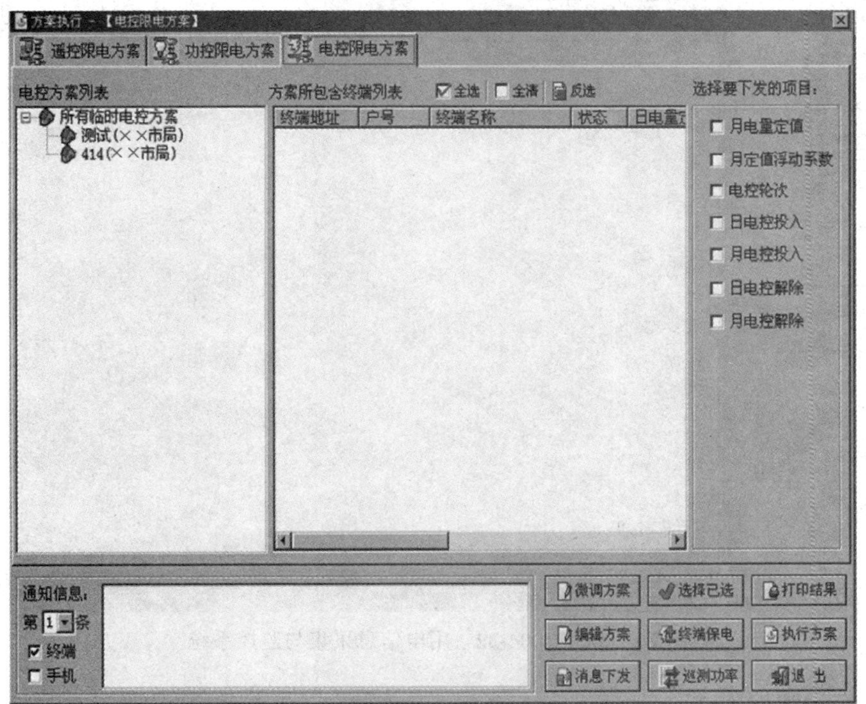

图 ZY2000403004-30 “电控限电方案”界面

电控限电方案的执行方法如下：

（1）在电控方案列表中选择合适的方案，在方案所包含的终端列表中查看该方案所包含的终端。如果此方案有不合适的地方，点击“编辑方案”按钮，出现如图 ZY2000403004-31 所示“电控方案管理”界面。

（2）此界面的用法可参考电控方案编制部分。

（3）选择好方案后，在选择要下发的项目中选择要下发的项目。

（4）点击“执行方案”按钮即可。

四、限电效果统计

在主界面上选择“数据管理”→“限电效果统计”菜单，出现如图 ZY2000403004-32 所示界面。

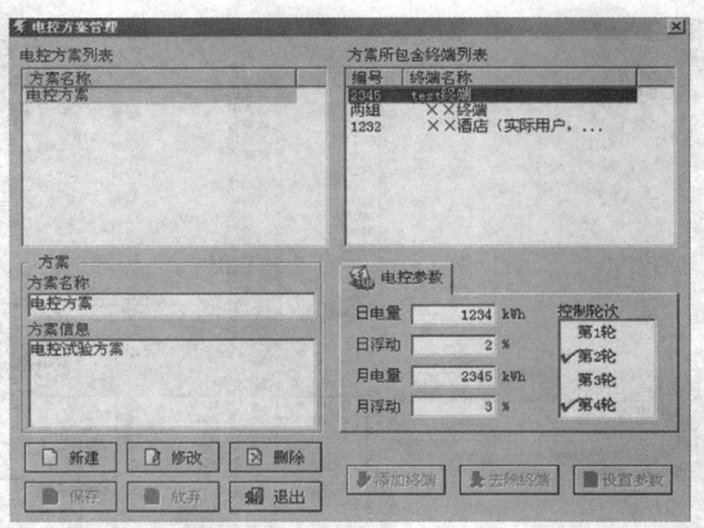

图 ZY2000403004-31 “电控方案管理”界面

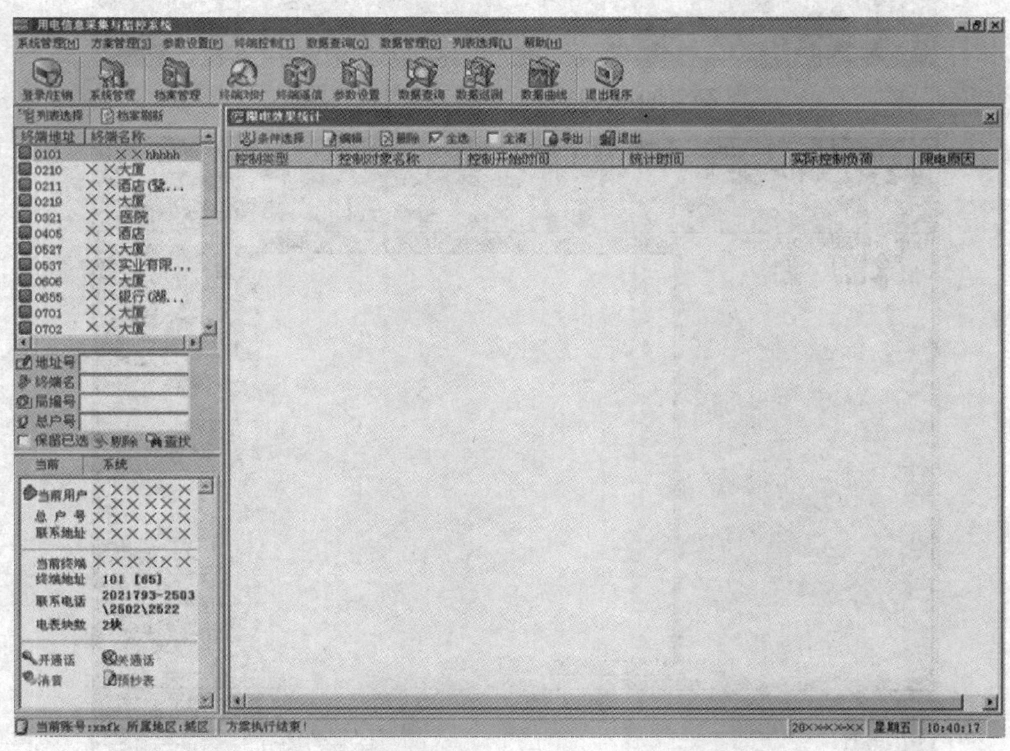

图 ZY2000403004-32 用电信息采集与监控系统

限电统计操作步骤如下：

（1）点击“条件选择”按钮，出现如图 ZY2000403004-33 所示“限电效果统计条件”界面。

（2）输入限电效果统计的条件，点击“确定”按钮。

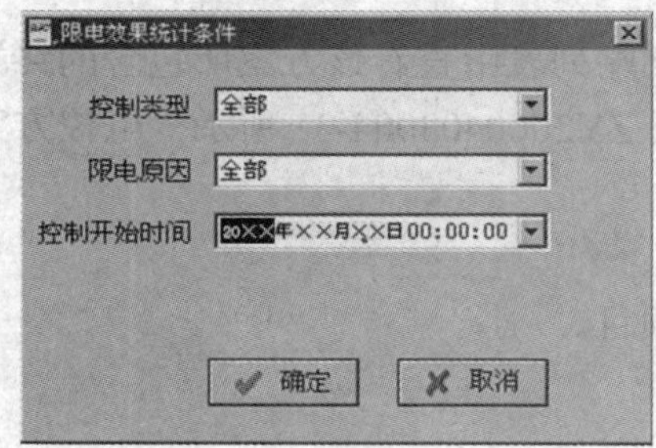

图 ZY2000403004-33 “限电效果统计条件”界面

（3）点击“开始”按钮，开始统计限电效果，统计完成后，在界面内可查看统计结果。

（4）如果需要将结果导成 Excel 报表，点击“导出”按钮即可。

【思考与练习】

1. 说明遥控、功控、电控各种控制的具体执行过程。

2. 根据限电指标要求，进行限电方案编制、执行及限电效果统计操作。

模块 5　预购电控制（ZY2000403005）

【模块描述】本模块包含预购电控制的内容。通过概念描述、流程介绍和步骤讲解，掌握预购电控制的概念、流程及操作方法。

【正文】

一、预购电控制

预购电控制功能是适应催缴电费的需要而设置的，以解决收费难的问题。

预购电控制是电量控制的一种，是预付费用电。当用户到营业窗口交费后，将其交纳费用及折算电量传递至用电信息采集系统，用电信息采集系统将其下发至终端。当用户的用电量超过其所购电量时，终端将会进行跳闸控制动作。

购电控制的实施可加强用户的缴费意识，及时回收电费，减少电力企业的经济损失，提高供电企业的经济效益。预购电功能在某些地区得到大面积的应用，目前购电控制以电量控制为主。

二、预购电控制流程

用电信息采集系统是购电的执行者，营销系统负责购电档案的维护和账务处理，用电信息采集系统负责购电量的下发，并把执行结果返回营销。

具体流程如下：

（1）用户到营业窗口交费购电，营销系统在处理完账务信息后，记录购电信息。

（2）通过系统间接口，营销主动将购电信息传送到用电信息采集系统，或由用电信息采集系统周期性从营销获取未处理购电单。

（3）用电信息采集系统自动执行待发购电单，并给出自动执行失败的告警信息，提示人工干预。

（4）通过系统间接口，用电信息采集系统将购电执行结果反馈给营销。

三、预购电控制操作

实施预购电前，需要作一些档案和参数的准备工作。这些准备工作是一次性的，包括档案的修改、（部分 96 版规约终端）相关参数准备以及控制状态的启用（投入）。

准备工作完成后，即是循环进行购电单的下发操作。

1. 档案准备

对于实施预购电的用户，其档案中应该作标记，即选中用户档案中的购电用户标志。以便于系统进行和购电有关的任务和统计分析工作。

用户档案修改界面如图 ZY2000403005-1 所示。

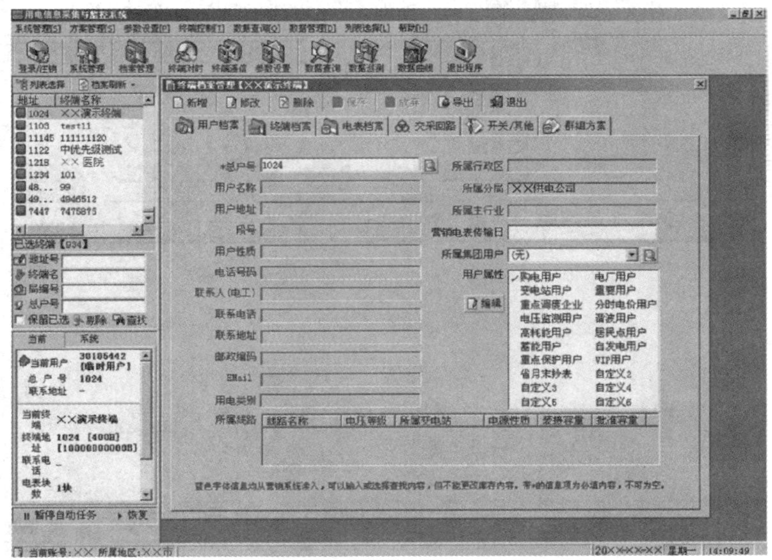

图 ZY2000403005-1　用户档案修改界面

2. 购电控参数设置

部分 96 版规约终端需要准备的参数有购电控时段、购电制告警、购电量清零。需要强调的是，并非所有终端规约都需要这些参数设置。

预购电设置界面如图 ZY2000403005-2 所示。

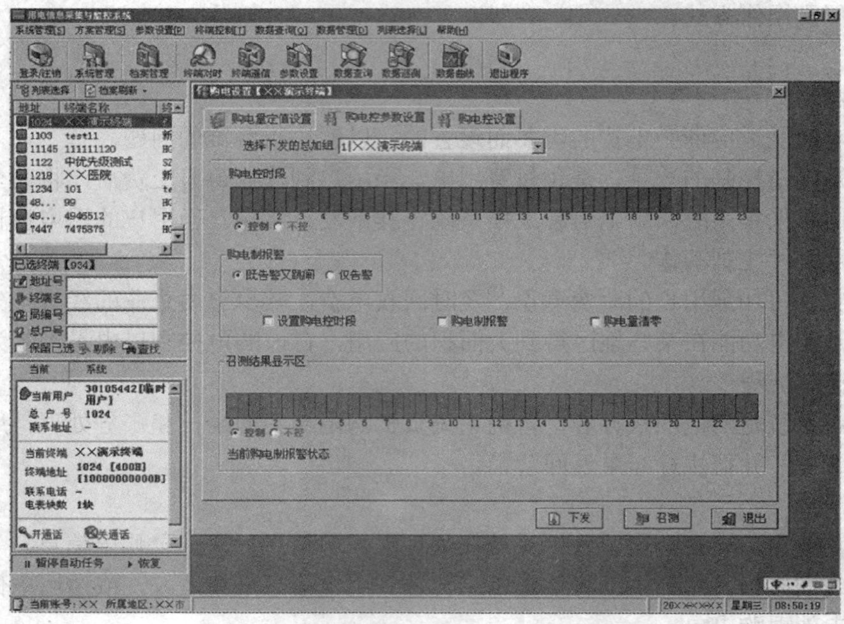

图 ZY2000403005-2 预购电设置界面

购电控时段设置了哪些时间段购电控制有效。

购电制报警可以设置终端在电量用完时的处理方式，即进行实际控制还是发出告警。

购电量清零表示将终端的剩余电量清零，由于终端在出厂前购电量数据并非都清零，购电量清零常用于首次购电。

3. 购电控设置

购电控设置提供两个重要功能，电控轮次设置以及购电控设置的投入和解除，界面如图 ZY2000403005-3 所示。

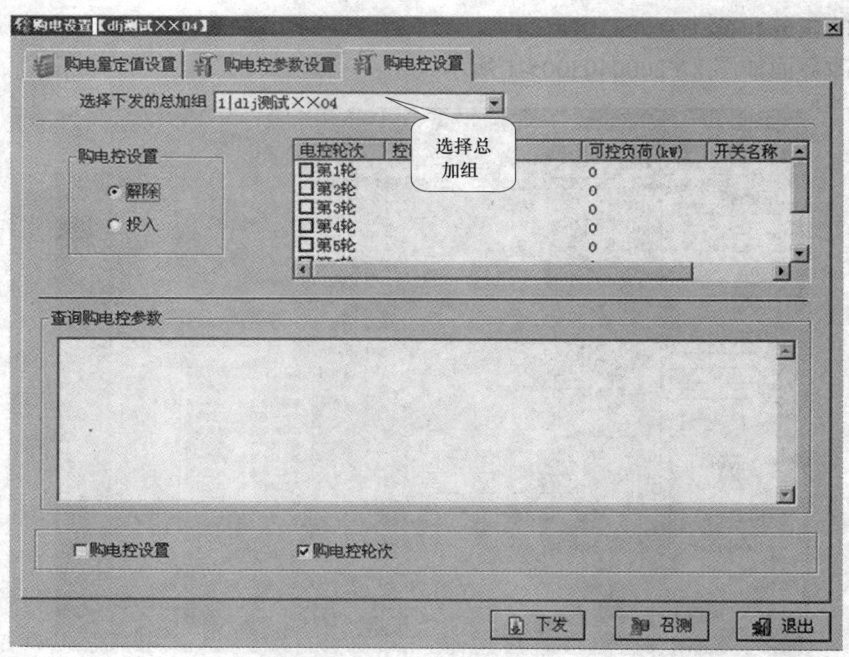

图 ZY2000403005-3 购电控设置

04 版规约终端对购电控执行操作（包括轮次）必须选择总加组（系统默认第一个总加组，96 版规约、非必选）。

4. 购电单下发

档案和参数以及控制准备完毕后，即可进行购电单下发操作。用户的首次购电操作和日常例行购电操作方式略有不同。

系统能自动处理日常例行购电单下发，一般无需人工干预。只有当自动下发失败时，系统才会发出告警提示，请求人工处理。

系统能够自动识别出首次购电单，对于首次购电，系统不会自动处理而总是以提示信息的方式要求人工干预。在首次购电单被成功处理前，该用户的后续购电单将不会被自动下发。因为在对用户实施预购电空前，需要进行档案、参数以及控制的预处理操作。

5. 人工进行购电单下发操作

在主界面上选择“终端控制”→“预购电参数与控制下发”菜单，出现如图 ZY2000403005-4 所示界面。

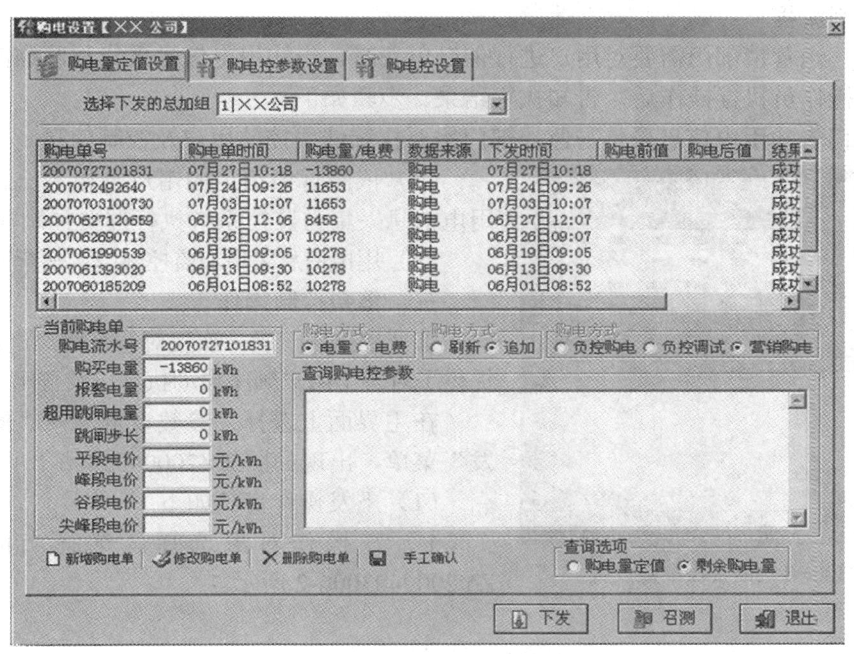

图 ZY2000403005-4　购电量定值设置

增加购电单操作为：点击“新增购电单”按钮，出现界面如图 ZY2000403005-5 所示。如果该用户为购电量方式，则费率均自动为 0.001 元/kWh 且不可修改。如果为购电费方式，则可填写其分时电价，如图 ZY2000403005-6 所示。不管是电量还是电费，04 版规约都不支持跳闸步长。

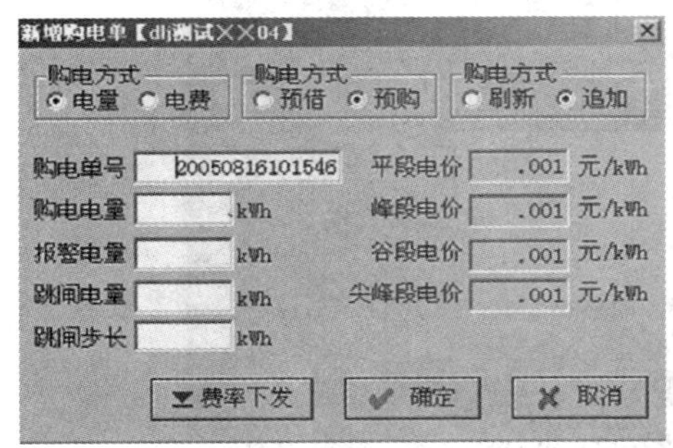

图 ZY2000403005-5　购电量方式界面图

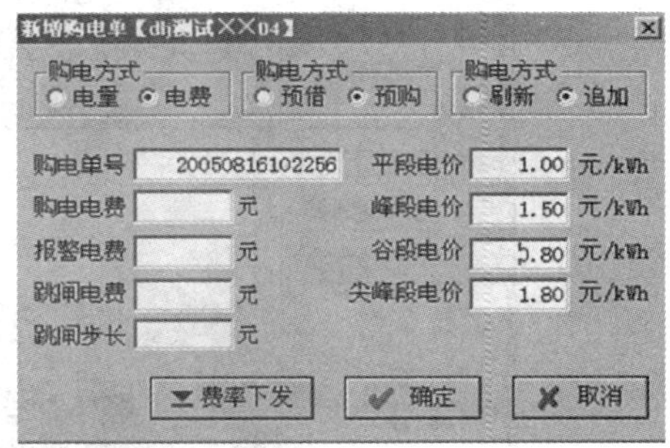

图 ZY2000403005-6　购电费方式界面图

购电单填写完毕后，将回到购电单下发界面，可进行购电下发操作。手工下发购电单前，应先召测剩余电量并在下发成功后再次召测，以便核实、确认下发成功。

【思考与练习】

1. 简要说明预购电控制流程。

2. 根据任务，执行预购电控制操作。

模块 6　催费控制（ZY2000403006）

【模块描述】本模块包含催费控制的内容。通过概念描述、流程介绍和步骤讲解，掌握催费控制的概念、流程及操作方法。

【正文】

一、催费控制

催费控制功能适应催缴电费的需要而设置，以向用户催缴电费告警方式进行催费。

终端在设置了催费告警参数后，在设置的时间段内会发出声光告警，提醒用户缴费。单独使用催费告警功能并不具有控制功能，如需强制进行控制，则还应结合遥控、时段控等控制措施。

二、催费控制流程

通常情况下，当营销部门需要对用户进行催缴电费时，告知用电信息采集与监控部门，用电信息采集与监控系统操作员执行操作后，告知执行结果。步骤如下：

（1）营销部门告知用电信息采集与监控部门需要执行催费控的用户及控制信息。

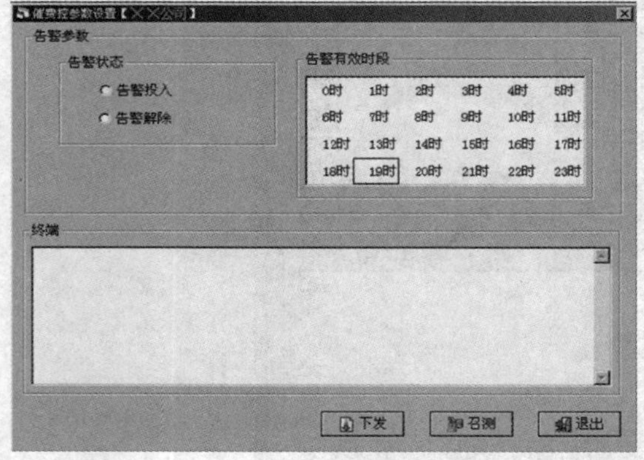

图 ZY2000403006-1　催费控参数设置

（2）依照营销指定的用户及相关信息，操作员通过用电信息采集与监控系统执行催费控制操作。

（3）用电信息采集与监控部门告知营销部门执行结果。

三、催费控制操作

催费控操作一般一次仅对一个用户进行操作，系统也提供了对多个用户顺序自动执行以及群组执行的功能。

在主界面上选择“参数设置”→“催费控参数与下发”菜单，出现如图 ZY2000403006-1 所示界面。

（1）下发操作步骤如下：

1）在操作对象选择区选择当前用户，如图 ZY2000403006-2 所示。

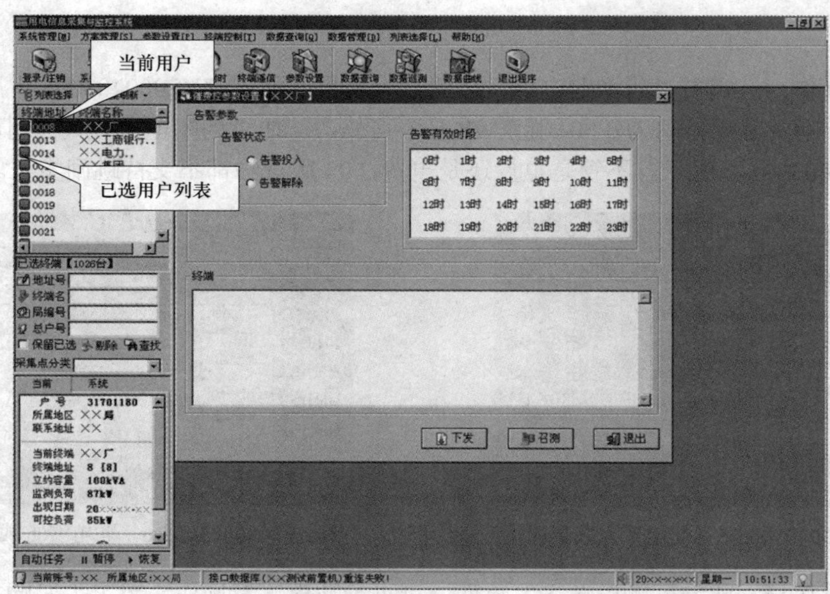

图 ZY2000403006-2　选择当前用户

2）在参数设置区设置告警状态和告警有效时段。

3）点击“下发”按钮，等待执行完就会显示下发结果。

（2）召测操作步骤：

1）在操作对象选择区选择当前用户。

2）点击“召测”按钮，等待执行完就会显示召测结果。

【思考与练习】

1. 简要说明催费控制流程。

2. 根据任务，操作人员进行催费控制操作。

模块 7　营业报停控制（ZY2000403007）

【模块描述】本模块包含营业报停控制的内容。通过概念描述、流程介绍和步骤讲解，掌握营业报停控制的概念、流程及操作方法。

【正文】

一、营业报停控制

营业报停控是 04 版规约定义的一种功率类控制方式，适用于用户报停后限制用电，以避免发生拖欠电费的情况。

二、营业报停控制流程

系统是营业报停控制的执行者，营销系统负责通知用电信息采集与监控系统营业报停控指令信息，用电信息采集与监控系统根据这些信息进行营业报停控制的操作，并将结果反馈给营销系统。

三、营业报停控制操作

在主界面上选择“终端控制”→“功控参数与功控下发”菜单，然后选择“厂休/报停控参数”选项卡，出现如图 ZY2000403007-1 所示界面。

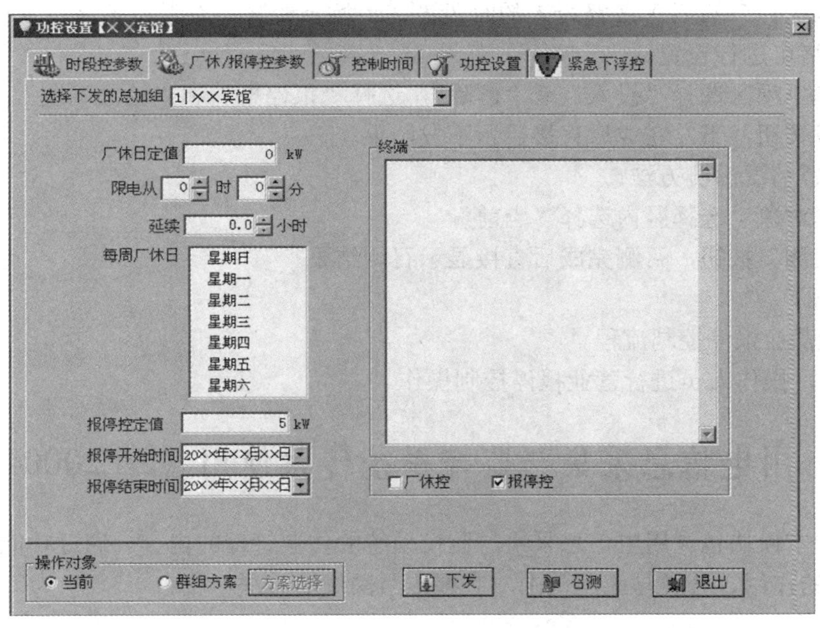

图 ZY2000403007-1　厂休/报停控参数

（1）营业报停控参数设置方法：

1）在“操作对象”选择区内选择“当前”。

2）在参数设置区设置参数，选择“厂休控”。

3）点击“下发”按钮，下发完成后直接显示下发结果。

（2）营业报停控参数查询方法：

1）在“操作对象”选择区内选择“当前”。

2）选择“厂休控”和“报停控”。

3）点击“召测”按钮，召测完成后直接显示召测结果。

（3）控制设置下发方法：

1）打开“功控设置”选项卡，界面如图 ZY2000403007-2 所示。

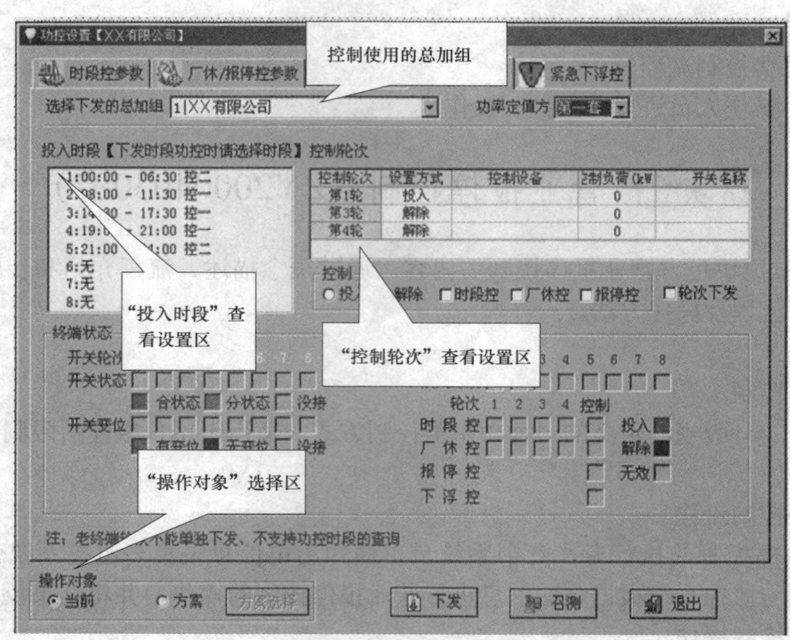

图 ZY2000403007-2 “功控设置”选项卡

2）在“操作对象”选择区选择“当前”。

3）在“投入时段”查看区选择投入的时段。在“控制轮次”查看设置区设置控制轮次，直接点击设置方式信息格可进行设置。

4）在“控制”项区选择“投入”或“解除”，选择“报停控”和“轮次下发”。

5）点击下发按钮，下发完成后直接显示下发结果。

（4）控制设置情况召测方法：

1）在“操作对象”选择区内选择“当前”。

2）点击“召测”按钮，召测完成后直接显示召测结果。

【思考与练习】

1. 简要说明营业报停控制流程。

2. 根据任务，操作人员进行营业报停控制操作。

模块 8 用电信息采集与监控系统传票使用（ZY2000403008）

【模块描述】本模块包含用电信息采集与监控系统的传票管理的内容。通过功能介绍和步骤讲解，掌握系统中传票的作用、分类与应用范围，掌握传票操作的方法。

【正文】

一、传票介绍

传票功能是各部门岗位之间进行信息交互的手段，常用于流程交互。

传票分系统传票和异常传票。系统传票又分为业务受理单传票和业务告知单传票：业务受理单传票主要是用于营销业扩流程中涉及与用电信息采集与监控系统有关的流程交互的操作；业务告知单传票主要是用于营销业扩业务的告知。异常传票主要用于用电信息采集与监控系统通知与营销部门有关的异常发生，进行处理。

二、传票操作

1. 业务受理单传票

在主界面上选择“系统管理”→“系统传票管理”菜单，出现如图 ZY2000403008-1 所示界面。

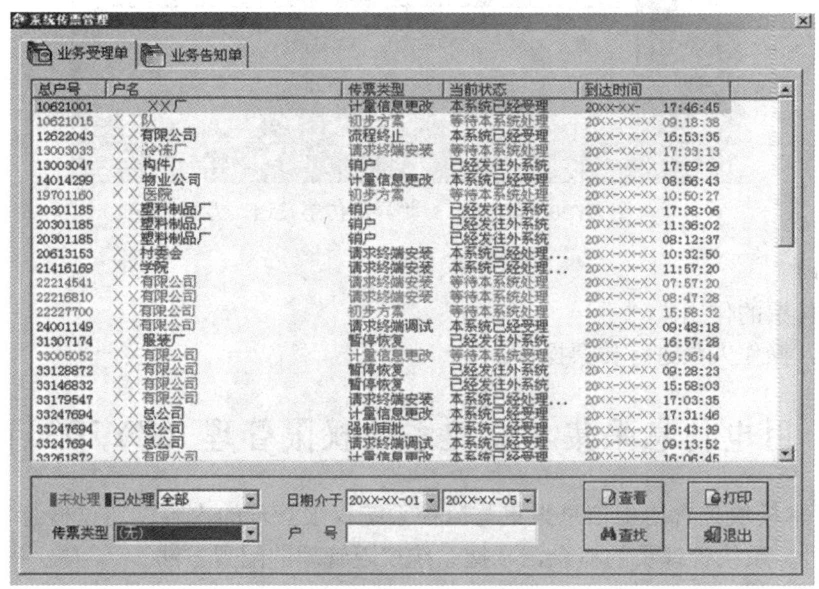

图 ZY2000403008-1　系统传票管理

在界面上选择相应的时间后点击“查找”按钮，系统会自动列出该时间段的业务受理单，双击需要操作的传票或者点击“查看”按钮，接下来按照提示可对其进行相应的受理操作。

2. 业务告知单传票

在主界面上选择“系统管理”→“系统传票管理”菜单，然后打开“业务告知单”选项卡，如图 ZY2000403008-2 所示。

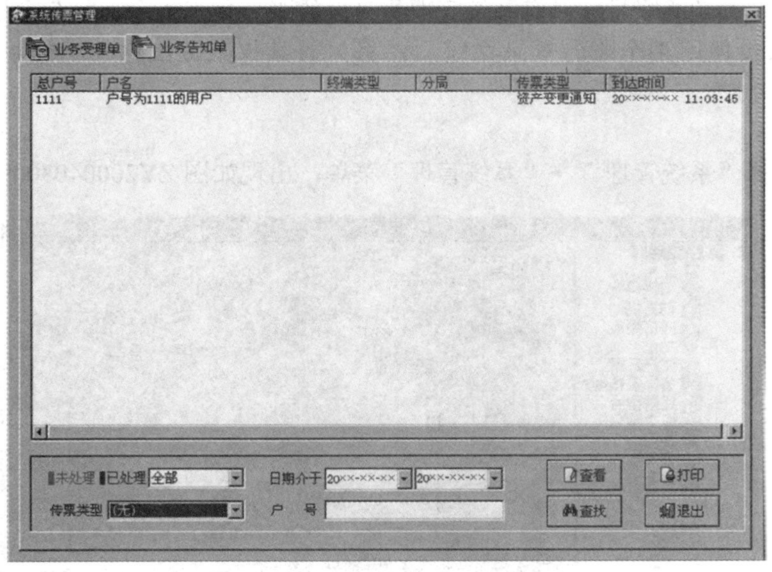

图 ZY2000403008-2　“业务告知单”选项卡

在界面上选择相应的时间后点击“查找”按钮，系统会自动列出该时间段的业务告知单，双击需要操作的传票或者点击“查看”按钮，就会显示业务告知单的详细内容。业务告知单不需要受理。

3. 异常传票

在主界面上选择“系统管理”→“异常传票发送”菜单，打开如图 ZY2000403008-3 所示界面。按照异常传票的要求填写内容，然后点击“发送”按钮即可。

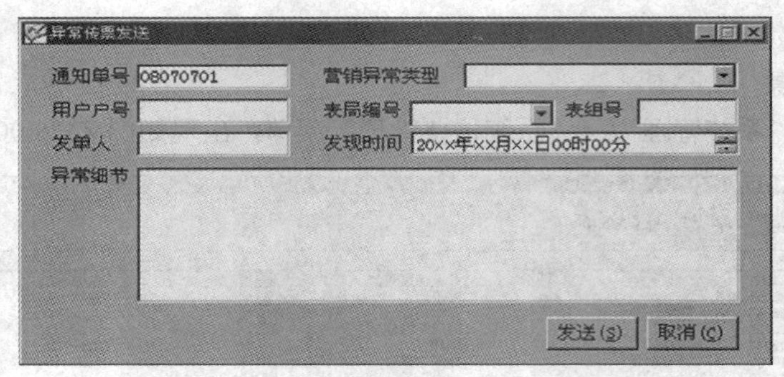

图 ZY2000403008-3 “异常传票发送”界面

【思考与练习】

1. 简要说明传票的作用。
2. 根据任务，操作人员进行传票操作。

模块 9 用电信息采集与监控系统权限管理（ZY2000403009）

【模块描述】本模块包含用电信息采集与监控系统权限管理的内容。通过概念描述和步骤讲解，掌握账号、组账号、系统管理员的概念，掌握系统权限管理的配置方法。

【正文】

一、权限管理

权限管理是指为每一个操作人员或每一类操作人员分配不同的对该系统操作的权限。在权限管理中使用到账号、组账号、系统管理员等概念。

账号是登录用电信息采集与监控系统的操作员名和密码，并具有一定的操作权限。

组账号是一组操作权限的集合。账号可以隶属于某个组账号，此时，该账号的实际权限是其本身权限以及归属组账号权限的并集。

系统管理员是一种超级账号，具有系统管理员身份的账号具有该系统所有操作权限。

系统的操作人员使用某个账号登录系统后，将只有其权限范围内的功能可见，其他功能将被隐藏。

二、账号管理

在主界面上选择“系统管理”→“系统管理”菜单，出现如图 ZY2000403009-1 所示界面。

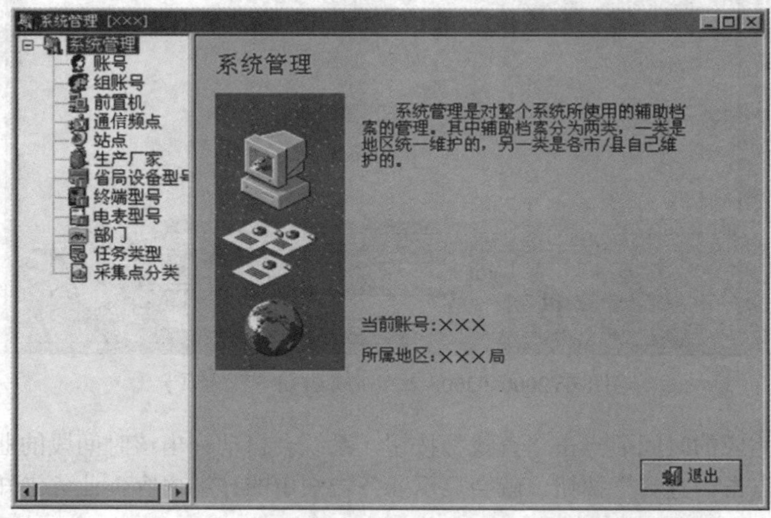

图 ZY2000403009-1 系统管理

接下来点击对象列表中的账号，出现如图 ZY2000403009-2 所示界面。

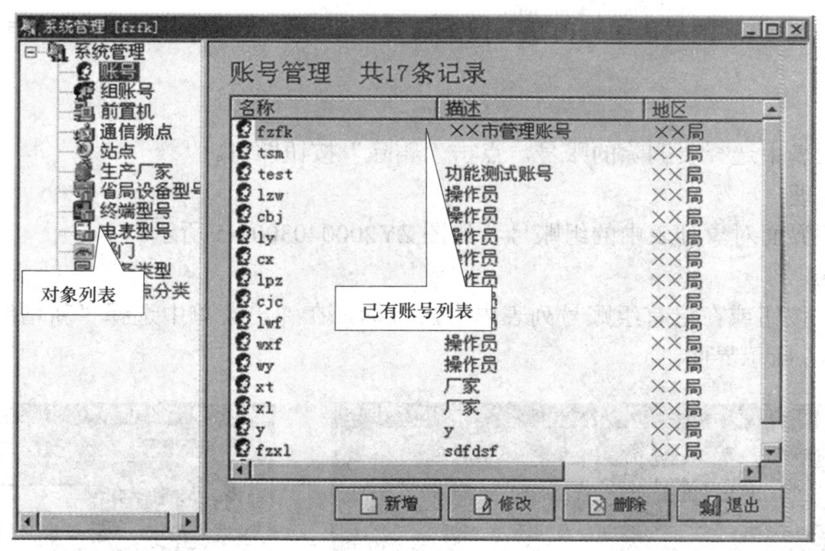

图 ZY2000403009-2 账号管理

1. 新增账号

点击“新增”按钮，或在已有账号列表中右击鼠标，在弹出菜单中选择“新增”选项，出现如图 ZY2000403009-3 所示界面。

（1）在“常规”选项卡界面内，系统管理员可以输入新增账号的名称、初始密码以及此账号的一些附加属性。

“所属岗位”是用于内部传票处理的属性，某个账号只可受理当前流转至其所属岗位的传票。

“所属部门”是用来联系操作员与用户（终端）的中介，操作人员登录系统后，只可见与其所属部门相匹配的用户（终端）。

（2）“组账号”选项卡界面如图 ZY2000403009-4 所示。在“组账号”和“操作权限”选项卡中设置其所具有的权限，该账号的实际权限将是两者之和。点击“确定”按钮，此新增账号权限分配完成，新增账号也完成。

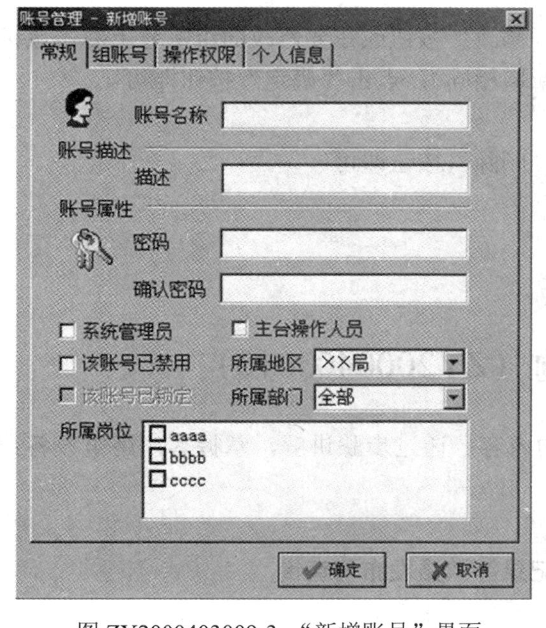

图 ZY2000403009-3 “新增账号”界面

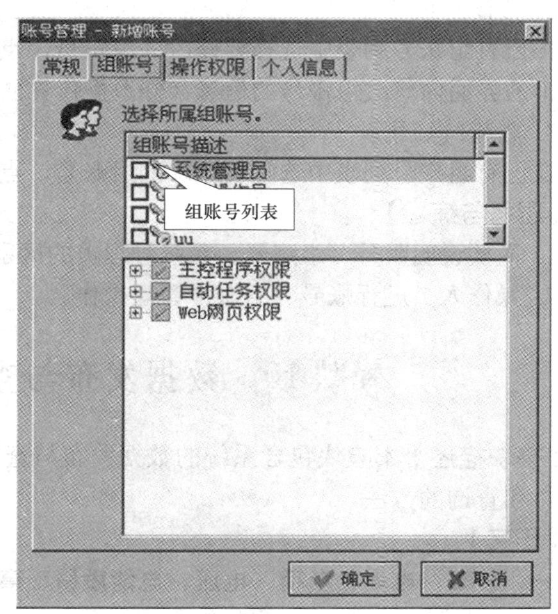

图 ZY2000403009-4 “组账号”选项卡

2. 修改账号

在已有账号列表中选择要修改的账号，点击“修改”按钮，或对此账号右击鼠标，选择弹出菜单中的“修改账号”。在出现的界面中修改账号信息后（修改操作界面与新增相同），点击“确定”按钮即可。

3. 删除账号

在已有账号列表中选择要删除的账号，点击“删除”按钮即可。

三、组账号管理

点击系统管理界面对象列表中的组账号，如图 ZY2000403009-5 所示。

1. 新增组账号

点击“新增”按钮或在已有组账号列表内右击鼠标，在弹出菜单中选择“新增组账号”，出现如图 ZY2000403009-6 所示界面。

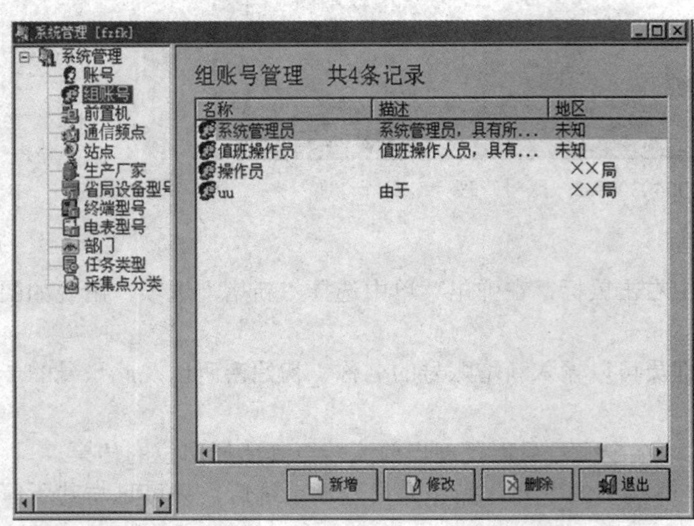

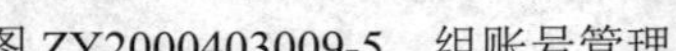
图 ZY2000403009-5 组账号管理

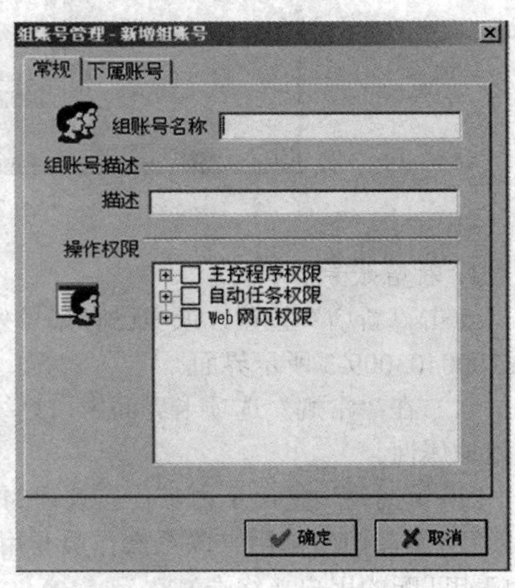

图 ZY2000403009-6 新增组账号

输入组账号名称和描述，在操作权限列表中选择此组账号的权限，然后在下属账号中选择属于该组的账号，点击“确定”按钮即可。

2. 修改组账号

在已有组账号列表中选择要修改的组账号，点击“修改”按钮或在要修改的组账号上右击鼠标，在弹出的界面内修改组账号的信息（修改操作界面与新增相同），点击“确定”按钮即可。

3. 删除组账号

在已有组账号列表中选择要删除的组账号，点击“删除”按钮即可。

【思考与练习】

1. 简要说明账号、组账号、系统管理员的区别。
2. 操作人员进行账号、组账号管理操作。

模块10 数据发布与查询（ZY2000403010）

【模块描述】本模块包含系统的数据发布与查询的内容。通过步骤讲解，掌握客户用电设备数据的发布和查询的方法。

【正文】

一、抄表、电量、负荷、电压、电能质量、事件记录等数据发布与查询

（一）抄表数据

1. 单个终端查询

单个终端的电表抄表数据查询与数据采集设置和维护中的随机召测的界面和操作步骤相同，就是此处选择抄表数据项和点击“查询”按钮。

2. 成批数据查询与发布

在主界面上选择“数据管理”→“综合报表”菜单，出现如图 ZY2000403010-1 所示界面。在此界面内，选择“电表数据报表”和报表中包含的终端范围。选择好后，点击“预览”按钮，出现如图 ZY2000403010-2 所示界面。

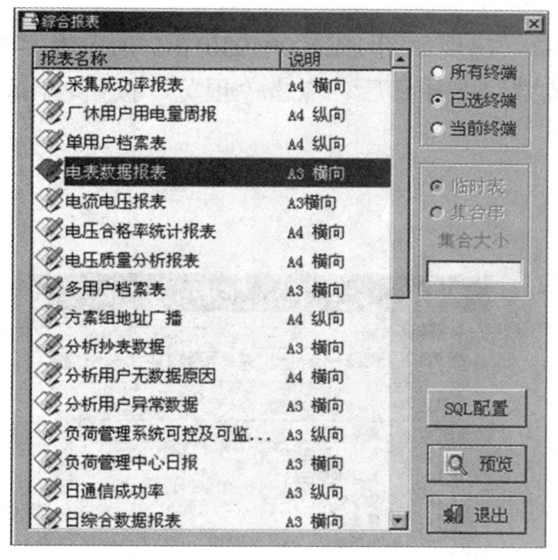

图 ZY2000403010-1　综合报表

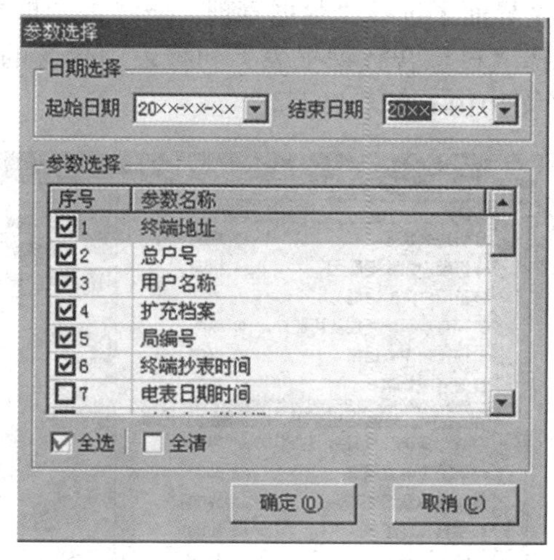

图 ZY2000403010-2　参数选择

然后选择报表需要的列，点击“确定”按钮，则会出现 Excel 格式的报表，可以进行另存和打印。

（二）电量数据

1. 单个终端查询

单个终端的电表抄表数据查询与数据采集设置和维护中的随机召测的界面和操作步骤相同，只是这里选择与电量有关的数据项和点击“查询”按钮。

2. 成批数据查询与发布

在主界面上选择“数据管理”→“综合报表”菜单，出现如图 ZY2000403010-3 所示界面。在此界面内，选择“日综合数据报表”和报表中包含的终端范围。选择好后，点击“预览”按钮，出现如图 ZY2000403010-4 所示界面。

图 ZY2000403010-3　综合报表

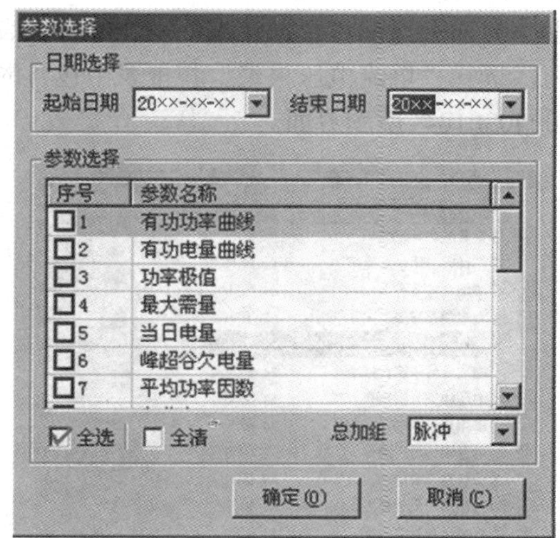

图 ZY2000403010-4　参数选择

选择报表需要的电量数据（如有功电量曲线、当日电量等），点击“确定”按钮，则会出现 Excel 格式的报表，可以进行另存和打印。

（三）负荷数据

1. 单个终端查询

单个终端的电表抄表数据查询与数据采集设置和维护中的随机召测的界面和操作步骤相同，只是这里选择与负荷有关的数据项和点击“查询”按钮。

2. 成批数据查询与发布

在主界面上选择“数据管理”→“综合报表”菜单，出现如图 ZY2000403010-5 所示界面。在界面内选择“日综合数据报表”和报表中包含的终端范围。选择好后，点击“预览”按钮，出现如图 ZY2000403010-6 所示界面。

图 ZY2000403010-5　综合报表

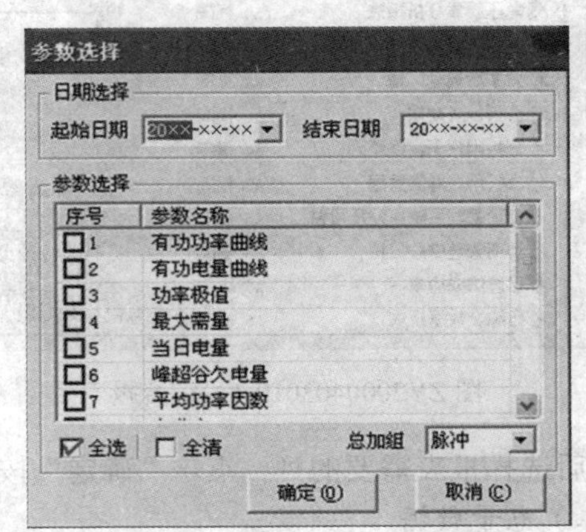

图 ZY2000403010-6　参数选择

然后选择报表需要的负荷数据（如有功功率曲线、功率极值等），点击“确定”按钮，则会出现 Excel 格式的报表，可以进行另存和打印。

（四）电压数据

1. 单个终端查询

单个终端的电表抄表数据查询与数据采集设置和维护中的随机召测的界面和操作步骤相同，只是这里选择与负荷有关的数据项和点击“查询”按钮。

2. 成批数据查询与发布

在主界面上选择“数据管理”→“综合报表”菜单，出现如图 ZY2000403010-7 所示界面。在此界面内，选择“电流电压报表”和报表中包含的终端范围。选择好后，点击“预览”按钮，出现如图 ZY2000403010-8 所示界面。

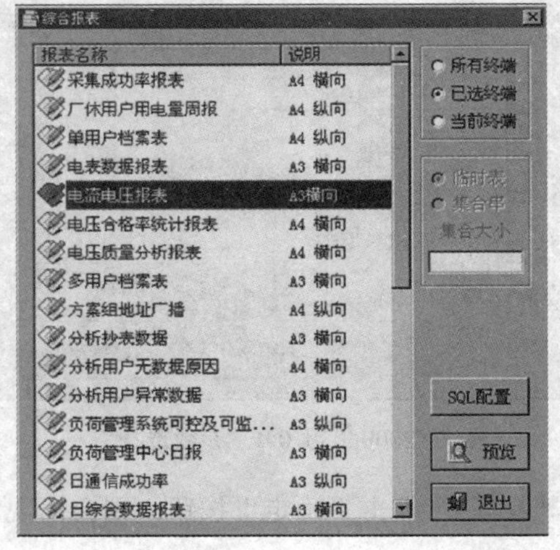

图 ZY2000403010-7　综合报表

图 ZY2000403010-8　参数选择

然后选择日期，点击“确定”按钮，则会出现 Excel 格式的报表，可以进行另存和打印。

（五）电能质量数据

在主界面上选择“数据管理”→“日数据分析”菜单，出现如图 ZY2000403010-9 所示界面。

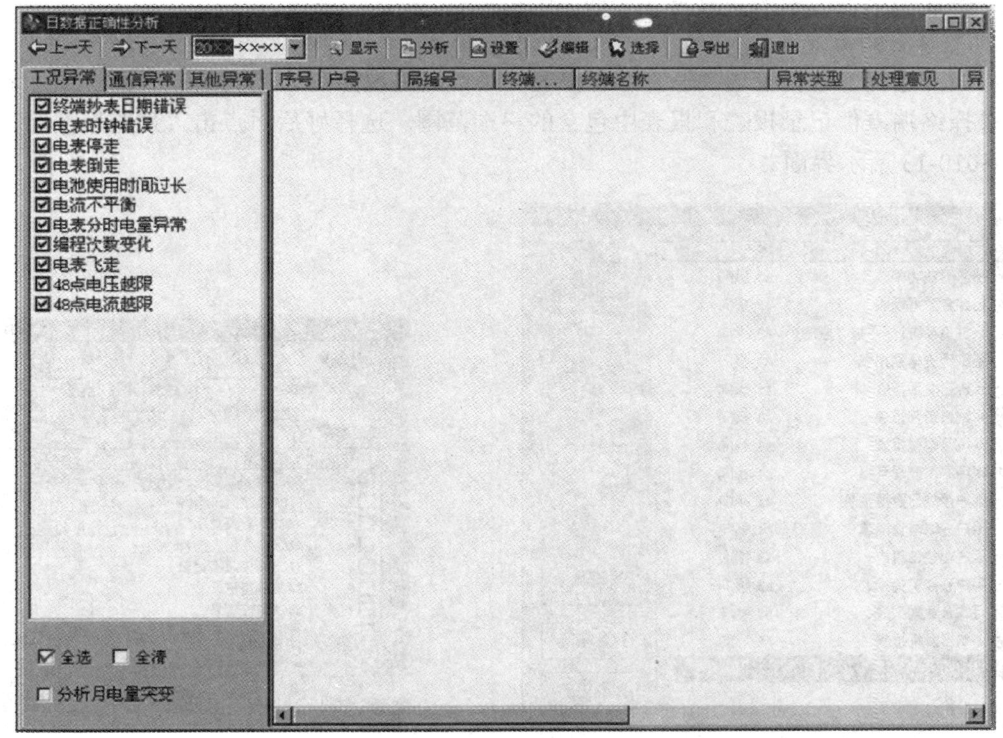

图 ZY2000403010-9　日数据正确性分析

在分析项目列表中选择“电流不平衡”、“48 点电压越限”、“48 点电流越限”等分析项目，点击“设置”按钮，出现如图 ZY2000403010-10 所示界面。在此界面内输入判断数据工确性的条件，点击“确定”按钮退出。

选择要分析的数据的日期，点击“分析”按钮，出现如图 ZY2000403010-11 所示界面。

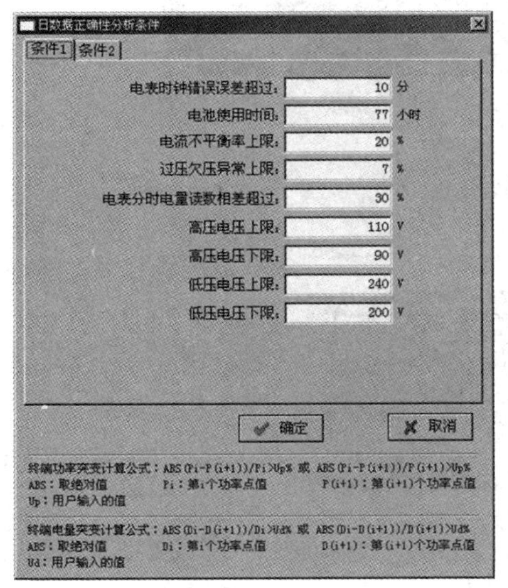

图 ZY2000403010-10　日数据正确性分析条件

图 ZY2000403010-11　日数据正确性分析

当数据分析完成后，在此界面内，操作员可以直接查看各个终端的分析结果。如果要导成 Excel 报表，点击“导出”按钮即可。

（六）事件记录数据

1. 单个终端查询

单个终端的电表抄表数据查询与数据采集设置和维护中的随机召测的界面和操作步骤相同，只是这里选择“事件记录”选项卡和点击“查询”按钮。

2. 成批数据查询与发布

在主界面上选择“数据管理”→“综合报表”菜单，出现如图 ZY2000403010-12 所示界面。在此界面内，选择终端事件记录报表和报表中包含的终端范围。选择好后，点击“预览”按钮，出现如图 ZY2000403010-13 所示界面。

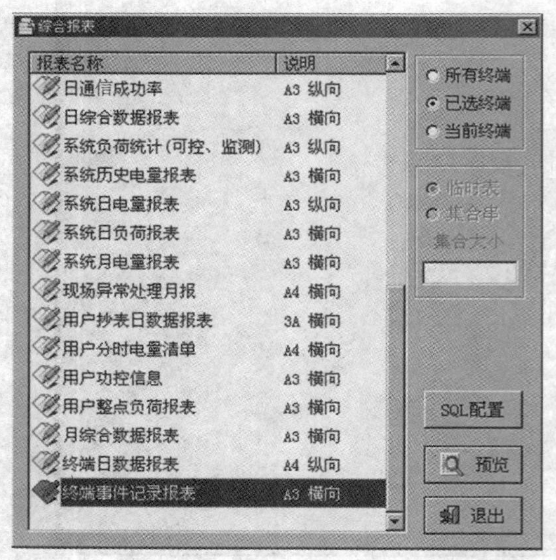

图 ZY2000403010-12　综合报表

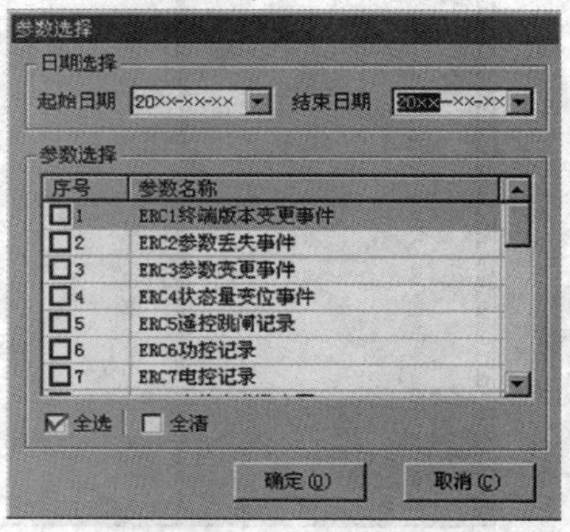

图 ZY2000403010-13　参数选择

选择日期和需要导出的事件记录，点击“确定”按钮，则会出现 Excel 格式的报表，可以进行另存和打印。

二、计量装置异常数据发布与查询

在主界面上选择“数据管理”→“日数据分析”菜单，出现如图 ZY2000403010-14 所示界面。

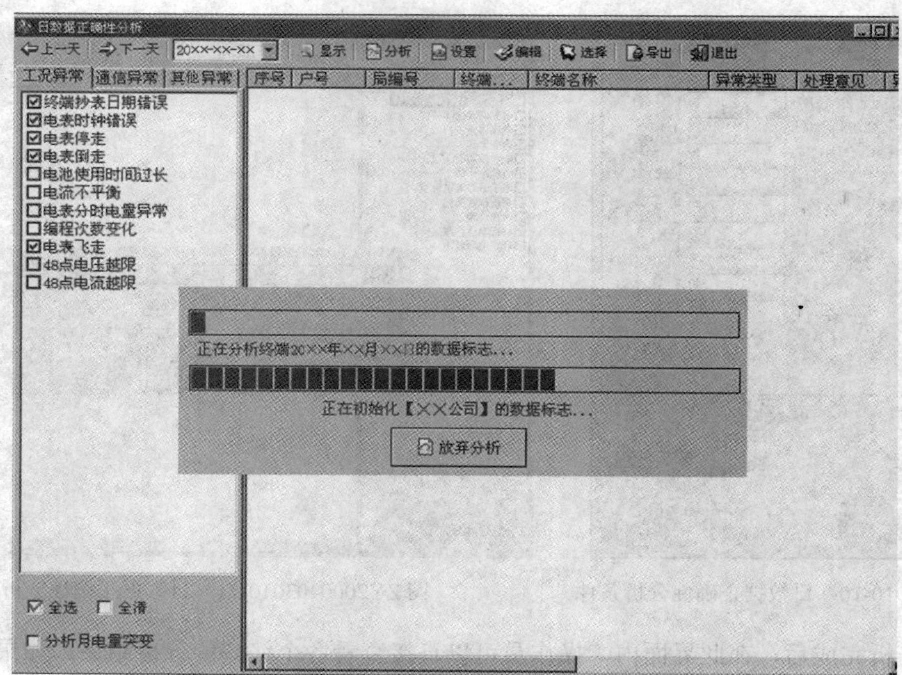

图 ZY2000403010-14　日数据正确性分析

在分析项目列表中选择“终端抄表日期错误”、“电表时钟错误”、“电表停走”、“电表倒走”、“电表飞走”等分析项目，点击“设置”按钮，出现如图 ZY2000403010-15 所示界面。在此界面内输入判断数据正确性的条件，点击“确定”按钮退出。选择要分析的数据的日期，点击“分析”按钮，出现如图 ZY2000403010-16 所示界面。

当数据分析完成后，在此界面内，操作人员可以直接查看各个终端的分析结果。如果要导成 Excel 报表，点击“导出”按钮即可。

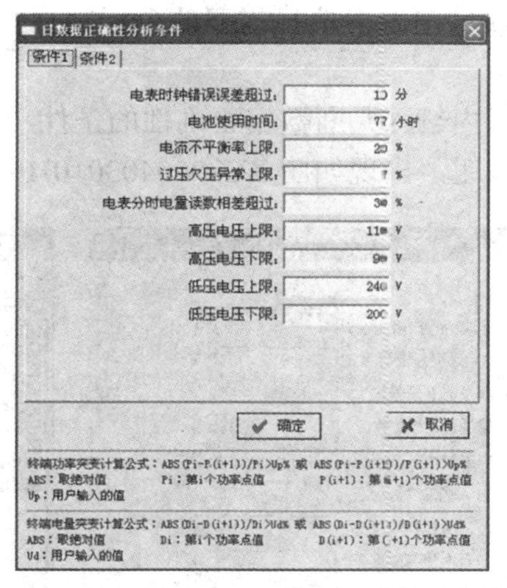

图 ZY2000403010-15　日数据正确性分析条件

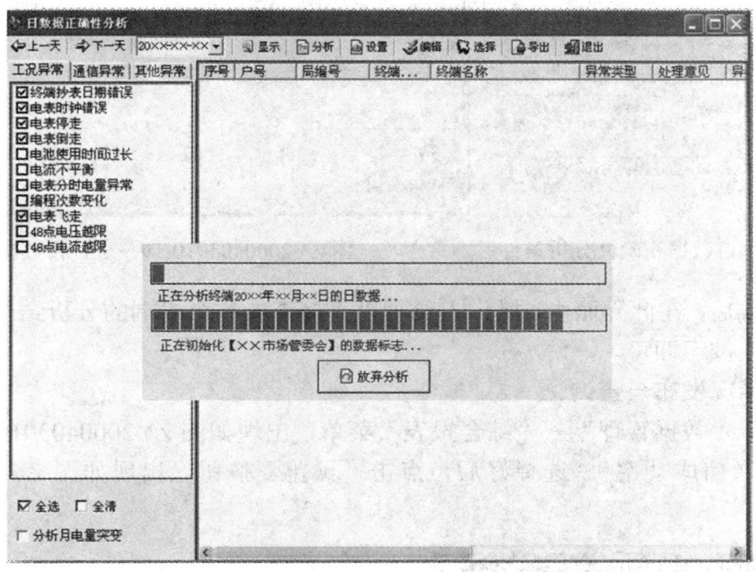

图 ZY2000403010-16　进行日数据正确性分析

三、用电异常数据发布与查询

在主界面上选择“数据管理”→“日数据分析”菜单，出现如图 ZY2000403010-17 所示界面。

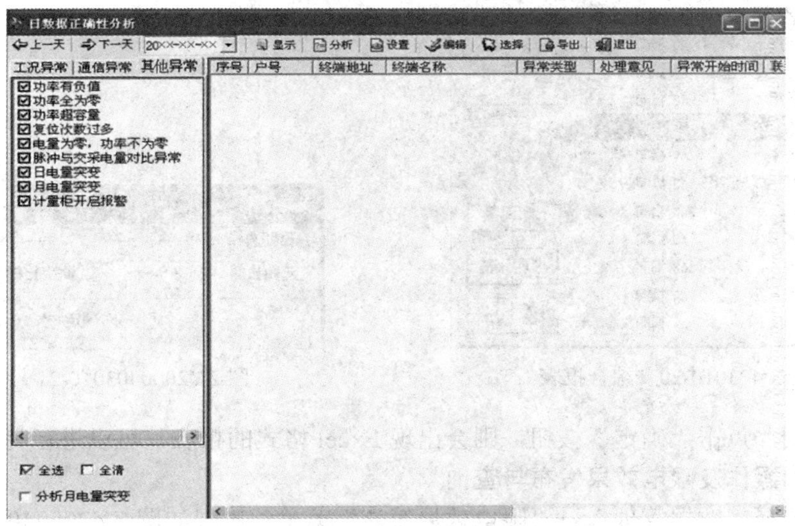

图 ZY2000403010-17　日数据正确性分析

在分析项目列表中选择需要的分析项目，点击“设置”按钮，出现如图 ZY2000403010-18 所示界面。

在此界面内输入判断数据正确性的条件，点击“确定”按钮退出。选择要分析的数据的日期，点击“分析”按钮，出现如图 ZY2000403010-19 所示界面。

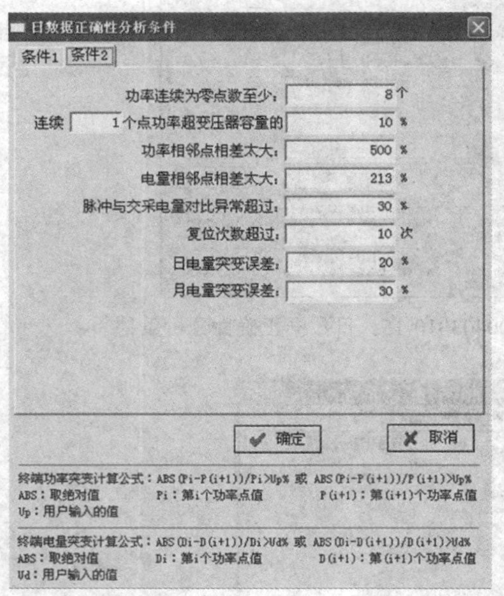

图 ZY2000403010-18　日数据正确性分析条件

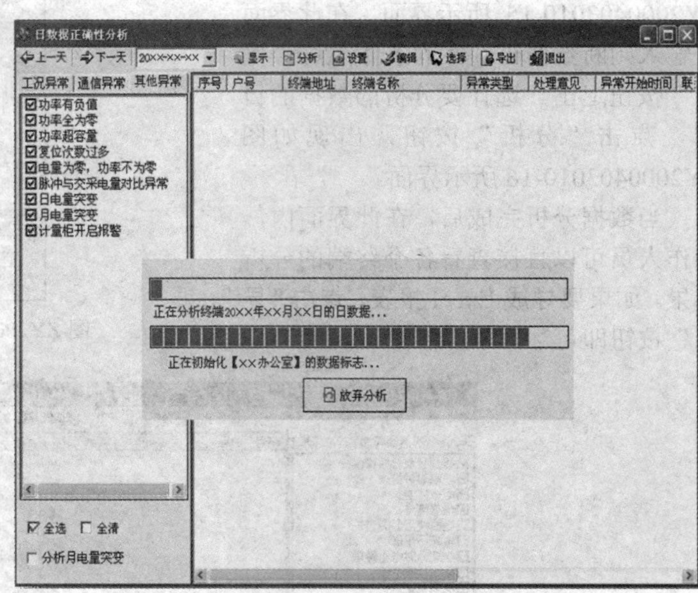

图 ZY2000403010-19　进行日数据正确性分析

当数据分析完成后，在此界面内，操作人员可以直接查看各个终端的分析结果。如果要导成 Excel 报表，点击“导出”按钮即可。

四、数据采集情况发布与查询

在主界面上选择“数据管理”→“综合报表”菜单，出现如图 ZY2000403010-20 所示界面。在此界面内，选择“日通信成功率”。选择好后，点击“预览”按钮，出现如图 ZY2000403010-21 所示界面。

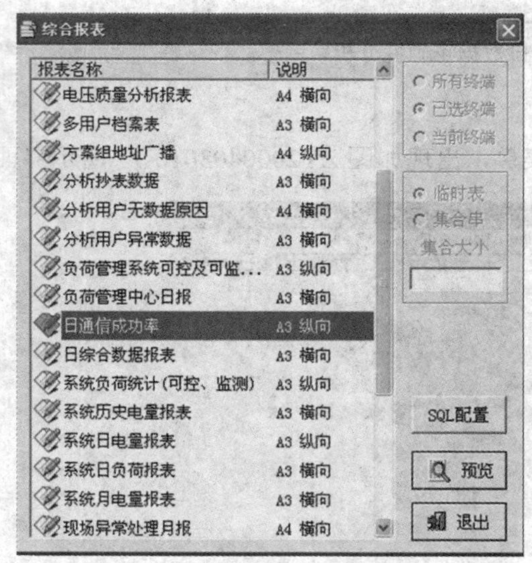

图 ZY2000403010-20　综合报表

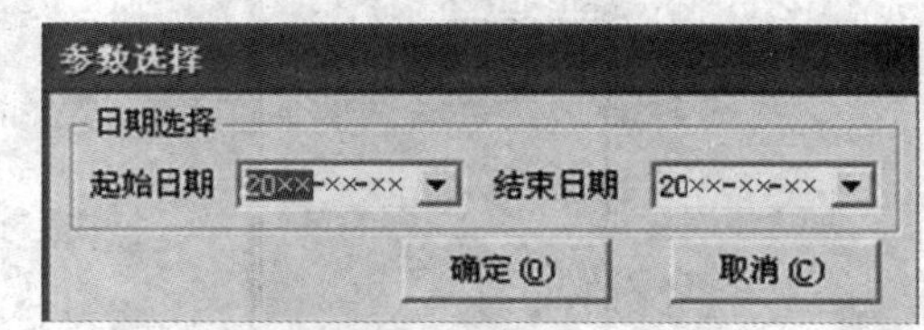

图 ZY2000403010-21　参数选择

然后选择日期，点击“确定”按钮，则会出现 Excel 格式的报表，可以进行另存和打印。

五、负荷控制操作及限电效果发布与查询

在主界面上选择“数据管理”→“限电效果统计”菜单，出现如图 ZY2000403010-22 所示界面。

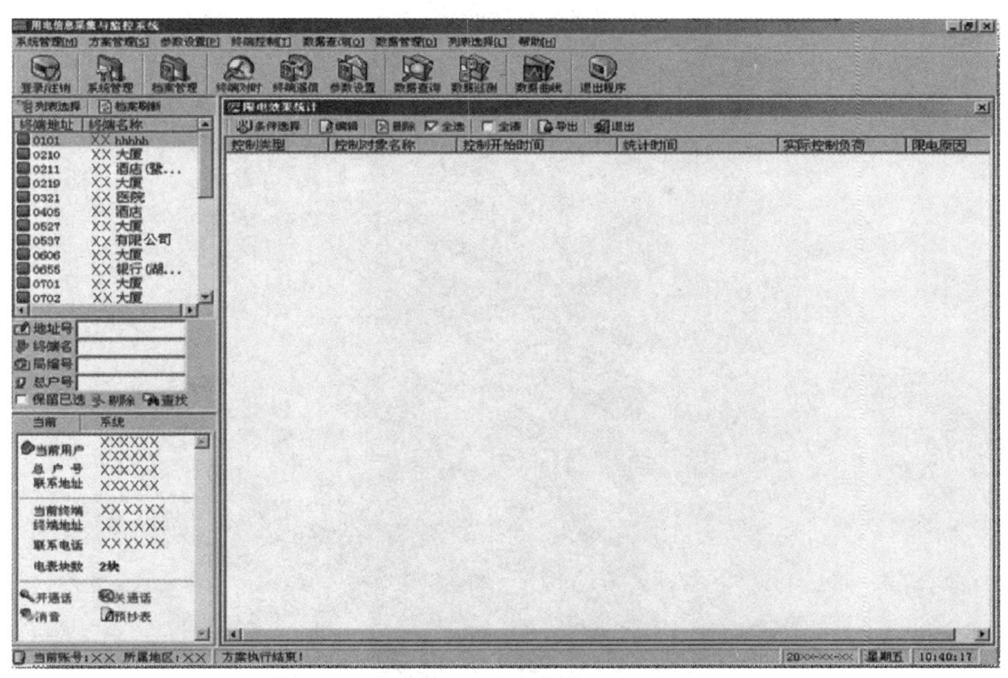

图 ZY2000403010-22　限电效果统计

点击“条件选择”，出现如图 ZY2000403010-23 所示界面。输入限电效果统计的条件，点击“确定”按钮。

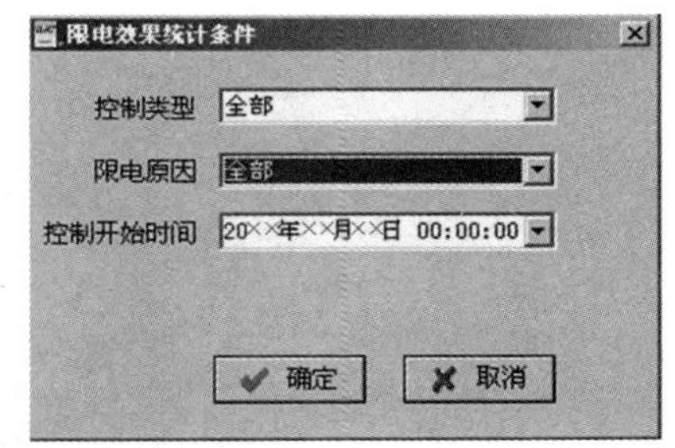

图 ZY2000403010-23　限电效果统计条件选择

点击“开始”按钮，开始统计限电效果，统计完成后，在此界面内可查看统计结果。如果需要导成 Excel 报表，点击“导出”按钮即可。

【思考与练习】

1. 操作人员可进行采集数据及统计分析数据的查询与发布实际操作。

2. 简述用电异常数据发布与查询操作。

第五部分

终端设备安装调试及维护

第十二章 专业仪表使用

模块1 功率计的使用（ZY2000501001）

【模块描述】本模块包含功率计的操作使用。通过功能介绍、步骤讲解和要点归纳，掌握功率计的使用方法及其注意事项。

【正文】

一、用途

功率计是营销管理专业常用的专业仪表，能测量电台发射功率、反射功率、驻波比等参数，并根据测量的数据掌握电台和天线的工作状况。

二、结构和工作原理

功率计工作频率较高，内部元件采用分布参数设计，当拆卸而触摸内部元件会产生误差。电路在出厂时已完全调整好，不能用一般的检测仪表调整。

在使用SSB模式（PEP MONI）时，由于受RC回路时间常数的影响，通常只表示峰值功率的70%～90%。

不同型号的功率计工作频率范围有所差别，但电能专业采用SX-200、SX-400、W540和RS502型号的功率计可以满足现场要求。

虽然功率计型号较多，但功能、操作基本相同，下面以SX系列功率计为例进行介绍，SX系列功率计外观如图ZY2000501001-1所示。

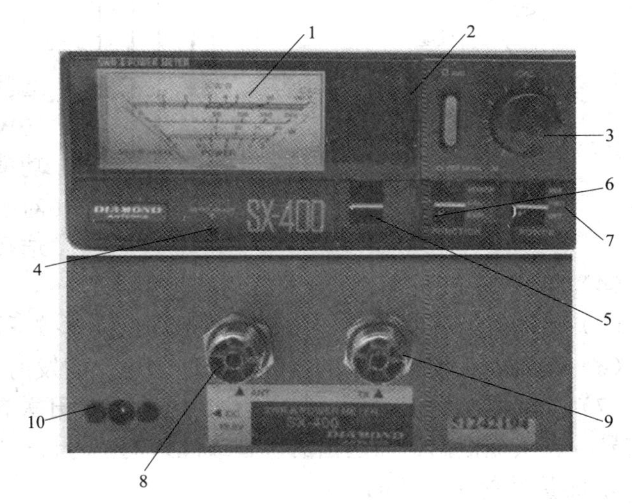

图ZY2000501001-1 功率计外观

1—表头；2—AVG平均值/PEP MONI峰值开关；3—CAL；4—METER ADJUST；5—RANGE；6—FUNCTION；7—POWER；8—ANT；9—TX；10—电源插口

（1）表头。表头是测量各种数据的指示单元，与各功能挡位配合使用。从上往下数第一、二排表示驻波比参数，起始刻度为1，H/L表示在不同功率下的驻波比的刻度。第三排及以下是测量功率的刻度，与RANGE（量程开关）配合使用。

（2）AVG平均值/PEP MONI峰值开关。该开关是一个推拉开关，开关处于弹出位置时，表头显示功率的平均值；开关处于压下位置时，表头按比例显示功率的峰值（SSB）。

（3）CAL（调节旋钮）。当测量驻波比时，需要通过CAL对仪表进行校准，使测量的数值符合要求。

（4）METER AUJUST（仪表零位调节旋钮）。仪表因运输、振动等原因造成表头的指针偏离零位时，用平头螺钉旋具调节该旋钮，使指针至零位。对于初次使用的表计，都要检查仪表的零位指示是否正确。

（5）RANGE（量程开关）。根据需要可以选择5、20、200W三个量程挡。

（6）FUNCTION（功能开关）。可选择功率测量（POWER）、驻波比测量前校零（CAL）和驻波比（SWR）测量挡。

（7）POWER（功率测量开关）。可选择正向（FWD）功率和反射（REF）功率挡。

（8）ANT（天线）。用于表计与天线的连接口。

（9）TX（收发设备）。用于表计与电台的连接口，一般采用 50Ω的同轴电缆把 TX 端与收发设备的输出端连接起来。

（10）DC13.8V（外接电源插口）。仪表照明用电源插口，在 11～15V 的直流电压范围内使用，主要供仪表工作时照明。仪表不使用照明电源也能正常工作。

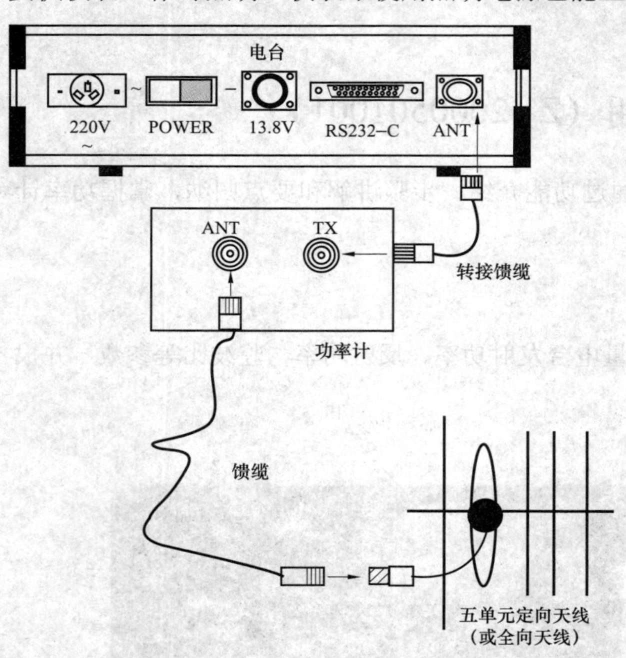

图 ZY2000501001-2 功率计的连接

三、SWR 功率计的操作步骤

1. 仪器的连接

将终端电台与天线断开，用 50Ω同轴电缆将功率计背部 TX 孔与负控终端电台输出连接，ANT 孔与天线的同轴电缆连接，如图 ZY2000501001-2 所示。

2. 测量发射功率（FWD）

将仪表按要求连接，并检查表计外观和零位指示是否正常后进行如下操作：

（1）FUNCTION 开关置于 POWER 位置。

（2）POWER 开关置于 FWD（发射功率）位置。

（3）RANGE 开关根据设备的输出功率大小选择适当的位置（如终端的输出功率一般小于 10W，则将开关选择在 20W 挡；主站设备的输出功率约为 25W，则将功能开关选择在 200W 挡。对于部分设备输出功率的大小不能确定时，尽量选择最大功率挡，再根据实测结果进行调整）。

（4）将 AVG/PEP MONI 开关置于弹出位置。

（5）启动终端强制通话，使通话指示灯点亮，按下通话 PTT 按键，使电台发出载波。

（6）读取表头相应挡位的指针指示即为电台的发射功率的平均值。

（7）如要测量峰值功率，将 AVG/PEP MONI 开关置于压下位置，按下通话 PTT 按键并喊话或注入信号，表头能根据话筒送出的声音或注入的信号进行同步指示，并按比例显示功率。

3. 测量反射功率（REF）

（1）FUNCTION 开关置于 POWER 位置。

（2）POWER 开关置于 REF 位置。

（3）RANGE 开关选择适当的功率位置（由于不知道反射的大小，此挡位的选择同测量发射功率时的挡位选择要求相同）。

（4）将 AVG/PEP MONI 开关置于弹出位置。

（5）启动终端强制通话，使通话指示灯点亮，按下通话 PTT 按键，使电台发出载波。

（6）读取表头相应挡位的指针指示即为电台的反射功率的平均值。

（7）表头指示数值较小时，将 RANGE 开关切换到较低挡位。

4. 测量 SWR（驻波比）

（1）FUNCTION 开关置于 CAL 位置。

（2）CAL 旋钮逆时针方向调到最小位置。

（3）按下通话按键，使电台发出载波，顺时针调节 CAL 旋钮，使表头指针指在"∇"位置。

（4）FUNCTION 开关切换到 SWR 位置，表头示数即为天线的驻波比。

需要说明的是，表头 SWR 量程分 H、L 两挡，发射功率小于 5W 时读 L 量程的读数，发射功率大于 5W 时读 H 量程的读数。

5. 测量数据分析

用功率计可以对电台和天馈线系统进行参数测定，对设备的运行质量进行检查，发射功率的大小反映电台本身的运行质量，通过与出厂数据对比或测定数值分析（同类设备的发射功率在数值上比较接近），即可确定其工况。反射功率的大小反映电台与天馈线之间的匹配程度或天线所处环境是否符合要求，测量的反射功率小，则天线的效率高，电台发射的功率全部由天线辐射出去，天馈线处于理想状态的，反之说明有部分电波从天线返回，使天线的输送效率下降，说明天馈线存在问题需要处理。由于反射功率的大小不能反映其真实信息（如 8W 设备的反射功率和 50W 设备的反射功率相同，此时反射功率的数值不能反映天馈线的效率），所以引入驻波比 SWR 参数，SWR 和反射功率的关系见表 ZY2000501001-1。

表 ZY2000501001-1　　SWR 和反射功率对照表

SWR 值	1	1.1	1.2	1.5	2.0	2.5	3
反射功率（%）	0	0.22	0.8	4.0	11.1	18.4	25

驻波比（SWR）的值也可以用下式计算

$$\mathrm{SWR}=\frac{\sqrt{P_{\mathrm{F}}}+\sqrt{P_{\mathrm{R}}}}{\sqrt{P_{\mathrm{F}}}-\sqrt{P_{\mathrm{R}}}} \quad (\text{ZY2000501001-1})$$

式中　P_{F}——发射功率；

P_{R}——反射功率。

注意：由于二极管的非线性，使仪表在测量功率时产生读数误差，SWR 的表头读数与理论计算值有可能不同。遇此情况，以计算值为准。

驻波比 SWR 的值大于 1.2 时，应考虑馈线、天线质量及接头连接是否良好，可用万用表进一步检查回路的导通和馈线的绝缘情况，还应考虑天线周围的环境影响。

6. 用功率计判别天馈线故障举例

先将功率计的 TX 端接测试电台，ANT 端接标准负载，接线如图 ZY2000501001-3 所示。

若驻波比大于 1.5，则电台的输出阻抗不匹配，需将电台返厂维修；若驻波比小于 1.5，则电台无故障，再将 ANT 端用天馈线取代标准负载进行测试，测试结果及现场处理方法见表 ZY2000501001-2。

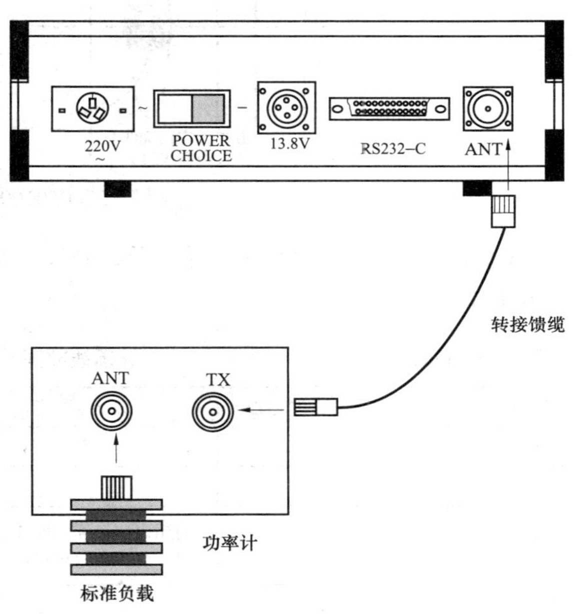

图 ZY2000501001-3　功率计接标准负载测试电台

表 ZY2000501001-2　　天馈线驻波比及现场处理方法

天馈线驻波比 SWR	现　场　情　况	可　能　故　障	处　理　方　法
＜1.5	距离近，无阻挡	天线坏，增益下降	更换天线
	距离远或有阻挡	场强太小	升高天线
1.5＞SWR＞全反射		天馈线坏或开路	需进一步检查
全反射		天馈线短路	需进一步检查

由表 ZY2000501001-2 可知，当天馈线驻波比大于 1.5 时，可判定天馈线有故障。但需进一步确定是天线还是馈线故障，此时，按下述方法进行现将测试：将功率计串入馈线和天线之间，TX 端接馈线，ANT 端先后接入标准负载和天线进行比较，接线示意如图 ZY2000501001-4 所示。

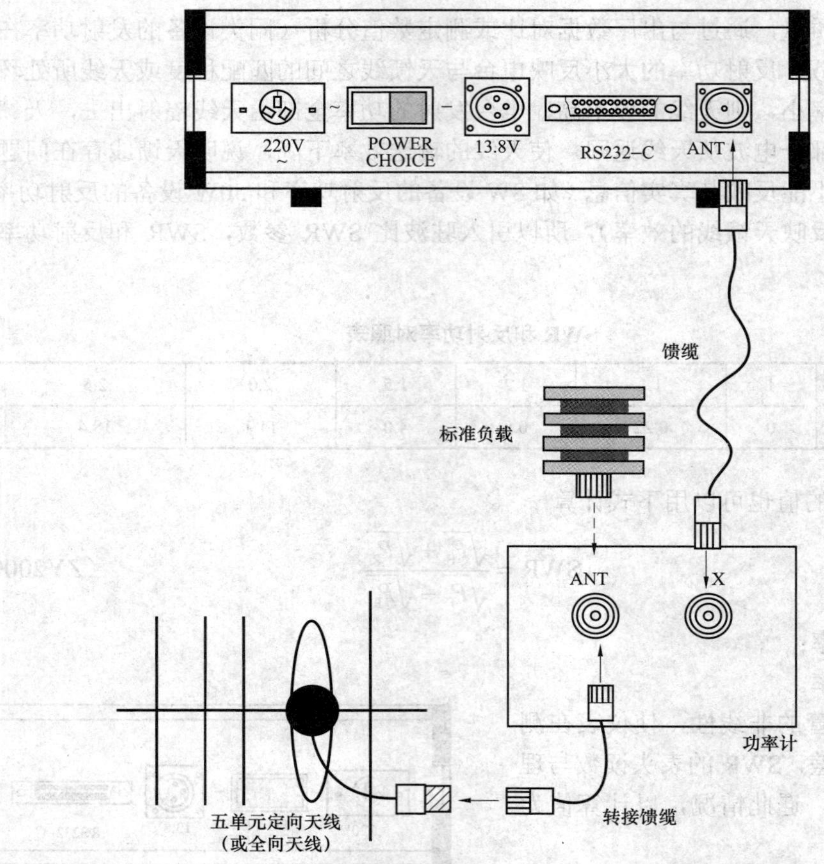

图 ZY2000501001-4 测试接线图

先接标准负载，测试完后，再接天线测试，根据测试情况进行分析，故障判断及处理方法见表 ZY2000501001-3。

表 ZY2000501001-3 天馈线故障判断和处理方法

接天线驻波比	接标准负载驻波比	进一步检查	可能故障	处理方法
＞1.5	＜1.5		天线坏	更换天线
＞1.5	＞1.5		馈线坏	更换馈线
无功率		万用表测量馈线屏蔽层和芯是否短路	不短路，馈线开路	重做电缆头
			短路，馈线短路	重做电缆头或更换馈线
全反射	＜1.5		天线短路	更换天线

四、使用注意事项

（1）使用前应检查仪器外观和指针的指示位置，并做必要的调整。

（2）连接设备前应将机器电源关闭，防止在连接过程中造成线路板局部短路。

（3）TX 和 ANT 接口不能接错。

（4）CAL 调零前先将 CAL 旋钮逆时针方向调到最小位置，防止表头偏转太大损坏。

五、日常维护事项

（1）将功率计和测试线放入专用箱包中。

（2）按仪表使用说明书要求存放。

（3）避免碰撞。

【思考与练习】

1. 功率计在用电信息采集系统中的作用是什么？

2. 叙述用功率计的测量电台的正向和反向功率过程及注意事项。

3. 驻波比的计算公式是什么？

4. 功率计在使用时的注意事项有哪些？

模块2　场强仪的使用（ZY2000501002）

【模块描述】本模块包含场强仪的操作使用。通过概念描述、步骤讲解和要点归纳，掌握电平的基本概念以及场强仪的使用方法及其注意事项。

【正文】

一、用途

射频场强分析仪（场强仪）可以测量空中无线电信号的电场强度、频率，可以为系统组网提供电磁环境检测、覆盖范围和边际场强测试，它可以方便地查找到终端“常发”故障，确定终端天线架设的最佳方位和所需的高度，是寻找干扰源的得力工具。

二、关于“电平”的概念

1. 电平

电平是通信行业的专业术语，是电路中任意两点在相同阻抗下的电功率、电压或电流的相对比值的对数，用分贝（dB）表示。功率电平的计算公式为

$$P\text{（dB）}=10\lg\text{（}P_{out}/P_{in}\text{）} \qquad \text{（ZY2000501002-1）}$$

由于 $P=U^2/R=I^2R$，可以推导出电压、电流的电平计算公式

$$U\text{（dB）}=10\lg\text{（}P_{out}/P_{in}\text{）}=10\lg(U_{out}^2/R)/(U_{in}^2/R)$$

$$=20\lg\text{（}U_{out}/U_{in}\text{）} \qquad \text{（ZY2000501002-2）}$$

$$I\text{（dB）}=10\lg\text{（}P_{out}/P_{in}\text{）}=10\lg[I_{out}^2R/(I_{in}^2R)]$$

$$=20\lg\text{（}I_{out}/I_{in}\text{）} \qquad \text{（ZY2000501002-3）}$$

2. 零电平

零电平是测量电信号时人为规定的基准（参考点），它的定义为：在600Ω纯电阻上消耗1mW的功率，其电压值为0.775V、电流值为1.29mA为电平的基准值，这个值就叫0dB。相应的将功率值为1mW、电压值为0.775V、电流值为1.29mA规定为绝对电平0dB的数值。

3. 相对电平和绝对电平

在参考电平的设定中，有相对电平和绝对电平两种，其主要区别是选取的测量参照点不同。若选取电路中任意两点电压，按照公式求得的电平为相对电平。如果选取电路中的任意一点电压，公式的分母选取零电平时的数值，则所求出的电平值为绝对电平。

4. 半功率点

在分贝数值中，除了0dB外，还有一个−3dB是必须了解的。−3dB也叫半功率点或截止频率点，在这一点上的功率恰好是正常功率的一半，电压和电流也是正常值的一半。

5. 功率电平和电压电平的换算

功率电平和电压电平的换算为

$$P_m\text{（dBm）}=P_v+10\lg\text{（}600/Z\text{）} \qquad \text{（ZY2000501002-4）}$$

$$P_v\text{（dB）}=20\lg\text{（}U/0.775\text{）}$$

从式（ZY2000501002-4）可知，零电平是在600Ω纯电阻基础上定义的，当电路阻抗为600Ω时，10lg（600/Z）=0，此时 $P_m=P_v$，即功率电平与电压电平相等。当电路阻抗不等于600Ω时，即使是同一功率，用功率电平表来测，读数是 P_m，用电压电平表来测却是 P_v，两者读数是不相等的。

电平单位转换主要用于有线通信，在无线电通信系统中，电平单位一般采用dBW（dB/W）、dBmW（dB/mW）、dBV（dB/V）、dBmV（dB/mV）和dBμV（dB/μV）等。

dBW是以1W作比较的绝对（分贝）计量单位。根据式（ZY2000501002-1）可得到10lg（1W/1W）=101gl=0（dBW）。同样，dBm即为相对于1mW的功率电平，即1mW=0dBm。由此推出

$$1\text{dBW}=10\lg\text{（1000mW/1mW）}=30\text{dBm}$$

dBV 是相对于 1V 为参考的电压分贝值。dBμV 是相对于 1μV 为参考的电压分贝值，即 1V=0dBV，1μV=0dBμV。

若场强仪测得信号电平为 20dBμV，则根据 U（dBμV）=201g（$U_{out}/I_{\mu V}$），可求得

$$U_{out}（\mu V）=\lg^{-1}[U（dB\mu V）/20]=10\mu V$$

6. 场强值和电平值的换算

场强表征了空间某点的电信号的大小，其单位是μV/m（微伏/米），也可用 dBμV/m（0dB=1μV）。测试场强值除了与所使用的仪表有关外，还和测试使用的天线有关，也就是说，在相同的场强环境下，使用同样的仪表，但所选天线不同，其表计的电场强度读数也不同。在用电信息采集与监控系统的应用中，当选用五单元定向天线时，场强值与场强仪的电平读数的关系约为

$$E（dB\mu V/m）=场强仪读数（dB/\mu V）+11dB$$

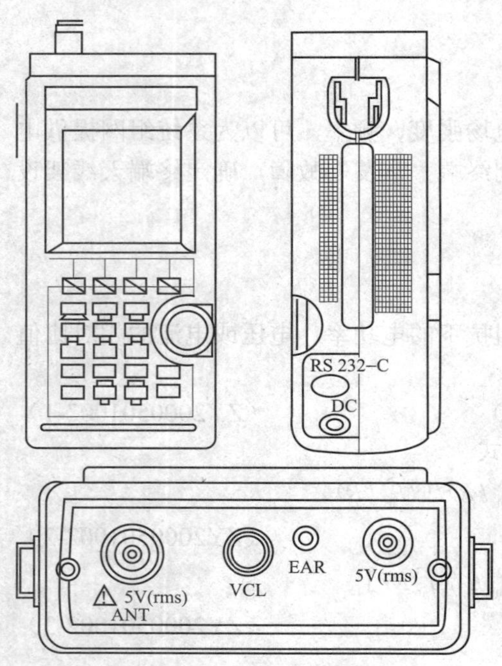

图 ZY2000501002-1 场强仪的外观

三、场强仪的结构

PROTEK3201N 场强仪外部采用塑料封装，内部采用集成电路和液晶显示器处理、显示检测到的信号，同时具有相应的输入和输出界面，满足人机会话要求。

四、Protek3201N 场强仪操作前的知识介绍

（一）开机前准备

场强仪的外观如图 ZY2000501002-1 所示。连接外部电源（或放入电池），测量电平时将天线连接到场强仪顶部的 ANT 端，测量频率时将被测信号连接到 COUNTER 端。

（二）信息输入区按键功能说明

仪器的液晶屏是信息输出区，按键是信息输入区，按键操作含义汇总见表 ZY2000501002-1。

表 ZY2000501002-1 PROTEK3201N 按键操作的说明

序号	按键名称	按键含义一	按键含义二（SHIFT 状态）
1	Run/GHz	执行频率扫描或停止频率扫描	输入频率的单位（GHz）
2	Mode/MHz	选择接收模式	输入频率的单位（MHz）
3	Sweep/kHz	选择扫描模式	输入频率的单位（kHz）
4	Marker/DEL	选择标记	可删除输入数值的前一位
5	1	输入数值“1”	开始/终止频率输入状态（START/STOP）
6	2	输入数值“2”	跨度频率输入状态（SPAN）
7	3	输入数值“3”	调节介面电平状态（LEVEL）
8	4	输入数值“4”	单信号电平表状态（SINGLE）
9	5	输入数值“5”	多信号电平表状态（MULTI）
10	6	输入数值“6”	电平单位调节状态（UNIT）
11	7	输入数值“7”	LCD 背光灯开/关状态（LCD LIGHT）
12	8	输入数值“8”	LCD 对比度调节状态（LCD CONT）
13	9	输入数值“9”	内部衰减调节状态（ATTEN）
14	0	输入数值“0”	系统菜单状态（SYSTEM）
15	.	输入小数点“.”	扬声器及按键音开/关调节状态（BUZZER）
16	Enter	确认命令	存储状态（SAVE）
17	Menu	按一次进入主菜单，按两次进入系统菜单	调出存储的波形和设置状态（LOAD）

模块 2 ZY2000501002

续表

序号	按键名称	按键含义一	按键含义二（SHIFT 状态）
18	∧∨键或	移动光标	移动数值
19	SHIFT	功能转换按钮，选择 SHIFT 模式或 3201 模式	连续按两次，标记窗口会从 CENT/SPAN 转变 START/STOP；再连续按两次，又转变回去
20	Power	电源开关	

（三）通电后显示屏窗口的会话界面说明

按 Power 键接通电源后，LCD 屏幕的显示内容如图 ZY2000501002-2 所示。

在图 ZY2000501002-2 中，按其功能可划分为以下几个窗口：图像窗口、频率输入窗口、波形窗口、参数标记窗口和静噪抑制窗口等。

1. 图像窗口

图像窗口功能键切换说明示意图如图 ZY2000501002-3 所示。

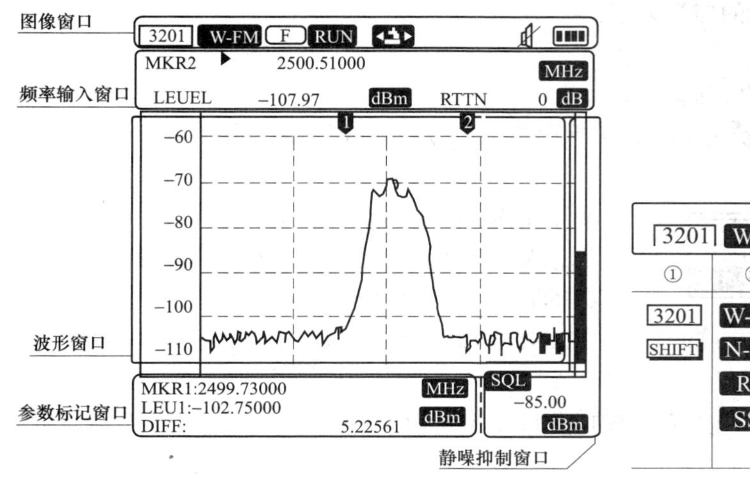

图 ZY2000501002-2　仪表显示的界面图

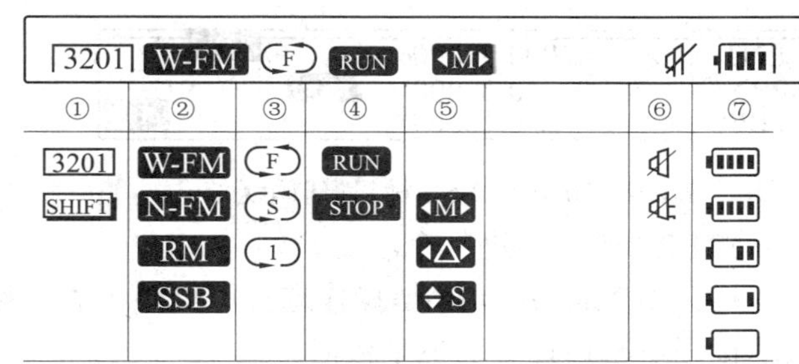

图 ZY2000501002-3　功能键切换说明图

为了方便描述，将图像窗口中的功能分成①～⑦七列，操作功能键可切换为不同状态，功能切换描述如下：

①—反复按 SHIFT 键在 3201 和 SHIFT 功能之间转换。

②—反复按 Mode/MHz 键在 W-FM、N-FM、AM、SSB 之间转换。

③—反复按 Sweep/kHz 键在连续扫描 、抑制扫描 、单次扫描 之间转换。

④—反复按 Run/GHz 键在运行扫描和停止扫描之间转换。

⑤—反复按 Marker/DEL 键在中心频率、标记 1 、标记 2 、抑制 状态之间转换。

⑥—按 SHIFT 键后，再按 • 键，在扬声器和按键蜂鸣音的开与关之间转换。

⑦—电池电量显示。

2. 频率输入窗口

频率输入窗口如图 ZY2000501002-4 所示。图中①～⑤表示的信息如下：

① CENT—表示中心频率：MKR1 表示标记 1 的频率；MKR2 表示标记 2 的频率；FCNT 表示频率计的频率。

频率输入窗口在 MKR1、MKR2、FCNT 时输入的都是中心频率，但这些频率会跟着中心频率而变化（由 SPAN 决定），SPAN 还决定步进 STEP。

② 电平数值表示所有模式下的电平数值。

③ 电平单位 dB、dBmV、dBμV。

④ 设置衰减数 dB，指示设置衰减的数值（内部的+外部的衰减值）。

⑤ 输入频率的单位。

3. 波形窗口

波形窗口示意图如图 ZY2000501002-5 所示。

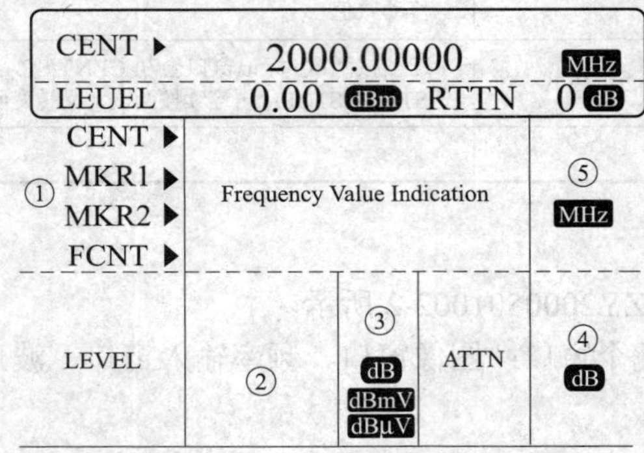

图 ZY2000501002-4 频率输入窗口

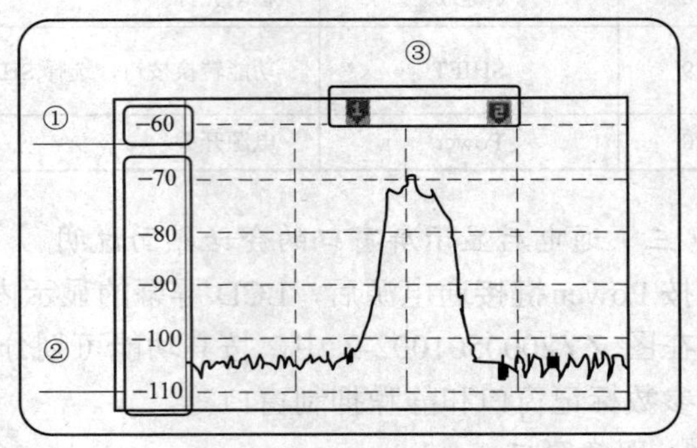

图 ZY2000501002-5 波形窗口示意图

图 ZY2000501002-5 中，①～③表示的信息如下：

①—指示参考电平的数值。

②—被测信号波形的电平数值（垂直方向）。

③—标记指示：中心频率标记、标记 1、标记 2；标记 1、标记 2 可以用∧、∨键或键调节。

CENT: 2000.00000
SPRN: 20.00000 MHz
STEP: 0.12500
SQL
−87.50 dBm

图 ZY2000501002-6 标记窗口示意图

4. 标记窗口

标记窗口示意图如图 ZY2000501002-6 所示。

CENT：表示中心频率。

SPAN：表示跨度频率。

STEP：表示步进频率。

标记由 Marker/DEL 键操作选择：MKR1 表示标记 1 的频率，LEV1 表示标记 1 电平数值，DIFF 表示标记 1 减标记 2 的电平数值。

（四）场强仪的接收模式设置

接收模式设置由 Mode/MHz 键完成，按 Mode/MHz 键可以在 W-FM、N-FM、AM、SSB 模式之间转换，图标显示在图像窗口中。

Mode/MHz 键的另一个作用是在输入频率（如 Start/Stop、SPAN、中心频率）时，作为输入单位 MHz 使用。

不同接收模式的工作方式如下：

W-FM：宽带调频，分辨率带宽 180kHz。

N-FM：窄宽调频，分辨率带宽 12.5kHz。

AM：调幅，分辨率带宽 2.4kHz。

SSB：单边带，分辨率带宽 2.4kHz。

分辨率带宽在每种接收模式下是固定的，测量系统 230MHz 专网时，选择 N-FM 窄宽调频。如果要接收调频立体声广播，则选择 W-FM 宽带调频。

（五）扫描模式

扫描模式由 Sweep/kHz 键来设置，按 Sweep/kHz 键可以在自由扫描、抑制扫描、单次扫描之间转换。

Sweep/kHz 键的另一个作用是在输入频率（如 Start/Stop、SPAN、中心频率）时，作为输入单位 kHz 使用。

(F) Free Run 扫描连续地进行，(1) Single Run 只扫描一次，(S) Squelch Run 信号比抑制电平扫描（类似于示波器的触发模式）。

当输入频率后，自由扫描将一直连续地扫描；抑制扫描是当信号电平高于抑制电平时，扫描停止，当信号电平低于抑制电平时，抑制扫描启动；单次扫描只进行一次，如果要再扫描一次，就再按一下 Run/GHz 键。

单次和连续扫描可用于信号的监测，抑制扫描可用于 230MHz 无线系统组网时的电磁环境监测，通过在设定的频率段内的连续抑制扫描功能，可以捕捉到高于设置好的抑制电平的信号，选择适当的工作频率使主站或基站的电磁环境符合要求。

（六）设置跨度（SPAN、SHIFT+2）

仪器可设置的跨度范围为 1～400MHz。当输入的跨度范围为 1～20MHz 时，仪表以 1MHz 的倍数自动调整、当输入的跨度范围为 20～400MHz 时，仪表以 20MHz 的倍数自动调整。如果输入其他数值的跨度值，则被自动设为最接近的上一挡的跨度值。

例如：输入 9.25MHz 时，跨度将被设置为 10MHz；输入 48MHz 时，跨度将被设置为 60MHz；AM、SSB、N-FM 的跨度为 1MHz、2MHz。

跨度值的设置方法：首先按 SHIFT 键，再按 2 键，然后用数字键输入频率值，然后用 Run/GHz 键或 Mode/MHz 键或 Sweep/kHz 键选择输入跨度频率的单位。

（七）频率输入

1. 中心频率输入

当频率输入窗口显示中心频率（CENT）时，则可以输入中心频率。用数字键输入中心频率数值后，用 Run/GHz 键、Mode/MHz 键或 Sweep/kHz 键选择输入中心频率的单位。

2. 开始/终止频率的输入

按 SHIFT 键，再按 1 键，此时频率输入窗口显示开始频率（START）时，可以输入开始频率。用数字键输入开始频率数值后，用 Run/GHz 键或 Mode/MHz 键或 Sweep/kHz 键选择输入开始频率的单位。此时频率输入窗口显示变为终止频率（STOP），用数字键输入终止频率数值后，用 Run/GHz 键或 Mode/MHz 键或 Sweep/kHz 键选择输入终止频率的单位。

输入中心频率、开始/终止频率和 Span 频率时，当数值输入错误时，可以用 Marker/DEL 键来清除，在频率输入时连续按 Marker/DEL 键可以清除所输入的频率数值，再按一次 Marker/DEL 键，即可退出频率输入状态。

（八）菜单列表

按 Menu 键进入主菜单，用∧、∨键或键选择相应的菜单，按 Enter 键，再用∧、∨键或键选择想要的子菜单功能，按 Enter 键确认。按 Menu 键两次退出主菜单功能。主菜单及功能见表 ZY2000501002-2，系统菜单及功能见表 ZY2000501002-3。

表 ZY2000501002-2　　PROTEK3201N 主菜单及功能

第一级主菜单	第二级主菜单	功 能 说 明
FUNCTION（功能）	SPECTRUM（频谱）	
	F.COUNTER（频率计）	
	TEST MODE（测试模式）	
	SINGLE MODE（单信号电平表）	
	MULTI MODE（多信号电平表）	
RECEP MODE（接收模式）	N-FM（窄带调频）	设置接收模式，可应用快捷键 Mode/MHz 直接设置
	W-FM（宽带调频）	
	SSB（单边带）	
	AM（调幅）	
SWEEP MODE（扫描模式）	FREE RUN（连续扫描模式）	设置扫描模式，可应用快捷键 Sweep/kHz 直接设置
	SQUEL RUN（抑制扫描）	
	SINGLE RUN（单次扫描）	

续表

第一级主菜单	第二级主菜单	功 能 说 明
MARKER（参数标记）	NONE（无标记）	设置标记，可应用快捷键 Marker/DEL 直接设置
	MARKER（标记 1）	
	DELTA MKR（标记 2）	
	SQUEL MKR（抑制标记）	
LOAD（存储）	存储波形及设置	可按 Shift+Enter 键直接设置
DELETE（调出存储）	调出波形及设置	可按 Shift+Menu 直接调出
LEVEL UNIT（电平单位）	dBm	可按 Shift+6 键直接设置
	dBμV	
	dBmV	
RESET（重新设置仪表）	PRESET（最初状态设置）	恢复到出厂时的设置
	MEMORY CLR（清除记忆）	清除存储器中的数据
	SYSTEM INI（最初状态设置和清除记忆）	恢复到出厂时的设置同时清除存储器中的数据
BAUD RATE（波特率）	115 200bit/s	场强仪和计算机通信时选择的通信波特率
	57 600bit/s	
	38 400bit/s	
	19 200bit/s	
	9600bit/s	
	4800bit/s	
CONNECT PC（连接计算机）	NONE（不连接计算机）	是否与计算机连接通信
	REMOTE　PC（遥控计算机）	

表 ZY2000501002-3　　PROTEK3201N 系统菜单及功能

第一级主菜单	第二级主菜单	功 能 说 明
AUTO POWER（自动关机）	NONE（不关机）	设置自动关机的方式和时间
	05MINUTES（5min 后自动关机）	
	10MINUTES（10min 后自动关机）	
	20MINUTES（20min 后自动关机）	
	30MINUTES（30min 后自动关机）	
BUZZER（按键及扬声器选择）	ON（开）	可应用 Shift+“.”直接设置
	OFF（关）	
LCD LIGHT（液晶显示背光选择）	ON（开）	可应用 Shift+“7”直接设置
	OFF（关）	
LCD CONT.（液晶显示对比度调整）	1—10 级	可应用 Shift+“8”直接设置
INT.ATTEN（设置内部衰减）	NONE（不加衰减）	可应用 Shift+“9”直接设置,仪器本身不具备衰减功能，只是将衰减的数值加到显示上
	10dB（加 10dB 衰减）	
EXT.ATTEN（设置外部衰减）	0～90dB，以 10dB 为进位单位	仪器本身不具备衰减功能，只是将衰减的数值加到显示上
OFFSET（偏移量设置）	-99～99dB	用来补偿电缆损耗，在与计算机连接时使用
DEFAULSAVE（默认状态存储）	存储默认值	存储开机状态值
SETUP（设置）	LCD	
	MODEL	
	OFFSET（+）	
	OFFSET（–）	
	OFFSET（0）	

五、PROTEK3201N 场强仪的操作

1. 用场强仪测量主站发射信号并确定终端天线方向

如系统的频率为 231.475/224.475MHz，现在此频点下要开通一台终端，需要测量主站信号并确定终端天线方向，开机后的操作如下：

（1）设置接收模式：按 Mode/MHz 键，使图像窗口出现 N-FM（也可使用菜单键选择），此时在标记窗口的跨度（SPAN）为 2MHz，步长（STEP）为 0.0125MHz，且不随输入频率变化。

（2）设置测量仪器电平读数单位：第一种方法是按 Shift+6 键进入电平单位设置模式，还有一种方法是按菜单 Menu 键一次，用上下键选择“LEVL UNIT”进入电平单位设置模式，电平单位一般选择 dBμV 挡。

（3）设置接收频率：输入频率是 231.475MHz，则输入过程如图 ZY2000501002-7 所示。

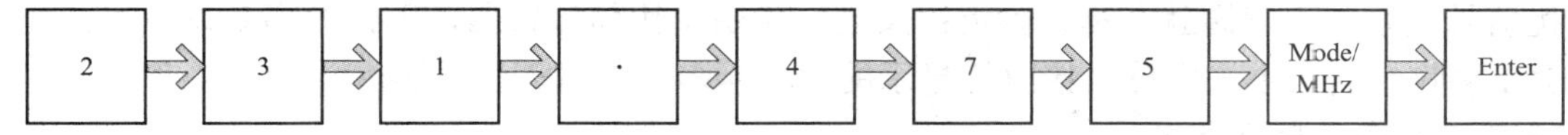

图 ZY2000501002-7　测量信号时的频率输入过程

（4）读出接收信号的数值：请主站发射载波，此时在频率输入窗口中的 LEVEL 后的读数，即为接收信号电平。

（5）确定终端天线方向：旋转天线方向，接收电平会有变化，如出现了最大值时，即可认为此时的天线方向指向主站。

测试时还要注意周围环境，当有高层建筑时，还要与地图或卫星定位仪结合使用才能准确地确定终端的天线方向是否指向主站。

一般来说，要想确保终端的通信很好，需要终端电台接收的信号电平值不小于 24dBμV，最小不能低于 16dBμV。

2. 测试系统背景噪声（干扰）

在新建主站时，一般都会在所选主站的地点监测无线电噪声，防止原有的无线电环境对系统造成影响。设某新建系统的批准频率为 231.475/224.475MHz，此时对建站地点的背景噪声测试如下：

（1）建立临时的天馈线系统。

（2）将场强仪与馈线连接。

（3）设置接收模式和接收电平单位，按图 ZY2000501002-7 所示步骤输入本站点的收或发的工作频率（根据测试内容确定）。

（4）按 Sweep/kHz 键选择扫描方式，按 Run/GHz 键开始扫描，再按则停止，扫描方式可选择：

1）只扫描一次 Single Run ：用此方式时，显示屏只保留一次扫描曲线，可用于对某信号频率的分析。

2）连续扫描 Free Run ：用此方式时，仪表连续在规定频率范围内扫描，可看到显示屏上的扫描曲线变化，在打开音量电位器时可听到相应的背景噪声的分布。

3）信号抑制电平扫描 Squelch Run ：此方法主要用于夜间捕捉信号，设置此种模式时，当扫描到的电平大于设置好的抑制电平（SQL）时，扫描停止，显示屏只保留扫描曲线的一段，可用于对某信号频率的分析。

一般将抑制电平设置为 0dBμV，该仪表在 N-FM 状态时不能调整带宽（跨度 SPAN）。

六、利用 PROTEK3201N 场强仪查找系统干扰

（一）查找干扰所需要的仪器设备

场强测试仪：1 台。

GPRS 定位仪：1 台。

吸顶式全向天线：1 根。

五单元定向天线：1 根。

射频馈线：1 根。

转接线或转接头：1 根。

当地地图：1 张。

指南针：1 个。

（二）查找方法

1. 排查确定受干扰的信道

首先根据系统的通信成功率分析哪个信道有可能受到干扰，其次停止所有信道的工作，逐个打开话路通话器，当听到某个信道有不正常的声音时，可以确认在该信道上产生了干扰。

如果没有话路通话器，则需要到通信成功率低的基站或中继站处现场进行查看，打开电台音量，并且观察电台接收情况（可查看电台 RX 接收灯的显示大小）。如果是同频干扰，电台接收的信号较大。

一般来说，当某个信道被干扰后，系统的通信成功率会大幅度下降，如果绝大部分终端都不通时，说明干扰信号很强，干扰源就在基站附近；反之，说明干扰信号较弱，干扰源离基站较远。可通过查看电台 RX 接收灯的大小来区分，接收灯显示的数量越多，说明干扰越强。

2. 分析干扰中心频点情况

将场强仪接到受干扰的基站或中继站的馈线上，设置相应的场强仪频率，增大或减小频率，如果场强迅速减小，说明干扰频率的中心频率就是该信道的工作频点；如果还伴随单音，则基本可确定是系统内部产生干扰；如果信号场强变化不明显，则有可能是外部干扰。

如果是系统内干扰，测试相关频率的高发和低发频率情况，确定是主台或是中继站受到干扰。

如果是外部干扰，要排除 100MHz 左右的广播倍频干扰和有线电视相应频道的阻抗失配造成的干扰，需要找当地无线电管理委员会配合查找。

查干扰的方式主要有两种：一是利用场强仪测量干扰信号的大小逐渐逼近来查。这种方法适应性强，可以排查系统内部和系统外的干扰；二是排除法查找，假定干扰来自系统内，而且系统内的通信成功率较高。排查受干扰信道下无法正常通信的客户，并结合历史数据进行分析，锁定可疑对象进行逐户检查，也可把两种方式结合起来使用。

3. 干扰源方向的确定

选取主站或主站附近的制高点（选取的原则是附近无阻挡，在高楼较多的区域，其阻挡反射可能会带向错误的方向），将五单元定向天线固定在 1.5～2m 的支架上并连到场强仪上。设置场强仪的中心频点置于干扰频率上，以支架为圆心，从正北方向开始，每隔 30° 测试一次场强，并记录。同时，将地图按照方向放好，以所测试的地点为圆心，从正北方向开始，每隔 30° 记录一次场强。测试完毕后，查看哪个方向上最大，在地图上以所测试的地点为起点向该方向画夹角为 30° 左右的扇形。

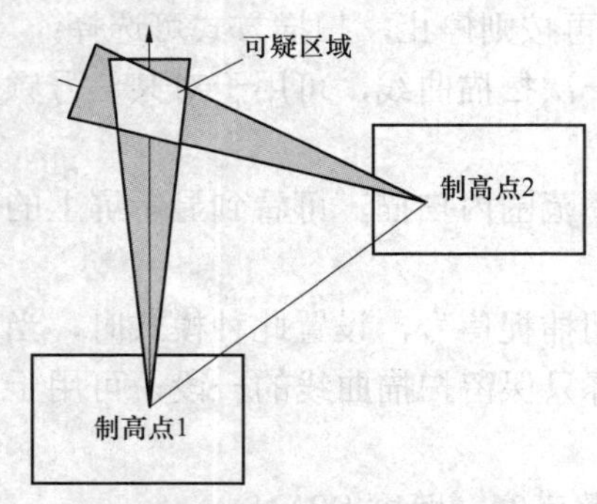

图 ZY2000501002-8　干扰区域的确定

对于断续的干扰信号，需将场强仪的最大值置于锁定状态，直到场强仪记录到该方向的场强最大值。

通过上述步骤，基本上能确定干扰源的方向。如果各方向干扰电平太小，则需要继续寻找新的制高点查找干扰；如果信号比较大，则说明干扰源可能就在基站附近。

在一个点测量的电平只能确定干扰源的方向，不能确定干扰源的区域，此时需再选取与干扰源最大方向成一定角度（如 45°）的另一个制高点，重复上述测量步骤，将两个点的干扰源最大值的方向在地图上画出来，交叉区域为最可疑的干扰点，如图 ZY2000501002-8 所示。

4. 干扰点的查找

用吸盘天线固定在车顶上，接场强仪，开往可疑地点，沿途测量场强，场强应会逐渐增大，到有减小的趋势时，车子开始与原来方向成 90° 左右的方向行驶。在查找时要考虑高层建筑的反射影响，必要时可以在沿途找一些制高点，重复上述步骤，进一步缩小范围。

当场强仪的信号满格时，干扰源已经十分接近了。此时将场强仪换上鞭状小天线，步行查找。当信号再次达到满格时，干扰源应该就在附近。如果周围有建筑物，可以利用建筑物的阻挡来判别发射源的位置。当场强仪靠近建筑物时，由于建筑物的阻挡，来自它后方的信号会减弱，来自它前方的信号则无影响。通过这种方式在四个方向用建筑物有意识地进行阻挡可以判定发射源的位置。当到达某个区域，四个方向阻挡的信号都达到满格，发射源就在附近 10m 范围内。查看周围有无发射天线即可找到干扰源，图 ZY2000501002-9 所示是干扰源查找的行进路线。

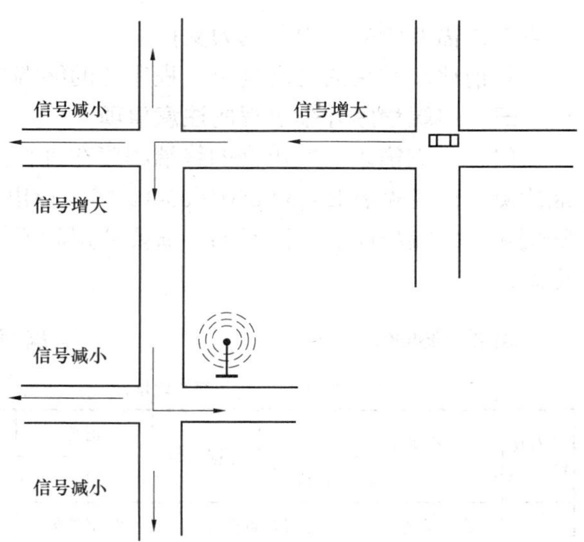

图 ZY2000501002-9　干扰源查找的行进路线

七、注意事项

（1）连接电缆不宜过长。如非用长电缆不可时，则必须在仪表的读数上加上电缆的损耗。

（2）在北方要采取保温措施，在南方要尽量避免将仪器直接置于日晒之下，否则读数误差将会大大超过技术指标的范围。

（3）场强仪在移动时，注意不要碰撞，以免损坏仪器的外壳和降低准确度。

（4）场强仪一定要按周期进行校验。

【思考与练习】

1. 什么是电平、零电平、相对电平和绝对电平？
2. 什么叫半功率点？
3. 功率电平和电压电平是如何转换的？
4. 场强仪 LCD 屏幕上有几个窗口？其功能是什么？
5. 应用场强仪查找干扰源的方法是什么？

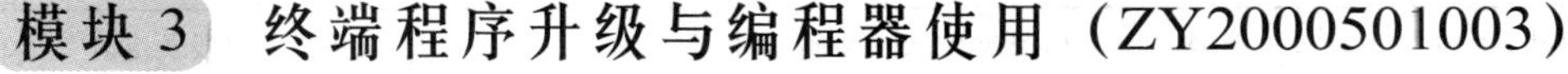

模块 3　终端程序升级与编程器使用（ZY2000501003）

【模块描述】本模块包含终端程序升级与编程器使用的内容。通过要点归纳和步骤讲解，熟悉终端功能升级的原因、方法及其注意事项，掌握编程器安装和应用的方法。

【正文】

一、终端程序升级的原因

（1）企业管理理念和需求的变化，对用电信息采集与监控系统提出更多新功能，要实现这些功能，需要对终端或终端程序进行改进升级。

（2）与终端配套使用的相关设备的技术改进或新设备接入用电信息采集与监控系统中，如电能表设备在型号、接口和规约上的变化，此时也需要终端进行适应性程序升级。

（3）终端程序编写人员对规约的理解不同，造成了终端运行结果出现偏差，需要修改终端程序。

二、目前终端常用的程序升级方法及优缺点

1. 系统广播升级

系统广播升级是指主站通过程序设定，将终端程序分帧发送给同一频点的终端，终端接收后更新，并按新程序运行。此升级方法的优点是：更新速度快，可在特定的时间进行程序更新，减少了运行、检修人员的工作量。缺点是：由于发送的数据量大，对通信信道要求较高，同时可能会造成升级程序失败而形成终端故障。

2. 现场程序写入升级

现场程序写入升级是指终端在出厂时预留了升级接口，维护人员用便携式笔记本现场写入程序。

3. 现场更换程序片升级

现场更换程序片升级主要涉及的芯片类型有 E/EPROM、B/PROM、MCU/MPU 等，通过编程器对其进行烧写，现场更换芯片升级。

现场程序写入和现场更换程序片的升级方法操作比较简单，经济，升级后有现场验证，比较可靠。

缺点是：需要较多人力和物力支持。

目前比较常用的是现场更换程序片的终端功能升级方法。

三、终端程序升级过程的注意事项

（1）根据需求开发出来的终端程序在进行升级前，还需要在部分终端上对程序进行功能检测，功能检测的内容见表 ZY2000501003-1。需要指出的是：在作遥控、功控和电控功能测试时，要注意时钟的变化对终端程序运行的影响，需要分别验证终端日、月、年的过零点时是否满足要求，并填好测试记录。

表 ZY2000501003-1　　　　**终端功能测试报告**

终端型号：______终端地址：______出厂编号：______检测人员：______检测日期：______

基本功能测试	终端外观及显示检查	正常 异常	远程通信	正常 异常	终端对时	正常 异常	通话功能	正常 异常	—
遥信脉冲和抄表参数下发	遥信编号	遥信触点性质		测试结果	序号	TA/TV/K	测试结果	表号/地址/规约	测试结果
	一路	动断/动合		正确/错误	一路		正确/错误		正确/错误
	二路	动断/动合		正确/错误	二路		正确/错误		正确/错误
	三路	动断/动合		正确/错误	三路		正确/错误		正确/错误
	四路	动断/动合		正确/错误	四路		正确/错误		正确/错误
	五路	动断/动合		正确/错误	五路		正确/错误		正确/错误
	六路	动断/动合		正确/错误	六路		正确/错误		正确/错误
	七路	动断/动合		正确/错误	七路		正确/错误		正确/错误
	八路	动断/动合		正确/错误	八路		正确/错误		正确/错误
功控	功控设置	投入/解除	轮次	功控告警	合闸延时	功控投入时段及定值			
	浮动系数		1	0	××	××：××～××：××			××
	厂休控设置		2	0	××	××：××～××：××			××
	厂休日定值		3	0	××	××：××～××：××			××
	每周限电日		4	0	××				
	限电延续时间		0	限电起始时间		××：××～××：××		轮次投入	1、2、3、4
电控	日电量定值		1000	月电量定值		100 000		电控投入	投入/解除
	日电量定值浮动系数		%	月电量定值浮动系数		%		轮次投入	1、2、3、4
	电控时段	××：××～××：×× ××：××～××：××		××：××～××：××		××：××～××：××		××：××～××：××	
遥控	分路号	告警时间（min）	限电时间（h）	备注：					
	一路	0	0.5						
	二路	1	1.5						
	三路	2	3						
	四路	3	0						
购电控	购电量定值		××	报警电量定值		××	电控投入	投入/解除	
	跳闸电量定值		××	跳闸步长		××	轮次投入	1、2、3、4	

（2）更换程序前对终端进行适当检查，记录运行参数和数据。

（3）在更换前需要对终端停电，使用专业工具拆装程序片或将笔记本接入终端。

模块3　ZY2000501003

（4）更换后进行通电检查，检查终端自检是否正常。

（5）主站重新下发参数，进行功能测试。

四、编程器的安装

市面上有各种类型的编程器，功能基本上相同。下面只介绍编程器的使用步骤，一般的操作过程如下：

1. 软件安装

将设备随机的 CDROM 盘放入 CDROM 驱动器。如果是自动启动的，安装软件将弹出对话框以选择编程器型号，如果是手动的，应执行 CDROM 盘上根目录下的 setup.exe 文件。

选择对应的型号，安装编程器应用软件，根据提示至安装结束。

2. 硬件驱动程序安装

通过 USB 接口将计算机与编程器硬件连接，打开编程器硬件电源。安装完编程器应用软件后，用户只需等待安装过程的结束，或按驱动程序的安装向导执行完即可。

3. 运行编程器应用软件

编程器应用软件拥有一个标准的 Windows 用户界面，包括下拉式菜单、按钮等。编程器应用软件在启动后会立即与编程器硬件通信并初始化。如果通信失败，按以下步骤检查：

（1）编程器与计算机是否正确连接，电源是否打开。

（2）是否在安装编程器应用软件之前，连接了编程器硬件。

五、编程器的应用

运行编程器应用软件后，一般操作步骤如下：

1. 选择器件

首先应选择器件类型（Device Type），如 E/EPROM、BPROM、SRAM、PLD 或 MCU/MPU 等，然后选择厂家（Manufacturer）和器件名（Device Name）。

2. 将数据装入缓冲区

烧录芯片过程就是将缓冲区数据按厂商的要求写到芯片的存储单元中的过程。数据装入缓冲区有以下两个途径：

（1）从文件读取。选择主菜单“文件（File）”下的“装入文件（Load）”，可装入数据文件到缓冲区。在“装入文件（Load）”对话框中键入存放文件名路径，选择相应的数据类型（File Type），即可将数据文件装入缓冲区。

（2）从母片中读取数据。选择器件后，放置好母片，将芯片中的数据复制到缓冲区。

3. 编辑烧录方式

可编辑自动烧录（Edit Auto）和手动烧录两种方式。

4. 烧录芯片

选择了烧录方式后，程序就可以将缓冲区的数据烧录至芯片（Program）。烧录芯片的过程有两种：一种是边烧录边校验，如果烧录过程中出错，则烧录停止并显示出错信息；而另一种是烧录过程中不校验，即使烧录出错也不会停止，烧录完最后一个地址数据，显示编程成功，烧录成功的信息只表示已完成了烧录的整个时序，此时应根据校验（Verify）的结果来判断烧录是否正确。

【思考与练习】

1. 为什么要进行终端程序升级？
2. 终端程序升级过程中的注意事项有哪些？
3. 目前的终端程序升级的方法有几种？有何优缺点？

模块 4　伏安相位表的使用（ZY2000501004）

【模块描述】本模块包含伏安相位表的操作使用。通过要点归纳、原理介绍和步骤讲解，熟悉伏安相位表的作用、工作原理与结构，掌握伏安相位表的使用方法及其注意事项。

【正文】

一、用途

伏安相位表又称为双钳相位表、双钳相位伏安表、钳形相位伏安表等，它具备如下功能：

（1）同时测量两路以上交流电压。

（2）在不断开被测电路的情况下，通过电流钳同时测量两路以上交流电流。

（3）测量电压间、电流间、电压与电流间的相位差。

（4）测量频率。

（5）完成感性电路和容性电路的判别。

（6）直接读出差动保护各组 TA 之间的相位关系。

（7）检查变压器的联结组别。

（8）测量三相电压的相序。通过相位测量确定有功电能表接线正确与否，使有功表正确投入运转。

（9）估断电能表运行的快慢，合理收交电费。

（10）相位表具有极高的电流分辨率，可作漏电流表使用。

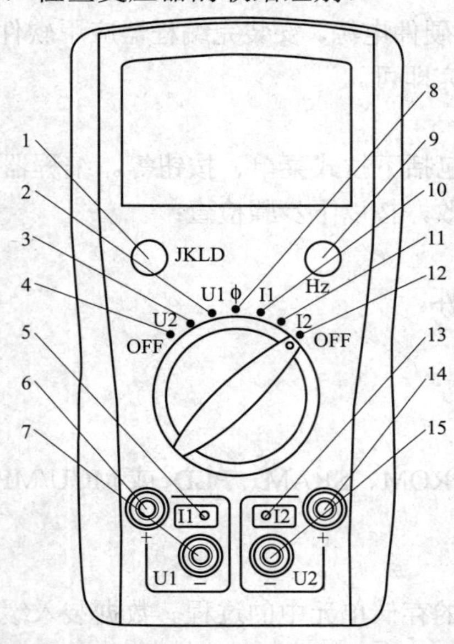

图 ZY2000501004-1　伏安相位表结构图

1—数据保持；2—一路电压测量；3—二路电压测量；4—电源开关；5—一路电流插孔；6—一路电压插孔正端；7—一路电压插孔负端；8—相位测量；9—频率测量；10—一路电流测量；11—二路电流测量；12—电源开关；13—二路电流插孔；14—二路电压插孔正端；15—二路电压插孔负端

二、基本工作原理和结构

1. 结构

伏安相位表结构如图 ZY2000501004-1 所示。

2. 基本工作原理

伏安相位表配备的钳形表头就是一只钳形电流互感器。导线穿过钳形电流互感器，在仪表上显示被测电流值。测量相位角是利用模拟鉴相器的工作原理，如图 ZY2000501004-2 所示。两路电压 U_1、U_2 经过模拟鉴相器后，输出一个幅值为 360mV 的占空比可变的单极性方波信号。该单极性方波信号经过电阻电容组成的滤波器滤波后得到一个比较平坦的代表方波平均值（即相位值）的直流电压，然后该电压送至 A/D 模数转换器进行模拟量/数字量的转换，最后由液晶显示器将相位值以数字形式显示。

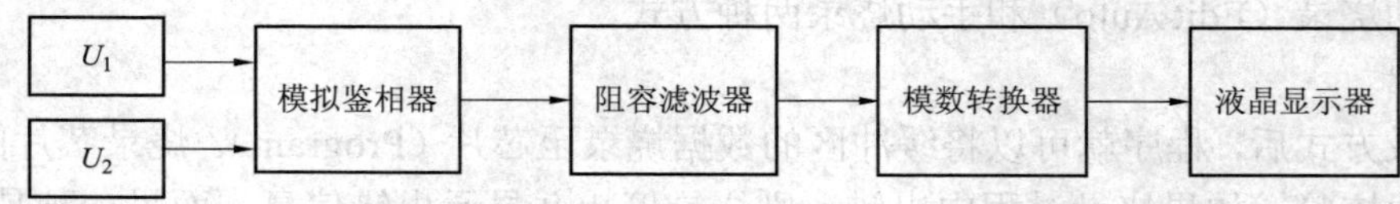

图 ZY2000501004-2　模拟鉴相器的工作原理

三、具体操作步骤

按下 ON/OFF 按钮，旋转功能量程开关正确选择测试参数及量限。

1. 电压测量

将旋转开关拨至插孔 U1 对应的 500V 量限，将被测电压从 U1 插孔输入即可进行测量。若测量值小于 200V，可直接旋转开关至插孔 U1 对应的 200V 量限测量，以提高测量准确性。一般伏安相位表都有两通道具有完全相同的电压测试特性，故也可将开关拨至插孔 U2 对应的量限，将被测电压从 U2 插孔输入进行测量。应注意有的伏安相位表采用自动切换量程的方式，无论电压数值多少，无需人为判断电压量限和换挡。

2. 电流测量

将旋转开关拨至插孔 I1 对应的 5A 量限，将标号为 1 号的钳形电流互感器二次侧引出线插头插入

I1 插孔，钳口卡在被测线路上即可进行测量。同样，若测量值小于 2A，可直接旋转开关至 I1 插孔对应的 2A 量限测量，提高测量准确性。测量电流时，也可将旋转开关拨至 I2 插孔对应的量限，将标号为 2 号的测量钳接入 I2 插孔，其钳口卡在被测线路上进行测量。应注意有的伏安相位表采用自动切换量程的方式，无论电流数值多少，无需人为判断电流量限和换挡。

3. 三相三线配电系统相序判别

在使用相位表测量相位前，应先进行相位的满度校准。方法如下：按下“电源”键，将旋转开关旋至“360°校”挡，调节相位校准电位器，使显示屏显示 360°。再旋转开关转至“Φ”挡，将三相三线系统的 A 相接入 U1 插孔，B 相同时接入与 U1 对应的±插孔及与 U2 对应的±插孔，C 相接入 U2 插孔。若此时测得相位角为 300°左右，则被测系统为正相序，若测得相位角为 60°左右，则被测系统为负相序。

换一种测量方式，将 A 相接入 U1 插孔，B 相同时接入与 U1 对应的±插孔及 U2 插孔，C 相接入与 U2 对应的±插孔。这时若测得相位值为 120°，则为正相序，若测得的相位值为 240°，则为负相序。

4. 三相四线配电系统相序判别

先进行相位的满度校准，再旋转开关转至“Φ”挡，将 A 相接入 U1 插孔，B 相接入 U2 插孔，中性线同时接入两输入回路的±插孔。若相位显示为 120°，则为正相序，若相位显示为 240°左右，则为负相序。

5. 感性/容性负载判别

先进行相位的满度校准，再旋转开关转至“Φ”挡，将负载电压接入 U1 输入端，负载电流经测量钳接入 I2 插孔，若相位显示在 0°～90°范围，则被测负载为感性，若相位显示为 270°～360°，则被测负载为容性。

6. 相位角测量

（1）测量两路电压之间的相位。先进行相位的满度校准，再旋转开关转至“Φ”挡，将两路电压分别从 U1 和 U2 端输入，注意红色端子接入相线，黑色端子接入中性线，示值即为 U_2 滞后 U_1 的相位角。

（2）测量两路电流之间的相位。先进行相位的满度校准，再旋转拨档开关至“Φ”挡，将两个电流卡钳分别卡住两路电流线，从 I1 和 I2 孔插入，示值即为 I_2 滞后 I_1 的相位角。

（3）测量电压与电流之间的相位时，先进行相位的满度校准，再旋转拨挡开关至“Φ”挡，将电压从 U1 端输入、电流从 I2 端输入，示值即为电流滞后电压的相位角。

7. 自身电池工作电压的测量

将旋转开关分别拨至 BAT1、BAT2 挡，示值即为对应电池工作时电压值。注意：显示值为工作电压，不是开路电压。如果显示结果低于 8.3V，则应更换电池。或者机内具有电池电压自动检测功能，当显示器左下角出现电池符号“＋－”时，提示应更换电池。

四、注意事项

（1）不得在输入被测电压时在表壳上拔插电压、电流测试线，不得用手触及输入插孔表面，以免触电。

（2）测量电压不高于 500V。

（3）相位表每一路只能接入一个信号，如果接入电压，应将电流插头拔去。

（4）每台相位表的两把卡钳只对本台相位表配用，不可与另一台相位表调用。

（5）测量电流时应使用带有标号的一把钳子，它保证测量电流的精度，另一把钳子专为测量两电流相位时使用。

（6）相位表卡钳的钳口涂以仪表脂，用时擦去，用后再涂上仪表脂。钳口的锈蚀直接影响测量的精度。

（7）伏安相位表供二次回路和低压回路检测，不能用于测量高压线路中的电流，以防通过卡钳触电。

（8）相位测量限于 U_1–U_2、U_1–I_2、I_1–U_2、I_1–I_2 四种接线方式，测量结果为 U_1 或 I_1 超前 U_2 或 I_2 的相角。

（9）电流应按照电流钳上箭头指示的方向流过电流钳钳口。

五、日常维护事项

（1）当仪表液晶屏上出现欠电指示符号时，说明电池电量不足，此时应更换电池。

（2）相位表应储存在 0～40℃、相对湿度小于 85%，且环境空气中不应有酸、碱及腐蚀性气体的室内。

（3）长期存放应取出电池。

【思考与练习】

1. 伏安相位表的主要功能是什么？

2. 伏安相位表的使用方法是什么？

模块 5 卫星定位仪的使用（ZY2000501005）

【模块描述】本模块包含卫星定位仪的操作使用。通过要点归纳、原理介绍和步骤讲解，熟悉卫星定位仪的作用、工作原理与结构，掌握卫星定位仪的使用方法及其注意事项。

【正文】

卫星（GPS）定位仪是一种终端设备。它采用中国移动 GPRS 网络和 GSM 网络中 SMS（短信息服务）方式传送包括定位信息在内的各种信息，结合 GIS（智能化电子地图）、GSM（网络以及监控中心的管理系统）组成一套完整的 GPS 定位实时跟踪监控系统。

一、作用

GPS 定位仪用于主站或终端的物理定位，便于检修人员的物理定位，便于实施地理信息系统的准确定位，便于架设天线时的物理定位，可以确定终端天线（230MHz）对主站的方位角，用于主站和终端的授时。

二、基本工作原理和结构

1. 结构

GPS 定位仪是一个大规模集成电路，由 LCD 液晶显示器、高频接收装置和卫星定位系统的算法软件和电子地图等部分组成。

2. 工作原理

GPS 定位仪由 GPS 接收机、GSM 模块、主控制单元等工作单元组成。GPS 接收模块用于接收 GPS 卫星信号并将其转化为定位信息，控制单元通过 GPS 接收模块接收到 GPS 信息，通过 GSM 模块将信息发送到监控中心，同时通过 GSM 模块接收来自监控中心的各种控制信息，以实现不同的控制功能。

三、具体操作步骤

1. 经纬度的确定

（1）开机，拨动接收机电源开关即启动定位操作，等待卫星信号。

（2）随后进入卫星信号接收状态，此时屏幕画面为主画面。主画面显示当前点的经纬度、航向、速度、高度以及当前时间和接收的卫星。

2. 授时的确定

（1）开机，拨动接收机电源开关即启动定位操作，等待卫星信号。

（2）读出时钟，修改主站时钟。

3. 导航

（1）开机，拨动接收机电源开关即启动定位操作，等待卫星信号。

（2）输入经纬度，等待显示导航路径。

（3）根据导航显示结果制定行走路径。

四、注意事项

（1）在导航时直接拔出 SD 卡，容易导致系统信息丢失，甚至导致 SD 卡内的地图信息丢失。

（2）正常退出导航的操作是：先在导航界面内关闭地图里的导航系统，然后退出。

（3）升级版软件应与 GPS 定位仪的相关的版本一致。

（4）一定要使用相配套的充电器充电，否则会烧掉 GPS 定位仪里的程序。

五、日常维护事项

（1）注意放置在阴凉干燥处保存，以免电池过热，引起故障或危险的情况。

（2）环境空气中不应有酸、碱及腐蚀性气体。

【思考与练习】

1. GPS 卫星定位仪的主要功能是什么？
2. GPS 卫星定位仪的使用方法是什么？

模块 6　现场检测仪的使用（ZY2000501006）

【模块描述】本模块包含现场检测仪的操作使用。通过要点归纳、原理介绍和步骤讲解，熟悉现场检测仪的作用、工作原理与结构，掌握现场检测仪的使用方法及其注意事项。

【正文】

一、作用

用电信息采集与监控终端现场检测仪是一种便捷、有效地测试用电信息采集与监控终端的仪器。它主要有三个功能：模拟跳闸功能、RS485 通信测试功能、电表脉冲输出功能。现场检测仪是用于现场检测终端的跳闸、RS485 通信接口、脉冲输出等功能是否能正常工作的仪表。

1. 模拟跳闸功能

用电信息采集与监控终端现场检测仪可视同跳闸的执行机构，利用遥控通道可以接收终端发出的跳闸命令。当终端发出跳闸信号时，测试仪有相应的指示灯提示及蜂鸣器提示。

2. RS485 通信测试功能

（1）将用电信息采集与监控终端现场检测仪与终端连接，用电信息采集与监控终端现场检测仪就相当于一块多功能电能表，终端抄表抄到的是测试仪提供的数据，以检测终端 RS485 通信接口的性能。

（2）用电信息采集与监控终端现场检测仪与电能表连接，作为抄表器使用，能抄录电能表当前电量等数据，以检查电能表的通信功能是否正常。

3. 检测终端脉冲输出

该检测仪有四路相同速率的无源脉冲输出，可以双向导通，因此既可以使用共发射极接法，也可以使用共集电极接法。脉冲输出速率和输出个数都是可以设置的，并能够随时暂停和启动，以检测负荷终端的脉冲计数是否正常。

二、基本工作原理和结构

1. 结构

终端现场检测仪面板结构如图 ZY2000501006-1 所示。

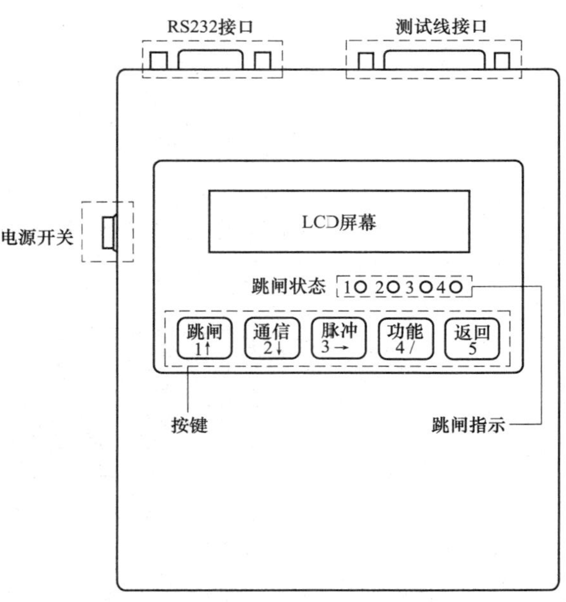

图 ZY2000501006-1　终端现场检测仪面板结构

通过 RS232 接口与 PC 机连接后可以升级检测仪软件。使用时，使用与用电信息采集与监控终端现场检测仪相配套的延长线与专用测试线连接测试线接口与被测设备。当接收到跳闸信号时，跳闸指示相应的指示灯亮。根据不同屏幕状态，每个按键可作为功能选择键、菜单选择键、数字输入键使用。

2. 工作原理

（1）用于测试电力用电信息采集与监控终端的模拟跳闸装置，包括电感应控制装置和信息显示装置，电感应控制装置包括能反应外界电激励量的感应机构以及对被控电路实现工作控制的执行机构，感应机构与电力用电信息采集与监控终端的跳闸控制输出连接，而执行机构则与信息显示装置控制连接。

（2）用于测试电力用电信息采集与监控终端通信的模拟装置，包括数据存储器、中央处理装置、RS485 通信装置、选择电路和指示电路，数据存储器中存储有各种所需要的电能表通信规约以及多种电能表通信规约下的模拟数据，数据存储器、RS485 通信装置、选择电路和用于指示当前通信状态的指示电路分别与中央处理装置连接。

三、具体操作步骤

（1）先选择合适的延长线，再将测试线接到延长线上，将终端现场检测仪和被测终端连接。

（2）在开机初始状态下，按键作为功能选择键用。分别在“跳闸”、“通信”、“脉冲”、“功能选择”、“返回”之间切换。

（3）在确定功能键后，进行菜单选择。如在脉冲输出控制状态下，按 1～4 键分别是启动、暂停、停止、设置等功能。

（4）选择相应的菜单后即可进行终端功能的测试。

四、注意事项

（1）检测仪不认表地址，可以任意设置，所以只能单独使用检测仪，不能与其他电表并接，以免造成数据冲突，无法通信。

（2）开机时，测试仪检测电池电压，如电压较低则显示“电池电量较低”，可以按 5 键取消，进入正常开机状态。

五、日常维护事项

检测仪按使用说明书要求进行日常维护。

【思考与练习】

1. 终端检测仪的主要功能是什么？
2. 终端检测仪使用时应注意哪些事项？

第十三章　终端安装调试

模块 1　终端安装现场勘察（ZY2000502001）

【模块描述】本模块包含终端安装现场勘察的内容。通过要点归纳，熟悉终端安装现场的基本要求以及现场勘察收资的主要内容。

【正文】

终端安装的现场勘察工作是终端安装方案制定的重要依据，现场勘察质量的好坏，决定了终端安装方案制定的科学性和合理性，决定了终端能否与客户用电设备同期投运，决定了终端后期运行维护的方便性和实用性。

一、终端对现场运行环境的基本要求

终端设备正常运行的气候条件分类见表 ZY2000502001-1，终端设备使用场所大气压力分级见表 ZY2000502001-2。

表 ZY2000502001-1　　终端设备正常运行的气候条件分类

场所类型	级别	空气温度		湿度	
		范围（℃）	最大变化率①（℃/h）	相对温度②（%）	最大绝对湿度（g/m^3）
遮蔽	C1	−5～45	0.5	5～95	29
	C2	−25～55	0.5	10～100	
户外	C3	−40～70	1		35
协议特定	C_X	特定		特定	

① 温度变化率取 5min 时间为平均值。

② 相对湿度包括凝露。

表 ZY2000502001-2　　终端设备使用场所大气压力分级

级　别	大气压力（kPa）	适　用　高　度
BB1	86～108	海拔 1C00m 以下
BB2	66～108	海拔 3000m 以下
BBX	协议特定	

终端运行环境除了符合规定的气候条件外，在具体位置选择时需考虑的因素如下：

（1）安装在通风干燥的地方。

（2）尽量避免阳光直射或雨水洒到终端箱体上。

（3）注意终端和高频电缆等装置距离高压母线、配电屏的距离。

（4）应留出安全距离及工作人员操作的空间。

（5）要方便值班人员查看。

（6）方便维护人员维修更换。

（7）对于无人值守的地方，应考虑防盗。

（8）天线长度要尽量短，并要综合考虑控制线、信号线、遥信线、电源线的长度和走向。

（9）避免安装在较潮湿、有强电场和强磁场的地方。

二、现场勘察需要收集的内容

为了保证终端的正常安装和今后的良好运行，需要收集客户现场的信息内容如下：

（1）客户的基本信息：客户名、总户号、地址、管电部门、联系人、电话、班次、休息日。

（2）客户电气设备信息：主供线路、备供线路、电压等级、主变压器容量、所属线路、自备电源、一次接线、电能表型号、TA、TV、计量性质、计量点位置等。

（3）客户开关接入控制方案信息：开关名称、开关型号、控制负荷、跳闸方式、遥信属性。

（4）交流采样信息：交流采样采取的方式、互感器型号、变比、有无联合接线盒。

（5）馈线走向、长度，天线的安装位置。

（6）与客户协商的控制轮次。

（7）预约的终端安装工作时间，客户电气设备及房间布置平面图。

（8）客户配电室所处的经纬度。

（9）客户所在位置的通信场强。

以上的勘察信息一般以表格的形式出现，各地根据管理需要略有不同，终端安装现场勘察单见表ZY2000502001-3。

表 ZY2000502001-3　　电力用电信息采集与监控系统终端安装现场勘察单

1. 客户基本信息						
客户名称				总户号:		
客户地址						
联系人				联系电话		
休息日						
2. 供电电源信息						
主供电源				辅供电源		
变电站名称				变电站名称		
电压等级				电压等级		
TV/TA				TV/TA		
电能表型号				电能表型号		
电能表局编号				电能表局编号		
表地址				表地址		
主变压器容量				主变压器容量		
计量方式		高供高计	高供低计	计量地点	客户侧	变电站侧
3. 客户开关接入控制方案						
控制轮次		第一轮	第二轮	第三轮	第四轮	
开关名称						
开关型号						
控制负荷						
跳闸方式						
遥信属性						
4. 交流采样信息						
电压互感器	型号		变比	精度	联合接线盒	
电流互感器	型号		变比	精度	有	无
5. 客户电气设备一次接线图						

续表

6. 终端安装位置 经度____度____分____秒 纬度____度____分____秒		
客户确认可控方案：是　　否	安装时间	
客户签字：	勘察人：	
勘察日期：		

【思考与练习】

1. 终端安装位置的选择要注意哪些因素？
2. 现场勘察应收集哪些信息？

模块 2 终端安装方案制定（ZY2000502002）

【模块描述】本模块包含终端安装方案制定的内容。通过要点归纳，掌握制定终端安装方案的原则以及人员、工具材料的配置要求。

【正文】

一、终端安装方案制定的原则

制定科学合理终端安装方案，涉及施工的难易程度、材料的使用量、施工过程中人员的配备、安全措施的落实等方面，还会影响终端今后的运行维护等多个方面。终端安装方案的制定的原则包括以下方面：

（1）根据现场勘察信息表和营销信息系统中提供的相关数据确定安装日期，确保终端能与用户设备同时投入运行。

（2）确定终端安装位置。要根据终端安装现场勘察单（表 ZY2000502001-3）中提供的用户配电室结构、一次接线、计量方式、接入终端的断路器位置和馈线走向等信息，结合终端运行环境和终端安装位置选择的要求，考虑施工和运行等因素确定。

（3）确认客户断路器接入终端控制轮次的数量和合理性。主要依据客户用电性质、断路器的跳闸方式和断路器上负荷的重要性来确认。

（4）根据计量表计的总分长的接线是串联还是并联来确定电能表接入终端脉冲回路的类型和采集内容。

（5）根据工程量和工作环境等因素确定需要配备的工具和材料。

（6）确定终端天线高度和防雷处理措施。终端天线的高度一般依据系统组网设计的规定执行。当终端与主站之间的通信指标能满足要求时，可由施工人员现场确定天线安装高度和位置，也可根据下列经验公式计算出终端天线的高度

$$d = 4.12(\sqrt{H} + \sqrt{h}) \qquad \text{(ZY2000502002-1)}$$

$$d = 3.57(\sqrt{H} + \sqrt{h}) \qquad \text{(ZY2000502002-2)}$$

式中 H、h——主站和终端的天线高度，m。

式（ZY2000502002-1）是对应于平坦地面条件下的视距传输且大气常数 K=4/3 时应用；如果要求全年 90%以上情况下都满足视距传输条件，应使用式（ZY2000502002-2）进行计算。

计算时，主站和终端两点之间距离可通过地图进行简单计算，也可通过主站和终端两点的经纬度求出，即经度差乘以 111km 等于东西方向的实际距离。纬度差乘以 111km 等于南北方向的实际距离，再通过直角三角形的几何公式求出两点距离。由于地球曲率的变化，此方法是存在误差的，且纬度越高，误差越大，各地可参照使用。

二、工程人员的组成、职责和分工

（一）工程人员的职责

1. 工作票签发人

（1）工作必要性和安全性。

（2）工作票上所填安全措施是否正确完备。

（3）所派工作负责人和工作班人员是否适当和充足。

2. 工作负责人（监护人）

（1）正确安全地组织工作。

（2）负责检查工作票所填安全措施是否正确完备和工作许可人所做的安全措施是否符合现场实际条件，必要时予以补充。

（3）工作前对工作班成员进行危险点告知，交代安全措施和技术措施，并确认每一个工作班成员都已知晓。

（4）严格执行工作票所列安全措施。

（5）督促、监护工作班成员遵守规程，正确使用劳动防护用品和现场安全措施。

（6）检查工作班成员精神状态是否良好，变动是否合适。

3. 工作班成员

（1）熟悉工作内容、工作流程，掌握安全措施，明确工作中的危险点，并履行确认手续。

（2）严格遵守安全规章制度、技术规程和劳动纪律，对自己在工作中的行为负责，互相关心工作安全，并监督安全规程的执行和现场安全措施的实施。

（3）正确使用安全工器具和劳动防护用品。

（4）作业辅助人员（外来）必须经公司相关部门对其进行施工工艺、作业范围、安全注意事项等方面培训，并经考试合格后方可参加工作。

（5）所有作业人员必须具备必要的电气知识，基本掌握专业作业技能及《电业安全工作规程》的相关知识，并经《电业安全工作规程》考试合格。

（6）工作负责人必须经公司批准。

（二）人员组成表及分工

（1）用电信息采集与监控专业工作人员：总体负责终端的安装和协调，工程质量验收，终端开通调试，各项资料记录，向客户介绍终端的使用，其中有一人为工作负责人。

（2）熟悉继电保护的人员：对于较复杂的施工现场，需要配备继电保护人员，负责现场交流采样的线路整改和接入、微机保护控制电路分析接入、特殊运行方式的检查工作。

（3）用电监察人员：负责在终端安装过程中的高压设备的停送电安全和与客户的沟通协调。

（4）装表接电人员：负责电能表的开、封，查询表计的运行参数（如表地址），参与交流采样接线工作。

（5）终端厂家技术人员：负责指导终端的安装、调试以及开通过程中的异常处理。

（6）普通施工人员：负责终端、天线支架固定，各类电缆铺放。

在终端安装方案制定的过程中，人员配备可根据工程量和现场施工的难度合理配置。

三、工具材料

1. 工具配备

终端安装用工具配备明细见表ZY2000502002-1。

表 ZY2000502002-1　终端安装用工具配备明细

名　称	规格（型号）	数量	用　途
电烙铁	内热＞60W，外热＞50W	1	制作L16和SL16电缆头，脉冲线上锡
焊锡丝			
松香			
板牙	15D-M5	1	制作N7J、N-9J、N-12J、N-15J电缆头
	12D-M4	1	
	9D-M3	1	
	7D-M2.5	1	

续表

名　称	规格（型号）	数量	用　途
板牙架		1	制作 N7J、N-9J、N-12J、N-15J 电缆头
钳形万用表		1	检测线路
剥线钳	6in	1	
尖嘴钳	6in	1	
斜口钳	6in	1	
老虎钳	6in	1	
螺钉旋具	套	1	
镊子		1	做电缆头
剪刀		1	做电缆头
电工刀		1	剥高频电缆外皮
电锤	0～20mm	1	固定天线支架、墙体开孔
手枪电钻	0～10mm	1	固定终端或在铁皮上开孔
电焊机		1	焊接接地线
梯子	4m	1	登高安装天馈线

注　1in=25.4mm。

2. 材料配备

每台终端安装过程中的材料消耗不尽相同，具体数量要根据施工现场的实际情况来定，表 ZY2000502002-2 列出了终端安装所需材料和数量，仅供参考。

表 ZY2000502002-2　　终端安装所需材料明细

名　称	型　号	用　途	需　量
控制电缆	KVV-2×1.5mm^2	连接客户断路器跳闸回路	平均 30m/路
信号电缆	KVV-2×1.5mm^2	连接客户断路器遥信回路	平均 30m/路
信号电缆	RVVP7×0.5 mm^2	电能表脉冲和 RS 485 通信	平均 30m/表
信号电缆	RVVP2×0.5mm^2	连接客户的门禁	平均 30m/路
联合接线盒		用于交流采样接线	1 只/电能表
信号电缆	KVV3×2.5mm^2	三相三线交流采样电压回路	平均 31m/路
信号电缆	KVV4×2.5mm^2	三相三线、三相四线交流采样电压、电流回路	平均 30m/路
信号电缆	KVV6×2.5mm^2	三相四线交流采样电流回路	平均 30m/路
电源线	KVV2×1.5mm^2	接终端电源	10m/终端
终端接地线	2.5mm^2	单股铜芯线接终端电源	10m/终端
标牌		标记线缆	10 个/终端
套管		标记线缆	2m
接地扁铁	40mm×4mm	镀锌扁铁或ϕ8mm 镀锌圆钢，天线支架接地用	20m/终端
自黏胶带			若干
PVC 绝缘胶带			若干
记号笔		填写标牌和套管	
膨胀螺钉或螺栓、螺母	ϕ6mm	膨胀螺钉用于将终端安装在墙上，螺栓、螺母安在配电柜上	4 个/终端
膨胀螺钉	ϕ6mm	镀锌固定终端	4 个/每台
	ϕ12mm	镀锌固定天线支架	4 个/每台
塑料管或线槽		金属或阻燃工程塑料管	10m/终端
塑料线卡/扎线		固定馈线、电缆	若干
镀锌钢绳		固定天线支架	10m/终端

模块2 ZY2000502002

【思考与练习】

1. 终端安装方案的制定需考虑哪几个方面的因素？

2. 如何确定终端天线高度？

3. 主站和终端的距离如何确定？

模块 3　终端本体安装（ZY2000502003）

【模块描述】本模块包含终端本体安装的内容。通过要点归纳和步骤讲解，掌握终端本体安装的基本要求和工作前安全措施，掌握终端本体安装的工作步骤和要求。

【正文】

一、工作中的注意事项

用电信息采集与监控终端的安装工作面较大，每台终端的安装环境都不一样，现场安全措施也不尽相同，不能以统一标准确定工作中的安全注意事项，除了在工作票中明确各项安全措施外，工作负责人在施工现场应重点考虑以下几方面因素：

1. 工作范围确定

根据制定的终端安装方案，初步确定施工人员现场作业的活动范围，指出工作中需要接触的相关设备位置及安全注意事项，明示安装天馈线时的上下通道和高空作业的工作平台及活动范围，根据需要设置围栏并挂相应的指示标示牌。

2. 危险点分析及预控措施（见表 ZY2000502003-1）

表 ZY2000502003-1　终端安装时的危险点和预控措施

序号	危险点	预控措施
1	触电	（1）工作时必须戴手套和安全帽，穿长袖衣服工作。 （2）工作前应熟悉工作地点带电部位。工作前应检查现场安全遮栏、安全标示牌等安全措施。 （3）在接电表等设备时应设专人监护，使用合格的绝缘柄工具，工作时站在干燥的绝缘物上进行。 （4）需要带电连接终端电源时应先分清相线、中性线，选好工作位置。应先接地线，后接相线。 （5）在二次回路上工作必须使用专用的短路片或短路线，短路应可靠，严禁用导线缠绕。严禁将 TA 二次侧开路，TV 二次侧短路。严禁在 TA 与短路端子之间的回路上进行工作。严禁将 TA 二次回路的永久接地点断开。 （6）必须使用装有剩余电流动作保护器的电源盘。螺钉旋具等工具金属裸露部分除刀口外其他部分要做绝缘处理。接拆电源时至少有两人执行，必须在电源开关拉开的情况下进行
2	遥控回路误动	在接用户断路器时，要与设备主人沟通，取得其支持，做好防止误动的应急措施
3	摔伤、碰伤	（1）不得借助安全情况不明的物体或徒手攀登。 （2）梯子应绑牢、防滑，有专人监护，梯上有人，禁止移动。 （3）登高时严禁手持任何工器具。 （4）人员应系好安全带，严禁低挂高用，戴好安全帽
4	高空落物	（1）现场地面工作人员均应戴好安全帽。 （2）作业现场设置围栏，对外悬挂警告标志。 （3）工具材料下上传递用绝缘绳，扣牢绳结，工作场地防止行人逗留。 （4）要防止物件滑落
5	搬运物品	（1）进入工作现场必须戴安全帽。 （2）搬运物品时，防止跌倒、被物品压伤。 （3）在高压设备区内搬运物件，必须至少由两人抬行，且与带电设备应保持安全距离

注　工作负责人必须根据具体工作的实际情况增减相关危险点和预控措施。

二、终端安装

（一）开箱检验

（1）外观检查。

1）对终端外壳、标识、铭牌、资产编号、接线图、频率表等的检查。

2）检查设备在运输过程中是否变形或损伤，零部件是否脱落、松动。

3）相应的标识、铭牌、接线图是否出现错误。

4）与终端配套的扩展接线箱、交流采样、控制、遥信、脉冲、RS485 等接线端口、扩展接线箱或安装箱中试验接线盒、端子排的正确性检查。

（2）通电检查。

1）对终端进行通电检查，检查终端通电后的自检过程是否正常。

2）终端是否有零部件烧焦、过热等异常现象。

3）显示屏应能正常显示，根据按键操作显示相关内容。

4）检查终端软件版本号应与公司发布版本号一致。

5）终端应能与测试主站进行通信。

（二）终端安装

1. 230MHz 带扩展接线箱的终端安装

终端与扩展接线箱配套安装于配电室墙壁的，如图 ZY2000502003-1 所示。交流采样、电能表 RS485 与脉冲连接线、遥控与遥信等接线由外部设备引到扩展接线箱，扩展接线箱与终端的接线由厂家提供的线缆连接。

终端的安装高度为箱体底部离地面 1.1～1.4m，便于查看和接线。终端由四颗ϕ8～10mm 膨胀螺钉固定。安装的螺钉距离参照终端说明书。终端安装后，不应晃动，目视无倾斜。

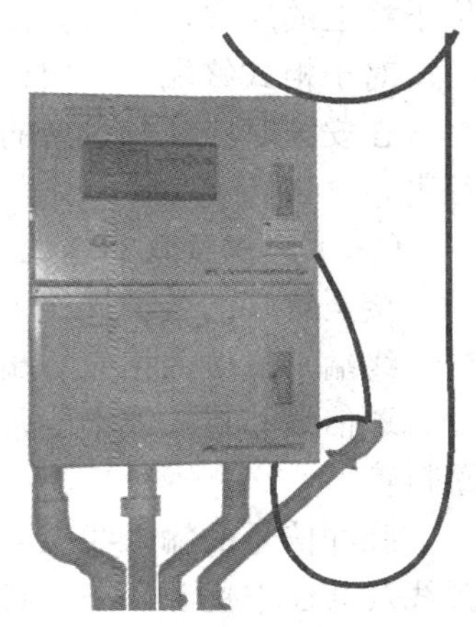

图 ZY2000502003-1　加装扩展接线箱的终端安装

2. 230MHz 终端安装于预留的配电柜

在进行用户变电站设计时，也会将终端的安装位置设计在用户进线柜或计量柜附近的终端小室。高供低量（计）的安装如图 ZY2000502003-2 所示，高供高量（计）的安装如图 ZY2000502003-3 所示。

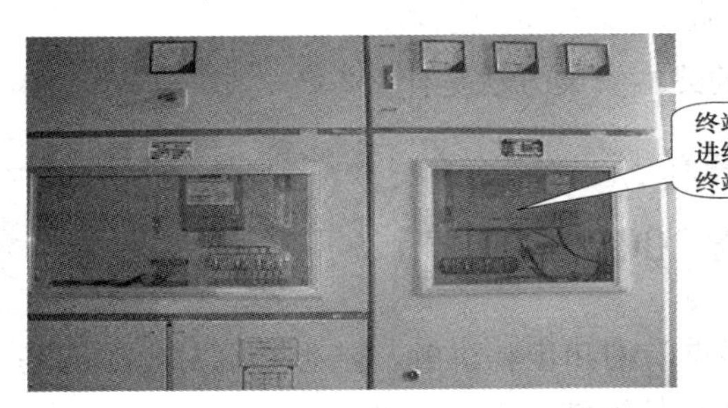

图 ZY2000502003-2　终端安装于终端小室（高供低量）

图 ZY2000502003-3　终端安装于终端小室（高供高量）

3. 230MHz 终端安装箱变压器

对于箱式变压器（简称箱变）用户，若箱变中有适合终端安装的位置，可将终端按照室内式安装原则安装在箱变内。如欧式箱变一般空间较大，终端可安装于箱变内合适位置，如图 ZY2000502003-4 所示；若无适合的位置，可在箱变外侧或周围合适位置加装终端箱。如美式箱变空间较小，可采用终端箱方式安装于箱变侧面，如图 ZY2000502003-5 所示。终端或终端箱的安装位置应尽可能远离变压器高压侧，以保证安全及终端设备可靠工作。

图 ZY2000502003-4　欧式箱变终端安装

图 ZY2000502003-5　美式箱变终端安装

4. 230MHz终端安装于杆上变压器

当计量装置在杆上，且计量装置与配电室距离较近，在终端安装方案制定时应考虑将终端安装在用户配电室内，此时终端安装可按上述任一方式进行。若计量装置与配电室距离较远，可采用在杆上加装终端箱，将终端安装在终端箱内；如需进行负荷控制，将控制、遥信线引至配电房接入相应控制轮次开关的控制触点。

计量装置在杆上，且无配电室的用户，终端安装可采用在杆上加装终端箱的方案，对于控制开关位于杆上的用户，当具备自动控制触点引出条件时，原则上应接入控制。

对于柜式终端和采用公网通信的终端安装，可参照上述安装方式进行。

在安装时应注意设备的牢固固定，防止设备掉落，并满足安全规定的有关规定，保证足够的安全距离。

（三）终端接线和铺设

接至终端的各种接线一般应从电缆沟引至终端下侧，再通过穿线塑料管，从终端箱体底部穿线孔进入终端，再接入相应的端子上。

遥信线和遥控线不能采用同一根多芯电线，电源线、脉冲线、遥信线和遥控线应各自用一根穿线塑料管。

脉冲信号的输入线应采用双芯屏蔽线，并将屏蔽层良好接地，脉冲线和遥信线应尽量远离交流电源线及其他干扰源，在与其他强电电源线平行时，应至少保持60mm以上的间距。

裸露于室外的电缆宜加装套管，当所放的电缆处于配电柜内时，可根据安全需要确定是否加装套管。

【思考与练习】

1. 终端安装的步骤是什么？
2. 230MHz终端安装时会有几种现场？对应每种现场的终端安装方法是什么？
3. 安装终端的线缆铺放有什么要求？

模块4 终端电源连接（ZY2000502004）

【模块描述】本模块包含终端电源连接的内容。通过要点归纳和步骤讲解，熟悉终端对电源的基本要求以及特殊情况下终端电源供电方式，掌握终端电源的连接方法。

【正文】

一、终端选择供电电源的原则

1. 终端对电源的要求

（1）终端使用单相或三相供电。三相供电时，在电源故障（三相三线供电时断一相电压，三相四线供电时断两相电压）的条件下，交流电源能维持终端正常工作。

（2）额定值及允许偏差如下：

1）额定电压：220/380/100V，允许偏差−20%～+20%。

2）频率：50Hz，允许偏差−6%～+2%。

早期的230MHz终端采用串联型稳压电源，抗干扰（谐波）能力强，功耗大，体积也大，现已不再使用。目前的终端电源采用开关型稳压电源，抗干扰（谐波）能力差，功耗小，体积也小。对于小炼钢等高耗能企业，产生的谐波经常损坏开关型电源的，应对电源进行改造，或在终端电源输入回路增加滤除谐波装置。

2. 终端供电点选取的原则

对于终端运行来说，光有高质量的终端电源还不具备终端正常运行所需的条件，可靠的供电电源接入点的选择，是关系到终端科学运行的关键所在。如果终端电源供电不能正常，将不能保证终端的稳定运行，所以对终端电源接入点的选取提出以下原则：

（1）连接的外部电源必须与终端所要求的电源电压相一致。

（2）理想的终端运行条件是：只要客户的高压设备带电，终端就有电。当客户的高压母线上具有母线操作 TV 时，此条件实现起来比较方便，但对客户的高压母线上没有母线操作 TV，且有多台变压器运行的一次接线方式来说相当困难，因此有必要对此条件进行修改，即当客户的任一台主变压器设备带电，终端即能正常运行。

（3）终端电源不得取自电能计量用电压互感器的计量绕组。

3. 电源的接线位置选择

根据终端供电点的接入原则，选取终端电源供电点时，首先要对客户的一次接线图进行分析，了解其运行方式，确定终端电源选取的位置。表 ZY2000502004-1 给出了不同的一次接线方式下的终端电源接线位置。

表 ZY2000502004-1　　不同一次接线方式下的终端电源接线位置

用电情况	运行情况	取电源处
一次接线有母线 TV		一般取母线 TV 的电源
单电源单变压器客户		一般取在变压器低压总出线端的隔离开关上端
单电源双变压器	主备运行	一般取在照明回路或低压联络断路器上
	并行运行	一般取在照明回路或常用的回路
双电源单变压器		一般取在变压器低压总出线端的隔离开关上端
双电源双变压器	主备运行	一般取在照明回路或低压联络断路器上
	并行运行	一般取在照明回路或常用的回路

二、终端电源的连接

1. 电源线的选择

终端电源的电源线采用 KVV2×1.5mm^2 铜芯硬线。接地线采用 2.5mm^2 单股铜芯线。

2. 电源的接线

相线应接到终端电源接线端子的 220～L 标记的端子上，中性线接到有 220～N 标记的端子上。

接地线一端应接至客户配电设备的接地母线。如客户的配电设备是 TN 系统，属于中性线、地线共用，则将中性线和地线同时接在地线上。接地线另一端接在终端电源的地线端子上，也可接在终端外壳的接地端子上。

终端一定要接地，且接地电阻小于 8Ω，否则会影响终端抗干扰能力和防雷。对于有特殊要求的终端，也可为其独立设置独立的接地装置，以减少外界干扰。

三、特殊情况下的终端电源供电

对于运行要求高的客户，可采用双回路电源切换的方式为终端供电。终端双电源自动切换装置原理图见图 ZY2000502004-1。

此电路的工作原理简单分析如下：

电路图中 N 为公共中性线，L1、L2 分别接入不同的供电电源，终端（RTU）电源取自 L 和 N。两路电源的工作情况有以下三种：

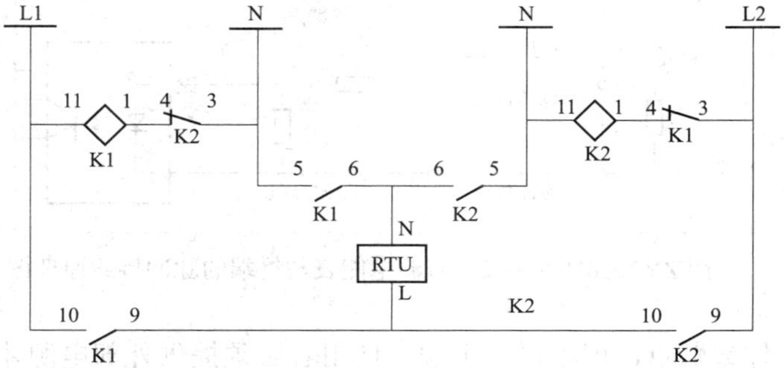

图 ZY2000502004-1　终端双电源自动切换装置原理图

（1）当 L1、N 之间有电，L2、N 之间无电时，则 K1 继电器动作，通过 K1 的动合触点 5—6、9—10 向终端 RTU 供电。

（2）当 L2、N 之间有电，L1、N 之间无电时，则 K2 继电器动作，通过 K2 的动合触点 5—6、9—10 向终端 RTU 供电。

（3）当 L2、N 之间有电，L1、N 之间也有电时，考虑到此种情况，故在继电器 K1 线圈回路串联 K2 动断触点，同理，也在继电器 K2 线圈回路串联 K1 动断触点，实现相互闭锁。

当一路电源故障时，该装置会自动将终端电源切换到另一 KV，确保终端不间断供电。

以上只是分析了终端双电源切换的原理，不建议大家使用，目前小容量的双电源切换继电器已经出现，可根据需要购买使用。

【思考与练习】

1. 终端的供电电源有几种方式？分别适用于什么类型的终端？
2. 终端对供电电源的指标要求是什么？
3. 终端选择供电电源的原则？
4. 特殊情况下的终端电源供电采用什么方式？原理是什么？

模块 5 终端与电能表脉冲接线（ZY2000502005）

【模块描述】本模块包含终端与电能表脉冲回路接线内容。通过原理讲解、方法介绍和要点归纳，掌握终端与电能表脉冲回路的工作原理、连接方式以及接线时的注意事项。

【正文】

一、终端与电能表脉冲回路的工作原理

1. 光电耦合器件的作用和原理

光电耦合器件能够将电信号转换为光信号，再转换为电信号，完成信号的传递，其原理见图 ZY2000502005-1。

从图 ZY2000502005-1 中可以看出，电路的左侧是输入回路，右侧是输出回路，输入和输出回路之间采用光耦合的方式完成信号传输，在电气上有明显的断开点，当输入端或输出端的电路上有强电产生，则只会损坏此回路的相应电气部分，对其他电路不会造成损坏，这就保证了终端安装运行调试过程中因脉冲回路误碰损坏终端内部电路的可能。由于有此特点，此器件在各个领域都有应用，在终端和电能表中也有大量应用。

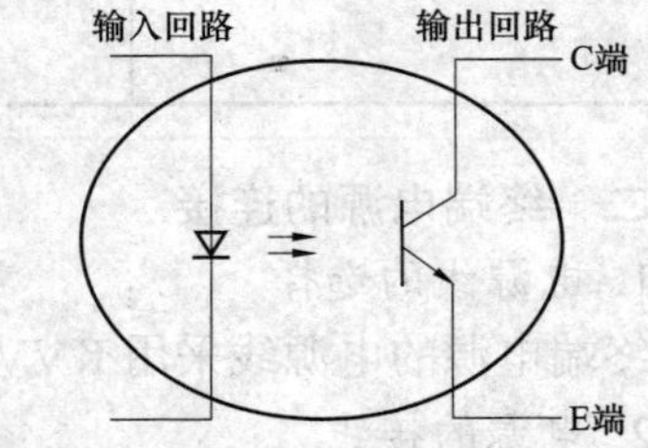

图 ZY2000502005-1 光电耦合器件原理图

光耦器件是一个密封器件，电路的工作原理为：当电路左侧有上正下负的信号时，其二极管导通，并发出光（光谱受制造工艺控制）；右侧的光接收器件接收到光后，控制 C、E 两极的导通程度，完成信号传递。从电路图中可以看出，要保证电路两侧分别能够通过电流，在接线时要满足光电耦合器件左右两侧的电位关系是上正下负。如果接线不符合此原则，电路将不能工作。

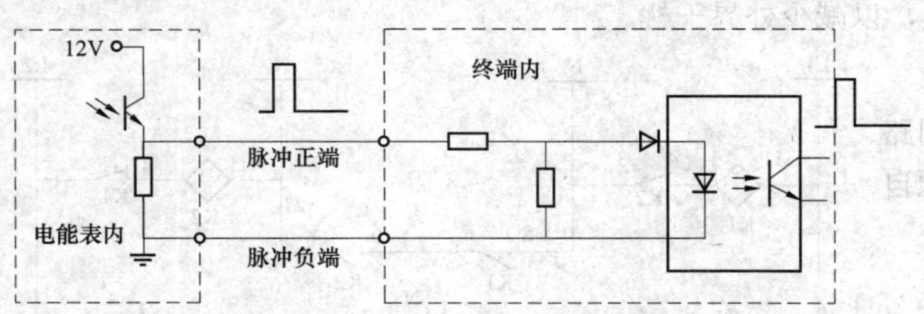

图 ZY2000502005-2 有源电能表与终端的脉冲接线原理图

2. 相关名词解释

电能表的脉冲输出从电源供给形式上可分为有源输出和无源输出两大类。有源输出就是电能表的脉冲输出回路有供电电源，使用表计能在输出端口测量到电压信号，见图 ZY2000502005-2 左侧电能表内部分电路。

无源输出就是电能表提供输出的器件或触点，但不提供电源，使用者必须提供外部电源才能取得装置内的输出信号。

无源输出根据输出器件的种类可分为电子开关型（发射极、集电极、OC 门）和继电器型（空触点输出）。

电子开关型又根据输出信号是由光电耦合器件的哪一管脚接出分为发射极、集电极和 OC 门输出

方式，就其输出脉冲特征性而言，可分成正脉冲输出和负脉冲输出两种。

发射极输出方式和空触点输出方式的输出脉冲为正脉冲，集电极输出方式和 OC 门输出方式的输出脉冲为负脉冲。

3. 终端的脉冲回路接线原则

由于电能表的脉冲输出方式较多，不能靠死记硬背的方式记住终端的脉冲接线，需要掌握电路的基本原理。在接脉冲回路接线时，只要接线回路在有脉冲时能有电流通过，也就是对电子开关型输出器件满足条件：光电二极管回路需要得到正向电压，对于光电耦合器件的输出部分应满足反向电压要求，对继电器型（空触点输出）的接线无此类要求。

二、终端脉冲回路的连接

（一）接线方式

1. 发射极输出方式

将终端 12V 电源正接电能表光电耦合器件的 C 端，E 端接终端脉冲输入的正端，脉冲输入回路的负端接终端 12V 电源负端，可以看出当有脉冲时，回路将产生电流，发射极输出接线如图 ZY2000502005-3 所示。

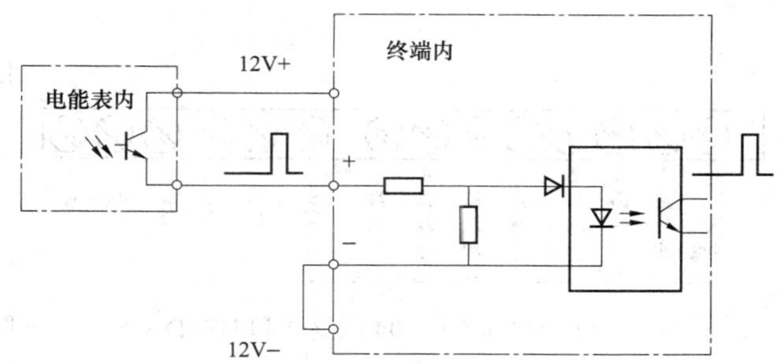

图 ZY2000502005-3　发射极输出接线

下面以 04 版终端和 DSSD××电能表的接线为例讲解发射极输出的接线及原理。接线如图 ZY2000502005-4 所示，电能表的光电耦合器件集电极从 4、6 脚并接至终端 12V 正，发射极从 5、7 脚分别输出有功和无功脉冲并接入终端脉冲输入Ⅰ、Ⅱ回路的正端，脉冲输入回路的负端与终端 12V 负端相连，沟通了电流回路。

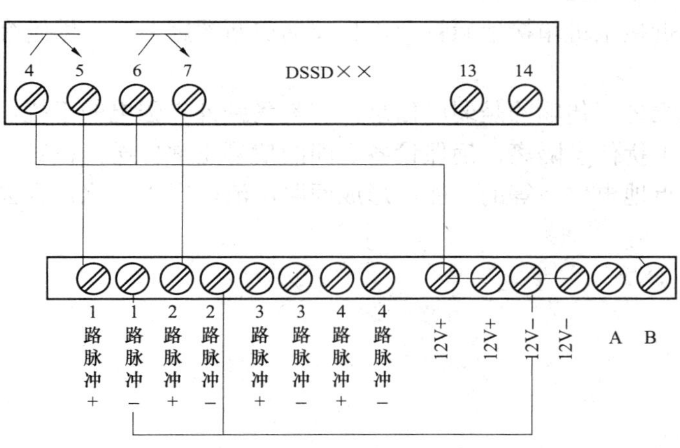

图 ZY2000502005-4　04 版终端和 DSSD××电能表发射极输出接线

2. 集电极输出方式

将终端的 12V 正端接脉冲回路的正端，脉冲回路的负端接电能表光电耦合器件的 C 端，电能表的光电耦合器件的 E 端接终端 12V 的负端，可以看出当有脉冲时，回路将产生电流，集电极输出接线如图 ZY2000502005-5 所示。

04 版终端和 DSSD××电能表集电极输出的接线如图 ZY2000502005-6 所示，终端 12V 的正接至终端脉冲输入Ⅰ、Ⅱ回路的正端，脉冲输入回路的负端分别接电能表的光电耦合器件集电极 4、6 脚，光电耦合器件的发射极 5、7 脚接终端 12V 负端，沟通了电流回路。

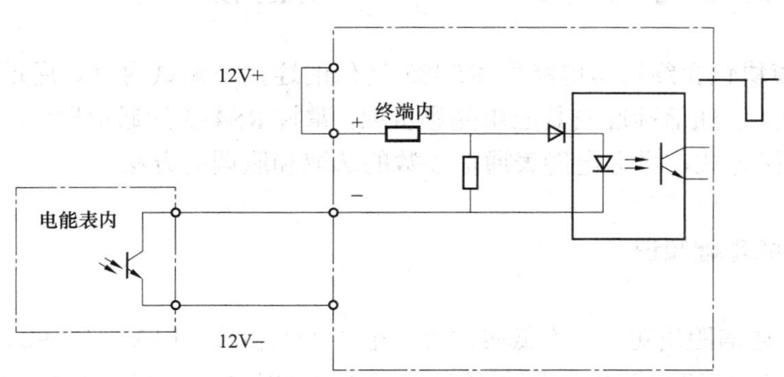

图 ZY2000502005-5　集电极输出接线

3. 继电器型（空触点）输出方式

由于继电器型（空触点）输出是继电器触点，所以只要能满足终端内的光电耦合器件的电位要求即可，继电器型（空触点）输出方式原理图如图 ZY2000502005-7 所示，可以看出当有脉冲时，回路将产生电流。

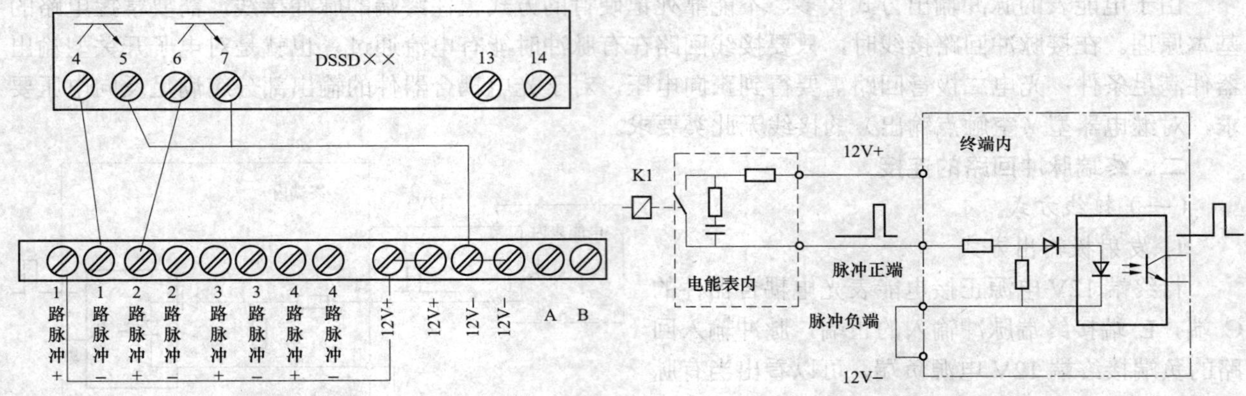

图 ZY2000502005-6　04 版终端和 DSSD×× 电能表集电极输出接线

图 ZY2000502005-7　继电器型（空触点）输出方式原理图

（二）接线时的注意事项

（1）脉冲接线一般采用 RVVP7×16/0.15 双芯屏蔽电缆。

（2）为了防止接线过程中误碰强电，应先接电能表侧，后接终端侧。

（3）接线过程中要注意安全距离，并采取安全措施。

（4）屏蔽层要求单端接地，一般屏蔽层就近接至机箱接地螺钉上，另一端剪断裸露金属，用绝缘胶带包扎好。

屏蔽层一端接地的原理：由于终端与电能表之间传输的是弱电信息，容易受到外界强电的干扰，所以都采用具有屏蔽功能的信号线，将外界的干扰信息隔离，确保设备之间的信号正常传送。在对屏蔽层的处理中，如果采用两点接地，则存在两点地电位不等的可能，形成回路电流，产生干扰，失去屏蔽线的屏蔽作用，所以采用一点接地方式。

【思考与练习】

1. 光电耦合器件的作用是什么？
2. 电能表脉冲输出的方式有几种？
3. 终端脉冲接入的原则是什么？
4. 脉冲接线过程中需要注意的事项是什么？
5. 屏蔽层为什么要一端接地？

模块 6　终端与电能表 RS485 通信连接（ZY2000502006）

【模块描述】本模块包含终端与电能表 RS485 通信的连接与调试内容。通过概念讲解、要点归纳和方法介绍，熟悉 RS485 通信标准及其应用注意事项，掌握 RS485 的通信原理、基本接线方式以及与不同电能表的通信连接方式，掌握电能表通信参数的选取和联调的方法。

【正文】

一、RS485 通信的基础知识

1. RS485 概述

为了弥补 RS232 通信距离短、速率低等缺点，电子工业协会（EIA）于 1983 年制订并发布 RS485 标准，并经通讯工业协会（TIA）修订后命名为 TIA/EIA-485-A，习惯称为 RS485 标准。RS485 标准只规定了平衡驱动器和接收器的电特性，而没有规定接插件、传输电缆和应用层通信协议。

RS485 标准与 RS232 不一样，数据信号采用差分传输方式（Differential Driver Mode），也称作平衡传输，它使用一对双绞线，将其中一线定义为 A，另一线定义为 B，如图 ZY2000502006-1 所示。

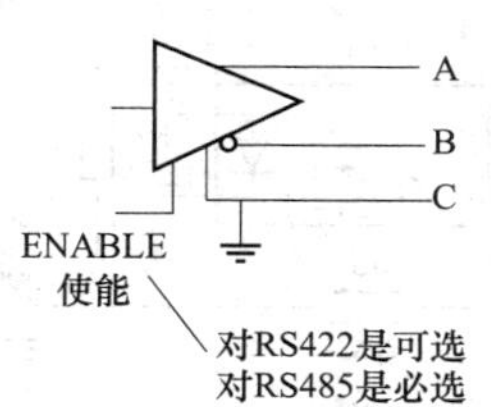

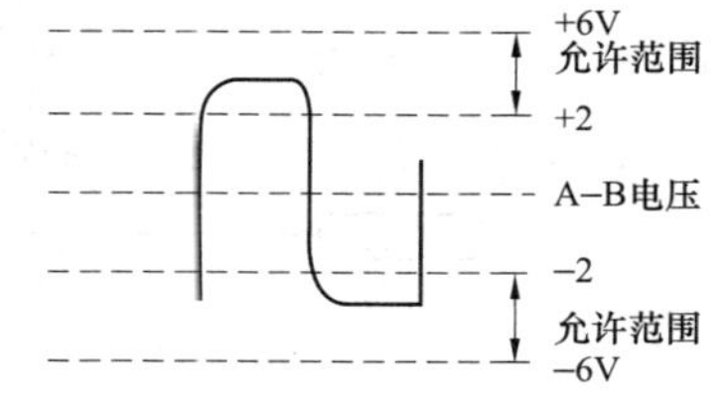

图 ZY2000502006-1 RS485 发送器的示意图

通常情况下，发送驱动器 A、B 之间的正电平在 2～6V，是一个逻辑状态；负电平在 –2～–6V，是另一个逻辑状态。另有一个信号地 C，还有一个“使能”控制信号。“使能”信号用于控制发送驱动器与传输线的切断与连接，当“使能”端起作用时，发送驱动器处于高阻状态，称作“第三态”，它是有别于逻辑“1”与“0”的第三种状态。

对于接收驱动器，也作出与发送驱动器相对的规定，收、发端通过平衡双绞线将 A—A 与 B—B 对应相连。当在接收端 A—B 之间有大于 200mV 的电平时，输出为正逻辑电平；小于–200mV 电平时，输出为负逻辑电平。在接收驱动器的接收平衡线上，电平范围通常在 200mV～6V 之间。

定义逻辑 1（正逻辑电平）为 B＞A 的状态，逻辑 0（负逻辑电平）为 A＞B 的状态，A、B 之间的压差不小于 200mV。

2. RS485 串行通信的标准和应用注意事项

RS485 串行通信的标准性能见表 ZY2000502006-1。

表 ZY2000502006-1 RS485 串行通信标准的性能

参数		性能	参数	性能
传输模式		平衡	最小差动输出	±6V
电缆长度	90kbit/s	1200m	接收器敏感度	±0.2V
	10Mbit/s	15m	驱动器负载（Ω）	60
数据传输速度		10Mbit/s	最大驱动器数量	32 单位负载
最大差动输出		±1.5V	最小驱动器数量	32 单位负载

RS485 标准的最大传输距离约为 1219m，最大传输速率为 10Mbit/s。

通常，RS485 网络采用平衡双绞线作为传输媒体。平衡双绞线的长度与传输速率成反比，只有在 20kbit/s 速率以下，才可能使用规定最长的电缆长度。只有在很短的距离下才能获得最高速率传输。一般来说，15m 长双绞线最大传输速率仅为 1Mbit/s。

RS485 网络采用直线拓扑结构，需要安装两个终端匹配电阻，其阻值要求等于传输电缆的特性阻抗（一般取值为 120Ω）。在短距离或低波特率波数据传输时可不用匹配电阻，即一般在 300m 以下、19 200bit/s 不需匹配电阻。匹配电阻安装在 RS485 传输网络的两个端点，并联连接在 A—B 引脚之间。

二、RS485 在负荷管理中的应用

RS485 标准通常被用作为一种相对经济，具有较高噪声抑制、较高的传输速率，相对传输距离远，宽共模范围的通信平台。同时，RS485 电路具有控制方便、成本低廉等优点。

电能量信息采集与监控系统多使用 Maxim 公司的 MAX485 系列、Texas instruments 公司的 SN75 系列及 Sipex 公司的 SP485 系列。

1. RS485 数据通信原理

下面以 MAX485 系列芯片为例讲述 RS485 的电路工作原理，如图 ZY2000502006-2 所示。

图 ZY2000502006-2 中，左侧是 RS232 的接收、发送和控制部分，它们与单片机进行数据交换并受其控制，A1、A2、A3 是收信、控制和发信的信号放大电路，光电耦合器件是起内外电路隔离作用，MAX485 是进行 RS232 与 RS485 的电平转换，可使数据传输达到多个通信单元共用一个 RS845 总线的目的，总线上的控制单元可以达到 128 个。

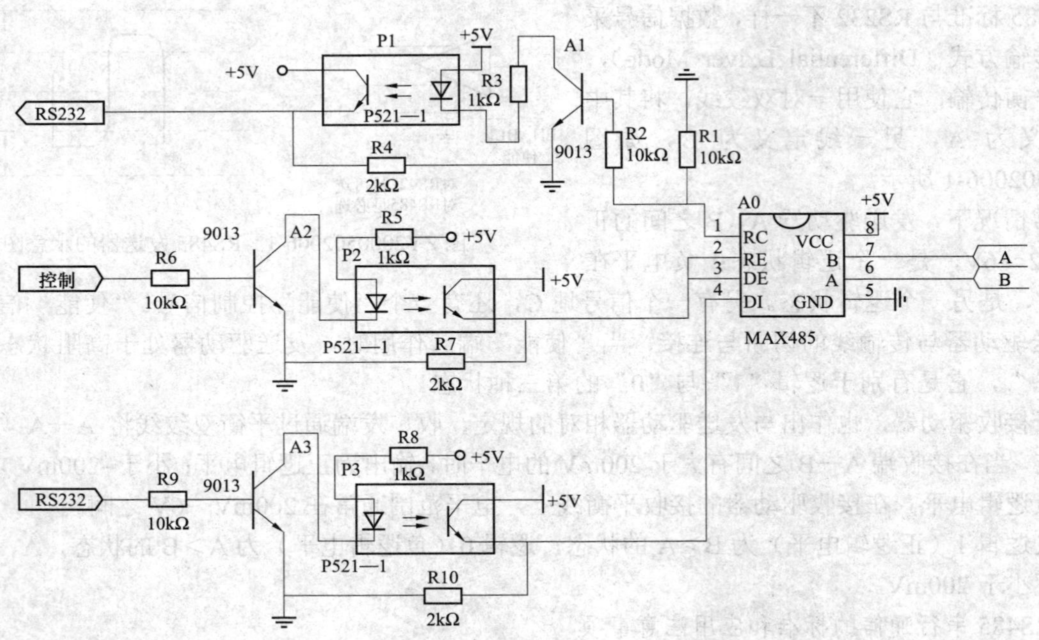

图 ZY2000502006-2　RS485 的电路工作原理

电路的工作过程是：当控制端为高电平时，MAX485 中的 DE 使能，使 RS485 处在数据发送状态。MAX485 从 DI 上接收到数据，在输出端口 A、B 上变成±（2～6）V 的差分信号，将数据输送到 RS485 的总线上。当控制端为低电平时，使 MAX485 中的 RE 使能，这时 MAX485 处在数据接收状态，RS485 总线上的 2～6V 的数据差分信号在 RC 端变成 RS232 信号，传回 P80C552 中的接收寄存器中，并在单片机内部产生一个串行中断，通过这个中断可以读出接收到的数据。

因为 RS485 的传输距离比较长，所以 P80C552 与 MAX485 之间采用光耦进行光电隔离。数据在传输中以字符形式输送，数据形式采用 1200bit/s，奇偶校验位为 *n*、数据位为 8、停止位为 *t*。

2. RS485 的基本接线方式

终端与多功能表 RS485 连接线采用 RVVP2×16/0.15 双芯屏蔽电缆。虽然产品生产厂家不同，但电路原理和收发设备的接线方式基本相同，也就是 A—A 相连、B—B 相连，并根据需要在两端接入匹配电阻，如图 ZY2000502006-3 所示。

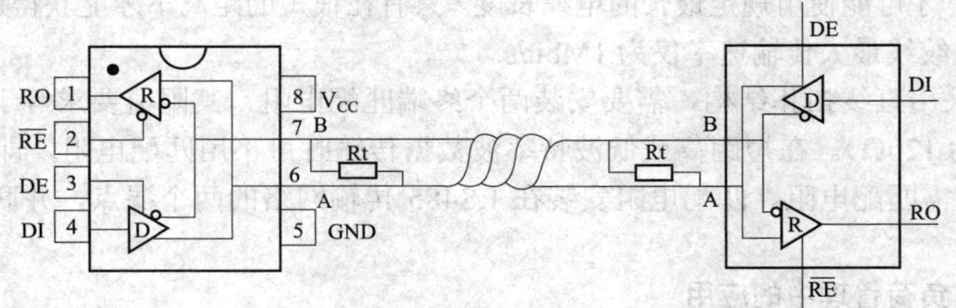

图 ZY2000502006-3　RS485 接线示意图

3. 与不同电能表的通信连接

由于系统的终端与电能表之间的距离较近，连接时也可不接匹配电阻。对于具有 RS485 通信接口的电能表，只要将电能表的 A、B 口接到终端的 A、B 口的相应端子上即可，如图 ZY2000502006-4 所示。

对于 Landis_B、ABB_AINRT 等电流环输出接口的电能表，由于其输出方式和 RS485 不统一，需增加接口转换器，如图 ZY2000502006-5 所示。

三、电能表通信参数的选取和联调

终端与电能表之间的 RS485 电缆连接完成后，还需要进行以下工作：

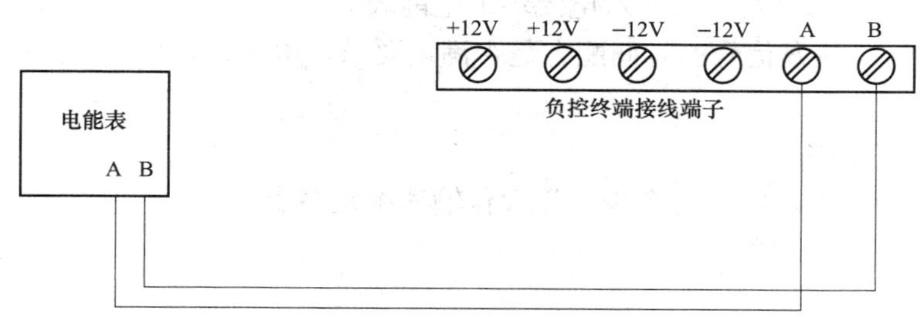

图 ZY2000502006-4　具有 RS485 通信接口的电能表与 RS485 通信设备的接线

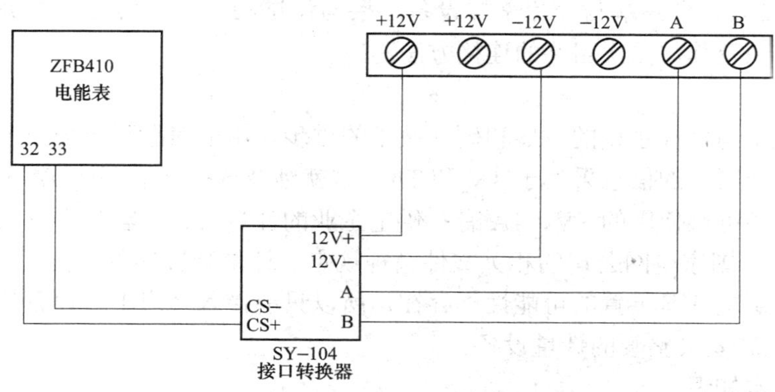

图 ZY2000502006-5　RS485 通过接口转换器与电能表连接

1. 电能表内的设备通信地址的确定

从前面的知识中可以看到，RS485 通信是可以实现 1 对 *N* 的方式，这就需要对通信设备进行地址定位，也就是电能表的通信地址。由于电力系统的电能表厂家众多，各家对电能表的通信地址定义不尽相同，给现场安装调试人员的工作带来困难，解决的方法有：

（1）从计量中心获取电能表的通信地址。

（2）寻求电能表厂家的技术支持。

（3）用软件读取电能表内信息获取地址。

（4）采用广播地址暂时解决通信异常，在此方式下，一台终端只能接入一只电能表。

（5）统一各生产厂家的地址设置方式，如以局编号作为电能表的地址号。

2. 终端抄表功能的调试

当现场施工人员进行终端抄表功能调试时，需将收集的电能表规约和地址通过主站下发到终端，终端才能在规定的时刻抄表，当终端发出抄表指令后，一般接口电路板上抄表的发送和接收指示灯会交替点亮（或显示屏有相应指示），表明终端与电能表有数据交换，说明抄表回路基本正常。

如果电能表通信规约、地址和接线正确但抄表不正常时，可分别检查电能表和终端的 RS485 接口，静态下 A、B 两端应该有 200mV～6V 的电压，也可启动终端抄表按钮，用万用表检查 A、B 两端电压指针应有明显摆动。

终端抄表异常需要检查的内容如下：

（1）检查表地址、表规约设置是否正确。

（2）检查终端与电能表之间连线是否正确、松动。

（3）检查终端电流环或 RS485 口是否故障。

（4）检查电能表电流环或 RS485 口是否故障。

（5）检查下发的电能表传输波特率设置是否正确。

（6）检查是否下发了电能表密码。

（7）检查终端 12V 电源是否正常（对电流环形电能表）。

（8）RS485 通信时，收发信号的时间配合是否满足要求，电平、阻抗是否匹配。

【思考与练习】

1. RS485 的标准有哪些？

2. RS485 标准的最大传输距离是多少？最大传输速率是多少？

3. 哪些因素影响终端抄表？

模块 7　终端与交流采样设备的连接与调试（ZY2000502007）

【模块描述】本模块包含终端与交流采样设备连接与调试的内容。通过概念讲解和方法介绍，掌握交流采样的基本知识及其与二次回路的连接方法。

【正文】

随着用电信息采集与监控系统的发展和硬件技术的进步，用电信息采集与监控终端的交流采样功能得到开发，由于交流采样的信息采集于 TV 和 TA，这就涉及选择现场哪些 TA 和 TV 作为交流采样的信息源的问题，现场可供使用的 TV、TA 有：供电企业的计量装置，客户电气设备的指示仪表和保护用的 TV 和 TA。由于国家电网公司的相关文件精神规定了计量装置的独立性，用电信息采集与监控终端的交流采样接入供电计量装置的可能性不存在，所以只能接入客户电气设备的指示仪表或保护用的 TV 和 TA，也可重新安装整套的计量设备。

一、交流采样基本知识

1. 交流采样的工作原理

由 TA、TV 的一次回路的大电流和高电压转换为小电流、低电压信号，送入交流采样单元，交流采样单元经过放大和调理电路，再将信号送到采样保持电路，然后经过模拟开关依次切换，逐路送入模数转换电路进行转换，最后由处理芯片计算出各类数据。同时，将其某相电压信号整形为方波，送入处理器，进行频率跟踪，用来调整采样间隔，保证测量精度。

在具体电路设计时，可以采用单独的 A/D 转换电路、采样保持电路、模拟开关和逻辑电路等单元电路来实现，也可以采用集成了以上电路的专用芯片来完成。随着芯片技术的发展，专用芯片的性能和稳定性都有了很大提高，其价格也越来越可以被接受，所以越来越多的终端产品采用了专用芯片方案来完成其功能开发。

2. 交流采样电气特性要求

三相三线制输入为 100V，5A。

三相四线制输入 220V/380V，5A。

3. 交流采样用导线的选择

导线的选择影响整个计量的精度，为了减少二次回路上的压降和电流误差，对导线的截面应有一定的要求，一般来说采用 4mm^2 及以上导线能满足需要。导线选用时应满足相应电压等级的要求和相应的根数，也就是三相三线接法需要 7 根、三相四线接法需要 10 根，导线类型可根据现场实际选取。

4. 交流采样互感器的选择

终端交流采样不得接入电能计量装置二次回路中，而应优先接入进线柜（或避雷器柜、馈线柜、联络柜）的 TV、TA，也可接入计量 TV、TA 的测量仪表用绕组或其他多余绕组。

无可用互感器二次绕组时的处理方法如下：

（1）电流回路。加装一组终端专用电流互感器，对高供高量（计）装置也可将原电流互感器更换为带有仪表（测量）用绕组的电流互感器，互感器等级达到计量要求的 0.2 级或 0.5 级。

（2）电压回路。对高供高量（计）装置可与电能计量的电压互感器共用，但必须从电压互感器二次端子处独立并接至终端交流采样回路，不得直接从电能计量二次回路端子上并接；对高供低量（计）的，可从母线上直接引线至交流采样电路。

（3）交流采样单元与电压、电流互感器的二次回路的连接应通过联合（试验）接线盒连接，方便设备的检修和更换。

5. 外置交流采样装置

交流采样装置的数据主要用于比对，一般采用交流采样装置内置于终端的一体化终端，但某些特殊情况下，为满足交流采样数据的完整性，需加装外置交流采样装置。

（1）单进线、双（多）计量点：终端安装在其中一计量点，无法将交流采样安装在总进线前端的，需在其余计量点加装外置交流采样装置。

（2）双进线、双计量点：终端安装在其中一计量点，需在另一计量点安装外置交流采样。

（3）双进线、单计量点：当计量点无可供交流采样接入的互感器（也无法加装互感器），需在每个进线处安装交流采样时，需采用外置交流采样装置。

外置交流采样通过 RS485 与终端通信，若终端有独立的采集外置交流采样的 RS485 接口，应接到该独立接口，若没有，则并接到与电能表通信用 RS485 接口。

二、与二次回路的连接

电压回路的接入：电压回路按 U、V、W 三相的相序接入终端。

电流回路的接入：电流回路串接在仪表或保护回路的 TA 上，注意互感器电流的极性，电流的 TA 引出端子接终端的电流正端，终端的负端接仪表的正端子。电流回路的相序按 U、V、W 三相的相序接入终端，相序不能搞错。

为了确保电流回路不发生开路，需要增加部分接线端子，终端交流采样的原理与接线和电能计量装置的接线相同，为了方便今后的设备运行维护，需要在终端与互感器之间加装联合接线盒，图 ZY2000502007-1 是三相三线交流采样加装联合接线盒的接线图。

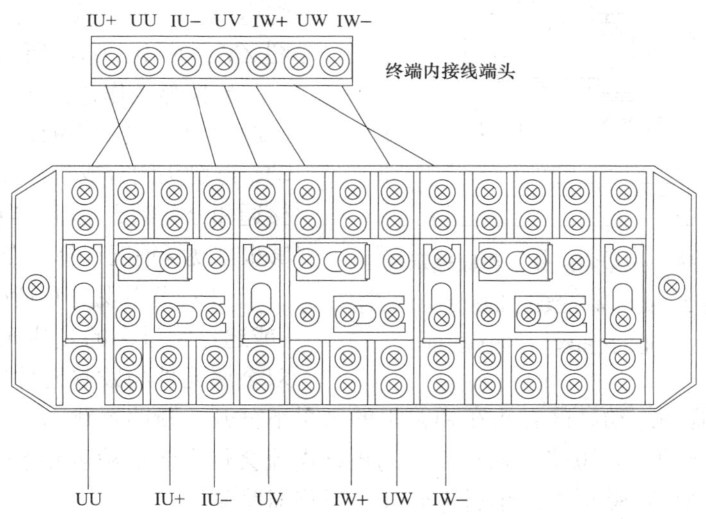

图 ZY2000502007-1　加装联合接线盒的交流采样接线图

交流采样工作的正常与否和接入的互感器的相序有直接关系，所以确定相序是工作中的重要一步，条件许可的情况下，可在停电或送电后用伏安相位表进行检查，并根据检查结果进行调整。也可从进线柜开始检查，并找出对应关系。

送电前对整体接线和回路进行测量，保证电流回路不开路、电压回路不短路。

【思考与练习】

1. 在安装交流采样时，为什么要加装联合接线盒？
2. 为什么对安装交流采样所用的材料的截面有要求？
3. 交流采样接入相序错误的后果是什么？

模块 8　终端与开关设备的连接与调试（ZY2000502008）

【模块描述】本模块包含用户开关设备和终端连接与调试内容。通过原理讲解、方法介绍和要点归纳，掌握断路器的基本构造与工作原理，掌握终端与断路器的连接与调试的方法及注意事项。

【正文】

一、断路器的基本构造与工作原理

断路器是在电网运行中接通、分断电路正常电流，也能在规定的非正常电路运行模式（过载、短路）下接通一定时间和分断电路的一种开关。当系统发生故障时，断路器能快速判断并切断故障回路，保证无故障设备的正常运行。

1. 断路器的分类及组成

断路器的分类方法很多，一般可按电压等级、灭弧介质、安装方法、用途、接线方式、极数、操作方式和脱扣器形式进行分类。由于只需了解断路器的跳闸回路的相关知识，所以对断路器分类仅按脱扣器形式进行分类，一般分为瞬时动作型脱扣器、热动+电磁脱扣型脱扣器、全电磁型脱扣器、电子脱扣器型和智能脱扣器等。

低压断路器一般由以下几部分组成：触头系统，灭弧室（罩），手动操动机构，电动操动机构，释放电磁铁，智能型控制器，互感器一、二次接线座，分励脱扣器，欠电压脱扣器等。

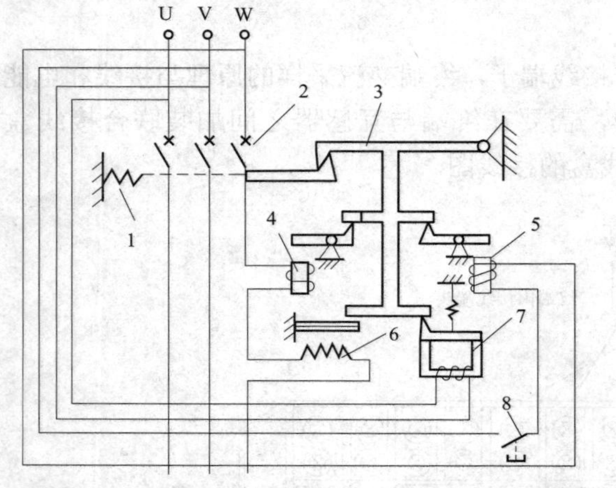

图 ZY2000502008-1　热—磁型断路器工作原理示意图

1—储能弹簧；2—动、静触头；3—锁扣；4—过载脱扣器；5—分励脱扣器；6—双金属元件；7—欠电压脱扣器；8—跳闸按钮

2. 热—磁型断路器跳闸的工作原理

断路器的工作原理总体上是相同的，下面以低压断路器（高压断路器的控制部分一般由继电保护装置完成）为例介绍其工作原理，如图 ZY2000502008-1 所示。

断路器用作合、分电路时，通过扳动其手柄（或通过外部转动手柄）或采用电动机操动机构使动、静触头闭合或断开。在正常情况下，触头能接通和分断额定电流；当出现异常时，断路器能够根据现场情况选择适当的跳闸方式切断回路。

（1）当出现过负荷时，双金属元件 6 受热（或通过它近旁的发热元件发热的传导、辐射或双金属元件与发热元件串联通电发热）产生变形、弯曲，使锁扣 3 脱钩，动、静触头在弹簧 1 的牵引下分开，断路器跳闸。

（2）如线路（或电动机）短路，则一定值的短路电流会使电流过载脱扣器 4（电磁铁）吸合，使锁扣 3 脱钩，动、静触头在弹簧 1 的牵引下分开，断路器跳闸。

（3）在线路出现欠电压时，欠电压脱扣器 7 在电压低于 70%U_N（U_N 为额定电压）时，其衔铁释放，使锁扣 3 脱钩，动、静触头在弹簧 1 的牵引下分开，断路器跳闸。

（4）在正常操作或要远距离控制断路器的跳闸时，可控制跳闸按钮 8 闭合，分励脱扣器 5 通电，它的衔铁被吸合，使锁扣 3 脱钩，动、静触头在弹簧 1 的牵引下分开，断路器跳闸。

3. 电子脱扣器的工作原理

电子脱扣器（又称半导体脱扣器）是由半导体保护装置和执行部件组合而成的，其原理框图如图 ZY2000502008-2 所示，电子脱扣器通常是由信号处理、信号判别、延时电路、触发电路、电源和执行部件等部分组成。

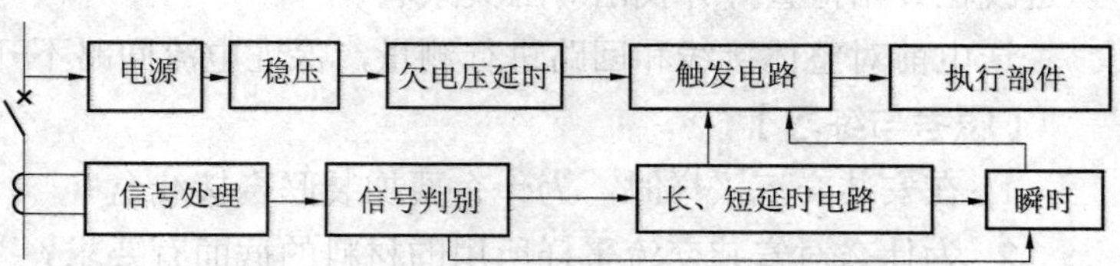

图 ZY2000502008-2　电子脱扣器原理框图

互感器采集的信号送信号处理单元进行电流—电压转换，由信号判别电路进行分析比对，当信号电压超过设定的基准电压时，送出控制信号。长、短延时电路由阻容元件实现。触发电路采用施密特触发器，当触发器导通后，由执行部件控制断路器的跳闸。

4. 智能型脱扣器

智能型脱扣器由电源，信号互感器，饱和铁芯互感器，环境温度检测，电压、电流采样放大器及多路选通开关，A/D，CPU，数据断电保护，显示器，整定键盘，脱扣信号输出，RS485 通信接口，故障检测输出和执行元件等部分组成，如图 ZY2000502008-3 所示。

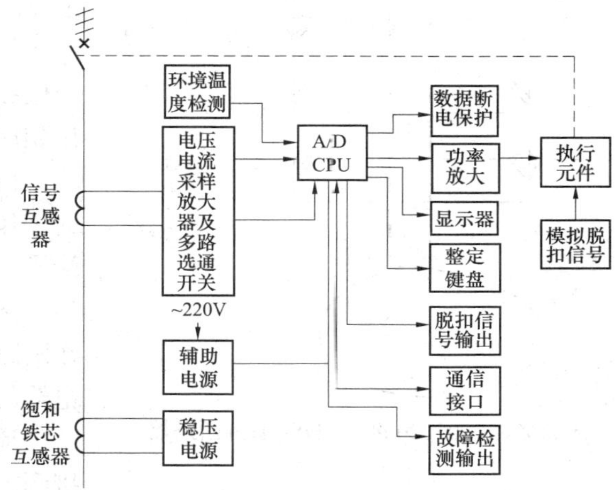

图 ZY2000502008-3　智能型脱扣器原理框图

智能型脱扣器的工作原理是：由饱和铁芯互感器提供稳压电源并与辅助电源一起分别供应 CPU 和电流、电压采样及脱扣驱动机构等部件工作。

信号互感器包括电压互感器和电流互感器，互感器采集的信息经采样及信号处理放大后由多路选通开关送 CPU 处理。

由整定键盘预先设置欠电压、过载、短路短延时、短路瞬动的电流值和动作时间，并将这些数值送 CPU，作为系统运行的基本参数。

CPU 根据预先设置的参数运行，当线路发生故障时（达到或超过预设定值时），信号互感器采集的信息通过信号处理电路送 CPU，CPU 经过运算对比后，发出跳闸命令，经驱动电路（功率放大器），由执行元件控制断路器跳闸，切断电路。

CPU 还连接外扩数据断电保护、显示器、脱扣信号输出、通信接口及故障检测输出等外围电路，实现数据信息的双向交换。

不论是什么类型的断路器，为了进行自动控制和断路器的分合状态的显示输出，都带有一定数量的辅助触点，这些触点可以按照设计需要成为断路器控制电路的一部分。辅助触点是与开关的分合状态相关联的一组触点，不同断路器的辅助触点数量不同，用于控制回路的电路形式也不相同。

二、终端与断路器的连接与调试

工作人员研究断路器的目的是了解其跳闸回路原理，掌握将用电信息采集与监控终端的控制继电器触点接入断路器的跳闸回路中（实现遥控），实现远程控制功能；同时将断路器的分合位置信息接入到终端中（实现遥信）。

（一）终端与断路器辅助触点（遥信）的连接与调试

1. 遥信连接时的注意事项

（1）由于终端的遥信输入是半导体器件，所以接入的辅助触点必须是空触点．即触点上不能有电位或电压，也不要与其他带电的设备共用同一组辅助触点，以免损坏接口板。

（2）一般采用双芯护套控制电缆 KVV2×1.5 的铜芯线作为遥信的连接线。

（3）当在带电设备上接线时，为了防止接线过程中的误碰损坏终端，在接遥信回路时应先接断路器侧，后接终端侧。

（4）连接断路器的遥信电缆接头应做成羊眼状，防止线头脱落，误碰其他带电设备。

2. 终端与断路器遥信回路的连接与调试

断路器的辅助触点动合、动断的定义：当断路器处于分闸状态时，辅助触点处于导通状态时为动断（常闭）触点，反之为动合（常开）触点。

用电信息采集与监控终端接入断路器的辅助触点的目的是采集断路器的变位信息，所以对接辅助触点的属性没有规定（不论是动合或动断触点都可与终端连接，只需将触点属性报主站进行设置，即可实现信息关系的对应）。也可根据本地管理需要规定只接动合或动断触点。

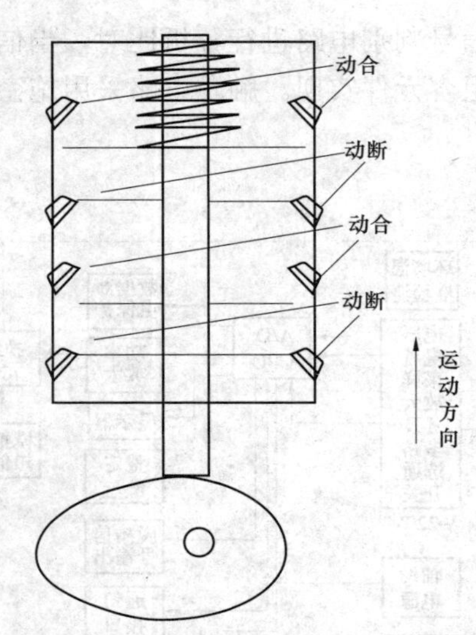

图 ZY2000502008-4 DW 系列断路器辅助触点示意图

早期的低压断路器（如 DW 系列）的遥信触点如图 ZY2000502008-4 所示，可以看到在跳闸机构旁，有一个双排的端子，其辅助触点受开关分合闸机构控制，可以分别接通不同的触点。

智能型低压开关的辅助触点由二次回路接线端子排输出，一般在端子排的右侧，可用万用表的 R×1 挡或 R×10 挡查找出相应的辅助触点。

由于高压断路器离终端设备较远，连接或查找其辅助触点的工作量较大，要分析其设备工作原理，在其图纸上找到相应端子，并确定端子的动合或动断属性。

部分断路器可能会无多余的辅助触点供使用，此时可采用在断路器的合闸或分闸指示回路增加中间继电器，并从中间继电器的输出触点取出遥信信号至终端。

遥信触点确定后，可用双芯护套控制电缆进行连接，一端接到被控断路器的辅助触点上，另一端的两根线接至终端接口板的“遥信”标记的两个端子上。

每路遥信的两根线无正负极性之分，只要接至对应的端子上即可。为了方便管理，建议接入终端的遥信位和遥控接线的轮次关系要一一对应。

遥信回路接线完毕后，可进行简单测试，主要是用万用表的 R×1 挡或 R×10 挡判断断路器辅助触点的通断是否可靠，整个回路是否沟通，如果终端已经通电，也可查看接口板中的遥信指示灯的亮灭状况来确定遥信回路是否正常。

（二）终端与断路器跳闸回路（遥控）的连接与调试

1. 遥控连接时的注意事项

（1）接控制回路时要注意终端的触点容量是否满足回路要求，一般壁挂式终端的触点容量为 AC 250V/5A。

（2）选用双芯护套控制电缆 KVV2×1.5 的铜芯线作为遥控的连接线。

（3）接线应牢固，有条件时应将电缆接头做成羊眼状。

2. 控制的接入点的选择

（1）按照图纸接入用电信息采集与监控终端控制触点。高压断路器的控制回路是由继电保护完成的，在查找和接入控制回路时，应尽量查阅电路图，将终端的遥控动合触点并接在断路器跳闸按键的触点两侧的电路中，图 ZY2000502008-5 是采用新标准的断路器二次电路控制图，图中万能组合开关的 6—7 动合触点是实现断路器跳闸的触点，可将用电信息采集与监控终端的控制触点并接在其两侧（图中的 KM 触点为用电信息采集与监控终端的遥控触点），就可以实现远程遥控的目的。需要指出的是，在电路中可以控制断路器跳闸的动合触点较多，但不是所有触点都可以并接到用电信息采集与监控终端的遥控触点上。

（2）根据断路器现场运行情况接入用电信息采集与监控终端控制触点。在实际工作中，有时很难找到电路图纸，或找到图纸因种种原因与实际接线不符（如现场接线修改，但图纸未改），此时需要在实际电路中查找可接入的控制触点。查找的起始位置在断路器的跳闸按钮上。

跳闸控制操作按钮一般有两种形式，一种是按钮，另一种是旋转开关（也叫万能组合开关 S）。

若为按钮，则找到按钮两端的触点，在停电情况下用万用表电阻挡测量其通断，或在有电的情况下测量触点两端电压，如果触点两端开路或其两端电压值等于断路器操作电压数值，则断路器的跳闸方式为分励脱扣跳闸方式（专业人员经常称为给压式或加压式），此时将终端控制的动合触点并接在跳闸按钮两端回路中的适当位置；如果触点两端电阻或电压值等于 0，则断路器的跳闸方式为欠电压脱扣跳闸方式，此时将终端控制的动断触点串接在跳闸按钮两端回路中的适当位置。

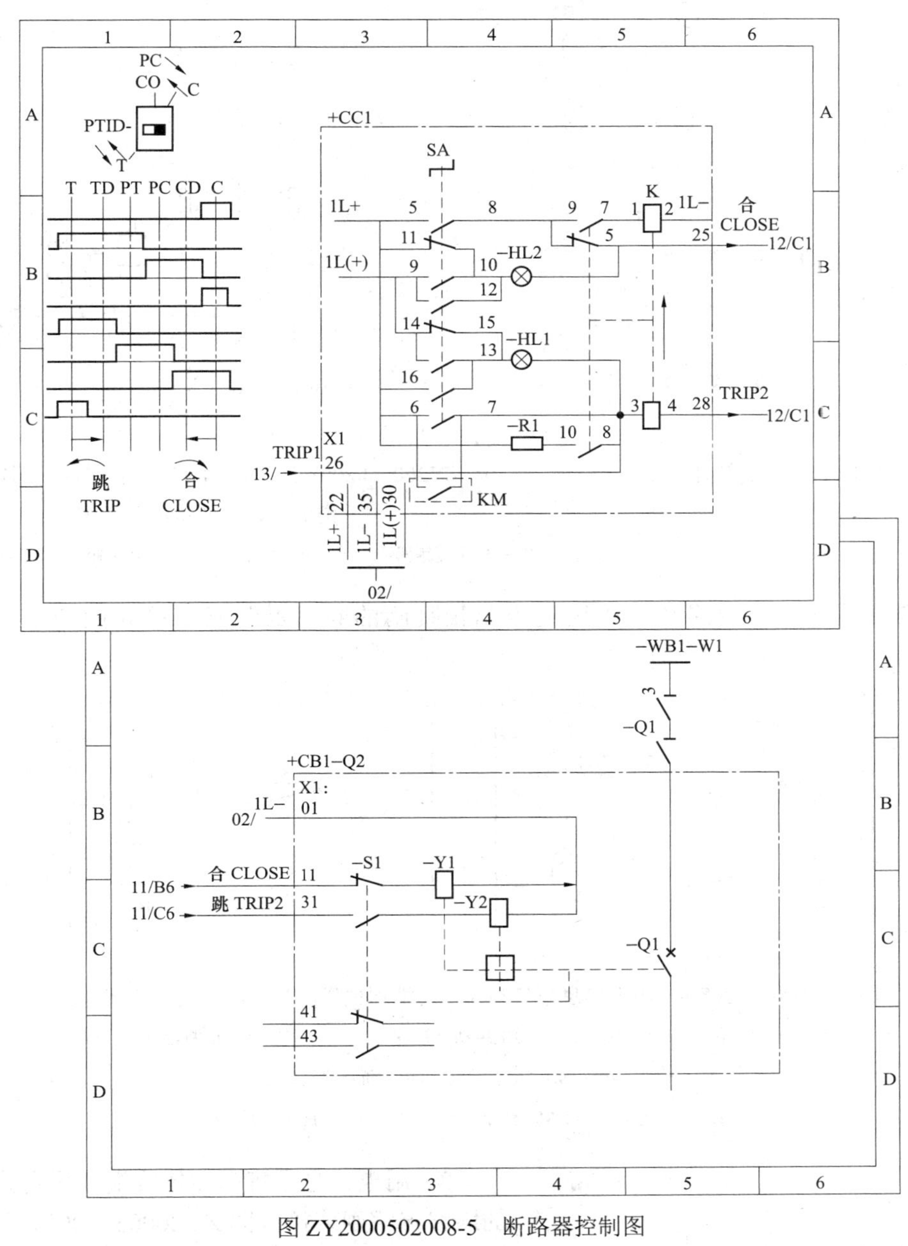

图 ZY2000502008-5　断路器控制图

采用旋转开关控制断路器分合的都是高压断路器，其二次回路的标准设计图纸规定了旋转开关的6—7是控制断路器的跳闸触点，5—8控制断路器的合闸触点。一般5、6触点接入操作电源的正母线，7、8分别接入跳闸线圈和合闸线圈。在此基础上，还要对电路进行检查，有条件还要进行跳闸试验，确定控制触点设置与标准设计相同时，则将用电信息采集与监控终端的遥控跳闸动合触点并接在旋转开关的6—7上，其控制回路是：1L+→开关的6脚→7脚（或KM触点）→中间继电器→断路器辅助触点→跳闸线圈→1L–。也可另取相同电压等级的电源，直接由用电信息采集与监控终端的控制接点向跳闸线圈供电，实现跳闸控制。

旋转开关（SA）是由多组触点组成的，其结构如图 ZY2000502008-6 所示。触点规定是：从旋转开关的背面，由左上角开始，顺时针向外为1、2、3、4、5、6、7、8等每一层有4个触点。

（3）不同断路器的跳闸接线举例。以上介绍了用电信息采集与监控终端与断路器跳闸回路的接线方式和实现的原理，并对高压断路器的跳闸接线进行了分析，下面对工作中常见的断路器与用电信息采集与监控终端的遥控接线进行举例：

1）用电信息采集与监控终端与380V交流接触器跳闸连接如图 ZY2000502008-7 所示。

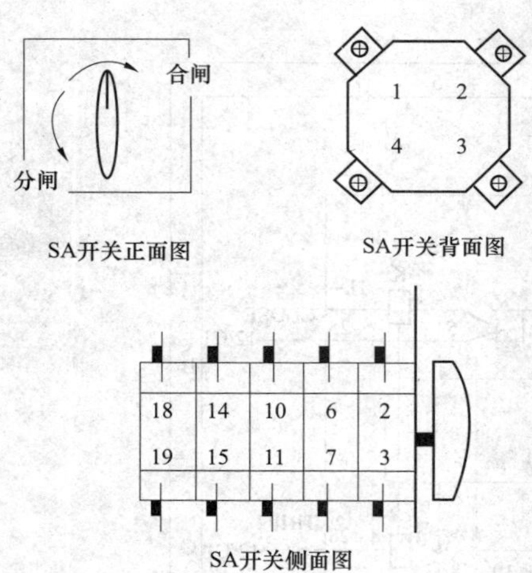

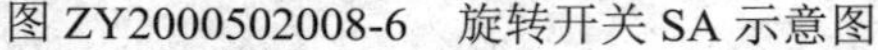

图 ZY2000502008-6 旋转开关 SA 示意图

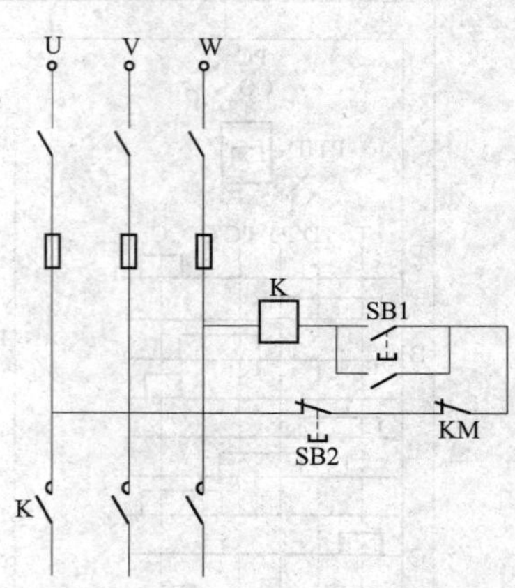

图 ZY2000502008-7 用电信息采集与监控终端与 380V 交流接触器的接线示意图

K—交流接触器；SB1—合闸按钮；SB2—分闸按钮；KM—终端动断触点

2）用电信息采集与监控终端和采用失压脱扣跳闸的断路器跳闸连接如图 ZY2000502008-8 所示。

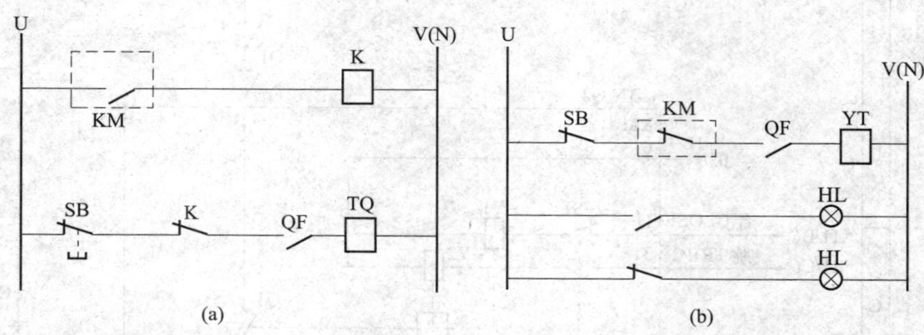

图 ZY2000502008-8 用电信息采集与监控终端和失压脱扣断路器的接线示意图

（a）利用中间继电器接入（终端采用动合触点）；（b）采用终端动断触点

YT—跳闸线圈；SB—分闸按钮；QF—断路器辅助触点；

K—中间继电器；KM—终端动合、动断触点；HL—指示灯

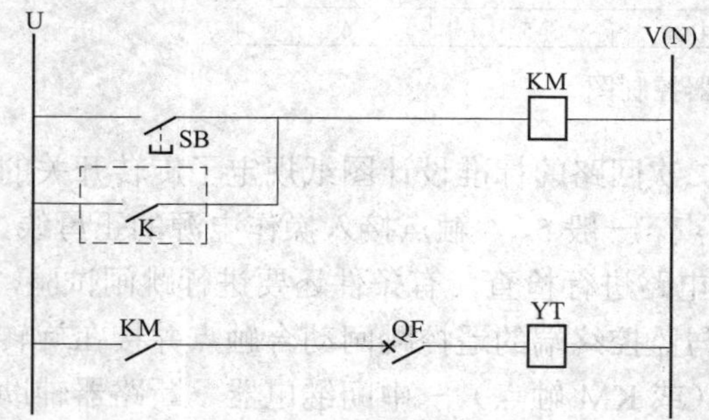

图 ZY2000502008-9 用电信息采集与监控终端和分励脱扣断路器的接线示意图

YT—跳闸线圈；SB—分闸按钮；QF—断路器辅助触点；

KM—中间继电器；K—终端动合触点

3）用电信息采集与监控终端和采用分励脱扣跳闸的断路器跳闸连接如图 ZY2000502008-9 所示。

4）终端控制输出回路压板的投入。为了在最短时间内将用户断路器退出终端控制回路，终端接口板有禁控开关，当将开关拨至关时，切断了继电器的工作电源，终端不起控制作用。为了确保将继电器触点完全退出断路器控制回路，也有部分终端加装了具备分断与短接功能的端子，用于与跳闸回路的连接。

当需要终端具备控制功能时，端子压板都应在连通位置。当需要终端退出控制功能时，对于采用分励脱扣的断路器，应将压板断开；对于采用失压脱扣的断路器，当不投入跳闸功能时，应在端子排上将跳闸回路短接，并将压板处于分断状态。端子排的分断与短接示意如图 ZY2000502008-10 所示。

5）报警线的连接。终端提供一组动合触点供报警输出用，可接通用户的灯光报警系统或音响报警系统，控制和告警电路接线如图 ZY2000502008-11 所示。

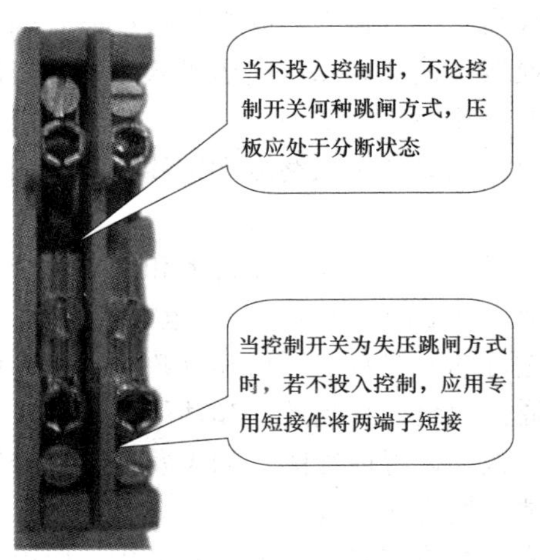

图 ZY2000502008-10　控制压板的分断与短接

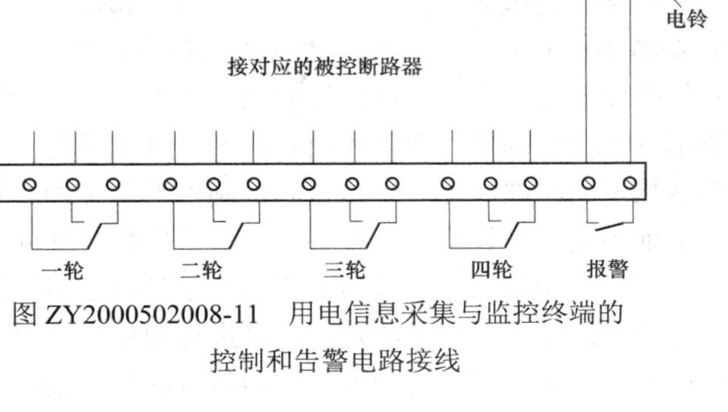

图 ZY2000502008-11　用电信息采集与监控终端的控制和告警电路接线

（三）终端遥信功能的扩展应用（门禁）

用电信息采集与监控终端的遥信端口还可以作为监测计量柜门的开关。

计量柜门禁的接入与开关遥信基本相同。当多个门禁开关接到终端同一门禁触点时，应注意门禁开关触点属性一致，若选用不同触点属性，将无法正常检测门禁状态。

【思考与练习】

1. 断路器的工作原理是什么？
2. 断路器辅助触点的动合和动断属性是如何规定的？
3. 用电信息采集与监控终端和断路器的遥信回路连接时要注意什么？
4. 用电信息采集与监控终端和断路器的遥控回路连接时要注意什么？
5. 遥信用作门禁时的注意事项是什么？

模块 9　主站与终端联调（ZY2000502009）

【模块描述】本模块包含终端开通联调的内容。通过要点归纳和方法介绍，熟悉主站与终端联调的条件、终端通电前的准备工作，掌握终端通电后的基本操作、调试操作的步骤和方法及其注意事项。

【正文】

用电信息采集与监控终端本体安装完毕，各种接线连接完毕后，将进入终端与主站联调环节。

一、终端与主站的调试需具备的条件

（1）天馈线安装完毕。

（2）表计接线完毕。

（3）遥信接线完毕。

（4）遥控接线完毕。

（5）交流采样接线完毕。

（6）接线已经经过复查，正确无误。

（7）所有安装工作人员完成工作，撤出工作场地。

（8）所有清扫工作完成。

（9）所有工具清点，未有遗漏在工作现场。

（10）客户的电源已送上。

二、终端通电前的准备工作

检查测试输入的电源电压是否符合要求，并根据现场需要，将终端电压设置在电压 220V 或 100V 挡。

对于交流采样回路，应用万用表的交流电压挡测量接线盒的电压输入，并根据接线方式确定测量的数值是否正确。然后，将接线盒处电压的连接片与上端连接，使 TV 二次电压进入终端的交流采样电压回路；将接线盒的电流短路片打开，使电流进入终端的电流回路。

将天线电缆接至终端的天线插座中。如果有功率计，可将功率计串入终端和馈线电缆之间。

三、终端通电后的基本操作

终端接通电源后，首先检查终端自检和显示是否正常，设置通信信道、波特率和终端地址。目前04版终端的设置方式有硬件设置和软件设置两种方式，由于终端生产厂家众多，设置方式也不尽相同，具体的设置方法可参阅终端说明书。终端生产是按照合同进行的，终端出厂后其行政区码、通信波特率基本上已经确定，现场人员只需参照终端说明书，设置通信信道、终端地址和功能位即可。然后将终端显示的终端地址与主台核对，确保地址正确。对于开关拨动设置地址的，如果发现有的开关拨动后地址不变，则表明地址开关故障，需更换，或向主站申请调换终端地址码。

在正式调试前，需要验证终端与主站的通信质量是否满足数值信号的传递，230MHz 用电信息采集与监控终端简单的做法是与主站进行通话，如果通话双方的讲话声音比较清晰，背景噪声小，表明无线通信一切正常，这是保证数据传输的基本条件，否则说明收到的信号弱，信噪比低，则应检查天馈线接头，转动定向天线方向及观察有无近距离阻挡。GPRS 终端则可通过终端面板显示的 GPRS 信号强度来简单判断。

通话的基本操作是：查看终端面板上的“通话”指示灯是否亮，“通话”指示灯亮表示允许通话，如不亮可按一下主控板上强制通话开关（强制通话的操作方式因终端而异，需要参阅终端说明书）。在允许通话状态下，将手持送话器插头插入“MIC”插座，按送话器开关，可以与主台通话。松开送话器开关，可以从喇叭中听到主台方面的通话，这时表明电台已开始正常工作。

四、终端调试

终端调试是终端人员在现场开通终端设备后，配合主站下发的命令，检查终端的执行，对于出现的异常进行相应的处理。

1. 通话功能调试（230MHz 终端）

在确认通话效果较好的前提下，可请主台值班人员发送允许通话命令，如果终端正常接收，则通话指示灯点亮，带有外置 Modem 的终端 DTR 信号变化，并发出报警声，带有语音功能的终端发出“主站要与你厂通话，请回答”的语音提醒，无语音功能的终端发出“嘟嘟”报警声。终端向主站发送打开通话的确认信息，表明上下行数据传送正常，并且终端的报警功能和通话正常，可进入下一项调试。

2. 对时功能调试

主台下发对时命令，如正常接收，终端应显示与主台下发的时间相同。

3. 复位功能调试

主台下发硬件区、参数区和数据区的复位清空指令，终端应该有相应复位信息显示。此时，终端内除时钟等出厂信息外，将无任何终端运行参数和数据。

4. 脉冲功能调试（部分终端的功率可取自 RS485 口，无需单独接脉冲线）

主站根据客户勘察记录等信息将 TV、TA、电能表常数 K 等脉冲运行参数下发至终端，一般将有功功率设置在 1、3、5、7 路，无功功率设置在 2、4、6、8 路。核对终端参数并确认无误，主台将脉冲参数召回验证，确保主台与终端参数一致。此时如果客户用电正常，终端的脉冲指示灯将闪动，通过对 1min 收到的脉冲数进行计算后，终端总有、无功和分路功率都应显示。如果只显示分路功率，则可能分路总加指针没有发，需要主台重发该参数。如果脉冲灯不闪，可将 12V 的 GND 接入终端脉冲负端，并将 12V 的正端点接终端脉冲正端，终端脉冲指示灯应同步闪亮，则终端脉冲回路工作正常，否则应重点检查接线是否正常，计量装置是否正常及是否有用电负荷。如果脉冲灯不亮，检查 12V 是否正常，如果正常则接口板坏，如无 12V 电压，则电源坏。

终端显示功率后，采用瓦秒法核对负荷并与终端显示的功率比较，如果负荷相差较大（因终端的功率显示是 1min 刷新一次，指示仪表是动态显示，且使用的回路也可能不同），需要核查 TV、TA 和 K 参数是否与现场一致或计量回路是否有异常。

5. 抄表功能调试

主站下发了表类型（规约）、表地址等参数后，现场核对参数并确认无误，主台再召测一遍，确保主台与终端参数一致，注意查看抄表的指示灯，如果发送灯闪烁后，收信灯亮，则表明抄表成功。过几分钟后可查看到终端的抄表数据，并与现场表计核对是否正确，此时主台也能抄表，如果发送灯不闪，则表参数未发下，或终端未收到，重发表参数，如果发送灯闪后，收灯不闪，可能表计或表计接线有问题。

6. 交流采样调试

抄交流采样数据、相位角，保证三相三线的相位角为：I_u 相位角 30°，I_w 相位角 270°，U_{wv} 相位角 300°，三相四线电压和电流的相位角保持一致。交流采样调试正确的标准是交流采样有、无功功率乘变比后，与脉冲功率相近。

交流采样调试中，脉冲功率和交流采样功率可能会出现以下三种情况：

（1）脉冲的有功功率、无功功率和功率因数与交流采样回路的值应相差不多，交流采样的相位角也在正常值附近（I_u 相位角 330°～359°、0°～90°，I_w 相位角 210°～330°）。

（2）脉冲和交流采样的有功功率和无功功率无法对应，但功率因数差不多，相位角也在正常值附近。这有可能是客户的负荷变化大，一时无法对应；也可能是交流采样和脉冲的参数不对，因为交流采样一般取仪表电流互感器，此电流互感器不变换相位，同时标牌不清晰，现场确定 TA 变比比较困难。

（3）脉冲和交流采样的有功功率有时差不多或差很多，无功功率对应不上，相位角也在正常值附近。此时，接线肯定存在错误，需要调整。先根据脉冲功率确定相位角的大概范围，相位角与脉冲关系见表 ZY2000502009-1。为了确保调试准确应退出客户的电容补偿，让负荷呈感性（也能从表计读数来判断）。

表 ZY2000502009-1　　相位角与脉冲功率的关系

脉冲功率关系	I_u 相位角	I_w 相位角	U_{wv} 相位角	负荷特性	可能的原因
反向无功大于有功	330°～345°	210°～225°	300°	容性	负荷较小补偿电容投多
反向无功小于有功	0°～30°或 345°～359°	225°～270°	300°	容性	投补偿电容
有功大于无功	30°～75°	270°～315°	300°	感性	
有功小于无功	＞75°	＞315°	300°	感性	感性负荷大，需投电容

（4）确定相位角的大概范围后，再看实际相位角，先确定电压的相序。对地测量三相电压，无电压的一相则认为是 V 相，V 相在当中且 U_{wv} 相位角为 300° 时，电压相位正确，调整电流即可。如果 U_{wv} 相位角为 60°，则交换 U、W 相，使电压相位为 300°。

（5）分析调整电流，先根据脉冲负荷情况预测电流相位角范围。大多数的错误为电流 U、W 错位（即 U 相位角为 270° 左右，W 相相位角为 30° 左右）或电流 U、W 反向（即 U 相位角为 210° 左右，W 相相位角为 90° 左右）。

另外，当 I_u 和 I_w 相位角相差 120° 或 240° 时，两个电流同极性（同正或同反）。当 I_u 和 I_w 相位角相差 60°～80° 或 270°～300° 时，两个电流极性相反，即有一相极性反了。

（6）如果无法确定 V 相，则只能用排除法，先将 U_{wv} 相位角调为 300°，并假定为正确相序，试着用互换电流、反向等方式，看是否能得出与脉冲负荷相对应的相位角。如果可以，则先调整，看功率是否对应；如果调不出，则旋转 120°、240° 重复上述步骤。

7. 遥信调试

如果接入的遥信触点属性为动合，则当开关合闸后对应此轮次遥信的指示灯应该亮，否则调整属性或查看接线，如怀疑遥信故障，可短接遥信触点，遥信指示灯会亮，表明终端正常，此时可判定遥信触点不好或线未接好，否则终端接线板故障。

8. 遥控调试

先让主台解除保电状态，再发送所接轮次的遥控跳闸，查看终端是否报警，观察开关是否动作。

注意，此时终端上电应超过 10min，否则跳闸不会执行。每跳完一轮后，立即让主台合闸，最后将保电投入。

9. 中文信息显示功能调试

由主台发送一些常用的中文信息，如："该终端已起用，如有问题请联系用电信息采集与监控中心，电话××××××××"，终端应发出"信息已更改，请注意查看"的语音或报警声。

10. 参数保存调试

关闭终端电源 5min 后，打开电源，观察终端参数是否丢失，如果参数丢失，表示主板存在故障。

五、调试过程的注意事项

（1）在调试过程中，各种终端参照说明书对所具有的功能进行调试。

（2）为了保证终端初始化时的时钟正确，终端的复位操作必须在对时以后进行。

（3）禁止在调试时使用群组控制命令。

（4）试验跳闸时，必须确认所操作的客户无误，可以采用再次发送允许通话的命令来确认用户。

（5）试验跳闸机构时，必须征得客户同意，以免造成客户损失。

（6）调试完毕让主台关闭通话，锁上终端门，并加封印。

【思考与练习】

1. 终端调试需要具备哪些条件？

2. 终端调试过程中的注意事项是什么？

第十四章 终端维护与消缺

模块 1 终端日常维护（ZY2000503001）

【模块描述】本模块包含终端日常维护的内容，通过要点归纳和方法介绍，掌握对终端本体、天馈线、防雷与接地、连接线日常巡视与维护的内容、要求、注意事项及其常见故障的处理方法。

【正文】

一、终端日常巡视维护的主要内容

用电信息采集与监控终端设备包括用电信息采集与监控终端本体、终端箱、外置交流采样装置（针对分体机）、天馈线避雷器及控制客户开关的输入输出相关回路等设备。用电信息采集与监控终端是用电信息采集与监控系统的重要组成部分，其运行是长时间连续性的，为确保其稳定可靠运行，对其进行日常维护检查是非常重要的。

1. 终端设备巡视维护检查周期

终端设备运行中，应定期对终端设备进行巡视检查，当接到通过主站系统或现场发现设备异常通知时，要及时作出相应的处理。

终端的巡视一般分为正常情况下的定期巡视和设备异常时的故障巡视。

（1）定期巡视。一般终端故障率在 5%以下时，巡视周期为半年一次；当终端故障率大于 5%，根据故障率情况，依次递增巡视次数。

（2）故障巡视。根据终端异常情况通知在规定期限内到达现场对设备进行维修或更换。终端故障维护期限：市区范围内 48h 内、郊区 96h 内，节假日除外。

2. 定期巡视检查项目

在日常定期巡视维护中，以外观、环境、功能、电源检查为主，并不定期将三站操作记录、客户信息与现场记录进行核对。对终端设备主要从以下各项进行巡视检查：

（1）查看终端、终端箱、天馈线、天线支架等设备是否安装牢固、整洁，及时清理终端内外灰尘和污垢。

（2）查看终端及其相关设备环境是否有危及设备运行和通信的异常状况。不得在终端相关设备上乱挂、堆放任何东西，设备附近不得放置火炉、易燃、易爆物品。

（3）与主站通话和数据传输是否良好，面板数据显示是否正常，各种信号指示是否正常，天线方向是否正确，公网通信方式终端应检查信号强度是否满足要求。

（4）核对终端现场参数与主站参数是否一致。

（5）核对客户现场与档案记录是否一致，包括户名、地址、终端设备资产信息、表型、表号、TA、TV、变压器容量、负荷控制的开关轮次等内容。

（6）铅封及门锁是否完好，终端至各屏、柜的电缆及小线、接地端子等有无异常。

（7）终端机壳是否清洁，有无污垢、水渍或损伤，接地是否松脱。

（8）检查终端元器件有无过热、损坏，接插件有无接触不良等异常现象。

（9）核对现场负荷与终端采集实时负荷是否一致，电能表止度与终端抄表止度是否一致。

3. 巡视维护中应注意事项

（1）巡视中发现的异常情况，应及时处理并上报系统主站人员登记。

（2）终端设备定期巡视的情况，包括异常情况和处理结果都应作详细记录，并录入系统中。

（3）进行故障维修时，如果用户正常生产，注意保证用户的跳闸回路不发生动作。如果需要停电，应及时与用户进行沟通。

（4）进行故障维修更换部件时，严禁带电插拔，应该将电源关闭后再进行更换。

（5）检查可疑部件时，请先确定给它供电的电源正常。

（6）如果怀疑是复杂的故障，则应该用排除法，缩小可疑的范围。

（7）维修结束时，除对故障功能检测外，最后应对终端的通信和其他功能进行粗略检测，以免在维修后，引起其他的故障。

（8）进入配电室应注意观察周围环境的安全状况，确认无危险后方可进入。带电检查高压设备时应保持足够的安全距离。

（9）开关的操作要由有操作权的人员操作，现场工作人员不得越权擅自操作。通常，变、配电站开关由运行人员操作，客户侧开关原则上由客户电工操作。若无电工在场，应先检查开关的完好情况和了解设备的主接线，在确认有把握并征得客户同意后方可操作，否则，应通知客户电工到场操作。操作时应注意正确的操作步骤和使用合格的绝缘工具。

二、终端本体维护

终端本体的组成一般由用电信息采集与监控终端、终端接线扩展箱等组成。扩展箱也可作为辅助元件来对待。由于终端型号多样，各种型号的终端在电路设计上有较大区别，但组成单元与工作原理基本相同。用电信息采集与监控终端一般由电源、交流采样单元、主控制单元、显示单元、通信单元，输入输出单元等组成。

日常维护内容如下：

（1）每隔半年至一年，应清除终端外壳上部和机内的积尘。

（2）工作电源应在交流额定电压±20%范围内，如电源熔丝熔断则需更换熔丝。

（3）终端通信不正常或功能工作不正常时，首先要检查终端外部电源、天线以及天线接头是否正常，检查操动机构和一次仪表及连接线头是否正常，检查主台操作命令和终端参数是否正常。

（4）终端出现故障时，应由专业人员处理。在更换故障部件时，应先断开交流电源，再拔插各有关插头和部件，维修结束后需按产品技术要求进行必要调整。

（5）在安装、维修设备时，人体切勿接触带有高压的部件，以免造成人身事故。

230MHz 终端常见故障及排除方法见表 ZY2000503001-1。

表 ZY2000503001-1　　230MHz 终端常见故障及排除方法

序号	现　象	原　因	排除故障方法
1	开机后“运行”灯不亮	无交流电源	检查交流电源插座及熔丝
		开关电源输出电压不正常	更换开关电源
2	终端显示屏在终端召测时出现闪屏现象	终端电源损坏或外部电源故障	检查电源插座电压情况，若电压在召测时无变化，则更换终端电源，若变化，则处理外部电源故障
3	主控单元工作正常，但显示不正常	显示线断开或接触不良	连接显示线或查、紧显示线
		显示单元故障	更换显示单元
4	电台接收不到主台信号	天线接触不良	检查天线方向及电缆接头
		电台频道不对	调整频道
		电台损坏	更换电台
5	电台能通话，但收不到主台指令	地址开关位置不对	按要求设置地址开关
6	终端有回码，但主台收不到	电台发射部分损坏	更换电台
		近距离有阻挡物	调整天线高度和方向
7	实时数据有，但历史数据无	时钟不对或主板损坏	对时或更换主板
8	交流采样数据不正常	接线不正常	检查接线
		交流采样单元元件损坏	换元件或换交流采样单元
		参数不对	主台重发参数

续表

序号	现　象	原　因	排除故障方法
9	遥控灯不亮且不动作	遥控 12V 电源无输出或输入输出单元损坏	换电源或输入输出单元
10	遥控灯亮但继电器不动作	继电器损坏	换输入输出单元
11	脉冲数据错误	线缆脱落或断开	检查脉冲对应指示灯是否闪亮，如灯不闪亮，则考虑线缆问题
		极性接反	检查脉冲极性
		脉冲参数发错	主台重发参数
12	遥信数据错误	线缆脱落或断开	检查脉冲对应指示灯是否闪亮，如灯不闪亮，则考虑线缆问题
13	抄表错误	线缆脱落或断开	重新接线
		抄表参数发错	主台重发参数

GPRS 终端常见故障及排除方法见表 ZY2000503001-2。

表 ZY2000503001-2　　GPRS 终端常见故障及排除方法

序号	现　象	原　因	排除故障方法
1	开机后“运行”灯不亮或显示屏不显示	无交流电源	检查交流电源接线
		主板工作异常	更换终端
		终端电源工作不正常	更换终端
2	网络指示灯不亮	天线故障	检查天线
		GPRS 模块坏	更换 GPRS 模块
		GPRS 模块插座接触不良	检查插座及插头有否氧化，接触是否良好
3	网络指示灯亮，但收发灯不亮	TCP/IP 配置不对	重新配置终端 IP 地址、子网掩码、主站地址及端口等网络参数
		终端地址及地区码不对	重新配置终端地址及地区码等参数
		SIM 卡插座接触不良	检查插座及 SIM 卡有否氧化，接触是否良好
		天线有强干扰	重新布线，天线屏蔽单独接地，避开强电流区
		SIM 卡损坏或故障	利用各厂家指示灯及面板指示查看 SIM 卡是否损坏
4	终端抄表不正常	抄表线未接好或极性不对	重接抄表线并检查极性，查抄表线是否有断相或短路故障
		终端抄表口损坏	更换终端
		主站抄表报文类型不对	选择合适的规约类型重发
		表计 RS485 口损坏	用抄表测试仪测试终端和表计 RS485 口，若查为表计故障，通知计量人员现场查看
5	终端功率数据不正常	脉冲线未接好	重接脉冲线，检查脉冲是否正常
		脉冲性质不对	检查脉冲是否无源，脉宽、幅度、极性是否正确
		接口电路元件损坏	更换终端
		脉冲常数不对	主台重发参数
6	跳闸灯亮，控制灯亮，但继电器不动作	继电器供电不正常	更换终端
		继电器损坏	更换终端
7	断电无法维持工作	GPRS 模块插座接触不良	检查插座及插头有否氧化，接触是否良好
		终端电池损坏	检查并更换电池
		充电电路故障	更换 GPRS 模块

三、天馈线维护

230MHz 天线采用定向天线，由一根龙骨、三根引向振子、一根反射振子和一根有源振子组成。230MHz 天线组成结构及安装如图 ZY2000503001-1（平面安装）和图 ZY2000503001-2（靠墙安装）所示。

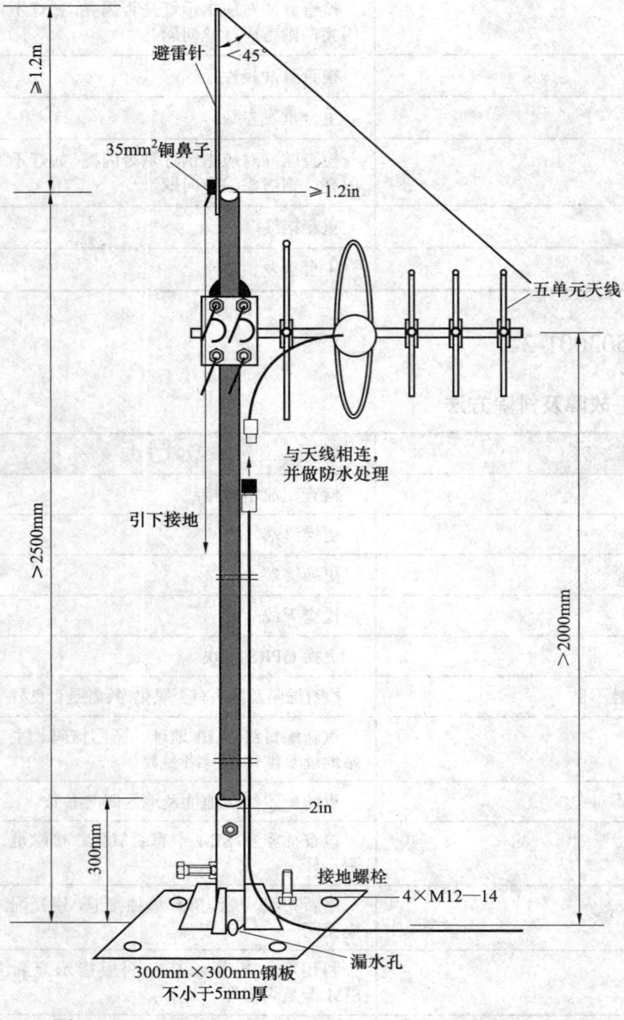

图 ZY2000503001-1 230MHz 天线平面安装示意图

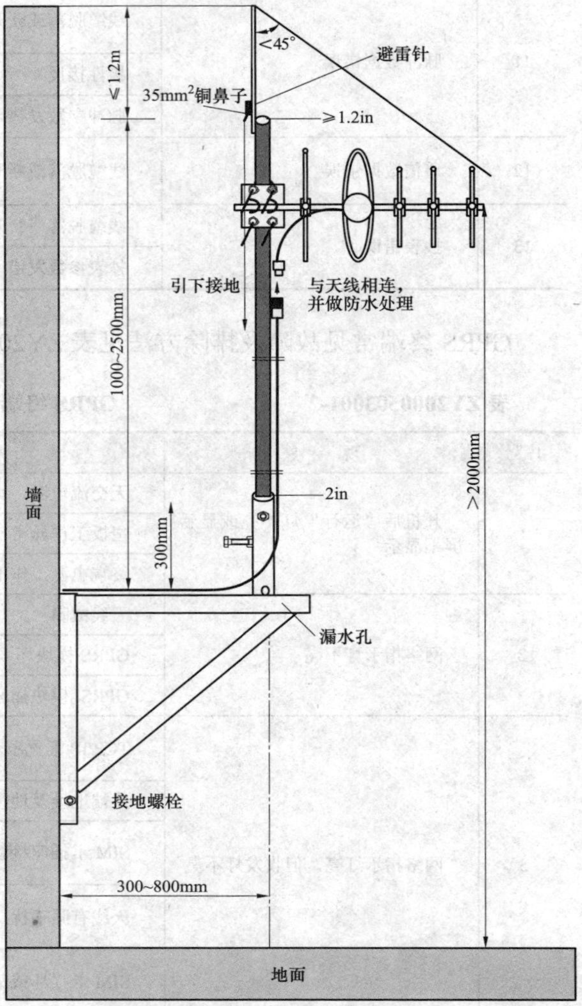

图 ZY2000503001-2 230MHz 天线靠墙安装示意图

天线通过固定夹与支撑杆相接，松动固定夹可调整天线方向，维护时应注意天线方向是否松动、是否与中继站偏离，一般偏离中继站方向的角度应在 10° 以内，同时注意天线所对的方向应避开近距离建筑物和其他物体的阻挡。巡查定向天线的振子是否与地面保持垂直，倾斜度应小于 5°，若出现不垂直或倾斜度大于 5° 的，应立即纠正。巡查终端引向振子、反射振子排列是否正确，不正确的要立即纠正。巡查固定支撑杆（架）、固定盘等是否出现锈损，固定膨胀螺钉是否松动；支撑杆（架）与固定盘是否固定牢固；支架的固定拉锁是否松动，出现不牢固的应予以纠正。

巡查天线有源振子与馈线接头是否拧紧、密封，出现松动的应拧紧、密封，以防渗水。巡查天线端引下来的馈线每隔 1.5m 左右是否有用尼龙线扎固定在支架及其他物件上，以及是否松动或过紧，太松则固定不牢，太紧则损伤馈线。巡查馈线在转弯处是否保留有足够的曲率半径，一般应不小于 300mm，以免弯曲过度而损伤电缆，发现小于 300mm 的，应及时纠正。巡查馈线进入配电室处的回水弯（U 形弯）是否过平，应保持有一定弧度的回水弯，以防雨水进入屋内。

天线由于长期暴露在户外，可能会引起一些故障，可用功率计测试天线及其馈线是否故障，从而引起终端的通信故障。

若天线驻波比大于 1.5，则可能为天线或天馈线故障引起，可进一步检查天线与天馈线之间测试情况，判断是天线故障还是天馈线故障。

若天线驻波比无功率，则可把天线从电台输入端卸下，用万用表测量馈线屏蔽层和芯是否短路，若馈线短路，则更换馈线，若不短路，馈线开路，则可能是馈线头没做好或馈线断，重做馈线头或更换馈线。

若天线驻波比全反射，再判断天线有源振子输入端与地之间是否存在短路现象，如存在，则可能是天线存在短路现象，更换天线。

四、防雷与接地维护

1. 天线

天线的安装高度，应确保在周围高大建筑或避雷针（线）45° 保护区范围内。可以采用加长的天线支撑杆作为避雷针，如图 ZY2000503001-1 和图 ZY2000503001-2 所示，避雷针的高度应确保天线处于其 45° 保护区范围内。支撑杆及支架应装设可靠接地线，接地线规格应不小于以下数值：10mm^2 铜芯线或 40mm×4mm 镀锌扁铁或 8mm 镀锌圆钢。不能以房屋的防雷接地条作为固定馈线的支架。

维护时应检查：天线是否在周围高大建筑或避雷针线 45° 保护区范围内；支撑杆作避雷针（线）的金属部件是否弯曲、变形；各部件连接及焊接是否变形、锈蚀；接地引下线是否断裂、断股。

2. 避雷线

避雷装置应具有良好的接地性能，接地电阻应小于 5Ω。对年雷暴日小于 20 天的地区，接地电阻可小于 10Ω。

3. 同轴电缆馈线

同轴电缆馈线进入配电室（所）后与终端设备连接处应装设馈线避雷器，馈线避雷器接地端子应就近引接到机房的接地母线上，接地线采用截面参照馈线避雷器安装说明，一般为截面不小于 25.0mm^2 的多股铜线。

检查馈线避雷器是否良好，避雷器接地端子是否松动，接地引下线与接地母线连接是否完好。

五、各连接线维护

终端连接线回路有多种，主要连接线回路及其维护如下：

（1）电源连接。是指终端工作用电源与系统电源间的连接。维护时，应检查电源侧的连接是否有松动、烧损等接触不良情况，电缆有无被损坏，接入终端接线盒处是否有松动、脱落。

（2）RS485 连接。检查电表表尾到 16 端子（过渡端子）间接触是否松动、电缆是否损坏，过渡端子到终端间的两端连接是否松动、电缆是否损坏。

（3）脉冲线连接。检查电表表尾到 16 端子（过渡端子）间接触是否松动、电缆是否损坏，过渡端子到终端间的两端连接是否松动、电缆是否损坏。

（4）控制回路连接。检查终端到压板间接触是否松动、电缆是否损坏；控制压板投入（或解除）是否正确，连接是否可靠；控制电缆是否损坏；与开关操动机构的连接是否松动。

（5）馈线连接。检查馈线与天线的连接是否松动、漏水；防雨罩是否损坏；馈线固定是否牢固；馈线途径警示标识是否清晰；馈线进入机房的回水弯是否良好，是否有雨水进入屋内；馈线、天线和同轴避雷器的连接是否旋紧、密封处理，所有接头伸缩胶带密封是否严密；馈线弯曲和扭转角度是否变形并超出馈线指标要求。

【思考与练习】

1. 终端日常巡视周期及故障巡视的期限有什么要求？
2. 日常巡视有哪些主要内容？
3. 日常维护内容由有几部分组成？
4. 避雷装置接地电阻有什么要求？

模块 2　通信异常消缺（ZY2000503002）

【模块描述】 本模块包含系统通信异常消缺的内容。通过方法介绍，掌握 230MHz 终端、GPRS 终端常见的通信故障及其处理方法。

【正文】

一、230MHz 终端通信异常消缺

230MHz 终端通信相关要素有电源、主板、调制解调板、电台、馈线、避雷器放电管、天线。电台、馈线和天线可以使用功率计检测，利用功率计判别天馈线系统故障，主板和调制解调板可以观察状态指示和采用替换法进行故障排除。如果怀疑是复杂的故障，则应该用排除法，缩小可疑的范围。

230MHz 终端通信常见的故障原因及处理方法见表 ZY2000503002-1。

表 ZY2000503002-1　　终端通信常见的故障原因及处理方法

故　障	现　象	故 障 原 因	处 理 方 法
终端收不到主站信号	电台工作正常，终端收不到主站信号（主站发送后，终端上 CD、RD 状态指示灯没有任何反应）	电台电源无输出或电台供电电源故障	检查电台电源指示是否正常或测试电台的供电电源是否正常，如果不正常，则更换电源
		电台的工作频道错误	查终端电台频点设置，调整终端电台频点
		天线或天馈线故障	利用功率计测试，解决故障
		Modem 解调部分工作不正常	更换调制解调器（调制解调器独立）
		电台接收机故障	更换电台
		避雷器放电管击穿	更换避雷器放电管
终端不产生回码信号	终端接收到主站信号，但不产生回码信号（主站发送后，终端上 CD、RD 状态指示灯闪烁后，RTS 和 TD 信号无反应）	终端地址错误（地址开关拨错或地址开关损坏引起、终端地址设置错误）、终端密钥与主站不一致	核对终端地址，重设地址，更换终端的地址开关，重设密钥参数
		区域码错误	更改终端的软件区域码代码设置
		电台数据传输速率不匹配	更改主台串口速率配置
		Modem 解调部分工作不正常	更换调制解调器（调制解调器独立）；如解调器与电台一体化，则更换电台
		主板的串口工作不正常	更换主板
主站接收信号失败	终端产生回码信号，但主站接收信号失败（终端接收主站命令后，由接收状态转为发送状态，终端 RTS 状态指示灯闪亮，随此同时数据发送状态指示灯 TD 灯也闪动，数据经过调制解调器解调之后发送出来）	终端侧产生近场阻挡，传输至主站接收天线的信号电平极弱，不足以保证主站接收机正常工作	选择天线安装位置，调整天线高度，应尽量避开近处阻挡
		电台或主板故障	通过功率计测试发射功率，如果无发射，在电台接口上人为将 RTS 信号短接到 GND 上，强制电台数据发射，如果仍然无发射则表明电台故障，更换电台；如果有发射，表明主板串口故障，更换主板
		终端电台调制器故障	召测终端数据，此时主站一般仅收到载波信号，更换终端调制解调器
		电台 Modem 板频偏控制不当，频偏太大或太小	召测终端数据，主站电台听到回码数传声，但主台软件显示接收出错或超时，听到的数码声音不清晰；更换终端调制解调器
		主站软件对终端设置的 RTS 延时时间不当	当数传频偏调整至正常值时，主站接收到的终端回码或信息仍然出错或超时，适当增大 RTS 延时时间（如延迟时间设置）

二、GPRS 终端通信异常消缺

GPRS 终端通信由于涉及移动 GPRS 网络、Radius 认证系统等，当终端无法与主站通信时，常见的故障原因及处理方法见表 ZY2000503002-2。

表 ZY2000503002-2　　GPRS 终端常见的故障原因及处理方法

故　障	现　象	原　因	处 理 方 法
设备故障	终端不能拨号，无法附着到 GPRS 网络，且终端无法连接到主站	GPRS 模块损坏	更换 GPRS 模块
	终端无 GPRS 网络信号，且终端无法连接到主站	SIM 卡损坏或故障	更换 SIM 卡

续表

故　障	现　　象	原　　因	处　理　方　法
设备故障	终端正常通过认证，但无法登录主站，且系统内所有或部分终端都无法通信	主站前置机（软件）故障	重新启动前置机
	终端液晶屏无显示	未上电、终端内部接线松动或元件损坏	确认电源接线正确，终端电源开关处于“开”位置。若电源电压正常，则可能为终端故障，更换终端
	终端有连接却无法正常通信	终端内部软件“死机”	对终端进行复位重启
	主站及前置机工作正常，但部分或全部 GPRS 终端通信故障	移动、Radius 认证系统、GPRS 通信网络某个环节出现网络通路故障	通知相关部门解决网络通路故障
接触故障	终端不能附着到 GPRS 网络，且终端无法连接到主站	SIM 卡接触不好	重新安装 SIM 卡
	终端未连接到主站，且未附着通信网络	天线松动或安装不到位	重新安装天线
参数设置出错	终端网络通信指示灯或相关面板指示显示通信网络正常，但无法连接	终端通信参数（主站 IP 及端口 APN、用户名、密码、区域码等）设置不正确	重新设置
	终端容易掉线	心跳间隔设置过长	重新设置
	终端信号强度正常，但无法通过认证	Radius 认证系统中未设置用户名、密码或设置错误	重新设置
移动通信	终端网络无信号，终端的网络灯长亮，且终端的状态灯灭	当地无移动网络覆盖或未开通 GPRS 网络	联系移动进行扫盲或不在该点安装 GPRS 终端
	信号强度指示不稳定（1～2 格），忽高忽低；主站通信时断时续	当地信号强度较弱	更换外置天线或高增益天线，或调整外置天线位置
	信号强度正常，但终端无法与主站建立连接；终端无法获得 IP	SIM 卡未开通相关业务或欠费	通知移动开通相关业务或进行充值

GPRS 公网终端一般可从网络指示灯、状态指示灯或面板上看到相关网络情况，现场排查故障可结合指示灯或面板显示查找问题。

【思考与练习】

1. 230MHz 终端通信异常有几种？
2. GPRS 终端通信异常有几种？

模块 3　电能表采集异常消缺（ZY2000503003）

【模块描述】本模块包含电能表采集的异常消缺内容。通过方法介绍，掌握脉冲方面和抄表方面异常的消缺方法。

【正文】

一、脉冲方面异常消缺

与脉冲相关的要素有终端的脉冲口、连线、表计的脉冲口、表计与终端的脉冲连接方式和表计的脉冲参数正确设置。

电能表脉冲输出方式主要有集电极输出、发射极输出、OC 门输出和空触点输出等几种。就其输出电路特征而言，可分成正脉冲输出和负脉冲输出两种：发射极输出方式和空触点输出方式输出脉冲为正脉冲；集电极输出方式和 OC 门输出方式输出脉冲为负脉冲。由于脉冲输出方式不同，故在用电信息采集与监控系统中，电能表脉冲与终端的脉冲输入端子的连接方法也有所不同。

脉冲出现故障有两种，脉冲功率为零或脉冲功率与实际不符，其故障检查、原因及处理方法见表 ZY2000503003-1。

表 ZY2000503003-1　　脉冲故障的故障检查、原因及处理方法

故　障	故　障　检　查	故　障　原　因	处　理　方　法
终端脉冲功率为零	召测用户脉冲参数（TA、TV 和电能表常数 K 值以及总加组配置）是否与主站一致	参数丢失或未发送完全	重发参数
	现场检查接线板脉冲输入指示灯正常闪烁	可能故障点为接线板故障、主板到接线板的连线故障或主板故障	依次更换测试，定位解决故障
	现场检查接线板脉冲输入指示灯不闪烁	可能故障点为终端故障，接线方式有误，表计故障，接线断	应先确认脉冲接线方式与表计脉冲输出方式一致。可利用负荷管理终端现场测试仪的脉冲采集输出功能判断终端、表计、接线等问题
脉冲功率与实际不符	核实用户变压器的 TV、TA 值及对应电能表的电能表常数 K 值是否设置正确	参数有误	重发下发参数
	检查发现有动、无功脉冲指示是否同时闪动，有功、无功脉冲指示是否与表计有功、无功脉冲指示相反	接线错误或有功、无功脉冲接线相反	重新接线
	检查发现脉冲指示灯闪动频率太快或一直亮	脉冲数量太多，终端无法正常接收	若是用户过载，向相关部门反馈；若是表计问题，更换表计
	检查脉冲形状	干扰或脉冲输出宽度不够	如果是干扰则屏蔽线单端接地；如果是脉冲输出达不到终端要求，则更换电能表

当终端脉冲功率为零时，如果脉冲指示灯不闪，也可根据以下步骤来排除。

（1）若电能表输出的脉冲有源，用万用表测量表计脉冲输出口和终端侧脉冲输入口有无电压波动，若都没有电压波动则表坏，若表有电压波动而终端没有电压波动，则检查接线是否有错或断开。

（2）若电能表输出的脉冲无源，检查终端接线板有无+12V 直流电压输出。如果无电压，更换电源。如果有电压，则直接采用接线板上+12V 直流电压输入至脉冲输入端（采用正脉冲输出接线方式），若脉冲灯点亮（或多点几下，查看终端是否有功率），说明脉冲输入接口正常，可能是电能表脉冲输出、接线方法错误或电能表与终端的连线错误，可以用万用表的电阻挡分别测量电表脉冲输出端和接线端有无电阻变化，确定是表计故障还是连线故障。

（3）若脉冲灯不亮，则说明终端接线板有故障，更换接线板。

（4）检查表计和终端之间连线是否正常，可将两端都从端子上解下来，在其中一端短接，在另一端测量电阻，如果短路，表明线是好的，否则线有断路。

二、抄表方面异常消缺

终端成功抄表主要条件如下：

（1）终端、电能表具备完好的 RS485 接口。

（2）终端软件具备适应该种电能表通信规约的抄读程序模块。

（3）主站准确设置电能表类型（通信规约）、电能表地址（通信地址）、端口号等参数。

抄表出现故障主要有终端没有抄表数据和抄表数据错误两种情况。其故障检查、原因及处理方法见表 ZY2000503003-2。

表 ZY2000503003-2　　抄表出现故障的故障检查、原因及处理方法

故　障	故　障　检　查	故障可能原因	处　理　方　法
终端没有抄表数据	检查主站召测表计规约、通信地址、端口号、时钟等抄表参数的设置情况是否正确	抄表参数设置错误	重新下发参数
	查相关档案或现场核查	换表未重新设置参数	重新下发参数
	尝试用穿透抄表方式可以抄表	终端软件问题	需设备厂家完善终端软件

续表

故 障	故 障 检 查	故障可能原因	处 理 方 法
终端没有抄表数据	确认表计类型，同一种表计可能由于编程原因采用的抄读程序也不一样	终端抄读程序与表计规约不匹配	将表计按统一方式编程，更换终端抄表模块（如抄表盒），完善抄表程序
	在规约支持的情况下利用终端现场测试仪抄读表计，无法抄读或抄读地址改变	表计 RS485 接口故障	更换表计
	利用终端抄读现场测试仪数据，无法抄读	终端 RS485 接口故障	更换接口板
	排除终端、表计接口问题，参数设置问题、软件问题	接线故障	重新接线
终端抄表数据错误	确认表计类型，同一种表计可能由于编程原因采用的抄读程序也不一样	终端抄读程序与表计规约不匹配	将表计按统一方式编程，更换终端抄表模块（如抄表盒），完善抄表程序
	在主站重新召测或穿透抄表数据正确	偶然干扰	不处理
	非全电子式表计指示器有卡壳现象	表计指示器是否有故障	更换表计

现场也可通过观察终端 RS485 接口上收/发指示灯的亮/灭情况来分析，可根据终端在整分钟后 10s 内，发送指示灯（左）、接收指示灯（右）是否先后闪烁过来进行判别，如还不能判断故障，就用便携式计算机配上 RS232 至 RS485 的接口转换器，并接入 RS485 抄表总线以监视抄表通信情况。

根据 RS485 接口上收/发指示灯的亮/灭情况进行故障排查、判断及处理见表 ZY2000503003-3。

表 ZY2000503003-3　根据 RS485 接口上收/发指示灯的亮/灭情况进行故障排查、判断及处理

发送灯	接收灯	现 象	排 查	故障判断及处理
未闪烁	—	终端未进行抄表	再次确认表计相关参数	在表计相关参数正确的情况下，终端软件有问题
闪烁	未闪烁	终端发抄表命令，电能表无应答	用便携式计算机监视终端发出报文	有且正确，电能表故障
				有但不正确，终端软件有问题
				无，RS485 相关接口电路有故障
闪烁	闪烁	终端发抄表命令，电能表有应答	用便携式计算机监视终端、表计报文	有且正确，终端电能表之间通信配合上有问题，需提供同类型电能表，找出原因后解决
				终端报文正确，电能表报文错误，则更换电能表（修改表达）

【思考与练习】

1. 脉冲方面异常有哪几类？
2. 抄表方面异常有哪几类？

模块 4　跳闸回路异常消缺（ZY2000503004）

【模块描述】 本模块包含终端和断路器跳闸回路异常的内容。通过概念讲解和方法介绍，熟悉跳闸回路接线方式，掌握跳闸回路常见故障的现象、产生原因及其排查方法。

【正文】

一、跳闸回路接线方式

在电力负荷管理系统中进行遥控操作时，终端遥控输出端和被控对象跳闸机构两端的接线根据被控跳闸机构的性能的不同而不同，分为以下两种方式：

（1）遥控开关为励磁跳闸方式。遥控线一端的 2 根线接至控制终端相应跳闸轮次继电器的动合触点，遥控线的另一端并接至遥控跳闸回路中。执行遥控操作时，终端遥控输出端由动合转为闭合接通被控对象遥控跳闸机构的分励线圈回路。

（2）遥控开关为失压跳闸方式。遥控线一端的 2 根线接至双向终端相应跳闸轮次继电器的动断触点，遥控线另一端并接至遥控开关失压脱扣跳闸回路中。执行遥控操作时，终端遥控输出端由动断转为打开，断开被控对象跳闸开关脱扣跳闸回路。

为保证终端执行的各种控制输出正确有效，必须根据被控对象跳闸机构的要求而采用相应接线方式。

终端现场接线常见方法为：如果现场跳闸接线端子有引至开关柜端子排，要优先按开关跳闸方式把遥控接线并接接入跳闸所对应的端子排或串接接入；否则，如果是励磁跳闸，遥控接线并接在按钮两端的相应触点在端子上的触点上；如果是失压跳闸，将遥控接线串接在按钮两端的相应触点在端子上的触点上。

二、跳闸回路故障与排查

跳闸回路故障与排查见表 ZY2000503004-1。

表 ZY2000503004-1　　　　跳闸回路故障与排查

故障现象	核　查	故障原因	处理方法
主站发送遥控后，用户开关机构无动作；跳闸指示灯亮，继电器动作	终端处于保电状态	参数设置不对	解除保电
	终端是否处于上电保电状态		退出保电状态下发控制命令
	面板跳闸指示灯亮，且继电器动作（采用负荷管理终端现场测试仪可接收到控制输出信号）	跳闸机构坏或接线错误	检查更改接线或维修跳闸机构
跳闸指示灯亮，继电器不动作	面板跳闸指示灯亮，但继电器不动作（采用负荷管理终端现场测试仪未接收到控制输出信号）	终端故障	更换控制输出接口板
跳闸指示灯不亮，且继电器不动作	面板跳闸指示灯不亮，且继电器不动作（采用负荷管理终端现场测试仪未接收到控制输出信号）	终端故障	更换主板

三、遥信方面故障与排查

遥信方面故障与排查见表 ZY2000503004-2。

表 ZY2000503004-2　　　　遥信方面故障与排查

故　障　现　象	可能故障点	进一步核查	处　理　方　法
遥信与现场停送电情况不符	动合/动断参数不对	遥信与现场情况是否相反	如相反，重发参数
	终端故障或遥信触点接触不好	用短路线短接遥信触点，遥信指示灯变化	遥信触点接触不好，更换或改造触点
		用短路线短接遥信触点，遥信指示灯不变化	更换接线板

【思考与练习】

1. 跳闸回路接线方式有哪几种？
2. 终端跳闸回路故障主要现象有哪些？

模块 5　交流采样异常消缺（ZY2000503005）

【模块描述】本模块包含终端交流采样异常的处理内容。通过方法介绍、步骤讲解和案例分析，掌握常见故障及其处理方法，掌握交流采样相位角调整和错接线检查的操作步骤和方法。

【正文】

一、交流采样常见故障与处理方法

交流采样常见故障与处理方法见表 ZY2000503005-1。

表 ZY2000503005-1　　　　交流采样常见故障与处理方法

召测数据结果	有功功率、无功功率值	功率因数	电量曲线比较	原　因	处理方法
交流采样与脉冲功率趋势相同，但数值有差	交流采样功率与脉冲总加组功率相近	相近	基本相同	正确，无误差	无需处理
	交流采样功率与脉冲功率相差很大	相近	成一定倍数关系	TA、TV 等参数设置错误	确定参数，重新下发
采集与脉冲功率数值有差，且趋势不同	交流采样功率与脉冲功率相差大	相差大	曲线趋势不同	接线不正确	调整交流采样接线
				交流采样数据为零。交流采样参数及地址未下发；交流采样与主板连接线脱落或故障	重发参数；固定或更换交流采样与主板间连接线
				电量或电压、电流与实际值相差大，有倍数关系	TV 或 TA 参数有误，确定参数，重新下发
				交流采样电流开路、短路、分流	现场处理
				交流采样电压断相、失压	现场处理
				用户计量问题数据异常	反馈有关部门处理
				交流采样板故障	更换交流采样板

二、终端交流采样相位角

目前大部分终端具备相位角计算功能，其接法与表计接法一致，可通过相位角排查和表计查错接线方法进行交流采样查错接线。

对终端交流采样相位角的表示方式可设定如下：

对三相四线交流采样，电压和电流都是以 U_U 为参考相量，在纯阻性负载时，U_U、U_V、U_W、I_U、I_V、I_W 的相位角分别为 0°、120°、240°、0°、120°、240°。

对三相三线交流采样，电压和电流都是以 U_{UV} 为参考相量，在纯阻性负载时，U_{UV}、U_{WV}、I_U、I_W 的相位角分别为 0°、300°、30°、270°。

三、交流采样相位角调整方法

交流采样正确的标准是交流采样有无功功率乘变比后，与脉冲功率相近。因此可先根据脉冲有功功率、无功功率算出功率因数来判断相位角的大致范围。

对于三相四线接线方式，三相四线电压和电流的相位角基本保持一致，相同相位电流和电压的相位角一般相差约 30°，极端情况也有相差 60°～70° 的。

三相四线接线方式相位角调整一般较为简单，首先通过终端显示确定三相电压值及相位角是否正确，若电压断相或失压，则先排除电压接线故障，若正常，查电压相序是否正确，若错则调整三相电压接线顺序，以保证正相序接入交流采样，再查电压、电流是否接同相。一般可根据终端中电流相位角显示调整电流接线即可。

对于三相三线接线方式，三相三线相位角与脉冲关系见表 ZY2000503005-2。

表 ZY2000503005-2　　　　三相三线相位角与脉冲关系

I_U 相位角（°）	I_W 相位角（°）	U_{WV} 相位角（°）	负荷性质（°）	脉冲功率情况（°）	发现可能原因（°）
330～345	210～225	300	容性	反向无功功率大于有功功率	负荷小，投电容过多
30 或 345～359	225～270	300	容性	反向无功功率小于有功功率	误投电容
30～75	270～315	300	感性	有功功率大于无功功率	一般大多数为此情况
>75	>315	300	感性	无功功率大于有功功率	负荷感性大，未投电容

脉冲只接感性无功和容性负荷两种情况时，脉冲功率均表现为无功功率为 0。此时应将用户侧的电容断开，使负荷呈感性，然后再调试。

对于三相三线接线方式，相位角调整一般可按先确定电压相位角，再确定电流相位角方法进行，具体步骤如下：

（1）检查电压值。先确定 3 个线电压值是否接近 100V，若相近，则说明 TV 极性正确或均接反；如有某线电压接近 173V，则有一只 TV 极性接反；如某线电压明显小于 100V，则说明回路存在断相或接触不良故障。

（2）确定 V 相。对于 Vv 接法，一般认为无电压相是 V 相（为方便管理，现一般统一规定 TV、TA 二次 V 相接地）。若 V 相在当中且 U_{WV} 相位为 300° 时，则电压相位已正确，调整电流即可。如果 U_{WV} 相位为 60°，则交换 U、W 相，先将电压相位调成 300°，然后再分析电流。调整电流时，根据脉冲负荷情况调整。一般当 I_U 和 I_W 相位相差 120° 或 240° 时，两个电流同极性（同正或同反）；当 I_U 和 I_W 相位相差 60°～80° 或 270°～300° 时，两个电流极性相反。

（3）如果无法确定 V 相，则只能用排除法。先将 U_{WV} 相位调为 300°，假定为正确相序，试着用电流互换、反向等方式，看是否能得出与脉冲负荷相对应的相位角。如果可以，则先调整，然后看功率是否对应。如果调不出，则旋转 120°，重复上述步骤。否则，再旋转 240°，然后再重复。调整相位角时应注意以下几点：

1）开始送负荷时不要调整，等 2～3min 相位稳定后再调整。

2）负荷很小时，电流相位角变化很大，不要轻易调整，连续 3 次相位角趋势相同时调整。

3）用户有电容投入时，将电容解除后，再调整。

四、错接线检查

相关条件：TV 没有断相、TA 没有失流、TV 极性正确、感性负载，功率因数 0.8～1（负载为容性，应退出无功补偿电容器）。

相关准则：电流滞后另一相 120° 的为 I_U，超前电流的就近电压为对应的相电压（因为正常情况下电流滞后本相电压）。

（1）测量时，采用双钳相位伏安表。接线如图 ZY2000503005-1 所示，其中 I_2 为同时测量 I_1 与 I_3 的出线值。

测量（召测）电压、电流幅值

U_{12}= V	I_1= A
U_{23}= V	I_2= A
U_{31}= V	I_3= A

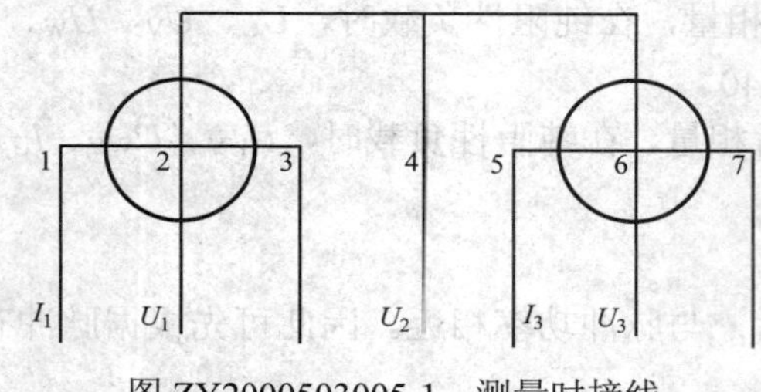

图 ZY2000503005-1　测量时接线

（2）将测量值填入表 ZY2000503005-3 中。

表 ZY2000503005-3　　测 量 值

$\dot{U}$ \ φ \ $\dot{U}$、$\dot{I}$	$\dot{U}_{32}$	$\dot{I}_1$	$\dot{I}_2$	$\dot{I}_3$
$\dot{U}_{12}$			同时测量 $\dot{I}_1$ 与 $\dot{I}_3$ 的出线	
三相电压相序：正（逆）相序				

（3）相量图分析。

1）根据测定的三相电压相序及三相电流相位作图。

2）分析判断电流相位。

3）确定 I_U、I_W。

4）根据电流确定就近的电压相别。

（4）确定接线调整方法。根据相量图确定接线调整方法，见表 ZY2000503005-4。

表 ZY2000503005-4　　相量图接线方法

接线方式 / 元件	电压接法	电流接法
第一元件		
第二元件		

（5）改接线。

1）更改接线，注意要严格按照规定作业，做好安全措施。改接线时，注意防止电流互感器二次回路开路、电压互感器二次回路短路。具体操作步骤如下：

a. 将终端交流采样二次回路的联合接线盒电压回路连接片断开，电流回路连接片短接。

b. 测试终端交流采样回路是否还有电压、电流存在，也可与终端的面板交流采样实时量核对，进一步确认无电压、电流。

c. 在确认终端交流采样回路无电压、电流后，根据前述结论做好相应标识，拆除接线。

d. 按确定的接线调整方法进行改接线。

e. 改接好后，检查所有的改接过接线处的螺钉紧固情况。

f. 松开联合接线盒中电流短接片的紧固螺钉，观察交流采样面板实时量有否电流实时值，同时注意观察紧固螺钉周边有否声响，若有声响说明有开路，应立即将螺钉紧固，查清开路位置并排除，再打开电流短接片的紧固螺钉；待电流各相恢复正常后，再恢复电压回路的短接片，观察交流采样面板实时量有否电压实时值。遇到交流采样面板电压实时量显示异常，均应立即退出电压短接片。

2）确认接线正确。查看改接线后功率、电量、相位角等数据，确认接线是否正确。

3）挂标牌。若现场无法停电，在联合接线盒与终端之间改接线，应以标牌方式记录所改动的接线，包括导线颜色和标记等，并将标牌挂在合适位置，以便后续维护工作。

五、案例

对一个三相三线用户终端接线检查错接线步骤（负载为感性负载，功率因数在 0.8～1 之间）示例如下：

1. 测量（召测）电压、电流

测量结果见表 ZY2000503005-5。

表 ZY2000503005-5　　测量结果

U_{12}=100.0V	I_1=3.22A
U_{23}=100.1V	I_2=3.35A
U_{31}=100.3V	I_3=3.51A

2. 测量（召测）三相电压相序及三相电流相位序

测量相序见表 ZY2000503005-6。

表 ZY2000503005-6　　测量相序

$\dot{U}$、$\dot{I}$ / φ / $\dot{U}$	U_{32}	$\dot{I}_1$	$\dot{I}_2$	$\dot{I}_3$
$\dot{U}_{12}$	300°	305°	153°	9°
三相电压相序：正相序				

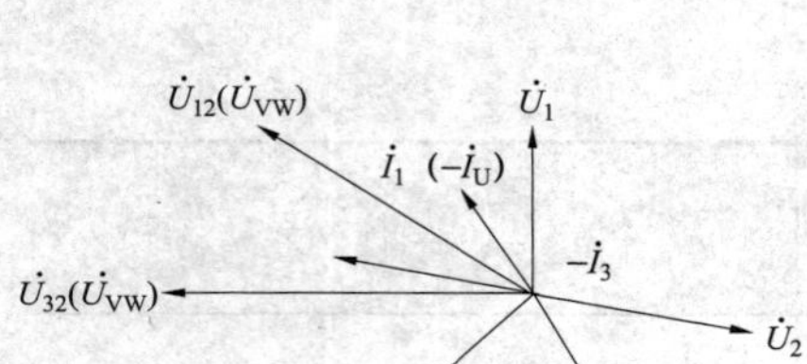

图 ZY2000503005-2 相量图

3. 画出相量图

（1）根据测定的三相电压相序及三相电流相位作图，如图 ZY2000503005-2 所示。

（2）分析判断电流相位：I_1 滞后 U_2 为 33°，而 I_3 超前 U_2，故 I_3 为 $-I_3$。

（3）确定 I_U、I_W，I_1 滞后 $-I_3$ 为 120°，根据准则电流滞后另一相 120° 的为 I_A，所以定 I_1 为 I_U、$-I_3$ 为 I_W。

（4）根据电流确定就近的电压相别：超前电流的就近电压为对应的相电压，U_3 为 U_U，U_2 为 U_W，U_1 为 U_V。

4. 接线调整

根据相量图得出接线调整方法并调整接线（见表 ZY2000503005-7）。

表 ZY2000503005-7 调 整 接 线

元件	错接线结论		
第一元件	$\dot{U}_{VW}$	$\dot{I}_U$	电压：VWU 电流：$\dot{I}_U$，$-\dot{I}_W$
第二元件	$\dot{U}_{UW}$	$-\dot{I}_W$	

【思考与练习】

1. 如何确定交流采样接线错误？
2. 三相三线和三相四线接线正常情况下相位角一般是多少？

第六部分

集中抄表终端安装调试及维护

第十五章　集中抄表终端安装调试

模块 1　低压台区本地通信采集系统架构（ZY2000601001）

【模块描述】本模块包含低压台区本地采集系统架构的内容。通过概念讲解和结构介绍，掌握集中抄表系统的概念、构架、组成及其采集方式。

【正文】

一、集中抄表系统的定义

集中抄表系统是用电信息采集与监控系统的一个子系统，集中抄表系统由主站通过传输媒体（无线、有线、电力线载波、光纤等信道或 IC 卡、手持电脑等介质）将多个电能表电能量的记录值（窗口示值）的信息集中抄读的系统。

该系统主要由采集用户电能表电能量信息的采集终端（或采集模块）、集中器、信道以及网关和主站等设备组成。集中器数据可通过信道远距离地传输到主站或经 IC 卡、手持电脑等介质集中抄收后输入到主站计算机。系统集电子技术、数字通信技术及网络、计算机技术于一体，实现对低压用户端的用电量及相关数据的采集、管理、监控、控制的自动化管理。

二、集中抄表系统的架构

集中抄表系统架构示意图如图 ZY2000601001-1 所示。

三、集中抄表系统的组成部分

集中抄表系统由主站、上行信道、集中器、下行信道、数据采集单元、测量设备等六部分组成。其中，集中器、下行信道、数据采集单元、测量设备等部分组合称为低压台区本地通信采集系统。

1. 主站

系统主站由计算机系统、通信设备、后台管理软件、数据库等构成。主站通过通信设备经由上行信道与集中器进行数据通信，实现对集中器的远程抄读与控制。也可通过手持电脑将各数据集中器的数据转储。系统主站后台管理软件提供数据交换接口，能方便地与电力营销或其他系统联网，实现数据信息共享。

2. 上行信道

上行信道包括 PSTN 公共电话网、GPRS/GSM 通用分组无线业务、光纤网络、无线通信网等各类公用或专用数据交换平台。上行信道可按当地实际情况选择或进行组合。

3. 集中器

集中器是集中抄表系统中的关键设备，它能自动按系统主站设置的时间间隔抄读本台区电能表数据，并保存相关数据。同时可与主站或手持电脑间进行数据交换与上传。

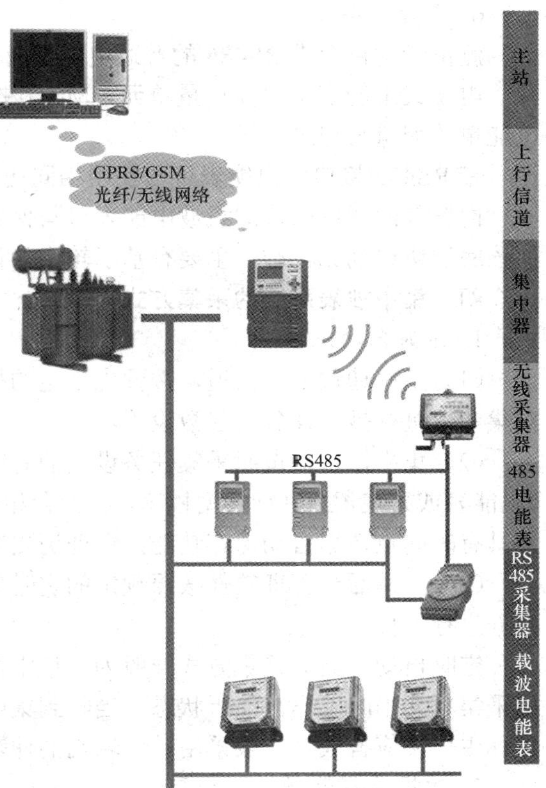

图 ZY2000601001-1　集中抄表系统架构示意图

模块1
ZY2000601001

4. 下行信道

下行信道是用于集中器在一定范围内抄读电能表的采集通道。

集中器通过各种通信介质、各种通信参数来与电能表进行数据通信。一般来讲，下行通道的通信距离有一定的限制，所以也可称为本地通道。

常用的下行通道有数据总线方式、电力线载波方式和微功率无线方式几种。

（1）数据总线方式需要铺设专用的通道介质，目前主要技术有 RS485 和 MBUS 两种，专用的通道介质可以有效降低数据通信时所受到的干扰，主要用于数据可靠性和实时性要求较高的环境。但是由于需要铺设通信线路，施工和维护成本较高，易遭人为破坏。

（2）电力线载波方式是通过输电线路作为通信介质，对于数据总线方式免去了通信线路的铺设，施工较为简单，成本也较低，是目前主流的低压电力数据远传方案。但是由于电力线路干扰无法控制，数据通信实时性不高，数据抄读受电网负荷变化影响大。

（3）微功率无线是基于多频率无线通信技术开发，通过无线通信技术在一定范围内进行数据的传输，可采用自组网的方式来实现台区电能表数据的抄读，施工和维护相对较简单，但受天气环境干扰较大，雨雪天气对于整体抄读将有一定影响。

5. 数据采集单元

数据采集单元可对应下行信道通信方式，分为电子式载波电能表、RS485 采集器、微功率无线采集器等三类。

电子式载波电能表为电子式电能表内置载波通信模块，采用一体化设计。它既是数据采集单元，也是测量设备。它可以直接与集中器进行通信，实现数据采集与控制功能。

RS485 采集器可以对带 RS485 的普通电能表进行数据抄读。集中器与 RS485 采集器间通过电力线载波进行数据通信。

微功率无线采集器可以对带 RS485 的普通电能表进行数据抄读。集中器与微功率无线采集器间通过无线电方式进行数据通信。

6. 测量设备

测量设备包含带 RS485 的普通电能表及电子式载波电能表。

电子式电能表由电能计量单元、MCU 控制单元、显示单元、通信单元等功能单元组成，实现对电能量的测量与记录。

带 RS485 接口的电能表可与使用相同通信协议的设备间进行数据通信。

内置载波通信模块的载波电能表可与使用相同电力线载波通信底层协议的集中器间进行通信。目前该底层协议尚无标准，主要有基于轮询的仲裁协议与基于竞争与仲裁的混合协议。

四、集中抄表系统的采集方式

1. 定时自动采集

（1）主站通过上行信道，按预先设定的抄表方案（抄收间隔、周期，抄读数据的对象与内容等）对集中器进行抄表任务与参数设置。

（2）集中器自动按照采集任务设定的时间、对象、内容，通过下行信道，对现场的数据采集单元（电能表或采集器）进行数据抄读，并保存相关数据。当集中器定时自动数据采集失败时，数据采集单元具有时间点数据自动保存功能，保证历史数据链的连续与完整性。

（3）主站后台管理软件按照预定的定时任务，通过上行信道，定时将现场各集中器内保存的抄收数据进行上传。

定时自动采集的采集方式一般为：集中器按其预存数据采集单元的通信地址表进行轮询。现场数据采集单元平时工作在侦听状态，当收到集中器发出其通信地址的指令时，予以执行。这种通信方式也称主—从应答式，一般采用基于轮询的仲裁协议，具有通信速度快、采集效率高的优点。

2. 随机召测数据

主站可根据实际需求，实时读取单个电能表数据，监测或控制电能表工作状态。

（1）主站通过上行信道，将含有抄读数据的对象与内容的指令发送到集中器。

（2）集中器立即通过下行信道对现场的数据采集单元进行数据抄读或控制。

（3）集中器将抄读数据或控制状态通过上行信道返回主站。

随机召测一般使用主—从应答式通信方式。

3. 主动注册与主动上报

当电网运行方式发生变化或因装、拆、换表等因素造成现场的数据采集单元与配电变压器或集中器的对应关系发生变化时，将导致该电能表数据无法抄收。通常需运行维护人员对相关集中器预存地址表进行修改。

具有主动注册功能的数据采集单元在上电时自动向所属配电台区集中器进行注册，并将异常信息更新至主站，这样就使系统具有自适应能力。

当现场电能表出现运行异常、监测状态发生变化等事件时，数据采集单元主动将发生的事件信息上报给集中器及主站。

主动注册与主动上报一般采用对地址遍历的轮询协议或基于竞争与仲裁的混合协议，它具有对电网结构变化的自适应能力强的优点，能自动识别与生成电能表与配电变压器的隶属关系。

我国城市电网及农村电网改造后，实行了一户一表，抄表到户，居民计量用表计数量迅速增长，尤其是实行分时电价的城市，工作量成倍增加。若继续采用人工抄表方式，不仅耗时、成本高、效率低，而且人为差错多，不但不能适应电力体制改革的要求，还直接阻碍了诸如分时电价运营、预支电费等先进管理模式的推行。集中抄表系统是将自动采集、传输和处理应用于电力营销管理中的一项新技术，给电能管理的现代化提供了有力的技术保障。

【思考与练习】

1. 集中抄表系统由哪几部分组成？
2. 集中器在系统中起到什么作用？
3. 常用的下行通道有哪几种？
4. 简述集中抄表系统的定时采集过程。

模块 2　集中抄表终端安装现场勘察（ZY2000601002）

【模块描述】本模块包含集中抄表终端安装现场勘察的内容。通过要点归纳，熟悉集中抄表终端安装现场的要求以及现场勘察收资的主要内容，掌握正确填写勘察信息表的能力。

【正文】

集中抄表终端安装的现场勘察工作是集中抄表终端安装方案制定的重要依据，现场勘察质量的好坏，决定了集中抄表终端安装方案制定的科学性和合理性，决定了终端能否与客户用电设备同期投运，决定了终端后期运行维护的方便性和实用性。

终端与主站采用 GPRS 通信，居民户表若为载波表，则终端与表计直接通信，若为 RS485 表，则需要加采集器，采集器与终端通过无线或载波通信，采集器与表计通过 RS485 通信。

一、终端对现场运行环境的要求

（1）安装在通风干燥的地方，避免阳光直射、雨水淋或灰尘侵蚀。

（2）有 GPRS 信号覆盖。

（3）注意终端和高频电缆等装置距离高压母线、配电屏的距离。

（4）应留出安全距离及工作人员操作的空间，方便维护人员维修。

（5）应考虑防盗，馈线长度要尽量短，外置天线要避免行人破坏。

（6）避免有强电场和强磁场的地方。

二、现场勘察需要收集的内容

为了保证终端的正常安装和今后的良好运行，还需要收集现场的以下信息内容：

（1）台区基本信息：台区名称、台区编号、抄表段编号、供电范围、经纬度坐标、交通地址、管理部门、台区管理员。

（2）电气设备信息：供电线路、杆塔号、变压器容量、总表资产号、TA。

（3）终端安装位置，若台区总表附近无 GPRS 信号，则应将终端安装在本供电台区的其他位置，总表更换为载波表，终端与总表采用载波通信。

（4）馈线走向、长度，天线的安装位置。

（5）若居民户表为 RS485 表，则需要加装采集器，确认采集器的型号（明确上行通信方式：载波、无线、RS485 总线，选择对应通信方式的采集终端）、数量，每个采集器的安装位置、经纬度坐标、所接户表情况。

以上的勘察信息一般以表格的形式出现，各地根据管理需要略有不同。终端安装现场勘察单见表 ZY2000601002-1。

表 ZY2000601002-1　　集中抄表终端安装现场勘察

1. 台区基本信息					
台区名称		台区编号			
抄表段号		经纬度坐标			
管理部门		台区管理员			
供电范围		交通地址			
2. 电气设备信息					
供电线路		杆塔号			
变压器容量		总表资产号			
TA		采集器数量			
3. 加采集器方式					
采集器型号		集中器型号			
采集器 1		安装位置			
户表资产号		户表资产号		户表资产号	
户表资产号		户表资产号		户表资产号	
户表资产号		户表资产号		户表资产号	
采集器坐标：经度____时____分____秒 纬度____时____分____秒					
采集器 N		安装位置			
户表资产号		户表资产号		户表资产号	
户表资产号		户表资产号		户表资产号	
户表资产号		户表资产号		户表资产号	
采集器坐标：经度____时____分____秒 纬度____时____分____秒					
勘察人：		勘察日期：			
客户签字：		安装时间			

【思考与练习】

1. 集中抄表终端安装位置的选择要注意哪些因素？
2. 现场勘察收集哪些方面信息？

模块 3　集中器与采集器安装方案制定（ZY2000601003）

【模块描述】本模块包含集中器与采集器安装方案制定的内容。通过要点归纳，掌握制定集中器与采集器安装方案的原则以及人员、工具材料的配置要求。

【正文】

一、终端安装方案制定

制定科学合理终端安装方案，涉及施工的难易程度、材料的使用量、施工过程中人员的配备、安全措施的落实等方面，还会影响终端今后的运行维护等多个方面。终端安装方案的制定包括以下方面：

（1）根据现场勘察信息表和营销信息系统中提供的相关数据确定安装日期，确保终端能与用户设备同时投入运行。

（2）若为老台区，则应提前发布停电信息，在小区公布停电时间。

（3）根据工程量和工作环境等因素，完成施工前的安全措施和人员配备，确定需要配备的工具、材料、集中器或采集器。

（4）申领终端与 SIM 卡，申请集中器通信地址，集中器接临时电源，测试上行通信。

二、工程人员的组成、职责和分工

（1）用电信息采集与监控专业工作人员：担当工作票签发人、工作负责人，总体负责终端的安装和协调，工程质量验收，终端开通调试，各项资料记录。

（2）台区所属单位管理人员：负责停电信息的发布，台区停电、有关安全措施，并担当工作许可人。

（3）装表接电人员：负责电能表的开、封，查询表计的运行参数（如表地址）。

（4）普通施工人员：负责集中器、采集器的安装和各类电缆铺放。

在安装方案制定的过程中，以上人员配备可根据工程量和现场施工的难度合理配置。

三、工具材料

1. 工具配备

安装用工具配备见表 ZY2000601003-1。

表 ZY2000601003-1　　安装用工具配备明细表

名　称	规格（型号）	数量	用　途	名　称	规格（型号）	数量	用　途
钳形万用表		1	检测线路	螺钉旋具	套	1	
剥线钳	6in	1		电工刀		1	剥电缆外皮
尖嘴钳	6in	1		手枪电钻	0～10mm	1	固定终端或在铁皮上开孔
斜口钳	6in	1		电焊机		1	焊接接地线
老虎钳	6in	1		梯子	4m	1	登高安装集中器、采集器等

2. 材料配备

安装过程中消耗的材料不尽相同，具体数量要根据施工现场的实际情况来定，表 ZY2000601003-2 列出的安装所需材料和数量，仅供参考。

表 ZY2000601003-2　　安装材料明细表

名　称	型　号	用　途	需　量
控制电缆	KVV–2×1.5mm²	集中器、采集器电源线	集中器平均 3m，采集器 1m/台
信号电缆	RVVP2×0.5mm²	电能表 RS485 通信	总表 3m，户表 1m/块
快速断路器	3P　6A	集中器的进线电源开关	1 只
快速断路器	1P　1A	采集器进线电源开关	1 只/采集器
终端接地线	2.5mm²	单股铜芯线	2m/集中器
标牌		标记线缆	2 个/集中器
套管		标记线缆	2m
自粘胶带			若干
PVC 绝缘胶带			若干

模块3 ZY2000601003

续表

名 称	型 号	用 途	需 量
记号笔		填写标牌和套管	
支架		固定集中器	1个
螺栓螺母	ϕ4mm	将集中器安装在支架上	3个/集中器、3个/采集器
塑料线卡/扎线		固定馈线、电缆	若干

【思考与练习】

1. 老台区集中器、采集器的安装在服务方面需要考虑哪些因素？
2. 集中器的安装应由谁担任工作许可人？

模块4 电力载波通信的安装调试与运行维护（ZY2000601004）

【模块描述】本模块包含电力载波通信设备安装调试与运行维护的内容。通过要点归纳和步骤讲解，熟悉电力载波通信设备的安装规范及运行巡视的工作要求，掌握电力载波通信设备的调试及异常处理方法。

【正文】

一、设备安装规范

1. 载波电能表安装规范

（1）电能表在出厂前经检验合格，并加铅封，即可安装使用。

（2）安装点周围不能有腐蚀性的气体和强烈的冲击振动，环境要通风干燥。

（3）电能表安装在专用的计量柜或表箱内，安装高度要符合规范：在计量柜内安装的电能表，其下端离地不能小于1m；悬挂式表箱内安装的电能表，其下端离地不能小于1.8m。

（4）电能表垂直安装并要固定可靠。

（5）电能表应按照接线盒上的接线图进行接线，载波电能表的L（相线）、N（中性线）不允许接错或接反。

2. 载波采集器安装规范

（1）载波采集器在安装前应经过功能测试。

（2）安装点周围不能有腐蚀性的气体和强烈的冲击振动，环境要通风干燥。

（3）载波采集器安装在采集电能表的专用计量柜或表箱内。

（4）载波采集器应垂直安装并固定可靠。

（5）载波采集器电源应按照接线盒上的接线图进行接线，采集器的L（相线）、N（中性线）不允许接错或接反。

（6）采集器与电能表间的RS485通信线应采用屏蔽双绞导线，按照接线盒上的接线图进行接线，RS485的A、B线不允许接错或接反。布设信号线时将屏蔽导线的单端接地，以提高通信的可靠性。

（7）所采集电能表的RS485通信协议应符合DL/T 645—2007《多功能电能表通信协议》要求。

（8）安装完毕，上电后，应在现场使用掌上电脑对采集器进行电能表表号地址设定（部分采集器产品不需要进行表号设置，详见使用说明书）。

3. 载波集中器安装规范

安装实施过程中，为保证台区考核表抄读成功率，对集中器安装地址的选择非常重要。

（1）一般情况下可以将集中器安装在配电变压器出口总表位置（计量箱或柜）。如现场实际情况不允许时，可选择将集中器安装在台区负荷中心位置，以提高集中器抄读效率。

（2）如集中器与用户电能表间存在电缆分接箱或双电缆接头，在实际抄收成功率不理想的情况下，应在电缆分接箱或双电缆接头位置加装载波中继器，以减少载波信号通过电缆接头的阻抗变化带来衰减的影响。

（3）集中器安装地址选择时应先对安装位置的无线网络（GPRS）信号情况进行测试检查，如安装地点信号不良，可适当选择安装高增益GPRS天线或重新选择安装地点。

（4）GPRS天线应安装在计量柜或表箱外，天线应固定可靠，天线同轴电缆应穿孔进入计量柜或表箱，不得从门缝或活动部分中穿入。安装在室外时，电缆应在室外部分作下垂处理，防上雨水顺电缆流入。

（5）集中器在安装完毕上电后，应在现场通过手持机（或通过主站远程设置）将该集中器隶属电能表表号（地址）进行设置录入，此时应确保电能表表号及其隶属关系正确，否则将导致无法抄表。带自动定位功能集中器不需要进行人工录入，上电后系统会自动采集隶属电能表的表号（地址）信息，并进行登记上报。

4. 载波中继器安装规范

（1）载波中继器在安装前应经过功能测试。

（2）安装点周围不能有腐蚀性的气体和强烈的冲击振动，环境要通风干燥。

（3）载波中继器安装在计量柜、表箱或电缆分接箱内。

（4）载波中继器应垂直安装并固定可靠。

（5）载波中继器电源应按照接线盒上的接线图进行接线，采集器的L（相线）、N（中性线）不允许接错或接反。

二、调试方法及参数配置

（1）带自动定位功能的载波通信抄表系统如集中器选址合适，电力线拓扑网络不复杂，基本上无需进行任何调试及表号设置工作。

（2）普通载波通信抄表系统在安装完毕上电后，应在现场通过手持机（或通过主站远程设置）将该集中器隶属电能表表号（地址）进行设置录入，此时应确保电能表表号及其隶属关系正确，否则将导致无法抄表。表号录入步骤如下：

1）将手持机插入集中器手持机通信串口中。

2）在手持机工作界面菜单中选择“集中器表号维护”功能项，按“确定”键。

3）选择“增加表号”，按“确定”键。

4）在“表号”项中输入待增加的载波电能表表号（地址），输入完后按“确定”键，输入下一块载波电能表表号（地址）。

5）全部输入完后，在“表号”项中直接按“确定”键，即可结束本次输入。

6）输入过程中如发现输入错误，可以用光标键直接上移至错误表号，按“确定”键重新输入。

（3）载波集中器在初次安装时，应对集中器进行主站参数设置，以使集中器可以与主站建立数据连接通道。主站参数录入步骤如下：

1）将手持机插入集中器手持机通信串口中。

2）在手持机工作界面菜单中选择“主站参数维护”功能项，按“确定”键。

3）选择“修改”，按“确定”键。

4）在“主站IP地址”等项目中输入各主站参数，输入完后按“确定”键，进入下一项目输入。

5）全部输入完后，光标跳转到“保存”项上，按“确定”键，即可结束本次输入。

6）输入过程中如发现输入错误，可以用光标键直接上移至错误项目，重新输入。

（4）载波通信抄表系统在初期上电运行时，系统需要自动进行路由适应，此阶段可能需要1～2天。如系统运行稳定后，仍有部分载波电能表无法抄收或抄收成功率不理想，则应使用现场测试设备对现场情况进行测试与分析：如存在集中器选址不合理或存在电缆分接箱且接头处无载波表等载波设备时，应考虑在此处安装载波中继器，以减少载波信号过电缆接头的阻抗变化带来衰减的影响。如存在电力谐波污染源或强干扰源，则可考虑在该线路载波电能表出线侧的线路上加装消谐器（磁环），以隔离该干扰源的影响。

三、运行巡视及异常处理

1. 日常运行巡视

日常运行巡视时，应先在主站系统中打印出将进行日常运行巡视台区的日常运行巡视表（见表

ZY2000601004-1），在现场进行巡视时，应将所巡视载波电能表的现场真实底数填入日常运行巡视表，并根据现场底数与载波抄表底数进行比对，如差值小于“1.5×用户日平均电量”时应在结果栏填写“正常”或“√”，否则填写“异常”。

表 ZY2000601004-1　　日常运行巡视表

打印日期：

配电变压器编号/名称	载波电能表编号	载波抄表底数	日平均电量	现场底数	结果（正常/异常）

审核：　　巡视人：

2. 异常处理

系统运行过程中，如发现载波电能表底数与现场抄表底数不相符时，应对该电能表进行更换，并记录在案。

【思考与练习】

1. 载波集中器的安装选址原则有哪些？
2. 载波集中器初次上电后应进行哪些设置工作？
3. GPRS 天线的安装规范是什么？
4. 载波电能表的安装规范是什么？

模块 5　RS485 总线通信的安装调试与运行维护（ZY2000601005）

【模块描述】本模块包含 RS485 总线通信设备安装调试与运行维护的内容。通过要点归纳和步骤讲解，熟悉 RS485 总线通信设备的安装规范及运行巡视的工作要求，掌握 RS485 总线通信设备的调试及异常处理方法。

【正文】

一、设备安装规范

1. RS485 电能表安装规范

（1）电能表在出厂前经检验合格，并加铅封，即可安装使用。

（2）安装点周围不能有腐蚀性的气体和强烈的冲击振动，环境要通风干燥。

（3）电能表安装在专用的计量柜或表箱内，安装高度要符合规范：在计量柜内安装的电能表，其下端离地不能小于 1m；悬挂式表箱内安装的电能表，其下端离地不能小于 1.8m。

（4）电能表垂直安装并要固定可靠。

（5）电能表应按照接线盒上的接线图进行接线，电能表的 L（相）、N（中性线）不允许接错或接反。

2. RS485 采集器安装规范

（1）RS485 采集器在安装前应经过功能测试。

（2）安装点周围不能有腐蚀性的气体和强烈的冲击振动，环境要通风干燥。

（3）RS485 采集器安装在采集电能表的专用计量柜或表箱内。

（4）RS485 采集器应垂直安装并固定可靠。

（5）RS485 采集器电源应按照接线盒上的接线图进行接线。

（6）采集器与电能表间的 RS485 通信线应采用屏蔽双绞导线，按照接线盒上的接线图进行接线，RS485 的 A、B 线不允许接错或接反。布设信号线时将屏蔽导线的单端接地，以提高通信的可靠性。

（7）所采集电能表的 RS485 通信协议应符合 DL/T 645 的要求。

（8）安装完毕，上电后，应在现场使用掌上电脑对采集器进行电能表表号地址设定（部分采集器产品不需要进行表号设置，详见使用说明书）。

二、调试方法及参数配置

（1）RS485 通信抄表系统在采集器安装完毕，上电后，应在现场通过手持机（或通过主站远程设置）将该采集器下属电能表表号（地址）进行设置录入，此时应确保电能表表号及其隶属关系正确，否则将导致无法抄表。使用手持机进行表号录入步骤如下：

1）将手持机插入集中器手持机通信串口中。

2）在手持机工作界面菜单中选择“采集器表号维护”功能项，按“确定”键。

3）选择“增加表号”，按“确定”键。

4）在“表号”项中输入待增加的 RS485 电能表表号（地址），输入完后按“确定”键，输入下一块 RS485 电能表表号（地址）。

5）全部输入完后，在“表号”项中直接按“确定”键，即可结束本次输入。

6）输入过程中如发现输入错误，可以用光标键直接上移至错误表号，按“硧定”键重新输入。

（2）采集器在初次安装时，应进行主站参数设置，以使采集器可以与主站建立数据连接通道。主站参数录入步骤如下：

1）将手持机插入采集器手持机通信串口中。

2）在手持机工作界面菜单中选择“主站参数维护”功能项，按“确定”键。

3）选择“修改”，按“确定”键。

4）在“主站 IP 地址”等项目中输入各主站参数，输入完后按“确定”键，进入下一项目输入。

5）全部输入完后，光标跳转到“保存”项上，按“确定”键，即可结束本次输入。

6）输入过程中如发现输入错误，可以用光标键直接上移至错误项目，重新输入。

三、运行巡视及异常处理

1. 日常运行巡视

日常运行巡视时，应先在主站系统中打印出将进行日常运行巡视台区的日常运行巡视表（见表 ZY2000601005-1），在现场进行巡视时，应将所巡视 RS485 电能表的现场真实底数填入日常运行巡视表，并根据现场底数与系统抄表底数进行比对，如差值小于“1.5×用户日平均电量”时，应在结果栏填写“正常”或“√”，否则填写“异常”。

表 ZY2000601005-1　　日常运行巡视表

打印日期：

配电变压器编号/名称	RS485 电能表编号	系统抄表底数	日平均电量	现场底数	结果（正常/异常）

续表

配电变压器编号/名称	RS485 电能表编号	系统抄表底数	日平均电量	现场底数	结果（正常/异常）

审核： 巡视人：

2. 异常处理

系统运行过程中，如发现 RS485 电能表底数与现场抄表底数不相符时，应对该电能表进行更换，并记录在案。

【思考与练习】

1. RS485 采集器的安装规范是什么？
2. RS485 采集器初次上电后应进行哪些设置工作？
3. RS485 电能表的安装规范是什么？

模块 6 微功率无线通信的安装调试与运行维护（ZY2000601006）

【模块描述】本模块包含微功率无线通信设备安装调试和运行维护的内容。通过要点归纳和步骤讲解，熟悉微功率无线通信设备的安装规范及运行巡视的工作要求，掌握微功率无线通信设备的调试及异常处理方法。

【正文】

一、设备安装规范

1. 无线抄表电能表安装规范

（1）电能表在出厂前经检验合格，并加铅封，即可安装使用。

（2）安装点周围不能有腐蚀性的气体和强烈的冲击振动，环境要通风干燥。

（3）电能表安装在专用的非金属计量柜或表箱内，安装高度要符合规范：在计量柜内安装的电能表，其下端离地面高度不能小于 1m；悬挂式表箱内安装的电能表，其下端离地面高度不能小于 1.8m。

（4）电能表垂直安装并要固定可靠。

（5）电能表应按照接线盒上的接线图进行接线，电能表的 L（相）、N（中性线）不允许接错或接反。

2. 微功率无线采集器安装规范

（1）无线采集器在安装前应经过功能测试。

（2）安装点周围不能有腐蚀性的气体和强烈的冲击振动，环境要通风干燥。

（3）无线器安装在采集电能表的专用计量柜或表箱内。

（4）无线采集器应垂直安装并固定可靠。

（5）无线采集器电源应按照接线盒上的接线图进行接线。

（6）采集器天线应安装在计量柜或表箱外，天线应固定可靠，天线同轴电缆应穿孔进入计量柜或表箱，不得从门缝或活动部分中穿入。安装在室外时，电缆应在室外部分作下垂处理，防止雨水顺电缆流入。

（7）安装完毕，上电后，应在现场使用掌上电脑对无线采集器进行电能表表号地址设定。

二、调试方法及参数配置

（1）微功率无线通信抄表系统在安装完毕后上电后，应在现场通过手持机（或通过主站远程设置）将该采集器器隶属电能表表号（地址）进行设置录入，此时应确保电能表表号及其隶属关系正确，否则将导致无法抄表。表号录入步骤如下：

1）将手持机插入采集器手持机通信串口中。

2）在手持机工作界面菜单中选择“采集器表号维护”功能项，按“确定”键。

3）选择“增加表号”，按“确定”键。

4）在“表号”项中输入待增加的无线抄表电能表表号（地址），输入完后按“确定”键，输入下一块无线抄表电能表表号（地址）。

5）全部输入完后，在“表号”项中直接按“确定”键，即可结束本次输入。

6）输入过程中如发现输入错误，可以用光标键直接上移至错误表号，按“确定”键重新输入。

（2）微功率无线采集器在初次安装时，应对采集器进行主站参数设置，以使采集器可以与主站建立数据连接通道。主站参数录入步骤如下：

1）将手持机插入采集器手持机通信串口中。

2）在手持机工作界面菜单中选择“主站参数维护”功能项，按“确定”键。

3）选择“修改”，按“确定”键。

4）在“主站 IP 地址”等项目中输入各主站参数，输入完后按“确定”键，进入下一项目输入。

5）全部输入完后，光标跳转到“保存”项上，按“确定”键，即可结束本次输入。

6）输入过程中如发现输入错误，可以用光标键直接上移至错误项目，重新输入。

（3）微功率无线通信抄表系统在初期上电运行时，系统需要进行路由适应。如系统运行稳定后，仍有部分无线抄表电能表无法抄收或抄收成功率不理想，则应使用现场测试设备对现场情况进行测试与分析。如存在无线信号盲区或存在通信距离太远时，应考虑在适当位置安装微功率无线中继器。

三、运行巡视及异常处理

1. 日常运行巡视

日常运行巡视时，应先在主站系统中打印出将进行日常运行巡视台区的日常运行巡视表（见表 ZY2000601006-1），在现场进行巡视时，应将所巡视无线抄表电能表的现场真实底数填入日常运行巡视表，并根据现场底数与系统抄表底数进行比对，如差值小于“1.5×用户日平均电量”时，应在结果栏填写“正常”或“√”，否则填写“异常”。

表 ZY2000601006-1　　日常运行巡视表

打印日期：

配电变压器编号/名称	无线抄表电能表编号	系统抄表底数	日平均电量	现场底数	结果（正常/异常）

审核：　　　　巡视人：

2. 异常处理

系统运行过程中，如发现无线抄表电能表底数与现场抄表底数不相符时，应对该电能表进行更换，并记录在案。

【思考与练习】

1. 微功率无线采集器安装规范是什么？
2. 微功率无线采集器初次上电后应进行哪些设置工作？
3. 无线抄表电能表的安装规范是什么？

模块 7　主站与集中器联调（ZY2000601007）

【模块描述】本模块包含主站与集中器联调的内容。通过步骤讲解，熟悉主站与集中器联调时集中器配置、总表调试、低压户表配置的步骤和方法。

【正文】

集中器、采集器在现场安装完成后，主站应根据查勘表与安装方案，正确配置集中器、总表、低压户表等，准确区分问题的范围，及时发现现场安装设置问题，实现数据的正确采集。

一、集中器配置

（1）根据查勘表与安装方案配置集中器、台区总表及其他档案信息，详情见表 ZY2000601007-1。

表 ZY2000601007-1　　集中器配置信息表

1. 台区基本信息			
台区名称		台区编号	
抄表段号		经纬度坐标	
管理部门		台区管理员	
供电范围		交通地址	
集中器条码号		SIM 卡号	
2. 电气设备信息			
供电线路		杆塔号	
变压器容量		总表资产号	
TA		总表通信地址	
主站配置人		集中器通信地址	
现场安装人		安装时间	

（2）现场集中器上电后，设置集中器地址、通信参数（主站 IP、端口号、APN 节点参数），重启集中器。

（3）集中器注册成功后，主站下发复位命令，清除集中器数据。

二、总表调试

（1）集中器对时，下发总表配置参数，过路随抄总表，若抄表失败，则主站检查下发的配置参数，现场检查接线、核对表地址，必要时用手持设备检查表计 RS485 接口。

（2）抄表成功，与现场核对表码。若有采集器，则继续采集器的安装调试，若无采集器，则现场进入工作结束程序，安装回单签字归档。

三、低压户表配置

（1）主站通知台区管理部门，在营销系统修改所属台区户表的抄表方式，由“手工抄表”改为“自动抄表”，营销中间库同步后，读取对应台区户表档案，下发户表信息到集中器，若有采集器，则将户表对应配置到采集器。

（2）通知台区管理部门，还原抄表方式，在第一个抄表日，与台区管理员比对自动抄表数据。

（3）数据一致，再次修改抄表方式为“自动抄表”，台区进入自动抄表结算方式。

【思考与练习】

1. 集中器现场安装后应设置哪些参数？
2. 总表数据采集不成功应如何调试？

第十六章　集中抄表终端维护与消缺

模块 1　集中抄表终端的通信异常消缺（ZY2000602001）

【模块描述】本模块包含集中抄表终端通信异常消缺的内容。通过步骤讲解，掌握集中抄表终端对主站、台区总表、低压户表的通信故障的处理方法。

【正文】

通信异常指集中抄表终端对主站、台区总表、低压户表的通信出现故障，因通信方式不一致，异常消缺的方法也不一样。下面分别介绍如何用简单的方法判断故障范围，排除故障。

一、集中抄表终端对主站通信故障消缺

（1）终端是否有电源。若终端无显示，则用万用表测量终端输入电压，无电压则检查电源输入回路，有电压则更换终端。

（2）终端显示正常，但 GPRS 信号强度指示无。取一张网关节点配置为 cmnet 的卡，用手机测试上网情况，能上网，则说明终端 GPRS 模块故障，更换 GPRS 通信模块；不能上网，则说明当地无 GPRS 信号，与移动公司联系。

（3）GPRS 信号强度指示有，但不能注册到主站。检查终端通信参数，若正确，则检查主站与移动公司的专用通道和接入服务器。

（4）主站检查。召测其他终端的数据，若能通信，说明专用通道与接入服务器均无问题，问题在终端，更换终端或检查是否有重地址的情况。

（5）若主站发现其他终端数据召测均失败，检查专用通道设备（光纤收发器、路由器等）、接入服务器，主站故障排除后，再确认终端通信情况，直至故障排除。

二、集中抄表终端对台区总表通信故障消缺

（1）核对电表通信地址是否与主站配置的一致。对于多规约的电表，检查主站配置的规约下的地址是否与电表一致。

（2）断开终端与总表 RS485 连接线，用万用表分别测量终端与总表 485 接口电压，若无电压，则 485 接口故障，更换电表或终端。

（3）检查连接线是否存在短路或断路的情况。

（4）用手持电脑采用不同的规约现场设置电表通信地址，若能成功，则说明故障在终端，不能成功，则说明故障在电能表。

三、集中抄表终端对低压户表通信故障消缺

（1）若整个台区的低压户表都采集不到，新上台区则检查台区供电范围是否正确。若集中器以前能成功抄表，现在不行，则一般是终端载波（或无线、RS485）模块故障，更换终端。

（2）若出现部分低压户表抄表故障，则找到故障低压户表的安装点，通过红外，用手持抄控器现场抄读电能表，确认表地址正确、电表工作正常。

（3）对于载波通信的故障表，可通过手持抄控器，用载波现场抄读电能表，若不能成功，则说明低压户表载波模块故障，更换电表。

（4）对于 RS485 通信的故障表，可按台区总表通信故障判断方法。

（5）对于通过无线采集器通信的低压户表，可先用判断 RS485 通信故障的判别方法区分是低压表故障还是采集器接口故障，再测试无线通信模块，主站读取现场路由方式，更换当地采集器或在中间节点增加无线中继模块。

【思考与练习】

1. 如何确认终端现场是否有 GPRS 信号覆盖？
2. 如何区分终端与台区总表接口故障？
3. 如何判断低压载波表故障？

第七部分

营销计量业务

第十七章 电 能 抄 录

模块1 现场抄表（ZY2300201005）

【模块描述】本模块包含现场抄表的具体要求、抄表信息核对、计量装置的运行状态检查、抄表机抄表、手工抄表等内容。通过概念描述、术语说明、要点归纳、示例介绍，掌握现场抄表工作内容和方法，同时能在抄表过程中进行电能计量装置的运行状态检查。

【正文】

一、现场抄表的具体要求

（1）抄表工作人员应严格遵守国家法律法规和本电网企业的规章制度，切实履行本岗位工作职责。同时注意营销环境和客户用电情况的变化，不断正确地调整自己的工作方法。

（2）抄表人员应统一着装，佩戴工作牌，做到态度和蔼、言行得体，树立电网企业工作人员良好形象。

（3）抄表员应掌握抄表机的正确使用方法，了解个人抄表例日、工作量及地区收费例日与抄表例日的关系。

（4）抄表前应做好准备工作，备齐必要的抄表工具和用品，如完好的抄表机或抄表清单、抄表通知单、催费通知单等。

（5）抄表必须按例日实抄，不得估抄、漏抄。确因特殊情况不能按期抄表的，应按抄表制度的规定采取补抄措施。

（6）遵守电力企业的安全工作规程，熟悉电力企业各项反习惯性违章操作的规定，登高抄表作业落实好相关的安全措施。对高压客户现场抄表，进入现场应分清电压等级，保证足够的安全距离。

（7）严格遵守财经纪律及客户的保密、保卫制度和出入制度。

（8）严格遵守供电服务规范，尊重客户的风俗习惯，提高服务质量。

（9）做好电力法律、法规及国家有关制度规定的宣传解释工作。

二、抄表信息核对

（1）抄表时要认真核对相关数据。对新装或有用电变更的客户，要对其用电容量、最大需量、电能表参数、互感器参数等进行认真核对确认，并有备查记录。抄表时发现异常情况要按规定的程序及时提出异常报告并按职责及时处理。

1）核对现场电能表编号、表位数、厂家、户名、地址、户号是否与客户档案一致。

2）核对现场电压互感器、电流互感器倍率等相关数据是否与客户档案一致。

3）核对变压器的台数、容量，核对最大需量，核对高压电动机的台数、容量。

4）核对现场用电类别、电价标准、用电结构比例分摊是否与客户档案相符，有无高电价用电接在低电价线路上，用电性质有无变化。

（2）抄表注意事项：

1）应注意客户是否擅自将变压器上的铭牌容量进行涂改，是否将变压器上的铭牌去掉或使字迹不清无法辨认。

2）对有多台变压器的大客户，应注意客户变压器运行的启用（停用）情况，与实际结算电费的容量是否相符。

3）对有多路电源供电或有备用电源的客户，不论是否启用，每月都应按时抄表，以免遗漏。同时应注意客户有无私自启用冷备用电源的情况。

三、计量装置的运行状态检查

抄表前应对电能计量装置进行初步检查，看表计有无烧毁和损坏现象、分时表时钟显示情况、封印状态、互感器的二次接线是否正确等。如发现异常需记录下来待抄表结束后，填写工作单报告有关部门。必要时应立即电话汇报，并保护现场。具体检查项目包括以下内容：

1. 电能计量装置故障现象检查

应注意观察以下内容：感应式电能表有无停走或时走时停，电能表内部是否磨盘、卡盘；计度器卡字、字盘数字有无脱落、表内是否发黄或烧坏、表位漏水或表内有无空蚀（汽蚀）、潜动、漏电；电子式电能表脉冲发送、时钟是否正常，各种指示光标能否显示，分时表的时间、时段、自检信息是否正确；注意电子式电能表液晶故障是否有报警提示，如失压、失流、逆相序、超负荷、电池电量不足、过压等。

常见的电能表故障现象的检查如下：

（1）卡字：客户正常使用电能，但电能表的计数器停止不再翻转。如果发现电能表计数器中有一个或几个数字（不包括最后一位）始终显示一半，一般也会造成卡字。

（2）跳字：客户正常使用电能，但计数器的示数不正常地向上或向下翻转，造成客户电量的突增、突减。

（3）烧表：电能表容量选用不当、过负荷、雷击或其他原因导致电能表烧坏。现场可以通过观察电能表外观有无异常现象来判别表是否烧坏：透过玻璃窗观察内部有无白、黄色斑痕，线圈绝缘是否被烧损，若发现电能表接线处烧焦、塑料表盖变形、铝盘和计数器运转异常，应先检查电源是否超压，再检查熔丝是否熔断，若熔丝没有熔断，则说明熔丝容量大于电能表的额定电流值。

（4）潜动：又称“无载自动”，也称空走，是指电能表有正常电压且负载电流等于零时，感应式电能表的转盘仍然缓慢转动、电子式电能表脉冲指示灯还在缓慢闪烁的现象。现场可以通过以下操作判断电能表是否潜动：在电能表通电的情况下，拉开负荷开关，观察电能表转盘是否连续转动，如转盘超过一转仍在转动，则可以判断该电能表潜动。

（5）表停：客户正在使用电能，电子表没有脉冲或机械表转盘不转。失压、失流、接线错以及其他表计故障均可能导致电能表不计量。电子式多功能电能表失压、失流时，应有失压、失流相别的报警或提示。发现电能表不计量，通常先检查电能表进出线端子有无开路或接触不良，对经电压互感器接入的电能表，应检查电压互感器的熔丝是否熔断，二次回路接线有无松脱或断线，特别要注意皮连芯断的现象，检查电能表接线螺钉有无氧化、松动、发热、变色现象。

（6）接线错：检查互感器、电能表接线是否正确，如电流互感器一次导线穿芯方向是否反穿、二次侧的 K1、K2 与电能表的进出线是否接反，三相四线电能表每相的电压线和电流线是否是相同相别。

对于单相机械式电能表，尤其注意接地线与相线的接线是否颠倒。电能表的相线、中性线应采用不同颜色的导线并对号入孔，不得对调。因为这种接线方式在正常情况下也能正确计量电能，但在某些特殊情况下会造成漏计电能和增加不安全因素。如客户将自家的家用电器接到相线和大地相接触的设备（如暖气管、自来水管）之间，则负荷电流可以不流过或很少流过电能表的电流线路造成漏计电量，同时也给客户的用电安全带来了严重威胁。

注意分时、分相止码之和应该与总表码对应，当出现分时、分相止码之和与总表码不一致时，很可能是由于电能表接线错误造成的；注意逆相序提示，因为三相三线电能表或三相四线电能表逆相序安装接线都会造成计量错误；注意电流反向提示，电流反向有可能存在接线错误。

（7）倒走：感应式电能表圆盘反转。单相电能表接线接反、未止逆的无功表在客户向系统反送无功时、三相电能表存在接线错误、单相 380V 电焊机用电、电动机作为制动设备使用等都可能造成感应式电能表反转。

（8）表损坏：表计受外力损坏，包括外壳的损坏。

（9）电子表误发脉冲：客户没有用电或用电量很小时，电子表仍在不停地发脉冲计数。

（10）液晶无显示：电子表的液晶显示屏不能正常显示。

（11）其他：注意电池电量不足提示，电池电量不足时，显示屏“电池图标”会闪烁。如果电子表没有电池，会造成复费率表时钟漂移，分时计量不准；注意通信提示，当表计通信正常时，“电话图标”会在显示屏显示，安装了负控装置的计量装置通过通信端口，可以实现远程防窃电监控和停送电控制。

2. 违约用电、窃电现象检查

（1）检查封印、锁具等是否正常、完好。应认真检查核对表箱锁、计量装置的封印是否完好，电压互感器熔丝是否熔断，封印和封印线是否正常，有无封印痕迹不清或松动、封印号与原存档工作单登记不符、启动封印、无铅封的现象，防伪装置有无人为动过的痕迹。

（2）检查有无私拉乱接现象。

（3）检查有无拨码现象，注意核对上月电量与本月电量的变化情况。

（4）检查有无卡盘现象。

（5）查看接线和端钮，是否有失压和分流现象，重点是检查电压联片，有无摘电压钩现象。

（6）检查是否有绕越电能表和外接电源，用钳形电流表分别测电源侧电流以及负荷侧电流进行比较，也可以开灯试表、拉闸试表。

（7）检查有无相线、中性线反接，表后重复接地。用钳形电流表分别测相线电流、中性线电流以及两电流的相量和（把相线和中性线同时放入钳形电流表内），正常现象是相线电流与中性线电流值相等，相线、中性线同时放入钳形电流表内应显示电流值为零；反之，如果中性线电流大，相线电流很小，相线、中性线同时放入钳形电流表内电流值显示不为零且数值较大，则可确定异常。

3. 异常情况记录

把发现的异常情况或事项应记录在抄表机或异常清单上。

四、抄表机抄表

抄表人员在计划抄表日持抄表机到客户现场抄表，将电能表示数录入到抄表机，并记录现场发现的抄表异常情况。

注意事项：抄表前应检查确认抄表机电源情况，避免电力不足丢失数据的情况。

（1）首先进行抄表信息核对，核对无误后再开始抄表。

（2）然后进行计量装置的运行状态检查。发现电能表故障，应先按表计示数抄记，并在抄表器的指令栏内注明。

（3）开机进入抄表程序，根据抄表机的提示，按照抄表顺序或通过查询表号或客户快捷码找到待抄的客户，并将抄见示数逐项录入到抄表机内。

1）抄录电能表示数，照明表抄录到整数位，电力客户表应抄录到的小数位按照单位规定执行。靠前位数是零时，以“0”填充，不得空缺。

2）出现抄录错误时，应使用删除键删除错误，再录入正确数据。

3）对按最大需量计收基本电费的客户，抄录最大需量时，应按冻结数据抄录，必须抄录总需量及各时段的最大需量，需量指示录入，应为整数及后 4 位小数。抄录机械式最大需量表后，应按双方约定的方式确认，将需量回零并重新加封，并以免事后发生争执。

抄录需量示数时除应按正常规定抄表外，还必须核对上月的需量冻结值，若发生冻结值大于上月结算数据时，必须记录上月最大需量，回单位后，填写补收基本电费申请单。

4）抄录复费率电能表时，除应抄总电量外，还应同步抄录峰、谷、平的电量，并核对峰、谷、平的电量和与总电量是否相符。同时检查峰、谷、平时段及时钟是否正确。注意分时、分相止码之和应该与总表码相符。当出现分时、分相止码之和大于总表码时，很可能是由于表计接线错误造成的。如有问题，应填写工作单交有关人员处理。

5）对实行功率因数考核客户的无功电量按照四个象限进行抄录，或按照单位的规定抄录（如组合无功）。无功表电量必须和相应的有功表电量同步抄表，否则不能准确核算其功率因数和正确执行功率因数调整电费的增收或减收。

6）有显示反向电能时，必须抄录反向有功、无功示数。

7）如电能表有失压的报警或提示，则必须抄录失压记录。

8）对具备有自动冻结电量功能的电能表，还应抄录冻结电量数据。

9）注意总表与分表的电量关系是否正常。

（4）抄表时如对录入的数据有疑问，应及时进行核对并更正。

（5）抄表过程中，遇到表计安装在客户室内，客户锁门无法抄表时，抄表员应设法与客户取得联系入户抄表，或在抄表周期内另行安排时间补抄。对确实无法抄见的一般居民客户，可参照正常用电情况估算用电量，但必须在抄表机上按下抄表“估抄”键予以注明。允许连续估抄的次数按规定执行。如是经常锁门客户，应向公司建议将客户表计移到室外。

（6）使用抄表机的红外抄表功能抄表：通过查询表号或客户号定位后，选择红外抄表功能，近距离对准被抄电能表扫描，即能抄录所有抄表数据。

（7）对具备红外线录入数据功能的抄表机抄表，除发生数据读取异常外，不应采用手工方式录入数据，同时应在现场完成电能表计量器显示数据与红外抄见数据的核对和电能表对时工作。

（8）现场抄表结束时，应使用抄表机查询功能认真查询是否有漏抄客户，如有漏抄应及时进行补抄。

五、手工抄表

抄表人员按抄表周期在抄表例日持抄表清单到客户现场准确抄表。经核对抄表信息以及检查计量装置运行状态之后，记录抄见示数，并记录现场发现的抄表异常情况。

（1）按电能表有效位数全部抄录电能示数，靠前位数是零时，以“0”填充，不得空缺，且必须上下位数对齐。

（2）出现抄录错误时，应用删除线划掉，在删除数据上方再填写正确数据。

（3）抄表清单应保持整洁，完整，必须用蓝黑色墨水或碳素笔填写，增减数字时使用红色墨水，禁止使用铅笔或圆珠笔。

其他手工抄表的工作要求与抄表机相同。

六、IC 卡抄表

抄表人员按抄表周期在抄表例日持抄表 IC 卡到客户电能表现场，经核对抄表信息以及检查计量装置运行状态之后，将 IC 卡插入预付费电能表，待表中数据读取到卡中后，抽出抄表卡，抄表结束。

七、现场抄表注意事项

（1）抄表时要特别注意将整数位与小数位分清。字轮式计度器的窗口，整数位和小数位用不同颜色区分，中间有小数点“·”；若无小数点位，窗口各字轮均有乘系数的标识，如×10 000、×1000、×100、×10、×1、×0.1，个位数字的标注×1，小数位的标注×0.1 等。

（2）沿进户线方向或同一门牌内有两个或两个以上客户电能表时，必须先核对电能表表号后再抄表，防止错抄。

（3）使用红外抄表机抄表应注意避光。

（4）不得操作客户设备。

（5）借用客户物品需征得客户同意。

（6）登高抄表应落实好安全措施：

1）上变压器台抄表时应从变压器低压侧攀登，应戴好安全帽、穿绝缘鞋，抄表工作应由两人进行，一人操作，一人监护，并认真执行工作票制度。

2）应检查登高工具（脚扣、登高板、梯子）是否齐全完好，使用移动梯子应有专人扶持，梯子上端应固定牢靠。

3）抄表人员应使用安全带，防止脚下滑脱造成高空坠落。

4）观察是否有马蜂窝，防止被蜇伤。

5）抄表人员要与高低压带电部位保持安全距离（10kV 及以下，0.7m），防止误触设备带电部位。

6）雷电天气时严禁进行登高抄表。

【**例 ZY2300201005-1**】某供电公司异常事项记录类别见表 ZY2300201005-1。

表 ZY2300201005-1　　某供电公司异常事项记录类别

序号	类别	序号	类别	序号	类别	序号	类别
1	未抄	10	已抄表	19	TA 爆炸	28	电价错
2	正常	11	表停（盘停）	20	A 失压	29	箱无锁
3	锁门	12	档案错	21	B 失压	30	表箱坏
4	表烧	13	潜动	22	C 失压	31	变压器台错
5	故障	14	接线错	23	失压	32	表箱倾斜
6	表盗	15	液晶损	24	无铅封	33	表箱漏电
7	倒转	16	断熔丝	25	容量错	34	表位数错
8	过零	17	表损坏	26	倍率错	35	估抄
9	过零倒转	18	表异常	27	波动大		

【例 ZY2300201005-2】一起因“不当得利”而引起的供用电纠纷。某市供电公司在用电普查当中，发现一大型商场用电量与其经营规模相差甚远。经进一步检查，发现该商场计量装置中配置的 3 只电流互感器的倍率分别为 150/5、150/5、150/5，而供电公司的客户档案中记录的电流互感器倍率却分别是 50/5、50/5、75/5，分别比实际用电量少计了 2 倍、2 倍、1 倍。经过计算，该商场累计少计电量为 433 555kWh，合计应追缴电费高达 411 359 元人民币，电量流失之大令人惊叹。

经过数次的沟通和辩论，在供电公司提供的确凿证据面前，该商场对因电流互感器倍率不符引起的少计电量的事实签字认可，并与供电企业签订了分期返款协议，最终供电公司追回了 40 多万元的电费。

该案件反映出个别供电企业员工责任心不强的问题。如果抄表人员在抄表现场多核对一下电流互感器的穿芯匝数，电费核算人员发现电量有异常时发起现场检查流程，这起纠纷也许就不会发生了。

【例 ZY2300201005-3】抄表员现场抄表时发现某客户现场表箱铅封及锁被人为破坏，箱内电能表表尾铅封不见，电能表液晶显示“–Ib”（如图 ZY2300201005-1 所示），检查电能表接线发现 B 相电源线反接（如图 ZY2300201005-2 所示），抄表员及时上报异常情况并保护现场。经用电检查人员现场取证后，发现电能表少计 2/3 电量。客户当场对窃电行为供认不讳，并在违章、窃电通知书上签字。

图 ZY2300201005-1　电能表液晶显示“–Ib”

图 ZY2300201005-2　B 相电源线反接

在这起案件中，抄表员认真检查计量装置运行状态，及时上报并保护现场，对这起窃电案的取证和处理起到了关键作用。

【思考与练习】

1. 现场抄表有哪些具体要求？
2. 抄表时应核对哪些信息？
3. 如何进行计量装置的运行状态检查？
4. 如何分析判断简单的窃电现象？
5. 如何进行抄表机抄表和手工抄表？
6. 登高抄表应落实好哪些安全措施？

模块2 自动化抄表（ZY2300201006）

【模块描述】本模块包含本地自动抄表技术、远程自动抄表技术、电力负荷管理技术等内容。通过概念描述、术语说明、系统结构讲解、要点归纳、示例介绍，了解自动化抄表系统的抄表原理和作用，能使用自动化抄表系统进行数据采集。

【正文】

获取抄表数据的抄表方式中除了手工抄表、抄表机抄表、IC卡抄表之外，还有处于不断丰富和发展中的自动化抄表方式，自动遥抄客户端电能表记录数据。自动化抄表技术包括本地自动抄表技术、远程自动抄表（集中抄表）技术以及通过电力负荷管理系统远方抄表技术。

对采用自动化抄表方式的客户，应定期（至少3个月内）组织有关人员进行现场实抄，对远抄数据与客户端电能表记录数据进行一次校核。校核可采用抽测部分客户、采集多个不同时间点的抄表数据的方法，并保持远抄数据与客户端电能表记录数据采集时间的一致性。

如因故障不能取得全部客户抄表数据或对数据有疑问，可采用其他抄表方式补抄。

一、本地自动抄表技术

本地自动抄表就是指计量电能表的抄表数据是在表计运行的现场或本地一定范围内通过自动方式而获得。本地自动抄表系统是远程抄表系统的本地环节，目前主要用于现场监察、故障排除和现场调试，而早期的系统则主要用于抄表。

1. 本地红外抄表

本地红外抄表是利用红外通信技术实现的，若干电能表连接到一台红外采集器上，采集器完成对某一表箱中的所有电能表的电量采集，抄表员手持红外抄表机到达现场，接收每块采集器中的抄表数据，然后返回主站，将红外抄表机中已抄收的电能表数据传送到主站计算机。

2. 本地RS485通信抄表

本地RS485通信抄表，是利用RS485总线将小范围的电能表连接成网络，由采集器通过RS485网络对电能表进行电量抄读，并保存在采集器中，再通过红外抄表机或RS485设备现场抄读采集器内数据，抄表机与主站计算机进行通信，实现电量的最终抄读。

二、远程自动抄表技术

远程自动抄表技术就是利用特定的通信手段和远程通信介质将抄表数据内容实时传送至远端的电力营销计算机网络系统或其他需要抄表数据的系统，也称集中抄表系统。抄表时操作人员可以直接选择抄表段抄表即可以完成自动抄表，并可以采用无人干预方式自动抄表。

1. 远程自动抄表系统的构成

远程自动抄表系统种类很多，基本上由电能表、采集器、信道、集中器、主站组成。

电能表为具有脉冲输出或RS485总线通信接口的表计，如脉冲电能表、电子式电能表、分时电表、多功能电能表。

集中器主要完成与采集器的数据通信工作，向采集器下达电量数据冻结命令，定时循环接收采集器的电量数据，或根据系统要求接收某个电能表或某组电能表的数据。同时根据系统要求完成与主站的通信，将客户用电数据等主站需要的信息传送到主站数据库中。

信道即数据传输的通道。远程自动抄表系统中涉及的各段信道可以相同，也可以完全不一样，因此可以组合出各种不同的远程抄表系统。其中，集中器与主站之间的通信线路称为上行信道，可以采用电话线、无线（GPRS/CDMA/GSM）、专线等通信介质；集中器与采集器或电子式电能表之间的通信线路称为下行信道，主要有RS485总线、电力线载波两种通信方式。

主站即主站管理系统，由抄表主机和数据服务器等设备组成的局域网组成。其中抄表主机负责进行抄表工作，通过网络TCP/IP协议与现场集中器进行通信，进行远程集中抄表，并存储到网络数据库，并可对抄表数据分析，检查数据有效性，以进行现场系统维护。

2. 载波式远程抄表

电力线载波是电力系统特有的通信方式，其特点是集中器与载波电能表之间的下行信道采用低压电力线载波通信。载波电能表是由电能表加载波模块组成。每个客户室内装设的载波电能表就近与交流电源线相连接，电能表发出的信号经交流电源线送出，设置在抄表中心站的主机则定时通过低压用电线路以载波通信方式收集各客户电能表测得的用电数据信息。上行信道一般采用公用电话网或无线网络。

3. GPRS 无线远程抄表

GPRS 无线远程抄表是近年来发展较快的抄表通信方式，其特点是集中器与主站计算机之间的上行信道采用 GPRS 无线通信。集中器安装有 GPRS 通信接口，抄表数据发送到中国移动的 GPRS 数据网络，通过 GPRS 数据网络将数据传送至供电公司的主站，实现抄表数据和主站系统的实时在线连接。

CDMA、GSM 与 GPRS 无线远程抄表原理相似。

4. 总线式远程抄表

总线式远程抄表在集中器与电能表之间的下行信道采用，目前主要采用 RS485 通信方式。总线式是以一条串行总线连接各分散的采集器或电子式电能表，实行各节点的互联。集中器与主站之间的通信可选电话线、无线网、专线电缆等多种方式。

5. 其他远程抄表

抄表系统有很多种方式，随着通信技术的不断发展，无线蜂窝网、光纤以太网等远程通信方式也逐渐应用于电能表数据的远程抄读。

三、电力负荷管理技术

电力负荷管理系统是运用通信技术、计算机技术、自动控制技术对电力负荷进行全面管理的综合系统。该系统能够监视和控制地区和专用变压器客户的用电负荷、电量及用电时间段等。其主要功能是遥控、遥信、遥测。各地供电企业在不断强化电力负荷管理系统基本功能的基础上，不断扩充了电力负荷管理系统的新功能。远方自动抄表功能已成为电力负荷管理系统这个综合系统的众多功能之一。

利用负荷管理系统对大客户进行远方抄表时必须严格按例日抄表，由负控员在负控系统中召测数据，电费抄核收人员通过局域网，登录系统按例日将各抄表段的抄表数据读回到营销系统中，实现自动远程抄读客户的各类用电量、电能表示数等数据，核对后用于电费结算，并及时了解实施预购电费客户的剩余电费情况，以及时提示客户预缴电费。

四、电能信息数据采集示例

集中抄表系统主要完成抄表数据的自动采集，同时能够利用自动化抄表系统的采集数据，对现场采集对象的运行状态进行监督管理。

某供电公司采用低压电力线载波集抄系统自动抄表，抄表例日前分别遥抄多份数据以作备份，抄表例日当天再抄读例日数据，可以根据需要来设定自动抄表或人工集抄。

（1）进入集抄系统，选择台区，连接到该台区的集中器。

（2）进入到该集中器，口令检测成功后，表示主站与集中器已连接上。

（3）选择远程抄读方式，如例日抄读，读取集中器数据并保存，如图 ZY2300201006-1 所示。

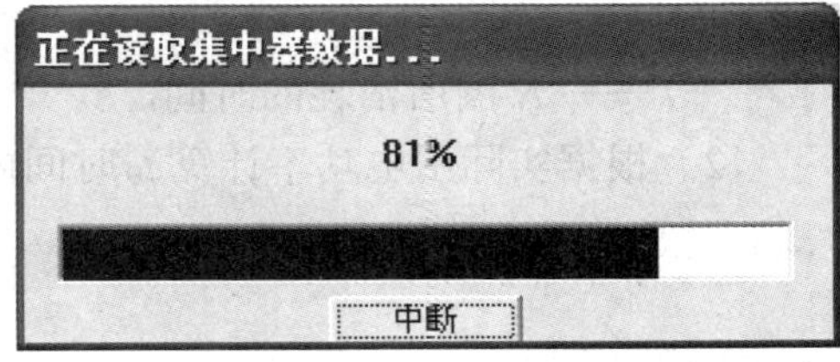

图 ZY2300201006-1 读取数据

（4）对抄表失败的表计，再次进行抄表操作。

（5）打印再次抄表失败的客户清单和零电量客户清单（表号、地址等），通知抄表员当日补抄，现场核实，查明故障原因。

（6）抄表完毕，退出。

（7）全部抄完之后，进行集中抄表数据回读操作，从中间库中将集抄系统上传来的抄表数据回读到营销系统。

【思考与练习】

1. 如何利用集中抄表系统进行抄表？

2. 如何利用负荷管理系统进行抄表？

第十八章　电能计量装置的检查与分析

模块1　瓦秒法判断电能计量装置误差（ZY2300501004）

【模块描述】本模块包含使用秒表进行电能计量装置误差判断的程序、方法和注意事项等内容。通过概念描述、原理分析、公式示意、要点归纳、操作技能训练，掌握采用瓦秒法判断电能计量装置误差的方法。

【正文】

瓦秒法，是将电能表反映的功率（有功或无功）与线路中的实际功率比较，以定性判断电能计量装置接线是否正确。它是电能计量装置接线检查中常用的一种检查手段，并适用于任何计量方式，也是初步判断计量是否准确的常用手段。

一、确定客户的实际用电功率

（1）小容量客户的实际用电功率的确定。请客户保留功率因数为1，且明确知其功率的用电设备，而其余用电设备停用。

（2）大容量客户的实际用电功率的确定。由于大容量客户具有配电盘，所以可以通过功率表读数或电压表、电流表、功率因数表的读数之积确定。

二、使用秒表测量转速或脉冲数

（1）测量感应式电能表转速。当电能表转盘上的标志转到电能表铭牌转盘窗口的中心线时开始计时，当第 N 圈电能表转盘上的标志再次转到电能表铭牌转盘窗口的中心线时停表，记录耗时时间 t。

（2）测量电子表脉冲速度。脉冲发出后开始计时，当发出第 N 个脉冲后停表，记录耗时时间 t。

三、功率、转数、时间计算

（1）计量功率计算。根据测量的转数和消耗的时间，采用式（ZY2300501004-1）可以计算出计量功率

$$P=\frac{3600\times1000N}{Ct}\quad(\text{W})\qquad\text{(ZY2300501004-1)}$$

式中　C——有功电能表常数，r/kWh；

N——转数，r；

t——N 圈所消耗的时间，s。

（2）根据实际用电功率计算 t_0 时间内电能表的转数或脉冲数计算 N_0

$$N_0=\frac{P_0Ct_0}{3600\times1000}\qquad\text{(ZY2300501004-2)}$$

式中　P_0——实际用电功率；

N_0——t_0（s）时间内电能表的转数或脉冲数计算 N_0，r。

（3）根据实际用电功率计算电能表转数或脉冲 N_0 数时，应耗时时间 t_0 计算为

$$t_0=\frac{3600\times1000N_0}{CP_0}\quad(\text{s})\qquad\text{(ZY2300501004-3)}$$

四、电能计量装置相对误差的计算

（1）通过功率计算相对误差

$$\gamma=\frac{P-P_0}{P_0}\times100\%\qquad\text{(ZY2300501004-4)}$$

（2）通过转数计算相对误差

$$\gamma=\frac{N-N_0}{N_0}\times 100\% \qquad (ZY2300501004\text{-}5)$$

（3）通过时间计算相对误差

$$\gamma=\frac{t_0-t}{t}\times 100\% \qquad (ZY2300501004\text{-}6)$$

相对误差若超过了电能表的准确度等级允许的范围，则说明该套计量装置失准。此时应考虑校表或进行计量装置接线检查。

五、瓦秒法判断电能计量装置误差注意事项

（1）相对误差的概念是测量值减去真值后与真值的百分比，若通过时间来计算电能计量装置的相对误差时，根据公式推导则是真值减去测量值后与测量值的百分比，见式（ZY2300501004-6），否则误差将会计算错误。

（2）从式（ZY2300501004-3）中可以看出，也可以通过计算转数（脉冲数）的方法计算相对误差，但考虑到测量 t（s）内的转数（脉冲数）误差较大，故不推荐使用。

（3）对于有互感器接入的电能计量装置，应将功率折算到一次侧或二次侧，否则误差将会计算错误。

（4）测量转速时，测量的圈数或脉冲数越多，计量装置的误差判断误差就越小。测量的次数越多，取其平均值的误差就越小。

（5）注意时间、功率的单位应保持一致。

【思考与练习】

1. 如何确定客户的实际用电功率？
2. 瓦秒法判断电能计量装置误差时应注意哪些事项？

模块 2　单相电能计量装置运行检查、分析、故障处理（ZY2200611001）

【模块描述】本模块包含单相电能计量装置接线形式、铭牌参数、常见故障及异常、检查的重点等内容。通过概念描述、术语说明、原理分析、图解示意、要点归纳，掌握单相电能计量装置运行检查和故障处理方法。

【正文】

根据《供电营业规则》的规定“用户单相用电设备总容量不足10kW的可采用低压220V供电”，因此对于单相用电的客户需装设单相电能计量装置。

一、接线形式

单相电能计量装置接线形式有两种，一种是直接接入式，一种是通过互感器接入式，如图ZY2200611001-1所示。

二、铭牌参数

电能表的铭牌主要包含以下内容：

（1）商标。

（2）计量许可证标志（CMC）。

（3）计量单位名称或符号，如：有功电能表为“千瓦时”或“kWh”；无功电能表为“千乏·时”或“kvarh”。

（4）电能表的名称及型号。

（5）基本电流和额定最大电流。基本电流（标定电流）是作为计算负荷的基数电流值，以 I_b 表示；额定最大电流是仪表能长期工作，误差与温升完全满足技术标准的最大电流值，以 I_{max} 表示。如1.5（6）A即电能表的基本电流值为1.5A，额定最大电流为6A。

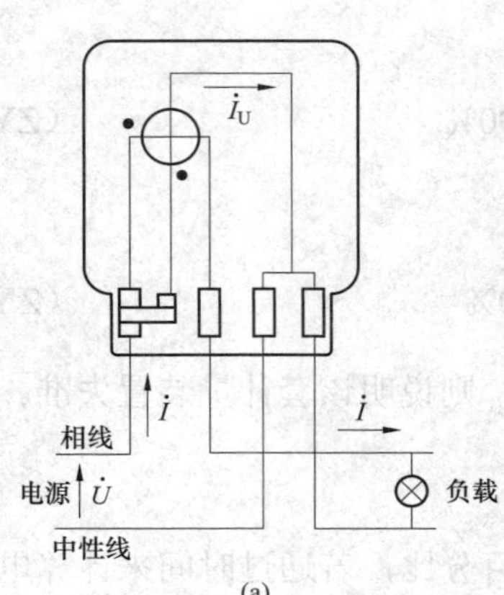

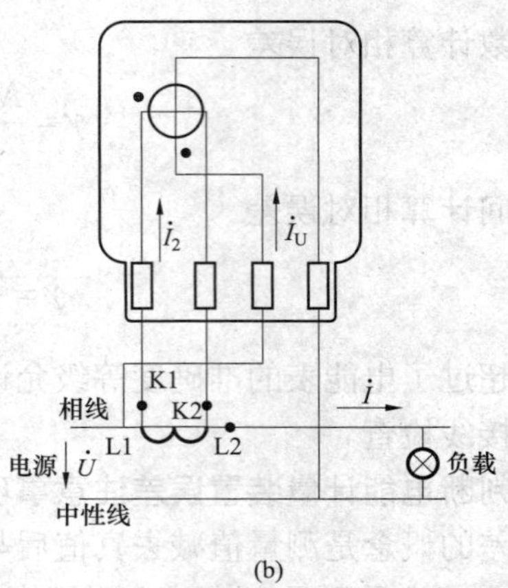

图 ZY2200611001-1 单相电能表直接接入或经电流互感器接入电路的接线图

（a）直接接入式；（b）通过互感器接入式

（6）额定电压。指的是电能表正常运行的电压值，以 U_N 表示。

（7）额定频率。指的是电能表正常运行时电源的频率值，以赫兹（Hz）作为单位。

（8）电能表常数。指的是电能表记录的电能和相应的转数或脉冲数之间关系的常数。有功电能表以 r（imp）/kWh 形式表示，无功电能表 r（imp）/kvarh 形式表示。

（9）准确度等级。以记入圆圈中的等级数字表示，无标志时，电能表视为 2.0 级。

三、安装运行注意事项

（1）单相供电客户电能计量点应接近客户的负荷中心。计量表的安装位置应满足安全防护的要求和方便抄表。

（2）安装在用户处的电能计量装置，由用户负责保护封印完好，装置本身不受损坏或丢失。

（3）计费电能表装设后，用户应妥为保护，不应在表前堆放影响抄表、计量准确及安全的物品。如发生计费电能表丢失、损坏或过负荷烧坏等情况，用户应及时告知供电企业，以便供电企业采取措施。如因供电企业责任或不可抗力致使计费电能表出现或发生故障的，供电企业应负责换表，不收费用；其他原因引起的，用户应负担赔偿费或修理费。

（4）当发现电能计量装置异常时，客户应及时通知供电公司进行处理。

四、常见故障及异常

（1）相线与中性线对调。正常情况下运行没有问题，但用户若将用电设备接到相线与大地之间时（如经暖气管道等），将造成电能表少计或不计电量，带来窃电的隐患。

（2）电源线的进出线接反。此时，由于电流线圈同名端反接，故电能表要反转。

（3）电压连接片没接上。此时电压线圈上无电压，电能表不计量。

（4）电能表发生“串户”。电能表的客户号与客户房号不对应，易造成电费纠纷。

（5）电能表可能发生擦盘、卡字、死机、潜动等，影响正确计量。

五、检查的重点

（1）检查计量箱、表计的锁头、铅封、铅印是否完好。

（2）检查电能表运行声音是否正常。

（3）核对表号、资产号、户号是否正确。

（4）注意观察转动情况或信号灯的闪动是否正常。

（5）检查表计的导线是否有破皮、松动、脱落、短接、短路等现象。

（6）带有电流互感器的计量装置应注意检查互感器的铭牌，接线，一、二次侧是否有短路、断路情况。

【思考与练习】

1. 单相电能表相线与中性线接反对计量有何影响？

2. 什么是电能表的标定电流和额定最大电流？

模块 3　三相四线电能计量装置运行检查、分析、故障处理（ZY2200611002）

【模块描述】本模块包含三相四线电能计量装置接线形式、安装运行注意事项、错接线分析、常见故障及异常、检查的重点等内容。通过概念描述、术语说明、原理分析、图解示意、要点归纳、案例分析，掌握三相四线电能计量装置运行检查和故障处理方法。

【正文】

根据 DL/T 825—2002《电能计量装置安装接线规则》规定：低压供电方式为三相者应安装三相四线有功电能表，高压供电中性点有效接地系统应采用三相四线有功、无功电能表。

一、接线形式

三相四线计量装置接线形式分为直接接入式和间接接入式。如图 ZY2200611002-1 和图 ZY2200611002-2 所示分别为低压、高压电能计量装置接线图。

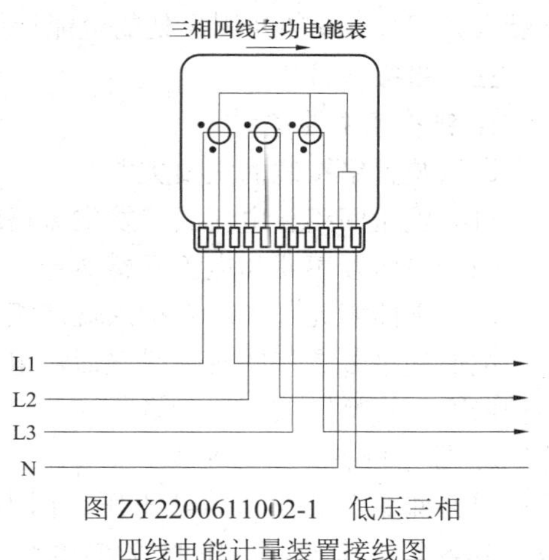

图 ZY2200611002-1　低压三相四线电能计量装置接线图

图 ZY2200611002-2　高压三相四线电能计量装置接线图

二、安装运行注意事项

（1）电能计量点应设定在供电设施与受电设施的产权分界处。如产权分界处不适宜装表的，对专线供电的高压客户，可在供电变电站的出线侧出口装表计量；对公用线路供电的高压客户，可在客户受电装置的低压侧计量。

（2）低压供电的客户，负荷电流为 50A 及以下时，电能计量装置接线宜采用直接接入式；负荷电流为 50A 以上时，宜采用经电流互感器接入式。

（3）三相四线制连接的电能计量装置，其 3 台电流互感器二次绕组与电能表之间宜采用六线连接。

（4）110kV 及以上的高压三相四线计量装置电压互感器二次回路，不应装设隔离开关辅助触点，但可装设熔断器。

（5）电能表应安装在电能计量柜（屏）上，每一回路的有功和无功电能表应垂直排列或水平排列，无功电能表应在有功电能表下方或右方，电能表下端应加有回路名称的标签，两只三相电能表相距的最小距离应大于 80mm，电能表与屏边的最小距离应大于 40mm。

（6）容量大于 50kVA 的客户应在计量点安装电能信息采集系统，实现电能信息实时采集与监控。

（7）安装在发、供电企业生产运行场所的电能计量装置，运行人员应负责监护，保证其封印完好，不受人为损坏。安装在用户处的电能计量装置，由用户负责保护封印完好，装置本身不受损坏或丢失。

三、错接线分析

1. 错接线主要类型

计量装置错接线的主要类型有：

（1）电压回路和电流回路发生短路或断路。

（2）电压互感器和电流互感器一、二次极性接反。

（3）电能表元件中没有接入规定相别的电压和电流。

电能计量装置接线发生错误后，电能表的圆盘转动现象一般可分为正转、反转、不转和转向不定四种情况，直接影响正确计量。

2. 带电检查接线的步骤

（1）测量各相电压、线电压。用电压表在电能表接线端钮处测量接入电能表的各线电压、相电压。其各线电压或相电压的数值应接近相等。若各线电压或相电压数值相差较大，说明电压回路不正常。

（2）测量电能表接线端子处电压相序。利用相序指示器或相位表等进行测量，以面对电能表端子，电压相位排列自左至右为 U、V、W 相时为正相序。

（3）检查接地点。为了查明电压回路的接地点，可将电压表端钮一端接地，另一端依次触及电能表的各电压端钮，若端钮对地电压为零，则说明该相接地。

（4）测定负载电流。用钳形表依次测每相电流回路负载电流，三相负载电流应基本相等。若有异常情况可结合测绘的相量图及负载情况考虑电流互感器极性有无接错，连接回路有无断线或短路等。

（5）检查电能表接线的正确性。前面的四项检查还不能确定电流的相位及电压与电流间的对应关系，目前可采用相位伏安表检查电压与电流的相位，通过相量分析的方法，检查电能表的接线是否正确。

下面以一个三相四线计量装置错接案例说明接线检查的方法。

四、案例

已知一个三相四线电能表，第一元件电压为 U_u。

测量及分析如下：

（1）测量电压：$U_{12}=U_{23}=U_{13}=380V$，$U_{10}=U_{20}=U_{30}=220V$，说明电压回路正常。

（2）确定中性线：由于 $U_{10}=U_{20}=U_{30}=220V$，说明 0 为 N 线。

（3）测定相序：为正序，说明 U_1 对应 U_U，U_2 对应 U_V，U_3 对应 U_W。

（4）测量电流：$I_1=5A$，$I_2=5A$，$I_3=5A$。

（5）测量相位：$\dot{U}_1$ 超前 $\dot{I}_1$ 为 74°，$\dot{U}_2$ 超前 $\dot{I}_2$ 为 250°，$\dot{U}_3$ 超前 $\dot{I}_3$ 为 253°。

（6）画相量图分析：I_1 为 $-I_w$，I_2 为 I_u，I_3 为 I_v，如图 ZY2200611002-3 所示。

结论：第一元件为 U_u、$-I_w$，第二元件为 U_v、I_u，第三元件为 U_w、I_v。

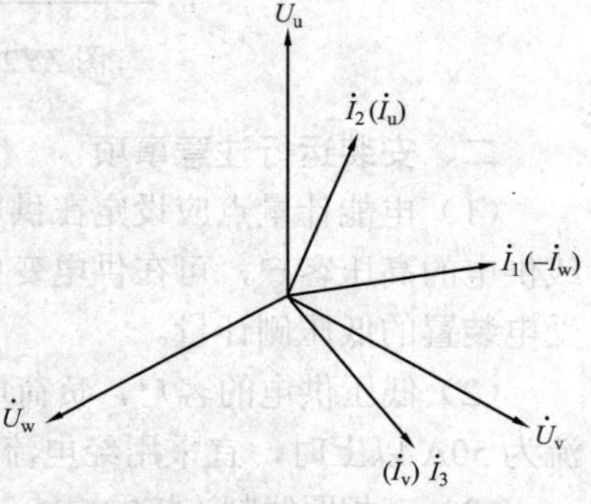

图 ZY2200611002-3　相量图

五、常见故障及异常

三相四线电能计量装置由三个单相元件计量三相四线制电路电能，因此在运行时应注意检查每个计量元件和电流电压互感器。主要故障表现为：

模块3　ZY2200611002

（1）计量装置的电流、电压回路发生断路和短路，这样计量电量会造成少计量或不计量。

（2）计量装置的电流、电压回路发生极性接反，这样就会造成某个计量元件反转，造成少计电量。

（3）计量装置的电流、电压回路发生错接线。这样故障就要进行相量分析，计算出正确电量。

（4）电流、电压互感器发生故障。例如：铭牌与实际铭牌不符，熔断器熔断，一、二次侧接线发生短路、断路，一、二次侧发生错接线等。这些故障就要具体问题具体分析，利用相量分析的方法，算出正确电量。

（5）计量装置本身发生的故障。例如擦盘、卡字、潜动、超差、黑屏、死机等，这些非人为的因素造成的故障，供电公司应加强核查和检定，耐心与客户沟通解释，按照客户实际运行的情况，计算出合理的电量。

六、检查的重点

1. 外观检查

主要检查计量装置的铅封、铅印，计量柜（屏）的封闭性，电能表的铭牌、电能计量装置参数配置，电流、电压互感器的运行情况，一、二次接线情况。注意观察表盘的转向、转速或电子式表的脉冲指示灯的闪速，初步判断计量装置的运行状态是否正常。

2. 接线检查

主要检查电流、电压连接导线是否有破皮、松动、脱落，线径是否符合技术标准，是否有短路、断路、接线错接等现象。这就需要用到万用表、相位伏安表等仪表进行测量，运用相量分析的方法进行判断。

3. 互感器的检查

主要检查电流、电压互感器运行的声音是否正常，铭牌倍率与实际倍率是否相符，一、二次接线是否连接完好，二次侧是否有开路、短路情况，一、二次极性是否正确等。

4. 电能采集系统的检查

按照国家电网公司要求，容量大于 50kVA 的客户应在计量点安装电能信息采集系统。因此为了保证电能采集系统正常工作，应检查电能表 RS485 接口与电能采集系统的连接是否正常，采集系统的通道是否畅通，采集系统供电电源是否正常等。

【思考与练习】

1. 哪些场合应装设三相四线电能计量装置？
2. 若低压三相四线电能表一相电压回路断线，其计量结果应如何变化？

模块 4　三相三线电能计量装置检查、分析、故障处理（ZY2200611003）

【模块描述】本模块包含三相三线电能计量装置接线形式、安装运行注意事项、错接线分析、常见故障及异常、检查的重点等内容。通过概念描述、术语说明、原理分析、图解示意、要点归纳、案例分析，掌握三相三线电能计量装置运行检查和故障处理方法。

【正文】

根据 DL/T 448—2000《电能计量装置技术管理规程》规定：接入中性点绝缘系统的电能计量装置，应采用三相三线有功、无功电能表。这里中性点绝缘系统主要指变压器中性点不接地系统，一般指 35kV 及以下电压等级的计量。

一、接线形式

三相三线电能计量装置接线形式可分为直接接入式和间接接入式，如图 ZY2200611003-1 所示为三相三线电能计量装置的三种接线图。

二、安装运行注意事项

（1）中性点非有效接地系统一般采用三相三线有功、无功电能表，但经消弧线圈等接地的计费用户且年平均中性点电流（至少每季测试一次）大于 0.1%I_N（额定电流）时，也应采用三相四线有功、无功电能表。

（2）对三相三线制接线的电能计量装置，其两台电流互感器二次绕组与电能表之间宜采用四线连接。

（3）35kV 及以下贸易结算用电能计量装置中电压互感器二次回路，应不装设隔离开关辅助触点和熔断器。

（4）贸易结算用高压电能计量装置应装设电压失压计时器。未配置计量柜（箱）的，其互感器二次回路的所有接线端子、试验端子应能实施铅封。

（5）高压供电的客户，宜在高压侧计量；但对 10kV 供电且容量在 315kVA 及以下、35kV 供电且容量在 500kVA 及以下的，高压侧计量确有困难时，可在低压侧计量，即采用高供低计方式。

（6）客户一个受电点内若有不同电价类别的用电负荷时，应分别装设计费电能计量装置。

（7）客户用电计量均应配置专用的电能计量箱（柜）。计量箱（柜）前后门（板）应能加封、加锁，并能在不启封的前提下满足抄表需要。

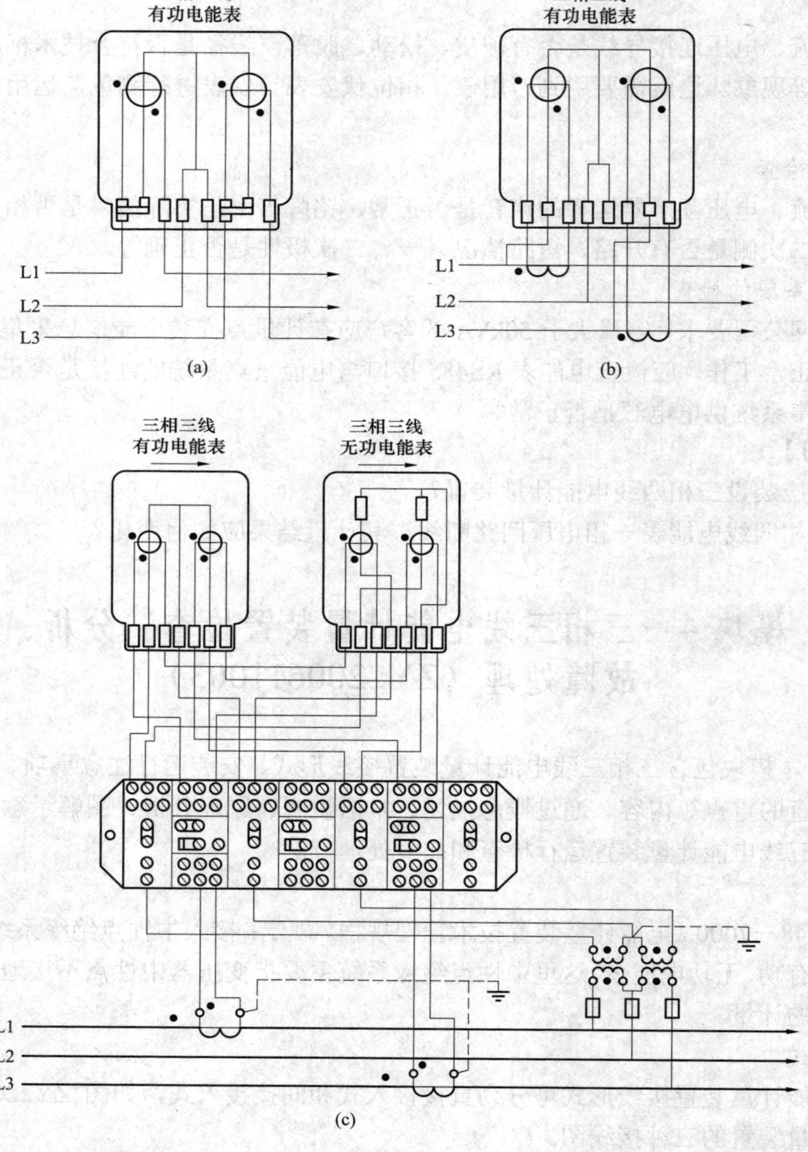

图 ZY2200611003-1 三相三线电能计量装置的三种接线图

（a）直接接入式；（b）通过电流互感器接入；（c）通过电流、电压互感器接入

三、错接线分析

三相三线电能计量装置的故障类型与三相四线制类似，但计量错接线分析起来比三相四线制要复杂。错接线的主要类型及接线检查方法在模块 ZY2200611002 已叙述，这里不作赘述。下面将举例分析三相三线计量装置错接线的检查方法。

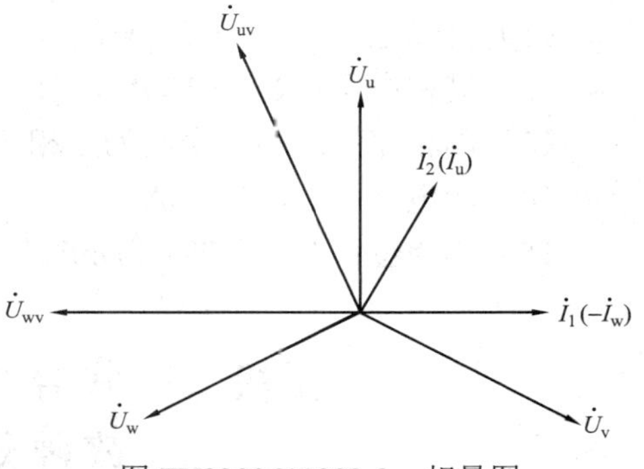

图 ZY2200611003-2　相量图

四、案例

已知三相三线电能表、感性负荷，$\cos\varphi$=0.866，功率因数角为 30°。

分析方法如下：

（1）测量电压：$U_{12}=U_{23}=U_{13}=100\text{V}$，说明电压回路正常。

（2）确定 V 相：$U_{10}=100\text{V}$，$U_{20}=0\text{V}$，$U_{30}=100\text{V}$，说明 2 为 V 相。

（3）测量相序：用相序表测为正相序，说明$U_1=U_u$，$U_2=U_v$，$U_3=U_w$。

（4）测量电流：$I_1=I_2=5\text{A}$，电流大小没问题。

（5）测相位：用相位伏安表测量。U_{uv}超前I_1为$120°$，U_{wv}超前I_2为$120°$。

（6）画相量图分析：

$I_1=-I_w$，$I_2=I_u$，如图 ZY2200611003-2 所示。

结论：第一元件为U_{uv}、$-I_w$，第二元件为U_{wv}、I_u。

五、常见故障及异常

三相三线电能计量装置常见故障及异常情况类型与三相四线计量装置类似，主要包括电能表本身的各类故障，电流、电压互感器的故障，二次连接导线的超差，以及各类错接线引起的故障和异常。用电检查人员应加强检查和监督，及时发现问题，合理解决。

六、检查的重点

（1）外观检查。主要检查计量装置的铅封、铅印，计量柜（屏）的封闭性，电能表的铭牌电能计量装置参数配置，电流、电压互感器的运行是否正常，一、二次接线是否完好。注意观察表盘的转向、转速或电子式表的脉冲指示灯的闪速，初步判断计量装置的运行状态是否正常。

（2）检查计量方式的正确性与合理性。

（3）检查电流、电压互感器一次与二次接线的正确性。

（4）检查二次回路中间触点、熔断器、试验接线盒的接触情况。

（5）核对电流、电压互感器的铭牌倍率。

（6）检查电能表和互感器的检定证书。

（7）检查电能计量装置的接地系统。

（8）测量一次、二次回路绝缘电阻。采用 500V 绝缘电阻表进行测量，其绝缘电阻不应小于 5MΩ。

（9）在现场实际接线状态下检查互感器的极性（或联结组别），并测定互感器的实际二次负载以及该负载下互感器的误差。

（10）测量电压互感器二次回路的电压降。Ⅰ、Ⅱ类用于贸易结算的电能计量装置中，电压互感器二次回路电压降应不大于其额定二次电压的 0.2%；其他电能计量装置中电压互感器二次回路电压降应不大于其额定二次电压的 0.5%。

【思考与练习】

1. 哪些场合下应装设三相四线电能计量装置？

2. 试用相量分析法判断以下三相三线计量装置错接线类型。

故障现象：有功电能表正转。

已知条件：三相三线电能表、感性负荷，$\cos\varphi$=0.866，功率因数角为 30°。

测量结果如下：

（1）测线电压：$U_{12}=U_{23}=U_{13}=100\text{V}$。

（2）测相电压：$U_{10}=100\text{V}$，$U_{20}=0\text{V}$，$U_{30}=100\text{V}$。

（3）测相序：用相序表测为正相序。

（4）测电流：$I_1=I_2=5\text{A}$。

（5）测相位：U_{uv} 超前 I_1 为 60°，U_{wv} 超前 I_2 为 0°。

模块 5 联合接线电能计量装置检查、分析、故障处理（ZY2200611004）

【模块描述】本模块包含联合接线电能计量装置接线形式、计量方式及配置要求、运行注意事项、常见故障及异常、检查的重点等内容。通过概念描述、术语说明、原理分析、图解示意、要点归纳，掌握联合接线电能计量装置运行检查和故障处理方法。

【正文】

所谓联合接线电能计量装置，是指按照一定的计量方式连接起来的电能表（有功电能表、无功电能表）、互感器、二次连接线、联合接线端子盒以及计量柜（屏），能够计量不同的电价类别和不同方向的电能。

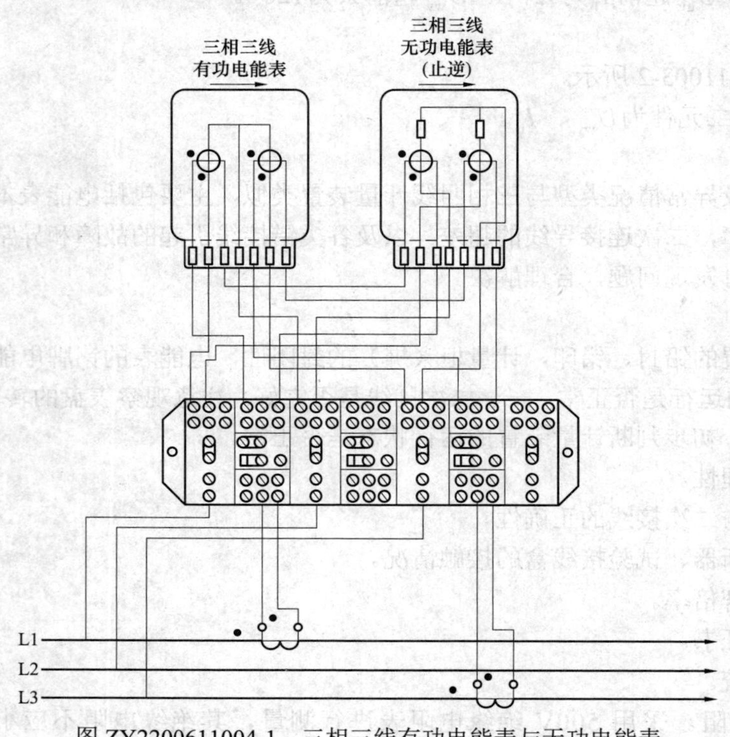

图 ZY2200611004-1 三相三线有功电能表与无功电能表经电流互感器分相接入的联合接线图

一、接线形式

1. 三相三线有功电能表与无功电能表经电流互感器分相接入的联合接线图

三相三线有功电能表与无功电能表经电流互感器分相接入的联合接线如图 ZY2200611004-1 所示，该种联合接线方式适用于低压三相三线电路中有功电能与无功电能的计量。

2. 两块三相三线有功电能表与两块无功电能表经电流互感器与电压互感器接入的联合接线图

两块三相三线有功电能表与两块无功电能表经电流互感器与电压互感器接入的联合接线图如图 ZY2200611004-2 所示，电流互感器为两相星形接线，电压互感器为 Vv 接线。该接线方式，适用于具有双方向感性负载的高压三相三线电路中有功电能与无功电能的计量。

3. 三相四线有功电能表与无功电能表经电流互感器接入的联合接线图

三相四线有功电能表与无功电能表经电流互感器接入的联合接线图如图 ZY2200611004-3 所示，该接线方式适用于低压三相四线电路中有功电能与无功电能的计量。

4. 两块三相四线有功电能表与两块无功电能表经电流互感器接入的联合接线图

两块三相四线有功电能表与两块无功电能表经电流互感器接入的联合接线图如图 ZY2200611004-4 所示，该接线方式适用于具有双方向感性负载的低压三相四线电路中有功电能与无功电能的计量。有功电能表及无功电能表均装有止逆器。

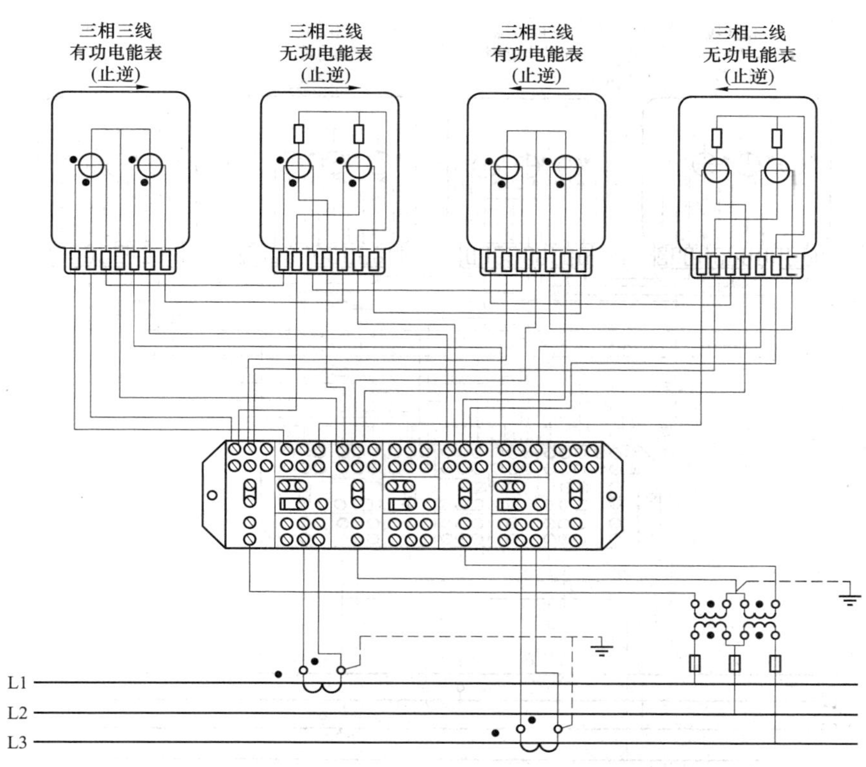

图 ZY2200611004-2　两块三相三线有功电能表与两块无功电能表经电流互感器与电压互感器接入的联合接线图

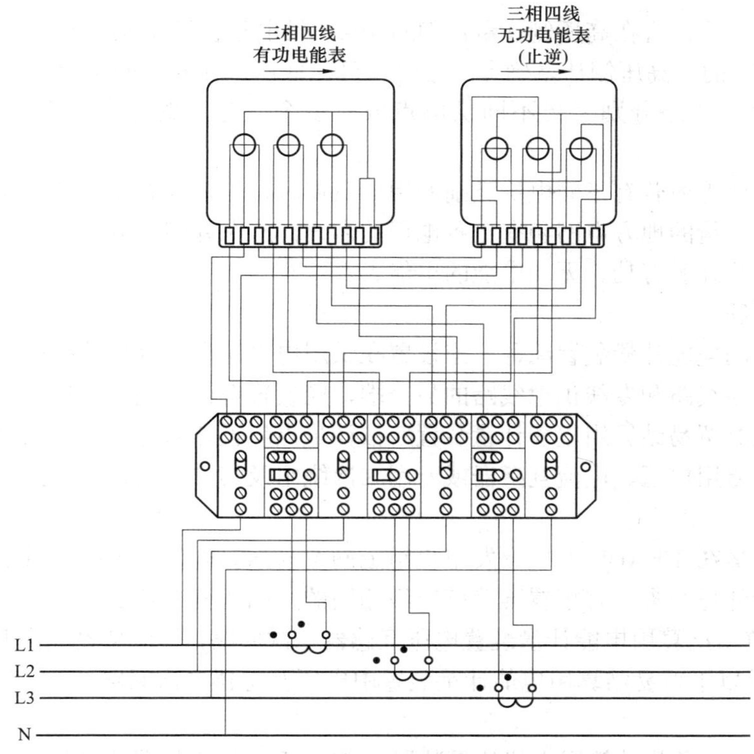

图 ZY2200611004-3　三相四线有功电能表与无功电能表经电流互感器接入的联合接线图

二、计量方式及配置要求

依据 DL/T 448—2000《电能计量装置技术管理规程》规定，联合接线电能计量装置的计量方式及配置有以下要求：

（1）低压供电的客户，负荷电流为 50A 及以下时，电能计量装置接线宜采用直接接入式；负荷电流为 50A 以上时，宜采用经电流互感器接入式。

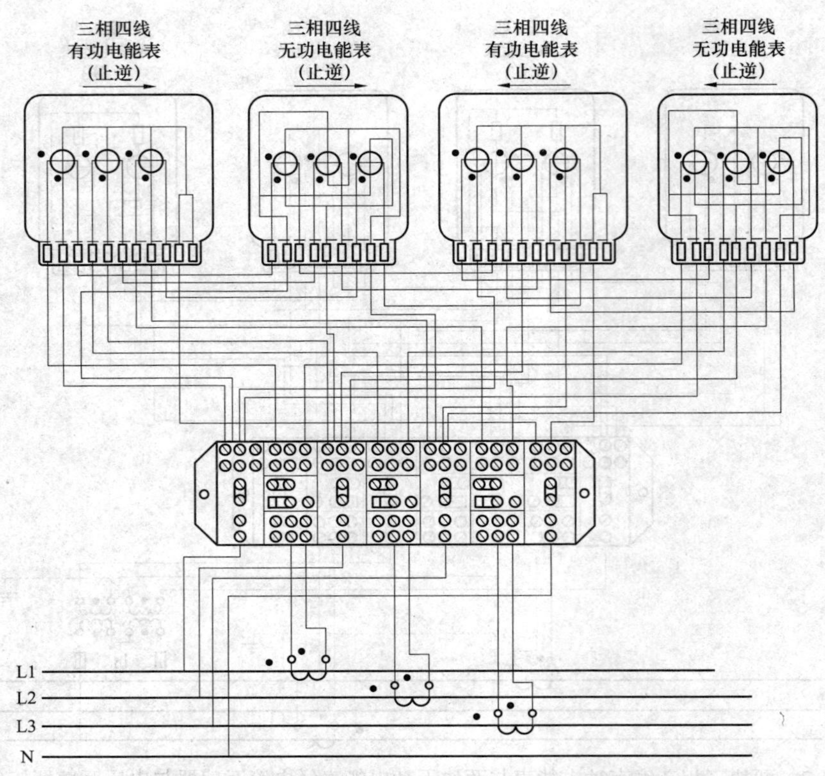

图 ZY2200611004-4 两块三相四线有功电能表与两块无功电能表经电流互感器接入的联合接线图

（2）高压供电的客户，宜在高压侧计量；但对 10kV 供电且容量在 315kVA 及以下、35kV 供电且容量在 500kVA 及以下的，高压侧计量确有困难时，可在低压侧计量，即采用高供低计方式。

（3）有两路及以上线路分别来自不同供电点或有多个受电点的客户，应分别装设电能计量装置。

（4）客户一个受电点内若有不同电价类别的用电负荷时，应分别装设计费电能计量装置。

（5）对有供、受电量的地方电网和有自备电厂的客户，应在并网点分设计量供、受电量的电能计量装置，或采用四象限计量有功、无功电能的电能表。

三、运行注意事项

（1）贸易结算用的电能计量装置原则上应设置在供用电设施产权分界处；在发电企业上网线路、电网经营企业间的联络线路和专线供电线路的另一端，应设置考核用电能计量装置。

（2）Ⅰ、Ⅱ、Ⅲ类贸易结算用电能计量装置应按计量点配置计量专用电压、电流互感器或者专用二次绕组。电能计量专用电压、电流互感器或专用二次绕组及其二次回路不得接入与电能计量无关的设备。

（3）计量单机容量在 100MW 及以上发电机组上网贸易结算电量的电能计量装置和电网经营企业之间购销电量的电能计量装置，宜配置准确度等级相同的主副两套有功电能表。

（4）35kV 以上贸易结算用电能计量装置电压互感器二次回路，不应装设隔离开关辅助触点，但可装设熔断器；35kV 及以下贸易结算用电能计量装置中电压互感器二次回路，应不装设隔离开关辅助触点和熔断器。

（5）安装在用户处的贸易结算用电能计量装置，10kV 及以下电压供电的用户，应配置全国统一标准的电能计量柜或电能计量箱；35kV 电压供电的用户，宜配置全国统一标准的电能计量柜或电能计量箱。

（6）互感器二次回路的连接导线应采用铜质单芯绝缘线。对电流二次回路，连接导线截面积应按电流互感器的额定二次负荷计算确定，至少应不小于 $4mm^2$。对电压二次回路，连接导线截面积应按允许的电压降计算确定，至少应不小于 $2.5mm^2$。

（7）互感器实际二次负荷应在 25%～100%额定二次负荷范围内；电流互感器额定二次负荷的功率

因数应为 0.8～1.0；电压互感器额定二次功率因数应与实际二次负荷的功率因数接近。

（8）电流互感器额定一次电流的确定，应保证其在正常运行中的实际负荷电流达到额定值的 60%左右，至少应不小于 30%。否则应选用高动热稳定电流互感器以减小变比。

（9）经电流互感器接入的电能表，其标定电流宜不超过电流互感器额定二次电流的 30%，其额定最大电流应为电流互感器额定二次电流的 120%左右。直接接入式电能表的标定电流应按正常运行负荷电流的 30%左右进行选择。

（10）执行功率因数调整电费的用户，应安装能计量有功电量、感性和容性无功电量的电能计量装置；按最大需量计收基本电费的用户应装设具有最大需量计量功能的电能表；实行分时电价的用户应装设复费率电能表或多功能电能表。

四、常见故障及异常

联合接线电能计量装置的中的有功电能表、互感器的故障及异常在前面模块已阐述，这里主要介绍无功电能表的故障及异常。

1. 无功电能表配置发生错误

三相三线制无功电能表应配置内相角为 60° 的无功电能表，三相四线制无功电能表应配置跨相 90° 的无功电能表。

2. 无功电能表的接线错误

（1）内相角为 60° 的无功电能表正确接线为$\dot{U}_{vw}\dot{I}_{u}$，$\dot{U}_{uw}\dot{I}_{w}$。跨相 90° 的无功电能表正确接线为$\dot{U}_{vw}\dot{I}_{u}$，$\dot{U}_{wu}\dot{I}_{v}$，$\dot{U}_{uv}\dot{I}_{w}$。

（2）无功电能表的电流、电压线发生短路、断路。

（3）无功电能表的电流、电压线发生极性接反。

（4）无功电能表的电流、电压线没有接入相应相别，造成错接线。

3. 无功电能表本身发生的故障

例如，擦盘、卡字、卡盘、潜动、超差、脉冲信号灯闪动不正常、黑屏、死机等此类非人为的因素造成的故障。

4. 联合接线端子盒的故障

联合接线端子盒是二次接线的连接端子，容易造成接线插错端子，接触不好，电流连接片、电压连接片脱落，打错方向等故障，造成计量差错。

五、检查的重点

（1）检查互感器、电能表等全套计量装置的配置是否正确。重点检查互感器铭牌、有功电能表的铭牌、无功电能表的铭牌参数是否合适。

（2）检查计量点、计量方式（电能表与互感器的接线方式、电能表的类别、装设套数），计量器具型号、规格、准确度等级、制造厂家、互感器二次回路及附件等的选择、电能计量柜（箱）的选用、安装条件等是否符合规程要求。

（3）注意检查全套计量装置的铅封、铅印、锁头是否完好，注意观察有功电能表的转速、转向，无功电能表的转速、转向，电子式电能表脉冲指示灯的闪烁是否正常。

（4）注意检查联合接线端子上的接线连接完好、紧固，电流连接片、电压连接片投入位置正确，电流、电压线排列整齐，无交叉，无破损，联合接线端子封印完好。

（5）注意检查电流、电压互感器实际二次负载及电压互感器二次回路压降的测量值不超出允许范围。

（6）注意检查电流、电压互感器的一、二次接地线是否完好，熔断器配置是否正确，运行是否正常。

【思考与练习】

1. 联合接线计量装置由哪些元件构成？
2. 试画出 35kV 双向电源的计量装置接线图。

模块 6　多功能电能表故障分析、处理（ZY2200611005）

【模块描述】本模块包含多功能电能表的功能、面板数据、运行注意事项、常见故障及异常、检查的重点等内容。通过概念描述、术语说明、原理分析、图解示意、要点归纳，掌握多功能电能表故障分析处理方法。

【正文】

根据 DL/T 614—2007《多功能电能表》对多功能电能表的定义：凡是由测量单元和数据处理单元等组成，除计量有功（无功）电能外，还具有分时、测量需量等两种以上功能，并能显示、储存和输出数据的电能表，都可称为多功能电能表。

一、屏面数据介绍

典型的电子式多功能电能表外形如图 ZY2200611005-1 所示，它由底盒、上盖、面板、端盖、铅封螺钉、接线插孔等部分组成。

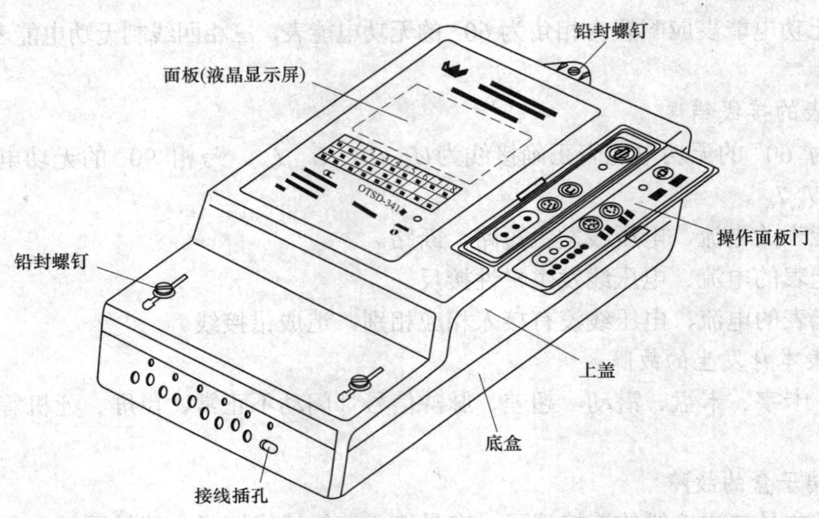

图 ZY2200611005-1　电子式多功能电能表外形

图 ZY2200611005-2　液晶显示画面全屏

其显示单元基本上采用大屏幕液晶屏，可以显示有功电量、无功电量、分时电量、最大需量、电流、电压等多种功能参数，如图 ZY2200611005-2 所示。在电能表面板上装一个发光二极管，发光二极管的闪烁频率与功率成正比。

二、主要功能

（1）电能计量功能。一块表能同时计量正向有功、反向有功、感性无功、容性无功、分时电能等。

（2）功率计量功能。电子式多功能电能表计量出多种功率，供不同目的应用。

（3）电压、电流测量。电子式多功能电能表可以测量出总电压、电流和分相电压、电流值，也可测量零序电流等参数。

（4）时段控制功能。在电子式多功能电能表内部设计了一个日计时误差相当准确的百年日历和实时时钟，能够显示实际时间——年、月、日、时、分、秒，并能将特定时间的电量存起来，进行分时计量。

（5）监控功能。电子式多功能电能表具备强大的监控功能，它不断地监视外线路功率，超功率限额报警，超功率时间大于设定值时给出跳闸信号，并对自己的运行状态有很强的监视、控制和自检功能。

（6）数据显示。各种不同生产厂家、不同类型的多功能电能表的显示方式和显示内容是不一样的。

显示方式分为循环显示和固定画面显示两种。

（7）数据传输。电子式多功能电能表可通过多种方式和外界进行数据交换，可实现本地或远程通信，实现本地或远方抄表和参数预置。

（8）脉冲输出。多功能电能表通过辅助端子输出电量脉冲。一般包括正向有功脉冲输出、反向有功脉冲输出、感性无功脉冲输出和容性无功脉冲输出。

（9）预付费功能。某些电子式多功能电能表还具有预付费功能，能通过专用介质（电钥匙或 IC 卡）预购电量或预购电费，欠费提供报警信号和跳闸信号。

（10）事件记录功能。多功能电能表某些参数出现异常时，记录下发生异常情况的时间，异常情况下多功能表的状态，可监视多功能电表是否出现故障、使用条件是否正常、有没有窃电行为等。

（11）电压合格率记录。电子式多功能电能表能够给出在线实时记录电压合格率数据。

（12）失压、断流记录。

（13）停电抄表功能。

三、运行管理注意事项

（1）多功能电能表运行的环境有较高的要求。一般要求环境温度在–10～45℃之间，避免强磁场，避免阳光直射。

（2）多功能表应封闭在符合国家标准的计量箱或计量柜里。

（3）运行中的多功能表能够及时反映客户的各种电气参数和异常状态信息，用电检查人员应注意观察面板的各种参数，记录电能表指示的异常状态信息。

（4）运行中的多功能电能表应做好防雷和抗干扰措施。

四、常见故障及异常

（1）电能表超差。电能表内部发生故障，如电能表某相霍尔元件损坏、电能表的功率校验接口与标准装置光电脉冲接口不匹配。

（2）时钟故障。电能表时钟故障，如不进分钟或显示错误、现场干扰造成时钟混乱等。

（3）电能表失压显示。可能是线路产生失压、电能表内部的互感器故障、电压互感器熔丝熔断等。

（4）脉冲输出不正常。可能是电能表的脉冲接口芯片损坏、脉冲接口电路与终端输入电路不匹配。

（5）电能表不显示。可能是电能表内部工作电源故障、液晶屏损坏等。

（6）显示不完整。可能是液晶屏故障、液晶屏接触不良等。

（7）电能表潜动。可能是电流互感器二次线路中存在感应的微弱电流。

（8）电能表数据突变。可能是电能表存储器故障。

（9）电能表提示芯片故障。可能是芯片已坏、电能表程序设置错误等。

五、检查的重点

（1）外观检查。主要检查多功能表的铅封、铅印，计量柜（屏）的封闭性，电能表的铭牌、配置参数配置，电流、电压互感器的运行正常，一、二次接线完好。注意观察面板上的信号灯的指示信号、电子式电能表的脉冲指示灯的闪速等。

（2）显示参数检查。多功能表的显示信息较多，显示完全部信息还需要等待轮显或手动翻屏。因此，应注意观察液晶屏上每个信息参数所代表的含义，及时发现异常情况。

（3）检查多功能表与负荷管理装置连接是否正常，注意观察与其相邻的负荷管理装置有无异常。

【思考与练习】

1. 什么是多功能电能表？其有哪些主要功能？
2. 多功能电能表常见故障有哪些？主要由哪些原因引起的？

国家电网公司
生产技能人员职业能力培训专用教材

第十九章 电能计量装置退补电量、电费的计算

模块1 直接表回路异常时装置退补电量的计算（ZY2200612001）

【模块描述】本模块包含《供电营业规则》的有关规定、直接表计量回路异常时退补电量的计算方法等内容。通过概念描述、公式推导、计算举例，掌握直接表回路异常时装置退补电量的计算方法。

【正文】

所谓直接表计量装置，是未通过电流、电压互感器，电能表直接接入被测电路中，因此，在计算计量装置异常时的差错电量时，无需考虑电流、电压互感器的影响。

一、《供电营业规则》对退补电量的有关规定

电能计量装置发生差错，概括起来有两类原因，一类是非人为原因；另一类是人为原因。这两种情况引起的差错电量，《供电营业规则》中都有明确的规定。

（1）电能表误差超出允许范围时，以“0”误差为基准，按验证后的误差值退补电量。退补时间按从上次校验或换装后投入之日起至误差更正之日止的二分之一时间计算。

（2）其他非人为原因致使计量记录不准时，以用户正常月份的用电量为基准，退补电量，退补时间按抄表记录确定。

（3）计费计量装置接线错误的，以其实际记录的电量为基数，按正确与错误接线的差额率退补电量，退补时间从上次校验或换装投入之日起至接线错误更正之日止。

二、计算方法与案例

1. 电能表超差时差错电量的计算

在进行退补电量计算时，一定要分清楚到底是哪一类差错，若是电能计量装置超差出现的差错电量，应该按照《供电营业规则》第八十条进行处理。

【例 ZY2200612001-1】一客户电能表，经计量检定部门现场校验，发现慢了 10%（非人为因素所致），已知该电能表自换装之日起至发现之日止，表计电量为 900 000kWh。问应补多少电量？

解 假设该用户正确计量电能为 W，则有

$$(1-10\%)W=900\ 000$$

$$W=900\ 000/(1-10\%)=1\ 000\ 000\ (\text{kWh})$$

根据《供电营业规则》第八十条规定：电能表超差或非人为因素致计量不准，按投入之日起至误差更正之日止的二分之一时间计算退补电量，则应补电量

$$\Delta W=\frac{1}{2}\times(1\ 000\ 000-900\ 000)=50\ 000\ (\text{kWh})$$

2. 发生接线错误时差错电量的计算

计量装置发生接线错误时的差错电量计算，应按照《供电营业规则》第八十一条进行处理。常见的计算方法是更正系数法。

更正系数法计算方法如下：若计量装置在错误接线期间，计量电量为 W_x，同时期内电能表正确接线所记录的电量为 W_0，则更正系数为

模块1 ZY2200612001

$$G_x = \frac{W_0}{W_x} \qquad (\text{ZY2200612001-1})$$

另外，在计量装置错接线期间的有功功率的表达式为 P_x，正确接线时的有功功率的表达式为 P_0，则更正系数又可表示为

$$G_x = \frac{P_0}{P_x}$$

所以

$$W_0 = G_x W_x \qquad (\text{ZY2200612001-2})$$

如果电能表在错接线期间的相对误差为 γ（%），则实际所消耗的电量应按下式计算

$$W_0 = \frac{W_x G_x}{1+\frac{\gamma}{100}} = W_x G_x\left(1-\frac{\gamma}{100}\right) \qquad (\text{ZY2200612001-3})$$

$$\Delta W = W_0 - W_x = \left[G_x\left(1-\frac{\gamma}{100}\right)-1\right]W_x \qquad (\text{ZY2200612001-4})$$

若 ΔW 为正值，表明少计算了电量，用户应补缴电费。若 ΔW 为负值，表明多计了电量，应退还用户电费。

【例 ZY2200612001-2】 有一只三相三线电能表，在 U 相电压回路断线的情况下运行了 4 个月，电能累计为 50 000kWh，功率因数为 0.866，求追退电量 ΔW。

解　$\cos\varphi = 0.866$，$\varphi = 30°$

U 相断线时，电能表计量的功率表达式

$$P_x = U_{WV} I_W \cos(30° - \varphi) = UI$$

更正系数

$$G_x = \frac{P_0}{P_x} = \frac{\sqrt{3}UI\cos\varphi}{UI} = \sqrt{3}\cos\varphi = \frac{3}{2}$$

实际电量

$$W_0 = G_x W_x = \frac{3}{2}\times 50\,000 = 75\,000 \text{（kWh）}$$

应补电量

$$\Delta W = 75\,000 - 50\,000 = 25\,000 \text{（kWh）}$$

【例 ZY2200612001-3】 某低压电力客户，采用低压三相四线制计量，在定期检查中发现 U 相电压断线，该期间抄见电量为 10 万 kWh，试求应向该客户追补多少电量？

解　三相电能表的正确接线计量功率为

$$P_0 = 3U_{ph} I_{ph} \cos\varphi$$

三相电能表的错误接线计量功率为

$$P_x = 2U_{ph} I_{ph} \cos\varphi$$

更正系数

$$G_x = \frac{P_0}{P_x} = \frac{3U_{ph} I_{ph}\cos\varphi}{2U_{ph} I_{ph}\cos\varphi} = \frac{3}{2}$$

实际电量

$$W_0 = G_x W_x = \frac{3}{2}\times 10 = 15 \text{（万 kWh）}$$

应补电量

$$\Delta W = 15 - 10 = 5 \text{（万 kWh）}$$

三、注意事项

无论是计量装置超差还是接线错误，客户应按照电能表的记录或正常月份的电量先行缴纳电费，等正确结果出来后，再进行退补。

【思考与练习】

1. 居民用户电能表常数为 3000r/kWh，测试负荷为 100W，电能表转 1r 需多长时间？如果测得 1r 的时间为 11s，误差应是多少？

2. 有一只三相四线有功电能表，V 相电流互感器反接达一年之久，累计电量为 2000kWh，求差错电量（假定三相负载平衡）。

3. 某居民用户反映电能表不准，检查人员查明电能表准确度等级为 2.0 级，电能表常数为 3600r/kWh，当用户点一盏 60W 灯泡时，用秒表测得电能表转 6r 用电时间为 1min。试求该表的相对误差，并判断该表是否准确。

4. 有一只三相三线电能表，在 U 相电压回路断线的情况下运行了 4 个月，电能累计为 50 000kWh，功率因数为 0.866，求追退电量 ΔW。

模块 2　间接表回路异常时装置退补电量的计算（ZY2200612002）

【模块描述】 本模块包含《供电营业规则》的有关规定、间接表计量回路异常时退补电量的计算方法等内容。通过概念描述、公式推导、图解示意、计算举例，掌握间接表回路异常时计量装置退补电量的计算方法。

【正文】

所谓间接表计量装置是指在高电压、大电流电路中，电能表通过电流、电压互感器接入被测电路中，因此，在计算计量装置异常的差错电量时，不但要考虑电能表的误差，还应考虑电流、电压互感器的影响。

一、《供电营业规则》的有关规定

《供电营业规则》中将计量装置的异常造成的误差分为非人为原因和人为的原因两大类。

第八十条　由于计费计量的互感器、电能表的误差及其连接线电压降超出允许范围或其他非人为原因致使计量记录不准时，供电企业应按下列规定退补相应电量的电费：

1. 互感器或电能表误差超出允许范围时，以“0”误差为基准，按验证后的误差值退补电量。退补时间从上次校验或换装后投入之日起至误差更正之日止的二分之一时间计算。

2. 连接线的电压降超出允许范围时，以允许电压降为基准，按验证后实际值与允许值之差补收电量。补收时间从连接线投入或负荷增加之日起至电压降更正之日止。

3. 其他非人为原因致使计量记录不准时，以用户正常月份的用电量为基准，退补电量，退补时间按抄表记录确定。

第八十一条　用电计量装置接线错误、保险（熔断器）熔断、倍率不符等原因，使电能计量或计算出现差错时，供电企业应按下列规定退补相应电量的电费：

1. 计费计量装置接线错误的，以其实际记录的电量为基数，按正确与错误接线的差额率退补电量，退补时间从上次校验或换装投入之日起至接线错误更正之日止。

2. 电压互感器保险（熔断器）熔断的，按规定计算方法计算值补收相应电量的电费；无法计算的，以用户正常月份用电量为基准，按正常月与故障月的差额补收相应电量的电费，补收时间按抄表记录或按失压自动记录仪记录确定。

3. 计算电量的倍率或铭牌倍率与实际不符的，以实际倍率为基准，按正确与错误倍率的差值退补电量，退补时间以抄表记录为准确定。

二、计算方法与案例

若计量装置的异常为非人为原因造成的，则应按照《供电营业规则》第八十条处理。若是人为的原因造成的，则应按照《供电营业规则》第八十一条处理。

计量装置差错错接造成的差错电量的计算方法一般可以用更正系数法来计算。

【例 ZY2200612002-1】 某厂更换电压互感器时，误将电流互感器公用线断开（Vv 接线三相三线制），运行了 3 个月，电能表计得电量为 2000kWh，求此期间实际消耗的电量？

解　原理接线图如图 ZY2200612002-1 所示。

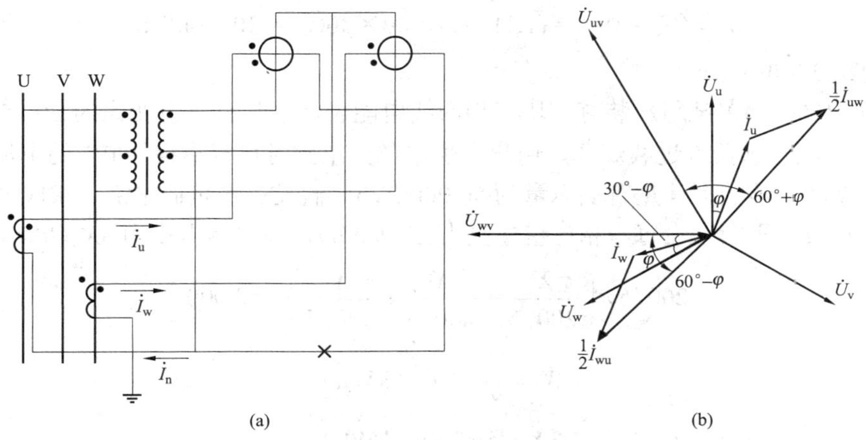

图 ZY2200612002-1　计量装置接线图和相量图

（a）接线图；（b）相量图

依据接线图可知：电流互感器公共线断开时，两元件电流串联，阻抗增加一倍，且第一元件电流为$\frac{1}{2}\dot{I}_{uw}$，电压为$\dot{U}_{uv}$；第二元件电流为$\frac{1}{2}\dot{I}_{wu}$，电压为$\dot{U}_{wv}$。

作其相量图得功率表达式为：

第一元件

$$P_1=\frac{1}{2}U_{uv}I_{uw}\cos(60^\circ+\varphi)$$

第二元件

$$P_2=\frac{1}{2}U_{wv}I_{wu}\cos(60^\circ-\varphi)$$

假设三相电压对称，三相负荷平衡，则

$$\begin{aligned}P_x=P_1+P_2&=\frac{1}{2}U_{uv}I_{uw}\cos(60^\circ+\varphi)+\frac{1}{2}U_{wv}I_{wu}\cos(60^\circ-\varphi)\\&=\frac{\sqrt{3}}{2}UI[\cos(60^\circ+\varphi)+\cos(60^\circ-\varphi)]\\&=\frac{\sqrt{3}}{2}UI\times2\cos60^\circ\cos\varphi\\&=\frac{\sqrt{3}}{2}UI\cos\varphi\end{aligned}$$

$$G_x=\frac{P_0}{P_x}=\frac{\sqrt{3}UI\cos\varphi}{\frac{\sqrt{3}}{2}UI\cos\varphi}=2$$

$$W_0=G_xW_x=2\times2000=4000\text{（kWh）}$$

答：此期间实际消耗电量为4000kWh。

【例ZY2200612002-2】某低压三相用户，安装的是三相四线有功电能表，三相电流互感器（TA）铭牌上变比均为300/5，由于安装前对表计进行了校试，而互感器未校试，运行一个月后对电流互感器进行检定发现：V相TA比差为–40%，角差合格；W相TA比差为+10%，角差合格；U相TA合格。已知运行中的平均功率因数为0.85，故障期间抄录电量为500kWh，试求应退补的电量。

解　先求更正系数

$$G_x=\frac{3UI\cos\varphi}{UI\cos\varphi+(1-0.4)UI\cos\varphi+(1+0.1)UI\cos\varphi}=1.11$$

差错电量

$$\Delta W=(G_x-1)W_x=(1.11-1)\times500\times300/5=3300\text{（kWh）}$$

答：退补电量3300kWh。

【例 ZY2200612002-3】某用户装有一块三相四线电能表，并装有三台变比为200/5的电流互感器（TA），其中一台电流互感器因过载烧坏，用户在供电部门未到时自行更换300/5的电流互感器，半年后才发现。在此期间，该装置计量有功电量为50 000kWh，假设三相负荷平衡，求应补电量为多少？

解 由于三相负荷平衡，设每一相计量电量为X（kWh），则三相电量为$3X$（kWh），列方程

$$200/5\times\left(\frac{X}{200/5}+\frac{X}{200/5}+\frac{X}{300/5}\right)=50\,000$$

$$X=\frac{15}{8}\times10^4\text{（kWh）}$$

$$3X=56\,250\text{（kWh）}$$

应补交电量

$$\Delta W=56\,250-50\,000=6250\text{（kWh）}$$

答：应补电量为6250kWh。

三、注意事项

无论是计量装置超差还是接线错误，客户都应按照电能表的记录或正常月份的电量先行缴纳电费，等正确结果出来后，再进行退补。

【思考与练习】

1. 某一电力客户，批准容量为630kVA×2，10kV供电，采用高压计量，计量电流互感器变比为75/5。当年5月1日发生故障时，将电流互感器烧毁。该客户未向供电企业报告，擅自购买了两只100/5的电流互感器更换了计量电流互感器，并将原来互感器的铭牌拆下钉到新互感器上，经调查，5月1日至7月31日，该客户抄见电量为60万kWh，该户平均电价为0.60元/kWh。问：

（1）该客户的行为属于什么行为?

（2）用电检查人员应该如何处理?

（3）试计算应该追补的电量、电费及违约使用电费?

2. 某电力用户10/0.4kV供电，计量为高供高计，有功电能表为三相三线两元件电能表，供电企业轮换表计，运行一个月后发现错误接线，经现场检查接线，一元件为$\dot{U}_{uv}-\dot{I}_u$，另一元件为$\dot{U}_{wv}\dot{I}_w$，该户加权平均功率因数为0.866，错接线期间抄见电量为20 000kWh。请计算应追退多少电量?

3. 某用户用一块三相三线电能表计量，原抄见底码为3250，一个月后抄见底码为1250，经检查错误接线的功率表达式为$-2UI\cos(30^\circ+\varphi)$，该用户月平均功率因数为0.9，电流互感器变比为150/5，电压互感器变比为6600/1100，请确定退补电量。

附录A 《电能（用电）信息采集与监控》培训模块教材各等级引用关系表

部分	章	模块名称（模块编码）	模块描述	等级 I	等级 II	等级 III
用电信息采集与监控系统通信知识	230MHz无线通信技术	无线电知识简述（ZY2000101001）	本模块包含无线电的基本概念及其在用电信息采集与监控系统中的作用。通过概念解释、原理讲解和应用介绍，掌握影响电磁波传输速度的因素、无线电波频段的划分、天线的电磁转换等无线电基本知识的概念及其在用电信息采集与监控系统中的应用	√		
		无线电波传输（ZY2000101002）	本模块介绍无线电波的产生、特性及其传播特点。通过理论讲解和特点的介绍，了解无线电波传输的基础知识和一般规律，掌握其在用电信息采集与监控系统中的应用	√		
		发射机原理（ZY2000101003）	本模块包含发射机的主要技术指标、组成及其工作原理。通过指标介绍和原理分析，掌握发射机性能、原理和主要技术指标		√	
		接收机原理（ZY2000101004）	本模块介绍接收机的主要技术指标、电路组成及原理。通过原理的讲解、指标解释及组件功能的介绍，掌握接收机的工作原理及其技术指标，熟悉高频放大器、混频器、混频电路、静噪电路和集成电路各引脚的功能		√	
		无线噪声和干扰（ZY2000101005）	本模块介绍无线噪声和人为干扰对通信的影响及其解决方法。通过图表分析和要点讲解，熟悉天体环境、其他设备产生噪声和干扰对通信的影响，掌握确定通信系统正常工作所需要的最低信号电平		√	
		天馈线的基本参数及性能（ZY2000101006）	本模块介绍天馈线分类、基本参数和性能。通过要点讲解、性能介绍、特性分析，熟悉选择天馈线的要求，掌握阻抗匹配、驻波系数、行波系数、反射系数、馈线的特性阻抗、馈线的变换性、天线与馈线相匹配等天馈线的基本参数及性能		√	
		230MHz通信设备介绍（ZY2000101007）	本模块包含230MHz专网通信设备的原理和作用。通过设备和工作原理介绍，掌握230MHz专网通信设备的种类、指标和原理	√		
		230MHz组网（ZY2000101008）	本模块包含230MHz专网常用的组网技术和方法。通过组网方式的介绍和要点讲解，熟悉组网的依据和原则、组网工作步骤，熟悉无线电组网中单信道、双信道或多信道组网技术的特点，掌握中继组网方式、原理及特点			√
	公网通信技术	无线公网通信技术简介（ZY2000102001）	本模块简要介绍无线公网通信技术。通过概括介绍和应用讲解，熟悉公网通信中GPRS、CDMA等通信技术的发展概况以及公网通信在用电信息采集与监控系统中的应用情况	√		
		GPRS公网通信技术（ZY2000102002）	本模块介绍GPRS公网通信的基本概念、工作原理以及GPRS公网通信在电能信息采集与监控系统中的应用。通过概念介绍和原理讲解，熟悉GPRS公网通信的基本概念和工作原理，掌握Internet接入、专线接入、VPN（虚拟专网）接入等接入原理和实现的方法		√	
		CDMA公网通信技术（ZY2000102003）	本模块介绍CDMA蜂窝通信系统的基本原理及其系统的特点。通过原理讲解和要点介绍，掌握CDMA通信的无线传输方式、系统通信控制功能，熟悉其不需要均衡器、语音激活、良好的保密能力、软切换、多种形式的分集、发射功率低等特点		√	
		230MHz通信与公网通信技术的应用特点（ZY2000102004）	本模块涉及移动网络数据通信技术与230MHz无线通信技术在应用方面的技术对比。通过要点比对，掌握230MHz无线通信技术在网络覆盖面、容量、设备体积、建设、运行维护成本、安装、异常上报、运营商配合等方面的优劣			√
		其他通信方式（ZY2000102005）	本模块包含PSTN、光纤通信的基本原理。通过原理讲解、应用介绍和特点分析，掌握光纤通信的原理和特点，熟悉ISDN的基本概念、发展过程、业务种类、网络结构	√		

续表

部分	章	模块名称（模块编码）	模块描述	等级 I	等级 II	等级 III
用电信息采集与监控系统通信知识	集中抄表系统通信	低压窄带电力线载波（ZY2000103001）	本模块包含低压窄带电力线载波技术的通信原理、调制技术、信道特点、信道指标要求、组网及路由特点等内容。通过对其几种典型应用组网方案、适用范围和对象特性的介绍，掌握低压窄带电力线载波通信方式在用电信息采集与监控系统中的应用	√		
		低压宽带电力线载波（ZY2000103002）	本模块包含低压宽带电力线载波技术的通信原理、信道指标、系统构成、组网技术等内容。通过对其几种典型应用组网方案、适用范围和对象特性的介绍，掌握低压宽带电力线载波通信方式在用电信息采集与监控系统中的应用		√	
		微功率无线通信技术（ZY2000103003）	本模块包含微功率无线通信技术的通信原理、信道特点、信道指标、组网方案、无线模块形式等内容。通过对其几种典型应用组网方案、适用范围和对象特性的介绍，掌握微功率无线通信技术在用电信息采集与监控系统中的应用	√		
		RS485 通信（ZY2000103004）	本模块包含 RS485 技术的通信原理、信道特点、信道指标、网络方案等内容。通过对其适用范围和对象特性的介绍，掌握 RS485 通信技术在用电信息采集与监控系统中的应用	√		
		本地网络性能特点比较（ZY2000103005）	本模块包含低压窄带载波、低压宽带载波、微功率无线自组网、RS485 总线等本地网络方式特点比较。通过图表比对分析，熟悉几种通信方式在可靠性、传输速率、实时性、安装、调试、维护等方面的区别，掌握本地通信方式的最优化选择			√
数据库基础知识	数据库知识	数据库概述（ZY2000201001）	本模块包含数据库的基本概念、数据库模型和数据库管理系统。通过概念解释、要点讲解和图形展示，熟悉数据、数据模型、数据库及其管理系统、应用系统等基本概念，掌握数据库系统的组成、常见的三种逻辑数据模型、数据库管理系统的主要功能和程序组成	√		
		SQL 语言的基本格式（ZY2000201002）	本模块简要介绍 SQL 语言和 SQL 语言基本格式。通过概念解释、要点讲解和举例分析，熟悉 SQL 语言的发展过程、特点和分类等基本概念。掌握数据查询、插入和修改等数据维护的基本语言格式，正确运用 SQL 语言进行数据的查询和维护			√
		Oracle 数据库介绍（ZY2000201003）	本模块包含 Oracle 数据库简介、基本数据类型和 Oracle 数据库基本操作。通过概念解释、要点讲解和举例分析，了解 Oracle 数据库的最基本概念，熟悉字符型、数字型、日期型数据类型，掌握数据的查询、编辑表数据等 Oracle 数据库的基本操作		√	
		其他数据库简介（ZY2000201004）	本模块简要介绍 DB2、SQL Server、Sybase 数据库。通过概念解释、要点分析，掌握 DB2、SQL Server、Sybase 三种数据库的版本分类、特点、构成、架构		√	
用电信息采集	用电信息采集与监控技术	电力负荷预测与分析（ZY2000301001）	本模块介绍电力负荷预测的概念、原理、分类、基本方法和预测技术、负荷特性分析方法。通过原理讲解、概念解释、要点讲解和图表比对，熟悉电力负荷预测的概念、电力负荷预测和负荷特性分析的基本原理，掌握电力销售市场负荷特性分析的内容、步骤和基本方法			√
		电力平衡（ZY2000301002）	本模块介绍电力平衡基本概念、电力平衡特性和电力负荷调整。通过概念解释、要点讲解和定性分析，熟悉电力平衡的含义、电力平衡与电能质量的关系和主要电能质量指标，掌握电力平衡对电网、电力设备和电力用户的影响，掌握电力负荷调整的意义、内容、原则和措施			√
		负荷特性（ZY2000301003）	本模块介绍电力负荷及其分类、用电负荷分类、表征和特性等知识。通过概念介绍、要点讲解和图表分析，熟悉电力负荷的概念及其分类、用电负荷的不同分类方式、用电负荷曲线和负荷率，掌握工业、农业和城乡居民用电负荷特性			√

续表

部分	章	模块名称（模块编码）	模块描述	等级 I	等级 II	等级 III
用电信息采集	用电信息采集与监控系统	用电信息采集与监控系统概述（ZY2000302001）	本模块包含用电信息采集与监控系统的概念。通过对国内、国外用电信息采集与监控系统发展过程的讲解，对我国用电信息采集与监控系统发展方向进行分析，了解用电信息采集与监控系统的作用、发展过程及方向	√		
		用电信息采集与监控系统组成（ZY2000302002）	本模块介绍用电信息采集与监控系统的主要组成设备、部件及其系统的模式。通过概念解释、图文介绍和要点讲解，熟悉系统主站、终端、通信信道及客户侧的电能表、配电开关等配套设施的组成和各自能实现的功能，熟悉运行管理模式和系统组成的类型及特点	√		
		用电信息采集与监控系统的主要功能（ZY2000302003）	本模块介绍用电信息采集与监控系统的“控”、“管”、“服务”等主要功能。通过典型案例讲解，功能应用介绍，掌握用电信息采集与监控系统的整体概念和各自能实现的功能	√		
		用电信息采集与监控系统主站的组成和环境要求（ZY2000302004）	本模块包含用电信息采集与监控系统主站的组成和环境要求。通过概念解释、要点讲解、功能介绍，掌握省公司监管系统和市、县公司主站（中心站）的组成框架，计算机及网络等软硬件设备选择配置以及运行对机房及环境的要求		√	
		用电信息采集与监控系统软件（ZY2000302005）	本模块介绍用电信息采集与监控系统软件的种类、组成和实现的主要功能，通过术语解释、图形介绍和功能讲解，熟悉软件的基本术语、常用软件的功能，掌握软件实现的网络通信、前置机通信、中心控制、负荷控制、资源管理调度和系统扩展等主要功能	√		
		用电信息采集与监控终端（ZY2000302006）	本模块包含用电信息采集与监控终端组成及工作原理。通过概念解释、要点讲解，了解单片机的工作原理，各组成部件的作用、功能以及在用电信息采集与监控中的应用。掌握终端的作用和分类、终端各单元的原理、功能及其之间的关系，掌握终端设备的结构、工作原理和日常维护	√		
		用电信息采集与监控系统的信道（ZY2000302007）	本模块介绍用电信息采集与监控系统的各类通信信道技术原理及其比较。通过概念解释、要点讲解和图表比较，掌握用电信息采集与监控系统的远程通信网络和本地通信网络的信道类型、通信技术原理、适用范围、对象，掌握各类通信方式之间的技术经济比较	√		
		用电信息采集与监控系统与外部系统的关系（ZY2000302008）	本模块包含用电信息采集与监控系统与其他系统之间的联系与配合。通过概念介绍、要点讲解，图形展示，掌握电力营销管理、配网管理、电网调度等系统数据传输方式、数据接口的原理、规则、要求，掌握用电信息采集与监控系统与外部系统实现数据共享的原理		√	
	用电信息采集与监控系统应用	用电信息采集应用（ZY2000303001）	本模块介绍用电信息采集的需求、主要技术、采集原理及应用。通过概念介绍、要点讲解、图形展示，熟悉用电信息采集需求背景、工作范围和要求，掌握采集系统的逻辑架构、采集技术、远距离传输技术，熟悉数据采集项目、方式、策略、数据处理、统计分析等电能信息集中收集和管理要求，掌握远程自动抄表、线损分析支持、电量销售分析、客户负荷分析等电能信息的应用		√	
		电能质量管理（ZY2000303002）	本模块包含电能质量的概念、质量管理工作要求、内容和方法。通过概念解释、要点讲解，熟悉电能质量的含义、电能质量指标分析工作要求、频率和电压的质量管理、用户的谐波监督等质量管理的工作要求，掌握用电信息采集与监控系统的数据采集功能、开展电能质量管理的方法和要求		√	
		防窃电应用（ZY2000303003）	本模块介绍应用用电信息采集与监控系统开展防窃电的内容。通过概念解释、要点讲解、接线图分析和案例剖析，了解窃电现象、手段和防止措施，掌握用电信息采集与监控系统防窃电工作的原理、流程和方法	√		

续表

部分	章	模块名称 （模块编码）	模 块 描 述	等 级		
				I	II	III
用电信息采集	用电信息采集与监控系统应用	预购电应用 （ZY2000303004）	本模块介绍应用用电信息采集与监控系统开展预购电工作的内容、要求和流程。通过概念介绍、要点讲解，图形示意，了解预购电管理工作的意义，熟悉预购电业务相关规范与要求、开展预购电业务必须具备的技术条件，掌握应用用电信息采集与监控系统开展预购电业务的原理、特点和流程	√		
		催费管理 （ZY2000303005）	本模块介绍应用用电信息采集与监控系统开展催费业务的内容、要求和流程。通过要点分析、讲解、应用介绍，了解客户电费欠费的原因、开展催费业务相关的要求和规范，熟悉实时采集客户用电信息、自动发送催费信息、实现客户用电负荷远程监控等催费业务技术支持手段，掌握运用用电信息采集与监控系统开展催费管理的具体任务和管理要点	√		
		地方上网电厂管理 （ZY2000303006）	本模块介绍应用用电信息采集与监控系统对地方电厂上网管理的内容、要求。通过概念介绍、要点讲解、应用介绍，了解地方电厂的存在和上网需求的客观性，熟悉地方电厂上网的管理规范和要求、对上网电厂进行管理的技术条件需要和功能需求，掌握运用用电信息采集与监控系统对地方电厂上网管理的方法		√	
		公用变压器监测 （ZY2000303007）	本模块介绍运用用电信息采集与监控系统开展公用变压器监测的内容、要求和方法。通过要点讲解、应用介绍，了解公用变压器管理工作要求，熟悉运行状态的采集及监测数据的传输、收集、处理、分析等公用变压器运行监测技术要点，掌握运用用电信息采集与监控系统开展公用变压器运行检测的方法		√	
	用电信息采集与监控系统的相关规定	电力用户用电信息采集系统功能规范 （ZY2000304001）	本模块包含《电力用户用电信息采集系统功能规范》的文件内容。通过条文提炼、要点归纳，熟悉规范的定义、组成、作用，掌握规范的主要规定	√		
		专变采集终端技术规范 （ZY2000304002）	本模块包含《专变采集终端技术规范》的文件内容。通过条文提炼、要点归纳，熟悉规范的范围、定义、技术要求、检验规则、运行质量管理规则	√		
		主站建设规范 （ZY2000304003）	本模块包含《主站建设规范》的文件内容。通过条文提炼、要点归纳，熟悉规范的适用范围、职责分工、建设管理、验收，掌握规范的主要规定		√	
		主站运行管理规范 （ZY2000304004）	本模块包含《主站运行管理规范》的文件内容。通过条文提炼、要点归纳，熟悉规范的适用范围、职责分工、运行管理内容、文档管理、规章制度、考核管理，掌握规范的主要规定			√
		通信信道运行管理规范 （ZY2000304005）	本模块包含《通信信道运行管理规范》的文件内容。通过条文提炼、要点归纳，熟悉规范的职责分工、运行管理内容、故障处理、文档管理、规章制度、评价与考核，掌握规范的主要规定		√	
主站设备安装维护及操作	主站的安装调试与维护	数据库的安装与配置 （ZY2000401001）	本模块包含数据库的安装和配置。通过操作流程及步骤讲解，掌握 Oracle 11g 数据库在不同平台上的安装操作方法和常用技术，掌握用电信息采集与监控系统数据库的架构及运行维护技能			√
		计算机及网络设备安装与调试维护 （ZY2000401002）	本模块包含用电信息采集与监控系统主站的计算机及网络设备安装与调试维护内容。通过功能介绍、要点归纳和步骤讲解，掌握用电信息采集与监控系统主站架构、运行要求及其设备功能，掌握系统主站计算机及网络设备的安装调试及运行维护要求			√
		前置机程序安装与配置 （ZY2000401003）	本模块包含用电信息采集与监控系统前置机的安装与配置维护。通过概念描述和步骤讲解，熟悉典型的前置服务器集群模式，掌握前置机程序的安装调试步骤及系统功能测试的要求和方法		√	

续表

部分	章	模块名称（模块编码）	模 块 描 述	等级 I	等级 II	等级 III
主站设备安装维护及操作	主站的安装调试与维护	后台主程序安装与配置（ZY2000401004）	本模块包含用电信息采集与监控系统主站后台主程序的安装与配置。通过功能讲解、要点归纳及步骤讲解，熟悉后台主程序的软件体系、安装部署、系统应用功能以及系统接口软件，掌握后台主程序安装步骤和方法		√	
		主站日常巡视维护（ZY2000401005）	本模块介绍主站系统的日常巡视和维护。通过要点归纳和步骤讲解，掌握主站系统日常巡视维护工作的基本要求、主要内容、基本方法和操作步骤		√	
		系统故障分析与处理案例（ZY2000401006）	本模块包含系统常见故障的分析和处理。通过要点归纳，掌握系统常见故障的现象、影响范围及其处理技术		√	
	通信设备安装调试和维护	电台的安装调试及维护（ZY2000402001）	本模块包含电台的安装调试和维护内容。通过图文结合和方法介绍，熟悉电台面板，掌握主台和中继站的频率、地址设置及功能调试的方法			√
		天馈线安装调试和维护（ZY2000402002）	本模块介绍电台天馈线安装调试和维护的内容。通过图文结合、要点归纳和步骤讲解，掌握主台天线、链路电台天线的安装方法和要求，掌握高频电缆头的装配方法	√		
		天线及机房的防雷处理（ZY2000402003）	本模块包含天线及机房的防雷处理内容。通过概念描述、方法介绍，熟悉防雷器的功能、技术参数、分类及安装方法，熟悉计算机房和移动通信基站的防雷措施			√
		交流电源及UPS安装配置（ZY2000402004）	本模块包含交流电源及UPS安装配置。通过应用介绍，熟悉机房供电方案和供电电源的配置要求			√
		GPRS与CDMA通信设备调试及维护（ZY2000402005）	本模块包含GPRS/CDMA通信设备的调试和维护内容。通过步骤讲解，掌握GPRS/CDMA通信设备的调试方法及其常见故障的处理方法			√
		其他通信设备调试及维护（ZY2000402006）	本模块包含光端机和PCM设备的调试和维护内容。通过功能介绍和流程说明，掌握光端机的系统结构与硬件接口，熟悉光接口指标及电接口指标，熟悉光端机工程工作流程和PCM工程工作流程			√
	用电信息采集与监控系统主台操作	用电信息采集与监控系统配置与维护（ZY2000403001）	本模块包含用电信息采集与监控系统的系统管理和系统配置的内容。通过功能介绍和步骤讲解，掌握系统参数、系统颜色和数据库配置的内容和方法，掌握系统管理的内容和配置方法			√
		主站与终端设备联调（ZY2000403002）	本模块包含用电信息采集与监控终端设备联调的内容。通过步骤讲解，掌握在主站建立终端运行档案的方法，以及在设备调试时参数配置、下发操作和终端正常运行后的数据核对及资料归档的方法	√		
		数据采集任务设置和维护（ZY2000403003）	本模块包含用电信息采集与监控系统主站数据采集任务配置和维护的内容。通过概念描述和步骤讲解，熟悉数据采集任务的分类，掌握数据采集和数据补测的设置方法		√	
		限电控制（ZY2000403004）	本模块包含用电信息采集与监控系统限电控制的内容。通过概念描述和步骤讲解，掌握遥控、功控、电控的概念和操作流程，掌握编制和执行限电方案的方法	√		
		预购电控制（ZY2000403005）	本模块包含预购电控制的内容。通过概念描述、流程介绍和步骤讲解，掌握预购电控制的概念、流程及操作方法	√		
		催费控制（ZY2000403006）	本模块包含催费控制的内容。通过概念描述、流程介绍和步骤讲解，掌握催费控制的概念、流程及操作方法	√		
		营业报停控制（ZY2000403007）	本模块包含营业报停控制的内容。通过概念描述、流程介绍和步骤讲解，掌握营业报停控制的概念、流程及操作方法	√		

续表

部分	章	模块名称（模块编码）	模块描述	等级 I	等级 II	等级 III
主站设备安装维护及操作	用电信息采集与监控系统主台操作	用电信息采集与监控系统传票使用（ZY2000403008）	本模块包含用电信息采集与监控系统的传票管理的内容。通过功能介绍和步骤讲解，掌握系统中传票的作用、分类与应用范围，掌握传票操作的方法	√		
		用电信息采集与监控系统权限管理（ZY2000403009）	本模块包含用电信息采集与监控系统权限管理的内容。通过概念描述和步骤讲解，掌握账号、组账号、系统管理员的概念，掌握系统权限管理的配置方法			√
		数据发布与查询（ZY2000403010）	本模块包含系统的数据发布与查询的内容。通过步骤讲解，掌握客户用电设备数据的发布和查询的方法		√	
终端设备安装调试及维护	专业仪表使用	功率计的使用（ZY2000501001）	本模块包含功率计的操作使用。通过功能介绍、步骤讲解和要点归纳，掌握功率计的使用方法及其注意事项	√		
		场强仪的使用（ZY2000501002）	本模块包含场强仪的操作使用。通过概念描述、步骤讲解和要点归纳，掌握电平的基本概念以及场强仪的使用方法及其注意事项		√	
		终端程序升级与编程器使用（ZY2000501003）	本模块包含终端程序升级与编程器使用的内容。通过要点归纳和步骤讲解，熟悉终端功能升级的原因、方法及其注意事项，掌握编程器安装和应用的方法			√
		伏安相位表的使用（ZY2000501004）	本模块包含伏安相位表的操作使用。通过要点归纳、原理介绍和步骤讲解，熟悉伏安相位表的作用、工作原理与结构，掌握伏安相位表的使用方法及其注意事项		√	
		卫星定位仪的使用（ZY2000501005）	本模块包含卫星定位仪的操作使用。通过要点归纳、原理介绍和步骤讲解，熟悉卫星定位仪的作用、工作原理与结构，掌握卫星定位仪的使用方法及其注意事项	√		
		现场检测仪的使用（ZY2000501006）	本模块包含现场检测仪的操作使用。通过要点归纳、原理介绍和步骤讲解，熟悉现场检测仪的作用、工作原理与结构，掌握现场检测仪的使用方法及其注意事项		√	
	终端安装调试	终端安装现场勘察（ZY2000502001）	本模块包含终端安装现场勘察的内容。通过要点归纳，熟悉终端安装现场的基本要求以及现场勘察收资的主要内容	√		
		终端安装方案制定（ZY2000502002）	本模块包含终端安装方案制定的内容。通过要点归纳，掌握制定终端安装方案的原则以及人员、工具材料的配置要求		√	
		终端本体安装（ZY2000502003）	本模块包含终端本体安装的内容。通过要点归纳和步骤讲解，掌握终端本体安装的基本要求和工作前安全措施，掌握终端本体安装的工作步骤和要求	√		
		终端电源连接（ZY2000502004）	本模块包含终端电源连接的内容。通过要点归纳和步骤讲解，熟悉终端对电源的基本要求以及特殊情况下终端电源供电方式，掌握终端电源的连接方法	√		
		终端与电能表脉冲接线（ZY2000502005）	本模块包含终端与电能表脉冲回路接线内容。通过原理讲解、方法介绍和要点归纳，掌握终端与电能表脉冲回路的工作原理、连接方式以及接线时的注意事项	√		
		终端与电能表 RS485 通信连接（ZY2000502006）	本模块包含终端与电能表 RS485 通信的连接与调试内容。通过概念讲解、要点归纳和方法介绍，熟悉 RS485 通信标准及其应用注意事项，掌握 RS485 的通信原理、基本接线方式以及与不同电能表的通信连接方式，掌握电能表通信参数的选取和联调的方法	√		
		终端与交流采样设备的连接与调试（ZY2000502007）	本模块包含终端与交流采样设备连接与调试的内容。通过概念讲解和方法介绍，掌握交流采样的基本知识及其与二次回路的连接方法	√		

续表

部分	章	模块名称（模块编码）	模块描述	等级 I	等级 II	等级 III
终端设备安装调试及维护	终端安装调试	终端与开关设备的连接与调试（ZY2000502008）	本模块包含用户开关设备和终端连接与调试内容。通过原理讲解、方法介绍和要点归纳，掌握断路器的基本构造与工作原理，掌握终端与断路器的连接与调试的方法及注意事项	√		
		主站与终端联调（ZY2000502009）	本模块包含终端开通联调的内容。通过要点归纳和方法介绍，熟悉主站与终端联调的条件、终端通电前的准备工作，掌握终端通电后的基本操作、调试操作的步骤和方法及其注意事项	√		
	终端维护与消缺	终端日常维护（ZY2000503001）	本模块包含终端日常维护的内容，通过要点归纳和方法介绍，掌握对终端本体、天馈线、防雷与接地、连接线日常巡视与维护的内容、要求、注意事项及其常见故障的处理方法	√		
		通信异常消缺（ZY2000503002）	本模块包含系统通信异常消缺的内容。通过方法介绍，掌握230MHz终端、GPRS终端常见的通信故障及其处理方法		√	
		电能表采集异常消缺（ZY2000503003）	本模块包含电能表采集的异常消缺内容。通过方法介绍，掌握脉冲方面和抄表方面异常的消缺方法		√	
		跳闸回路异常消缺（ZY2000503004）	本模块包含终端和断路器跳闸回路异常的内容。通过概念讲解和方法介绍，熟悉跳闸回路接线方式，掌握跳闸回路常见故障的现象、产生原因及其排查方法		√	
		交流采样异常消缺（ZY2000503005）	本模块包含终端交流采样异常的处理内容。通过方法介绍、步骤讲解和案例分析，掌握常见故障及其处理方法，掌握交流采样相位角调整和错接线检查的操作步骤和方法		√	
集中抄表终端安装调试及维护	集中抄表终端安装调试	低压台区本地通信采集系统架构（ZY2000601001）	本模块包含低压台区本地采集系统架构的内容。通过概念讲解和结构介绍，掌握集中抄表系统的概念、构架、组成及其采集方式			√
		集中抄表终端安装现场勘察（ZY2000601002）	本模块包含集中抄表终端安装现场勘察的内容。通过要点归纳，熟悉集中抄表终端安装现场的要求以及现场勘察收资的主要内容，掌握正确填写勘察信息表的能力	√		
		集中器与采集器安装方案制定（ZY2000601003）	本模块包含集中器与采集器安装方案制定的内容。通过要点归纳，掌握制定集中器与采集器安装方案的原则以及人员、工具材料的配置要求		√	
		电力载波通信的安装调试与运行维护（ZY2000601004）	本模块包含电力载波通信设备安装调试与运行维护的内容。通过要点归纳和步骤讲解，熟悉电力载波通信设备的安装规范及运行巡视的工作要求，掌握电力载波通信设备的调试及异常处理方法	√		
		RS485总线通信的安装调试与运行维护（ZY2000601005）	本模块包含RS485总线通信设备安装调试与运行维护的内容。通过要点归纳和步骤讲解，熟悉RS485总线通信设备的安装规范及运行巡视的工作要求，掌握RS485总线通信设备的调试及异常处理方法		√	
		微功率无线通信的安装调试与运行维护（ZY2000601006）	本模块包含微功率无线通信设备安装调试和运行维护的内容。通过要点归纳和步骤讲解，熟悉微功率无线通信设备的安装规范及运行巡视的工作要求，掌握微功率无线通信设备的调试及异常处理方法		√	
		主站与集中器联调（ZY2000601007）	本模块包含主站与集中器联调的内容。通过步骤讲解，熟悉主站与集中器联调时集中器配置、总表调试、低压户表配置的步骤和方法	√		
	集中抄表终端维护与消缺	集中抄表终端的通信异常消缺（ZY2000602001）	本模块包含集中抄表终端通信异常消缺的内容。通过步骤讲解，掌握集中抄表终端对主站、台区总表、低压户表的通信故障的处理方法		√	

续表

部分	章	模块名称（模块编码）	模块描述	等级 I	等级 II	等级 III
营销计量业务	电能抄录	现场抄表（ZY2300201005）	本模块包含现场抄表的具体要求、抄表信息核对、计量装置的运行状态检查、抄表机抄表、手工抄表等内容。通过概念描述、术语说明、要点归纳、示例介绍，掌握现场抄表工作内容和方法，同时能在抄表过程中进行电能计量装置的运行状态检查	√		
		自动化抄表（ZY2300201006）	本模块包含本地自动抄表技术、远程自动抄表技术、电力负荷管理技术等内容。通过概念描述、术语说明、系统结构讲解、要点归纳、示例介绍，了解自动化抄表系统的抄表原理和作用，能使用自动化抄表系统进行数据采集	√		
	电能计量装置的检查与分析	瓦秒法判断电能计量装置误差（ZY2300501004）	本模块包含使用秒表进行电能计量装置误差判断的程序、方法和注意事项等内容。通过概念描述、原理分析、公式示意、要点归纳、操作技能训练，掌握采用瓦秒法判断电能计量装置误差的方法	√		
		单相电能计量装置运行检查、分析、故障处理（ZY2200611001）	本模块包含单相电能计量装置接线形式、铭牌参数、常见故障及异常、检查的重点等内容。通过概念描述、术语说明、原理分析、图解示意、要点归纳，掌握单相电能计量装置运行检查和故障处理方法		√	
		三相四线电能计量装置运行检查、分析、故障处理（ZY2200611002）	本模块包含三相四线电能计量装置接线形式、安装运行注意事项、错接线分析、常见故障及异常、检查的重点等内容。通过概念描述、术语说明、原理分析、图解示意、要点归纳、案例分析，掌握三相四线电能计量装置运行检查和故障处理方法		√	
		三相三线电能计量装置检查、分析、故障处理（ZY2200611003）	本模块包含三相三线电能计量装置接线形式、安装运行注意事项、错接线分析、常见故障及异常、检查的重点等内容。通过概念描述、术语说明、原理分析、图解示意、要点归纳、案例分析，掌握三相三线电能计量装置运行检查和故障处理方法		√	
		联合接线电能计量装置检查、分析、故障处理（ZY2200611004）	本模块包含联合接线电能计量装置接线形式、计量方式及配置要求、运行注意事项、常见故障及异常、检查的重点等内容。通过概念描述、术语说明、原理分析、图解示意、要点归纳，掌握联合接线电能计量装置运行检查和故障处理方法		√	
		多功能电能表故障分析、处理（ZY2200611005）	本模块包含多功能电能表的功能、面板数据、运行注意事项、常见故障及异常、检查的重点等内容。通过概念描述、术语说明、原理分析、图解示意、要点归纳，掌握多功能电能表故障分析处理方法		√	
	电能计量装置退补电量、电费的计算	直接表回路异常时装置退补电量的计算（ZY2200612001）	本模块包含《供电营业规则》的有关规定、直接表计量回路异常时退补电量的计算方法等内容。通过概念描述、公式推导、计算举例，掌握直接表回路异常时装置退补电量的计算方法		√	
		间接表回路异常时装置退补电量的计算（ZY2200612002）	本模块包含《供电营业规则》的有关规定、间接表计量回路异常时退补电量的计算方法等内容。通过概念描述、公式推导、图解示意、计算举例，掌握间接表回路异常时计量装置退补电量的计算方法		√	

参 考 文 献

［1］杨鑫华. 数据库原理与DB2应用教程. 北京：清华大学出版社，2007.
［2］路川，胡欣杰. Oracle 10g宝典. 北京：电子工业出版社，2006.
［3］甘仞初. 管理信息系统. 北京：机械工业出版社，2002.
［4］陈怡，蒋平，万秋兰，等. 电力系统分析. 北京：中国电力出版社，2005.
［5］于溪洋. 电力负荷管理系统培训教材. 北京：中国水利水电出版社，2007.
［6］国家电力调度通信中心. 电网调度运行实用技术问答. 北京：中国电力出版社，2003.
［7］张峰. 电力负荷管理技术. 北京：中国电力出版社，2006.
［8］康重庆，夏清，刘梅. 电力系统负荷预测. 北京：中国电力出版社，2007.
［9］刘健，倪建立. 配电网自动化新技术. 北京：中国水利水电出版社，2004.
［10］姜开山. GPRS远程抄表系统应用实践. 北京：中国电力出版社，2007.
［11］王世祯. 电网调度运行技术. 沈阳：东北大学出版社，1997.